辽宁省职业教育“十四五”规划教材
职业教育机械类专业“互联网+”新形态教材

# 机械制图 第2版

## （配活页习题集）



主　编　杨　欧　王大山　石　伟
副主编　王延宝
参　编　李　静　张天宇　韩延军　侯　敏
　　　　张玉鑫　王　放　刘　平

机械工业出版社

本书是辽宁省职业教育“十四五”规划教材，根据现行的《技术制图》和《机械制图》国家标准编写而成，为了满足智能制造对设计表达的数字化要求，编者根据职业教育机械制图多年教学改革的经验，对传统教学内容进行了必要增减和优化整合，按照工作过程系统化和创新能力培养要求，设置教学内容主要包括制图基础训练、绘制平面图形、绘制基本体立体、绘制轴测图、绘制组合体、机件的表达方法、标准件和常用件、零件图、装配图、焊接制图与中望3D建模入门，并且配套活页习题集。

本书以培养学生的读图能力、数字化表达能力和创新能力为目标，配套微课、动画、三维模型、习题集答案等多种数字化资源，提供大量带尺寸的立体图，有利于将知识的学习和技能的训练融为一体，实现学练一体化和教材习题一体化。

本书可作为职业院校机械类和近机械类专业的教材，也可作为岗位培训用书。

**图书在版编目（CIP）数据**

机械制图：配活页习题集/杨欧，王大山，石伟主编. —2版. —北京：机械工业出版社，2022.7（2025.1重印）
职业教育机械类专业“互联网+”新形态教材
ISBN 978-7-111-70742-4

Ⅰ.①机… Ⅱ.①杨… ②王… ③石… Ⅲ.①机械制图-中等专业学校-教材 Ⅳ.①TH126

中国版本图书馆CIP数据核字（2022）第077889号

机械工业出版社（北京市百万庄大街22号 邮政编码100037）
策划编辑：黎 艳　　　　责任编辑：黎 艳
责任校对：樊钟英 刘雅娜　封面设计：张 静
责任印制：常天培
固安县铭成印刷有限公司印刷
2025年1月第2版第3次印刷
184mm×260mm · 24.75印张 · 605千字
标准书号：ISBN 978-7-111-70742-4
定价：69.00元

电话服务
客服电话：010-88361066
010-88379833
010-68326294
封底无防伪标均为盗版

网络服务
机 工 官 网：www.cmpbook.com
机 工 官 博：weibo.com/cmp1952
金 书 网：www.golden-book.com
机工教育服务网：www.cmpedu.com

# 前言

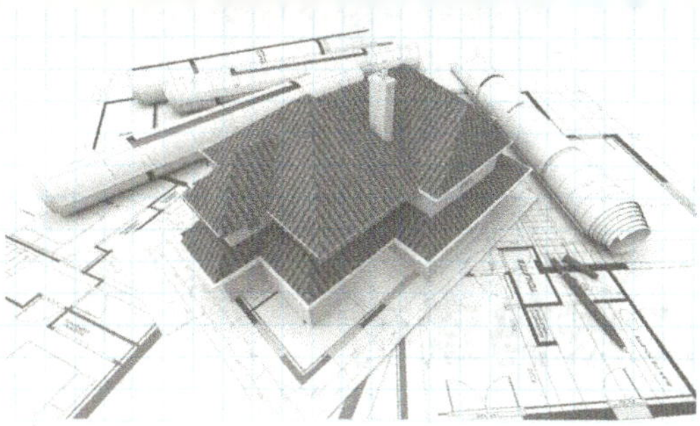

课程建设与改革是教学的核心，也是教育改革的重点和难点。为深入贯彻落实《关于深化现代职业教育体系建设改革的意见》要求，力求课程能力服务于专业能力，专业能力服务于岗位能力，本书以课题引领型的编写思路和方法为指导，课题的选取围绕实际的案例，由单一到全面，基本知识由浅入深地展开，兼顾国家相应专业职业资格鉴定标准的要求。

本书具有以下特点：

1. 注重职业技能的培养，根据机械类职业的实际需要，合理确定学生应具备的能力结构和知识结构，以满足企业对技能型人才的需要。

2. 采用现行的《机械制图》等国家标准，书中尽量反映新知识和新技术等方面的内容，力求体现时代特征。

3. 全书统一配备极富立体感的立体渲染图，激发学生的学习兴趣，有助于学生的由平面图形想象空间物体、以平面图形表现空间物体的意识培养和能力形成。

4. 每个课题包含若干任务，每个任务基于完整的工作过程，具有可操作性和可行性，内容安排合理。

5. 本书以工作任务为导向，以实例为载体，可采用四步教学法、引导提示法、案例分析法、模拟教学法、实际动手等多种教学方法进行教学与实践。

6. 本书配套微课、动画、三维模型等多种数字化资源，在书中以二维码形式呈现，通过手机扫描二维码，即获取学习资源，享受立体化学习体验。通过多视角观察三维模型，帮助学生分析复杂形体结构，培养空间想象力，攻克制图学习中二维向三维转换的难点。

7. 三维建模和工程图学是相辅相成的，本书通过典型实例介绍机械零部件的三维实体建模和二维工程图制作的具体步骤，不仅更容易学习机械制图知识，也有利于后续计算机辅助设计与制造类课程的学习。

本书由杨欧、王大山、石伟任主编，杨欧负责全书统稿，王延宝任副主编。主教材参加编写的有：石伟（课题一、二、三）、张玉鑫（课题四）、杨欧（课题五、六、七）、王大山（课题八、九、十一、附录）、王放（课题十）、王延宝负责微课、动画、三维模型等数字化资源的制作；活页习题集参加编写的有：侯敏、韩延军（课题一、二）、刘平（课题三、四、五）、杨欧（课题六）、李静（课题七）、王大山（课题八）、张天宇（课题九）、王放（课题十）。

由于编者水平有限，书中不足之处在所难免，欢迎读者尤其是任课教师提出批评意见和宝贵建议。

编　者

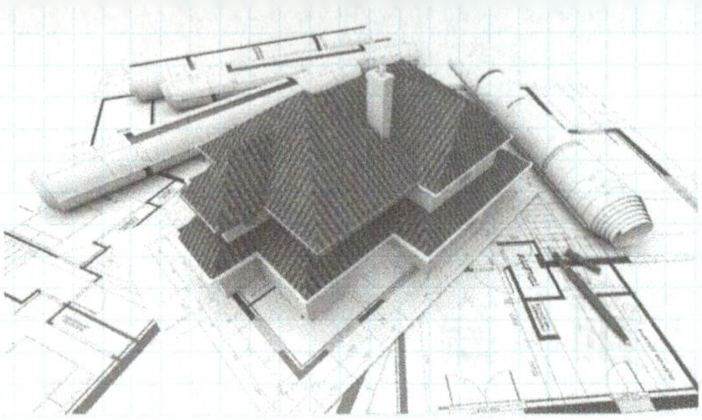

# 二维码索引

（续）

（续）

| 序号 | 名称 | 二维码 | 页码 | 序号 | 名称 | 二维码 | 页码 |
|---|---|---|---|---|---|---|---|
| 39 | 移出断面图模型示例 | | 111 | 49 | 用丝锥加工内螺纹 | | 123 |
| 40 | 移出断面图画法 | | 111 | 50 | 车外螺纹 | | 123 |
| 41 | 重合断面图 | | 112 | 51 | 车内螺纹 | | 123 |
| 42 | 模型示例 1 | | 113 | 52 | 螺栓连接 | | 127 |
| 43 | 模型示例 2 | | 113 | 53 | 双头螺柱连接 | | 128 |
| 44 | 模型示例 3 | | 115 | 54 | 螺钉连接 | | 129 |
| 45 | 第三角画法及展开 | | 118 | 55 | 齿轮的画法 | | 131 |
| 46 | 外螺纹的画法 | | 120 | 56 | 表面粗糙度的标注 | | 156 |
| 47 | 内螺纹的画法 | | 121 | 57 | 极限与配合的标注 | | 160 |
| 48 | 螺纹连接的画法 | | 121 | 58 | 曲轴零件的几何公差标注实例 | | 161 |

（续）

| 序号 | 名称 | 二维码 | 页码 | 序号 | 名称 | 二维码 | 页码 |
|---|---|---|---|---|---|---|---|
| 59 | 齿轮泵结构分解 |  | 175 | 61 | 滑动轴承的安装 |  | 188 |
| 60 | 球心阀结构分解 |  | 185 | 62 | 机用平口钳结构分解 |  | 189 |

# 目 录

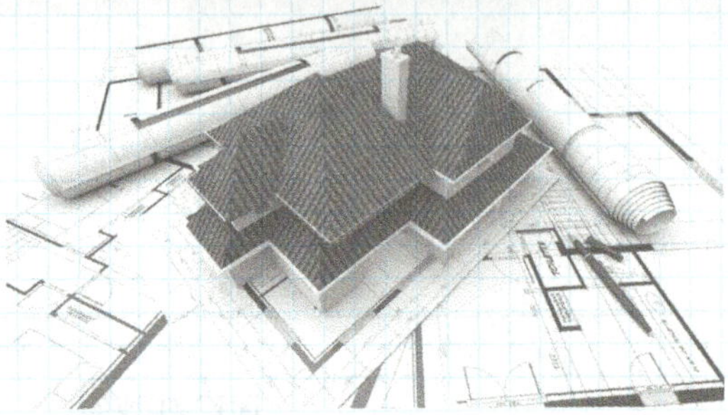

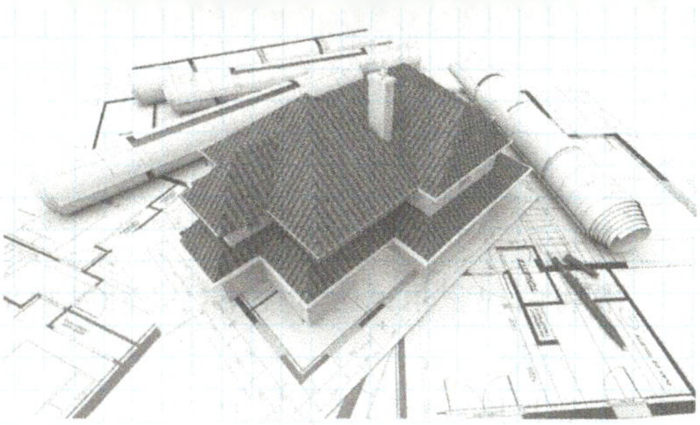

# 课题一

## 制图基础训练

### 1-1 常用尺规绘图工具

**学习目标**

了解常用的尺规绘图工具。

**知识链接**

正确使用和维护绘图工具，是保证绘图质量和加快绘图速度的一个重要因素，因此，必须养成正确使用、维护绘图工具和用品的良好习惯。

**1. 图板**

图板是供铺放、固定图纸用的矩形木板（图 1-1）。板面平整光滑，左侧为导边，必须平直。

**2. 丁字尺**

丁字尺由尺头和尺身构成（图 1-1），主要用于画水平线。使用时，尺头内侧必须紧靠图板的导边，用左手推动丁字尺上、下移动。移动到所需位置后，压住尺身，用右手由左至右画水平线。

**3. 三角板**

三角板由 45°和 30°（60°）两块合成为一副。三角板和丁字尺配合使用，可作出垂直线，也可画出 15°、30°、45°、60°和 75°等特殊角度的倾斜线（图 1-2）。

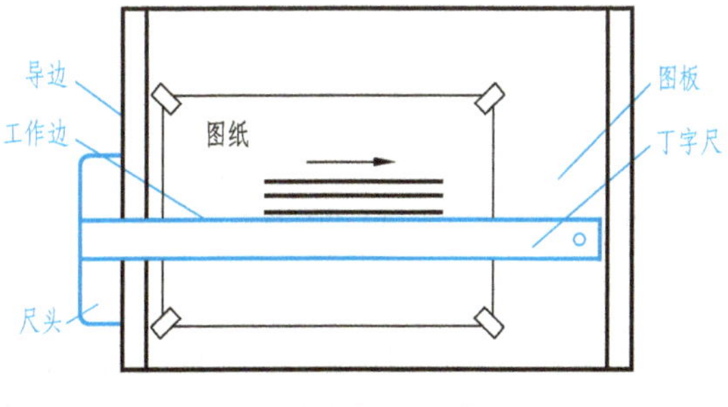

图 1-1 图板和丁字尺

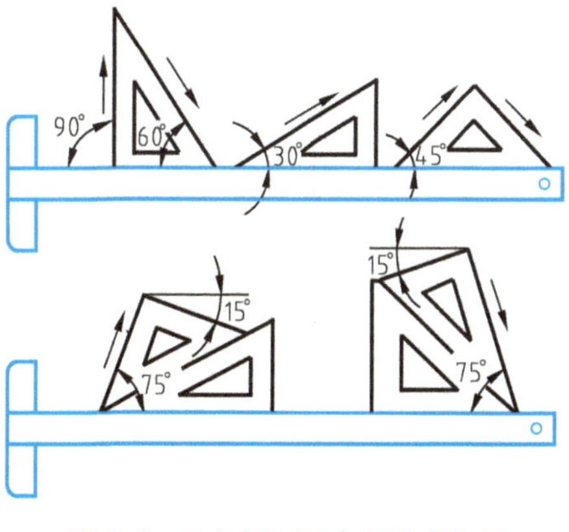

图 1-2 三角板和丁字尺配合使用

若将两块三角板配合使用，还可以画出已知直线的平行线或垂直线。

### 4. 圆规

圆规是用于画圆或圆弧的工具。

画圆时，圆规的钢针应使用有肩台的一端，并使肩台与铅芯尖平齐。圆规的使用方法如图 1-3 所示。

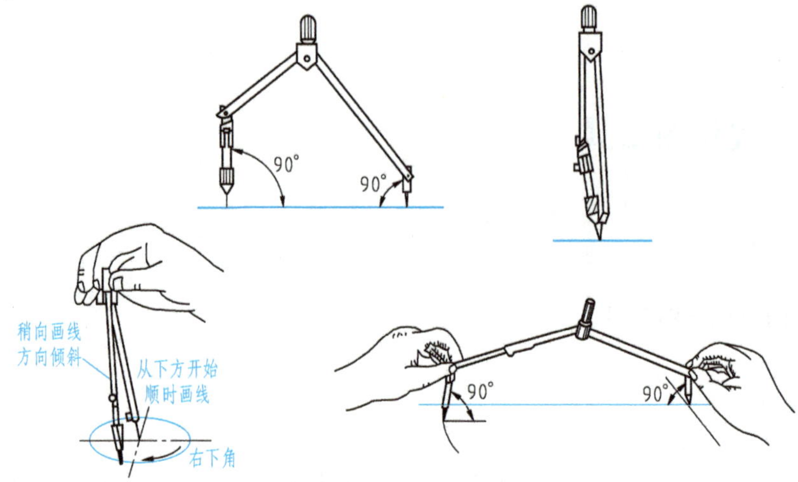


图 1-3　圆规的用法

### 5. 分规

分规是用于截取尺寸、等分线段和圆周的工具（图 1-4）。

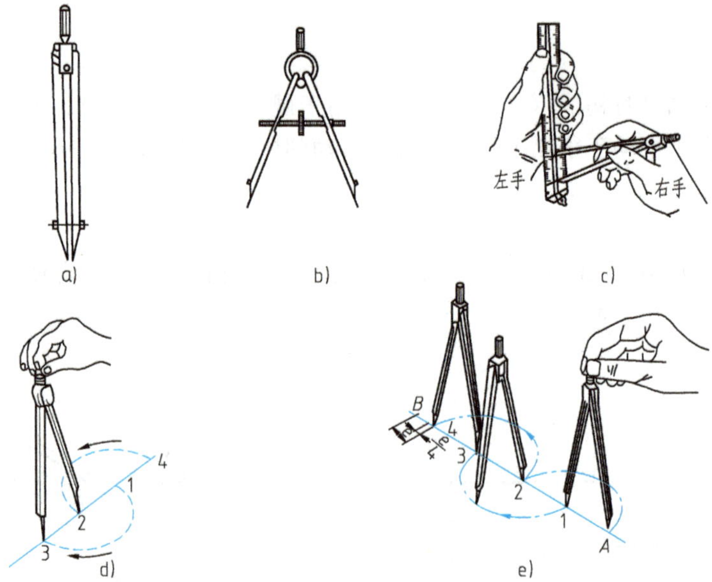


图 1-4　分规的用法

a）普通分规　b）弹簧分规　c）用分规量取尺寸　d）用分规截取等距离　e）用分规等分直线段

### 6. 铅笔

铅笔分硬、中、软三种。绘制图形底稿时，建议采用 2H 或 3H 铅笔，并削成尖锐的圆锥形；描黑底稿时，建议采用 B 或 2B 铅笔，削成扁铲形。铅笔应从没有标号的一端开始使用，以便保留软硬的标号，如图 1-5 所示。

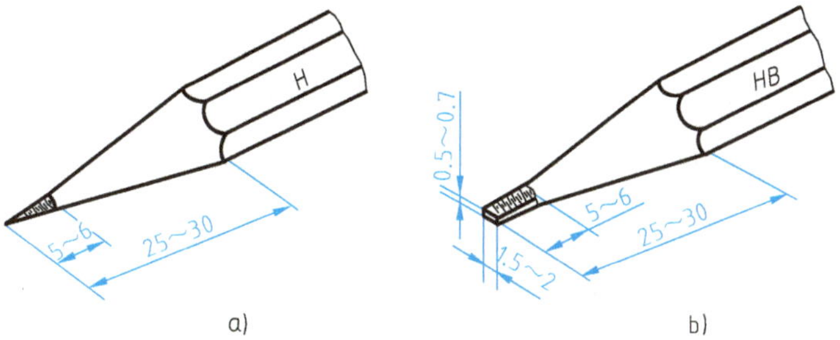


图 1-5 铅笔的削法

a）圆锥形 b）扁铲形

### 7. 曲线板

曲线板是用于画非圆曲线的工具，其轮廓线由多段不同曲率半径的曲线组成。

作图时先徒手用铅笔把曲线上一系列的点按顺序连接起来，然后选择曲线板上曲率合适的部分与徒手连接的曲线贴合。每次连接应通过曲线上三个点，并注意每画一段线，都要比曲线板边与曲线贴合的部分稍短一些，这样才能使所画的曲线光滑地过渡。曲线板的应用如图 1-6 所示。

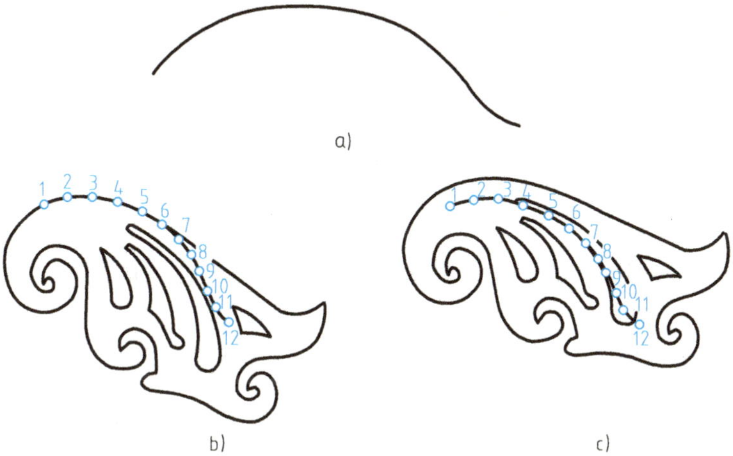


图 1-6 曲线板的应用

a）被绘曲线 b）描绘前几个点的曲线 c）描绘中间几个点的曲线

### 8. 其他绘图工具和用品

除上列工具和用品外，绘图时还要备有橡皮、小刀、砂纸、胶带纸以及比例尺等。

## 1-2 线型及仿宋体练习

**学习目标**

1. 通过线型及仿宋体练习，掌握绘图工具的使用方法。
2. 了解制图国家标准的基本规定。

## 制图任务

绘制图 1-7 所示线型及仿宋体字，体会各种线型及字体。

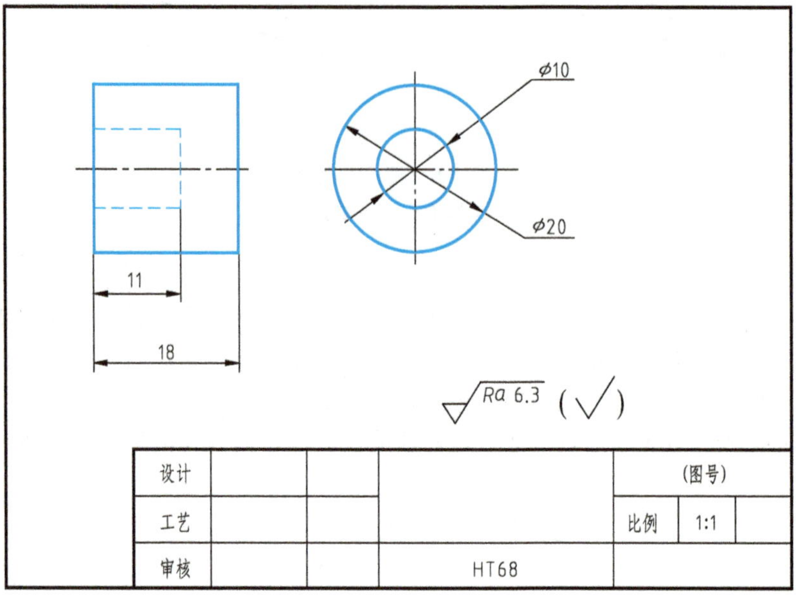


图 1-7　线型及仿宋体字练习

## 知识链接

国家标准《机械制图》和《技术制图》是图样绘制与使用的准则，必须认真学习和遵守。

“GB/T”为推荐性国家标准的代号，一般可简称“国标”。之后的几位数字为标准的批准顺序号，“—”后的数字表示该标准发布的年份。

### 1. 图纸幅面和格式（GB/T 14689—2008）

（1）图纸幅面　为了使图纸幅面统一，便于装订和保管以及符合缩微复制原件的要求，绘制技术图样时，应按以下规定选用图纸幅面。优先选用基本幅面（表 1-1）。基本幅面共有五种，其尺寸关系如图 1-8 所示。必要时，也允许选用加长幅面，但加长后幅面的尺寸必须是由基本幅面的短边成整数倍增加后得出。

表 1-1　图纸的基本幅面

| 幅面代号 | A0 | A1 | A2 | A3 | A4 |
|---|---|---|---|---|---|
| 尺寸 $B \times L$ | 841×1189 | 594×841 | 420×594 | 297×420 | 210×297 |
| $e$ | 20 | | 10 | | |
| $c$ | 10 | | | 5 | |
| $a$ | 25 | | | | |

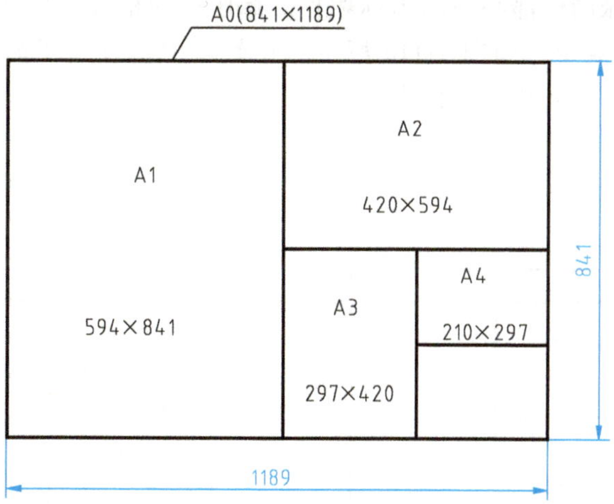


图 1-8　基本幅面的尺寸关系

(2) 图框格式　在图纸上必须用粗实线画出图框，其格式分为不留装订边和留装订边两种，其图框格式如图 1-9 和图 1-10 所示。同一产品的图样只能采用一种格式。

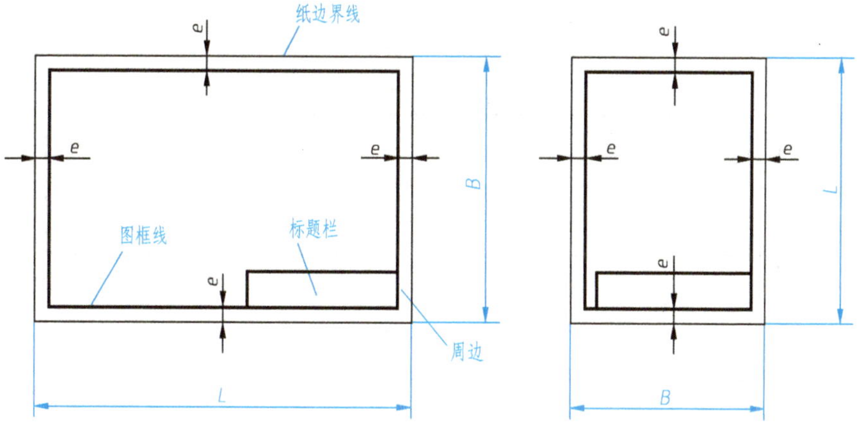


图 1-9　不留装订边的图框格式

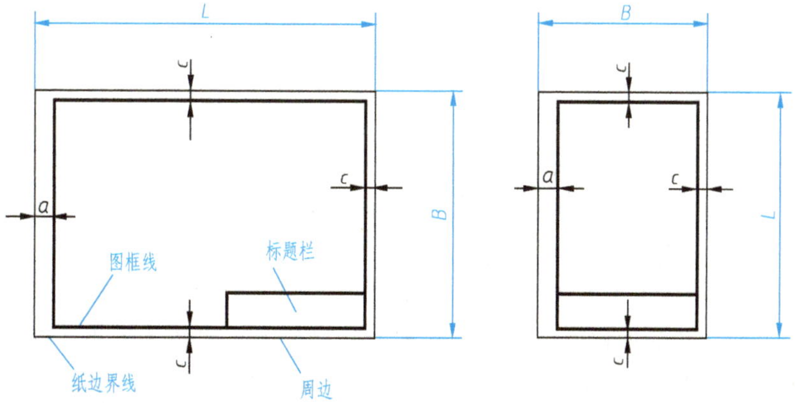


图 1-10　留装订边的图框格式

(3) 标题栏　每张图样都必须画出标题栏。标题栏的格式和尺寸在国家标准《技术制图　标题栏》中已有规定，如图1-11a所示。在教学中建议采用简化格式的标题栏，如图1-11b所示。标题栏的位置应位于图纸的右下角。

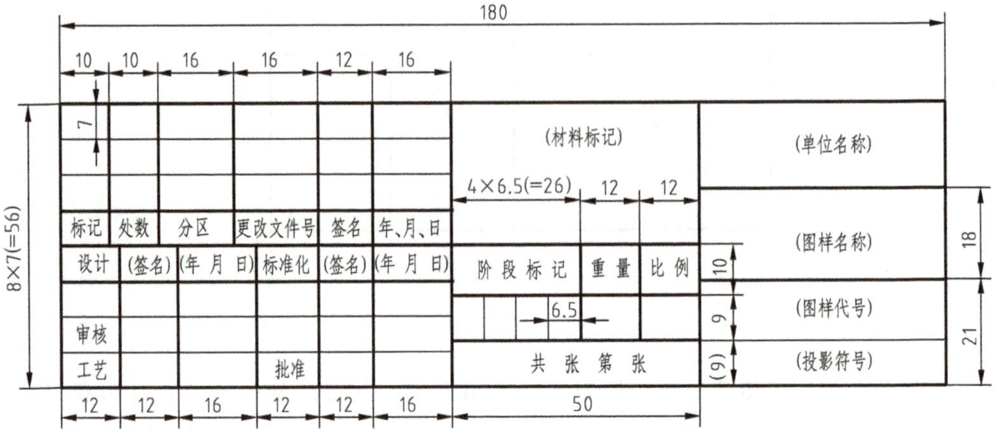


a)

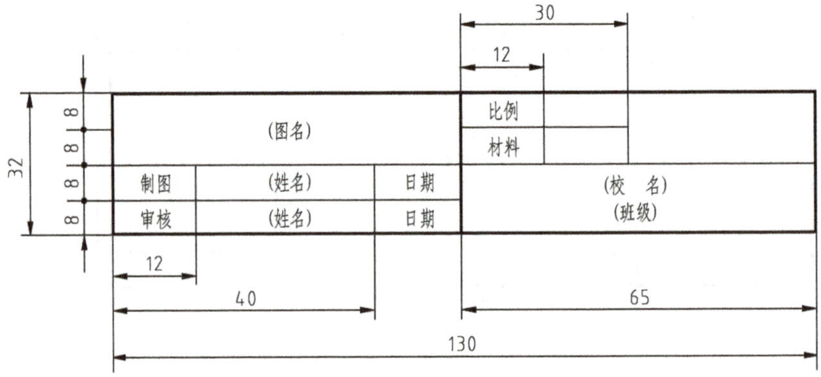


b)

图1-11　标题栏格式

a）国家标准规定的标题栏　b）简化格式的标题栏

## 2. 比例（GB/T 14690—1993）

### (1) 术语

1）比例。图中图形与其实物相应要素的线性尺寸之比。

2）原值比例。比值为1的比例，即1∶1（图1-12）。

3）放大比例。比值大于1的比例，如2∶1。

4）缩小比例。比值小于1的比例，如1∶2。

(2) 比例系列　绘制图样时，为了从图样上直接反映出实物的大小，应尽量采用原值比例。但各种实物的大小和结构千差万别，绘图时，也可根据实际需要从表1-2中选取放大比例或缩小比例。

**表 1-2　选择比例**

| 种类 | 优先选择比例 | 允许选择比例 |
|---|---|---|
| 原值比例 | 1 : 1 | — |
| 放大比例 | 5 : 1　　2 : 1<br>$5\times10^n$ : 1　$2\times10^n$ : 1　$1\times10^n$ : 1 | 4 : 1　　2.5 : 1<br>$4\times10^n$ : 1　$2.5\times10^n$ : 1 |
| 缩小比例 | 1 : 2　　1 : 5　　1 : 10<br>1 : $2\times10^n$　1 : $5\times10^n$　1 : $1\times10^n$ | 1 : 1.5　　1 : 2.5　　1 : 3<br>1 : $1.5\times10^n$　1 : $2.5\times10^n$　1 : $3\times10^n$<br>1 : 4　　1 : 6<br>1 : $4\times10^n$　1 : $6\times10^n$ |

注：$n$ 为正整数。

（3）标注方法　比例符号以“：”表示，表示方法如 1：1、1：2、5：1 等。比例一般应标注在标题栏中的比例栏内。不论采用何种比例，图形中所标注的尺寸数值必须是实物的实际尺寸，与图形的比例无关，如图 1-12 所示。

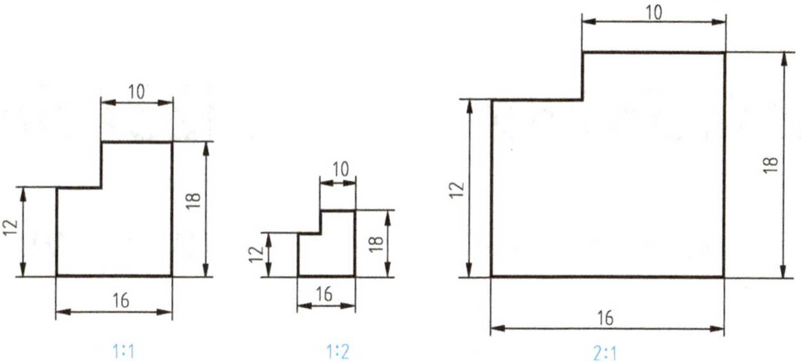


图 1-12　图形比例与尺寸数字

### 3. 字体（GB/T 14691—1993）

在图样上除了要用图形来表达零件的结构形状外，还必须用数字及文字来说明它的大小和技术要求等其他内容。书写的汉字、数字和字母，都必须做到“字体工整、笔画清楚、间隔均匀、排列整齐”。

（1）汉字　汉字应写成长仿宋体字，并应采用国家正式公布的简化字。汉字的高度（用 $h$ 表示）不应小于 3.5mm，其字宽一般为 $h/\sqrt{2}$。字体的高度代表字体的号数，其公称尺寸系列为：1.8mm、2.5mm、3.5mm、5mm、7mm、10mm、14mm、20mm。

书写长仿宋体字的要领是：横平竖直、注意起落、结构匀称、填满方格。

10号字　字体工整　笔画清楚　间隔均匀　排列整齐

7号字　横平竖直　注意起落　结构均匀　填满方格

5号字　技术制图 机械电子 汽车船舶 土木建筑

3.5号字　螺纹齿轮 航空工业 施工排水 供暖通风 矿山港口

（2）字母和数字　字母和数字（包括阿拉伯数字、罗马数字、拉丁字母及少数希腊字母）按笔画宽度 $d$ 与字高的关系情况可分 A 型和 B 型。A 型字体的笔画宽度 $d$ 为字高 $h$ 的 1/14，B 型字体的笔画宽度 $d$ 为字高 $h$ 的 1/10。在同一图样上，只允许选用一种形式的字体。字母和数字可写成斜体和直体。斜体字字头向右倾斜，与水平基准线成 75°。

字母：

斜体

*ABCDEFGHIJKLMN*
*OPQRSTUVWXYZ*

直体

ABCDEFGHIJKLMN
OPQRSTUVWXYZ

阿拉伯数字：

斜体

*0123456789*

直体

0123456789

罗马数字：

斜体

*I II III IV V VI VII VIII IX X*

直体

I II III IV V VI VII VIII IX X

## 4. 图线（GB/T 4457.4—2002）

绘制图样时，应遵循国家标准《机械制图　图样画法　图线》（GB/T 4457.4—2002）规定的绘制图样中常用的线型及名称，见表 1-3。

表 1-3　常用的图线

| 图线类型 | | 主要用途 |
| --- | --- | --- |
| | 粗实线 | 可见轮廓线 |
| | 细实线 | 尺寸线、尺寸界线、剖面线、引出线 |
| | 细波浪线 | 断裂处的边界线、视图和剖视图的分界线 |
| | 细双折线 | 断裂处的边界线 |
| | 细虚线 | 不可见棱边线 |
| | 细点画线 | 轴线、对称中心线 |
| | 粗点画线 | 有特殊要求的表面表示线 |
| | 细双点画线 | 假想投影轮廓线、中断线等 |

在机械图样中采用粗、细两种线宽，它们之间的比例为 2∶1（粗线为 $d$，细线为 $d/2$）。

在同一图样中，同类图线的宽度应一致。细（粗）虚线、细（粗）点画线及细双点画线的线段长度和间隔应各自大致相等。

各种图线的应用示例如图 1-13 所示。

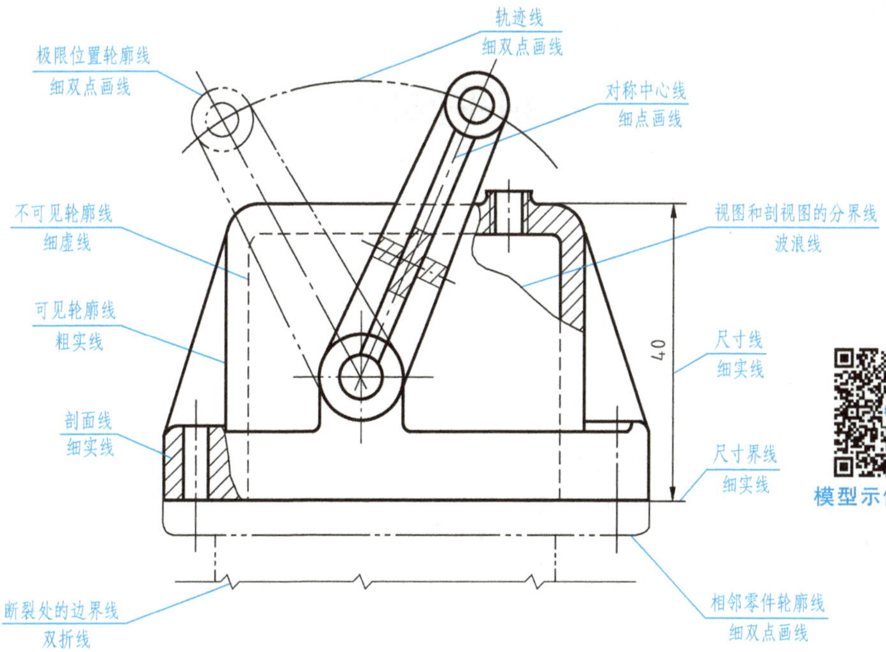


模型示例图 1-13

图 1-13　各种图线应用示例

画图线时应注意以下几点（图 1-14）：

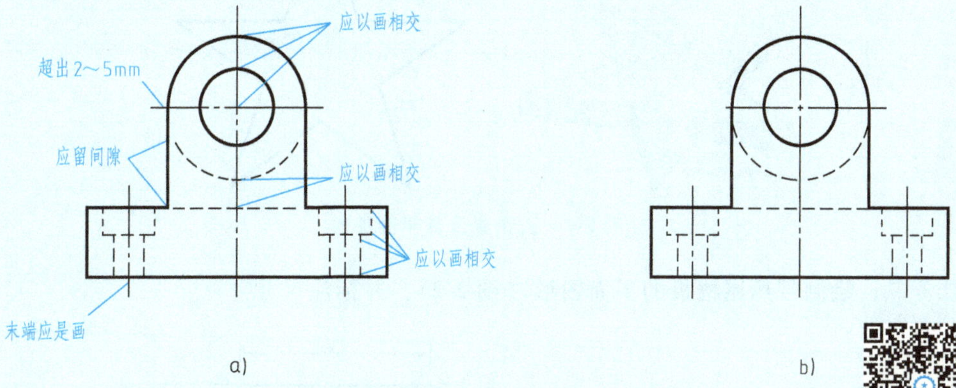


图 1-14　图线画法正误对比

a）正确　b）错误

模型示例图 1-14

1）细点画线、细双点画线的首末两端应是画，而不是点。

2）各种线型相交时，都应以画相交，而不应该是点或间隔。

3）当有两种或更多种的图线重合时，通常应按照图线所表达对象的重要程度选择绘制顺序：可见轮廓线→不可见轮廓线→尺寸线→各种用途的细实线→轴线和对称线（中心线）→假想线。

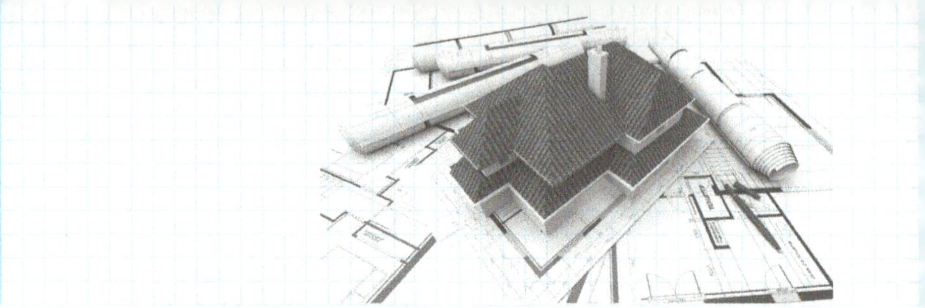

# 课题二

# 绘制平面图形

## 2-1 简单平面图形

### 学习目标

1. 进一步了解制图国家标准的基本规定。
2. 掌握标注尺寸的基本规则，会进行基本的尺寸标注。
3. 掌握常用的圆周等分和正多边形的作图方法。

### 制图任务

任务一：绘制五角星的平面图形（图 2-1）。

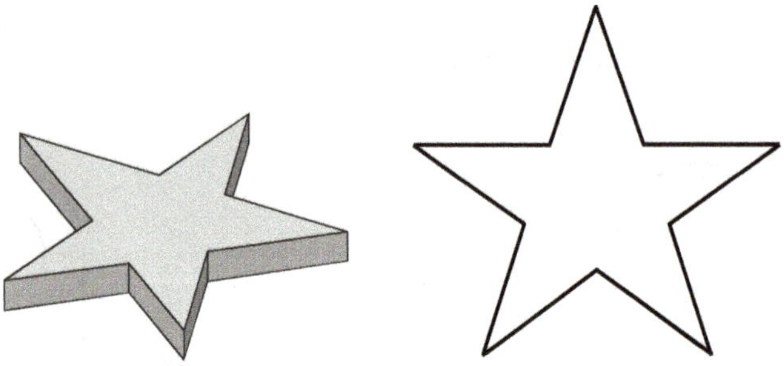

图 2-1　五角星及其平面图形

任务二：绘制带燕尾槽板的平面图形（图 2-2），并标注尺寸。

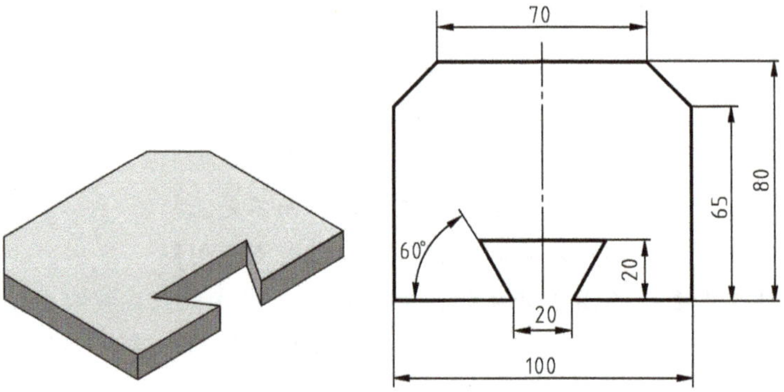


图 2-2　带燕尾槽板平面图形

## 任务实施

### 1. 任务一的操作步骤

**分析：** 图 2-1 所示五角星的平面图形可通过连接五边形各点得到，在绘制过程中，需要了解等分圆周、正五边形的作图方法。绘制该图形时用到了细单点画线、细实线和粗实线等图线，需要使用图板、丁字尺、铅笔、圆规和三角板等绘图工具。本任务的目的就是在绘图过程中，了解制图国家标准的基本规定，掌握常用尺规绘图工具的使用方法。

绘制步骤如下：

1）绘制基准线 *AB*、*CD*；以点 *O* 为圆心绘制半径为 30mm 的圆；以点 *B* 为圆心，*OB* 长为半径，绘制圆弧交圆周于两点，连接两点，交 *OB* 于点 *P*，如图 2-3 所示。

2）作五等分点：以点 *P* 为圆心，*PC* 长为半径画弧交直径 *AB* 于点 *H*，如图 2-4 所示。

3）以 *CH* 为弦长，自点 *C* 起在圆周上对称截取，得等分点，如图 2-5 所示。

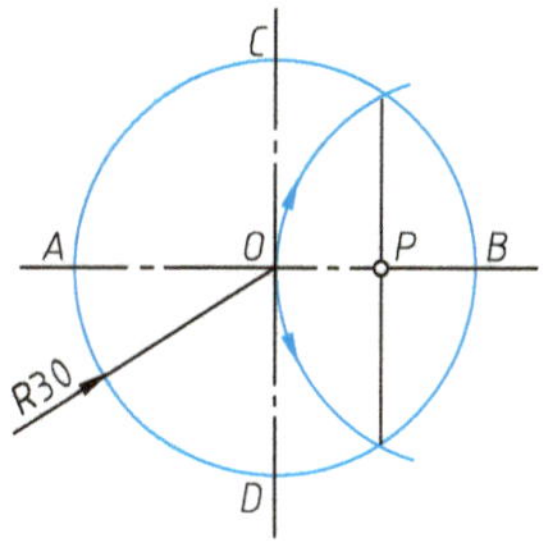


图 2-3　五角星绘制步骤 1

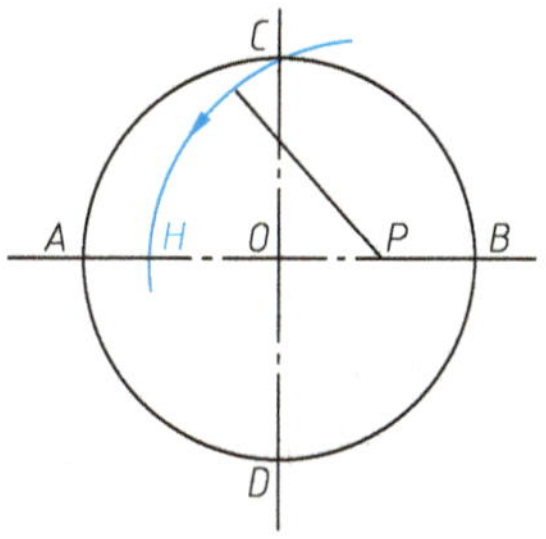


图 2-4　五角星绘制步骤 2

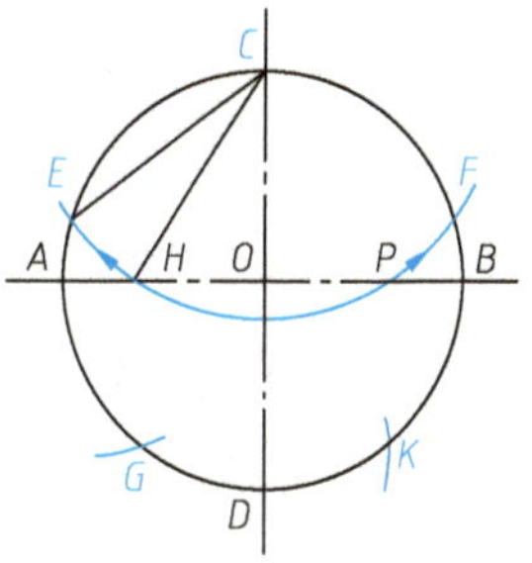


图 2-5　五角星绘制步骤 3

4）顺序连接圆周各等分点，即正五边形，如图 2-6 所示。

5）连接各点得五角星平面图形，擦除作图辅助线并加深线条，即得要求的图形，如图 2-7 所示。

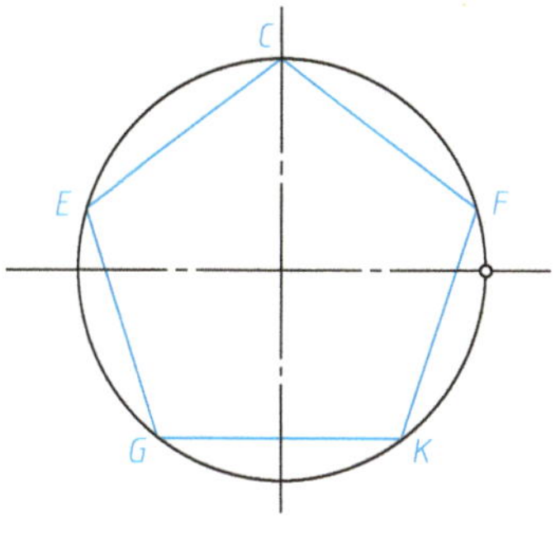


图 2-6　五角星绘制步骤 4

五边形的画法

图 2-7　五角星绘制步骤 5

### 2. 任务二的操作步骤

**分析：** 本任务绘制图 2-2 所示的带燕尾槽板的平面图形，目的是使学生熟悉国家标准《机械制图》和《技术制图》的基本规定，掌握字体、比例和尺寸标注等内容，并能够根据对图样的分析选用适合的图幅，同时熟练掌握尺规绘图工具的使用方法。

根据对图样的尺寸分析，本图应选用图幅为 A4 的图纸，比例为 1∶1。

绘制步骤如下。

1）画竖直中心线；以中心线为对称轴，画出水平线，左、右分别截取 *A*、*B*、*C*、*D*；画 *AB* 的平行线 1、2，如图 2-8 所示。

2）作直线 *CP*、*DQ*、*AJ*、*BK*、*GM*、*GN*，如图 2-9 所示。

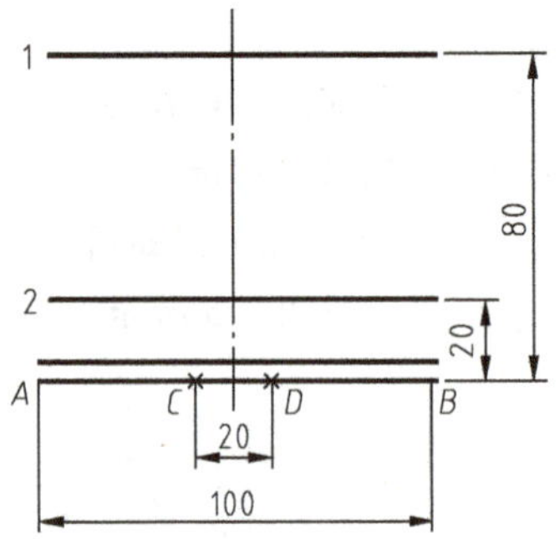


图 2-8　带燕尾槽板的平面图形绘制步骤 1

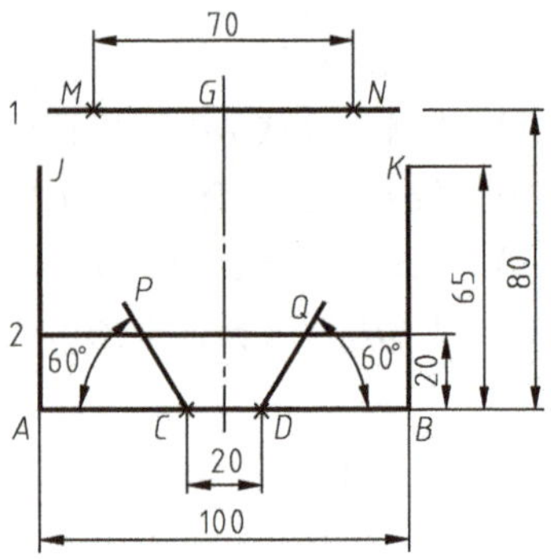


图 2-9　带燕尾槽板的平面图形绘制步骤 2

3）连接 *MJ*、*NK*，得到带燕尾槽板的轮廓底稿线，如图 2-10 所示。

4）检查无误后，擦除作图辅助线并加粗轮廓线，如图 2-11 所示。

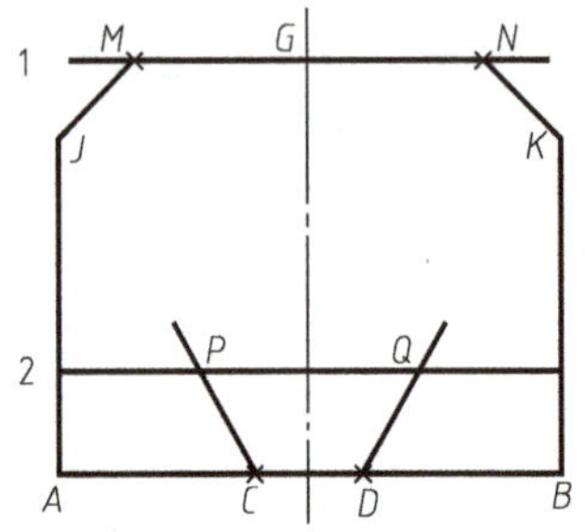


图 2-10　带燕尾槽板的平面图形绘制步骤 3

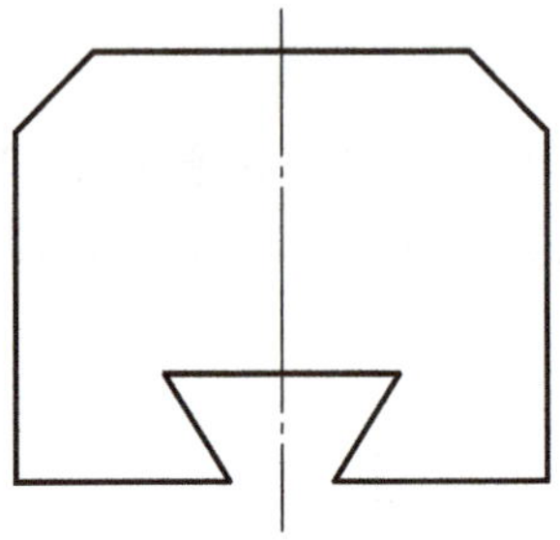

图 2-11　带燕尾槽板的平面图形绘制步骤 4

5）标注尺寸如图 2-12 所示，最后按要求填写标题栏。

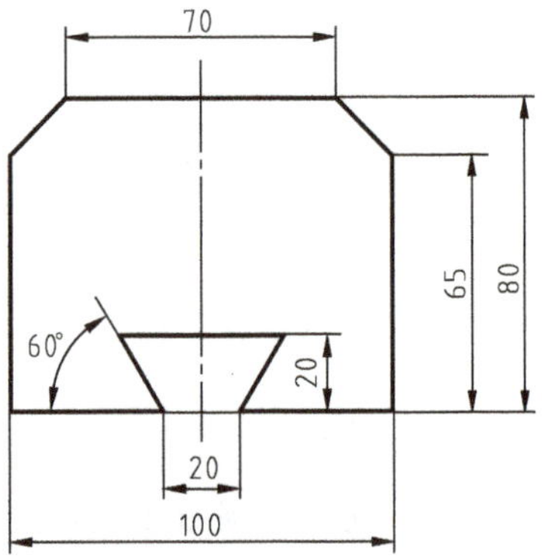


图 2-12　带燕尾槽板的平面图形绘制步骤 5

## 知识链接

### 1. 尺寸注法（GB/T 4458.4—2016）

在机械图样中，图形只能表达机件的结构形状，若要表达它的大小，则必须在图形上标注尺寸。尺寸是加工制造机件的主要依据，也是图样中指令性最强的部分。如果尺寸标注错误、不完整或不合理，将给生产带来困难。

**(1) 标注尺寸的基本规则**

1）机件的真实大小应以图样上所注的尺寸数值为依据，与图形大小及绘图的准确度无关。

2）图样中（包括技术要求和其他说明）的尺寸，以毫米为单位时，不需标注计量单位；如采用其他单位，则必须注明相应的计量单位。

3）对机件的每一尺寸，一般只标注一次，并标注在反映该结构最清晰的图形上。

4）图样中所注的尺寸应为机件的最后完工尺寸，否则应另加说明。

尺寸符号和缩写词见表 2-1。

**表 2-1 尺寸符号和缩写词**

| 名称 | 直径 | 半径 | 球直径<br>球半径 | 厚度 | 正方形 | 45°<br>倒角 | 深度 | 沉孔或<br>锪平 | 埋头孔 | 均布 | 弧度 |
|---|---|---|---|---|---|---|---|---|---|---|---|
| 符号或<br>缩写 | $\phi$ | $R$ | $S\phi$<br>$SR$ | $t$ | □ | $C$ | ↧ | ⌴ | ⌵ | EQS | ⌒ |

**(2) 尺寸的组成** 一个完整的尺寸包括尺寸数字、尺寸线和尺寸界线，如图 2-13 所示。

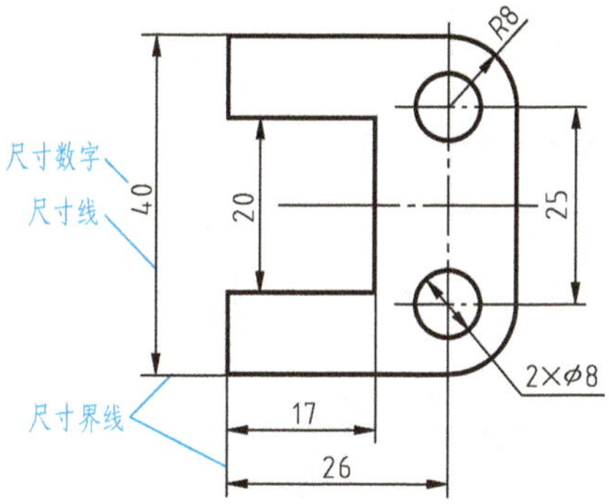


图 2-13 尺寸的标注示例

1）尺寸数字。尺寸数字表示尺寸度量的大小。

2）尺寸线。尺寸线表示尺寸度量的方向。

3）尺寸界线。尺寸界线表示尺寸的度量范围。

**(3) 常见的尺寸注法** 常见的尺寸注法见表 2-2。

**表 2-2 常见的尺寸注法**

| 项目 | 图　例 | 基 本 规 定 |
|---|---|---|
| 尺寸线 | 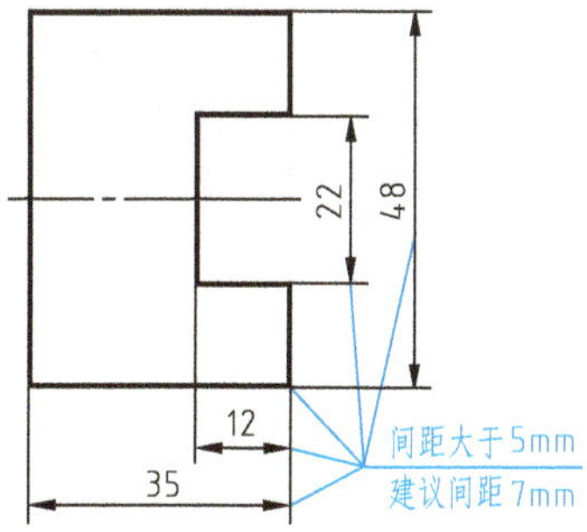 | 1. 尺寸线用细实线画出，不能用其他图线代替，也不得与其他图线重合或画在其他线的延长线上<br>2. 尺寸线与所标注的线段平行；尺寸线与轮廓线的间距、相同方向上尺寸线之间的间距约 7mm |

（续）

<table>
<tr><th>项目</th><th>图　例</th><th>基 本 规 定</th></tr>
<tr><td>尺寸界线</td><td>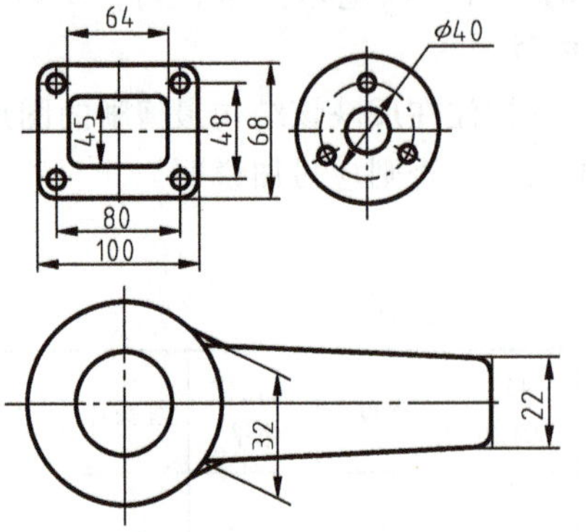
</td><td>1. 尺寸界线用细实线绘制，由图形的轮廓线、轴线或对称中心线处引出，也可直接利用它们作为尺寸界线<br>2. 尺寸界线一般应与尺寸线垂直。当尺寸界线贴近轮廓线时，允许与尺寸线倾斜<br>3. 在光滑过渡处标注尺寸时，必须用细实线将轮廓线延长，从它们的交点处引出尺寸界线</td></tr>
<tr><td>尺寸数字</td><td>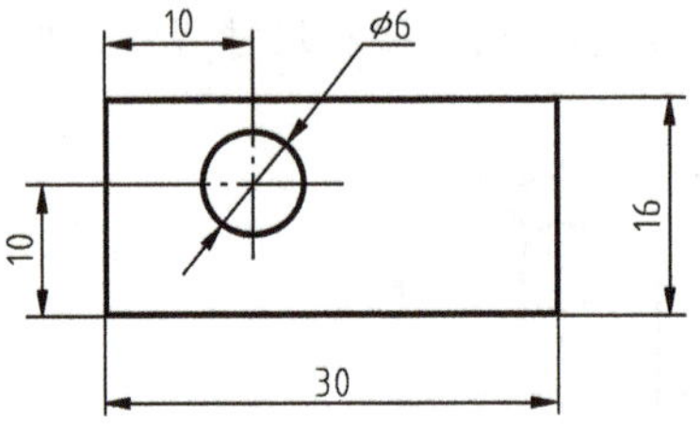

a)
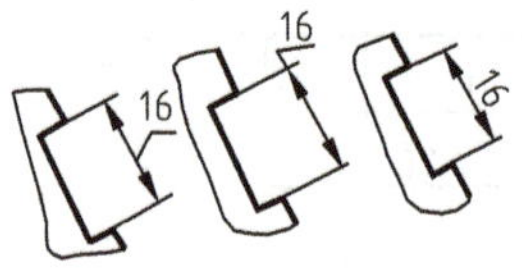

b)</td><td>1. 尺寸数字一般应标注在尺寸线的上方，也允许标注在尺寸线的中断处<br>2. 线性尺寸数字的方向一般应按图 a 所示的方向标注，并尽可能避免在图示 30°范围内标注，若无法避免时，可按图 b 的形式标注<br>3. 尺寸数字不可被任何图线通过，否则必须将该图线断开</td></tr>
<tr><td>尺寸线终端</td><td>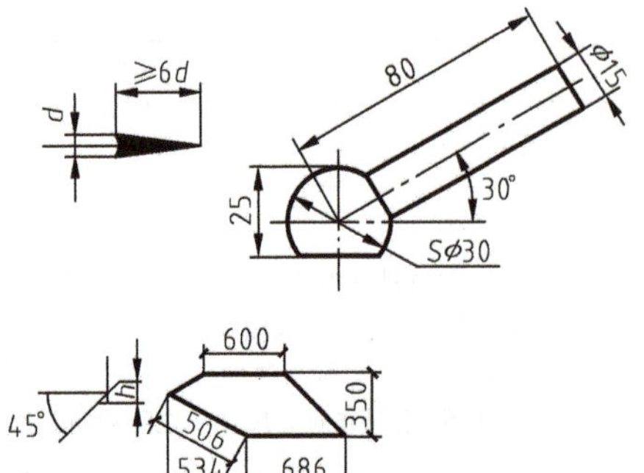
</td><td>1. 通常在机械图样尺寸线终端画箭头<br>2. 箭头尖端与尺寸界线接触，不得超出也不得分开；尺寸线终端采用斜线形式时，尺寸线与尺寸界线必须垂直</td></tr>
</table>

（续）

| 项目 | 图　　例 | 基 本 规 定 |
| --- | --- | --- |
| 直径与半径 | 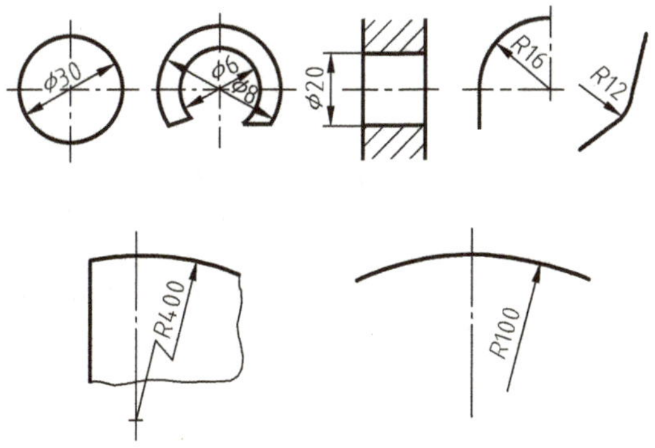<br>a)　　b) | 1. 标注直径时，应在尺寸数字前加注符号“$\phi$”；标注半径时，应在尺寸数字前加注符号“$R$”<br>2. 当圆弧的半径过大或在图纸范围内无法注出其圆心位置时，可按图 a 的形式标注；若不需要标出其圆心位置时，可按图 b 形式标注，但尺寸线应从圆心出发指向圆弧 |
| 球面直径与半径 | 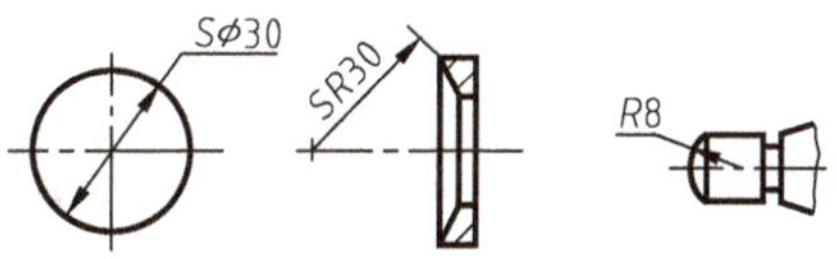<br>a)　　b) | 标注球面直径或半径时，应在符号“$\phi$”或“$R$”前加注符号“$S$”，如图 a 所示；对于螺钉、铆钉的头部、轴和手柄的端部等，在不致引起误会的情况下，可省略符号 $S$，如图 b 所示 |
| 角度 | 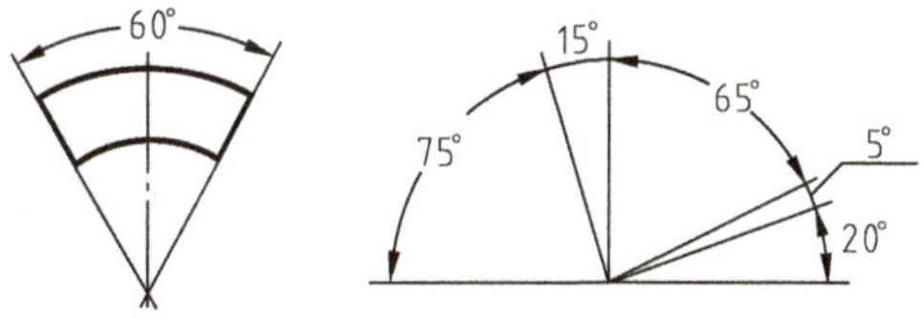<br>a)　　b) | 尺寸界线应沿径向引出，尺寸线画成圆弧，圆心是角的顶点，尺寸数字应一律水平书写，一般注在尺寸线的中断处，必要时也可按图 b 所示的形式标注 |
| 弦长与弧长 | 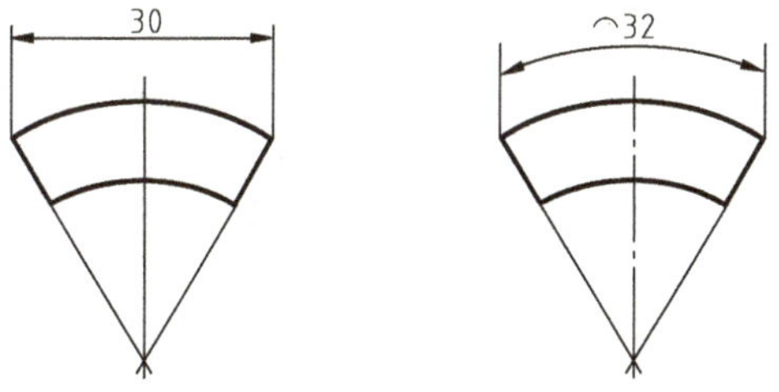<br>a)　　b) | 标注弦长和弧长时，其尺寸界线应平行于弦的垂直平分线；标注弧长尺寸时，尺寸线画成圆弧，并应在尺寸数字上方加注符号“⌒” |

（续）

| 项目 | 图　　例 | 基 本 规 定 |
| --- | --- | --- |
| 狭小部位 | 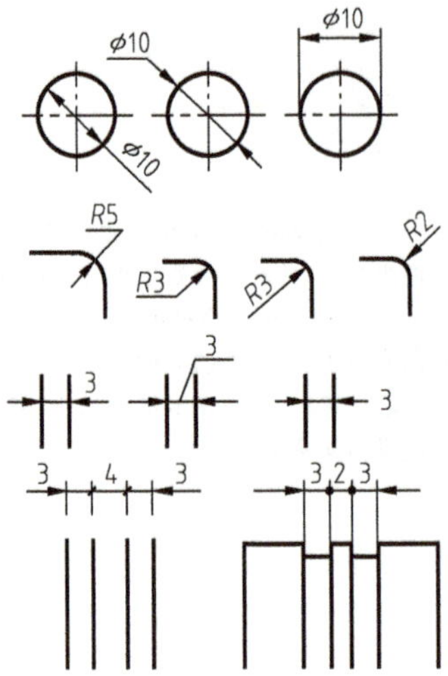 | 1. 在没有足够的位置画箭头或标注数字时，可将箭头或数字布置在外面，也可将箭头和数字都布置在外面<br>2. 几个小尺寸连续标注时，中间的箭头可用斜线或圆点代替 |
| 对称机件 | 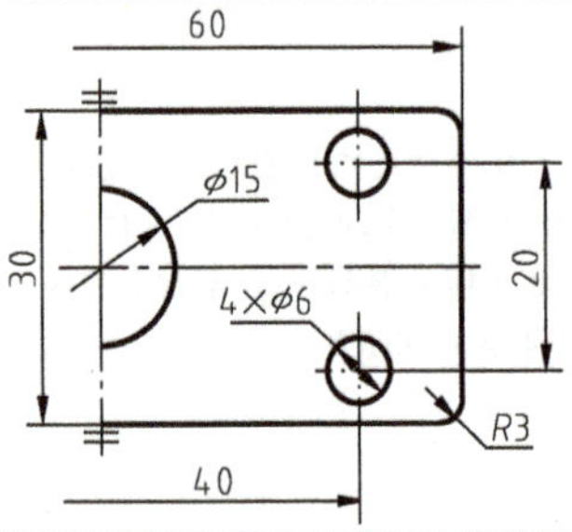 | 当对称机件的图形只画出一半或略大于一半时，尺寸线应略超过对称中心线或断裂处的边界线，并在尺寸线一端画出箭头 |

## 2. 等分作图

机件的形状虽各有不同，但都是由各种基本的几何图形组成。所以，绘制机械图样时应当首先掌握常见几何图形的作图原理、作图方法，以及图形与尺寸间相互依存的关系。

（1）等分线段　已知线段 $AB$，作五等分，步骤如图 2-14 所示。

1）过 $AB$ 的一端点 $A$ 作一条射线 $AC$，由此端点起在射线 $AC$ 上截取五等分。

2）将射线上五等分的末端与已知直线另一端点连线，并过射线上各等分点作此连线的平行线与已知直线相交，交点即为所求。

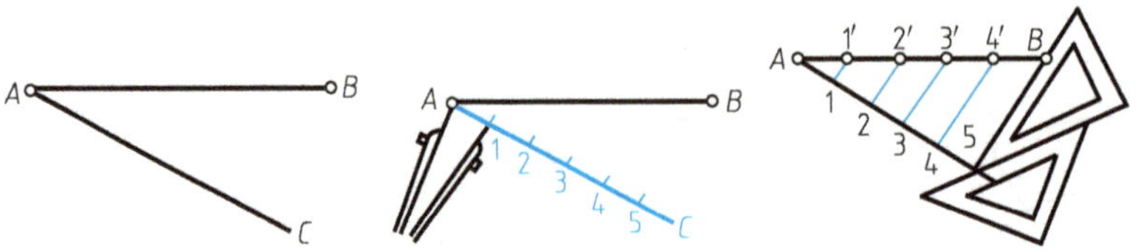


a)　　b)　　c)

图 2-14　等分线段作图步骤

（2）等分圆周和作正多边形

1）圆周的三、六等分。用圆规的作图方法作出圆周的三、六等分，作法如图 2-15 所示。

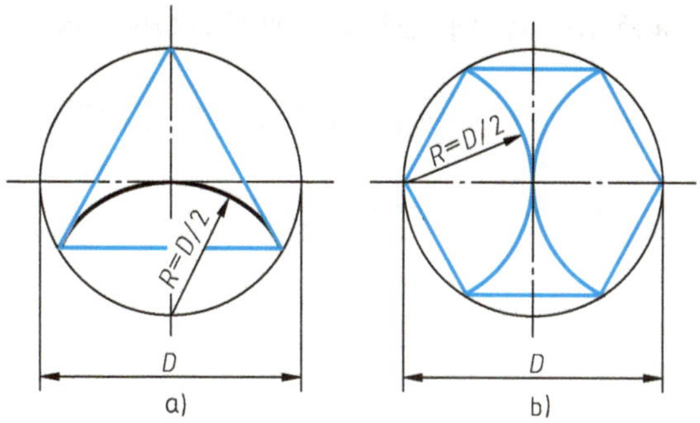


图 2-15　圆周的三、六等分

a）三等分　b）六等分

思考：用 30°（60°）三角板和丁字尺配合作出圆周的三、六等分。

2）圆周的五等分。其作图方法见任务一的操作步骤。

## 2-2　复杂平面图形

### 学习目标

1. 了解斜度和锥度的概念，掌握其画法和标注。
2. 掌握线段连接的作图方法。
3. 掌握平面图形的分析方法和作图步骤。

### 制图任务

任务一：绘制图 2-16a 所示工字钢的平面图形，如图 2-16b 所示。

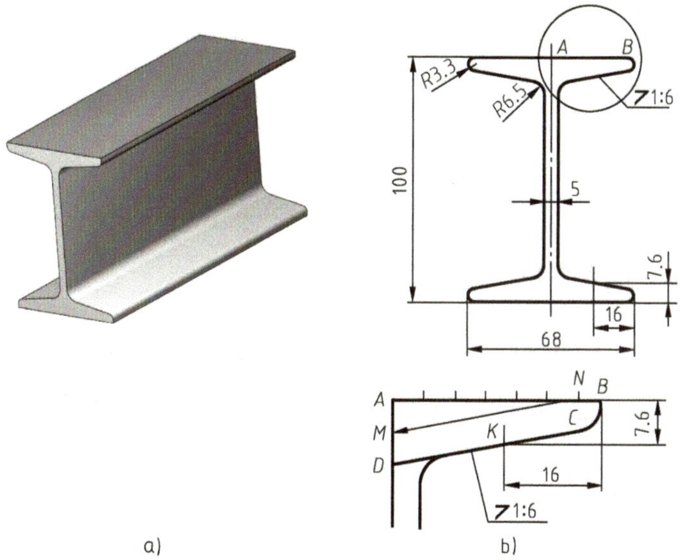


图 2-16　工字钢及其平面图形

任务二：绘制图 2-17a 所示手柄的平面图形，如图 2-17b 所示。

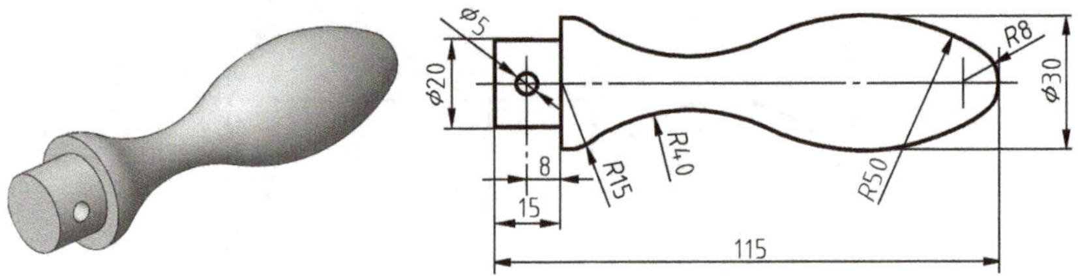


a) b)

图 2-17　手柄及其平面图形

## 任务实施

### 1. 任务一的操作步骤

**分析：**工字钢平面图形的绘制重点在于 1∶6 斜度的线段画法以及用圆弧 *R*3.3mm、*R*6.5mm 分别连接两线段的画法。

绘制步骤如下。

1）作对称线和已知直线，如图 2-18 所示。

2）作斜度 1∶6 的直线 *DC*，如图 2-19 所示。

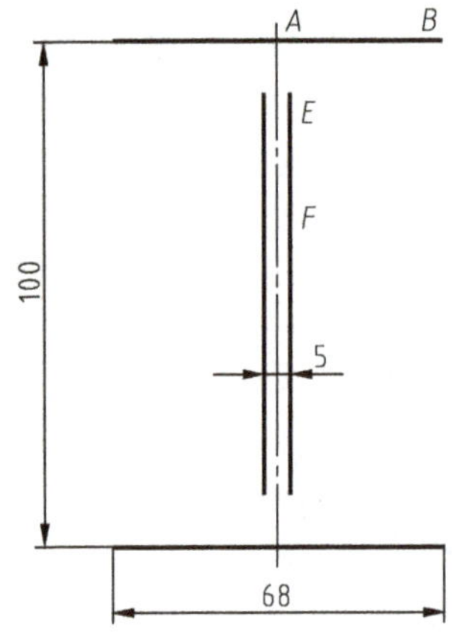


图 2-18　工字钢平面图形绘制步骤 1

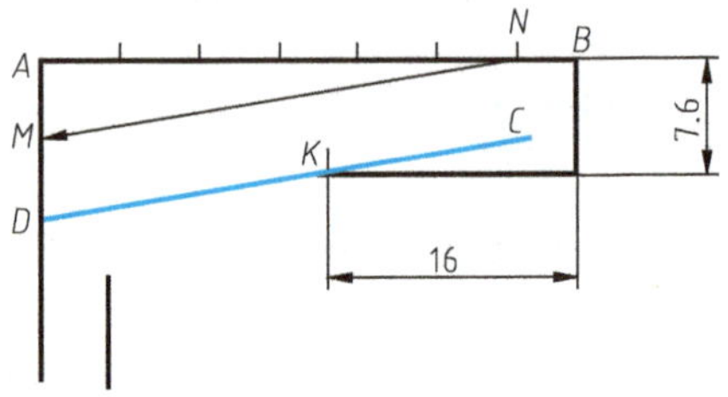


图 2-19　工字钢平面图形绘制步骤 2

3）作 *R*6.5mm 连接圆弧 12，如图 2-20 所示。

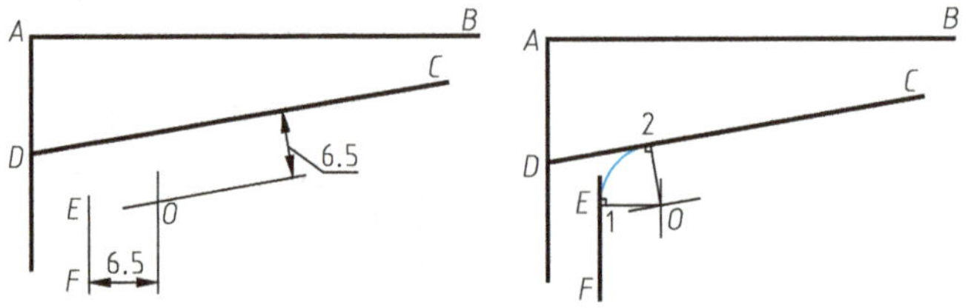


图 2-20　工字钢平面图形绘制步骤 3

4）作 $R3.3$mm 连接圆弧 $BC$，如图 2-21 所示。

5）按照以上方法将其他部分完成。整理图形擦去多余线条，将图形整理清晰并加粗轮廓线，最后标注尺寸，如图 2-22 所示。

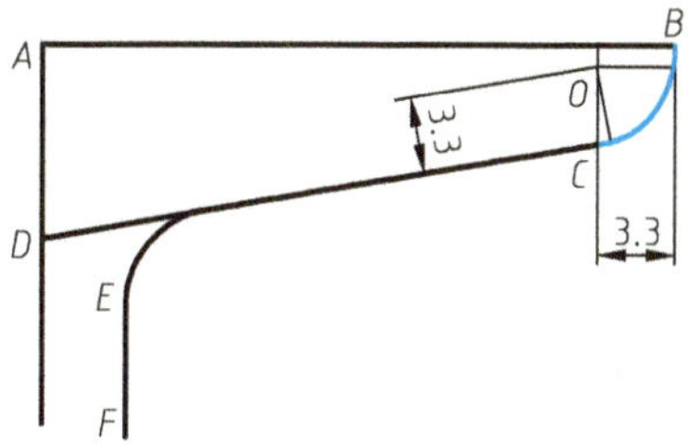

图 2-21　工字钢平面图形绘制步骤 4

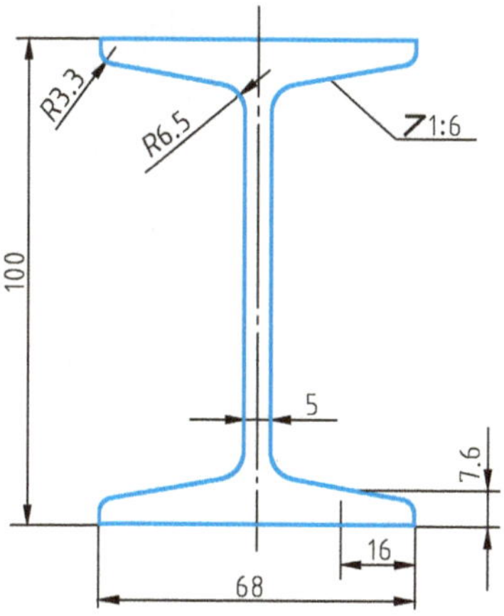

图 2-22　工字钢平面图形绘制步骤 5

2. 任务二的操作步骤

分析：手柄平面图形的绘制重点在于两圆弧之间圆弧连接的作图方法。本任务的目的是在绘图过程中理解并掌握平面图形的分析方法和作图步骤。

图中 $\phi20$mm 圆柱的矩形线段、圆弧 $R15$mm、$R8$mm、圆 $\phi5$mm 定形尺寸、定位尺寸齐全，为已知线段；图中的 $R50$mm 圆弧与 $R8$mm 的圆弧相切，圆心定位尺寸不完整，为中间线段；圆弧 $R40$mm 没有圆心定位尺寸，分别与圆弧 $R15$mm、$R50$mm 相切，为连接线段。画图顺序为先画出已知线段，然后利用连接线段与已知线段的关系，画出中间线段和连接线段。

绘制步骤如下。

1）画基准线、定位线，如图 2-23 所示。

2）画已知线段 $\phi20$mm、圆弧 $R15$mm、$R8$mm、圆 $\phi5$mm，如图 2-24 所示。

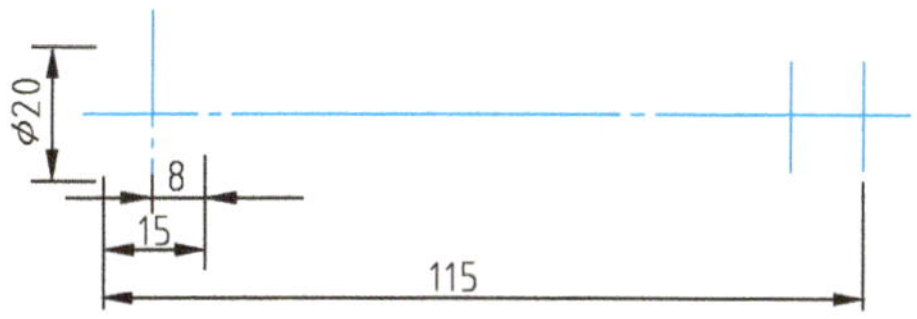

图 2-23　手柄平面图形绘制步骤 1

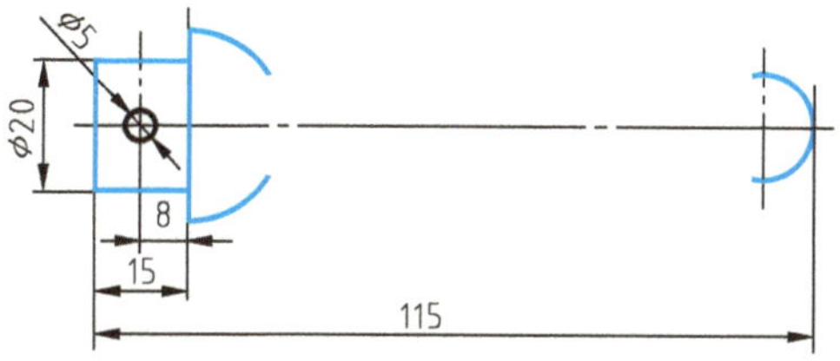

图 2-24　手柄平面图形绘制步骤 2

3）确定圆弧 $R50$mm 圆心的水平位置，如图 2-25 所示。

4）确定圆弧 $R50$mm 圆心的具体位置，如图 2-26 所示。

5）在两切点之间画出中间圆弧 $R50$mm，如图 2-27 所示。

手柄的画法

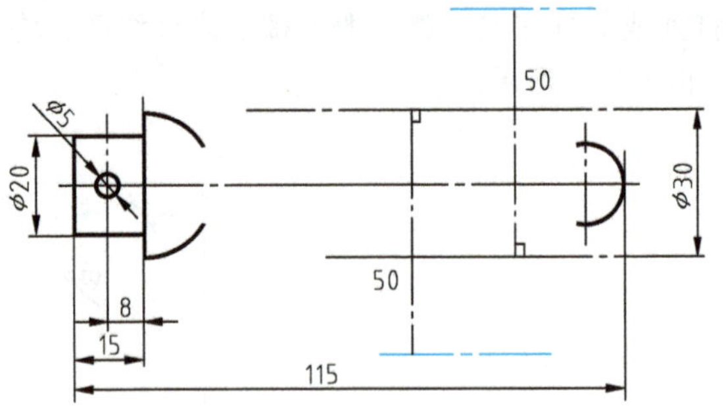


图 2-25　手柄平面图形绘制步骤 3

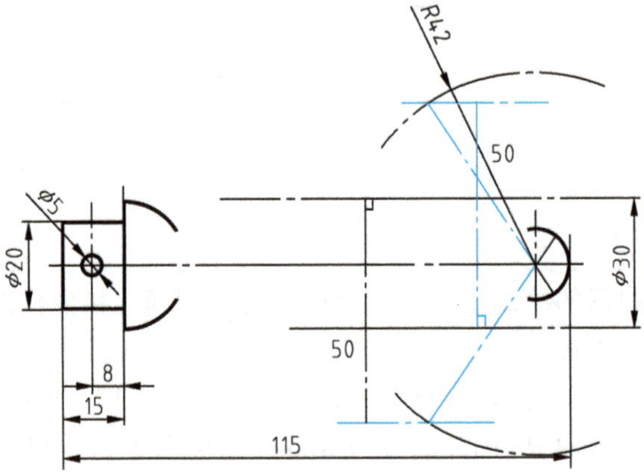


图 2-26　手柄平面图形绘制步骤 4

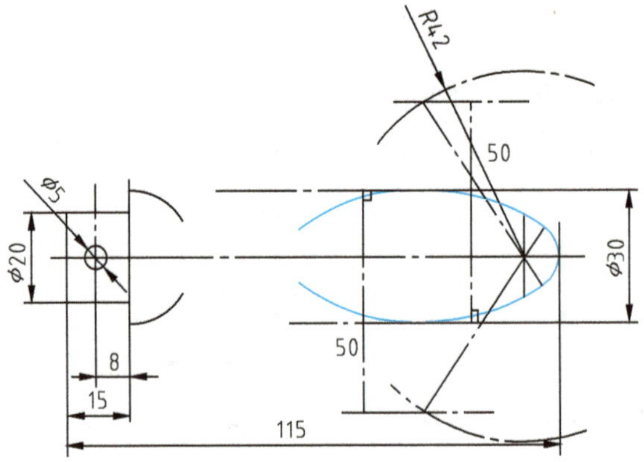


图 2-27　手柄平面图形绘制步骤 5

6）确定连接圆弧 *R*40mm 的圆心位置，如图 2-28 所示。

7）将所求 *R*40mm 的圆心与 *R*15mm、*R*50mm 的圆心相连，确定连接圆弧 *R*40mm 与 *R*15mm、*R*50mm 的连接点，如图 2-29 所示。

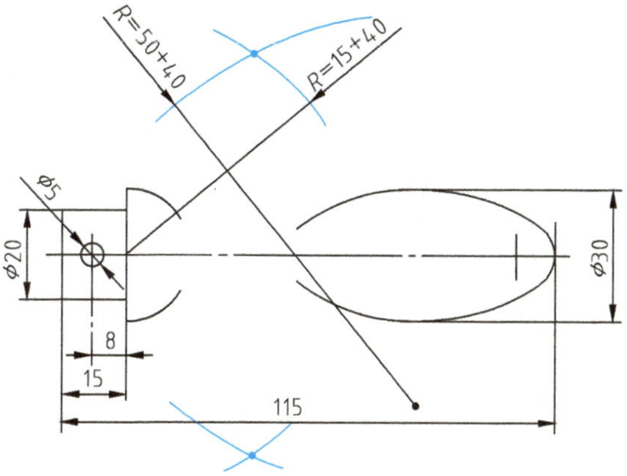


图 2-28　手柄平面图形绘制步骤 6

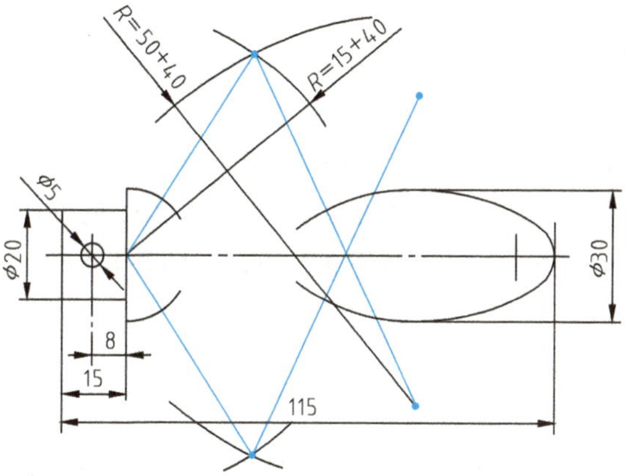


图 2-29　手柄平面图形绘制步骤 7

8）在两切点之间画出连接圆弧 $R$40mm，如图 2-30 所示。

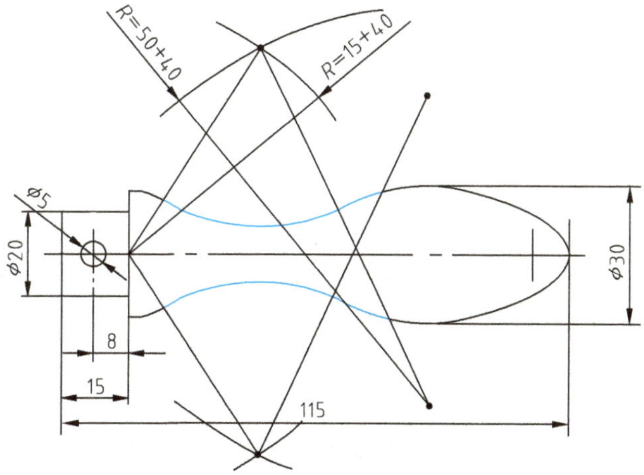


图 2-30　手柄平面图形绘制步骤 8

9）检查、整理后，擦除作图辅助线并加粗轮廓线，最后标注尺寸，如图 2-31 所示。

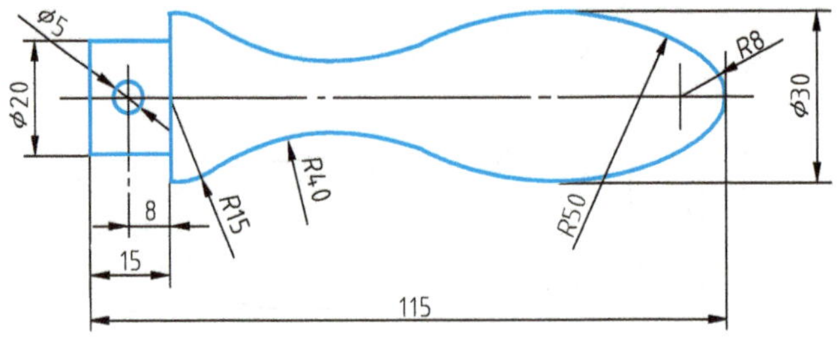


图 2-31　手柄平面图形绘制步骤 9

## 知识链接

### 1. 斜度和锥度

（1）斜度（*S*）　斜度是指一直线（或平面）相对另一直线（或平面）的倾斜程度，用代号“*S*”表示。斜度用关系式表示为

$$S=H/L=\tan\alpha$$

在图样中标注斜度时，习惯上写成 1∶*n* 的简单形式。斜度的标注用图形符号“∠”表示，其底线应与基准面（线）平行，符号的尖端方向应与斜度的方向一致，画法如图 2-32a 所示，*h* 为数字的高度。图 2-32b 所示为斜度的标注方法，图 2-32c 所示为斜度 1∶6 的绘制方法。

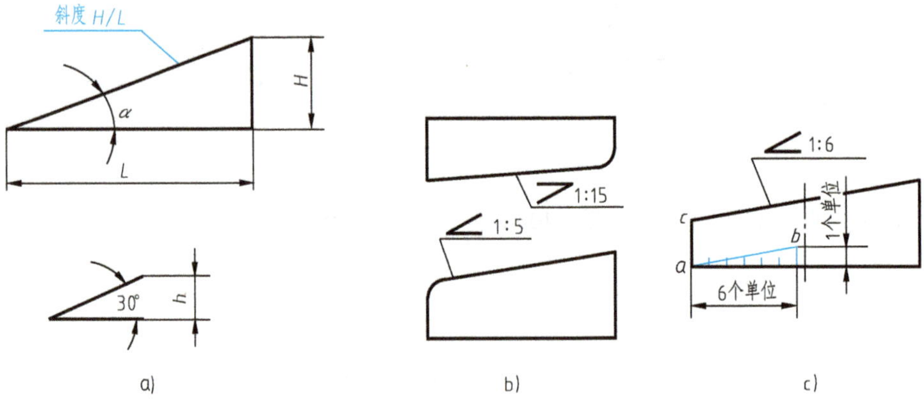


图 2-32　斜度的标注和符号

（2）锥度（*C*）　锥度是指正圆锥的底圆直径与其高度之比，对于圆台锥度则为两底圆直径之差与圆台高度之比，用代号“*C*”表示。$\alpha$ 为锥顶角，*D* 为最大端圆锥直径，*d* 为最小端圆锥直径，*L* 为圆锥长度，则关系式为

$$C=(D-d)/L=2\tan(\alpha/2)$$

锥度也以简化形式 1∶*n* 表示。锥度的标注用图形符号“▷”表示，注在与引出线相连的基准线上，如图 2-33 所示，其符号的尖端指向锥度的小头方向。

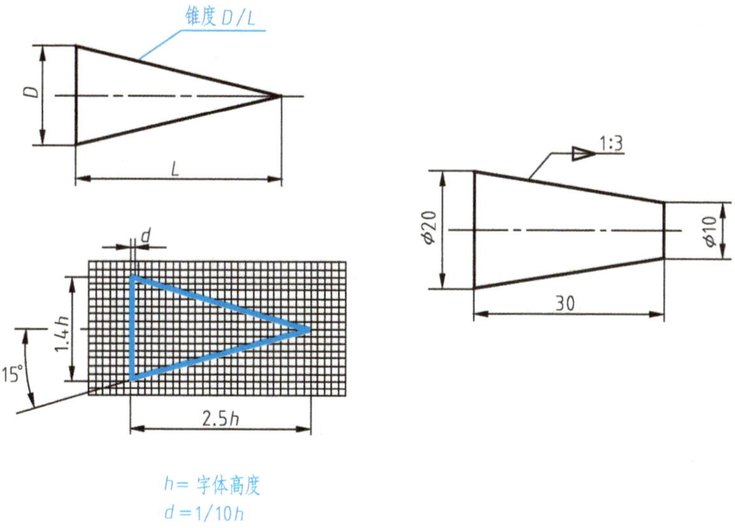


图 2-33　锥度的标注和符号

［例 2-1］　作 1∶3 的锥度，高为 20mm，底径为 $\phi$18mm 的锥台，如图 2-34 所示。

**解**　作图步骤如下：

1）由点 $A$ 沿轴线向右取 3 个单位长度得点 $B$。

2）由点 $A$ 沿垂线向上和向下分别取 1/2 个单位长度，得点 $C$、$C_1$。

3）连接 $BC$、$BC_1$，即得 1∶3 的锥度。

4）过点 $E$、$F$ 作 $BC$、$BC_1$ 的平行线，即得所求圆锥台的锥度线。

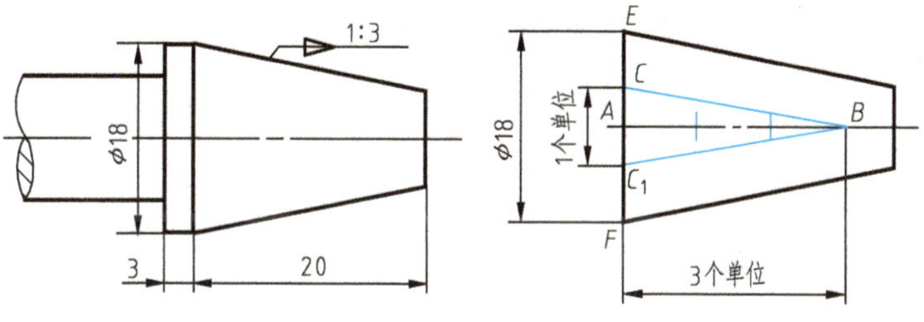


锥度的画法

图 2-34　锥度的画法

## 2. 圆弧连接

用一个圆弧光滑地连接相邻两线段的作图方法，称为圆弧连接。圆弧连接包括两直线间的圆弧连接、直线和圆弧之间的圆弧连接，以及两圆弧之间的圆弧连接。

圆弧连接的作图可归纳为求连接圆弧的圆心和切点。步骤一般如下。

1）求出连接弧的圆心。

2）求出切点。

3）用连接弧半径画弧。

［例 2-2］　用圆弧连接锐角的两边（两直线间的圆弧连接），如图 2-35 所示。

**解**　作图步骤如下。

1）作与已知角两边分别相距为 $R$ 的平行线，交点 $O$ 即为连接弧圆心，如图 2-36 所示。

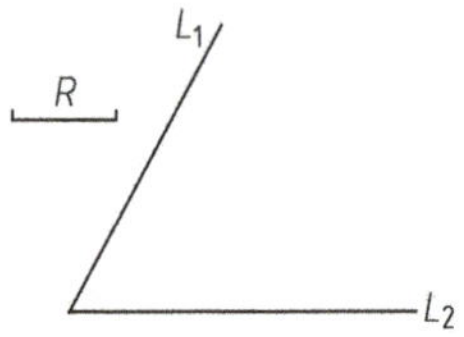


图 2-35　两直线间的圆弧连接

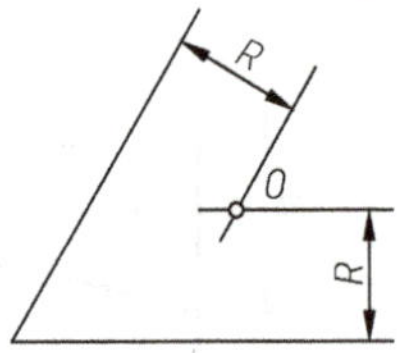


图 2-36　两直线间的圆弧连接作图步骤 1

2）自点 $O$ 分别向已知角两边作垂线，垂足 $M$、$N$ 即切点，如图 2-37 所示。

3）以点 $O$ 为圆心，$R$ 为半径，在两切点 $M$、$N$ 之间画连接圆弧，如图 2-38 所示。

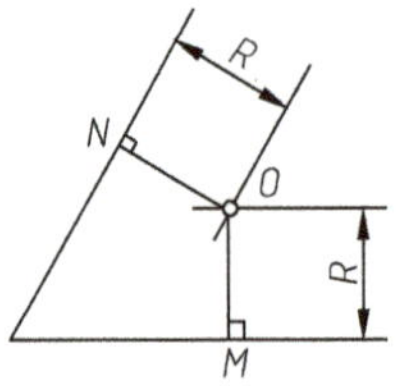


图 2-37　两直线间的圆弧连接作图步骤 2

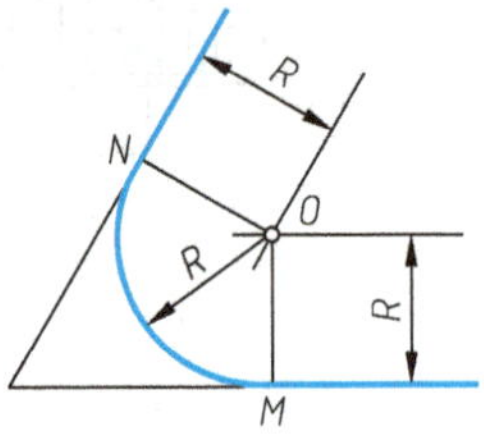


图 2-38　两直线间的圆弧连接作图步骤 3

圆弧与直线相切画法的原理见表 2-3。

表 2-3　圆弧与直线相切画法的原理

| 步　骤 | 图　例 |
|---|---|
| 连接弧圆心的轨迹为一平行于已知直线的直线。两直线间的垂直距离为连接弧的半径 $R$；由圆心向已知直线作垂线，其垂足即为切点 | 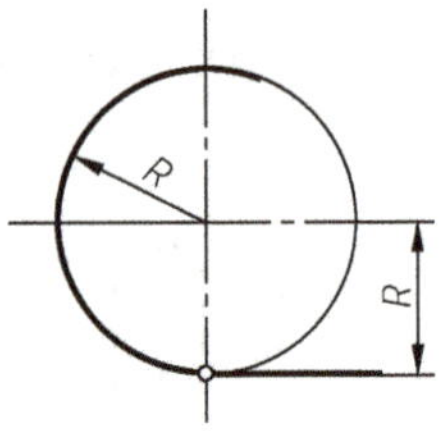 |

思考：用圆弧连接钝角和直角的两边作图方法。

［例 2-3］　用圆弧连接直线和圆弧（直线和圆弧之间的圆弧连接），如图 2-39 所示。

**解**　作图步骤如下。

1）作直线 $L_2$ 平行于直线 $L_1$（其间距离为 $R$）；再作已知圆弧的同心圆［半径为（$R_1+R$）］与直线 $L_2$ 相交于点 $O$（即连接弧圆心），如图 2-40 所示。

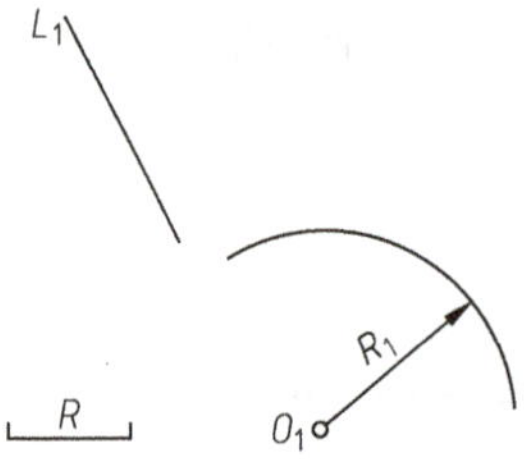


图 2-39　直线和圆弧之间的圆弧连接

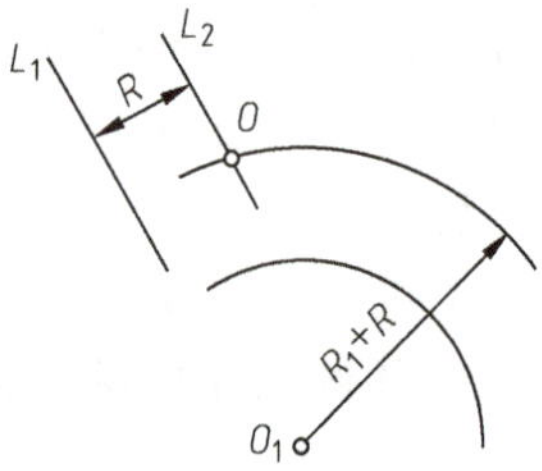


图 2-40　直线和圆弧之间的圆弧连接作图步骤 1

2）作 $OM$ 垂直于直线 $L_1$；连接 $OO_1$ 交已知圆弧于点 $N$，$M$ 和 $N$，即切点，如图 2-41 所示。

3）以点 $O$ 为圆心，$R$ 为半径画圆弧，连接直线 $L_1$ 和圆弧于点 $M$、$N$，即可完成作图，如图 2-42 所示。

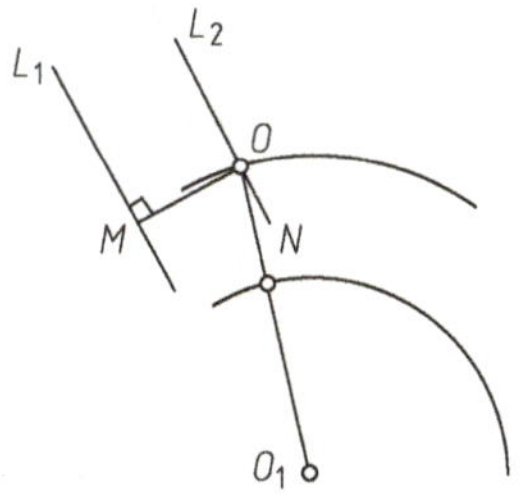


图 2-41　直线和圆弧之间的圆弧连接作图步骤 2

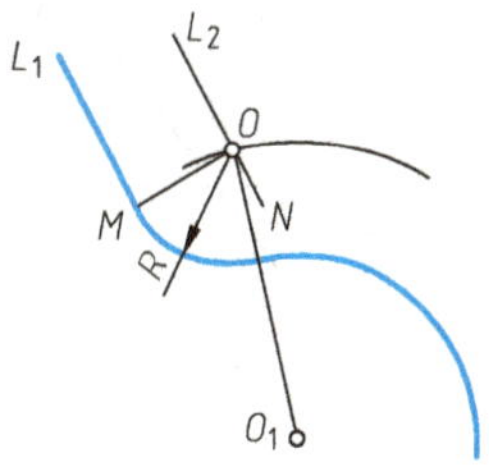


图 2-42　直线和圆弧之间的圆弧连接作图步骤 3

圆弧与圆弧外切画法的原理见表 2-4。

表 2-4　圆弧与圆弧外切画法的原理

| 步　　骤 | 图　　例 |
| --- | --- |
| 连接弧圆心的轨迹为一个与已知圆弧同心的圆，该圆的半径为两圆弧半径之和（$R+R_1$）；两圆心的连线与已知圆弧的交点即为切点 | 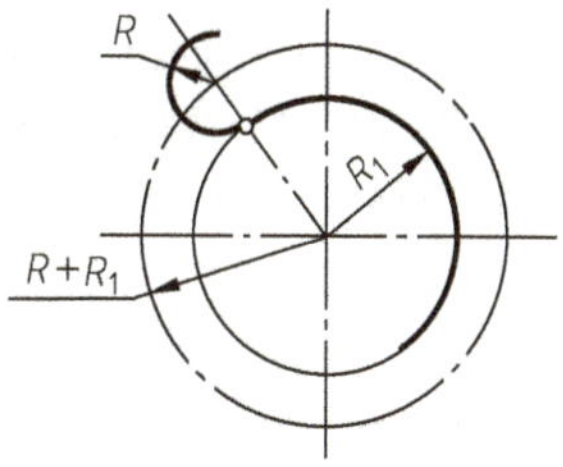 |

［例 2-4］　用圆弧连接两圆弧（内连接，两圆弧之间的圆弧连接），如图 2-43 所示。

**解**　作图步骤如下。

1）分别以（$R-R_1$）和（$R-R_2$）为半径，$O_1$ 和 $O_2$ 为圆心，画圆弧交于点 $O$（即连接弧圆心），如图 2-44 所示。

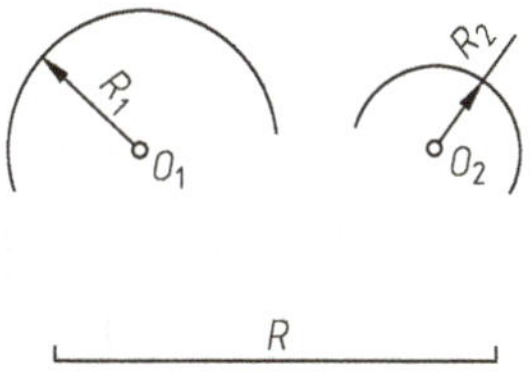


图 2-43　两圆弧之间的圆弧连接

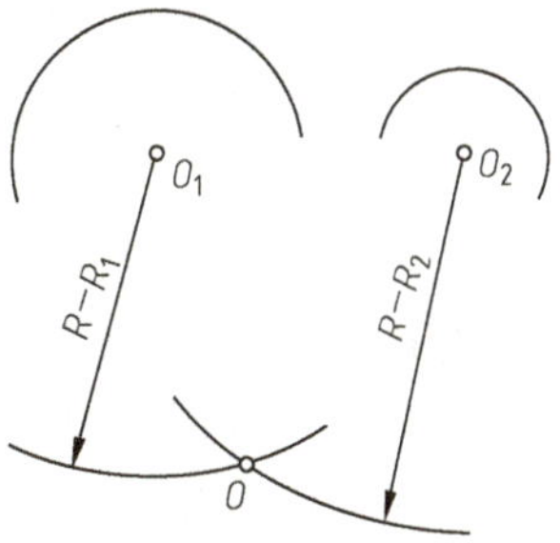


图 2-44　两圆弧之间的圆弧连接作图步骤 1

2）连接 $OO_1$、$OO_2$ 并延长，分别与已知圆弧交于 $M$、$N$（$M$、$N$ 即切点），如图 2-45 所示。

3）以点 $O$ 为圆心，$R$ 为半径画圆弧，连接两已知圆弧于 $M$、$N$，即可完成作图，如图 2-46 所示。

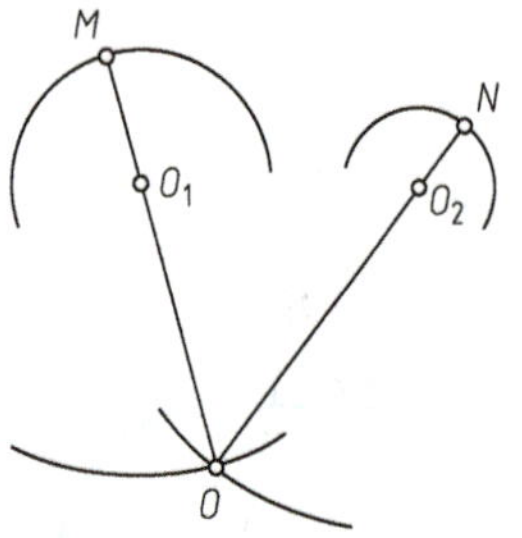


图 2-45　两圆弧之间的圆弧连接作图步骤 2

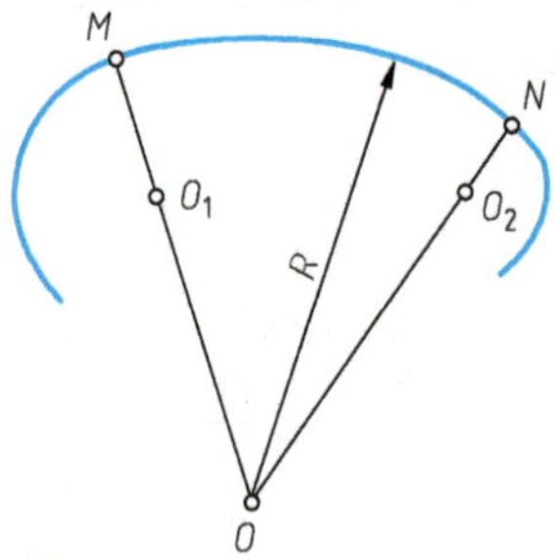


图 2-46　两圆弧之间的圆弧连接作图步骤 3

圆弧与圆弧内切画法的原理见表 2-5。

表 2-5　圆弧与圆弧内切画法的原理

| 步　　骤 | 图　　例 |
| --- | --- |
| 连接弧圆心的轨迹为一个与已知圆弧同心的圆，该圆的半径为两圆弧半径之差（$R_1-R$）；两圆心连线的延长线与已知圆弧的交点即为切点 | 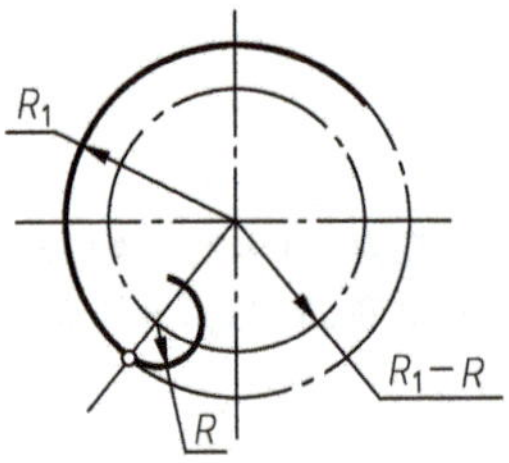 |

思考：用圆弧连接两圆弧，外连接和混合连接的画法。

### 3. 平面图形绘制的方法和步骤

平面图形都是由线段连接而成的，这些线段之间的相对位置和连接关系根据给定的尺寸来确定。画图时，只有通过分析尺寸和线段间的关系，才能明确该平面图形应从何处着手，以及按什么顺序作图。

（1）尺寸分析　平面图形中的尺寸，按其作用可分为定形尺寸和定位尺寸。

1）定形尺寸。用于确定线段的长度、圆弧的半径（或圆的直径）和角度的大小等尺寸，称为定形尺寸。

2）定位尺寸。用于确定线段在平面图形中所处位置的尺寸，称为定位尺寸。定位尺寸通常以图形的对称线、中心线或某一轮廓线作为标注尺寸的起点，这个起点称为尺寸基准。

（2）线段分析　平面图形中的线段（直线或圆弧），有的具有完整的定形尺寸和定位尺寸，绘图时，可根据标注的尺寸直接绘出；而有些线段的定形尺寸和定位尺寸并未完全注出，此时需要根据已标注出的尺寸和该线段与相邻线段的连接关系，通过几何作图才能画出。因此，按线段的尺寸是否标注齐全，将线段分为已知线段、中间线段和连接线段三类。绘图时，遇到的大多数直线和圆都是已知线段，因此这里只介绍圆弧连接的作图问题。

圆弧包括已知圆弧（具有两个定位尺寸的圆弧）、中间圆弧（具有一个定位尺寸的圆弧）和连接圆弧（没有定位尺寸的圆弧）。

例如，图 2-17 中，$\phi$20mm 的圆柱矩形线段、圆弧 $R$15mm、$R$8mm、圆 $\phi$5mm 定形尺寸为已知线段；圆弧 $R$50mm 为中间线段；圆弧 $R$40mm 为连接线段。在作图时，由于已知圆弧有两个定位尺寸，故可直接画出；而中间圆弧虽然缺少一个定位尺寸，但它总是和一个已知线段相连接，利用相切的条件便可画出；连接圆弧由于缺少两个定位尺寸，因此，唯有借助它和已经画出的两条线段的相切条件才能画出来。

作图时，先画已知圆弧，再画中间圆弧，最后画连接圆弧。

### （3）具体绘图方法和步骤

1）准备工作。

① 分析平面图形的尺寸。

② 确定比例，选定图幅，固定图纸，画出图框、对中符号和标题栏，估测图的位置。

③ 拟定具体的作图顺序。

2）绘制底稿。绘制底稿时，要合理、匀称地布图，作图力求准确，用 3H 铅笔，铅芯需经常修磨以保持尖锐。底稿上的各种线型均暂不分粗细，要画得很轻很细，以保持图面的整洁。

一般按照画基准线、已知线段、中间线段、连接线段的顺序绘制底稿。

3）描深底稿。在铅笔描深以前，全面检查底稿，修正错误，把画错的线条及作图辅助线用软橡皮轻轻擦净。用 H、HB、B 铅笔描深各种图线，用力要均匀一致，以免线条粗细不匀。为避免弄脏图面，应保持双手和三角板及丁字尺的清洁。描深过程中应经常用毛刷将图纸上的铅芯浮沫扫净，尽量减少三角板在已描深的图线上反复推磨。

描深底稿的步骤如下：

① 先粗后细。一般应先描深全部粗实线，再描深全部虚线、点画线及细实线等，这样既可提高绘图效率，又可保证同一线型在全图中粗细一致，不同线型之间的粗细也符合比例关系。

② 先曲后直。在描深同一种线型（特别是粗实线）时，应先描深圆弧和圆，然后描深直线，以保证连接圆滑。

③ 先水平、后竖直。先用丁字尺自上而下画出全部相同线型的水平线，再用三角板自左向右画出全部相同线型的竖直线，最后画出倾斜的直线。

④ 画箭头、填写尺寸数字、标题栏等，此步骤可将图纸从图板上取下来进行。

## 知识拓展

椭圆的画法（四心近似画法）如下。

已知相互垂直且平分的长轴和短轴，其椭圆的近似画法（四心近似画法）如图 2-47 所示。

1）画出长轴 $AB$ 和短轴 $CD$；连接 $AC$，并在 $AC$ 上截取 $CF$，其长度等于 $AO$ 与 $CO$ 之差 $CE$，如图 2-47a 所示。

2）作 $AF$ 的垂直平分线，使其分别交 $AO$ 和 $OD$（或其延长线）于点 1 和 2；以点 $O$ 为对称中心，找出点 1 的对称点 3，以及点 2 的对称点 4，此 1、2、3、4 各点即所求的四个圆心；通过 2 和 1、2 和 3、4 和 1、4 和 3 各点，分别作连线，如图 2-47b 所示。

3）分别以点 2 和 4 为圆心，2*C*（或 4*D*）为半径画两弧；再分别以点 1 和 3 为圆心，1*A*（或 3*B*）为半径画两弧，使所画四弧的连接点分别位于 21、23、41 和 43 的延长线上，即得所求椭圆。检查无误后，擦除作图辅助线，描深轮廓线，如图 2-47c 所示。

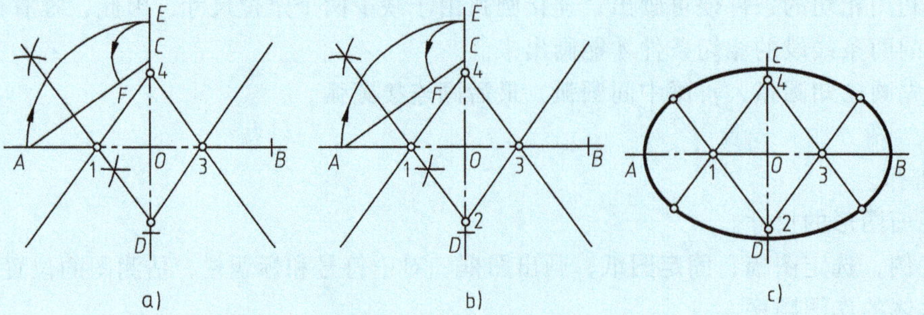


图 2-47　椭圆的画法

椭圆的画法

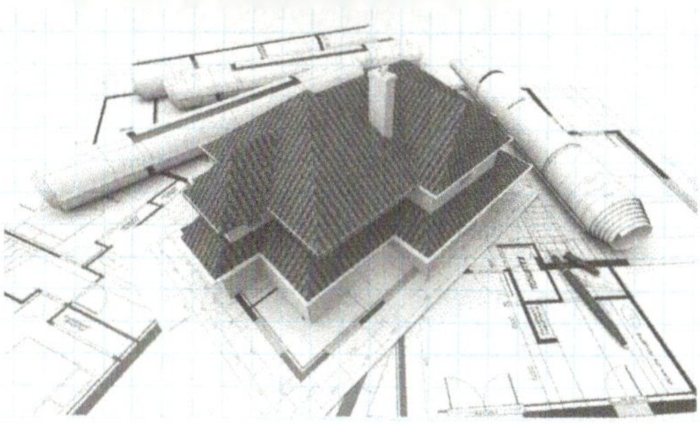

# 课题三

# 绘制基本体立体

## 3-1　基本体立体

### 学习目标

1. 理解投影法的概念及正投影的特性，初步掌握三视图的形成和三视图之间的关系及简单形体三视图的作图方法。

2. 能根据简单零件的模型绘制其三视图。

3. 掌握棱柱、棱锥、圆柱、圆锥、球的三视图画法，并掌握基本体表面上求点的方法。

### 制图任务

任务一：绘制六棱柱（图 3-1）的三视图及表面求点。
任务二：绘制三棱锥（图 3-2）的三视图及表面求点。
任务三：绘制圆柱（图 3-3）的三视图及表面求点。

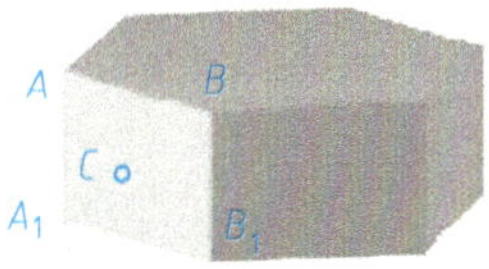


图 3-1　六棱柱

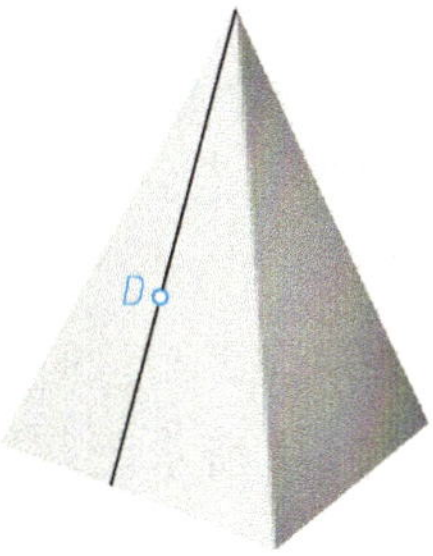


图 3-2　三棱锥

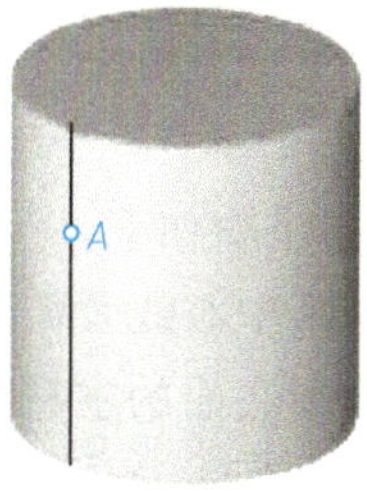


图 3-3　圆柱

任务四：绘制圆锥（图 3-4）的三视图及表面求点。
任务五：绘制圆球（图 3-5）的三视图及表面求点。

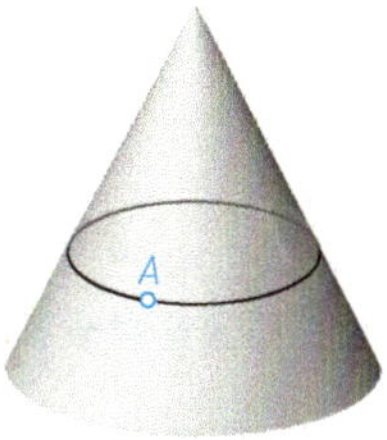


图 3-4　圆锥

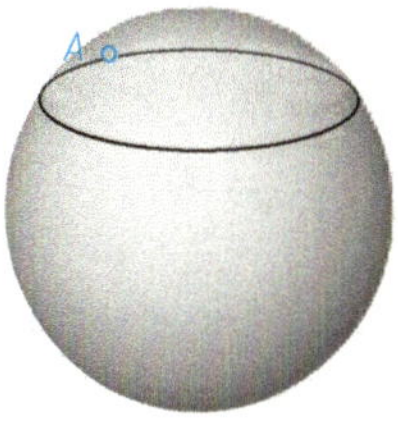


图 3-5　圆球

## 任务实施

### 1. 任务一的操作步骤

#### （1）绘制图3-6b所示六棱柱的三视图

**分析：**图3-6a所示为直六棱柱的投影情况。它的六边形顶面和底面为水平面，六个侧棱面（均为矩形）中，前后两面是正平面，其余四个棱面为铅垂面，六条侧棱线为铅垂线。画三视图时，先画顶面和底面的投影。水平投影中，顶面和底面均反映实形（六边形）且重合；正面和侧面投影都有积聚性；侧棱的水平投影有积聚性，为六边形的六个顶点，它们的正面和侧面投影均平行于 $OZ$ 轴且反映棱柱的高。在画完上述面与棱线的投影后，即得该六棱柱的三视图，如图3-6b所示。

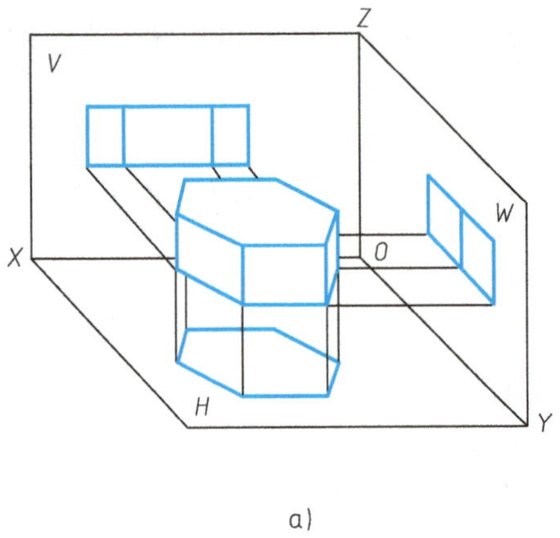


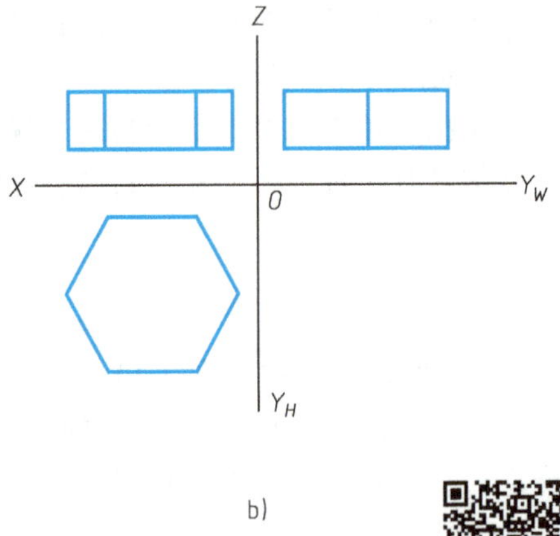


图3-6　直六棱柱投影及其三视图

a）直六棱柱投影　b）直六棱柱三视图

正六棱柱的画法

绘制步骤如下。

1）画中心线及俯视图，如图3-7所示。

2）画底面的主视图和左视图，如图3-8所示。

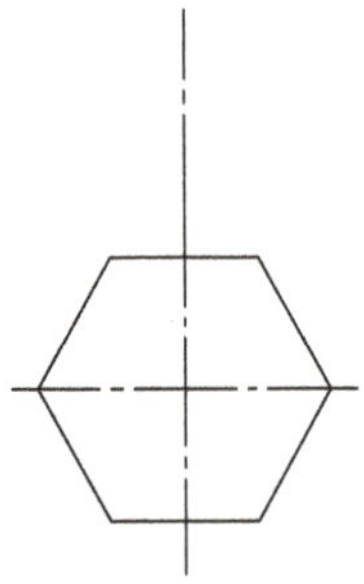

图3-7　直六棱柱三视图绘制步骤1

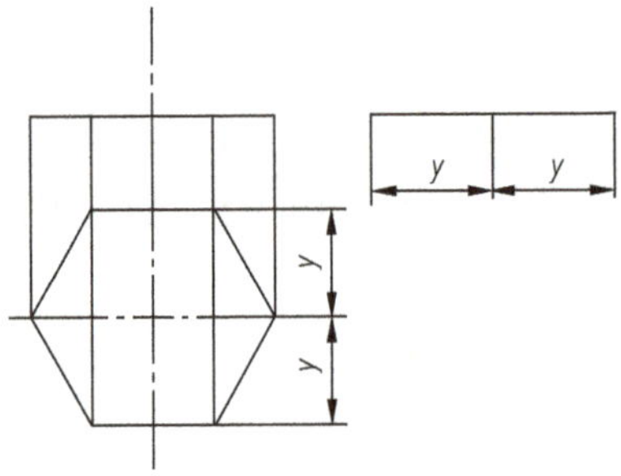


图3-8　直六棱柱三视图绘制步骤2

3）完成主视图和左视图，检查无误后，擦除作图辅助线，描深轮廓线，如图3-6所示。

### （2）求作直六棱柱表面点的投影

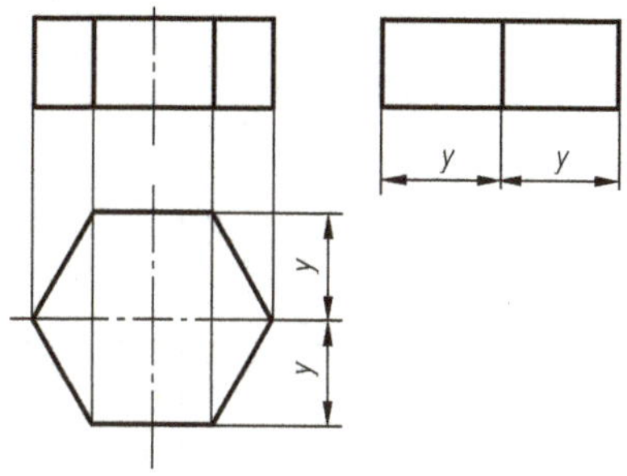

图 3-9　直六棱柱三视图绘制步骤 3

当点属于几何体的某个表面时，则该点的投影必在它所属表面的各同面投影范围内。若该表面的投影为可见，则该点的同面投影也可见；反之为不可见。因此在求表面上点的投影时，应首先分析该点所在平面的投影特性，然后根据点的投影规律求得。

根据图 3-10 可知点 $C$ 属于平面 $AA_1B_1B$（铅垂面），是六棱柱的左前侧棱面，因此可判定点 $C$ 的正面投影 $c'$和侧面投影 $c''$可见，水平投影 $c$ 必落在该平面有积聚性的水平投影 $aa_1b_1b$ 上。

如图 3-10 所示，作图步骤如下：

1）已知点 $C$ 的正面投影 $c'$。

2）由点 $c'$向下引垂线与直线 $ab$ 相交于点 $c$，则点 $c$ 即为点 $C$ 的水平投影。

3）最后由点 $c'$、点 $c$ 求出点 $c''$。

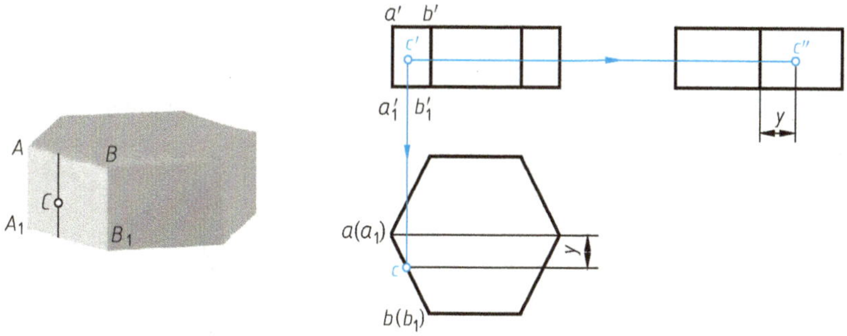

图 3-10　直六棱柱表面点投影绘制步骤

## 2. 任务二的操作步骤

### （1）绘制图 3-11b 所示三棱锥的三视图

> **分析：**图 3-11a 所示为正三棱锥的投影情况。它由底面 $\triangle ABC$ 和三个相等的棱面 $\triangle SAB$、$\triangle SBC$ 和 $\triangle SAC$ 组成。底面为水平面，其水平投影反映实形，正面和正面投影积聚为一直线。棱面 $\triangle SAC$ 为侧垂面，因此侧面投影积聚为一直线，水平投影和正面投影都是类似形。棱面 $\triangle SAB$ 和 $\triangle SBC$ 为一般位置平面，它的三面投影均为类似形。

画正三棱锥的三视图时，先画底面 $\triangle ABC$ 的各个投影，再画锥顶 $S$ 的各个投影，连接各顶点的同面投影，即正三棱锥的三视图，如图 3-11b 所示。

绘制步骤如下：

1）画俯视图，如图 3-12 所示。

2）画底面的主视图和左视图，如图 3-13 所示。

3）完成主视图和左视图，如图 3-14 所示。检查无误后，擦除作图辅助线并描深轮廓线。

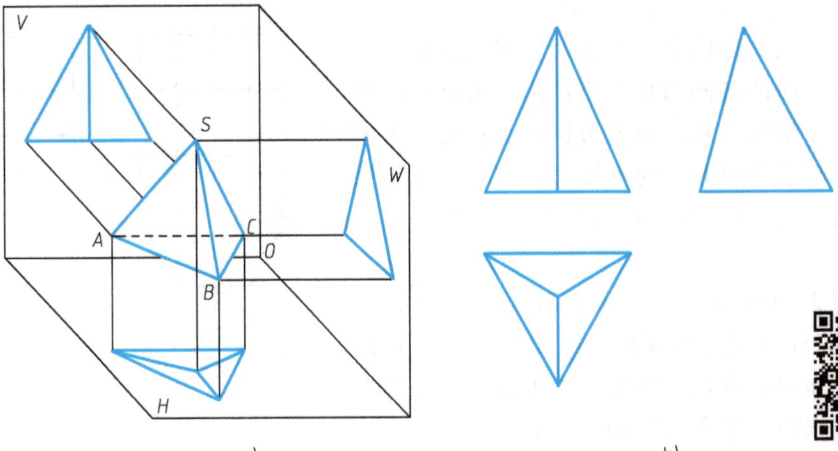


三棱锥的画法

图 3-11　三棱锥投影及三视图

a）三棱锥投影　b）三棱锥三视图

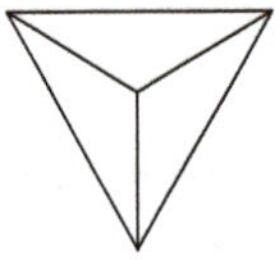

图 3-12　三棱锥三视图绘制步骤 1

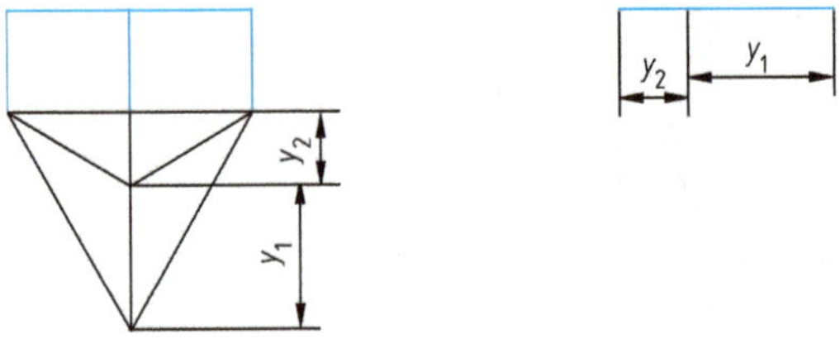


图 3-13　三棱锥三视图绘制步骤 2

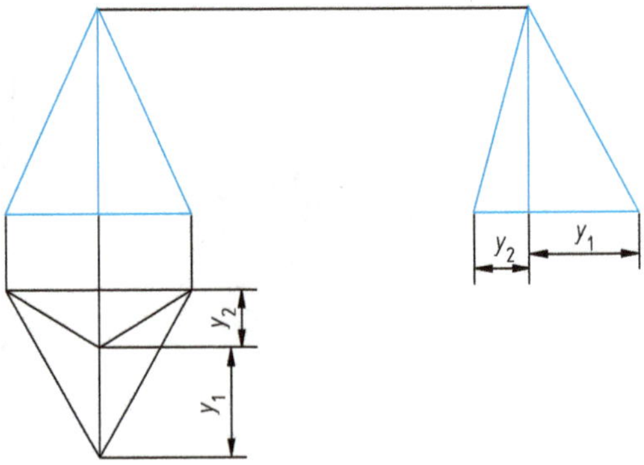


图 3-14　三棱锥三视图绘制步骤 3

（2）求作三棱锥表面点的投影

正三棱锥的表面有特殊位置平面也有一般位置平面。属于特殊位置平面的点的投影，可利用该平面投影的积聚性直接作图。属于一般位置平面的点的投影，可通过在平面上作辅助线的方法求得。

根据图 3-15 可知点 *D* 属于平面 *SAB*，是三棱锥的左前侧棱面，即可判定点 *D* 的正面投影 *d′* 和侧面投影 *d″* 可见。

如图 3-15 所示，作图步骤如下：

1）已知点 *D* 的正面投影 *d′*。

2）连 *d′s′* 并延长交 *a′b′* 于点 *e′*。

3）由点 *e′* 向下作垂线，交 *ab* 于点 *e*。

4）再根据点的投影规律求出点 *d″*。

### 3. 任务三的操作步骤

（1）绘制图 3-16b 所示圆柱的三视图

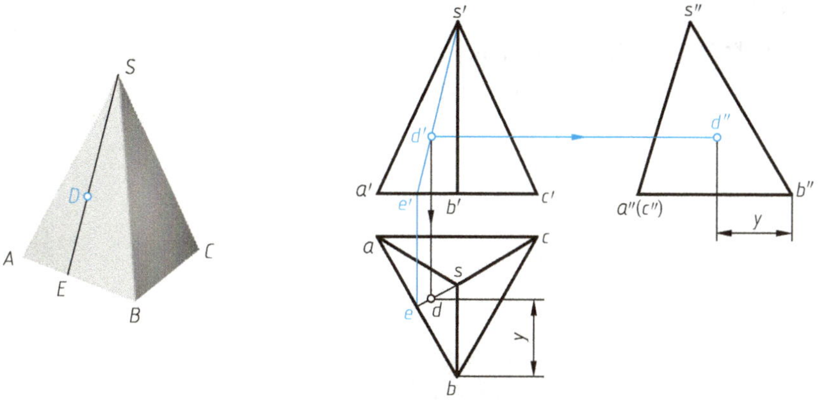


图 3-15　三棱锥表面点的投影绘制步骤

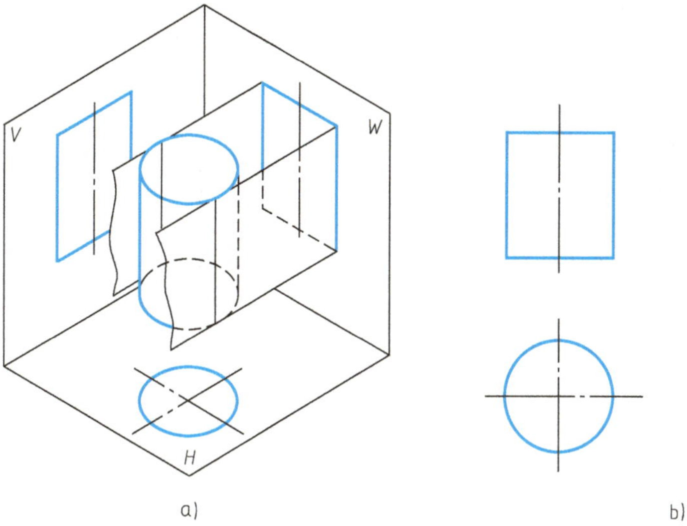


图 3-16　圆柱投影及三视图

a）圆柱的投影　b）圆柱的三视图

分析：图 3-16 所示为圆柱的投影情况。由于圆柱轴线是铅垂线，圆柱面上所有素线都是铅垂线，因此，圆柱面的水平投影有积聚性，成为一个圆。也就是说，圆周上的任一点，都对应圆柱面上某一位置素线的水平投影。同时，圆柱顶面、底面（水平面）的投影（反映实形），也与该圆相重合。

圆柱面上最前、最后素线的投影，它们把圆柱面分为左右两半，其投影左半部分可见，右半部分不可见，而这两条素线是可见部分和不可见部分的分界线。最前、最后素线的侧面投影为两条线，并与顶面、底面的投影积聚成的直线形成一个矩形，两素线正面投影和轴线的正面投影重合（不需画出其投影），两素线水平投影在中心线和圆周的交点处，积聚成点。主视图的矩形线框与此类似。

画圆柱的三视图时，一般先画投影具有积聚性的圆，再根据投影规律和圆柱的高度完成其他两视图。

绘制步骤如下。

1）画轴线和俯视图，如图 3-17 所示。

2）画底面的主视图及左视图，如图 3-18 所示。

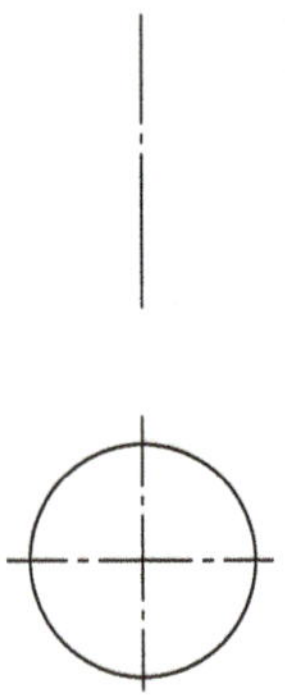

图 3-17　圆柱三视图绘制步骤 1

圆柱的三视图

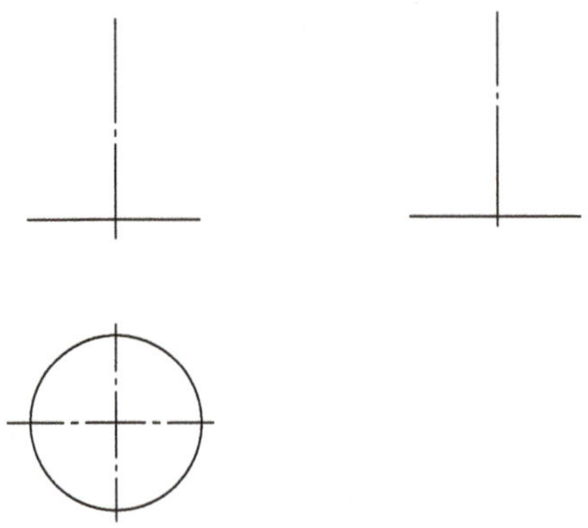

图 3-18　圆柱三视图绘制步骤 2

3）完成主视图和左视图，检查无误后，擦除作图辅助线并描深轮廓线，如图 3-19 所示。

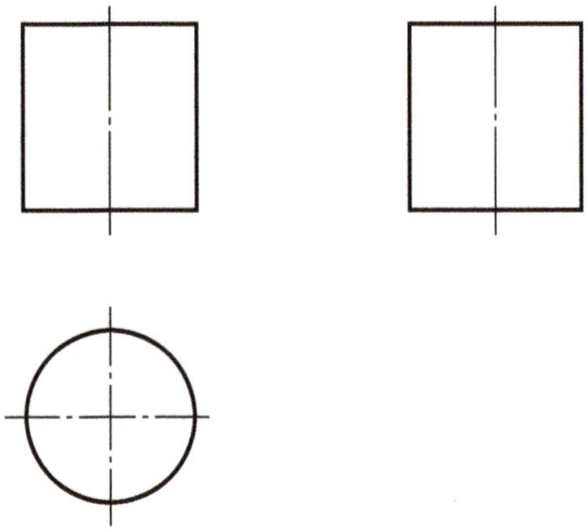

图 3-19　圆柱三视图绘制步骤 3

（2）求作圆柱表面点的投影

根据图 3-20 可知点 $A$ 在圆柱的最左素线上，由于圆柱面的水平投影积聚成圆，故点 $A$ 的水平投影必定在此圆上，再根据点的投影规律即可求出其侧面投影。

如图 3-20 所示，作图步骤如下：

1）已知点 $A$ 的正面投影 $a'$（位于圆柱最左素线上）。

2）由点 $a'$ 向下引铅垂线交圆的最左点 $a$，即点 $A$ 的水平投影 $a$。

3）由点 $a'$、点 $a$ 可求出点 $a''$。

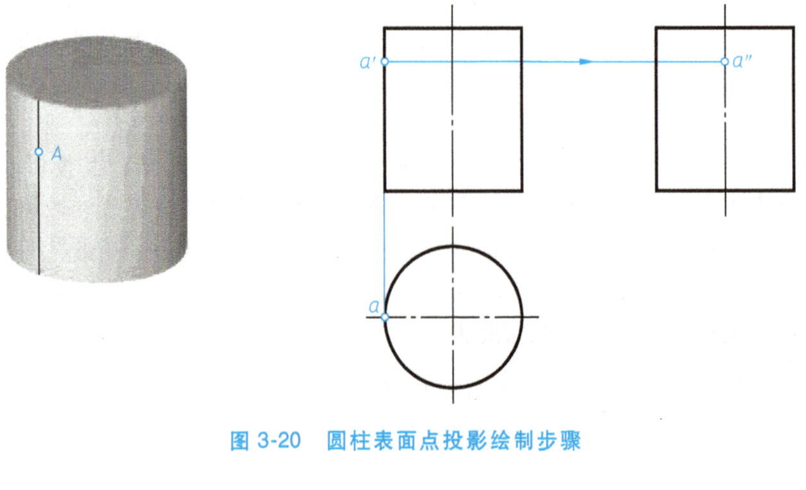


图 3-20　圆柱表面点投影绘制步骤

### 4. 任务四的操作步骤

#### (1) 绘制图 3-21b 所示圆锥的三视图

分析：图 3-21 所示为圆锥的投影情况。圆锥的底面为水平面，在水平面的投影显实；圆锥面最前、最后素线的投影是圆锥面的侧面投影可见部分与不可见部分的分界线；因其是侧平线，其投影反映实长，与底面的侧面投影积聚成的直线形成一个三角形。两素线正面投影与轴线正面投影重合（不需画出其投影），水平投影亦如此（也不需画出）。主视图三角形线框与此类似。

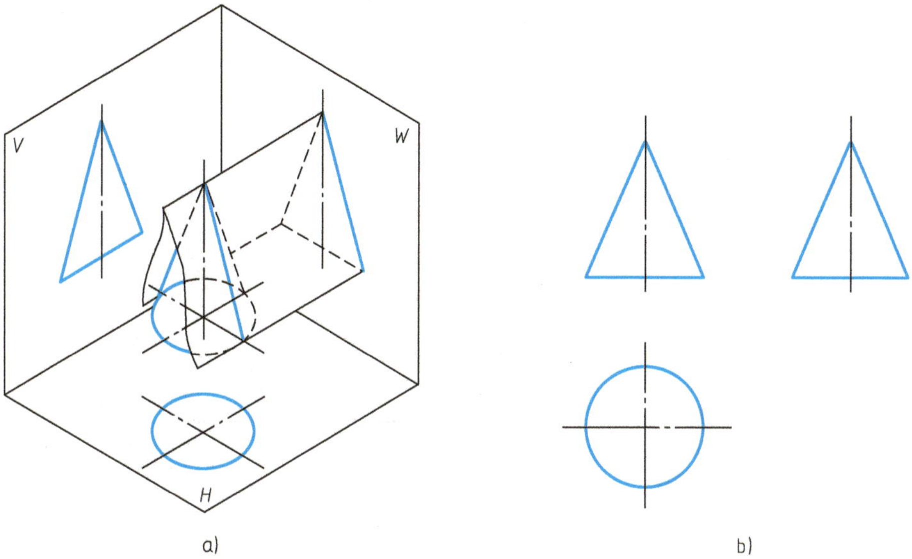


图 3-21 圆锥的投影及三视图

a) 圆锥的投影 b) 圆锥的三视图

画圆锥的三视图时，先画出圆锥底面的各个投影，再画出锥顶点的投影，然后分别画出特殊位置素线的投影，即可完成圆锥的三视图。

绘制步骤如下：

1) 画轴线和俯视图，如图 3-22 所示。

2) 画主视图和左视图（两个大小一样的三角形），检查无误后，擦除作图辅助线并描深轮廓线，如图 3-23 所示。

#### (2) 求作圆锥表面点的投影

根据图 3-24 可知点 $A$ 在左前半部分圆锥面上，其三面投影均为可见，采用辅助圆法求其投影。

如图 3-24 所示，作图步骤如下：

1) 点 $A$ 在左前半部分圆锥面上，已知点 $A$ 的正面投影 $a'$。

2) 过点 $A$ 作一平面平行于底圆，此平面与圆锥面的交线为一个圆，称为纬圆。

3) 由点 $a'$向下作垂线交纬圆于点 $a$。

4) 再根据点的投影规律求出点 $a''$。

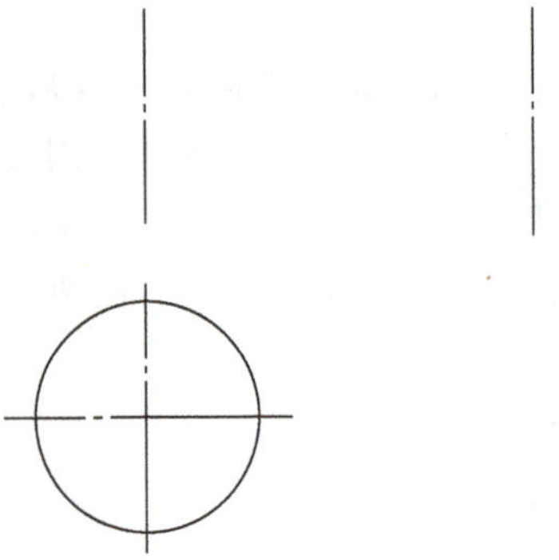

图 3-22　圆锥三视图绘制步骤 1

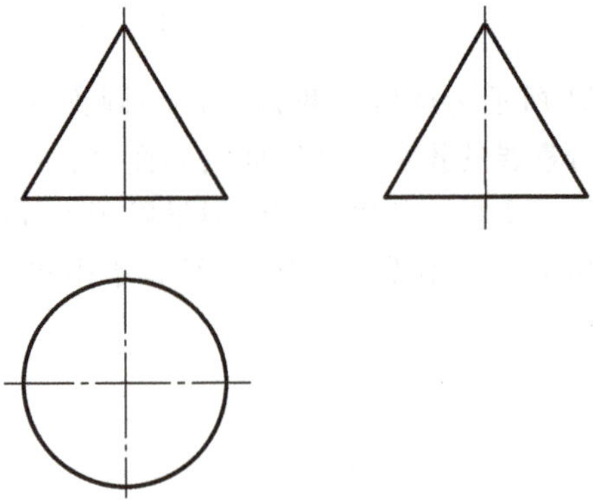

图 3-23　圆锥三视图绘制步骤 2

圆锥的三视图

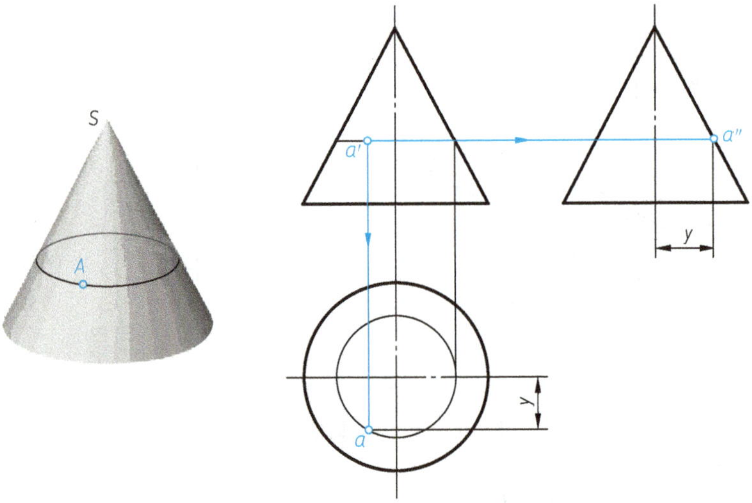


图 3-24　圆锥表面点投影绘制步骤

思考：采用辅助素线法求点 *A* 的投影。

### 5. 任务五的操作步骤

#### （1）绘制图 3-25b 所示球的三视图

分析：图 3-25 所示为球的投影情况。球从任何方向投射都是与球直径相等的圆，因此其三面视图都是等直径的圆。但各个投影面上的圆，是三个方向球的轮廓素线圆的投影。正面投影的圆是平行于 *V* 面的圆素线（前、后两半球的分界线，圆球面正面投影是可见部分与不可见部分的分界线）的投影；按此做类似地分析，水平投影的圆是平行于 *H* 面的圆素线的投影；侧面投影的圆是平行于 *W* 面的圆素线的投影。这三条圆素线的其他两面投影，都与圆的相应中心线重合。

绘制步骤如下：

1）画轴线和俯视图（此圆是平行于 *H* 面的圆素线的投影），如图 3-26 所示。

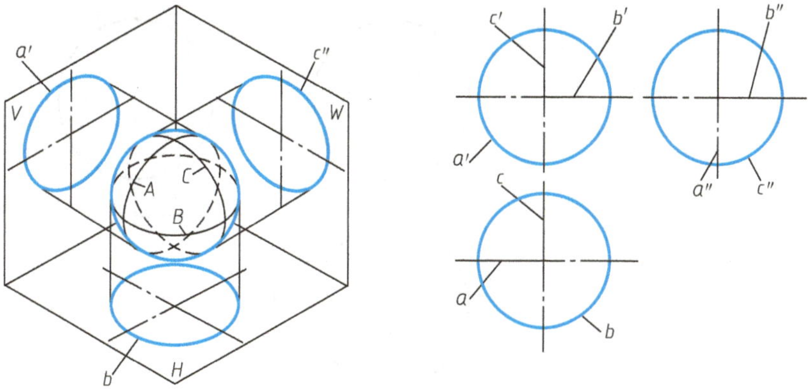


a)　　b)

图 3-25　球的投影及三视图

a）球的投影　b）球的三视图

2）画主视图和左视图（两个大小一样的圆）（分别是平行于 $V$ 面和 $W$ 面的圆素线的投影），检查无误后，擦除作图辅助线并描深轮廓线，如图 3-27 所示。

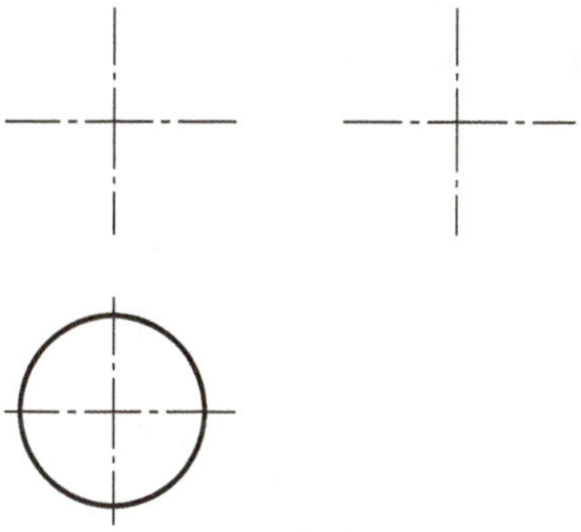

图 3-26　球的三视图绘制步骤 1

球的三视图

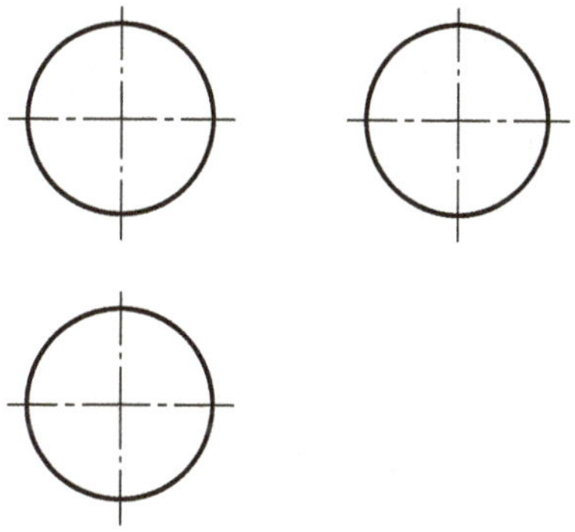

图 3-27　球的三视图绘制步骤 2

（2）求作球表面点的投影

根据图 3-28 可知点 $A$ 在后半球的左上部分，因此点 $A$ 的水平面投影和侧面投影均为可见，但正面投影不可见，采用辅助圆法求其投影。

如图 3-28 所示，作图步骤如下：

1）已知点 $A$ 的正面投影 $a'$。

2）过点 $A$ 作一水平面，此平面与球面的交线为一个圆，即纬圆（也称辅助圆）。

3）由 $a'$向下作铅垂线交纬圆于点 $a$。

4）根据点的投影规律求出点 $a''$。

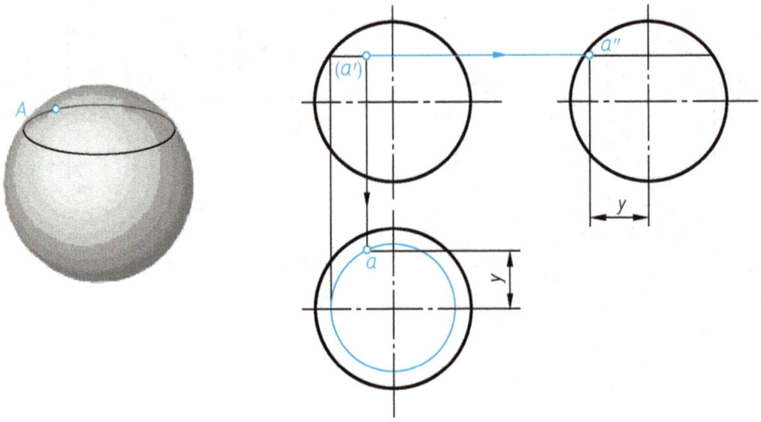


图 3-28　球表面点的投影绘制步骤

## 知识链接

### 1. 投影法

当有光线照射物体时，在地面或墙面上就会出现该物体的影子，这就是在日常生活中见到的投影现象。人们将这种现象进行科学的总结和抽象，提出了投影法。

如图 3-29 所示，将三角形薄板 *ABC* 平行地放在平面 *H* 之上，然后由点 *S* 分别通过 *A*、*B*、*C* 各点向下引直线并延长，使它与平面 *H* 交于 *a*、*b*、*c*，则△*abc* 就是三角形薄板 *ABC* 在平面 *H* 上的投影。点 *S* 称为投射中心，得到投影的面（*H* 面）称为投影面，直线 *Aa*、*Bb*、*Cc* 称为投射线。这种投射线通过物体，向选定的面投射，并在该面上得到图形的方法称为投影法。根据投影法得到的图形称为投影。

根据投射线的类型（平行或汇交），投影法分为中心投影法和平行投影法两种。

（1）中心投影法　投射线汇交于一点的投影法称为中心投影法。用这种方法所得的投影称为中心投影（图 3-29）。

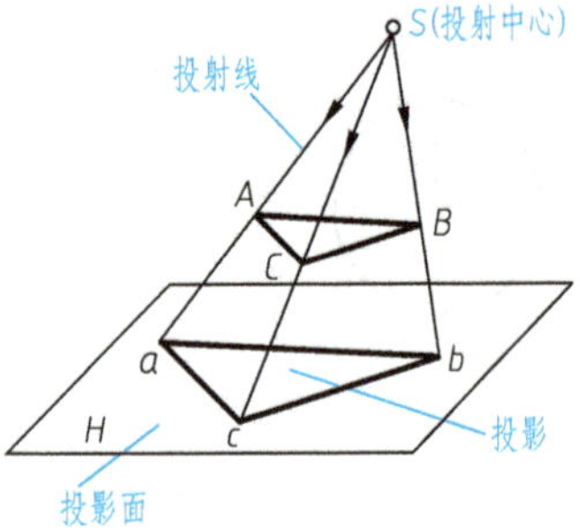


图 3-29　中心投影法

（2）平行投影法　投射线相互平行的投影法称为平行投影法。

在平行投影法中，按投射线是否垂直于投影面又可分为斜投影法和正投影法。

1）斜投影法。投射线与投影面相倾斜的平行投影法。根据斜投影法所得到的图形，称为斜投影或斜投影图，如图 3-30a 所示。

2）正投影法。投射线与投影面相垂直的平行投影法。根据正投影法所得到的图形，称为正投影或正投影图，如图 3-30b 所示，可简称为投影。

由于正投影法的投射线相互平行且垂直于投影面，所以，当空间平面图形平行于投影面时，其投影将反映该平面图形的真实形状和大小，即使改变它与投影面之间的距离，其投影形状和大小也不会改变。因此，绘制机械图样时主要采用正投影法。

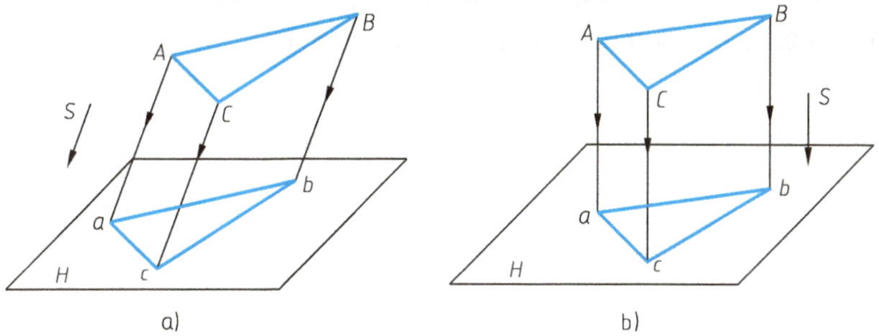


图 3-30 平行投影法

a）斜投影法 b）正投影法

正投影具有如下基本性质：

① 显实性。当直线或平面与投影面平行时，则直线的投影反映实长，平面的投影反映实形的性质称为显实性（图 3-31a）。

② 积聚性。当直线或平面与投影面垂直时，直线的投影积聚成一点、平面的投影积聚成一条直线的性质，称为积聚性（图 3-31b）。

③ 类似性。当直线或平面与投影面倾斜时，其直线的投影长度变短、平面的投影面积变小，但投影的形状仍与原来的形状相类似，这种投影性质称为类似性（图 3-31c）。

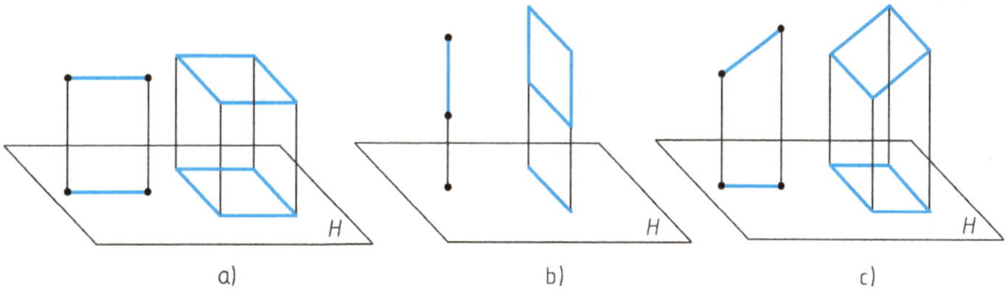


图 3-31 正投影的基本性质

a）显实性 b）积聚性 c）类似性

## 2. 视图

（1）三视图的形成 用正投影法绘制物体的图形，称为视图。

应当指出，视图并不是观察者看物体所得到的直觉印象，而是把物体放在观察者和投影面之间，将观察者的视线视为一组相互平行且与投影面垂直的投射线，对物体进行投射所获得的正投影图。

一面视图一般不能完全确定物体的形状和大小（图 3-32）。因此，为了将物体的形状和大小表达清楚，工程上常用三面视图来表达。

三视图的形成过程如下：

1）由三个互相垂直的投影面组成三投影面体系（图 3-33）。这三个投影面分别为正立投影面（简称正面或 *V* 面）、水平投影面（简称水平面或 *H* 面）和侧立投影面（简称侧面或 *W* 面）。

三个投影面之间的交线称为投影轴。*V* 面与 *H* 面的交线称为 *OX* 轴（简称 *X* 轴），它代表物体的长度方向；$H$ 面与 $W$ 面的交线称为 $OY$ 轴（简称 $Y$ 轴），它代表物体的宽度方向；$V$ 面与 $W$ 面的交线称为 $OZ$ 轴（简称 $Z$ 轴），它代表物体的高度方向。三根投影轴互相垂直，其交点 $O$ 称为原点。

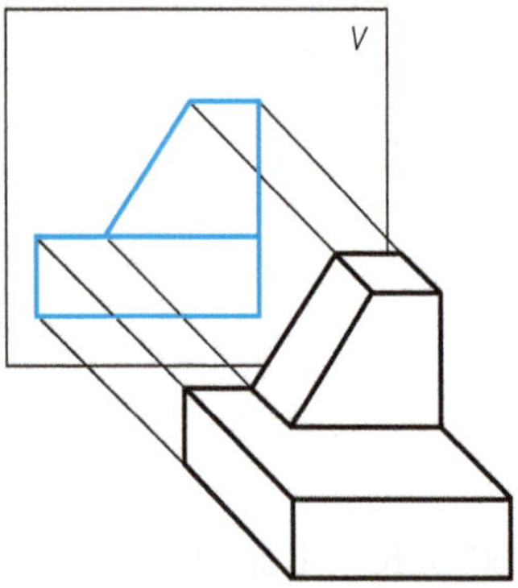


图 3-32　一面视图投影

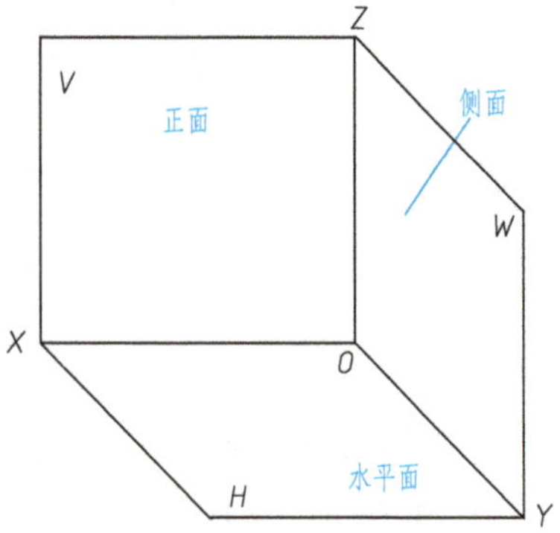


图 3-33　三投影面体系

2）将物体放置在三投影面体系中，按正投影法向各投影面投射，即可分别得到物体的正面投影、水平面投影和侧面投影，如图 3-34 所示。

3）为了画图方便，须将互相垂直的三个投影面展开在同一个平面上。规定 $V$ 面保持不动，$H$ 面绕 $OX$ 轴向下旋转 90°，$W$ 面绕 $OZ$ 轴向右旋转 90°，如图 3-35a 所示，使 $H$ 面、$W$ 面与 $V$ 面在同一个平面上（这个平面就是图纸），这样就得到了如图 3-35b 所示展开后的三视图。应注意，$H$ 面和 $W$ 面在旋转时，$OY$ 轴被分为两处，分别用 $OY_H$（在 $H$ 面上）和 $OY_W$（在 $W$ 面上）表示。

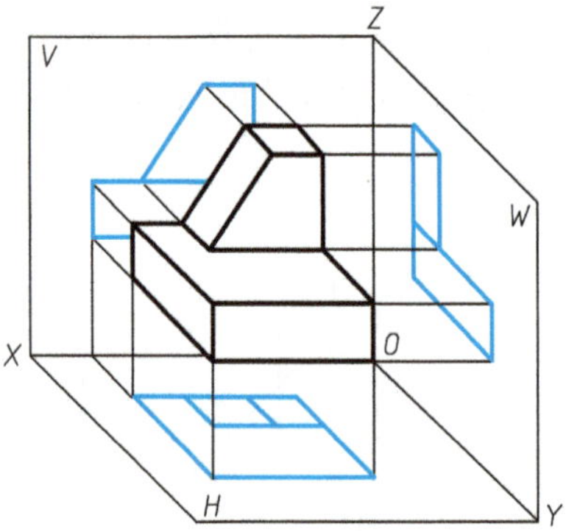


图 3-34　获得三面投影

三视图的形成

物体在 $V$ 面上的投影，也就是由前向后投影所得的视图称为主视图；物体在 $H$ 面上的

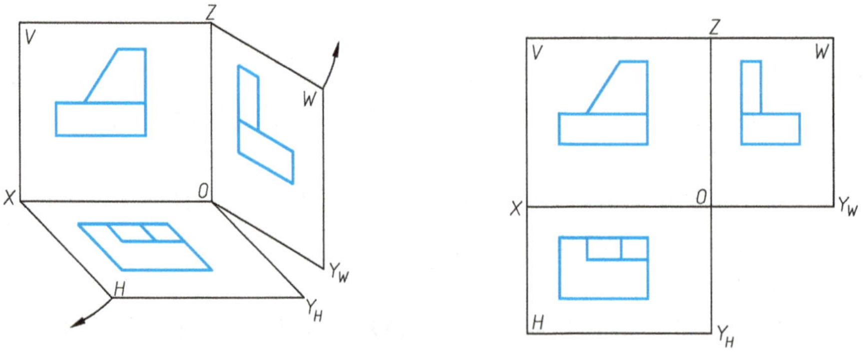


a)　　b)

图 3-35　三视图的形成

a）三视图的展开　b）三视图

投影，也就是由上向下投射所得的视图称为俯视图；物体在 *W* 面上的投影，也就是由左向右投射所得的视图称为左视图。画图时，不必画出投影面的范围，因为它的大小与视图无关。这样，三视图则更为清晰，如图 3-36 所示。

（2）三视图之间的对应关系

1）位置关系。以主视图为准，俯视图在它的正下方，左视图在它的正右方。

2）投影关系。从三视图的形成过程中可以看出，物体有长、宽、高三个尺度，但每个视图只能反映其中的两个，即主视图反映物体的长度（*X*）和高度（*Z*），俯视图反映物体的长度（*X*）和宽度（*Y*），左视图反映物体的宽度（*Y*）和高度（*Z*），如图 3-37 所示。

由此可归纳出三视图之间的投影规律，也称“三等”规律，即主、俯视图长对正（等长）；主、左视图高平齐（等高）；俯、左视图宽相等（等宽）。

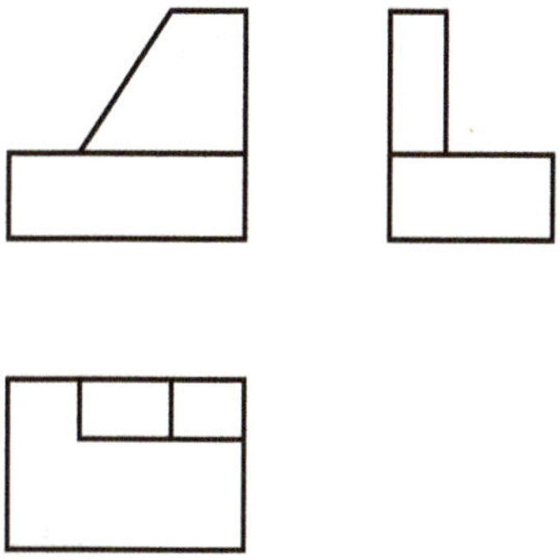

图 3-36　三视图

三视图之间的对应关系

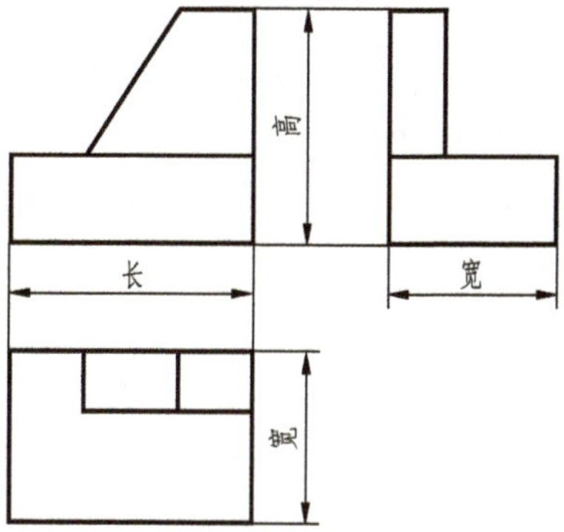


图 3-37　三视图的投影规律

3）方位关系。物体有左、右、前、后、上、下六个方位。每一个视图只能反映物体两个方向的位置关系，以绘图（或看图）者面对正面（即主视图的投射方向）来观察物体为准，看物体的六个方位，如图 3-38a 所示，在三视图中的对应关系（图 3-38b）如下。

主视图—反映物体的上、下和左、右；

俯视图—反映物体的左、右和前、后；

左视图—反映物体的上、下和前、后。

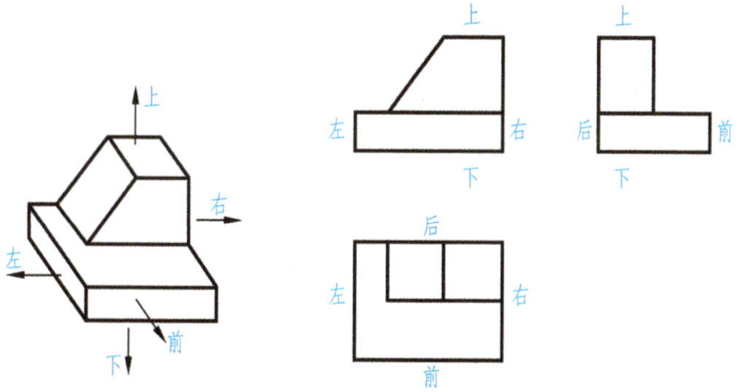


a）　b）

图 3-38　三视图与物体的方位关系

a）物体的六个方位　b）三视图的对应关系

由此可知，俯、左视图靠近主视图的一边（里边）均表示物体的后面，远离主视图的一边（外边）均表示物体的前面。

(3) 三视图的作图方法与步骤　根据物体（或轴测图）画三视图时，应首先分析其结构形状，摆正物体（使其主要表面与投影面平行），选好主视图的投射方向，再确定绘图比例和图纸幅面。

作图时，应先画出三视图的定位线。然后，通常从主视图入手，再根据“长对正、高平齐、宽相等”的投影规律，按物体的组成部分一次画出俯视图和左视图。

### 3. 点、直线和平面的投影

空间形体都是由点、线、面等几何要素组成的，要识读或绘制空间形体的投影，理解并掌握点、线、面的投影是基础。

(1) 点的投影

1）点的投影特征及标记。点的投影仍然是点。如图 3-39 所示，过空间点 $A$ 分别向三个投影面投影，得到三个投影点，分别为 $a$、$a'$、$a''$，其中 $a$ 是水平投影面的投影，$a'$是正投影面的投影，$a''$是侧投影面的投影。它同样满足投影规律，即长对正、高平齐、宽相等。

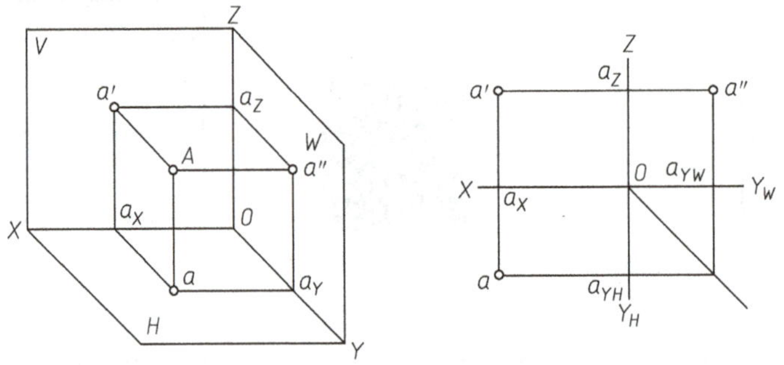


图 3-39　点的三面投影

点的三面投影

2）点的投影规律。由图 3-40 可见 $Aa=a'a_X=a''a_Y=Z$ 坐标，反映点 $A$ 到 $H$ 面的距离；$Aa'=aa_X=a''a_Z=Y$ 坐标，反映点 $A$ 到 $V$ 面的距离；$Aa''=aa_Y=a'a_Z=X$ 坐标，反映点 $A$ 到 $W$ 面的距离。空间点 $A$ 到三个投影面的距离 $Aa''$、$Aa'$、$Aa$ 可用点 $A$ 的三个直角坐标 $X_A$、$Y_A$ 和 $Z_A$ 表示，记为（$X_A$，$Y_A$，$Z_A$）。

同时，有 $a'a\perp OX$ 轴，$a'a''\perp OZ$ 轴，$aa_X=a''a_Z$。

通过以上分析，可总结出点的投影规律：

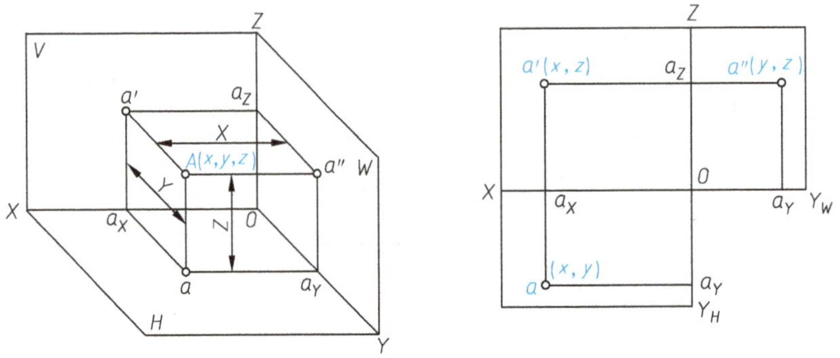


图 3-40　点的投影规律

① 点的两面投影的连线，必定垂直于相应的投影轴。

② 点的投影到投影轴的距离，等于空间点到相应的投影面的距离，即“影轴距等于点面距”。

[例 3-1]　已知空间点 $A$（11，8，15），求作它的三面投影图。

**解**　作图步骤如下（图 3-41）：

① 由原点 $O$ 向左沿 $OX$ 轴量取 11mm 得 $a_X$，过 $a_X$ 作 $OX$ 轴的垂线，在垂线上自 $a_X$ 向前量取 8mm 得 $a$，再向上量取 15mm 得 $a'$。

② 过 $a'$作 $OZ$ 轴的垂线交 $OZ$ 轴于 $a_Z$，在垂线上自 $a_Z$ 向前量取 8mm 得 $a''$（也可由 $a$ 通过 45°辅助线求得）。

③ $a$、$a'$、$a''$即为点 $A$ 的三面投影，即 $A$（11、8、15）。

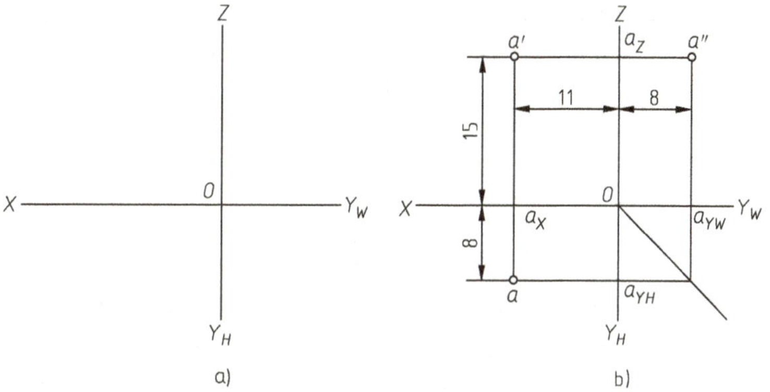


图 3-41　根据点的坐标作投影图

点的坐标

3）两点的相对位置。两点的相对位置是指两点在空间的上下、前后、左右位置关系。判断方法（图 3-42）：$X$ 坐标大的在左；$Y$ 坐标大的在前；$Z$ 坐标大的在上。

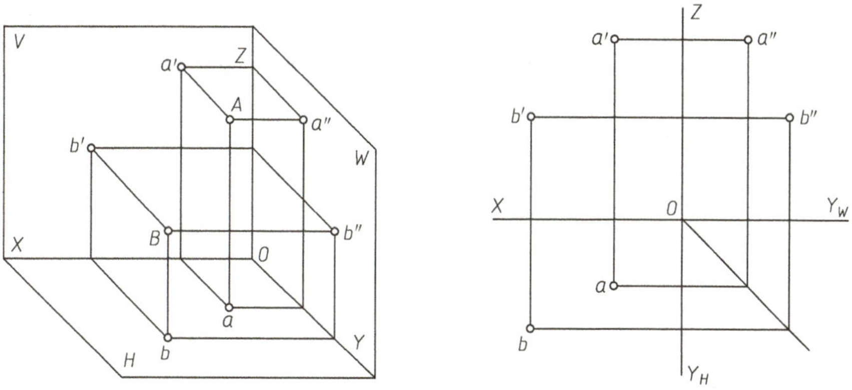


图 3-42　两点的相对位置

4）重影点的投影。当空间两点的某两个坐标值相同时，该两点处于某一投影面的同一投射线上，则这两点对该投影面的投影重合于一点，称为对该投影面的重影点。空间两点的同面投影（同一投影面上的投影）重合于一点的性质，称为重影性。

重影点有可见性的问题。在投影图上，如果两个点的同面投影重合，则对重合投影所在投影面的距离（即对该投影面的坐标值）较大的那个点是可见的，而另一点是不可见的，加圆括号表示，如（$a$）、（$b$）、（$b'$）。

如图3-43所示，$A$、$B$两点的水平面投影$a$和$b$重影成一点，点$A$在点$B$的正上方，所以两点的水平面投影中$A$是可见的，$B$是不可见的，用（$b$）表示。

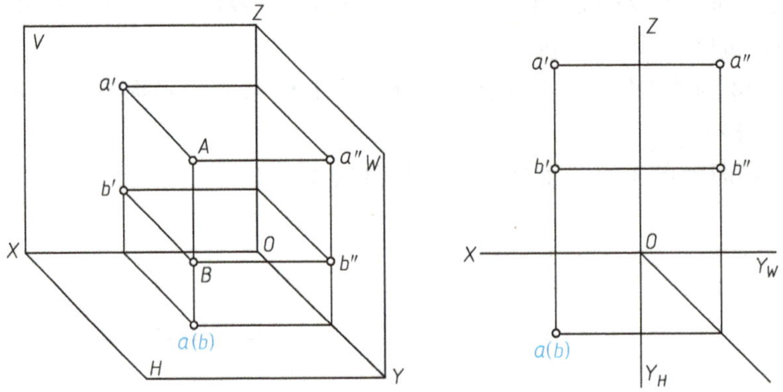


图3-43　重影点的投影

（2）直线的投影　直线的投影一般仍为直线（特殊情况，投影积聚为一点）。直线的投影可由直线上两点的同面投影（即同一投影面上的投影）来确定。因空间一直线可由直线上的两点来确定，所以直线的投影也可由直线上任意两点的投影来确定。

图3-44a所示为直线$AB$上两点$A$、$B$的三面投影，连接两点的三面投影，即得直线$AB$的三面投影（图3-44b），即水平投影$ab$、正面投影$a'b'$、侧面投影$a''b''$。

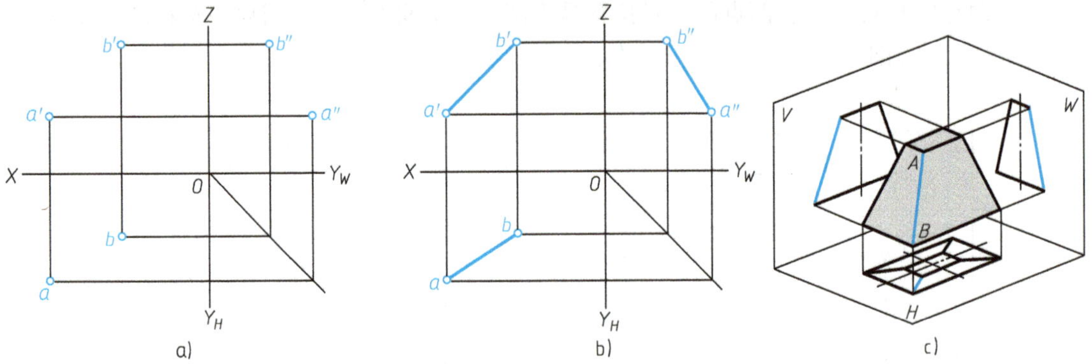


图3-44　直线的三面投影

a）两点的投影　b）直线的投影　c）空间直线的投影

各种位置直线的投影具有不同的投影特征。

1）一般位置直线。对三个投影面都倾斜的直线称为一般位置直线。如图3-44c所示直线$AB$，其三面投影都与投影轴倾斜，三个投影的长度都小于实长，具有收缩性。其投影如图3-44b所示。

一般位置直线

2）特殊位置直线。特殊位置直线包括投影面垂直线和投影面平行线，具体见表3-1。

表 3-1 各种位置直线的投影特征

| 名称 | | 实例 | 投影图 | 直线的投影特性 |
|---|---|---|---|---|
| 投影面垂直线 | 正垂线 | 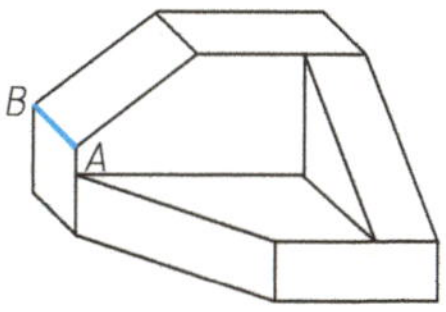  | 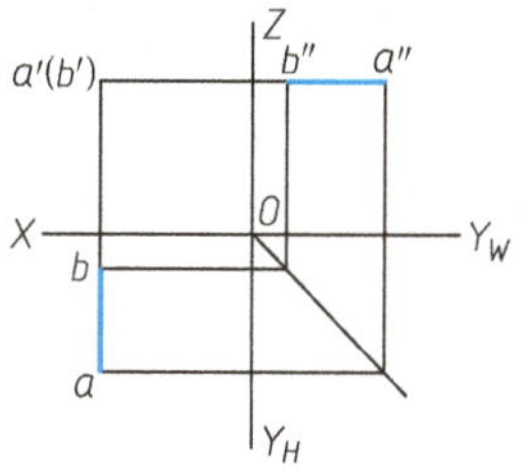  | 1. 直线在垂直投影面上的投影有积聚性<br>2. 直线在其他两面的投影反映线段实长，且垂直于相应的投影轴<br>投影面垂直线 |
| | 铅垂线 | 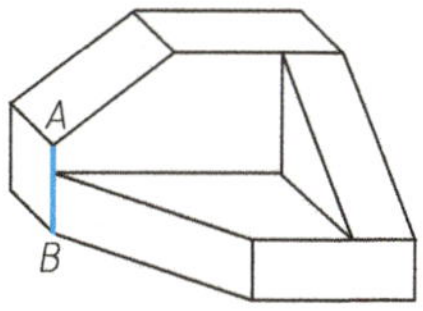  | 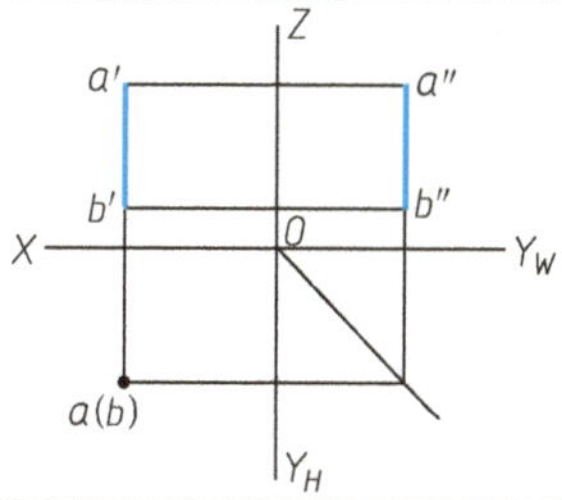  | |
| | 侧垂线 | 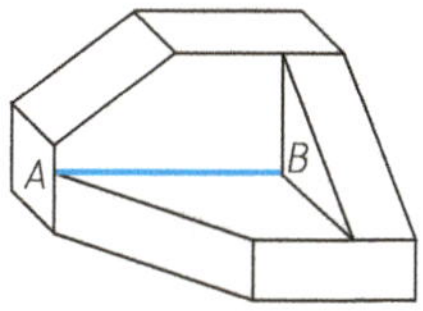  | 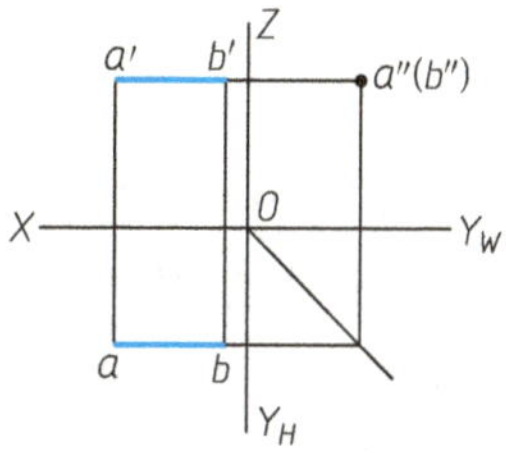  | |
| 投影面平行线 | 正平线 | 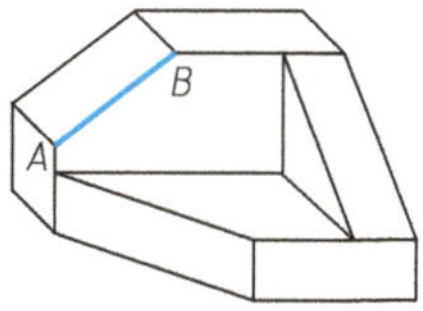  | 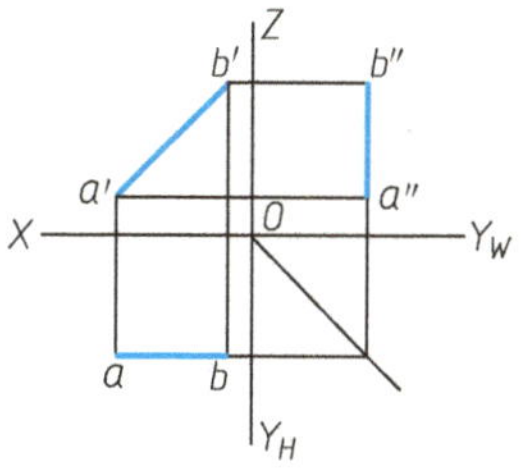  | 1. 直线在平行投影面上的投影反映实长<br>2. 直线在其他两面的投影平行于相应的投影轴<br>投影面平行线 |
| | 水平线 | 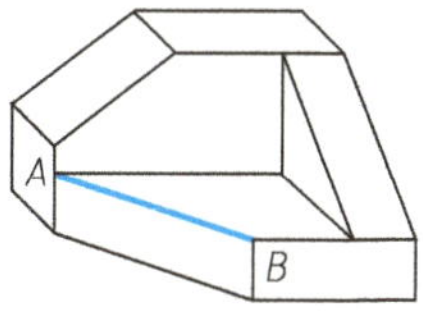  | 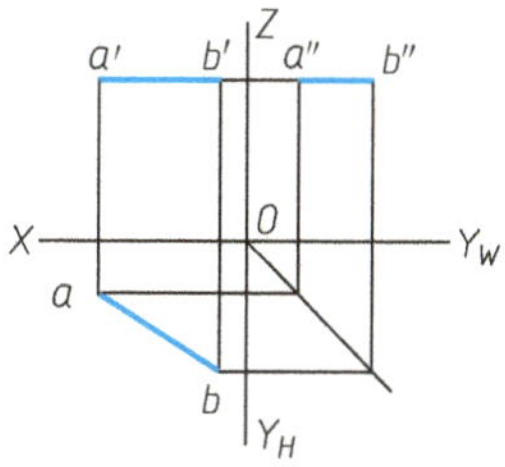  | |
| | 侧平线 | 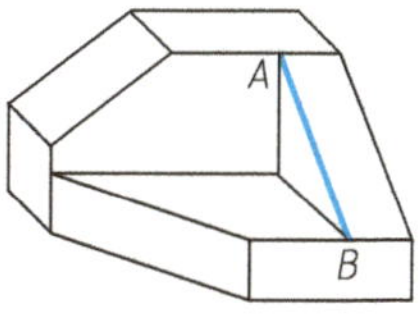  | 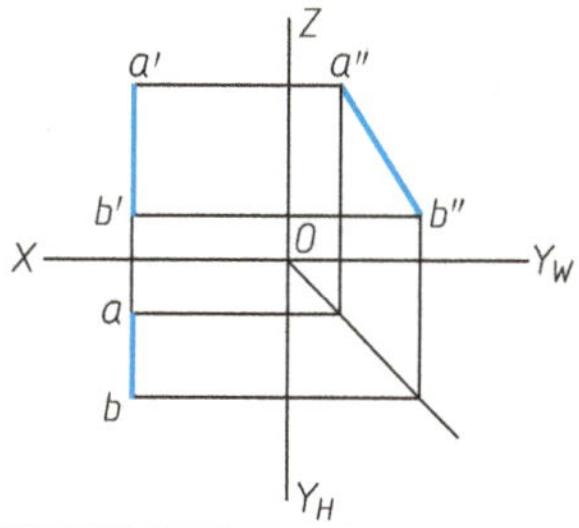  | |

（3）平面的投影　不属于同一直线的三个点可确定一个平面。由于工程上的平面多指有限面，所以本书中所研究的平面也是针对有限面的平面图形而言。平面图形的边和顶点是由一些线段（直线段或曲线段）及其交点组成的。因此，这些线段投影的集合就表示该平面图形。先画出平面图形各顶点的投影，然后将各点同面投影依次连接，即平面图形的投影。如图 3-45 所示△*ABC* 的三面投影。

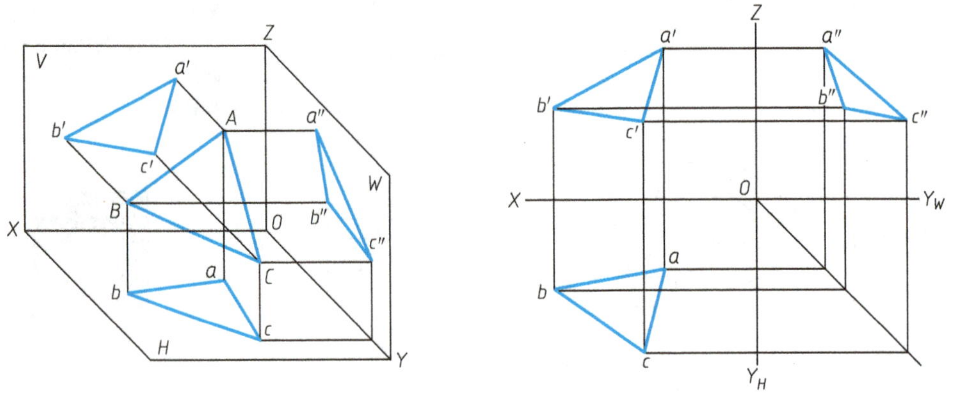


图 3-45　△*ABC* 的三面投影

各种位置平面的投影也具有不同的投影特征。

1）一般位置平面。对三个投影面都倾斜的平面称为一般位置平面。其三面投影都是比原形小的类似图形，具有类似性。其投影如图 3-45 所示。

2）特殊位置平面。特殊位置平面包括投影面垂直面和投影面平行面，具体见表 3-2。

一般位置平面

表 3-2　各种位置平面的投影特征

| 名称 | | 实例 | 投影图 | 平面的投影特性 |
|---|---|---|---|---|
| 投影面垂直面 | 正垂面 | 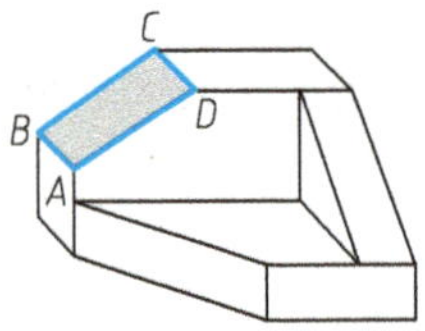 | 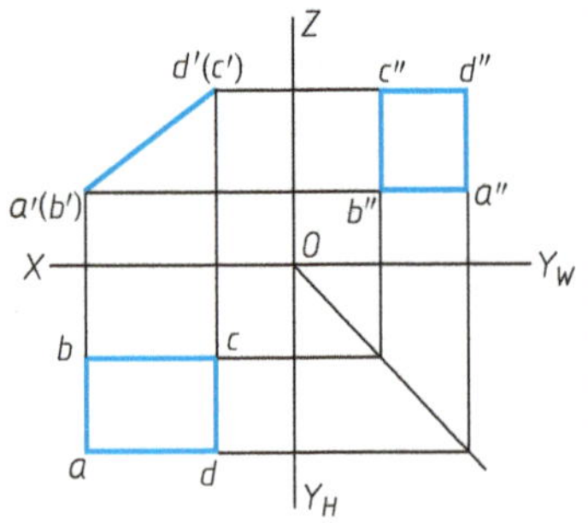 | 投影面垂直面<br>1. 平面在垂直投影面上的投影积聚成直线<br>2. 平面在其他两面的投影均为原形的类似形 |
| | 铅垂面 | 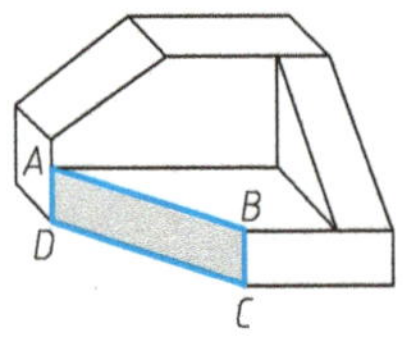 | 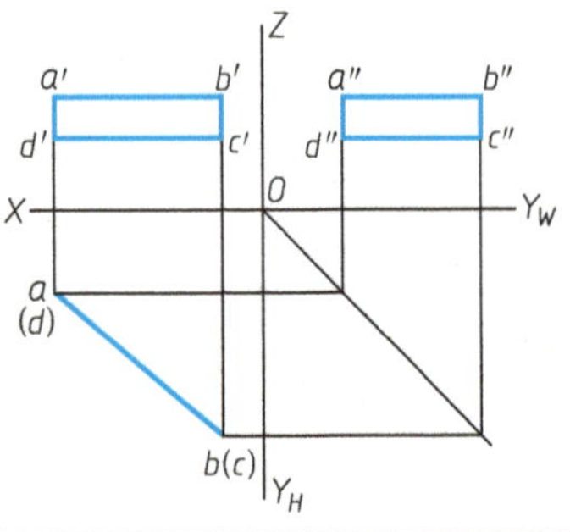 | |

（续）

| 名称 | | 实例 | 投影图 | 平面的投影特性 |
|---|---|---|---|---|
| 投影面垂直面 | 侧垂面 | 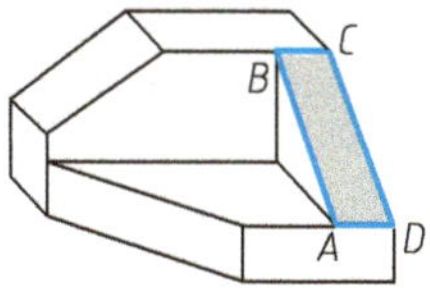 | 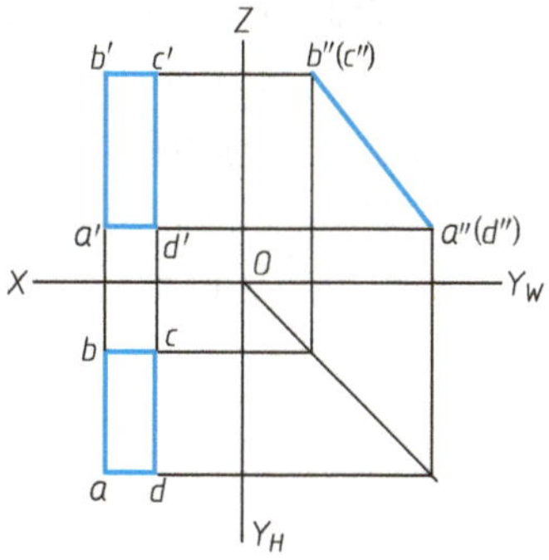 | 1. 平面在垂直投影面上的投影积聚成直线<br>2. 平面在其他两面的投影均为原形的类似形 |
| 投影面平行面 | 正平面 | 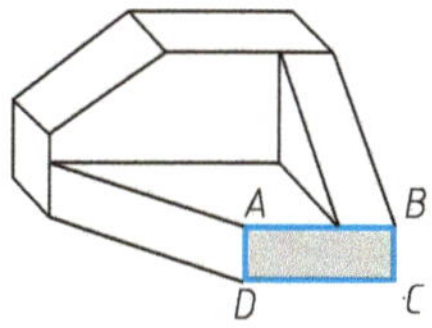 | 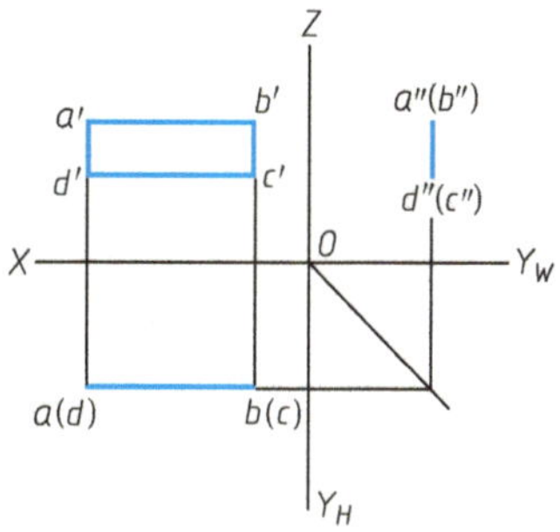 | 投影面平行面<br>1. 平面在平行投影面上的投影反映实形<br>2. 平面在其他两面的投影均积聚成直线，且平行于相应的投影轴 |
| | 水平面 | 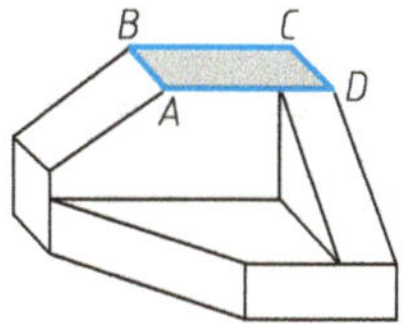 | 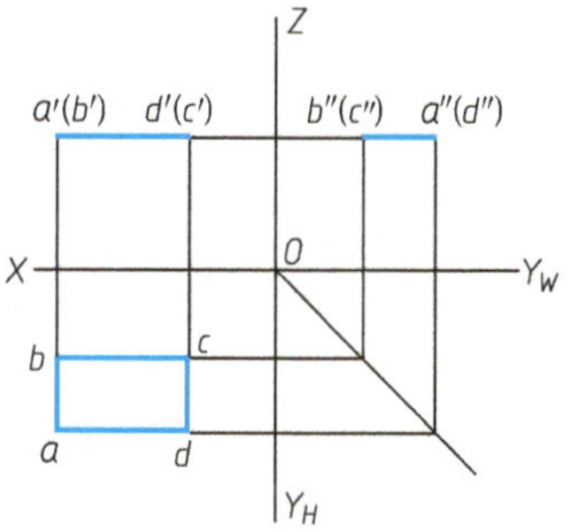 | |
| | 侧平面 | 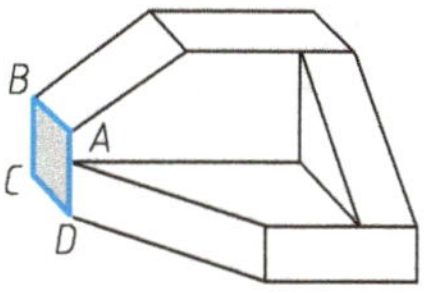 | 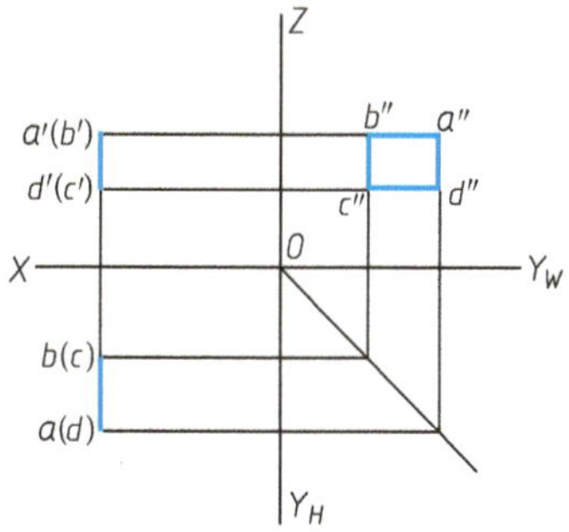 | |

### 4. 几何体的投影

几何体分为平面立体和曲面立体。表面均为平面的立体称为平面立体，表面为曲面或曲面与平面构成的立体称为曲面立体。

（1）平面立体　绘制平面立体的三视图，可归结为绘制各个表面（棱面）投影的集合。

由于平面图形系由直线段组成，而每条线段都可由其两端点确定，因此作平面立体的三视图，又可归结为其各表面的交线（棱线）及顶点投影的集合。

在立体的三视图中，有些表面和表面的交线处于不可见位置，在图中须用虚线表示。

（2）曲面立体　由一条母线（直线或曲线）围绕轴线回转而形成的表面称为回转面，由回转面或回转面与平面围成的立体称为回转体。圆柱、圆锥和圆球等都是回转体。

1）圆柱的形成。圆柱由顶圆、底圆和圆柱面围成，也是由直线 $AA_1$ 绕与它平行的轴线 $OO_1$ 旋转而形成的（图 3-46）。直线 $AA_1$ 称为母线。

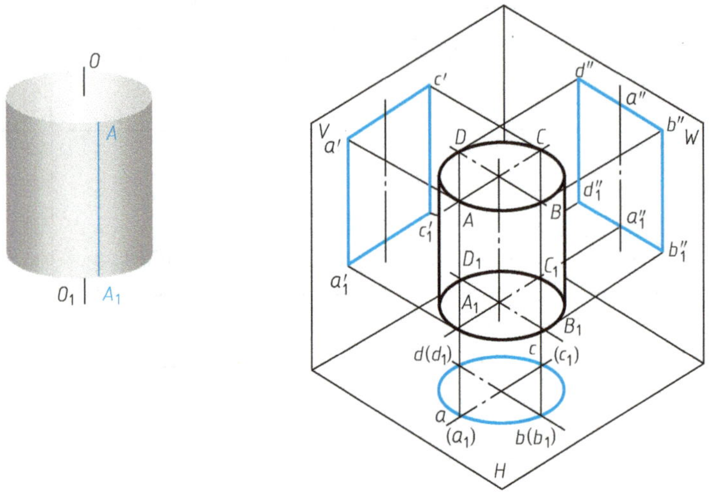


图 3-46　圆柱的形成

2）圆锥的形成。圆锥由圆锥面和底面组成，也是由直线 $SA$（母线）绕与它相交的轴线 $OO_1$ 旋转而形成的（图 3-47）。$S$ 称为锥顶，圆锥面上过锥顶的任一直线称为圆锥面的素线。

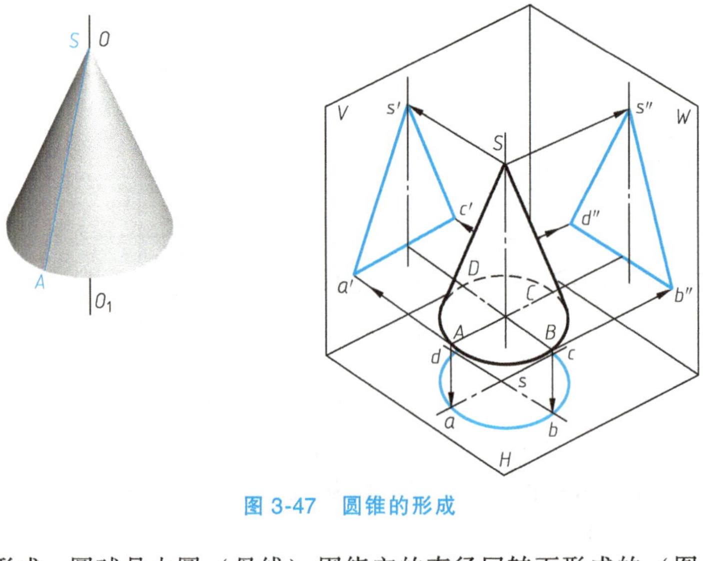


图 3-47　圆锥的形成

3）圆球的形成。圆球是由圆（母线）围绕它的直径回转而形成的（图 3-48）。

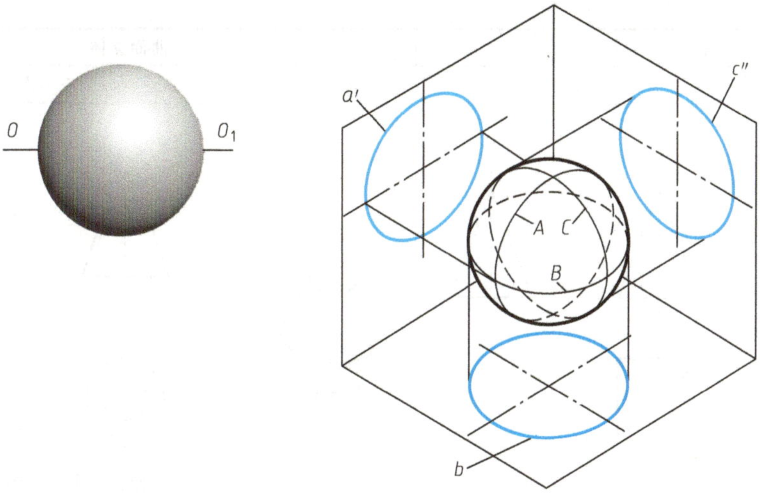


图 3-48　圆球的形成

### 5. 基本体的尺寸标注

视图的作用是表达物体的结构和形状，如果要确定物体的实际大小，就还需标注尺寸。

一般的平面立体需标注长、宽、高三个方向的尺寸。对于棱柱、棱锥等除了标注高度方向尺寸外，顶面和底面的形状大小也要表达出来，如正多边形用其外接圆直径表达等。回转体如圆柱、圆锥、球体等的尺寸标注应注出高和底圆直径。具体标注见表 3-3。

表 3-3　基本体的尺寸标注

| 平面立体 | | 曲面立体 | |
|---|---|---|---|
| 立体图 | 三视图 | 立体图 | 三视图 |
| 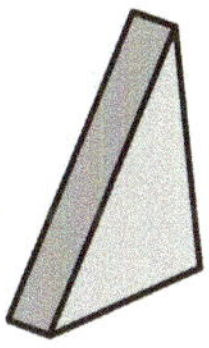 三棱柱 | 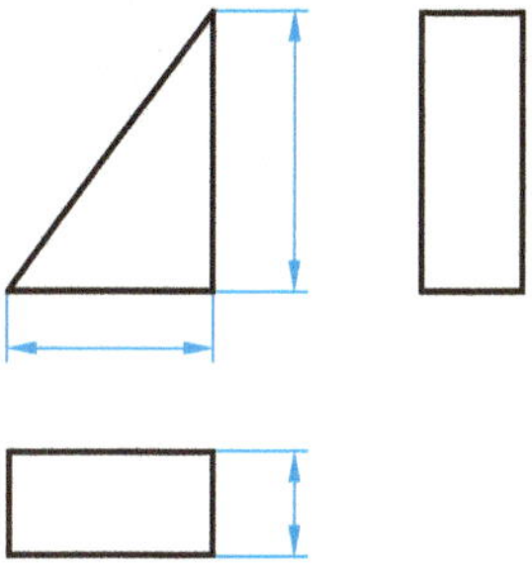 左视图可省略 | 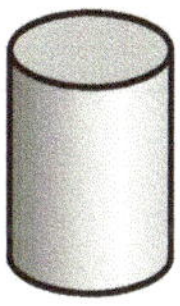 圆柱 | 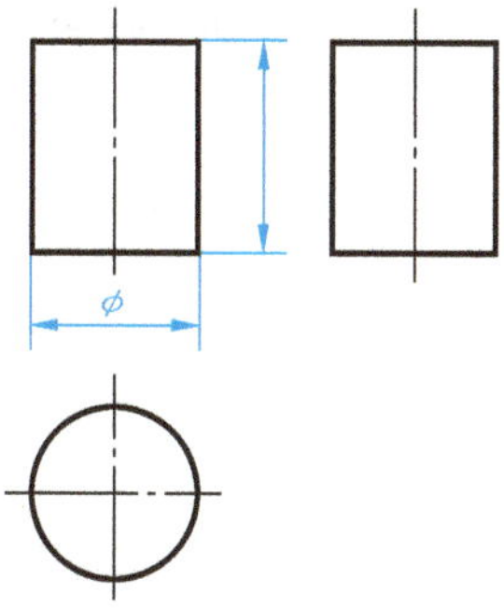  俯视图和左视图可省略 |
| 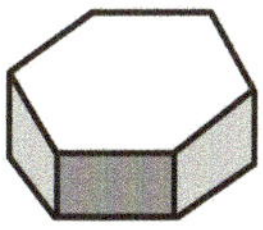 六棱柱 | 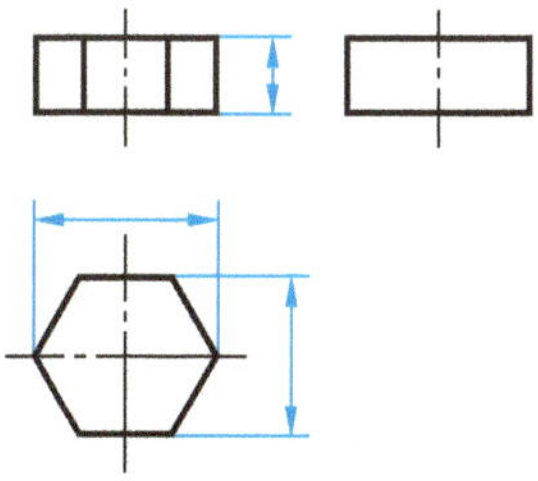 左视图可省略（俯视图中两个尺寸只标注一个即可） |  圆锥 | 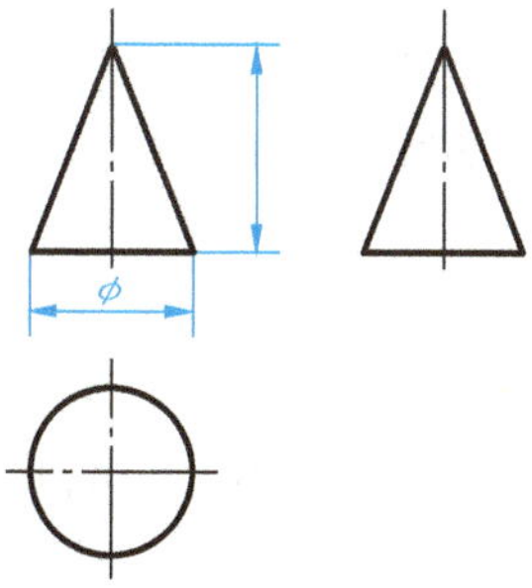  俯视图和左视图可省略 |

（续）

| 平面立体 | | 曲面立体 | |
|---|---|---|---|
| 立体图 | 三视图 | 立体图 | 三视图 |
| 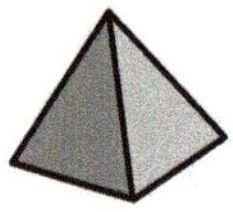 四棱锥 | 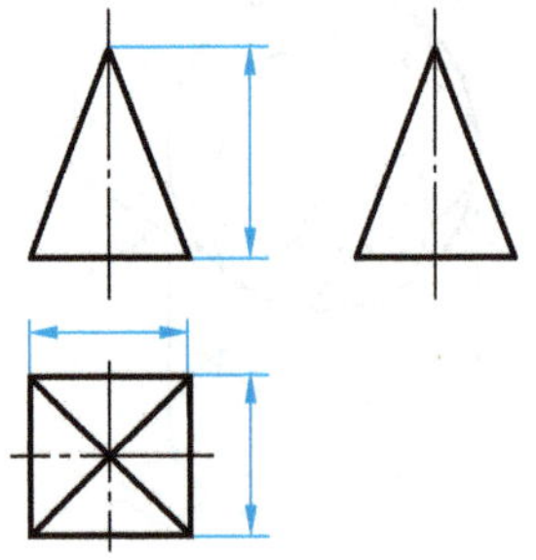 左视图可省略 | 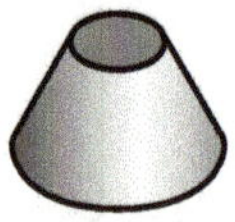 圆锥台 | 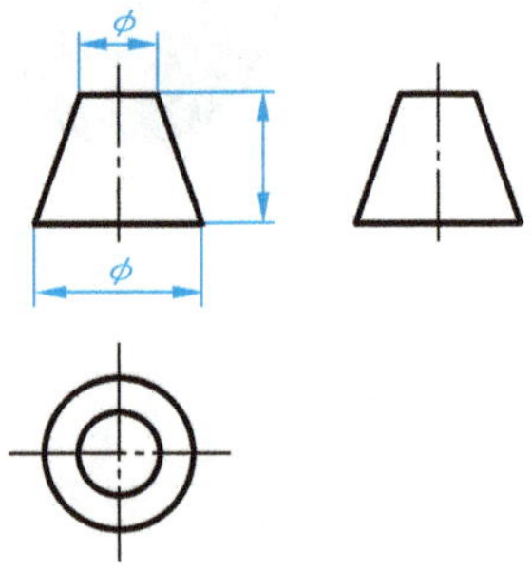  俯视图和左视图可省略 |
| 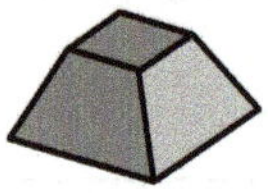 四棱台 | 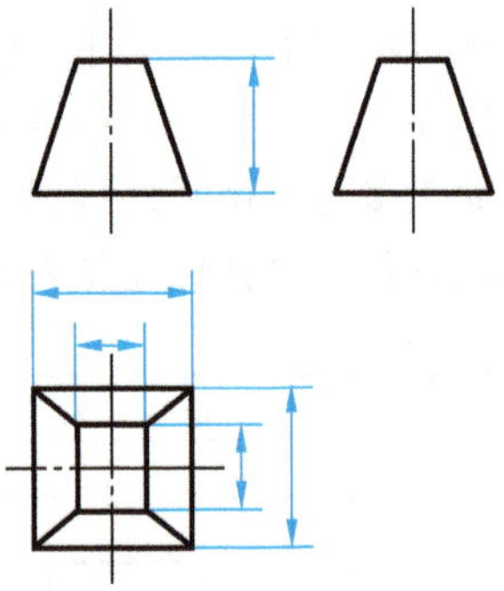 左视图可省略 |  圆球 | 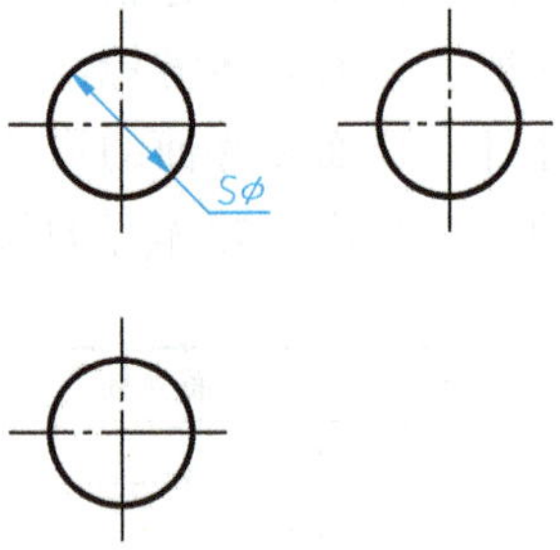  俯视图和左视图可省略 |

## 3-2 立体的表面交线

### 学习目标

1. 掌握用特殊位置平面截切平面体和圆柱体产生的截交线及其立体投影的画法。
2. 了解用特殊位置平面截切圆球投影的画法。
3. 掌握两圆柱相贯和同轴（垂直投影面）回转体相贯产生的相贯线及其立体投影的画法。

### 制图任务

任务一：绘制图 3-49a 所示正三棱锥的截交线（图 3-49b）。

任务二：绘制图 3-50a 所示圆锥的截交线（图 3-50b）。

任务三：绘制图 3-51a 所示开槽半圆球的截交线（图 3-51b）。

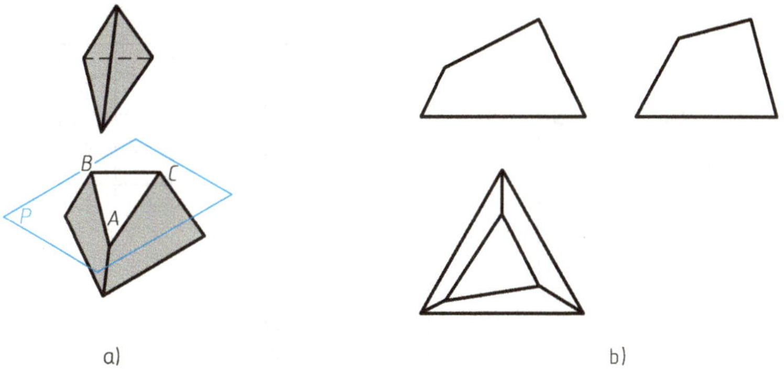


图 3-49　正三棱锥的截交线

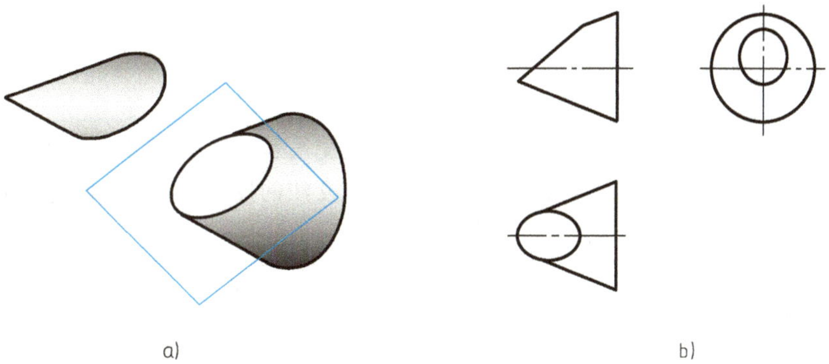


图 3-50　圆锥的截交线

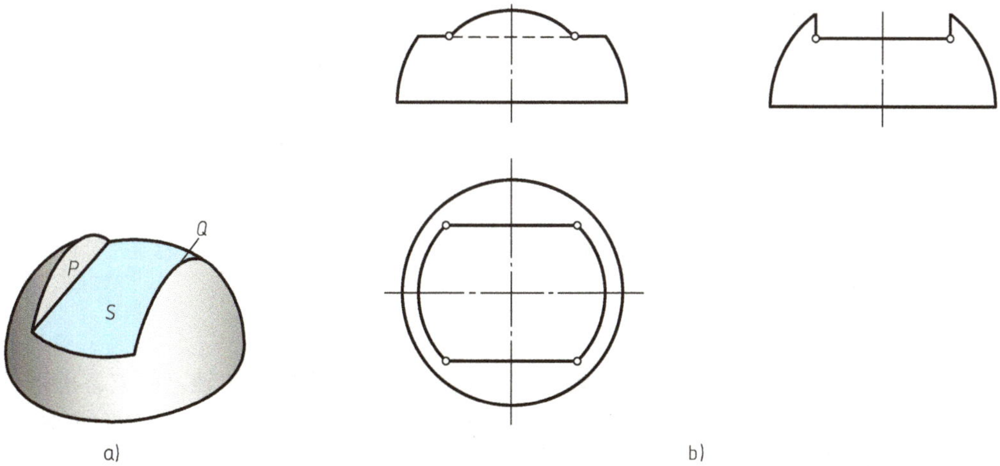


图 3-51　开槽半圆球的截交线

任务四：绘制图3-52a所示轴线正交的两圆柱表面的相贯线（图3-52b）。

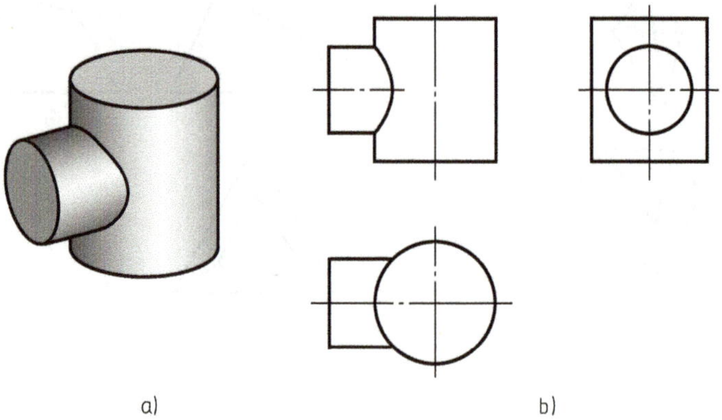


图3-52 轴线正交的两圆柱表面的相贯线

## 任务实施

### 1. 任务一的操作步骤

分析：正三棱锥被正垂面 *P* 截切（图3-49），截交线是三角形，其三个顶点分别是截平面与三棱锥上三条侧棱的交点。因此，作平面立体截交线的投影，实质上就是求截平面与平面立体上被截棱线各交点的投影。

作图步骤如下（图3-53）：

1）利用截平面的积聚性投影，先找出截交线各顶点的正面投影 $a'$、$b'$、$c'$。根据属于直线上的点（*A*、*B*、*C* 三点分别属于三棱锥的三个棱线）的投影特性，求出各顶点的水平投影 *a*、*b*、*c* 及侧面投影 $a''$、$b''$、$c''$。

2）依次连接各顶点的同面投影，即得截交线的投影。此外，还需考虑形体其他轮廓的投影及其可见性问题，直至完成三视图。

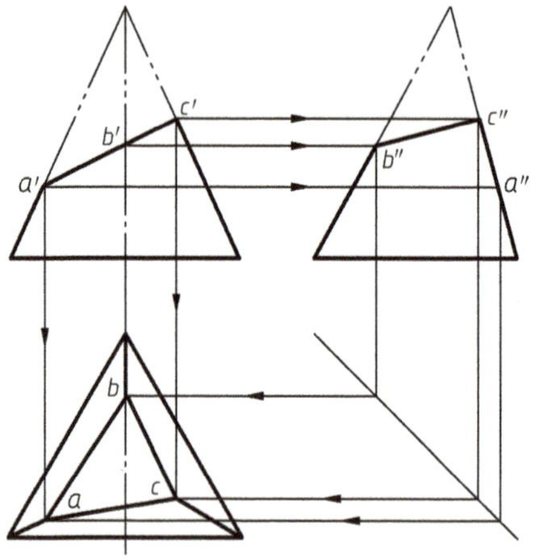


图3-53 正三棱锥的截交线的画法

### 2. 任务二的操作步骤

分析：正垂面斜切圆锥（图3-50），截面与所有素线都相交，交线是椭圆，其正面投影具有积聚性，水平投影和侧面投影仍为椭圆。

作图步骤如下（图3-54）：

1）求特殊点。正面投影转向轮廓线上的Ⅰ、Ⅱ两点是截交线椭圆长轴上的点，也是最高、最低点；Ⅲ、Ⅳ两点是圆锥水平投影转向轮廓上的点，可直接求得；Ⅴ、Ⅵ两点是截交线椭圆短轴上的两端点，同时也是最前、最后点，可用纬圆法求得。

2）求一般点。在截交线正面投影的适当位置取一般点 $7'$ 和 $8'$，用纬圆法求其水平投影和侧面投影。

3）连线。依次光滑连接各点，即得截交线椭圆的水平投影和侧面投影。水平投影转向轮廓要画至点 3、4。

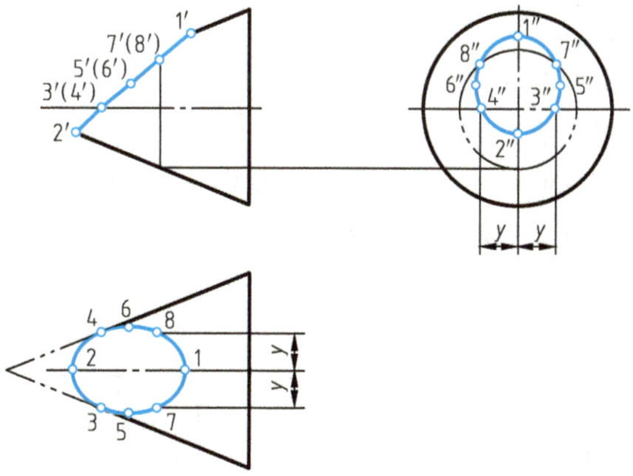


图 3-54　正三棱锥的截交线的画法

### 3. 任务三的操作步骤

分析：截平面 $P$、$Q$ 前后对称且平行于正投影面，因此，截交线的正面投影为一圆弧；截平面 $S$ 为水平面，截交线圆弧的水平投影反映实形，如图 3-51 所示。

作图步骤如下（图 3-55）：

1）以截平面 $P$ 与侧面投影轮廓线的交点至轴线的距离 $R_1$ 为半径，画出交线的正面投影，同时求出截平面 $P$、$Q$ 的水平投影。

2）同理，求出截平面 $S$ 与球面交线圆弧的水平投影。

3）去除多余图线再描深。截面 $S$ 的正面投影部分为不可见，画成虚线，正面投影转向轮廓线被截去部分不能画出。

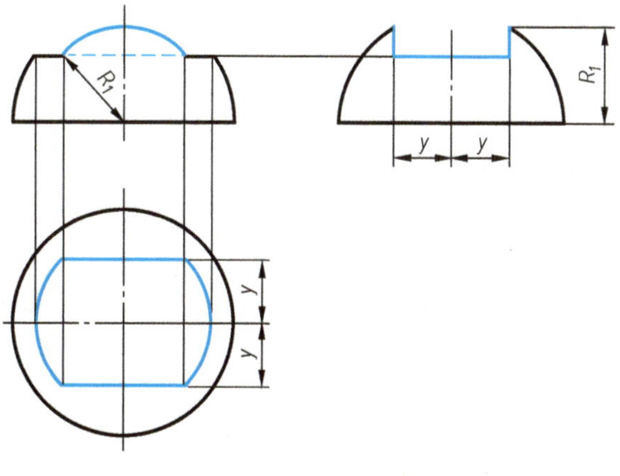


图 3-55　开槽半圆球的截交线的画法

#### 4. 任务四的操作步骤

**分析：** 两圆柱轴线垂直相交，且分别垂直于水平投影面和侧立投影面（图 3-52），因此，相贯线的侧面投影与小圆柱的侧面投影重合；同理，相贯线的水平投影为一圆弧；相贯线前后对称，因此正面投影中前后部分重合为一曲线段。

作图步骤如下（图 3-56）：

1）求特殊点。由侧面投影可知，点Ⅰ、Ⅱ分别是最高、最低点，同时也是两圆柱转向轮廓线的交点；点Ⅲ、Ⅳ分别是最前、最后点，同时也是最右点。

2）求一般点。在相贯线的水平投影上取一对重影点 5、（6），把它看成小圆柱表面上的点，即可求得侧面投影 5″、6″，由此可求得正面投影 5′、6′ 。

3）依次光滑连接各点，即完成相贯线的正面投影。

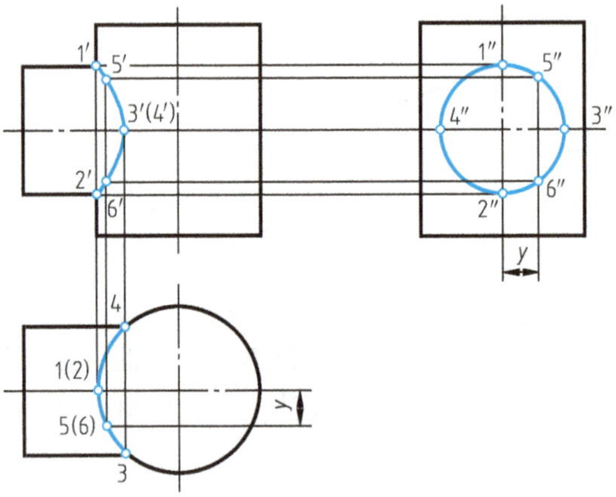


相贯线的画法

图 3-56　轴线正交的两圆柱表面相贯线的画法

## 知识链接

在机械零件上常见到一些交线。在这些交线中，有的是平面与立体表面相交而产生的交线（截交线），有的是两立体表面相交而形成的交线（相贯线）。了解这些交线的性质并掌握其画法，有助于正确地分析和表达机械零件的结构形状。

#### 1. 截交线

由平面截切几何体形成的表面交线称为截交线，该平面称为截平面。

截交线是截平面和几何体表面的共有线，截交线上的每一点都是截平面和几何体表面的共有点。因此，只要能求出这些共有点，再把这些共有点连接起来，就可得到截交线。下面介绍几种常见的截交线及其求法。

（1）平面立体的截交线　因为平面体的截交线是一个封闭的平面折线，所以求平面体的截交线就是要找出平面体上被截断的截断点，然后依次连接这些截断点就可得到该平面体的截交线。

（2）圆柱的截交线　用一截平面切割圆柱体，所形成的截交线有三种情况，见表 3-4。

表 3-4　圆柱的截交线

| 截平面位置 | 平行于圆柱轴线 | 垂直于圆柱轴线 | 倾斜于圆柱轴线 |
|---|---|---|---|
| 截交线 | 直线 | 圆 | 椭圆 |
| 立体图 | 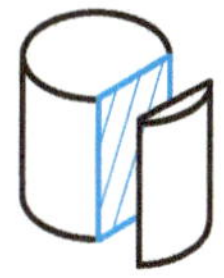 | 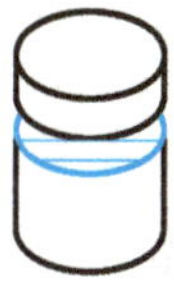 | 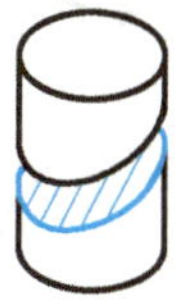 |
| 投影图 | 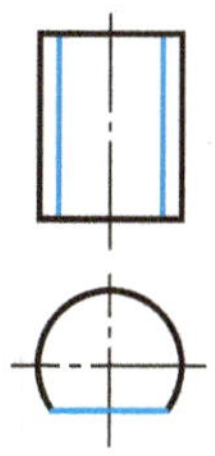 | 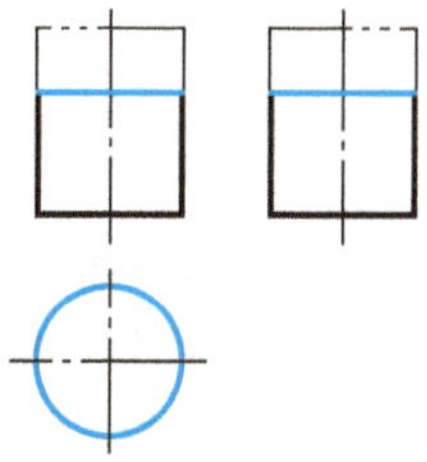 | 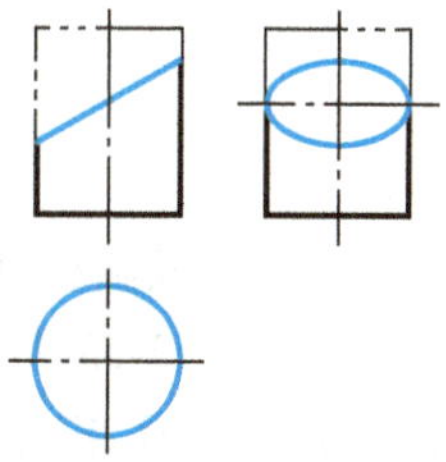 |

（3）圆锥的截交线　用一截平面切割圆锥体，所形成的截交线有几种情况，见表 3-5。

表 3-5　圆锥的截交线

| 截平面位置 | 垂直于圆锥轴线 | 通过锥顶 | 平行于圆锥两素线 | 倾斜于轴线与所有素线相交 | 平行于圆锥一素线 |
|---|---|---|---|---|---|
| 截交线 | 圆 | 三角形 | 双曲线 | 椭圆 | 抛物线 |
| 立体图 | 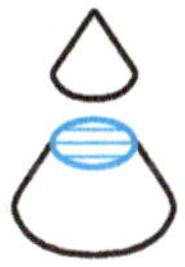 |  |  |  | 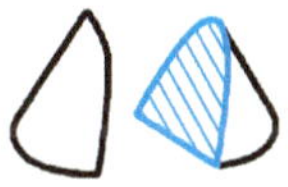 |
| 投影图 | 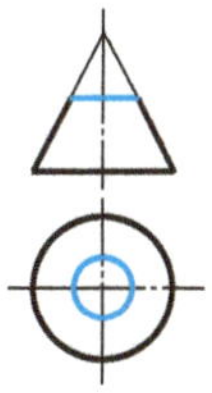 | 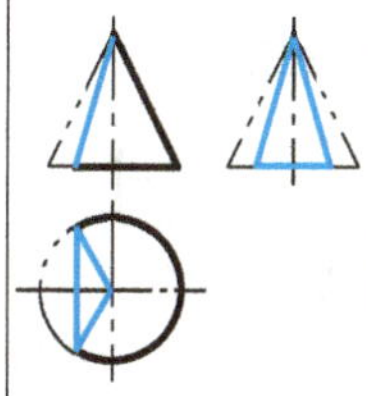 | 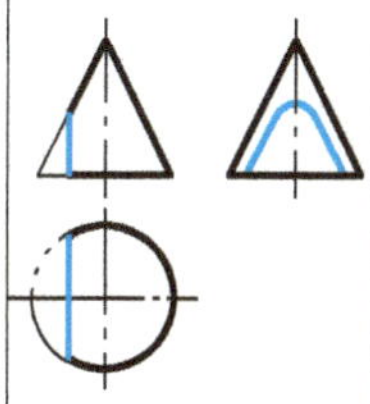 | 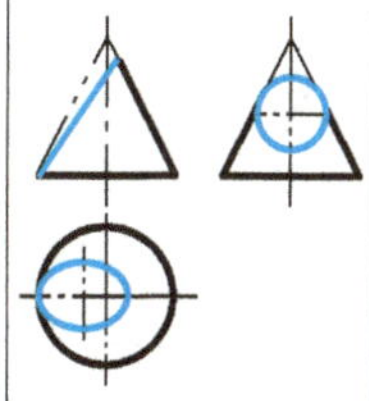 | 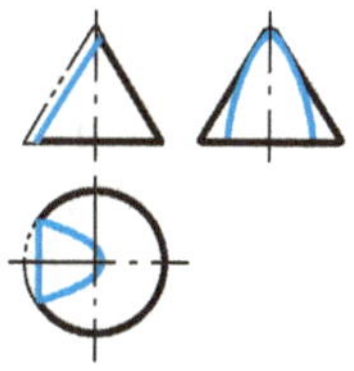 |

（4）圆球的截交线　用一截平面切割球，所形成的截交线都是圆。当截平面与某一投影面平行时，截交线在该投影面上的投影为一圆，在其他两投影面上的投影都积聚为直线，如图 3-57a 所示。当截平面与某一投影面垂直时，截交线在该投影面上的投影积聚为直线，在其他两投影面上的投影均为椭圆，如图 3-57b 所示。

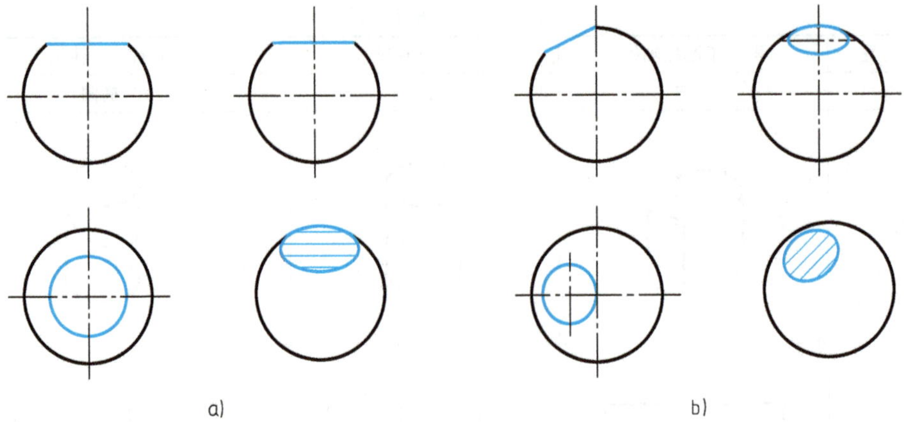


图3-57　圆球的截交线

［例3-2］　完成圆柱开槽后的水平投影和侧面投影。

**解**　分析：图3-58所示为多个平面切割圆柱体，左右两个对称的侧平面与圆柱轴线平行，交线为两平行素线，侧面投影重合在一起；水平截平面与圆柱轴线垂直，交线圆弧的水平投影反映实形。

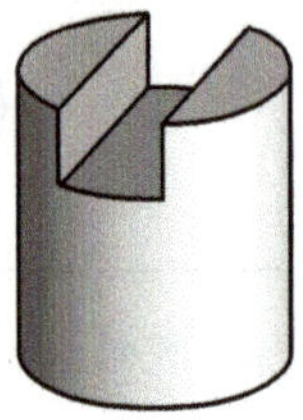

图3-58　圆柱开槽

作图步骤如下（图3-59）：

1）先求出截口的水平投影。注意水平截面与圆柱的交线为圆弧而不是直线段。

2）由方槽的正面投影和水平投影求出交线的侧面投影。

3）连线。水平截面的侧面投影不可见部分画虚线，其余部分画粗实线，轮廓线被切去部分不能画出。

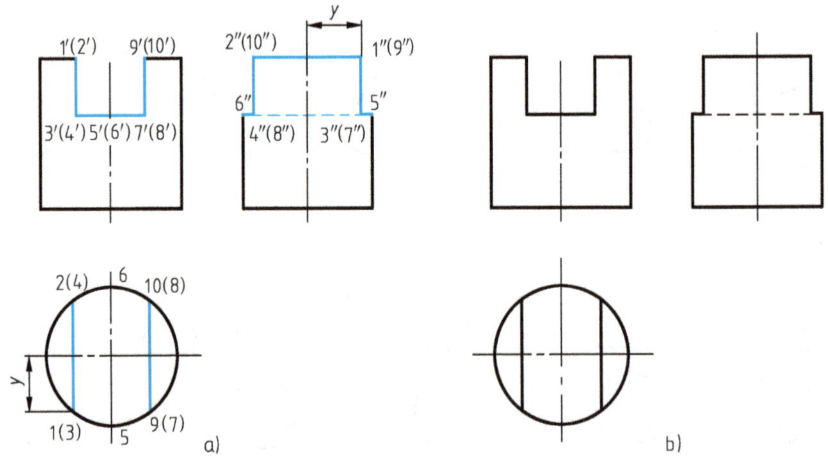


图3-59　圆柱开槽的截交线画法

## 2. 相贯线

相贯线也是零件的表面交线，但它与截交线不同，相贯线不是由平面切割几何体形成的，而是由两个几何体互相贯穿产生的表面交线。零件表面的相贯线大都是圆柱、圆锥、球面等回转体表面相交而成的。

(1) 相贯线的特性

1)相贯线是互相贯穿的两个形体表面的共有线，也是两个相交形体的表面分界线。

2)由于形体占有一定的空间，所以相贯线一般是闭合的空间曲线，有时也为平面曲线。

(2) 相贯线的画法 画相贯线常采用的方法是辅助平面法。

用一辅助平面同时切割两相交体，得两组截交线，两组截交线的交点即为相贯线上的点，这种求相贯线投影的方法称为辅助平面法。

从辅助平面法求相贯线的原理来说，辅助平面可以是任意位置。但为了作图方便，在实际选择辅助平面时，多选用特殊位置平面（一般为投影面平行面）作辅助平面。

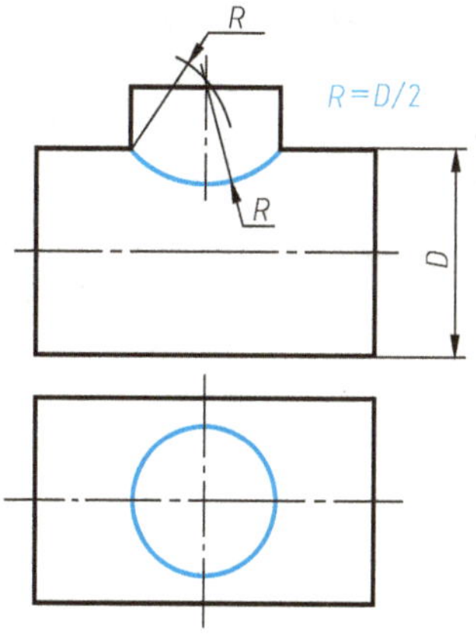


图 3-60 相贯线简化画法

在不引起误解时，图中的相贯线可以简化成圆弧，如图 3-60 所示，轴线正交且平行于正面的不等径两圆柱相贯，相贯线的正面投影可以用与大圆柱半径相等的圆弧来代替。

正交圆柱的相贯线与两圆柱的相对大小变化有关，变化规律如图 3-61 所示。

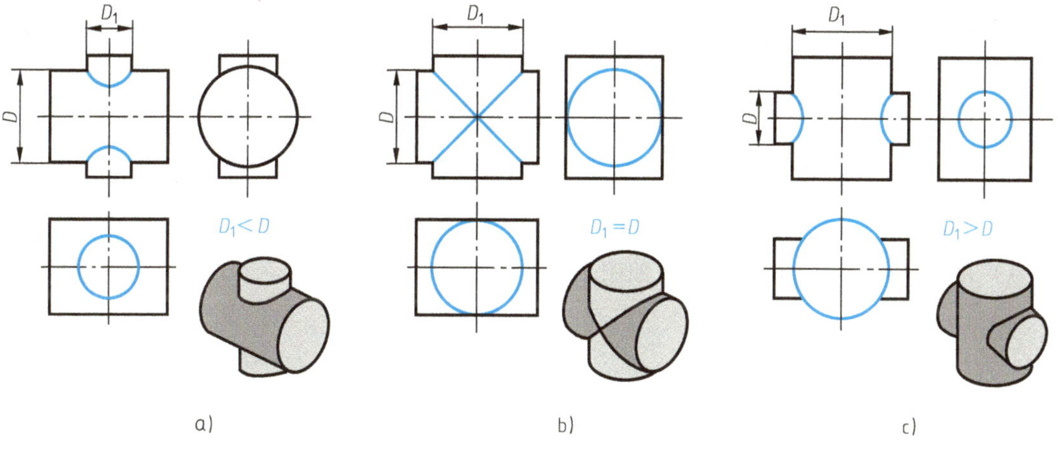


图 3-61 改变两圆柱直径大小时相贯线的变化

a) $D_1<D$ 圆柱相贯 b) 等径圆柱相贯 c) $D_1>D$ 圆柱相贯

在圆筒上钻有圆孔时，孔与圆筒外表面及内表面均有相贯线，在内表面产生的交线，称为内相贯线。内相贯与外相贯线的画法相同，如图 3-62 所示。

(3) 相贯线的特殊情况 两回转体相交时，其相贯线一般为空间曲线，但在特殊情况下，也可能是平面曲线或直线。

两个回转体具有公共轴线时称为共轴相贯。如图 3-63a 所示，圆柱和球体属于共轴相贯，其相贯线为圆，正面投影积聚为一直线。另外，图 3-63b 所示为一圆锥和圆柱共轴相贯，图 3-63c 所示为一圆锥和球体共轴相贯，其相贯线都是平面图形，在正面投影都积聚为一直线。

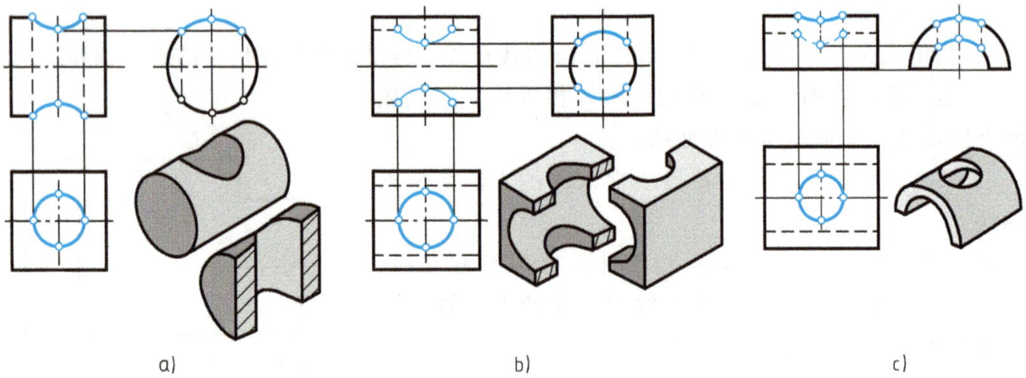


图 3-62 内外圆柱表面正交

a）圆柱上穿孔 b）孔与孔相交 c）半圆柱套上穿孔

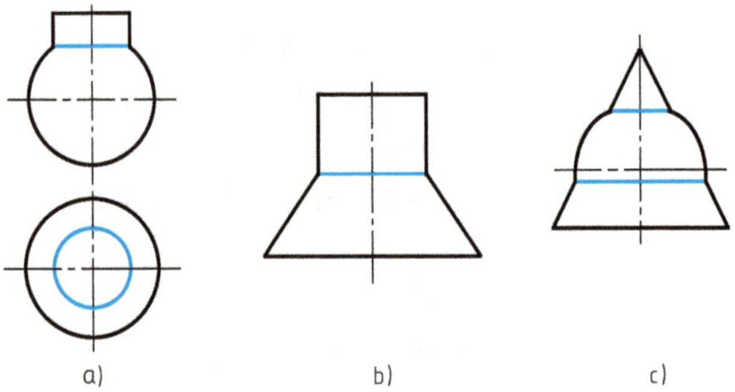


图 3-63 相贯线的特殊情况

a）两回转体共轴相贯 b）圆锥和圆柱共轴相贯 c）圆锥和球体共轴相贯

### 3. 切割体的尺寸标注

1）基本体切口后的尺寸标注，如图 3-64 所示。

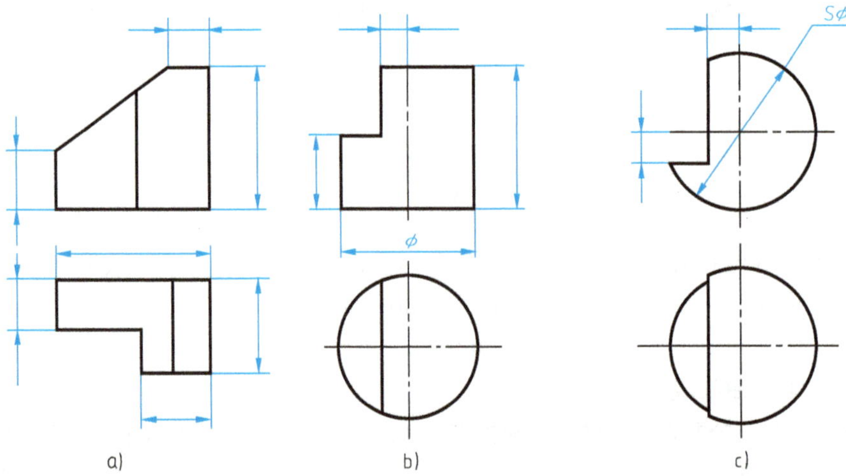


图 3-64 基本体切口后的尺寸标注

2）基本体穿孔或切槽后的尺寸标注，如图 3-65 所示。这种形体除注出完整基本体大小尺寸外，还应注出槽和孔的大小及位置尺寸。

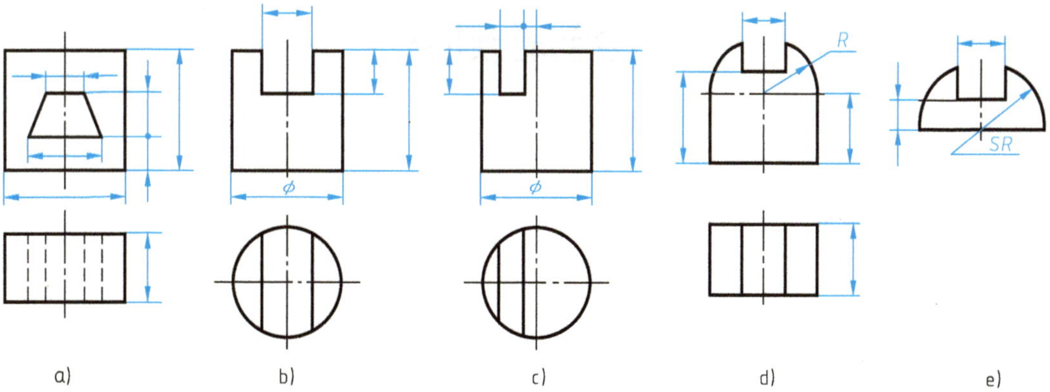


图 3-65　基本体穿孔或切槽后的尺寸标注

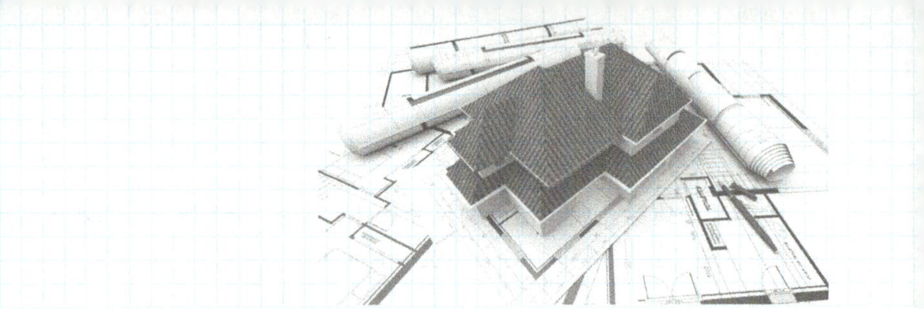

# 课题四

# 绘制轴测图

## 4-1　认识轴测图

**学习目标**

1. 认识学习轴测图的必要性。
2. 了解轴测图投影的基本概念、轴测投影的特性和常用轴测图的种类。

工程上常用的图样是按照正投影法绘制的多面投影图，它能够完整而准确地表达出形体各个方向的形状和大小，而且作图方便。但在图 4-1a 所示的三视图中，每个投影图只能反映形体长、宽、高三个方向中的两个，立体感不强，故缺乏投影知识的人不易看懂，因为看图时需运用正投影原理，对照几个投影，才能想象出形体的形状结构。当形体复杂时，其正投影就更难读懂。为了帮助读图，工程上常采用轴测投影图（简称轴测图）来表达空间形体（图 4-1b）。

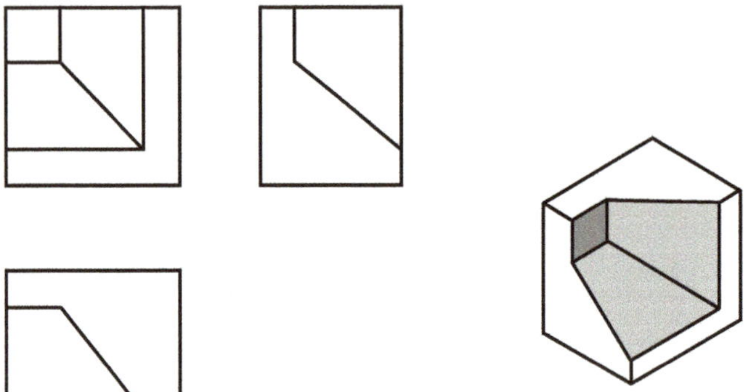

a)　　　　b)

图 4-1　三视图与轴测图

轴测图是一种富有立体感的投影图，因此也称为立体图。它能在一个投影面上同时反映空间形体三个方向上的形状结构，可以直观形象地表达客观存在或构想的三维物体，接近于人们的视觉习惯，使一般人都能看懂。但由于它属于单面投影图，有时对形体的表达不够全面，而且其度量性差，作图较为复杂，因而它在应用上有一定的局限性，常作为工程设计和工业生产中的辅助图样，当然，由于其自身的特点，在某些行业中应用轴测图的机会逐渐增多。

### 1. 轴测图的形成

将物体连同其直角坐标系沿不平行于任一坐标面的方向，用平行投影法将其投射在单一投影面上所得到的具有立体感的图形，称为轴测图。

图 4-2 所示为用平行投影法将物体连同确定其空间位置的直角坐标系，一并投射到选定的平面 $P$ 上，$P$ 平面上的投影称为轴测投影，$P$ 平面称为轴测投影面。

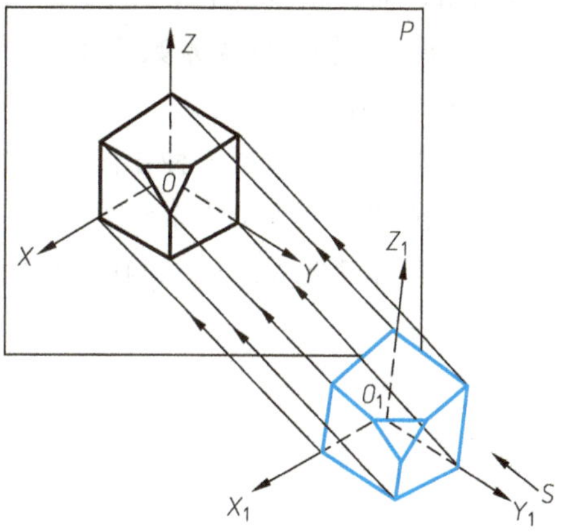


图 4-2　轴测图的形成

### 2. 轴间角和轴向伸缩系数

轴测轴：直角坐标轴 $O_1X_1$、$O_1Y_1$、$O_1Z_1$ 在轴测投影面上的投影 $OX$、$OY$、$OZ$ 称为轴测轴。

轴间角：轴测投影中，两根轴测轴之间的夹角称为轴间角。

轴向伸缩系数：直角坐标轴上单位长度在相应轴测轴上的投影长度称为轴向伸缩系数。$X$、$Y$、$Z$ 轴的轴向伸缩系数分别用 $p$、$q$、$r$ 表示，即 $p = OX/O_1X_1$，$q = OY/O_1Y_1$，$r = OZ/O_1Z_1$。

### 3. 轴测图的基本特性

轴测投影仍是平行投影，所以它具有平行投影的一切属性。

1）物体上互相平行的两条线段在轴测投影中仍然平行，所以凡与坐标轴平行的线段，其轴测投影必然平行于相应的轴测轴。

2）物体上与坐标轴平行的线段，其轴测投影具有与该相应轴测轴相同的轴向伸缩系数，其轴测投影的长度等于该线段与相应轴向伸缩系数的乘积。与坐标轴倾斜的线段（非轴向线段），其轴测投影就不能在图上直接度量其长度，求这种线段的轴测投影，应该根据线段两端点的坐标，分别求得其轴测投影，再连接成直线。

3）沿轴测量性。轴测投影的最大特点是必须沿着轴测轴的方向进行长度的度量，这也是轴测图中的“轴测”两个字的含义。

### 4. 轴测图的分类

根据国家标准 GB/T 4458.3—2013《机械制图　轴测图》的规定，轴测投影按投射方向是否与投影面垂直分为两大类。

如果投射方向 $S$ 与投影面 $P$ 垂直（即使用正投影法），则得到的轴测图称为正轴测投影图，简称正轴测图。

如果投射方向 $S$ 与投影面 $P$ 倾斜（即使用斜投影法），则得到的轴测图称为斜轴测投影图，简称斜轴测图。

每大类再根据轴向伸缩系数是否相同，又分为三种。

1）若 $p=q=r$，即三个轴向伸缩系数相同，称为正（或斜）等测轴测图，简称正（或斜）等测图。

2）若有两个轴向伸缩系数相等，即 $p=q\neq r$ 或 $p\neq q=r$ 或 $r=p\neq q$，称为正（或斜）二

等测轴测图，简称正（或斜）二测图。

3）如果三个轴向伸缩系数都不等，即 $p \neq q \neq r$，称为正（或斜）三等测轴测图，简称正（或斜）三测图。

国家标准中还推荐了三种作图比较简便的轴测图，即正等测轴测图、正二等测轴测图和斜二等测轴测图。工程上用得较多的是正等测图和斜二测图，本课题中将重点介绍正等测图的作图方法，并简要介绍斜二测图的作图方法。

## 4-2 绘制基本几何体正等测图

### 学习目标

1. 了解轴测投影的基本概念、特性和常用轴测图的种类。
2. 掌握绘制简单形体的正等测图方法。
3. 培养学生的空间想象能力和思维能力。

### 制图任务

任务一：根据正六棱柱的两视图（图 4-3），绘制其正等测图。

任务二：根据圆柱两视图（图 4-4），绘制其正等测图。

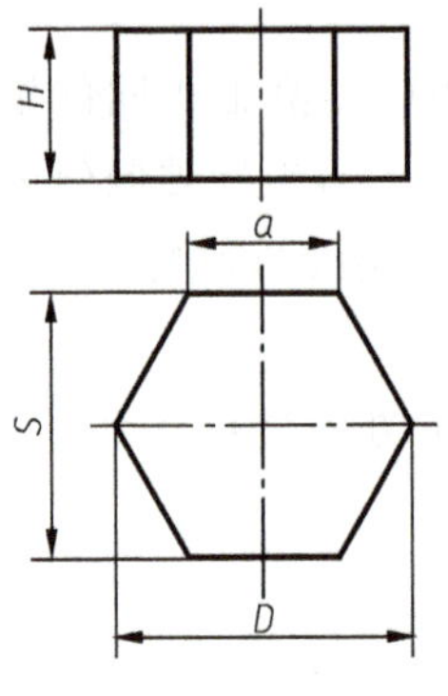


图 4-3 正六棱柱的视图及正等测图

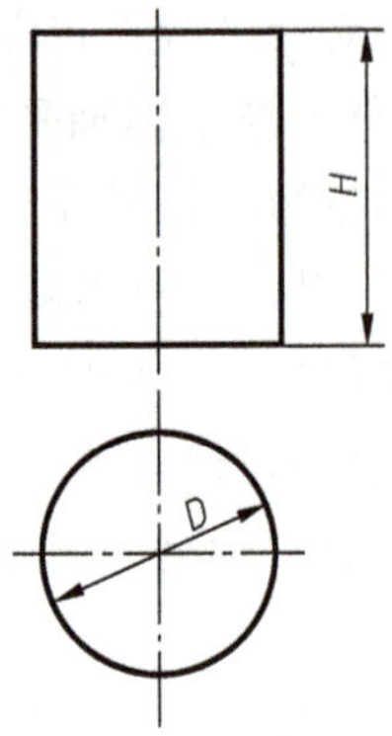


图 4-4 圆柱的视图及正等测图

### 任务实施

#### 1. 任务一的操作步骤

1）定坐标轴。选顶面正六边形对称中心为坐标原点，$X$、$Y$ 轴如图 4-5 所示，棱柱的高度方向作 $Z$ 轴。

2）绘制轴测轴及各顶点投影。根据棱柱顶面 1、3 点坐标 1（0，$-S/2$）、3（$D/2$，0）作轴测投影 1′、3′；通过对称点得到轴测投影 2′、4′，如图 4-6 所示。

正六棱柱正等轴测图

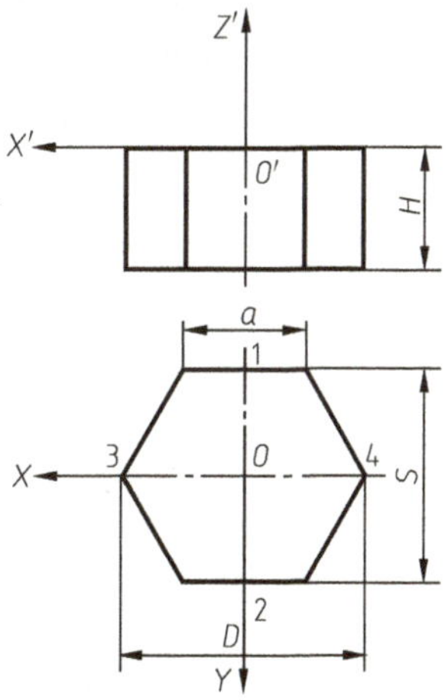


图 4-5　绘制正六棱柱正等测图步骤 1

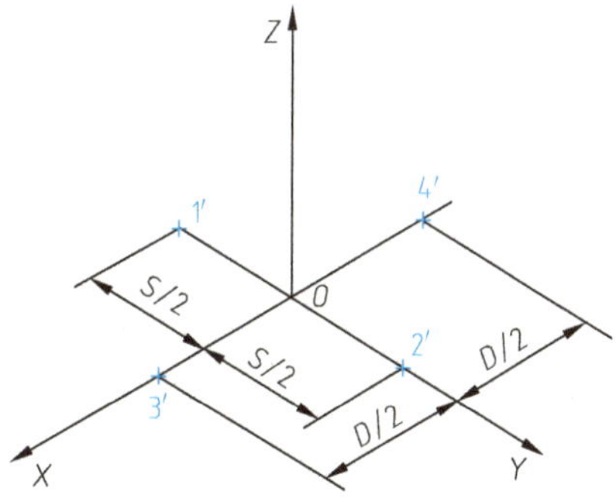


图 4-6　绘制正六棱柱正等测图步骤 2

过 1′作 $X$ 轴平行线，量取 $a/2$，得顶面六边形两顶点轴测投影，同理通过 2′得到另两个顶点的轴测投影，依次连接各顶点得到正六边形，如图 4-7 所示。

3）由正六边形端点分别沿 $Z$ 轴量取高 $H$，得底面端点的投影，如图 4-8 所示。

4）擦去多余图线，描深可见轮廓线，如图 4-9 所示。

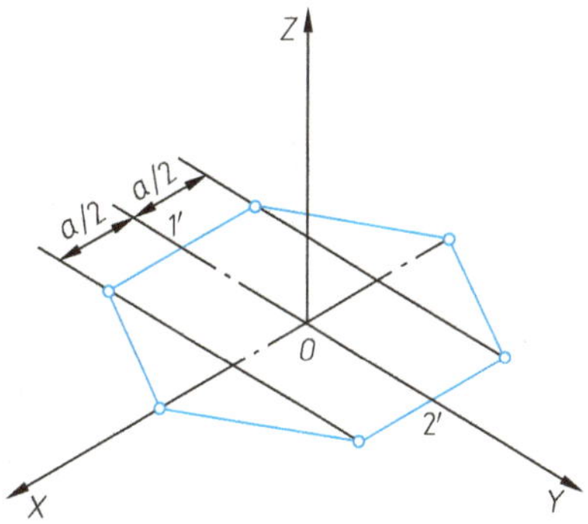


图 4-7　绘制正六棱柱正等测图步骤 3

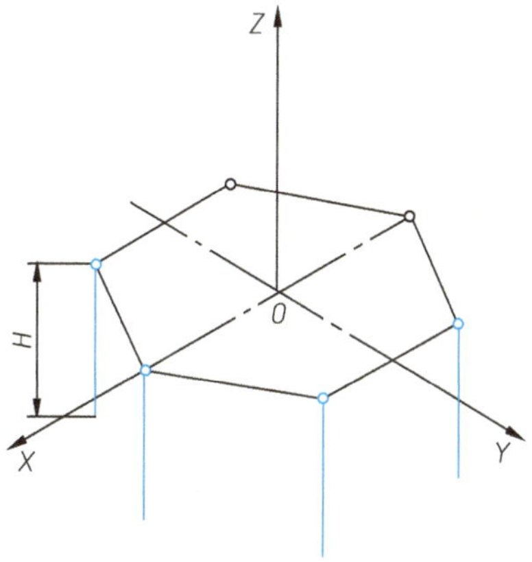


图 4-8　绘制正六棱柱正等测图步骤 4

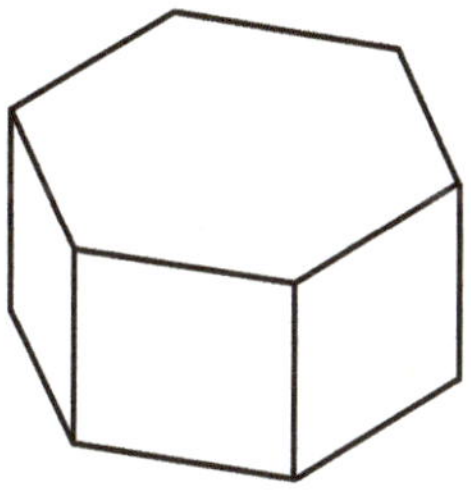

图 4-9　绘制正六棱柱正等测图步骤 5

### 2. 任务二的操作步骤

1）定坐标轴。选顶面圆心为坐标原点，圆柱的轴线为 $Z$ 轴，圆的中心线为 $X$、$Y$ 轴，如图 4-10 所示。

2）绘制轴测轴。先绘制俯视图中圆的外切正方形，得 4 个切点，沿轴测轴量得切点位置，分别作 $X$、$Y$ 轴的平行线，得正方形的轴测图——菱形，如图 4-11 所示。

3）四心法作椭圆。以 $O_1$、$O_2$ 为圆心，$O_1 3$ 为半径画圆弧，以 $O_3$、$O_4$ 为圆心，$O_3 4$ 为半径画圆弧，如图 4-12 所示。

4）沿 $Z$ 轴量取圆柱高 $H$，确定底面菱形的中心，再由顶面椭圆的 4 个圆心 $Z$ 轴向下量取高 $H$，得底面椭圆的各圆心位置，绘制底面椭圆，如图 4-13 所示。

5）绘制两椭圆的公切线，擦去多余图线，加深可见轮廓线，如图 4-14 所示。

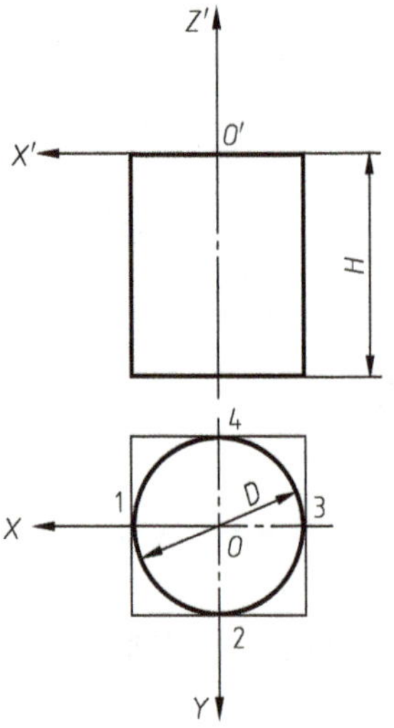


图 4-10　绘制圆柱正等测图步骤 1

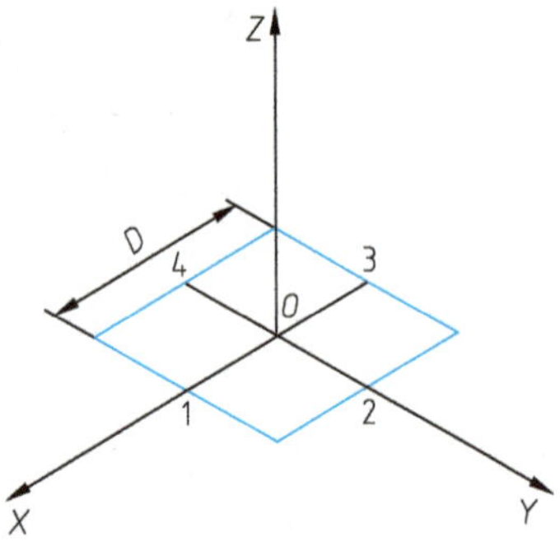


图 4-11　绘制圆柱正等测图步骤 2

圆柱体
正等轴测图

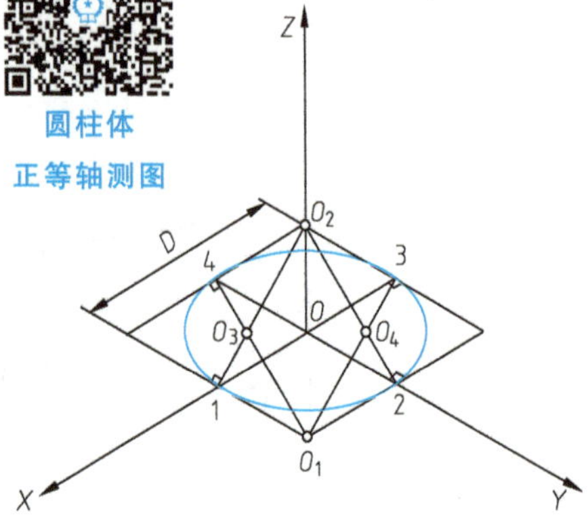


图 4-12　绘制圆柱正等测图步骤 3

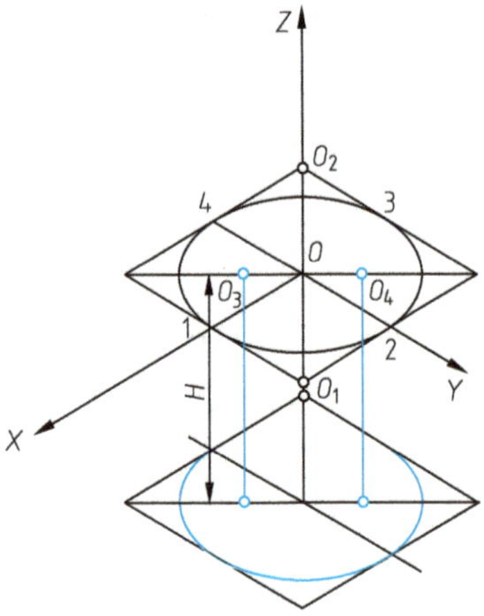


图 4-13　绘制圆柱正等测图步骤 4

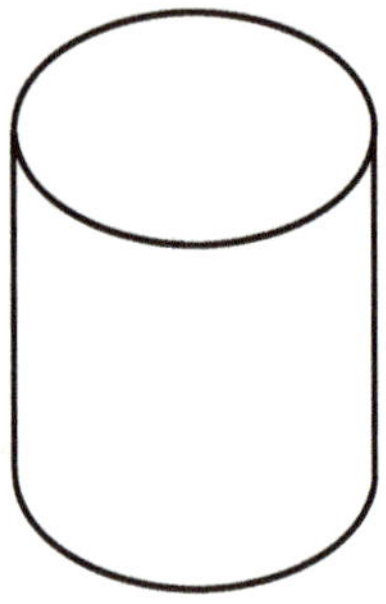

图 4-14　绘制圆柱正等测图步骤 5

## 知识链接

### 1. 正等测的形成

使确定物体的空间直角坐标轴对轴测投影面的倾角相等，用正投影法将物体连同其坐标轴一起投射到轴测投影面上，得到的轴测图称为正等轴测图，简称正等测。

### 2. 轴间角和轴向伸缩系数

正等测中的轴间角均为 120°。画图时，一般使 $Z$ 轴处于垂直位置，$X$、$Y$ 轴与水平成 30°，三个轴向简化伸缩系数相等（$p=q=r=1$）。

### 3. 圆的正等测图画法

绘制圆的正等测时，先作圆的外切正方形的正等测图，即菱形，如图 4-15a 所示。再分别以Ⅰ、Ⅱ为圆心，Ⅰ$C$ 为半径，画圆弧 $CD$、$EF$，如图 4-15b 所示。连Ⅰ$C$、Ⅰ$D$ 交长轴于Ⅲ、Ⅳ两点。分别以Ⅲ、Ⅳ两点为圆心，Ⅳ$C$ 为半径，画圆弧 $ED$、$CF$，如图 4-15c 所示。

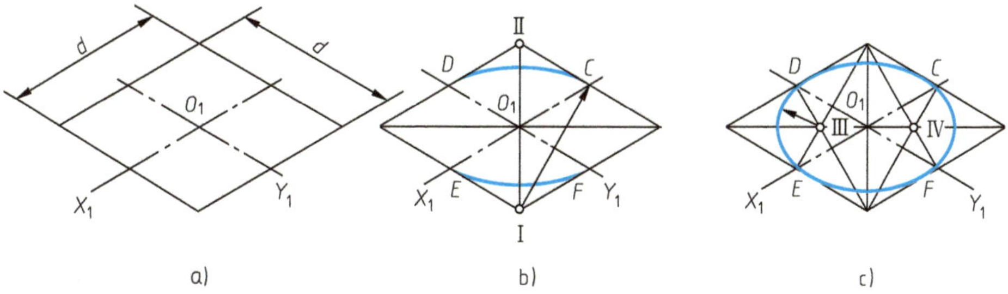


图 4-15　菱形法画圆的正等测图

在正等测中，圆在三个坐标面上的图形都是椭圆，即水平面椭圆、正面椭圆、侧面椭圆，则它们的外切菱形的方位是不同的。作图时，选好该坐标面上的两根轴，组成新的方位菱形，如图 4-16 所示。

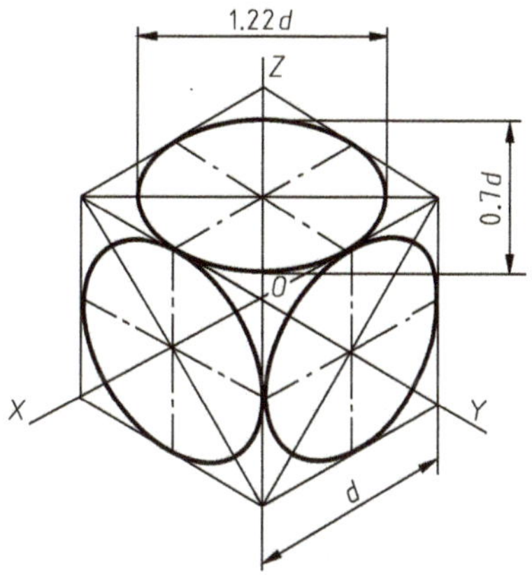


图 4-16　三向正等测圆的画法

## 知识拓展——正等测中圆角的画法

图 4-17a 所示为长方体底板的主、俯视图，其中包含圆角（1/4 柱面）。其轴测投影是椭圆的一部分，画 1/4 圆弧的轴测图时，先在圆弧两侧的直线上求得切点的轴测投影（到顶点的距离等于圆弧半径），如图 4-17b 所示，轴测图中自两切点分别作两侧直线的垂线（图 4-17c），再以垂线的交点为圆心，交点到切点的距离为半径画圆弧即可（图 4-17d、e），擦去多余图线，加深可见轮廓线后如图 4-17f 所示。

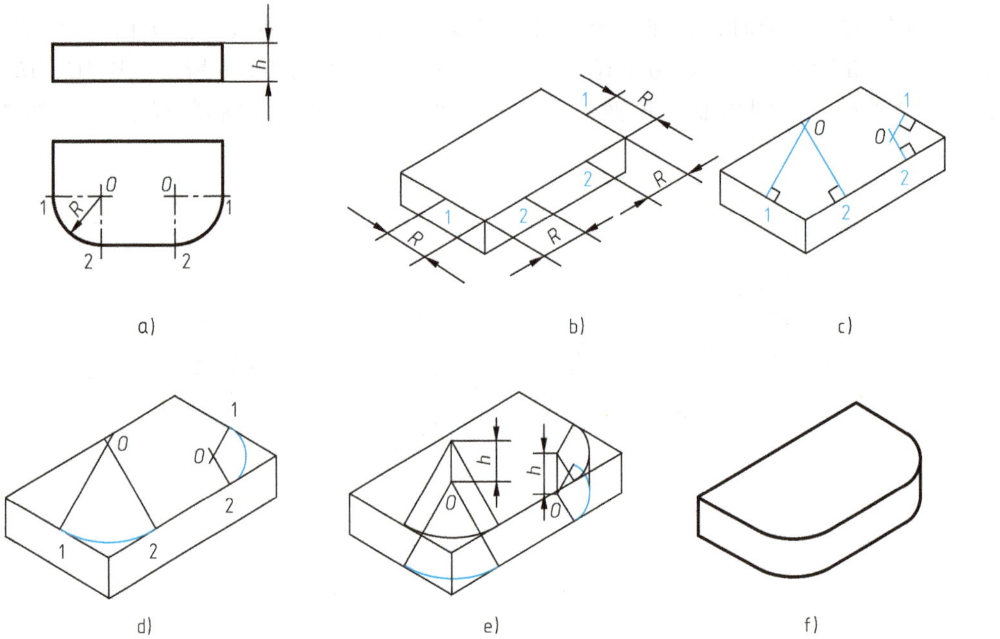


图 4-17　圆角的正等测画法

## 4-3　绘制组合体正等测图

### 学习目标

1. 掌握组合体的构成。
2. 掌握组合体正等测图的作图方法。

### 制图任务

任务一：根据组合体的三视图（图 4-18）绘制其正等测图。

任务二：作开槽圆柱体的正等测图（图 4-19）。

任务三：根据图 4-20 所示的两个视图，绘制其正等测图。

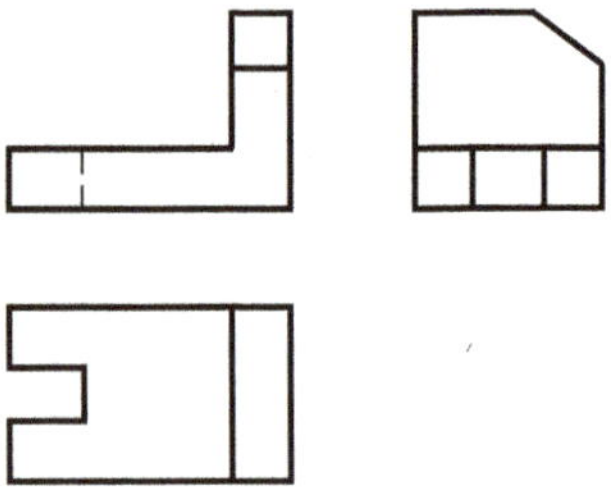

图 4-18　组合体的正等测图 1

### 任务实施

#### 1. 任务一的操作步骤

1）定坐标轴。选组合体的底面中心作坐标原点，高度方向作 $Z$ 轴，$X$、$Y$ 轴如图 4-21 所示。

2）按尺寸绘制长方体的正等测图，如图 4-22 所示。

3）切去左上部的四棱柱，如图 4-23 所示。

4）切去右前部三棱柱，如图 4-24 所示。

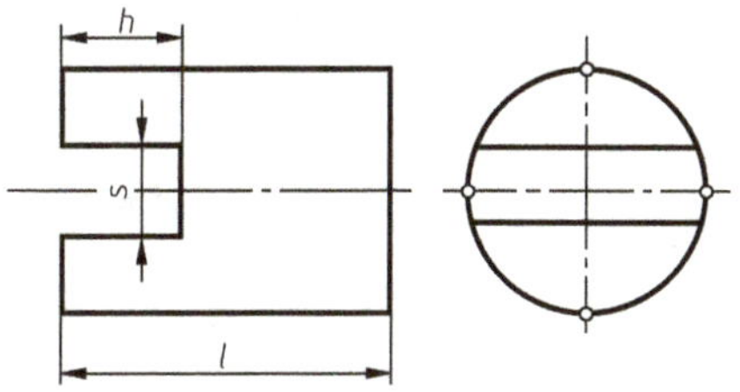


图 4-19　开槽圆柱体的正等测图

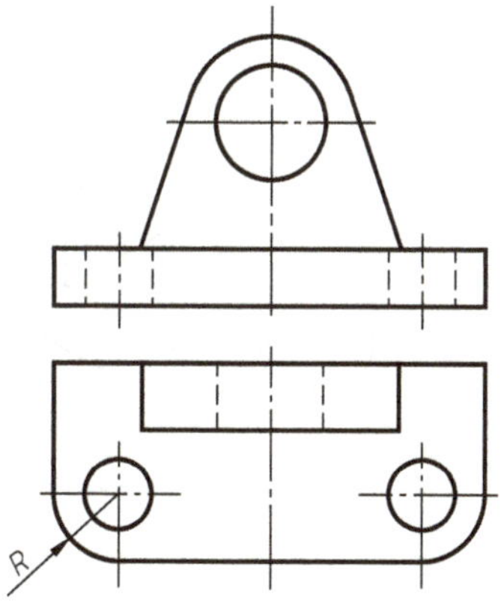


图 4-20　组合体的正等测图 2

组合体正等轴测图

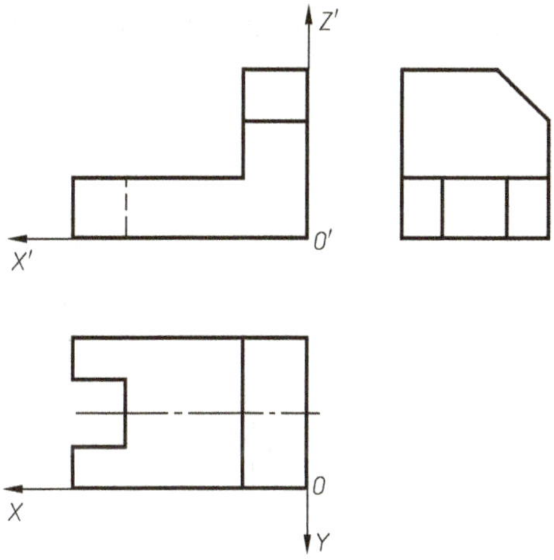


图 4-21　绘制组合体正等测图步骤 1

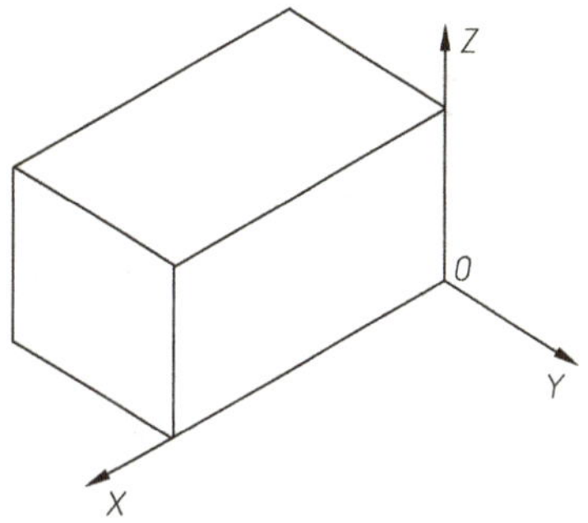


图 4-22　绘制组合体正等测图步骤 2

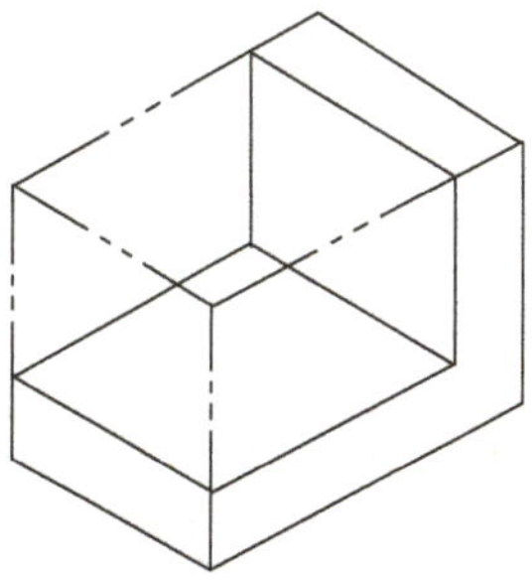

图 4-23　绘制组合体正等测图步骤 3

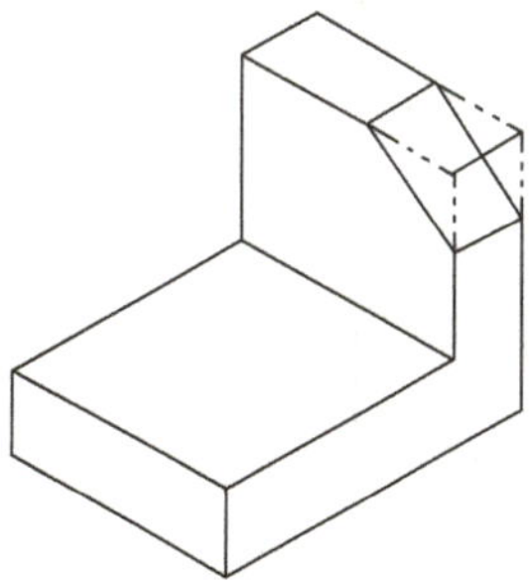

图 4-24　绘制组合体正等测图步骤 4

5）切去左端部四棱柱，如图 4-25 所示。

6）整理，检查并加深可见轮廓线，如图 4-26 所示。

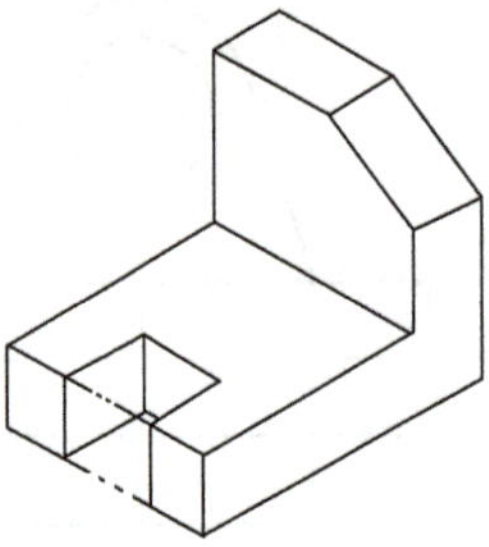

图 4-25　绘制组合体正等测图步骤 5

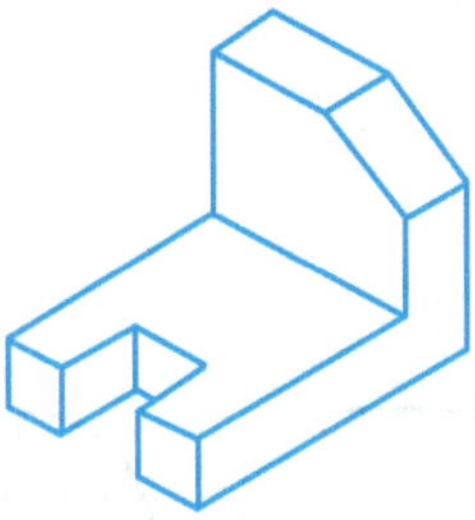

图 4-26　绘制组合体正等测图步骤 6

## 2. 任务二的操作步骤

**分析：**图 4-27 所示为开槽圆柱体的主、左视图，圆柱轴线垂直于侧面，左端中央开一通槽。

作图步骤如下：

1）作轴测轴 $OY$、$OZ$ 轴，画出圆柱左端面的轴测椭圆。作轴测轴 $OX$ 轴，圆心沿 $OX$ 轴右移距离等于圆柱长度 $l$，作右端面轴测椭圆的可见部分，再作两椭圆的公切线，如图 4-28 所示。

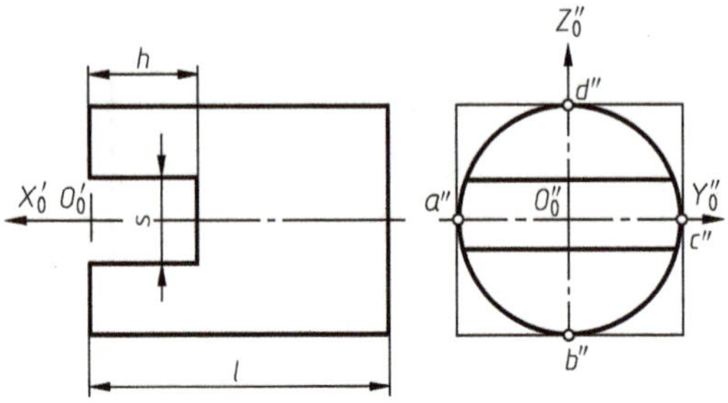


图 4-27　开槽圆柱体的主、左视图

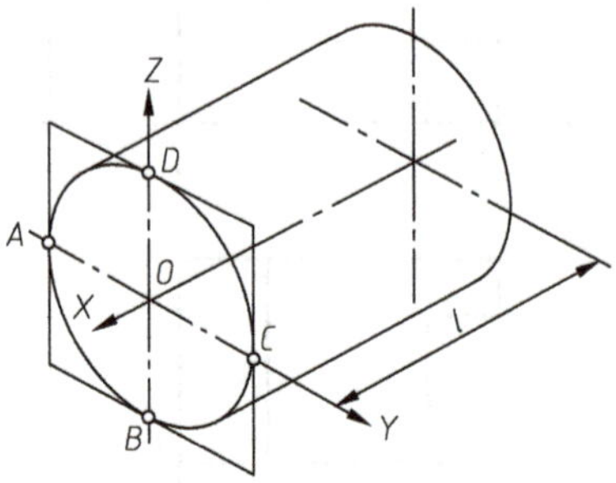


图 4-28　绘制组合体正等测图步骤 1

2）由左端面圆心右移距离等于槽口深度 $h$，作槽口底面椭圆，如图 4-29 所示。

3）量取槽口宽度 $s$，作出槽口部分的轴测图，如图 4-30 所示。

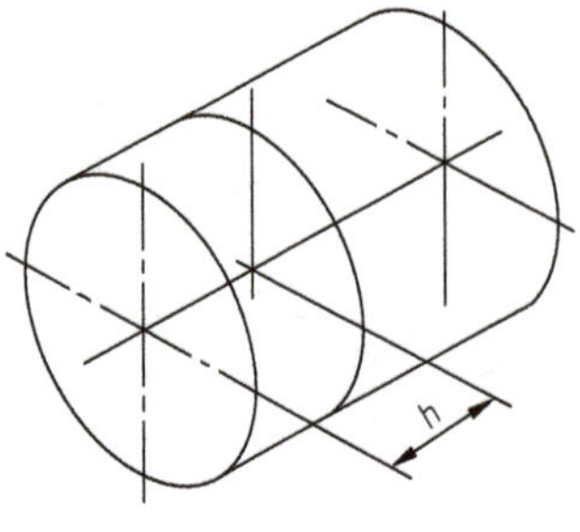


图 4-29　绘制组合体正等测图步骤 2

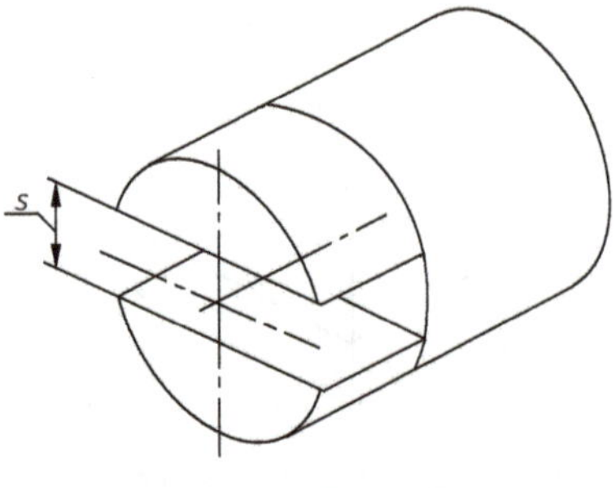


图 4-30　绘制组合体正等测图步骤 3

4）描深可见部分轮廓线，完成开槽圆柱体的正等轴测图，如图 4-31 所示。

### 3. 任务三的操作步骤

> **分析：** 从图 4-32 可见，该形体左右对称，立板与底板后面平齐，据此选定坐标轴。取底板上表面的后棱线中点 $O_0$ 为原点，确定 $X_0$、$Y_0$、$Z_0$ 轴的方向。先用叠加法画出底板和立板的轴测图，再画出三个通孔的轴测图。

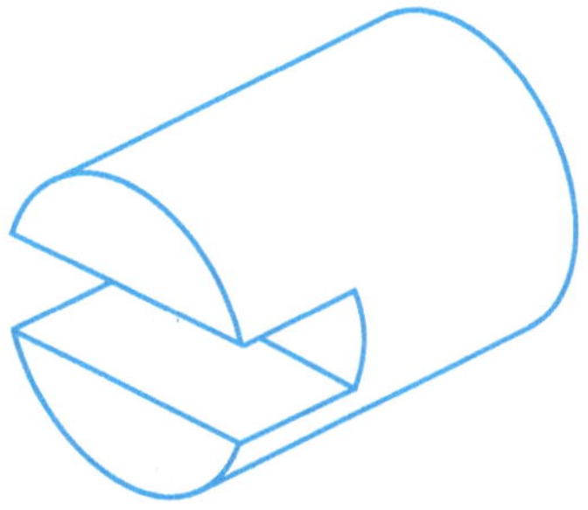

图 4-31　绘制组合体正等测图步骤 4

作图步骤如下：

1）根据选定的坐标轴画出底板的轴测图，并画出立板上部两条椭圆弧及立板下表面与底板上表面的交线 12、23、34，如图 4-33 所示。

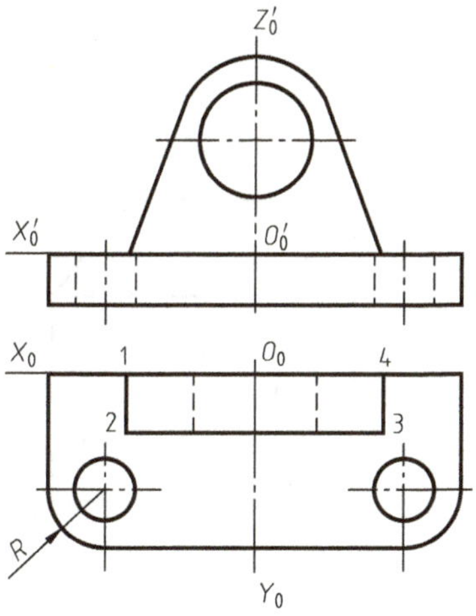


图 4-32　组合体主、俯视图

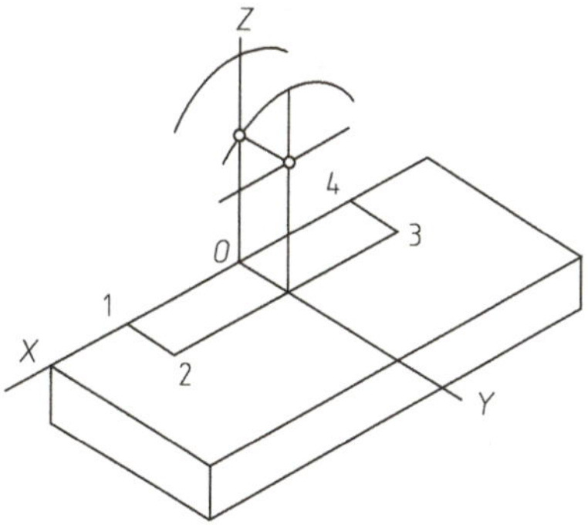


图 4-33　绘制组合体正等测图步骤 1

2）如图 4-34 所示，分别由 1、2、3 点向椭圆弧作切线，完成立板的轴测图，再画出三个圆孔的轴测图。

3）画出底板上两圆角的轴测图，如图 4-35 所示。

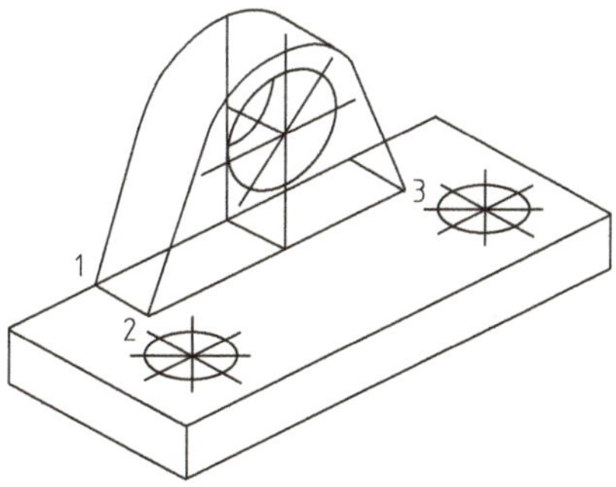


图 4-34　绘制组合体正等测图步骤 2

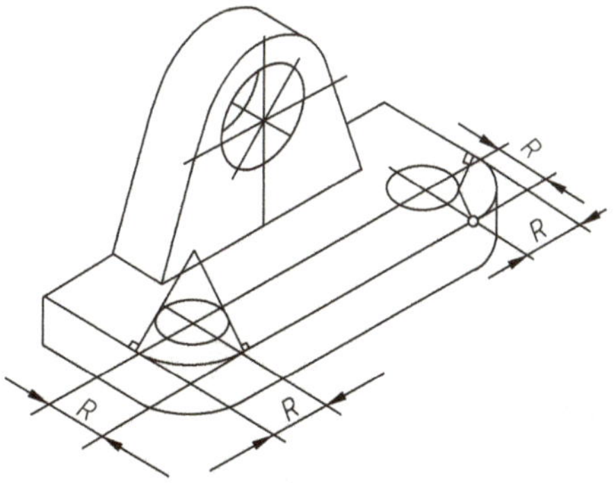


图 4-35　绘制组合体正等测图步骤 3

4）擦去多余图线，描深，完成作图，如图 4-36 所示。

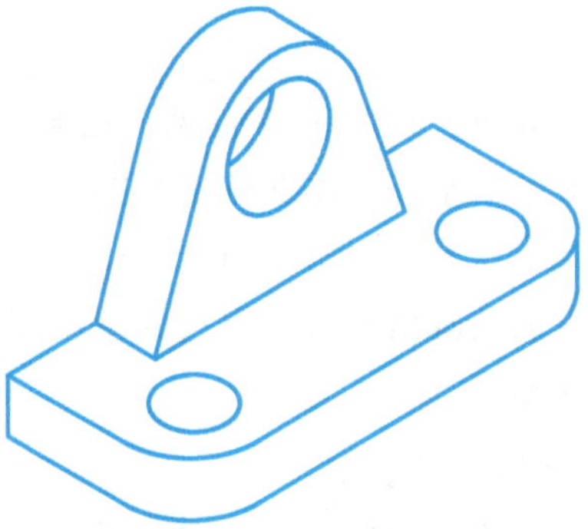

图 4-36 绘制组合体正等测图步骤 4

## 知识拓展

### 1. 斜二测图的形成

当物体上的两个坐标轴 $OX$、$OZ$ 与轴测投影面平行，而投射方向与轴测投影面倾斜时，得到的轴测图就是斜二测图，如图 4-37 所示。斜二测图能反映物体正面的实形，适用于画正面有较多圆的机件轴测图。

### 2. 轴测轴及轴向伸缩系数

斜二测的轴测轴分别为 $O_1X_1$、$O_1Y_1$、$O_1Z_1$，轴向伸缩系数取 $p=r=1$，$q=0.5$，轴间角 $\angle X_1O_1Z_1=90°$，$\angle X_1O_1Y_1=\angle Y_1O_1Z_1=135°$，如图 4-38 所示。

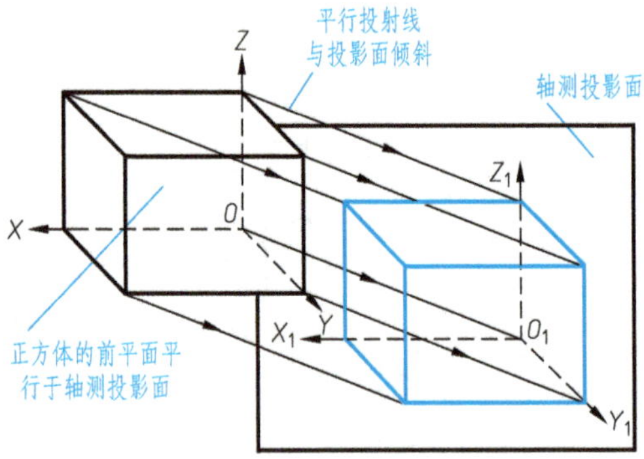


图 4-37 斜二测图的形成

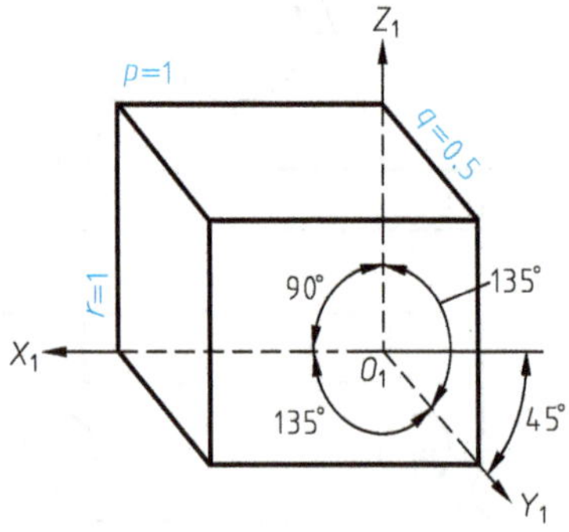


图 4-38 斜二测图的轴间角与轴向伸缩系数

### 3. 斜二测图的画法

物体上只要是平行于坐标面 $XOZ$ 的直线、曲线或其他平面图形，在斜二测图中都能反映其实长或实形。因此，在作轴测投影图时，当物体上的正面形状结构较复杂，具有较多的圆和曲线时，采用斜二测图作图就会方便得多。

［例 4-1］ 已知图 4-39 所示支承座的两视图，绘制其斜二轴测图。

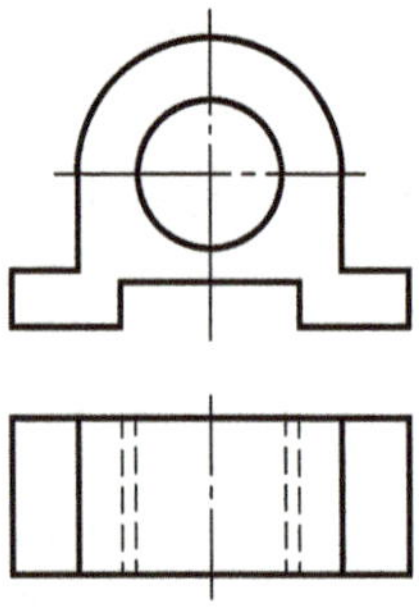

图 4-39 支承座的两视图及斜二轴测图

**解** 作图步骤如下：

1）建立直角坐标系，作轴测轴，绘制支承座前表面轮廓（图 4-40）。

2）沿轴测轴的 $Y$ 轴方向画出整体的宽度（按 1∶2 的比例取其宽度尺寸），如图 4-41 所示。

3）沿 $Y$ 轴绘制支承座后表面的圆心，使两圆心距离为 $Y/2$（图 4-42）。

4）绘制后表面的圆弧，如图 4-43 所示。

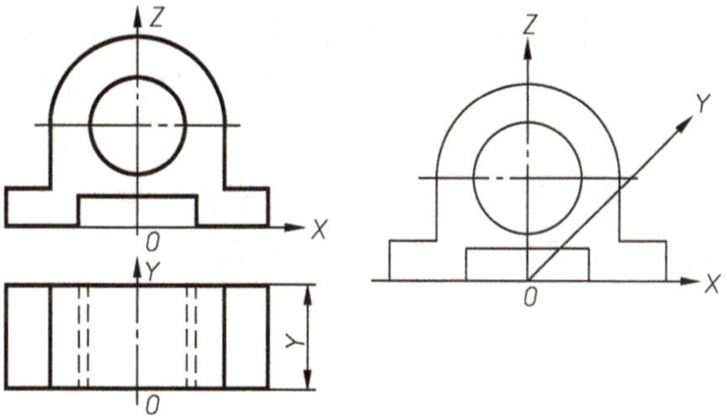

图 4-40　支承座的斜二轴测图步骤 1

斜二轴测图

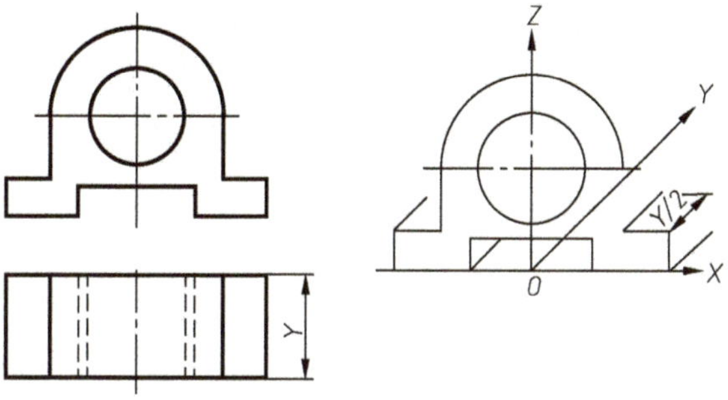

图 4-41　支承座的斜二轴测图步骤 2

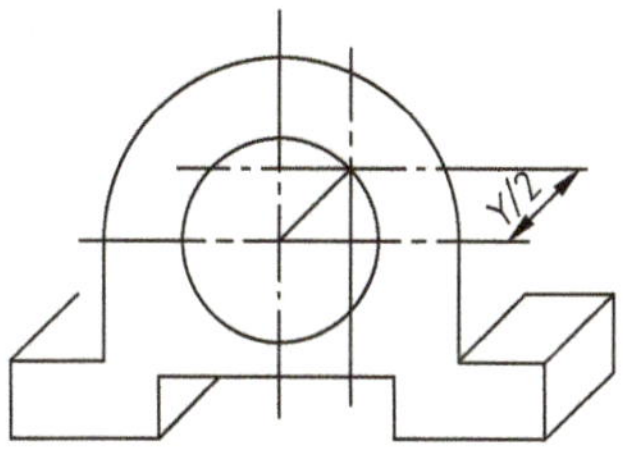

图 4-42　支承座的斜二轴测图步骤 3

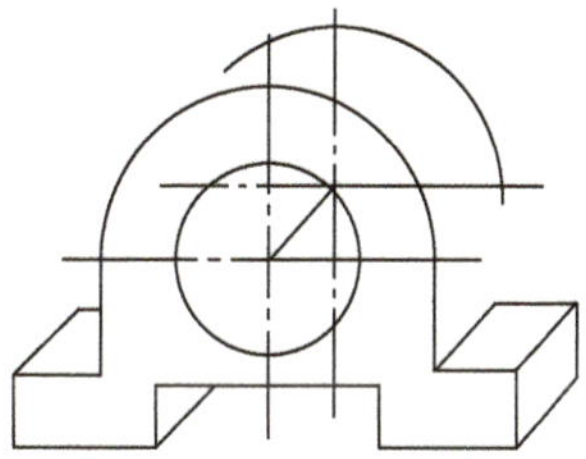
图 4-43　支承座的斜二轴测图步骤 4

5）作前后两个圆弧的公切线，如图 4-44 所示。

6）擦去作图辅助线并描深，完成全图，如图 4-45 所示。

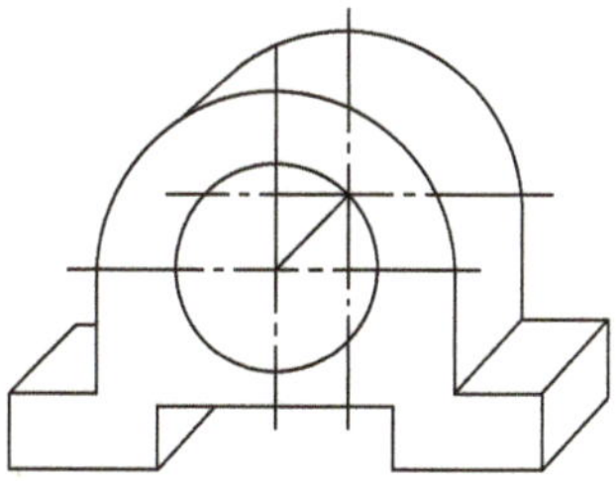
图 4-44　支承座的斜二轴测图步骤 5

图 4-45　支承座的斜二轴测图步骤 6

［例 4-2］ 作带圆孔的圆台（图 4-46a）的斜二轴测图。

（1）分析 带孔圆台的两个底面分别平行于侧平面，其斜二轴测图均为椭圆，作图较为烦琐。为方便作图，可将物体在 *XOY* 坐标系内，沿逆时针方向旋转 90°，将其小端放置在前方，这样其表达的物体形状结构并未改变，只是方向不同，但作图过程得到简化。

（2）作图步骤 确定参考直角坐标系，取大端底面的圆心为坐标原点；画出轴测轴；依次画出表示前后底面的圆；分别作出内外两圆的公切线后，擦去多余图线，描深并完成全图，如图 4-46b、c 所示。

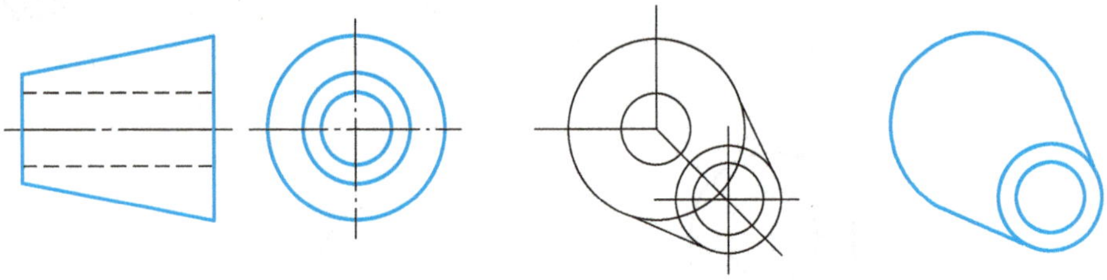

a) b) c)

图 4-46 带圆孔圆台的斜二轴测图的画法

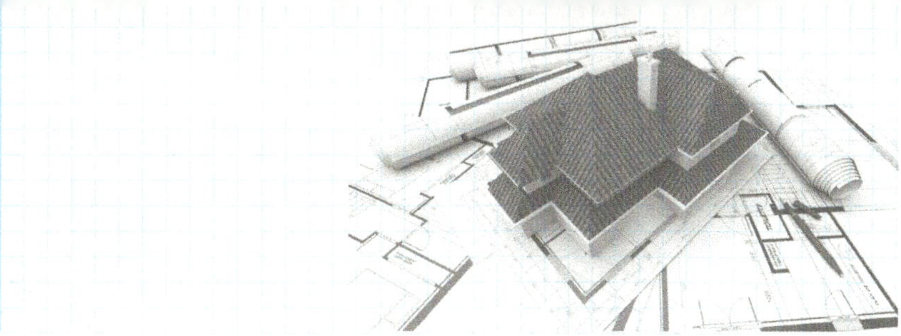

# 课题五

# 绘制组合体

## 5-1 绘制组合体的三视图

### 学习目标

1. 理解组合体的组合形式，熟悉形体分析法。
2. 掌握组合体三视图的画法。
3. 能识读和标注简单组合体的尺寸。
4. 掌握识读组合体三视图的方法与步骤。

### 制图任务

任务一：根据图 5-1 所示的组合体，绘制其三视图。

任务二：根据支架立体图（图 5-2）绘制其三视图。

图 5-1 组合体立体图

图 5-2 支架立体图

### 任务实施

#### 1. 任务一的操作步骤

(1) 形体分析

该组合体由底板 1、立板 2 和肋板 3 组成（图 5-3）。

(2) 确定主视图

主视图投射方向如图 5-4 所示。主视图应能较多地表达组合体的形状和特征。

(3) 选比例，定图幅

(4) 布置视图

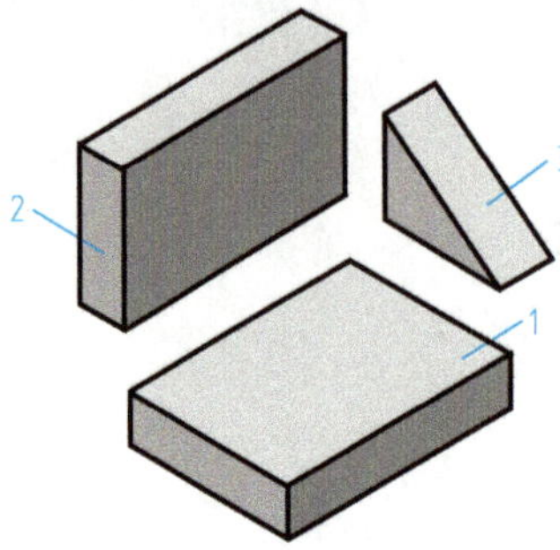

图 5-3　绘制组合体三视图步骤 1
1—底板　2—立板　3—肋板

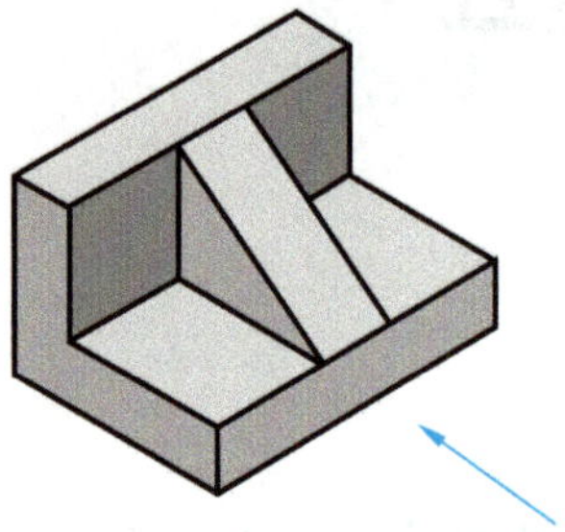
图 5-4　绘制组合体三视图步骤 2

(5) 绘制底稿

1）绘制每个视图的基准线，如图 5-5 所示。

2）按组成组合体的基本形体逐个绘制三视图。

① 先绘制底板的三视图，如图 5-6 所示。

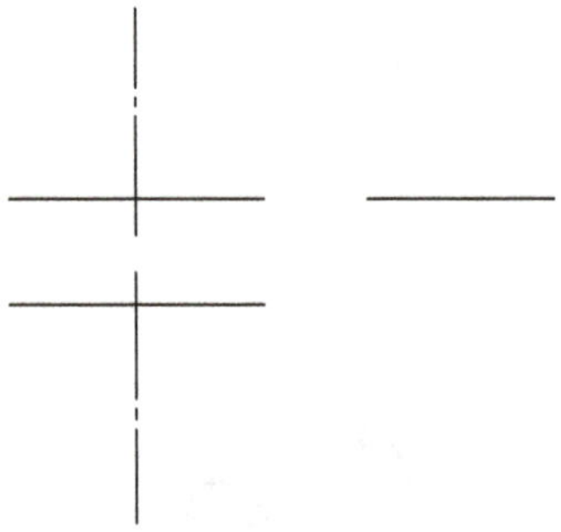
图 5-5　绘制组合体三视图步骤 3

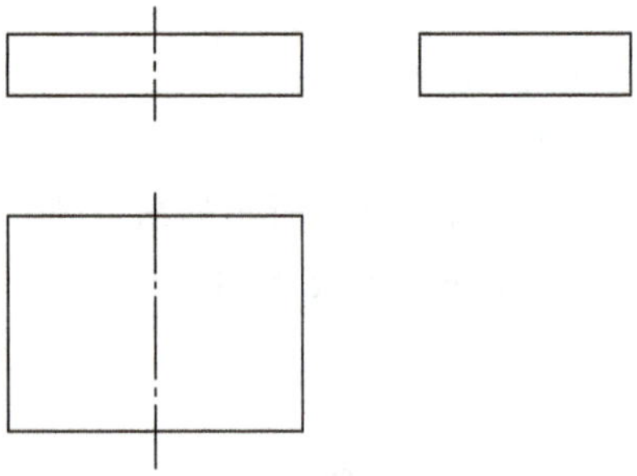
图 5-6　绘制组合体三视图步骤 4

② 再绘制立板的三视图，如图 5-7 所示。

③ 最后绘制肋板的三视图，如图 5-8 所示。

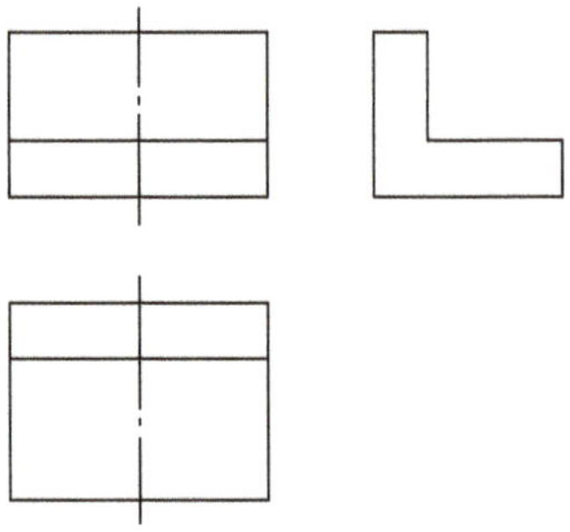
图 5-7　绘制组合体三视图步骤 5

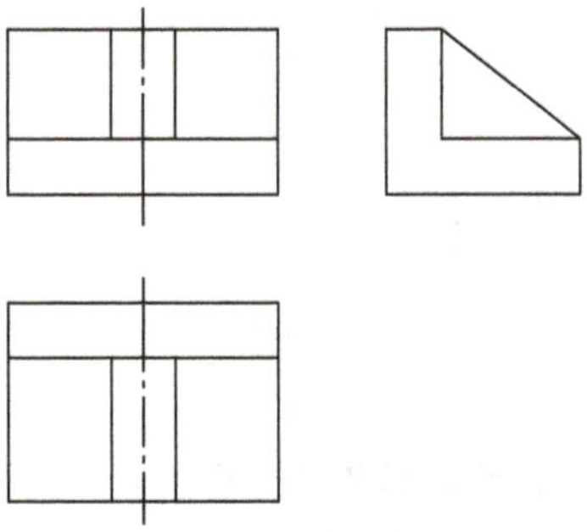
图 5-8　绘制组合体三视图步骤 6

(6) 完成三视图

检查描深，完成组合体三视图的绘制，如图 5-9 所示。

### 2. 任务二的操作步骤

#### （1）形体分析

支架由底板 1、圆筒 2、肋板 3 和支承板 4 组成，圆筒与支承板相切，肋板与圆筒相交，如图 5-10 所示。

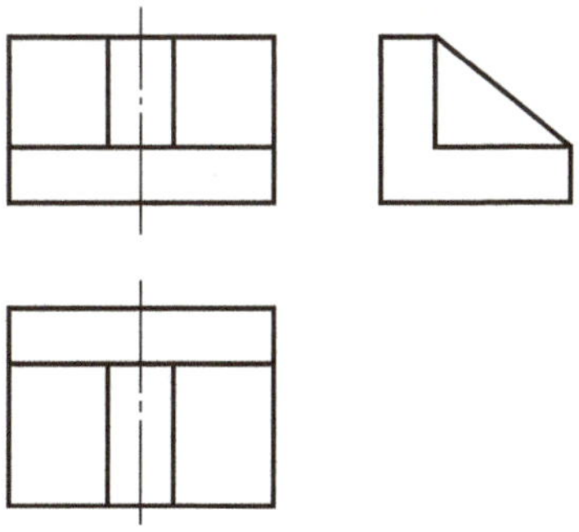

图 5-9　绘制组合体三视图步骤 7

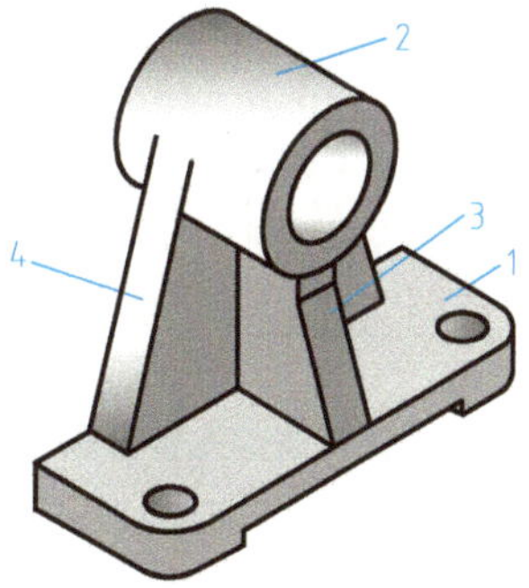


图 5-10　绘制支架三视图步骤 1

1—底板　2—圆筒　3—肋板　4—支承板

#### （2）确定主视图

主视图投射方向如图 5-11 所示。

组合体支架三视图的画法

#### （3）选比例，定图幅

#### （4）布置视图

#### （5）绘制底稿

1）画出每个视图的基准线，如图 5-12 所示。

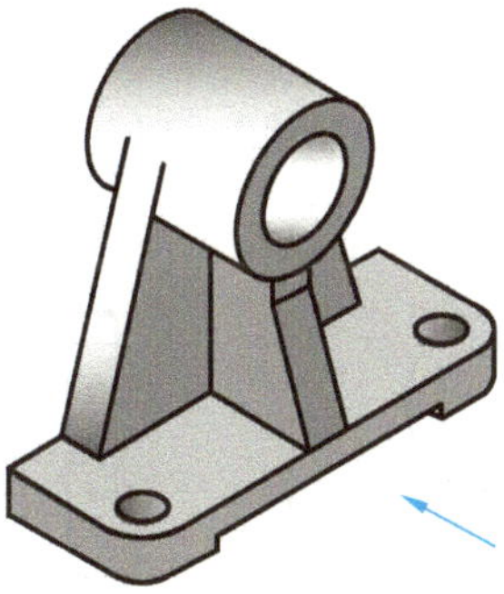

图 5-11　绘制支架三视图步骤 2

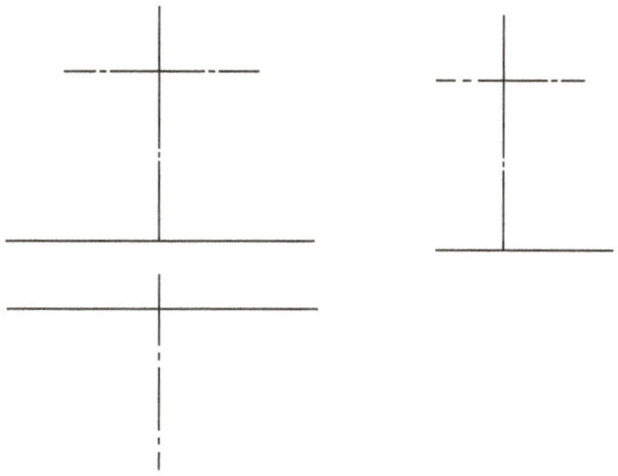

图 5-12　绘制支架三视图步骤 3

2）按组成支架的基本形体逐个绘制三视图。

① 先绘底板的三视图，如图 5-13 所示。

② 绘制圆筒的三视图。先画可见部分，后画不可见部分，如图 5-14 所示。

③ 绘制支承板的三视图。按投影关系正确画出相切位置的投影，如图 5-15 所示。

④ 绘制肋板的三视图及底板的圆角、圆孔，如图 5-16 所示。

#### （6）完成三视图

检查描深，完成支架三视图的绘制，如图 5-17 所示。

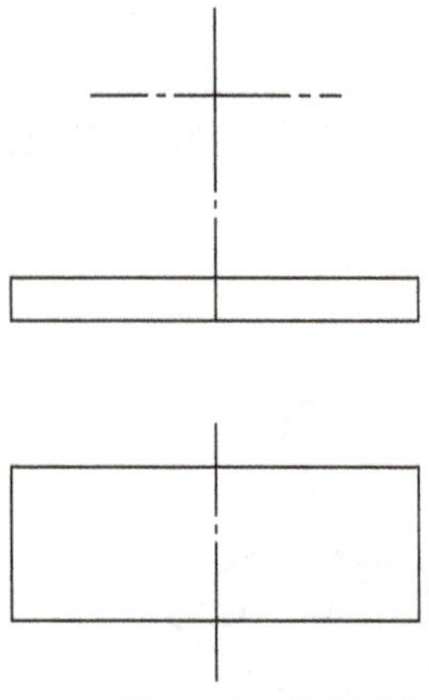

图 5-13　绘制支架三视图步骤 4

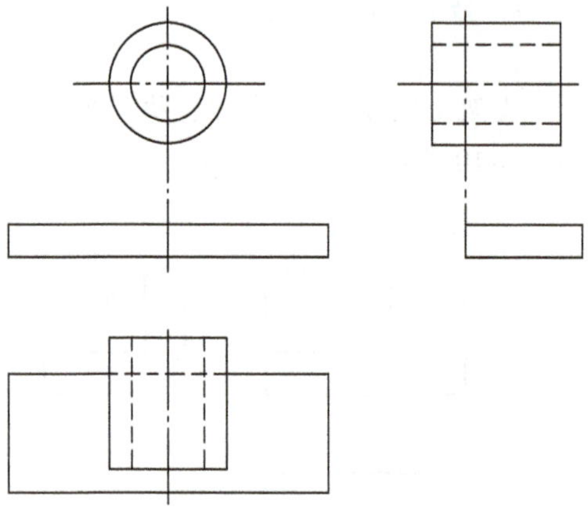

图 5-14　绘制支架三视图步骤 5

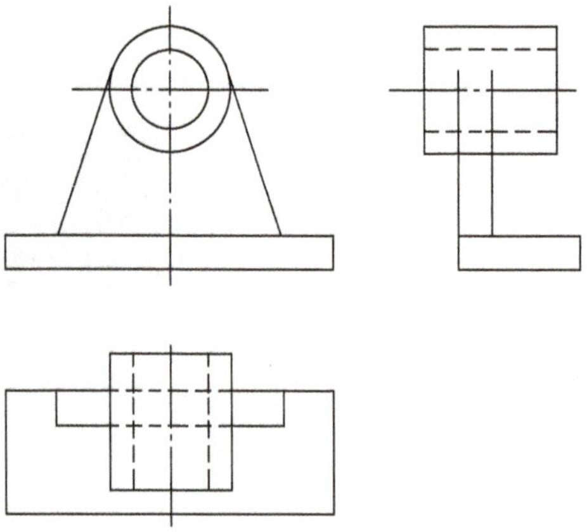

图 5-15　绘制支架三视图步骤 6

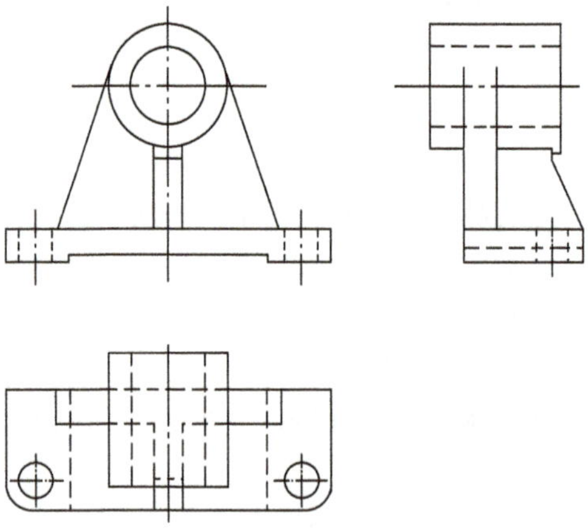

图 5-16　绘制支架三视图步骤 7

## 知识链接

### 1. 组合体和组合形式

（1）组合体　任何复杂的物体都可看成是由若干个基本体组成的，由两个或两个以上的基本体构成的物体称为组合体。

绘制组合体视图时，可采用“先分后合”的方法。即把组合体分解成若干个基本体，如图 5-18 所示，然后按其相对位置和组合方式，绘制各基本体的投影，综合起来即得整个组合体的视图，这种分析方法称为形体分析法。

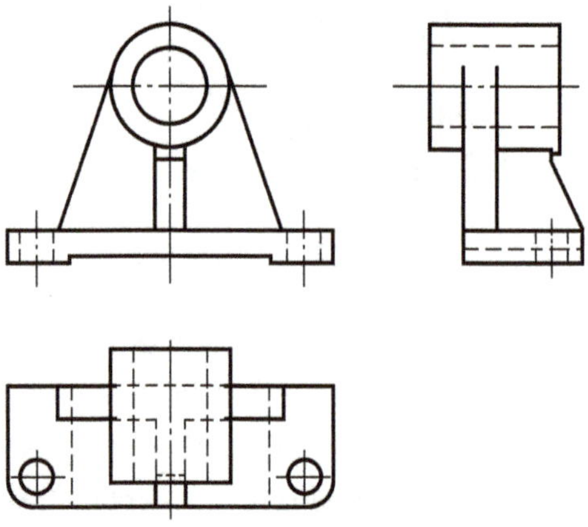

图 5-17　绘制支架三视图步骤 8

（2）组合形式　组合体通常有叠加、切割和综合三种基本组合方式。

1）叠加型。叠加型是两形体组合的基本形式，按照形体表面接合方式的不同，又可分为相接、相切和相贯。

① 相接。两个形体若以平面相接触，称为相接。它们的分界线为直线或平面曲线，如图 5-19 所示。

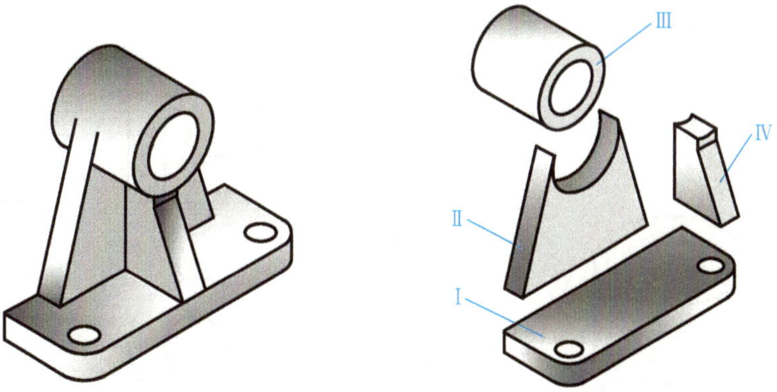


a)　　b)

图 5-18　形体分析法

a）立体　b）形体分析

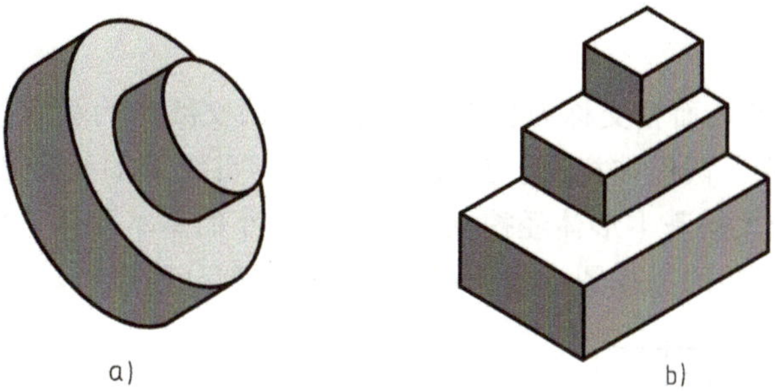

a)　　b)

图 5-19　相接组合体的分界线

a）分界线为平面曲线　b）分界线为直线

注意分界处的情况，当两形体表面平齐时，中间不应画线，如图 5-20a 中的主视图。当两形体表面不平齐时，中间应画线，如图 5-20b 中的主视图。

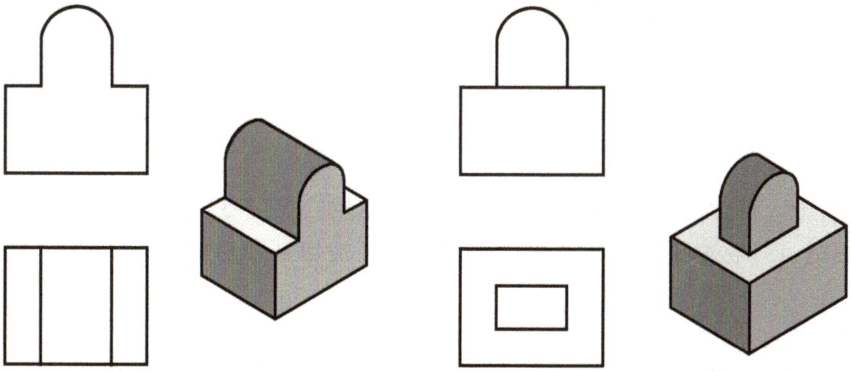

a)　　b)

图 5-20　相接组合体分界处的情况

a）平齐　b）不平齐

② 相切。两个基本形体的相邻表面光滑过渡，称为相切。如图 5-21a 所示的物体由圆筒和耳板组成，耳板前后两平面与圆筒表面相切。在水平投影中表现为直线与圆弧相切；在正面和侧面投影中，该直线投影不应画出，即两面相切处不画线，耳板上表面的投影只画至切点处，如图 5-21b 所示。

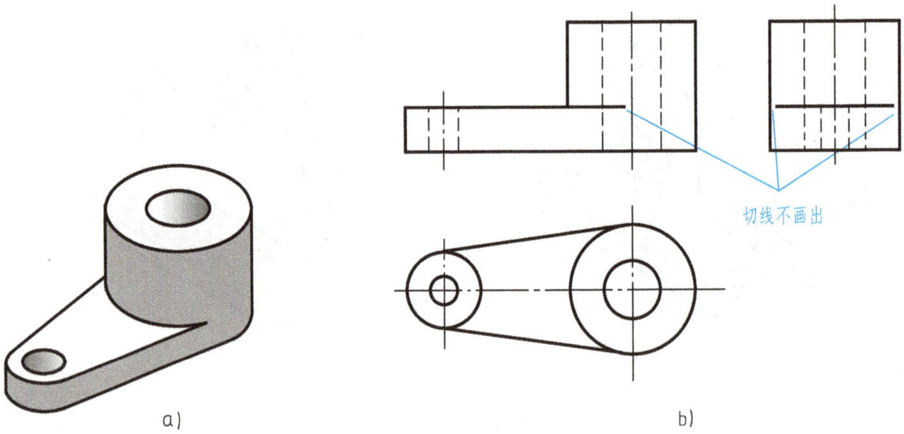


图 5-21　相切组合体立体图及三视图

a）立体图　b）三视图

③ 相贯。两形体的表面相交称为相贯，在相交处的交线称为相贯线，图 5-22 所示物体的耳板与圆柱属于相交。两形体相交，其表面交线（相贯线）的投影必须画出。

2）切割型。从较大的基本形体经挖掘或切割出较小的基本形体，如图 5-23 所示。画图时，先画出大的基本形体的三视图，然后逐个画出被切部分的投影。

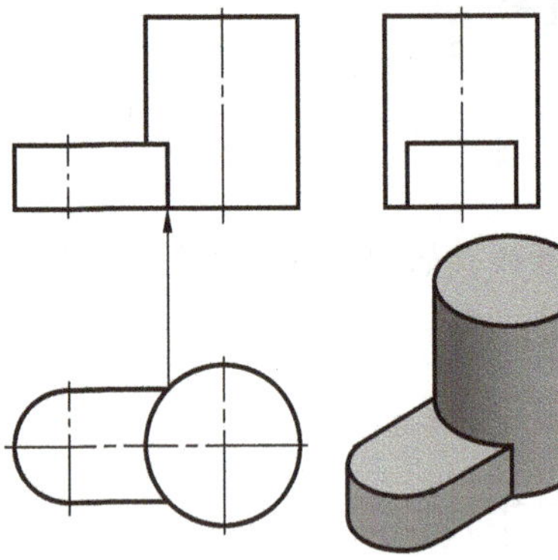

图 5-22　相邻表面相贯的画法

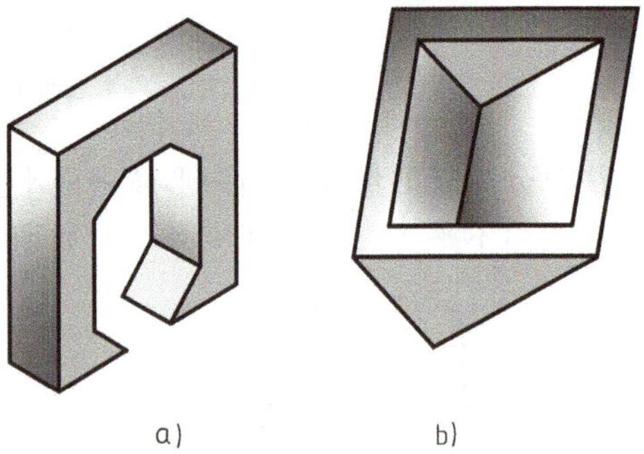


图 5-23　切割体

3）综合型。形体的组合形式既有叠加又有切割，如图 5-24 所示。画图时，一般先画叠加各形体的投影，再画被切割各形体的投影。

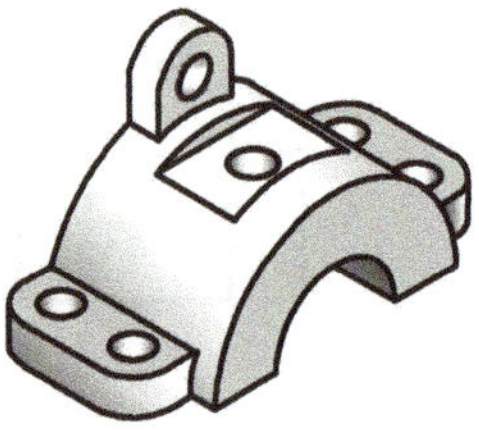

图 5-24　综合型组合体

## 2. 组合体三视图的绘制

绘制组合体视图时，通过形体分析，先明确各相邻形体表面之间的衔接关系和组合形式，然后选择适当的表达方案，按正确的作图方法和步骤画图。

组合体三视图的画法如下：

（1）形体分析　画图前，首先应对组合体进行形体分析，将其分解成几个组成部分，明确组合形式，进一步了解相邻两形体之间分界线的特点，然后考虑视图的选择。

（2）选择主视图　主视图一般应能明显地反映出物体的主要特征，同时还要考虑物体的正常位置，并力求使主要平面和投影面平行，以便使投影获得实形。

（3）选比例、定图幅　视图确定后，便要根据物体的大小和复杂程度，按标准规定选定作图比例和图幅。应注意，所选的幅面要比绘制视图的面积大一些，即留有余地，以便标注尺寸和画标题栏等。

（4）布置视图　布图时，应将视图匀称地布置在幅面上，视图间的空隙应能保证标注全所需尺寸。

（5）绘制底稿　为了迅速而正确地绘制组合体的三视图，绘制底稿时应注意以下两点。

1）画图的先后顺序。一般应从形状特征明显的视图入手。先画主要部分，后画次要部分；先画可见部分，后画不可见部分；先画圆或圆弧，后画直线。

2）画图时，物体的每一组成部分，最好是三个视图配合着画。也就是说，不要先把一个视图画完后再画另一个视图。这样，不但可以提高绘图速度，还可以避免漏线、多线。

（6）检查描深　底稿完成后，应认真检查。在三视图中依次核对各组成部分的投影对应关系正确与否，分析清楚相邻两形体连接处的画法有无错误，是否多线或漏线，再以模型或轴测图与三视图对照，确认无误后，再描深图线完成全图。

### 3. 组合体的尺寸标注

视图只能表达物体的形状，要表示它的大小、相对位置，则要标注出正确、完整、清晰的尺寸。

（1）尺寸种类　在组合体的视图上，一般需标注下列几种尺寸：

1）定形尺寸，表示各基本几何体大小（长、宽、高）的尺寸。

2）定位尺寸，表示各基本几何体之间相对位置（上下、左右、前后）的尺寸。

3）总体尺寸，表示组合体总长、总宽、总高的尺寸。

（2）尺寸基准　尺寸基准就是标注尺寸的起点。

标注定位尺寸时，应先选择尺寸基准。通常选组合体的对称面、底面、端面、轴线、对称中心线等作为基准。

以支架为例，尺寸标注步骤如下：

（1）形体分析　支架由四个部分组成，如图 5-18 所示。

（2）选择尺寸基准　底板的底面作为高度尺寸基准，对称面作为长度尺寸基准，支承板后端面作为宽度尺寸基准，如图 5-25 所示。

（3）标注尺寸

1）标注定位尺寸。从各基准出发（图 5-25b）标注四个部分的定位尺寸（32mm、6mm、48mm、16mm）。

2）标注定形尺寸。如图 5-26 所示，底板的尺寸（60mm、22mm、6mm），圆筒的尺寸（$\phi$22mm、$\phi$14mm、24mm），支承板尺寸（6mm、42mm），肋板的尺寸（6mm、13mm、10mm），圆孔、圆角、底面槽的尺寸（2×$\phi$6mm、$R$6mm、36mm、2mm）。

3）标注总体尺寸。长 60mm，宽 22mm，高 32mm（图 5-26）。

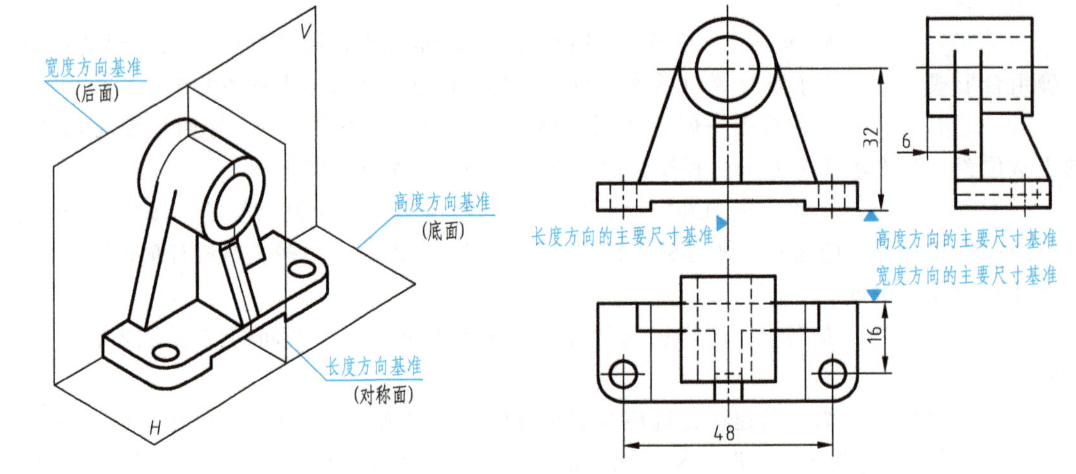


a)　　　　b)

**图 5-25　支架的尺寸基准**

a）立体图　b）三视图

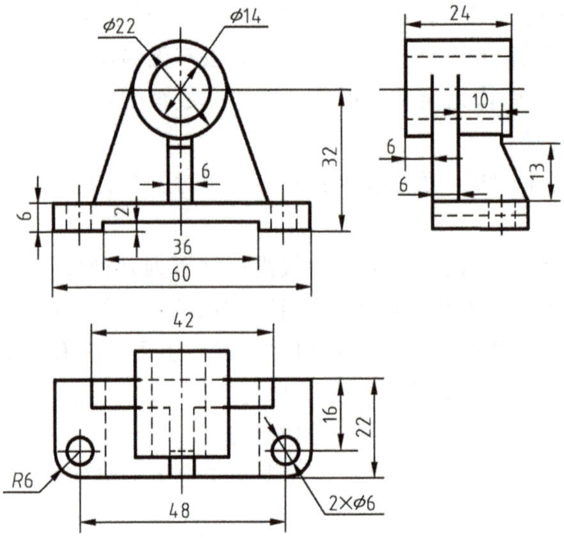


支架的尺寸标注

**图 5-26　支架三视图尺寸标注**

（4）检查、调整尺寸　对图 5-26 所示尺寸进行仔细检查、调整。

尺寸标注需注意以下几点：

1）突出特征。定形尺寸应尽量标注在反映该部分形状特征的视图上。

2）尺寸相对集中。形体某个部分的定形尺寸和定位尺寸，应尽量集中标注在一个视图上，便于看图时查找。

3）布局整齐。应尽量将尺寸标注在视图的外面，与两视图有关的尺寸尽量布置在两视图之间，便于对照。同方向的平行尺寸应使小尺寸在内，大尺寸在外，间隔均匀，避免尺寸线与尺寸界线相交。同方向的串联尺寸应排列在一直线上。

4）圆的直径最好标注在非圆视图上，虚线上尽量避免标注尺寸。

# 5-2 识读组合体的三视图

## 学习目标

1. 进一步巩固投影知识，提高空间想象力与空间思维能力。
2. 掌握组合体三视图的识读方法。

## 制图任务

任务一：用形体分析法识读图5-27所示组合体的三视图。

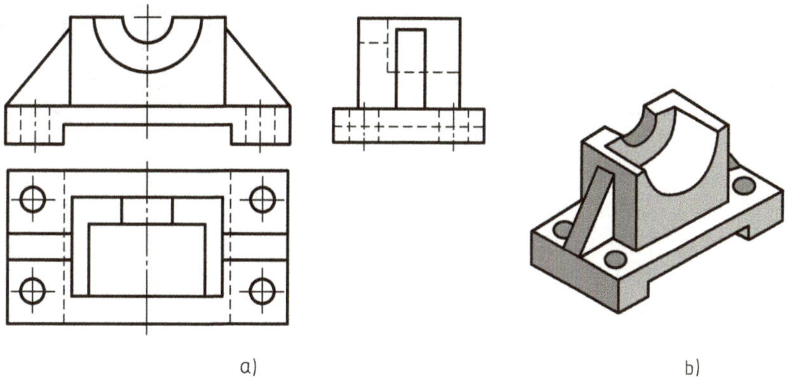


图5-27 组合体的三视图及立体图1
a）三视图 b）立体图

任务二：用线面分析法识读图5-28所示组合体的三视图。

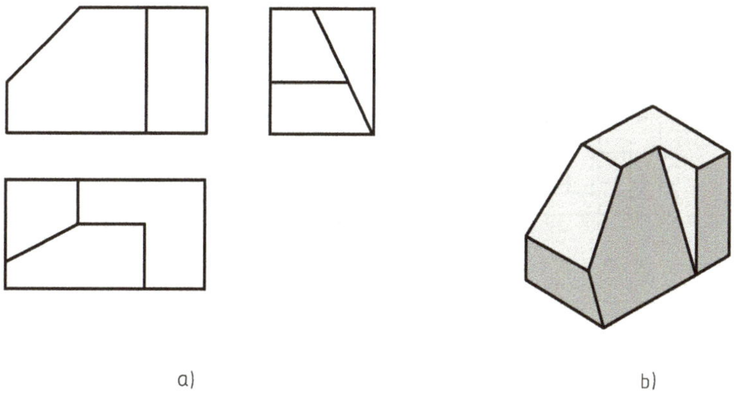


图5-28 组合体的三视图及立体图2
a）三视图 b）立体图

## 任务实施

### 1. 任务一的操作步骤

（1）看视图，抓特征

以主视图为主，联系俯视图和左视图，了解轴承座的大致形状。图5-29所示为按主视图中的实线线框，将轴承座分解为Ⅰ、Ⅱ、Ⅲ、Ⅳ四部分。

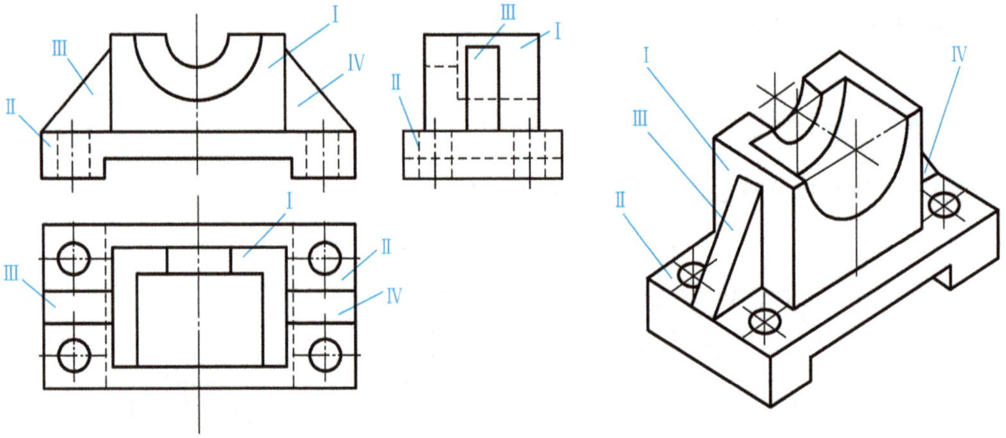


图5-29　识读综合型组合体三视图步骤1

（2）按部分，想形体

按投影关系，将四个组成部分的形状结构逐一分析。

1）对轴承座中的Ⅰ进行投影分析，如图5-30所示。

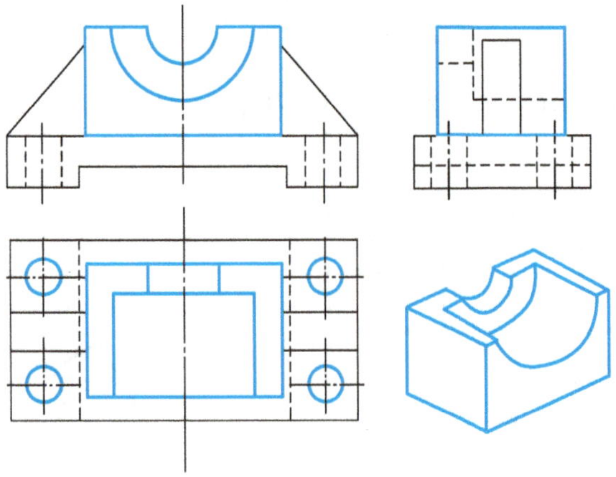

图5-30　识读综合型组合体三视图步骤2

2）对Ⅱ进行投影分析，如图5-31所示。

3）对Ⅲ、Ⅳ进行投影分析，如图5-32所示。

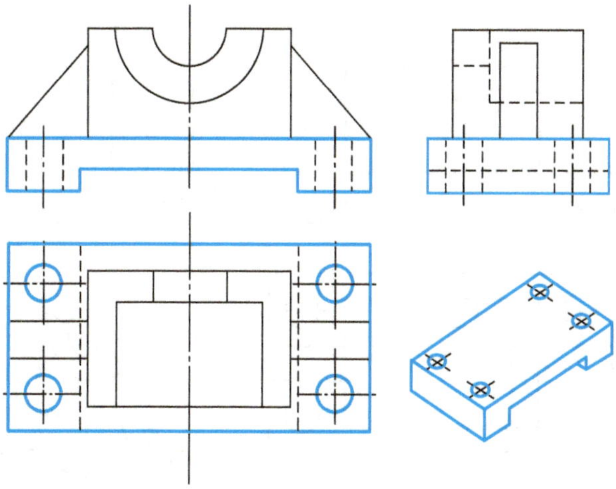

图 5-31　识读综合型组合体三视图步骤 3

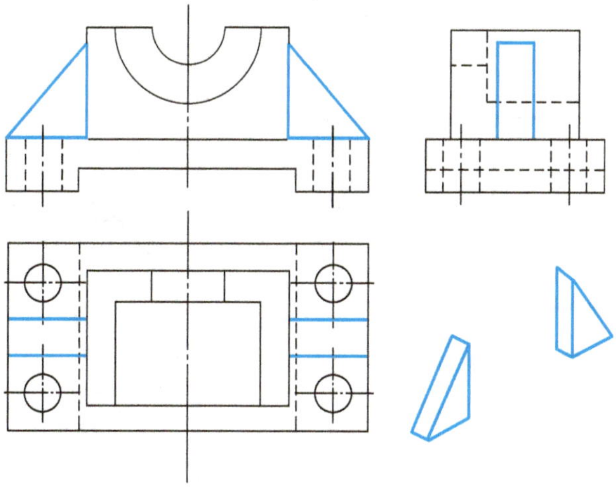

图 5-32　识读综合型组合体三视图步骤 4

(3) 合起来，想整体

结合三视图，想象各部分之间的空间位置关系，最后得到轴承座的整体形状，如图 5-33 所示。

### 2. 任务二的操作步骤

(1) 分线框，识面形

三视图中，一般线框为投影面平行面、投影面垂直面或投影面倾斜面。在三视图中找出各图线、线框的对应投影。

1) 线框Ⅰ（1、1′、1″）在图 5-34 所示的三视图中为“一框对两线”，表示投影面平行面是侧平面。

2) 线框Ⅱ（2、2′、2″）在图 5-35 所示的三视图中为“一线对两框”，表示投影面垂直面是侧垂面。

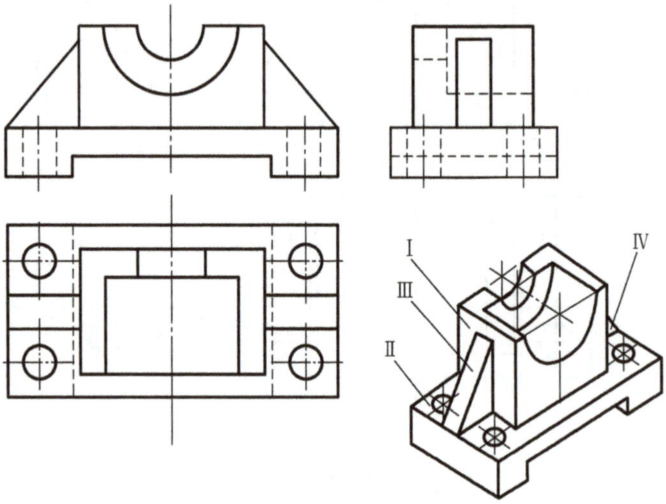


图 5-33　识读综合型组合体三视图步骤 5

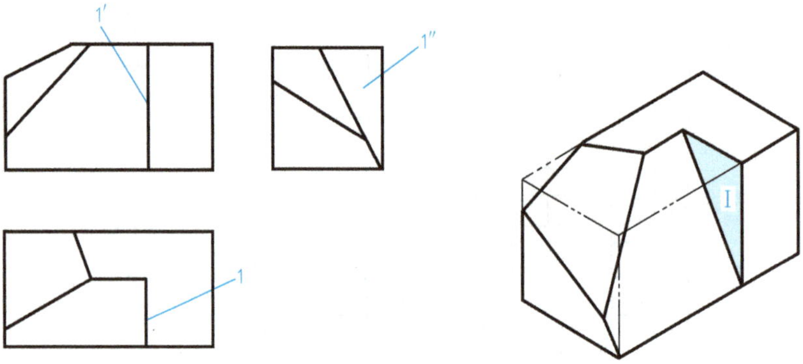


图 5-34　线面分析法识读组合体步骤 1

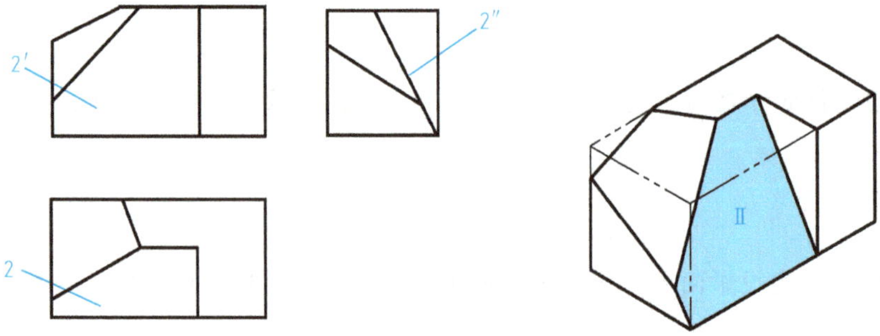


图 5-35　线面分析法识读组合体步骤 2

识读组合体

3）线框Ⅲ（3、3′、3″）在图 5-36 所示的三视图中为“三框相对应”，投影面为一般位置平面。

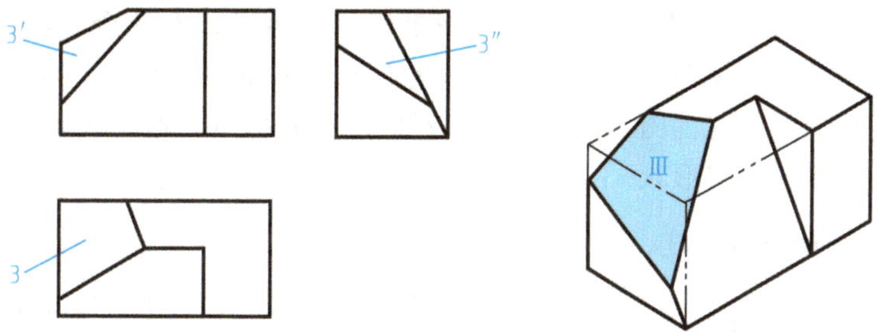


图 5-36　线面分析法识读组合体步骤 3

(2) 识交线，想形状

根据各个面的形状和空间位置，还应分析交线的形状和位置，想象出物体的整体形状，如图 5-37 所示。

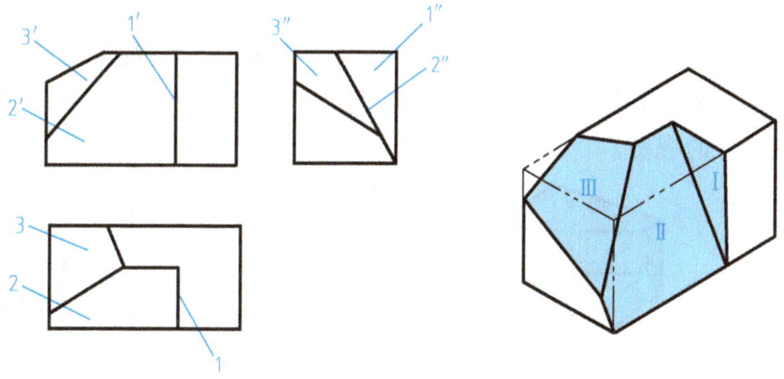


图 5-37　线面分析法识读组合体步骤 4

## 知识链接

### 1. 读图的方法和步骤

读图是画图的逆过程，根据平面图形（视图）想象出空间物体的结构形状。读图的基本方法有形体分析法和线面分析法。

(1) 形体分析法　根据视图的特点，把物体分解成若干个简单的形体，分析出组合形式，再将它们组合起来。分析投影时，一般顺序是先看主要部分，后看次要部分；先看容易确定部分，后看难于确定的部分；先看整体形状，后看细节形状。

(2) 线面分析法　线面分析法是运用线面的投影规律，通过分析视图中的线条、线框含义和空间位置，从而读懂视图。主要用于读切割型组合体的视图。

读图时，常把形体分析法和线面分析法综合应用。

### 2. 读图时的注意事项

(1) 理解线框的含义　如图 5-38 所示的封闭线框分别表示：1——一个平面；2——一个曲

面；3—平面与曲面相切的组合面；4——一个空腔。

（2）几个视图联系起来识读　一个投影只能表示三维形体在两个方向上的形状和相对位置，因此，单独的一个视图不能完全表达空间形体。例如，图 5-39、图 5-40 与图 5-41 所示的主、左视图相同，但俯视图不同就表达了不同形状的物体。主视图与其他视图联系起来识读，才能判断物体的真实形状。

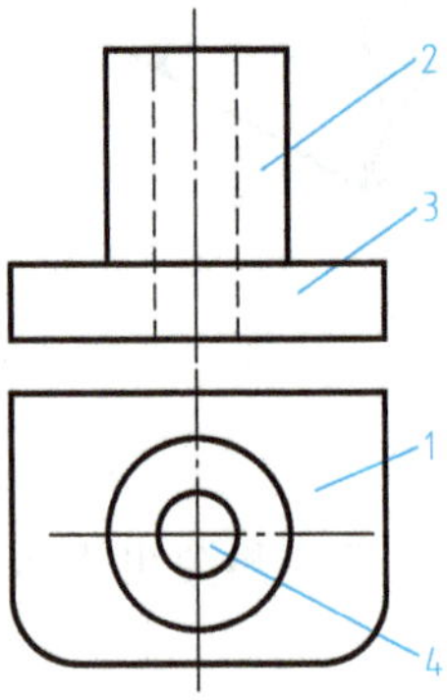

图 5-38　封闭线框的含义

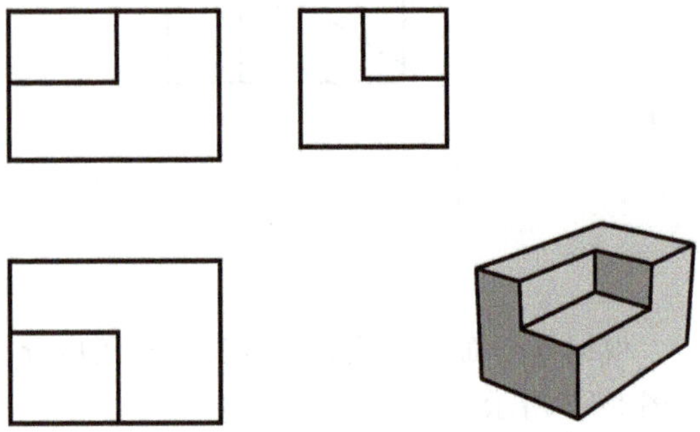
图 5-39　组合体三视图

（3）利用特征视图构思物体的形状　特征视图是反映形状特征最充分的视图。读图时，从特征视图入手，再配合其他视图，能较快地想象出物体形状。如图 5-42 所示，俯视图是反映形体特征最充分的视图。

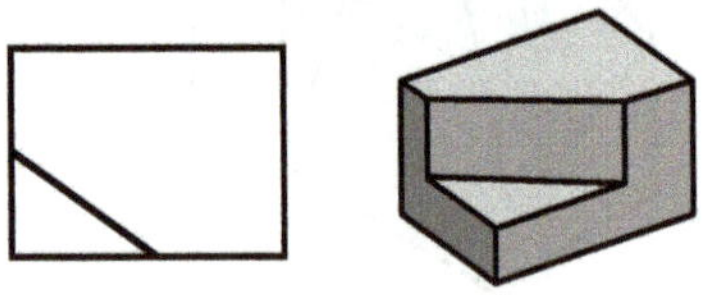
图 5-40　组合体俯视图 1

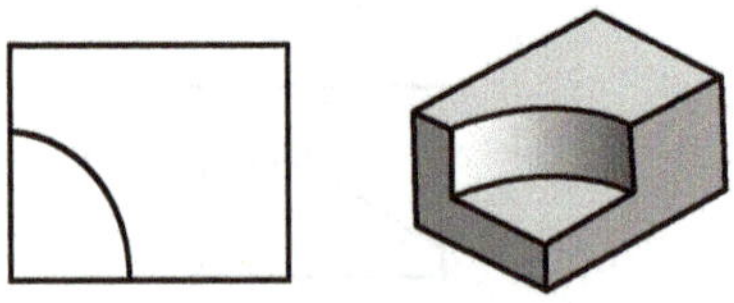
图 5-41　组合体俯视图 2

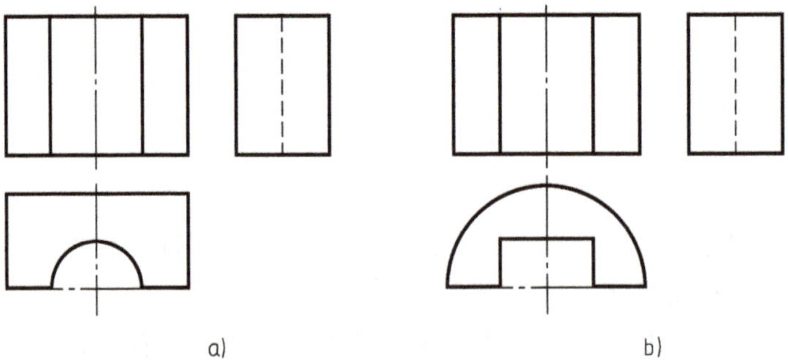

图 5-42　抓住特征视图

3. 补视图和补缺线

补视图和补缺线是培养读图、画图能力和检验是否读懂视图的一种有效手段。

（1）补视图　补视图的主要方法是形体分析法。由已知的两个视图补画第三视图时，可根据封闭线框的对应投影，按照投影特性，想象已知线框的空间形体，从而补画出第三投影。补图的一般顺序是先画外形，后画内腔；先画叠加部分，后画挖切部分。

［例 5-1］ 已知主、俯视图，补画左视图，完成过程如图 5-43 所示。

图 5-43 补视图步骤

a）将主、俯视图按线框分成三部分 b）补画底板的左视图 c）补画竖板的左视图 d）补画半圆头板的左视图 e）补画凹槽的左视图 f）补画小圆孔并校核、加深图线

补视图

从主视图和俯视图进行形体分析，该组合体属于综合型，由底板、竖板和半圆头板三部分叠加而成，底板和竖板后部开有一个矩形槽，半圆头板和竖板上钻有一个圆形通孔。

[例 5-2] 已知图 5-44 所示机座的主、俯视图，想象该组合体的形状并补画左视图。

① 分析。按主视图上的封闭线框，将机座分为底板 1、圆柱体 2、右端与圆柱面相交的厚肋板 3 三个部分，再分别找出三个部分在俯视图上对应的投影，想象出它们各自的形状，如图 5-44a、b 所示。再进一步分析细节，如主视图右边的虚线表示阶梯圆柱孔，主、俯视图左边的虚线表示长方形凹槽和矩形通槽。综合起来想象出机座的整体形状，如图 5-44c 所示。

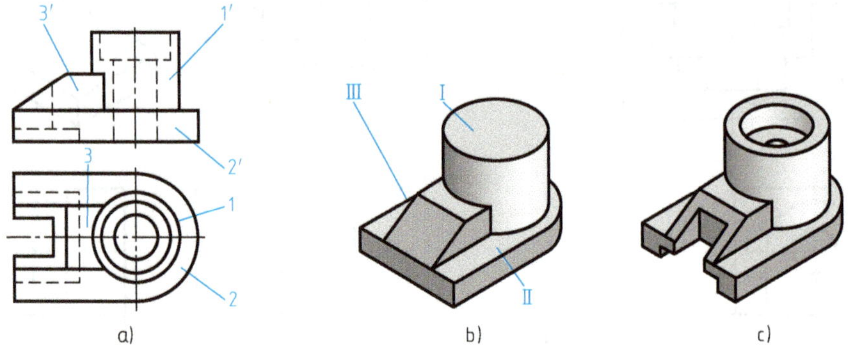


图 5-44 想象机座的形状

② 补画左视图。补画过程如图 5-45 所示。

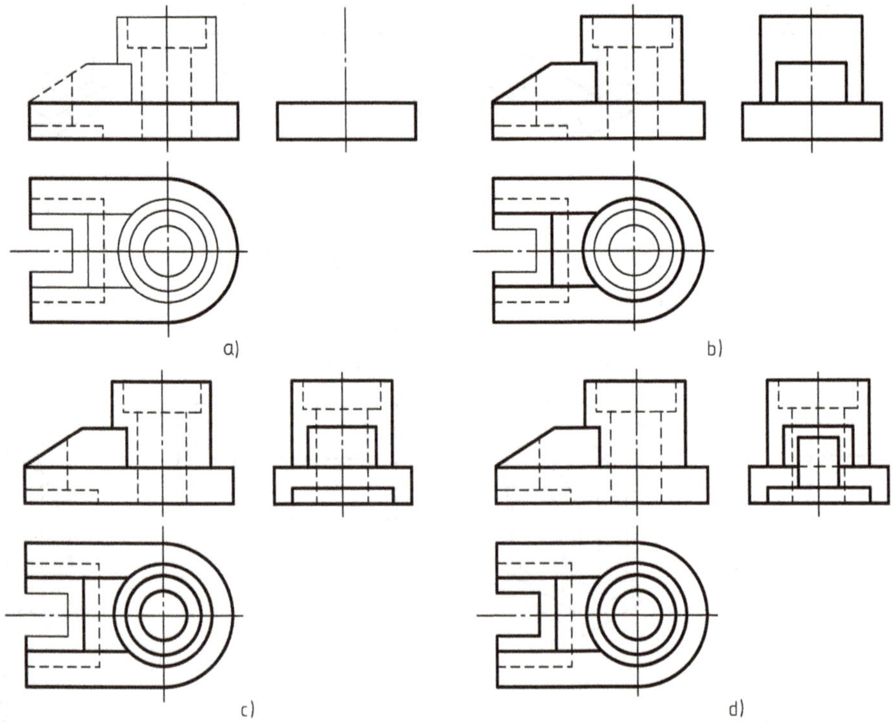


图 5-45 补画机座视图的步骤

a）补画底板 2 的左视图 b）补画圆柱体 1 和厚肋板 3 的左视图 c）补画长方形凹槽和阶梯圆柱孔的左视图 d）最后补画矩形通槽的左视图

[例 5-3] 已知切割型组合体的主、左视图（图 5-46a），想象该组合体的形状并补画俯视图。

① 形体分析。由主、左视图可以看出，该组合体的原始形状是一个四棱柱。用正平面 $P$ 和正垂面 $Q$ 在左前方切去一块后，再用正平面 $S$ 和侧垂面 $R$ 在右前方切去一角，如图 5-46b 所示。

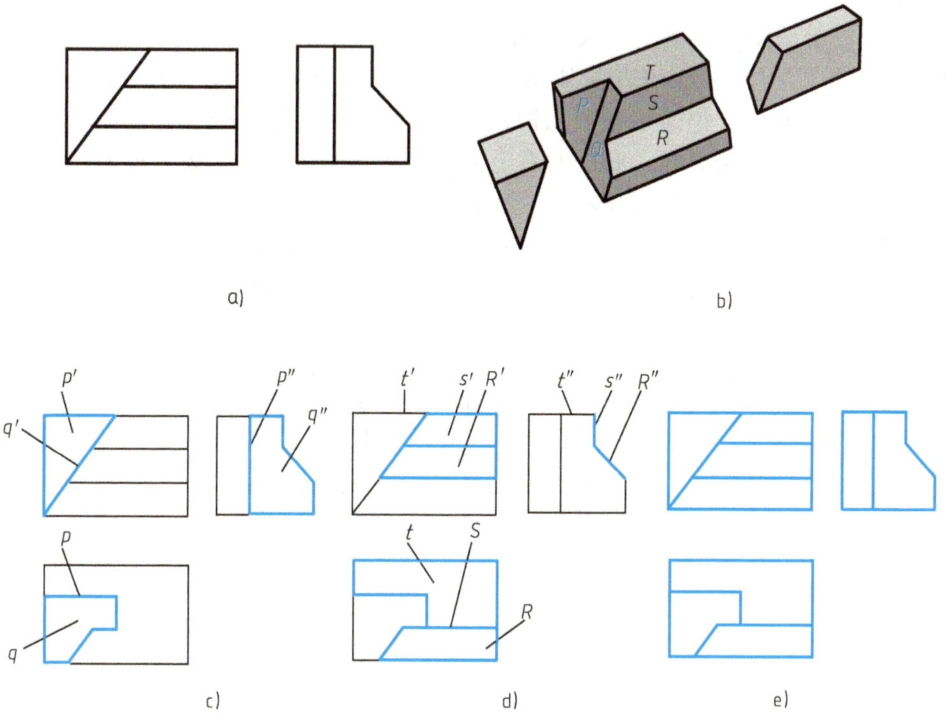


图 5-46 补画切割型组合体的俯视图步骤

a）切割型组合体的主、左视图 b）形体分析 c）画正平面 $P$ 和正垂面 $Q$
d）画侧垂面 $R$、正平面 $S$ 和水平面 $T$ e）检查、加深

② 线面分析。正平面 $P$ 和 $S$，在主视图中的封闭线框分别是三角形和四边形，根据投影特性可知其在俯视图上必积聚为直线，如图 5-46c、d 所示。正垂面 $Q$ 和侧垂面 $R$ 在主、左视图上分别积聚为直线，侧面投影和正面投影分别为六边形和四边形，根据投影特性可知，其在俯视图上必是相似的六边形和四边形，如图 5-46c、d 所示。水平面 $T$ 在主、左视图上积聚为直线，根据“长对正、宽相等”的对应关系和投影特性可求得俯视图上反映真实形状的六边形，如图 5-46c、d 所示。

③ 补画俯视图。先分别画出正平面 $P$ 和正垂面 $Q$ 在俯视图的投影，如图 5-46c 所示。再分别画出侧垂面 $R$、正平面 $S$ 和水平面 $T$ 的俯视图，如图 5-46d 所示。

④ 检查、加深。检查后按线型加粗图线，如图 5-46e 所示。

(2) 补缺线 补缺线是在给定的三视图中，补齐漏画的若干图线。补缺线是要在读懂视图的基础上进行的，所以三视图中所缺的一些图线，不但不会影响组合体的形状表达，而且通过补画更能提高分析能力和识图能力。视图上的每一条轮廓线，不论是实线还是虚线，一定是形体上的下列要素中的投影之一：

1）两表面交线的投影。

2）曲面轮廓素线的投影。

3）垂直面的投影。

因此，可通过形体分析法，找出每个视图上的结构特征，运用投影关系，补齐三视图中缺少的图线。

［例 5-4］ 补画图 5-47 所示三视图中的缺线。

**解** 对三视图形体分析：该组合体属于综合型，由三部分叠加起来再切割而成。底部为一长方形底板，底板下方挖通一条燕尾槽，对照投影关系，燕尾槽在俯视图中少了四条虚线，在左视图中少了一条虚线。底板的右上方是一块半圆头板，半圆头板上钻有一圆形通孔。圆孔在主视图上的投影为两条虚线，所以主视图中少了这两条虚线。另外，底板的上方有一小圆柱体，小圆柱体中间钻有一小圆孔，小圆孔与燕尾槽之间是相通的，小圆柱体和小圆孔在左视图中的投影都没有画出来，必须补上。补齐缺线后的三视图如图 5-48 所示。

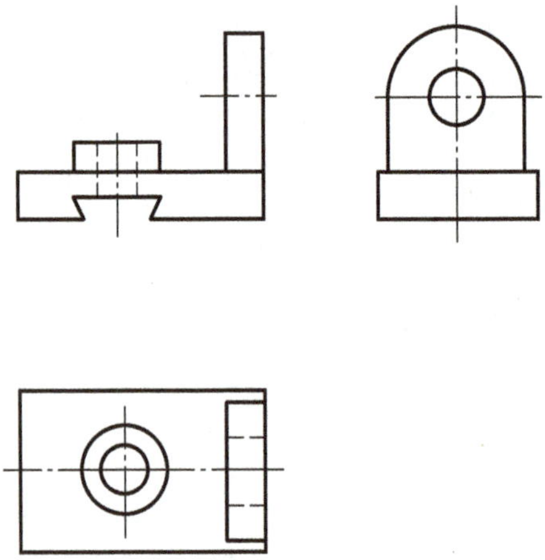

图 5-47 补缺线

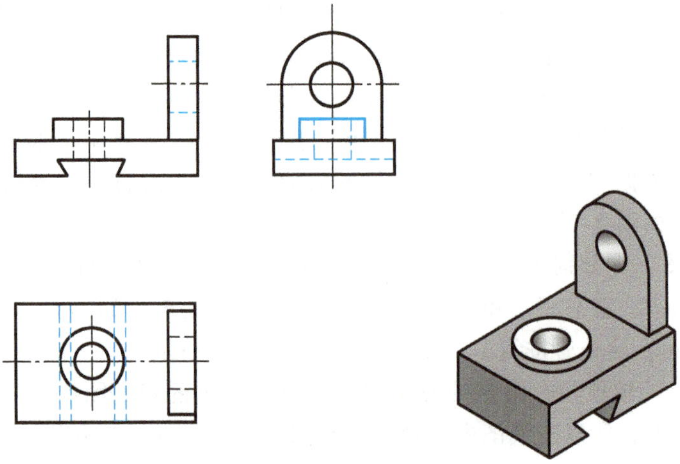

图 5-48 补缺线完成三视图

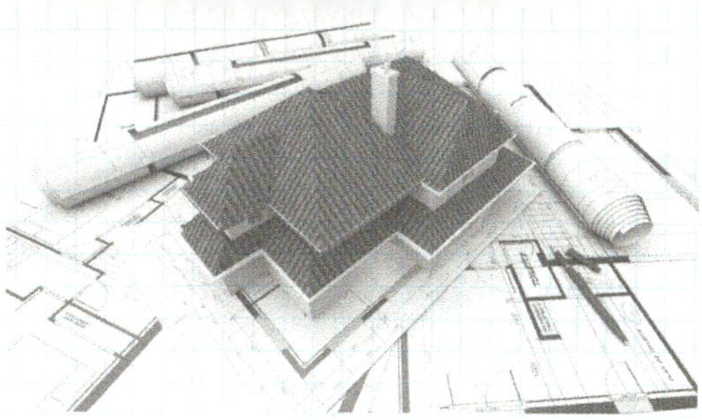

# 课题六

# 机件的表达方法

## 6-1 机件外部形状的表达

### 学习目标

1. 熟悉基本视图的形成、名称和配置关系。
2. 熟悉向视图、局部视图和斜视图的画图方法及其标注规定。
3. 能够根据机件特点，选择合适的视图表达机件的外部形状。

### 制图任务

任务一：根据图 6-1a 所示的异形块立体图绘制其右视图、仰视图和后视图（图 6-1b）。

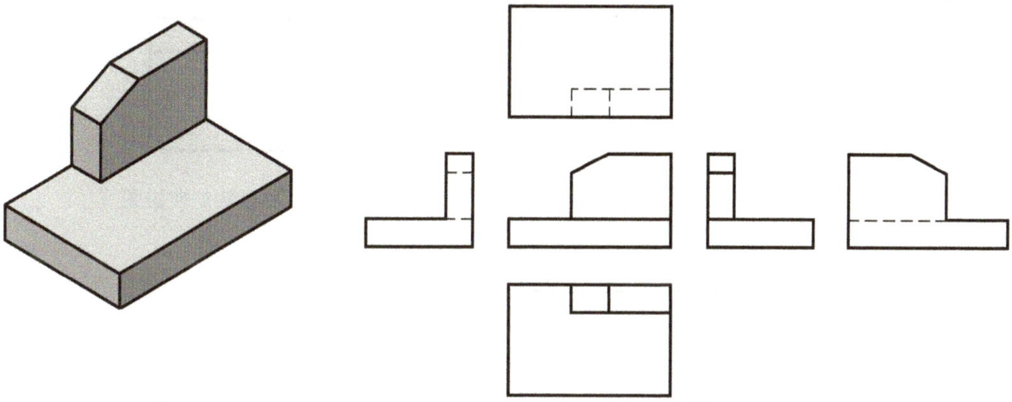

a)　　b)

图 6-1　绘制异形块的右视图、仰视图和后视图

a）立体图　b）六个基本视图

任务二：根据图 6-2 所示的压紧杆立体图确定其外形表达方法。

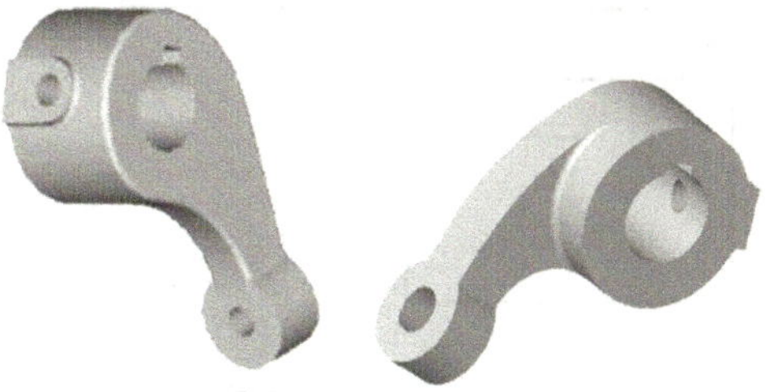

图 6-2　压紧杆立体图

## 任务实施

### 1. 任务一的操作步骤

1）绘制异形块的右视图，如图 6-3 所示，右视图在主视图的左侧，并且与主视图“高平齐”，与俯视图“宽相等”。

2）绘制异形块的仰视图，如图 6-4 所示，仰视图在主视图的上方，并且与主视图“长对正”，与左视图“宽相等”。

3）绘制异形块的后视图，如图 6-5 所示，后视图在左视图的右侧，并与主视图和左视图“高平齐”，与主视图“长相等”。

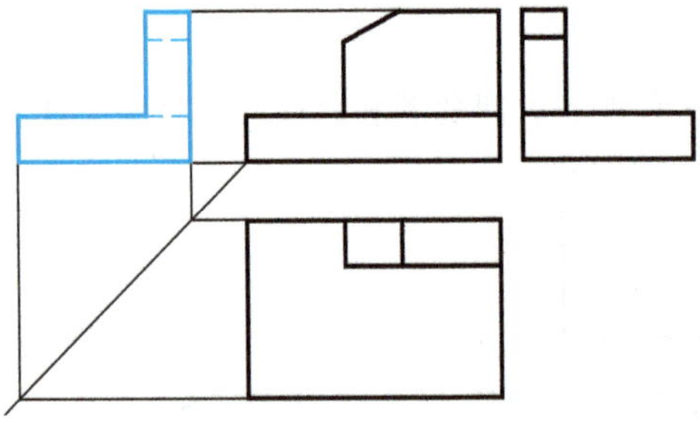

图 6-3 异形块的右视图

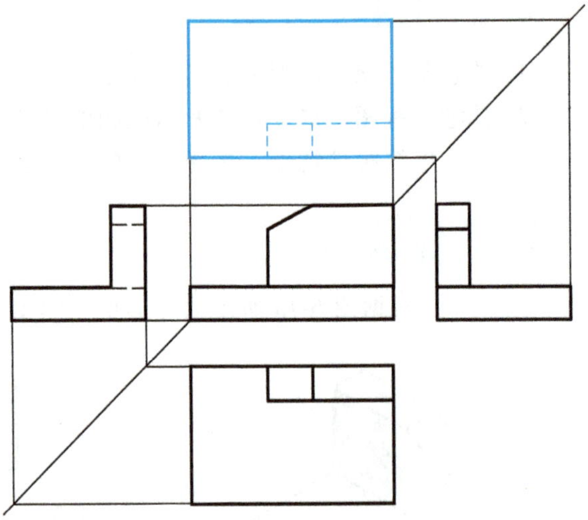

图 6-4 异形块的仰视图

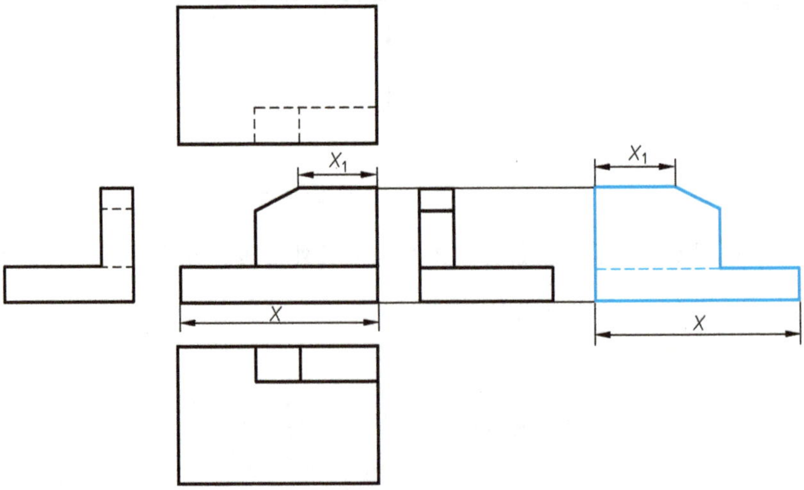


图 6-5 异形块的后视图

### 2. 任务二的操作步骤

(1) 分析压紧杆的结构选择表达方法　由于压紧杆左端耳板是倾斜结构，其俯视图和左视图都不反映实形，如图 6-6a 所示，画图比较困难，且表达不清楚。为了表达凸台和倾斜部分的结构，可在平行耳板的辅助投影面 *P* 上作出耳板的斜视图以反映耳板的实形，如图 6-6b 所示。

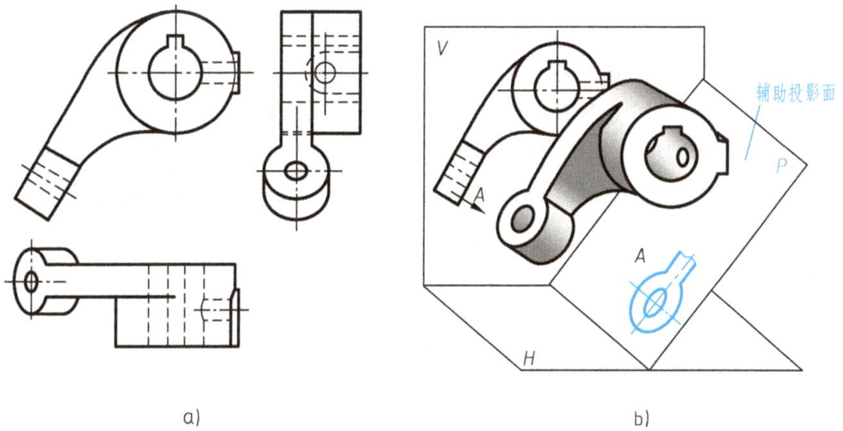


图 6-6　压紧杆的三视图及斜视图的形成

a）三视图　b）倾斜结构斜视图的形成

压紧杆
模型示例

(2) 确定表达方案　图 6-7a 所示为压紧杆的一种表达方案，采用一个基本视图（主视图）、局部视图（代替俯视图）、*A* 向斜视图和 *B* 向局部视图。

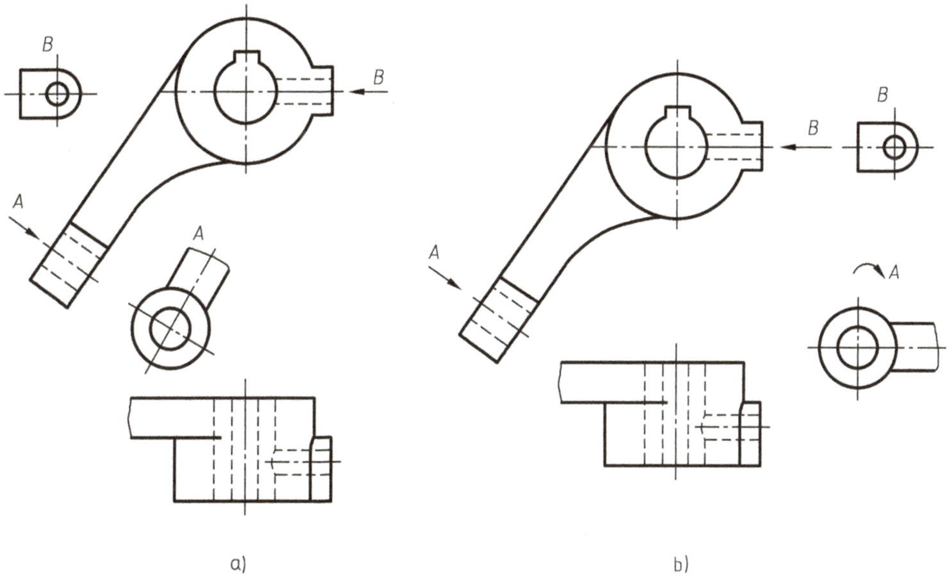


图 6-7　压紧杆的表达方案

a）表达方案 1　b）表达方案 2

为了使图面布局更加紧凑，又便于画图，图 6-7b 所示为压紧杆的另一种表达方案。

## 知识链接

视图是用正投影法将物体向投影面投射所得的图形，主要用于表达物体的外部结构形状。它一般用于表示物体的可见部分，必要时才用虚线画出其不可见部分。视图分为基本视图、向视图、局部视图和斜视图。

### 1. 基本视图

机件向基本投影面投射所得的视图称为基本视图。

在原有水平面、正面和侧面三个投影面的基础上，再增设三个投影面构成一个正六面体如图 6-8 所示，正六面体的六个侧面称为基本投影面。将物体放在正六面体中间，分别向六个基本投影面投射，即得到六个基本视图。六个视图除了前面介绍的三个基本视图——主视图、俯视图和左视图外，新增加的基本视图如下（图 6-9）：

右视图——由右向左投射所得的视图。

仰视图——由下向上投射所得的视图。

后视图——由后向前投射所得的视图。

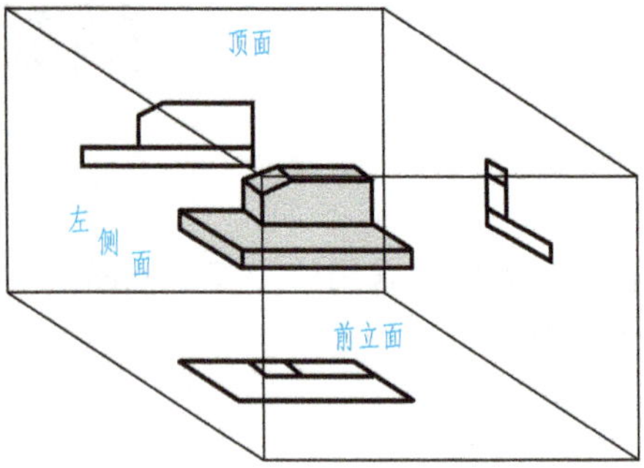


图 6-8　六个基本投影面

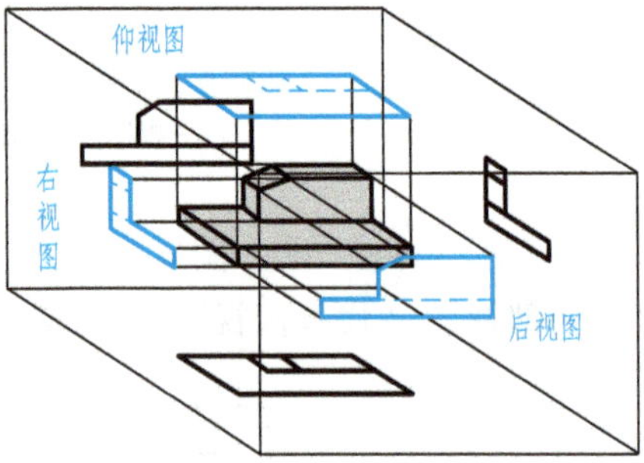


图 6-9　基本视图的投射方向

各基本投影面的展开方式如图 6-10 所示，保持正投影面不动，其余各面按箭头所指方

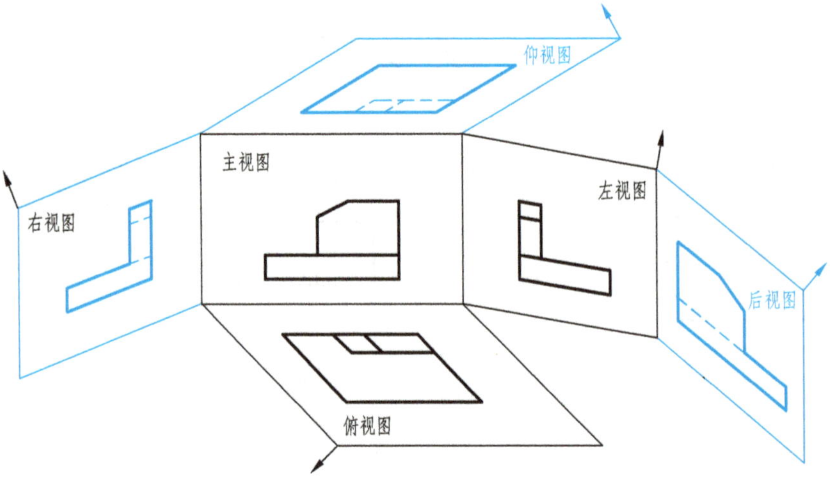


图 6-10　六个基本投影面的展开

六个基本投影面的展开

向展开，使之与正投影面共面，即得六个基本视图。展开后各视图的配置如图 6-11 所示，在同一张图纸上按图 6-11 配置视图时，一律不标注视图的名称。

六个基本视图之间仍保持着与三视图相同的“长对正、高平齐、宽相等”的投影规律，即主、俯、仰、后视图长对正；主、左、右、后视图高平齐；左、右、俯、仰视图宽相等，如图 6-11 所示。

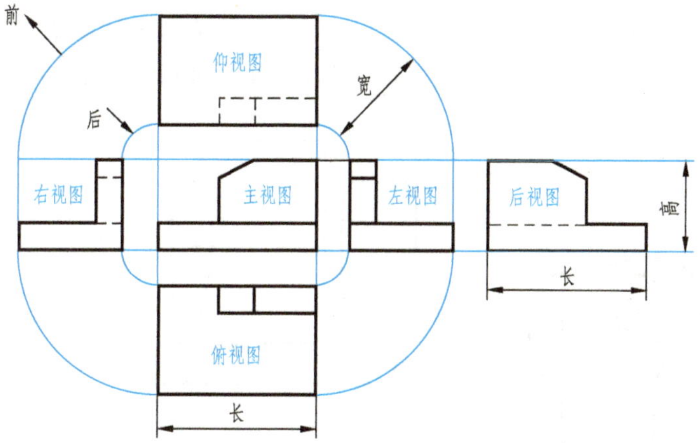


图 6-11　六个基本视图的配置

六个基本视图的关系

基本视图主要用于表达零件在基本投射方向上的外部形状。在绘图时，应根据零件的结构特点，按实际需要选用视图。一般优先考虑选用主、俯、左三个基本视图，然后再考虑其他的基本视图。总的要求是表达完整、清晰，又不重复，使视图的数量最少。

### 2. 向视图

向视图是可以自由配置的视图。

（1）向视图的画法　向视图是基本视图的另一种表达方式，是移位（不旋转）配置的基本视图，视图配置灵活，如图 6-12a 所示的 *D*、*E*、*F* 向视图，它是没有按基本视图的位置配置的右视图、仰视图和后视图。

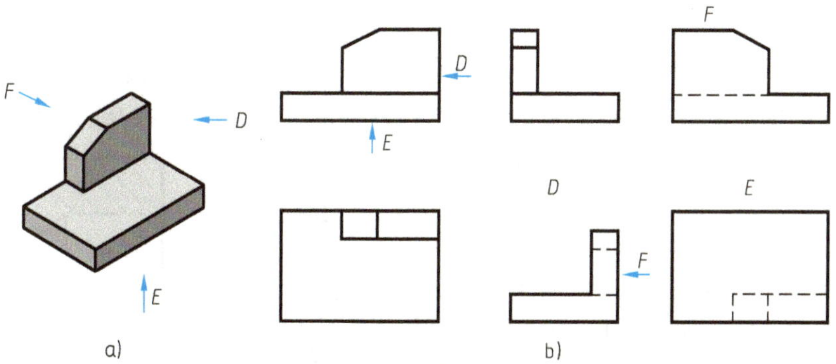


图 6-12　向视图

（2）向视图的标注　采用向视图时，一般应在向视图上方用大写拉丁字母标出视图的名称“×”，并在相应视图附近用箭头标明投射方向，注上同样的字母，如图6-12b所示。

### 3. 局部视图

将物体的某一部分向基本投影面投射所得的视图称为局部视图。

画局部视图的主要目的是为了减少作图工作量。例如，图6-13所示物体的主、俯两个基本视图已将其基本部分的结构表达清楚，但左、右凸缘尚未表达清楚。这时采用局部视图来表达，不但节省了两个基本视图，而且表达清楚，重点突出，简单明了。

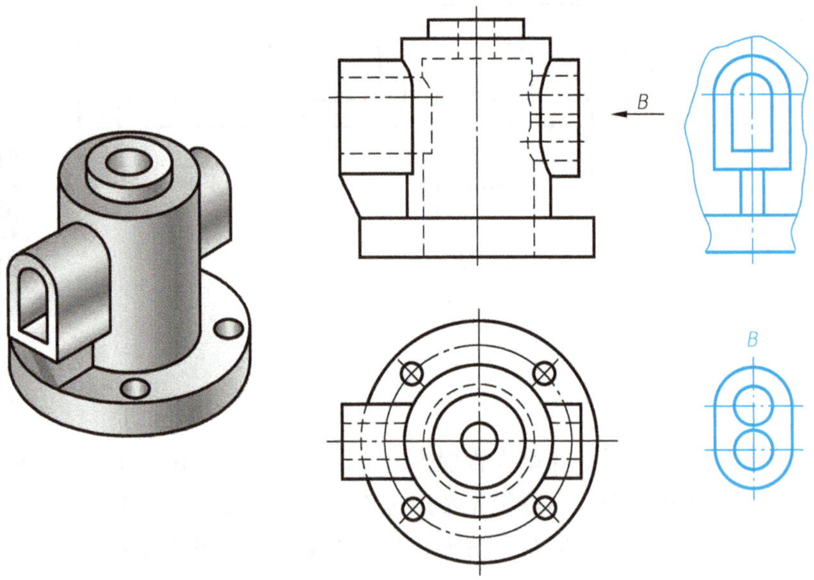


图6-13　局部视图

（1）局部视图配置位置及标注　标注局部视图时，应在局部视图上方用大写拉丁字母标出视图的名称“×”，并在相应视图附近用箭头指明投射方向，注上相同的字母。局部视图应按基本视图的位置配置，若中间没有其他视图隔开时，可省略标注，如图6-13所示左端凸缘的局部视图；也可按向视图的配置形式配置，如图6-13所示右端凸缘的*B*向局部视图。

（2）局部视图的画法

1）局部视图仅画出需要表示的局部形状，断裂处的边界线应以波浪线表示，如图6-13所示左端凸缘的局部视图。当所表达的局部结构是完整的，且外形轮廓线又封闭时，波浪线可省略不画，如图6-13所示*B*向的局部视图。

2）对称机件的视图可只画1/2或1/4，并在对称的中心线的两端画两条与其平行的垂直细线，如图6-14所示。这种简化画法是局部视图的一种特殊画法，即用细单点画线代替波浪线作为断裂边界线。

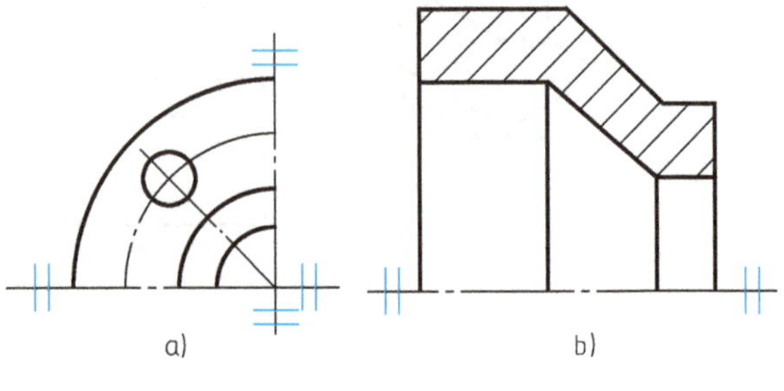


图6-14　局部视图的画法

### 4. 斜视图

将物体向不平行于任何基本投影面的平面投射所得的视图称为斜视图。

斜视图主要用于表达物体上倾斜部分的实形。例如，图 6-15 所示的弯板，其倾斜部分在基本视图上不能反映实形，为此，可选用一个新的辅助投影面（该投影面应垂直于某一基本投影面），使它与物体的倾斜部分表面平行，然后向新投影面投射，这样便使倾斜部分在新投影面上反映实形。

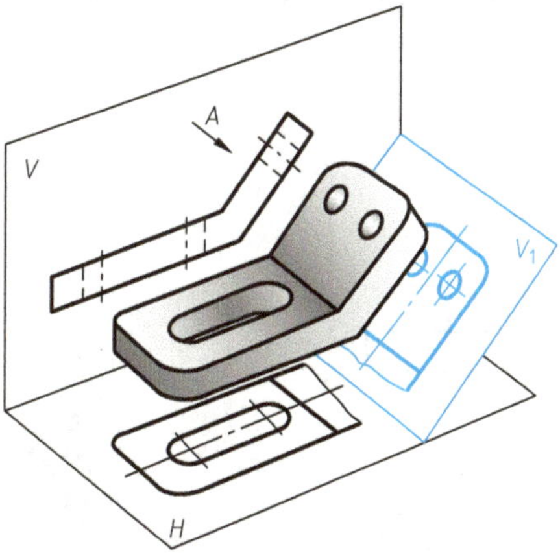


图 6-15　斜视图

斜视图

(1) 斜视图的画法　斜视图主要用于表达物体上倾斜结构的实形，其余部分不必全部画出，斜视图的断裂边界用波浪线表示，如图 6-16a 所示的 *A* 向视图。

(2) 斜视图的标注　斜视图通常按向视图的配置并标注（图 6-16a），必要时也可以配置在其他适当位置。允许将斜视图旋转配置，在旋转后的斜视图上方应标注视图名称“×”及旋转符号，旋转符号的箭头方向应与斜视图的旋转方向一致，如图 6-16b 所示。

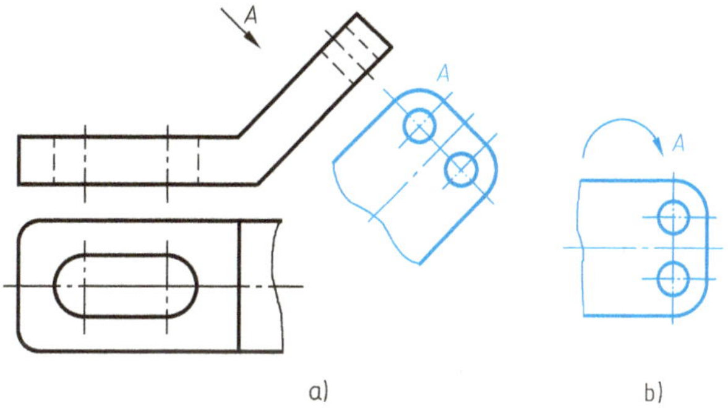


图 6-16　斜视图的画法

**知识拓展**

识读斜视图和局部视图的要点如下：

1）在识图时应先寻找带字母的箭头，分析所需表达的部位及投射方向，然后找出标有相同字母的“×”视图。

2）箭头的投射方向在图中如果是水平或垂直方向的，则画出的是局部视图；如果是倾斜的，则画出的是斜视图。

## 6-2　机件内部形状的表达

**学习目标**

1. 理解剖视的概念，掌握剖视的种类、剖视图画法、标注规定及各种剖视的适用情况。
2. 能够根据机件的结构特点，选用合适的剖视图合理表达机件的内部形状。
3. 掌握识读剖视图的方法和步骤。

## 制图任务

任务一：根据图 6-17a 所示支架绘制其全剖视图（图 6-17b）。

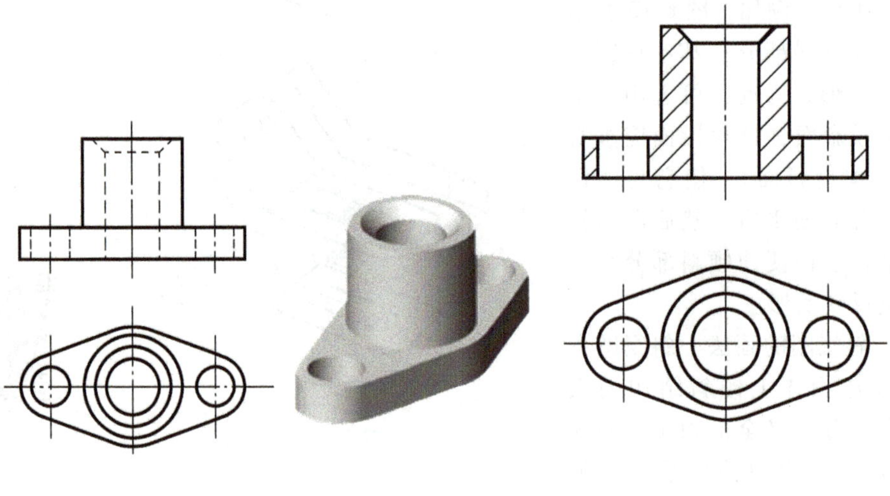

a)　　　　　　　　b)

图 6-17　绘制支架的全剖视图

a）支架视图　b）支架全剖视图

任务二：根据图 6-18a 所示支架绘制其半剖视图（图 6-18b）。

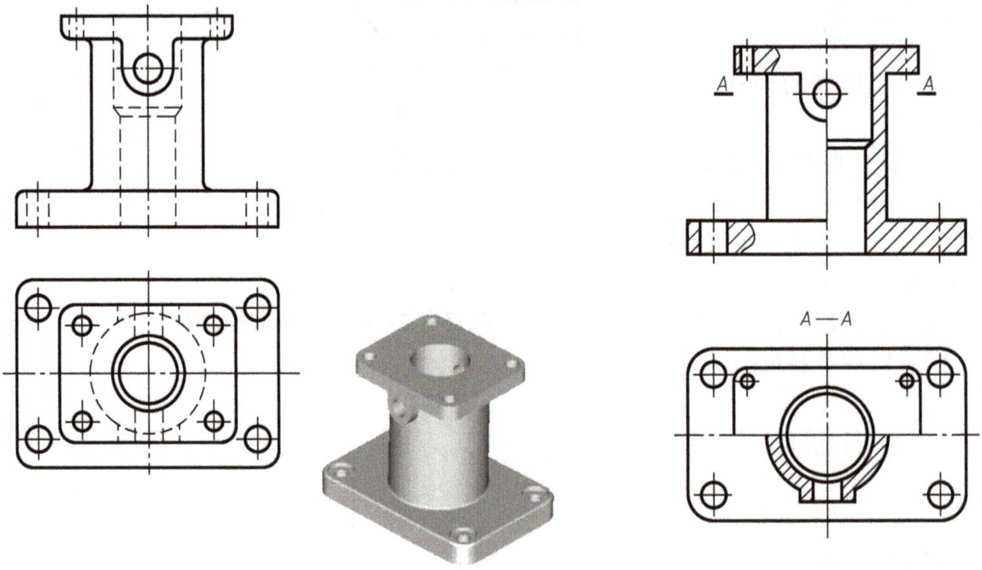


a)　　　　　　　　b)

图 6-18　绘制支架的半剖视图

a）支架视图　b）支架半剖视图

## 任务实施

### 1. 任务一的操作步骤

1）假想用剖切平面剖切支架，并移去前半部分，如图 6-19 所示。

2）绘制剖切平面后的可见轮廓线，如图 6-20 所示。剖视是假想的，虽然主视图前半部分被剖去后，但俯视图中应仍按完整画出。

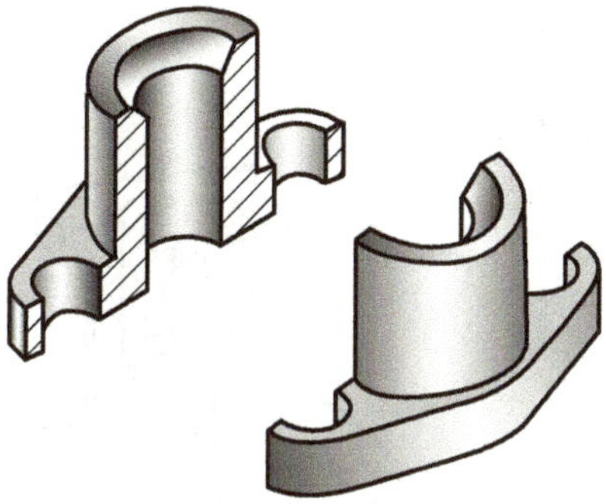

图 6-19　用剖切平面剖切机件

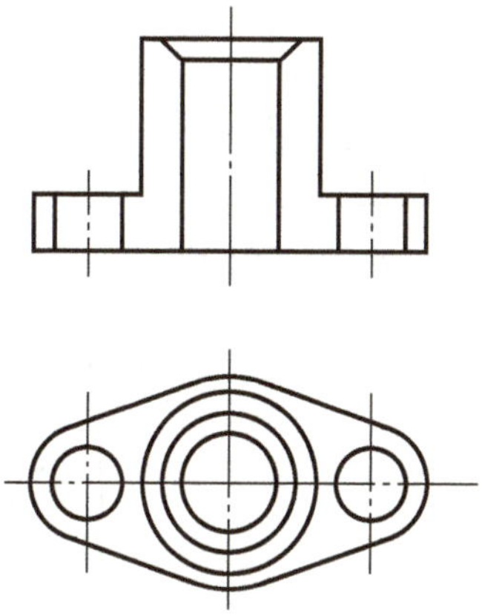

图 6-20　剖切平面后的可见轮廓线

3）绘制剖面符号。剖切平面剖到的实心处（剖面区域）画出剖面符号，而孔等空心处不画，如图 6-21 所示。

4）标注。一般应在剖视图上方用大写拉丁字母标出剖视图的名称“×—×”，在相应视图上用剖切符号（粗短线）表示剖切位置，用箭头表示投射方向，并注上同样的字母，如图 6-22 所示。

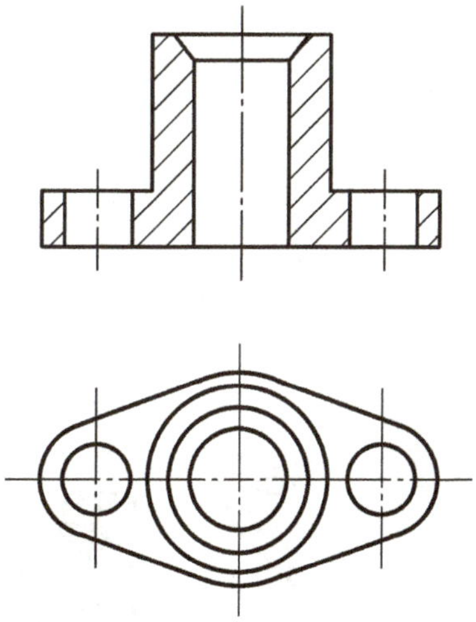

图 6-21　绘制剖面符号

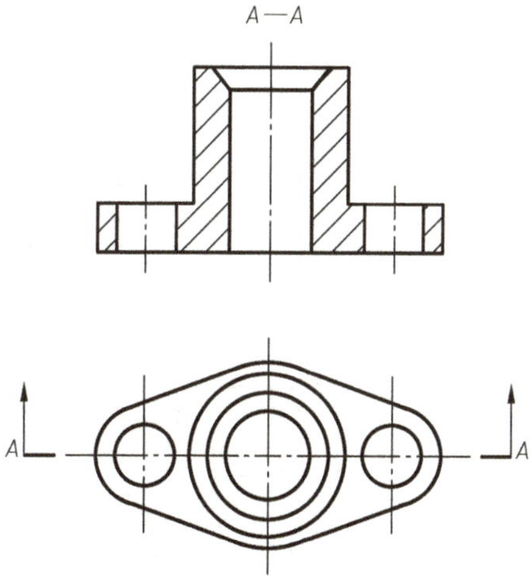


图 6-22　标注

### 2. 任务二的操作步骤

1）将支架的主视图改画成半剖视图。如果主视图采用全剖视图，则会影响对机件外部形状的表达，因此可以考虑利用该结构左右对称的性质，将主视图以对称中心线为界，一半画成剖视图（剖切平面通过前后对称面），另一半画成外形视图，图 6-23 所示为支架主视图采用半剖视图的形成过程。

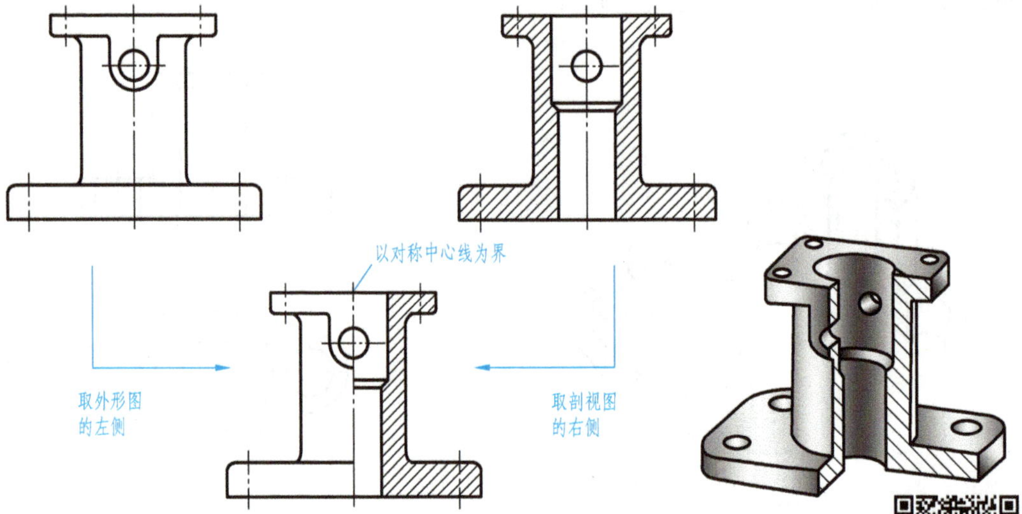


图 6-23　支架的两视图和立体图 1

半剖视图（一）

2）将支架的俯视图改画成半剖视图。以前后对称中心线为界，将后半部分的细虚线去掉，使之变成外形图。用通过前面凸台上圆孔轴线的水平面作为剖切平面将机件剖开，将前半部分表示大圆筒外轮廓的半个细虚线圆及表示小圆孔轮廓线的细虚线改成粗实线，将断面部分画上剖面线，即得半剖的俯视图，如图 6-24 所示。

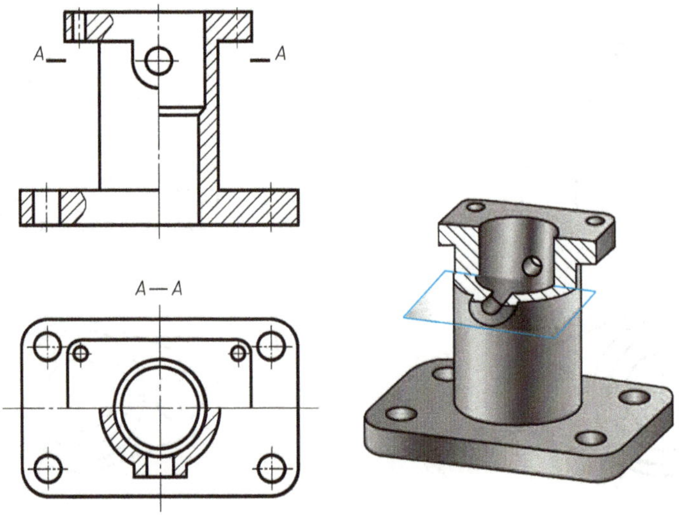


图 6-24　支架的两视图和立体图 2

半剖视图（二）

3）对于那些在半剖视图中不易表达的部分，如图 6-24 中支架安装板上的孔，可在视图中以局部剖视的方式表达。

## 知识链接

### 1. 剖视图的形成

假想用剖切面把物体剖开，将处在观察者与剖切平面之间的部分移去，使其余部分向投影面投射所得到的图形称为剖视图，简称剖视。剖视图的形成过程如图 6-25 所示。

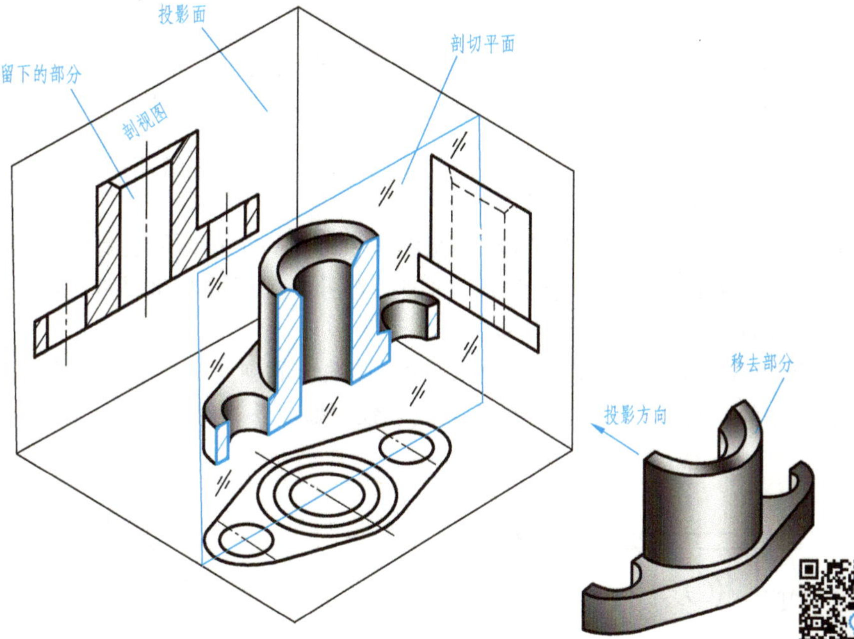


图 6-25　剖视图的形成过程

全剖视图

（1）剖面符号画法　剖切物体的假想平面或曲面称为剖切面，剖切面与物体的接触部分称为剖面区域。

画剖视图时，剖面区域内应画上剖面符号，以区分物体被剖切面剖切到的实体与空心部分。物体材料不同，其剖面符号画法也不同，见表 6-1。

表 6-1　剖面符号（摘自 GB/T 4457.5—2013）

| | | | | | |
|---|---|---|---|---|---|
| 金属材料（已有规定剖面符号者除外） | | 型砂、填砂、粉末冶金、砂轮、陶瓷刀片、硬质合金刀片等 | | 木材纵断面 | |
| 非金属材料（已有规定剖面符号者除外） | | 钢筋混凝土 | | 木材横断面 | |

（续）

| | | | | | |
|---|---|---|---|---|---|
| 转子、电枢、变压器和电抗器等的叠钢片 | 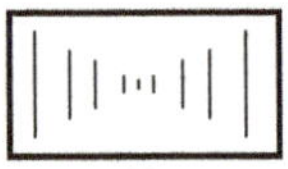 | 玻璃及供观察用的其他透明材料 | 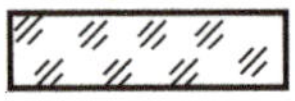 | 液体 | 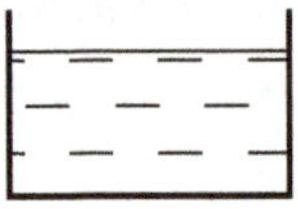 |
| 线圈绕组元件 | 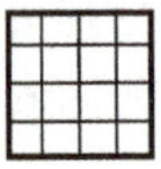 | 砖 | 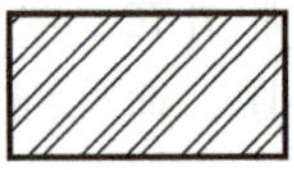 | 木质胶合板（不分层数） |  |
| 混凝土 | 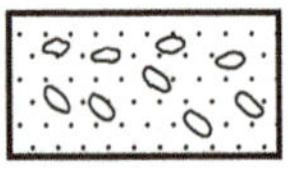 | 基础周围的泥土 | 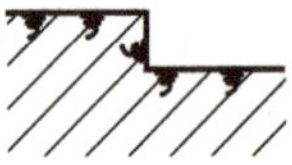 | 格网（筛网、过滤网） |  |

画金属材料的剖面符号时，应遵守下列规定：

1）在剖面区域内画剖面符号。在同一张图样中，同一个物体的所有剖视图的剖面符号应该相同。例如通用的剖面线和金属材料的剖面符号，都画成与水平线成 45°（可向左倾斜，也可向右倾斜）且间隔均匀的细实线。

2）当图形的主要轮廓线与水平线成 45°时，该图形的剖面线应画成与水平成 30°或 60°的平行线，其倾斜方向仍与其他图形的剖面线一致，如图 6-26 所示。

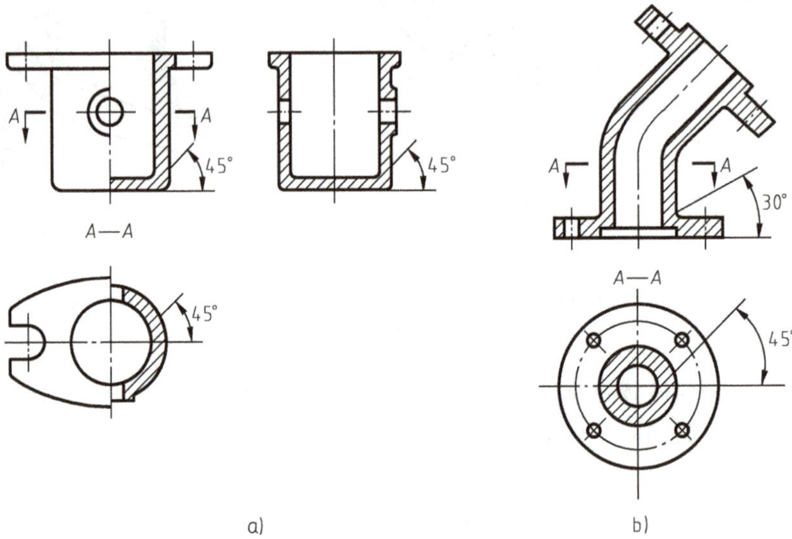


图 6-26　金属材料的剖面线画法

（2）剖视图的标注可以简化或省略的情况

1）当剖视图按投影关系配置，中间又没有其他图形隔开时，可省略箭头，如图 6-27 所示。

2）当单一剖切平面通过物体的对称平面或基本对称平面，且剖视图按投影关系配置，中间又没有其他图形隔开时，可省略标注，如图 6-28 所示的主视图。

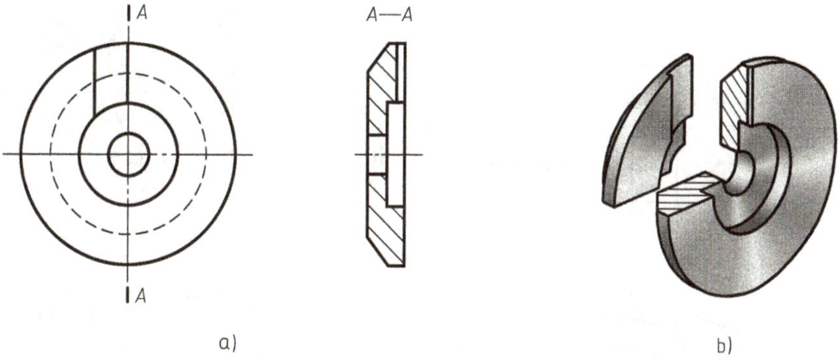


图 6-27　省略标注 1

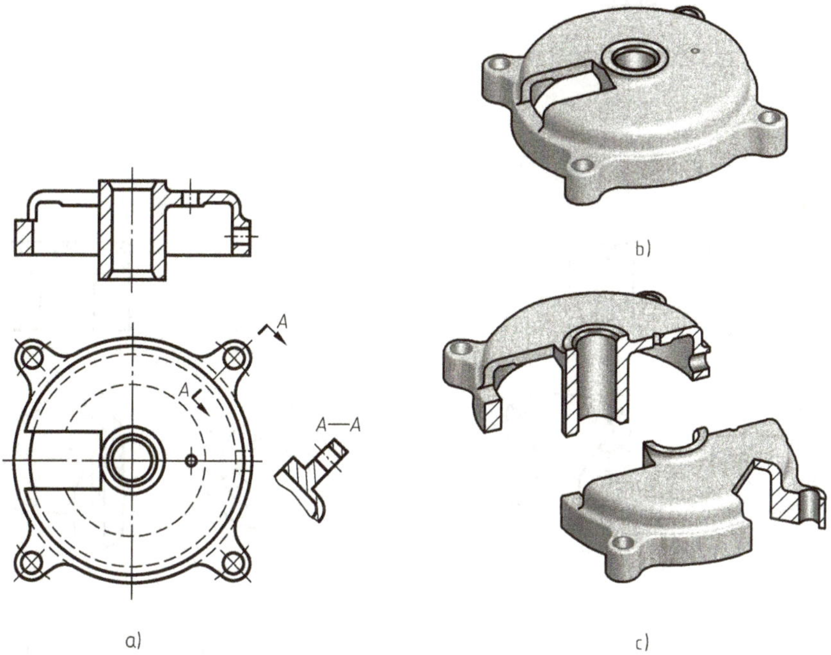


图 6-28　省略标注 2

3）当单一剖切面的剖切位置明显时，局部剖视图的标注可省略，如图 6-29 所示。

（3）画剖视图的注意事项

1）画剖视图时，剖切面后的可见轮廓线必须用粗实线绘制，不能遗漏，也不能多画。图 6-30 所示为剖视图中易漏图线的示例。

2）剖切平面后不可见部分的轮廓线——虚线，在不影响完整表达物体形状的前提下，剖视图上一般不画虚线，以保证图形的清晰性，但若画出少量虚线可减少视图数量时，则可画出必要的虚线，如图 6-31 所示。

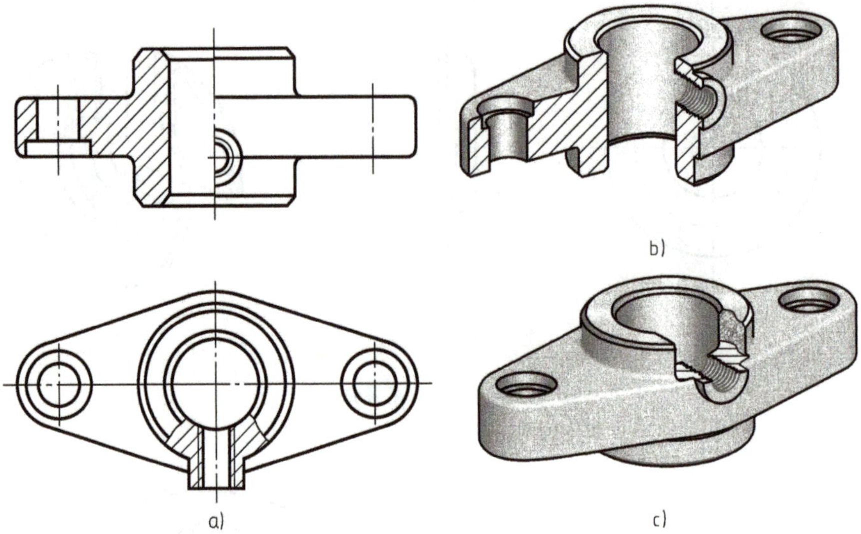


图 6-29　省略标注 3

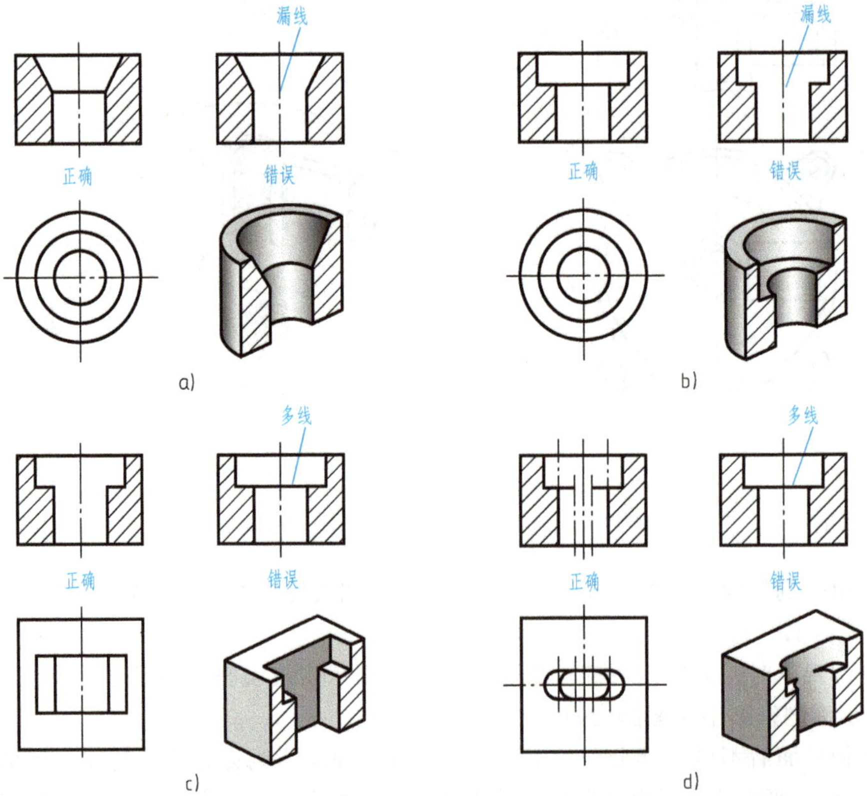


图 6-30　剖视图中易漏图线的示例

## 2. 剖视图的种类

根据剖切范围的大小，剖视图可分为全剖视图、半剖视图和局部剖视图。

（1）全剖视图　用剖切面完全地剖开物体所得的剖视图称为全剖视图。全剖视图用于表达内形复杂的不对称物体。为了便于标注尺寸，对于外形简单，且具有对称平面的物体常采用全剖视图。

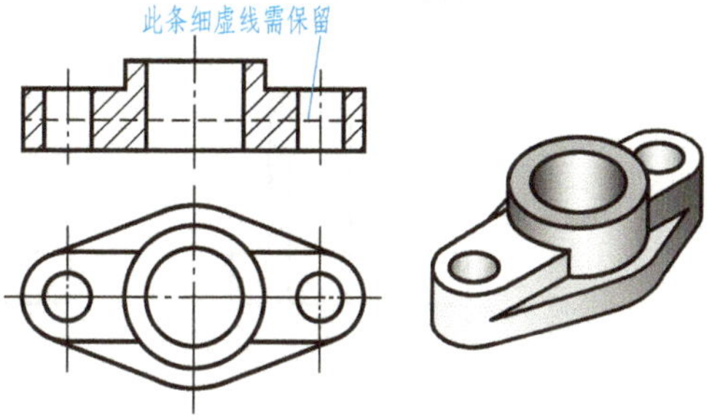

图 6-31　剖视图中必要的虚线

（2）半剖视图　当物体具有对称平面时，向垂直于对称平面的投影面上投射所得的图形，以对称中心线为界，一半画成视图，另一半画成剖视图，这样的图形称为半剖视图，半剖视图适用于内、外形状都比较复杂的对称物体。

画半剖视图时应注意以下几点：

1）物体的内部结构在剖视部分已经表示清楚，在表达外形的视图部分细虚线省略，但对孔、槽等需用细单点画线表示其中心位置，如图 6-32 所示。

2）半剖视图的标注与全剖视图相同。

3）若物体的形状接近对称，且不对称部分已在其他视图上表示清楚时，也可以画成半剖视图，如图 6-32 所示。

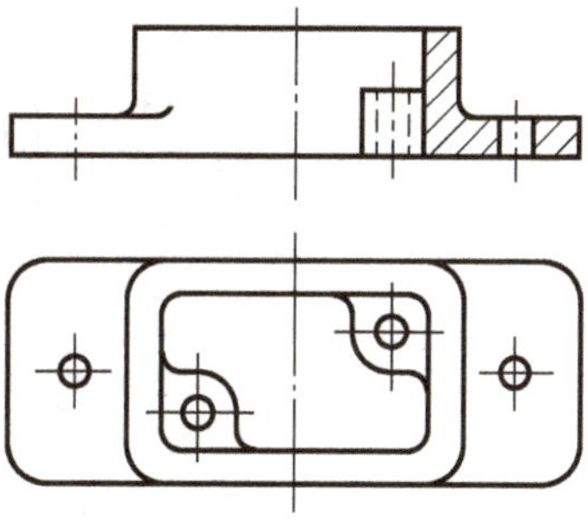
图 6-32　基本对称物体的半剖视图

（3）局部剖视图　用剖切平面局部地剖开物体所得的剖视图称为局部剖视图，如图 6-33 所示。局部剖切后，物体断裂处的分界线用波浪线表示。

局部剖视图主要用于在同一视图上表达不对称机件的内、外形状。当对称机件不宜作半剖视（图 6-34），或机件的轮廓线与对称中心线重合，无法以对称中心线为界画成半剖视图时（图 6-35）可采用局部剖视图。当实心机件上有孔、

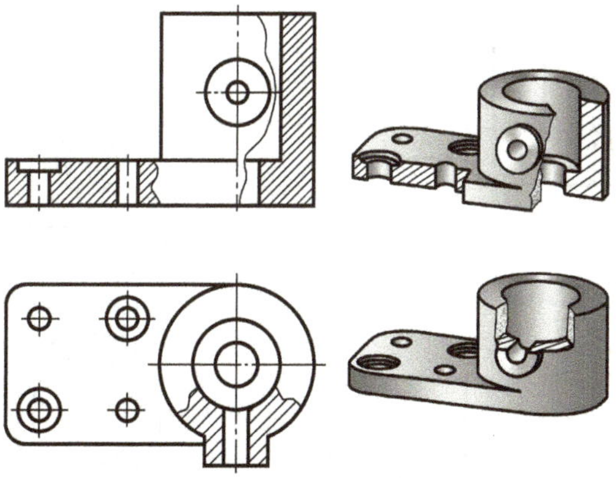
图 6-33　局部剖视图 1

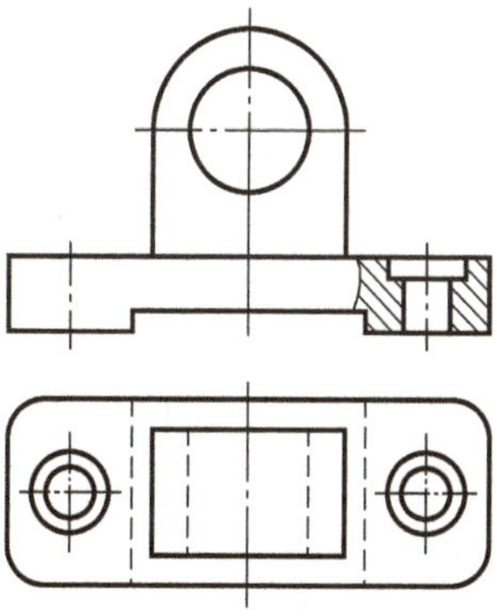
图 6-34　局部剖视图 2

凹坑和键槽等局部结构时，也常用局部剖视图表达，如图 6-36 所示。

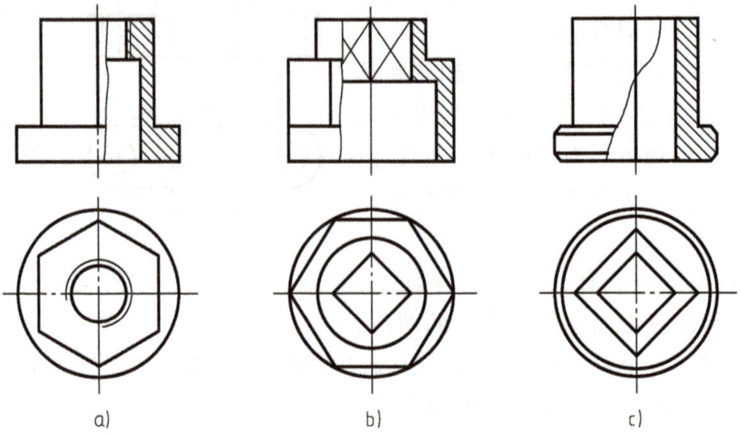


图 6-35　局部剖视图 3

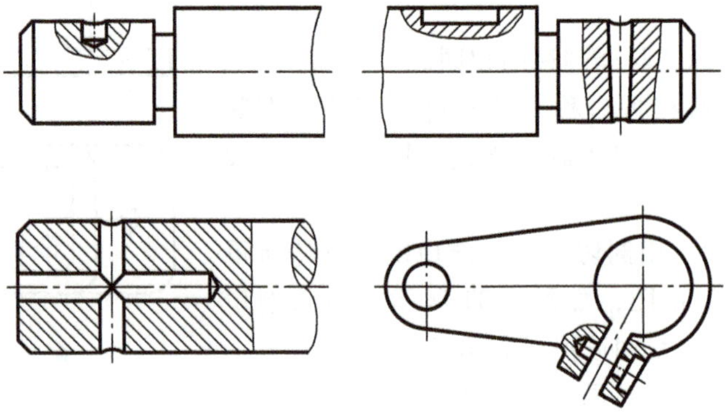

图 6-36　局部剖视图 4

局部剖视图既能把物体局部的内部形状表达清楚，又能保留物体的外形，是一种比较灵活的表达方法。但在一个视图中局部剖视不宜过多，以避免图形显得杂乱。

画局部剖视图时应注意以下几点：

1）局部剖视图中，视图与剖视图部分之间应以波浪线为分界线（图 6-37），画波浪线时，①不应超出视图的轮廓线；②不应与轮廓线重合或在其轮廓线的延长线上；③不应穿空而过。

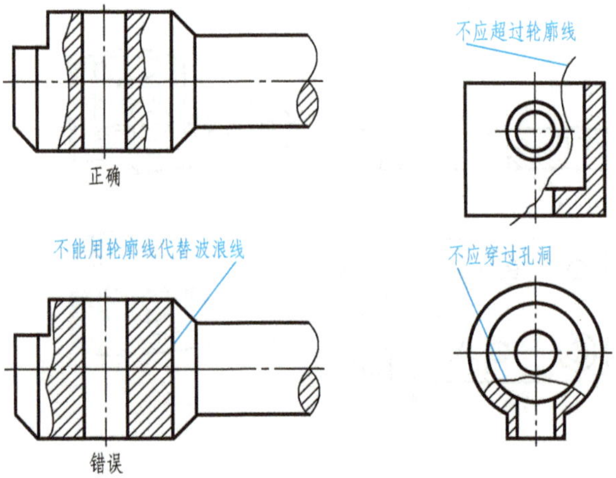


图 6-37　局部剖视图中的波浪线画法

2）当被剖切部分的局部结构为回转体时，允许将该结构的中心线作为局部剖视与视图的分界线，如图 6-38 所示。

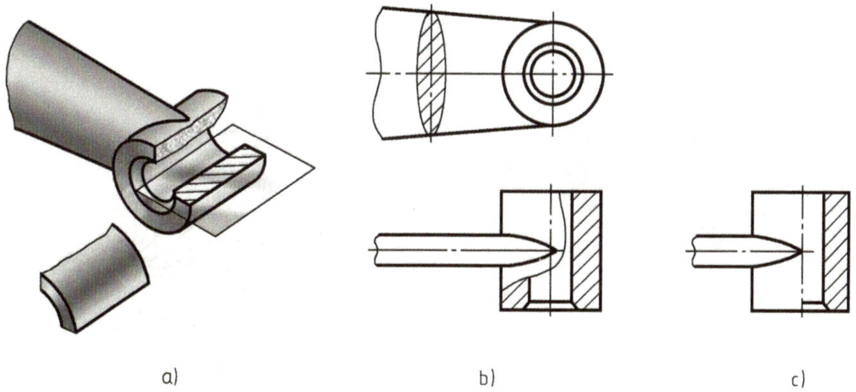


图 6-38 局部视图的特殊情况

3. 剖切面的种类

根据物体结构的特点，国家标准规定有单一剖切面、几个平行的剖切平面、几个相交的剖切面等剖切面剖切物体。

（1）单一剖切面 单一剖切面是指用一个剖切面剖切物体。

1）单一剖切平面。前面介绍的剖视图，均采用平行于基本投影面的单一剖切平面剖切物体。

2）单一斜剖切平面。当物体上有倾斜部分的内部结构需要表达时，可和画斜视图一样，选择一个垂直于基本投影面且与所需表达部分平行的投影面，然后用一个平行于这个投影面的剖切平面剖开物体，向这个投影面投射，这样可得到该部分结构的实形。为了绘图方便，也可采用旋转视图，如图 6-39 所示。

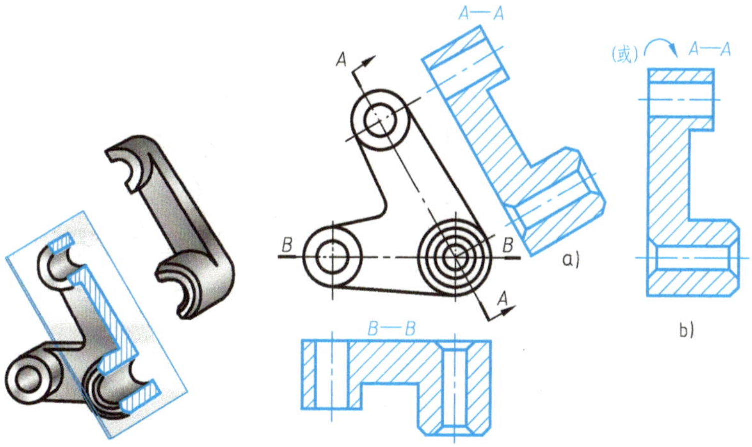


图 6-39 单一斜剖切平面

（2）几个平行的剖切平面 当物体上孔、槽的轴线或对称平面位于几个相互平行的平面上时，可以用几个与基本投影面平行的剖切平面剖切物体，再向基本投影面投射，如图6-40所示。

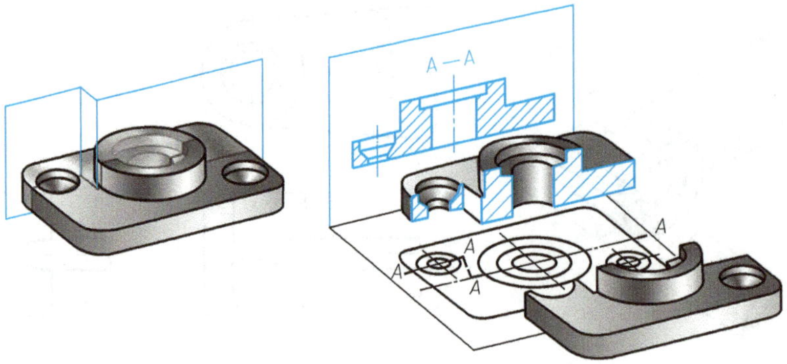


图6-40 几个平行的剖切平面

1）标注方法。在剖视图上方标出相同字母的剖视图名称“×—×”。在相应视图上用剖切符号表示剖切位置，在剖切平面的起、迄和转折处标注相同字母，剖切符号两端用箭头表示投射方向，如图6-41所示。当剖视图按投影关系配置，中间又无其他图形隔开时，可省略箭头，如图6-42所示。

2）画图时的注意事项：

① 在剖视图中，不应画出剖切平面转折处的投影，如图6-41a所示，剖切面的转折处要画成直角，且不应与图中的轮廓线重合，如图6-41b所示。

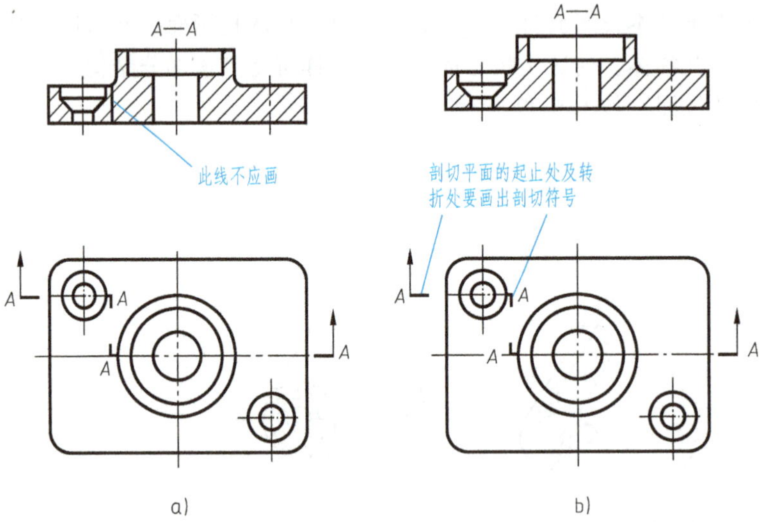


图6-41 剖视图的正误画法对比

② 用几个平行的剖切平面画出的剖视图中，一般不允许出现不完整要素。当两个要素在图形上具有公共对称中心线或轴线时，可以对称中心线或轴线为界各画一半，如图6-42所示。

（3）多个相交的剖切面　当物体的内部结构形状用一个剖切平面不能表达完全，且这

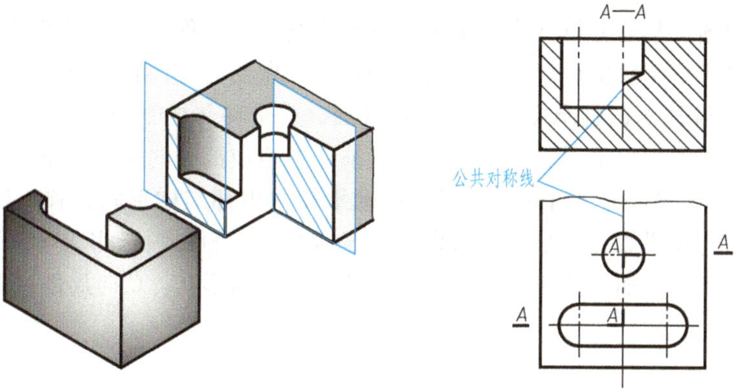


图 6-42　各画一半要素的示例

个物体在整体上又具有回转轴时，可用几个相交的剖切平面（交线垂直于某一基本投影面）剖切物体，并将与投影面不平行剖切平面剖开的结构，及其有关部分旋转到与投影面平行后，再进行投射，如图 6-43 所示。

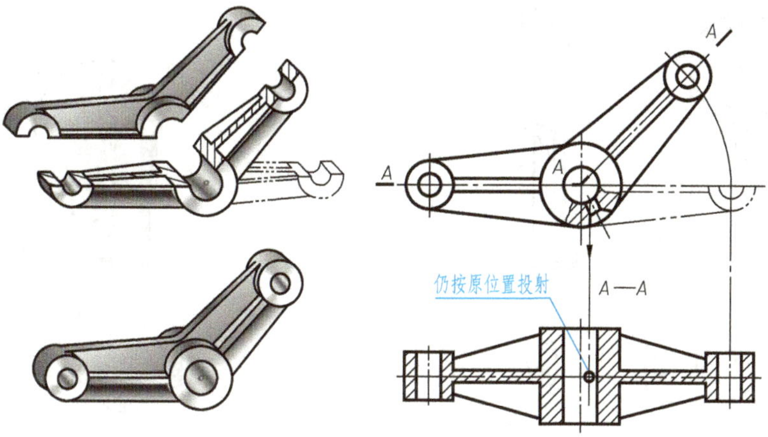


图 6-43　两个相交的剖切面

画图时的注意事项：

1）要按“先剖切后旋转”的方法绘制剖视图，即先假想用相交剖切平面剖切物体，然后将剖开的倾斜结构及其有关部分旋转到与选定投影面平行的位置，再进行投射，但在剖切平面后的其他结构一般仍按原来位置投射，如图 6-43 中空心圆柱上的小孔。

复合剖切面

2）剖切平面的交线应与物体的回转轴线重合。

3）必须对剖视图进行标注，其标注形式及内容与几个平行平面剖切的剖视图相同。

## 知识拓展

识读图 6-44 所示轴承座的剖视图。

### 1. 视图分析

先找出主视图，然后分析共有几个视图及每个视图的名称。对于剖视图，应根据剖视图的标记，找到对应剖切线的位置，并分析剖切目的，做到对零件轮廓有一个大致了解。

例如，图6-44所示的轴承座由三个基本视图、一个局部视图和一个移出断面图来表达。主视图表达了零件的主要部分轴承孔的形状特征，各组成部分的相对位置，对左边的安装孔用局部剖视图表达。*A—A*全剖的左视图表达轴承孔的内部结构形状，移出断面图表达肋板的断面形状，因为按投影方向配置，所以标注省略箭头。俯视图选用*B—B*剖视图，剖切面通过肋板并平行于水平面表达底板、支承板及肋板的断面形状。*C*向局部视图表达轴承座顶部凸台的形状。

### 2. 形体分析

在视图分析的基础上，通过对线条、找投影，了解零件由哪些基本形体组成；通过剖视图及剖视图中的剖面线，辨别零件内部结构的虚实，并想象出零件的内部形状；通过分析轴承座结构可知，其由支承部分（轴承孔）、连接部分（支承板、肋板）和安装部分（底板）组成，如图6-45所示。

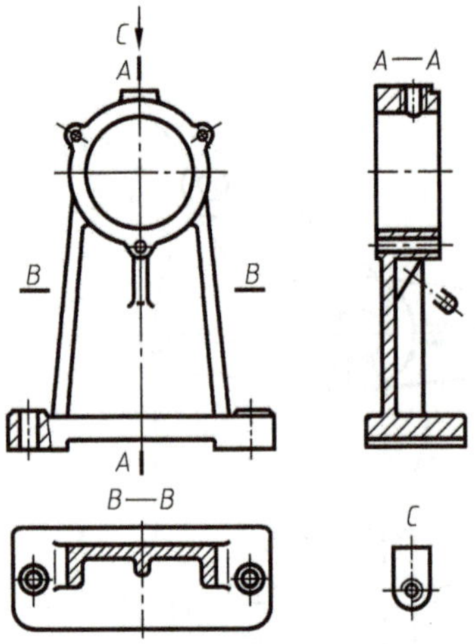


图6-44　轴承座的剖视图

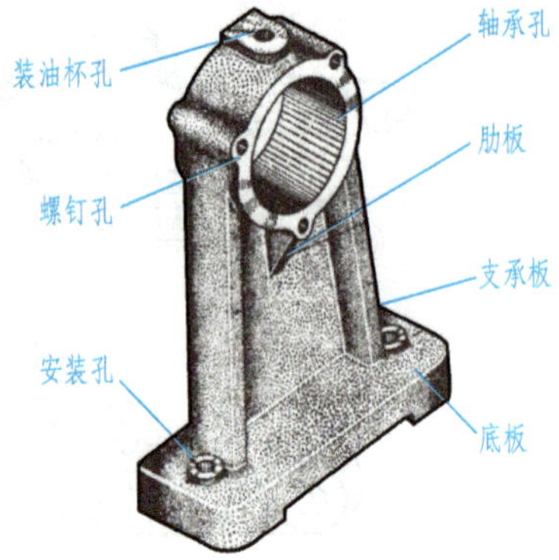


图6-45　轴承座结构

### 3. 综合想象

通过上述分析就能想象出轴承座的整体形状和内部结构，如图6-45所示。

## 6-3　断面图和局部放大图

**学习目标**

1. 掌握断面图的种类、画法特点、标注规定及其适用情况。
2. 能够选用合适的断面图表达架类、轴类、杆类和肋板类等零件。
3. 掌握局部放大图的画法特点及简化画法。

## 工作任务

任务一：根据图 6-46 所示的主轴结构，绘制其移出断面图。

任务二：根据图 6-47 所示的泵轴主视图，绘制轴 Ⅰ 、Ⅱ 处的局部放大图。

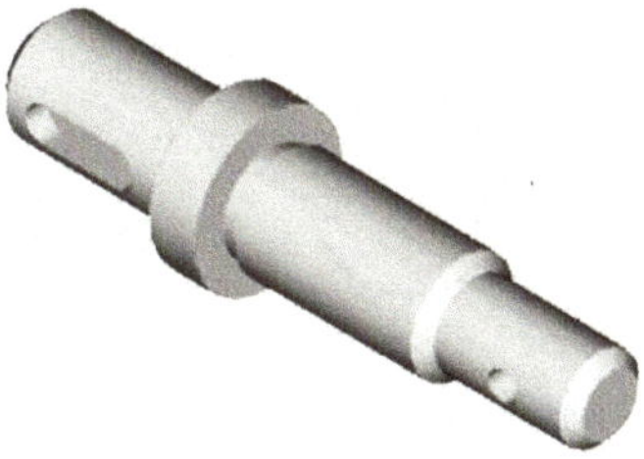

图 6-46　绘制主轴的移出断面图

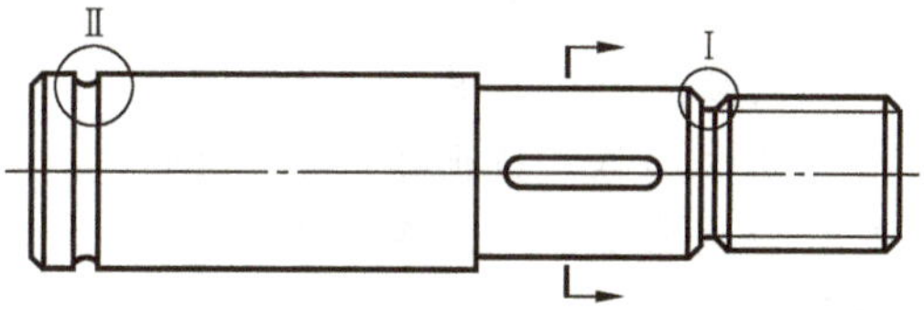


图 6-47　泵轴主视图

## 任务实施

### 1. 任务一的操作步骤

（1）绘制左端带键槽轴颈的断面图　如图 6-48 所示，左端带键槽轴颈的断面图为一个带缺口的圆，缺口表示键槽的宽度和深度，由于剖切平面将键槽剖开后断面向右投影，所以缺口按照投影规律绘制在图形右侧。因断面图按投影关系配置，属于不对称的移出断面图，所以标注出剖切符号和字母，可省略箭头。

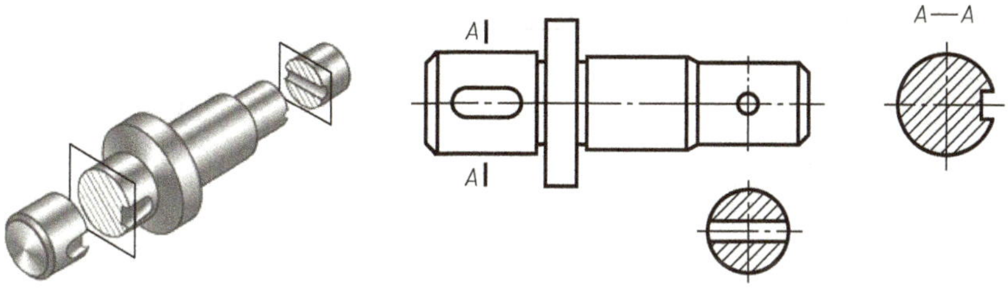


图 6-48　主轴的断面图

移出断面图
模型示例

移出断面图画法

（2）绘制右端带圆孔轴颈的断面图　如图 6-48 所示，圆孔中间部分的圆弧不是断面上的轮廓线，但是在图中仍然画出，这是因为国家标准规定：当剖切平面通过回转面形成的孔或凹坑的轴线时，绘制的结构应按剖视绘制。

因断面配置在剖切线上，且移出断面图对称，所以可省略标注。

### 2. 任务二的操作步骤

图 6-47 所示的轴有些细小结构（ Ⅰ 、Ⅱ 处），如果采用正常的比例画图，很难将其表达清楚，同时也不便于标注尺寸。因此考虑将细小的局部结构用较大比例绘制，即用局部放大图的表达方法，步骤如下：

1）绘制 Ⅰ 处的局部放大图，用 2∶1 的放大比例绘制，用波浪线绘制断裂处的边界线，如图 6-49 所示。

2）绘制 Ⅱ 处的局部放大图，采用 4∶1 的放大比例绘制其断面图，如图 6-49 所示。

## 知识链接

### 1. 断面图

(1) 断面图的概念　假想用剖切平面将物体的某处切断，仅画出该剖切平面与物体接触部分的图形，称为断面图，简称断面。如图 6-50 所示的吊钩，它只画了一个主视图，并在几处画出其断面形状，就把整个吊钩的结构形状表达清楚，比用多个视图或剖视图表达更为简便明了。

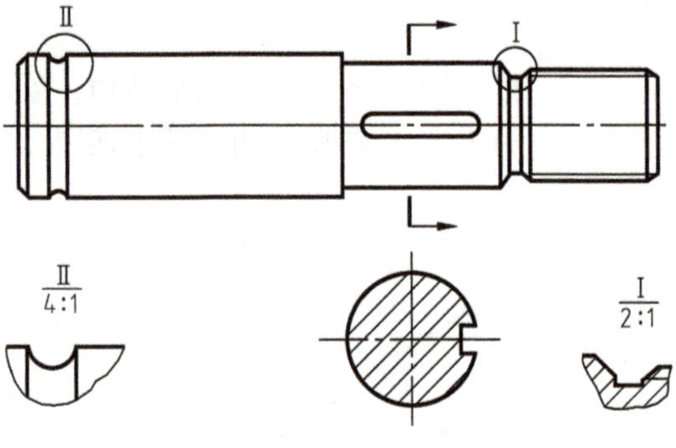

图 6-49　泵轴的局部放大图

画断面图时，应特别注意断面图与剖视图的区别：断面图只画出物体被切处的断面形状，如图 6-51a 所示，而剖视图除了画出物体断面形状外，还应画出断面后可见部分的投影，如图 6-51b 所示。

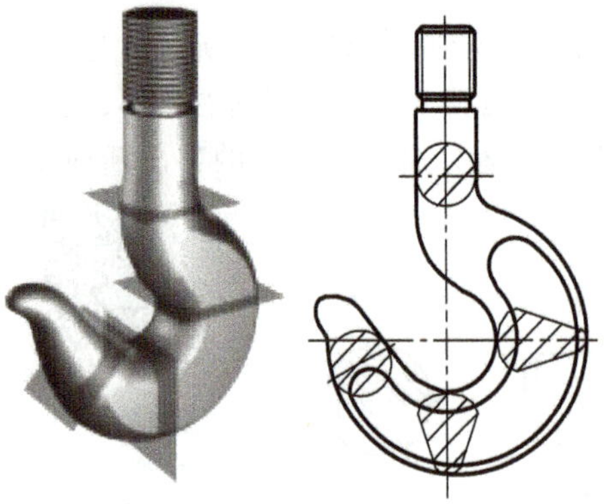
图 6-50　吊钩

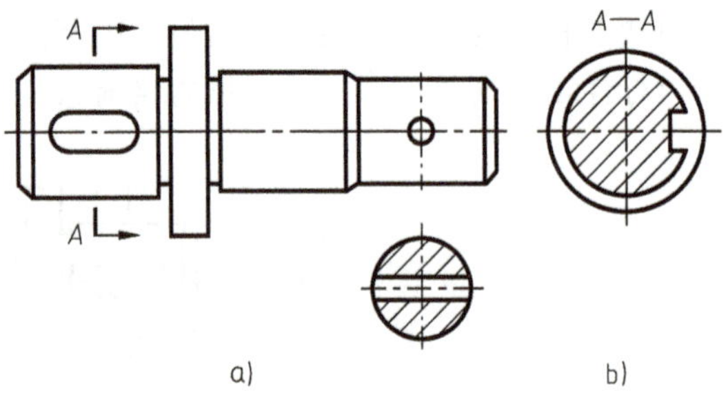

图 6-51　断面图与剖视图的比较

(2) 断面图的分类及画法　断面图可分为移出断面图和重合断面图两种。

重合断面图

1) 移出断面图。画在视图轮廓之外的断面图称为移出断面图。

画移出断面图的注意事项：

① 当剖切平面通过非圆孔，会出现完全分离的两部分断面时，这样的结构也应按剖视图绘制，如图 6-52 所示。

② 由两个或多个相交的剖切平面剖切得出的移出断面图，中间一般应断开绘制，如图 6-53 所示。

③ 图形对称时，也可将移出断面图配置在视图的中断处，如图 6-54 所示。

④ 移出断面图的标注。移出断面图一般应在其上方用大写拉丁字母标出移出断面图的名称“×—×”，用剖切符号表示剖切位置，用箭头表示投射方向，并注上同样的字母。移出断面图的标注见表 6-2。

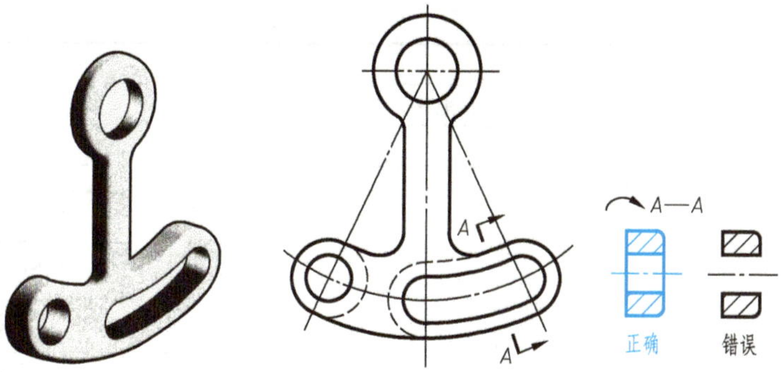


图 6-52　断面图的规定画法图

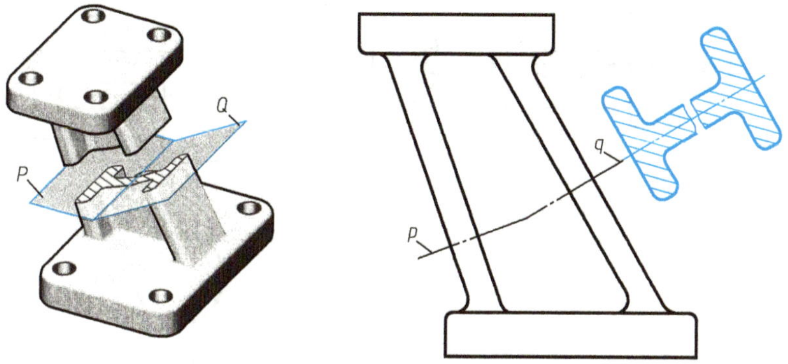


图 6-53　剖切平面相交时断面图的画法

模型示例 1

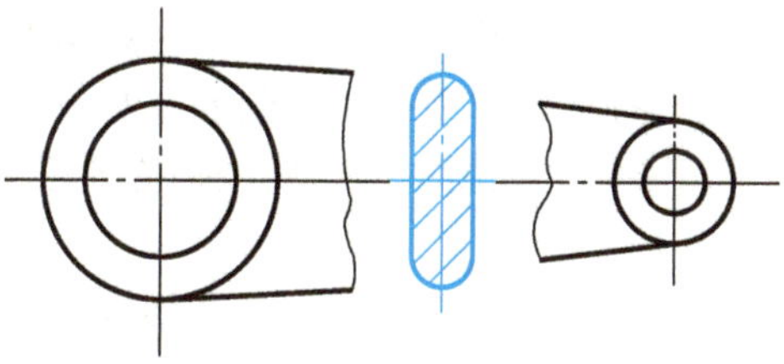

图 6-54　移出断面图配置在视图中断处

模型示例 2

表 6-2　移出断面图的标注

| 配置 | 断面形状 | |
|---|---|---|
| | 对称地移出剖面 | 不对称地移出剖面 |
| | 断面图 | |
| 配置在剖切线或剖切符号延长线上 | 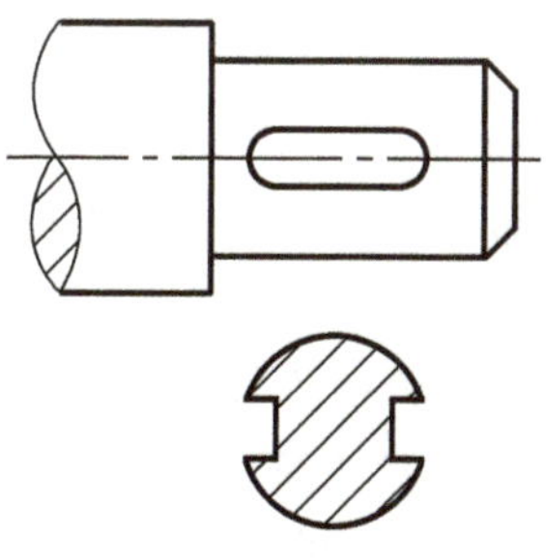 | 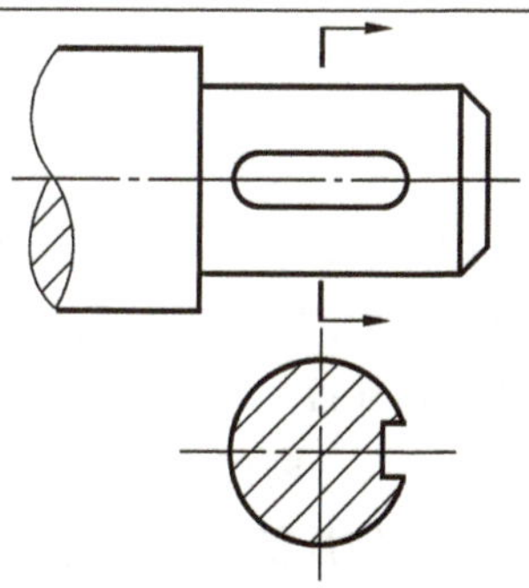 |
| | 省略标注 | 省略字母 |

（续）

<table>
<tr><th rowspan="3">配置</th><th colspan="3">断面形状</th></tr>
<tr><th>对称地移出剖面</th><th colspan="2">不对称地移出剖面</th></tr>
<tr><th colspan="3">断面图</th></tr>
<tr><td rowspan="4">不配置在剖切线或剖切符号延长线上</td><td rowspan="3">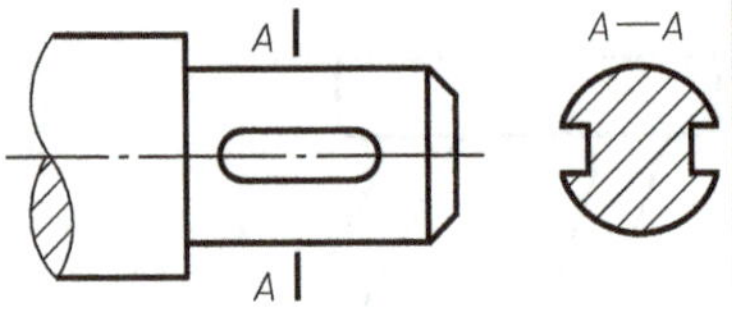</td><td rowspan="2">按投影关系配置</td><td>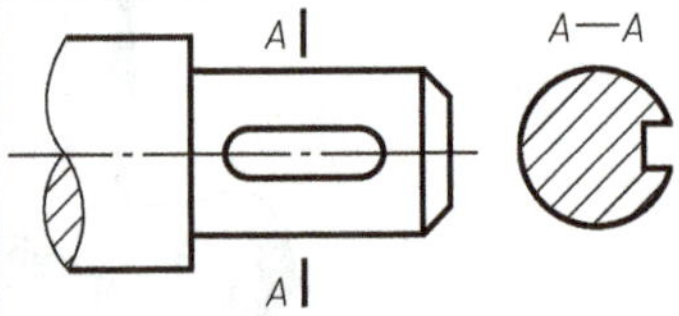</td></tr>
<tr><td>省略箭头</td></tr>
<tr><td rowspan="2">不按投影关系配置</td><td>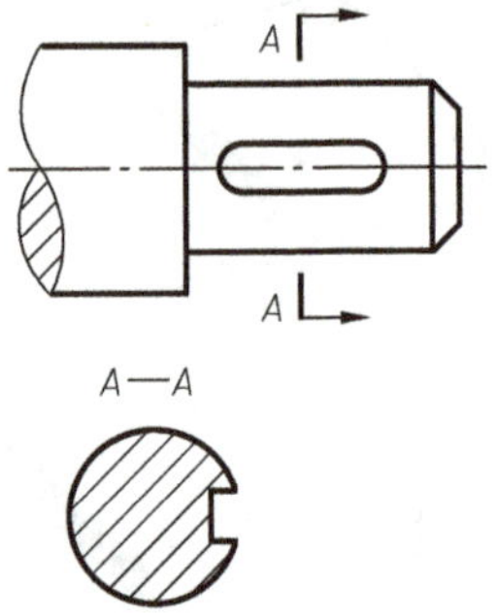</td></tr>
<tr><td>省略箭头</td><td>需完整标注剖切符号和字母</td></tr>
</table>

2）重合断面图。画在视图之内的断面图，称为重合断面图，如图6-50所示。

① 重合断面图的画法。重合断面图的轮廓线用细实线绘制，如图6-55和图6-56所示。当视图中的轮廓线与重合断面的图形重叠时，视图中的轮廓线仍应连续画出，不可间断，如图6-55所示。

② 重合断面图的标注。重合断面图不需标注，如图6-55和图6-56所示。

模型示例3

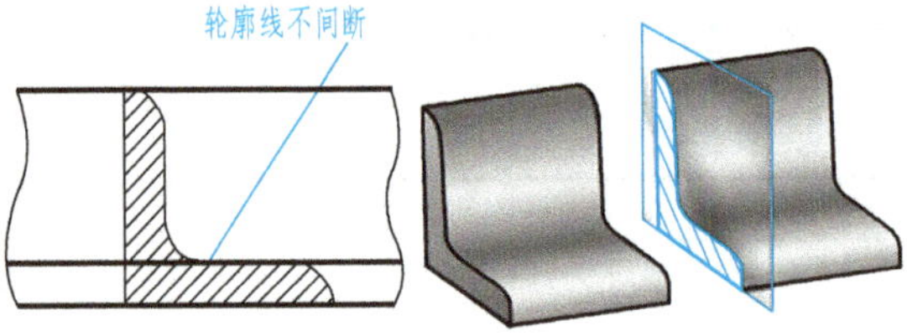


图6-55　重合断面图1

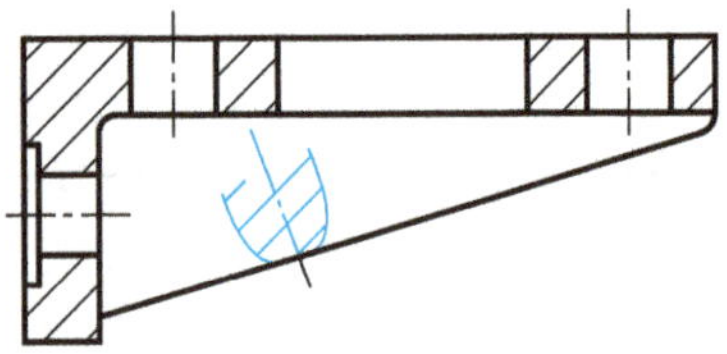

图6-56　重合断面图2

## 2. 局部放大图

用大于原图采用的比例画出物体部分结构的图形称为局部放大图。

画局部放大图的注意事项：

1）局部放大图可画成视图、剖视图和断面图，它与被放大部分的表达方法无关，如图6-49所示。局部放大图应尽量配置在被放大部位的附近。

2）绘制局部放大图时，应按图6-57所示的方式，用细实线圈出被放大部位。

当同一物体上有多处放大部位时，必须用罗马数字依次标明，并在相应的局部放大图上

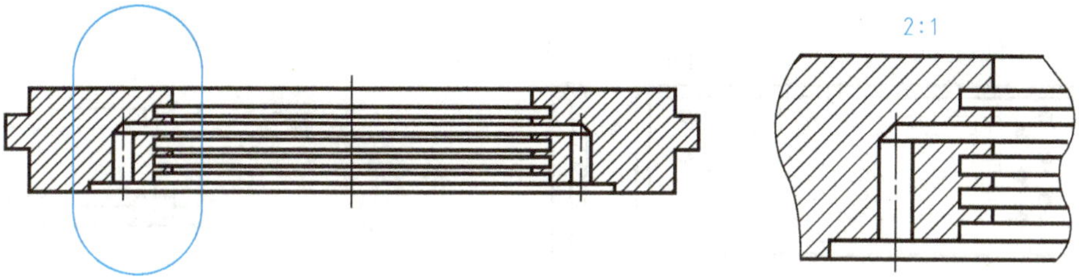


图 6-57 局部放大图

方标出相同罗马数字和放大比例，如图 6-49 所示。若放大部位仅有一处，则不必标明数字，但必须标明放大比例，如图 6-57 所示。

### 3. 常见的简化画法

1）对于物体上的肋板、轮辐及薄壁等结构，如果按纵向剖切，这些结构都不画剖面符号，而用粗实线将它们与其相邻结构分开，如图 6-58 所示。

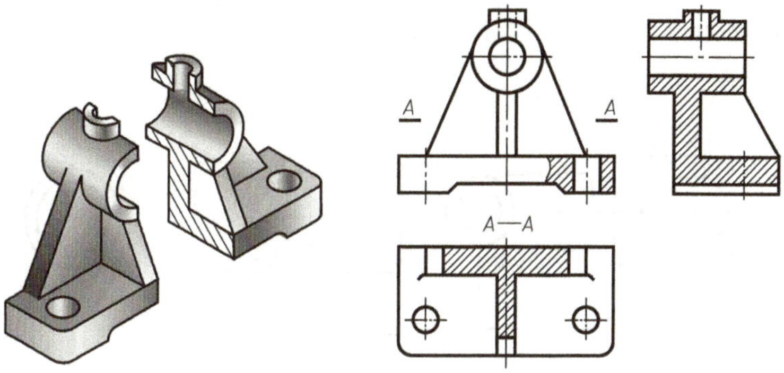


图 6-58 肋板的画法

2）当零件回转体上均匀分布的肋板、轮辐、孔等结构不处于剖切平面上时，可将这些结构旋转到剖切平面上画出，如图 6-59 所示。

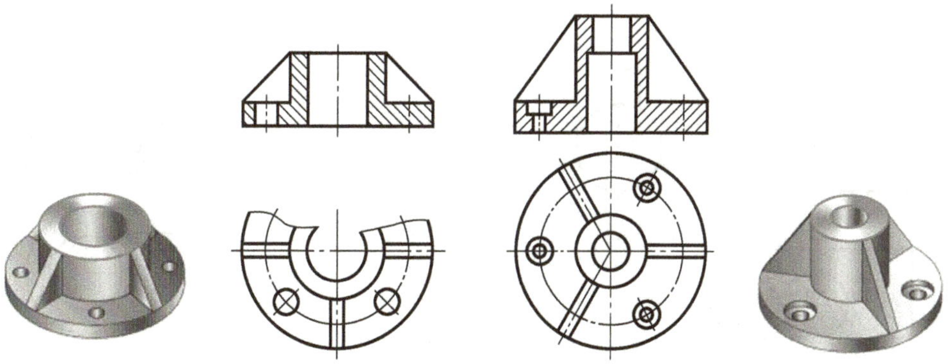

图 6-59 均匀分布的肋板和孔的画法

3）当物体上具有若干相同结构（齿、槽、孔等），并按一定规律分布时，只需画出几个完整结构，其余用细实线相连或标明中心位置，并注明总数，如图 6-60 所示。

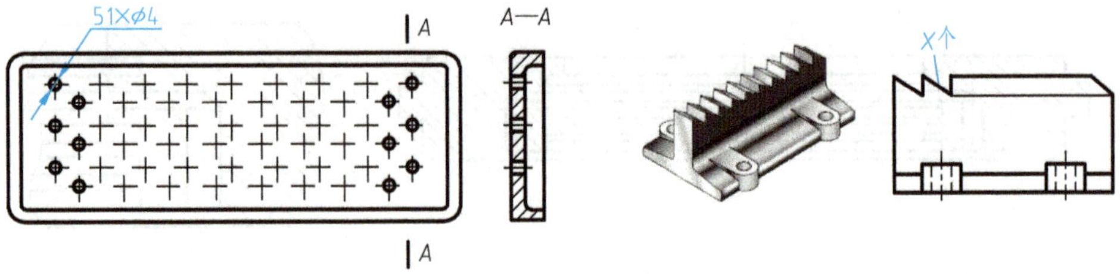


图 6-60　相同要素的简化画法

4）当图形不能充分表达平面时，可用平面符号（两细实线相交）表示，如图 6-61 所示。

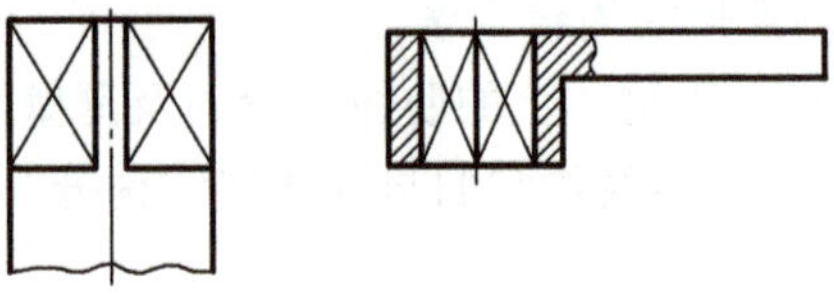

图 6-61　平面符号

5）较长的物体（如轴、杆、型材、连杆等）沿长度方向的形状一致，或按一定规律变化时，可断开后缩短绘制，但要标注实际尺寸，如图 6-62 所示。

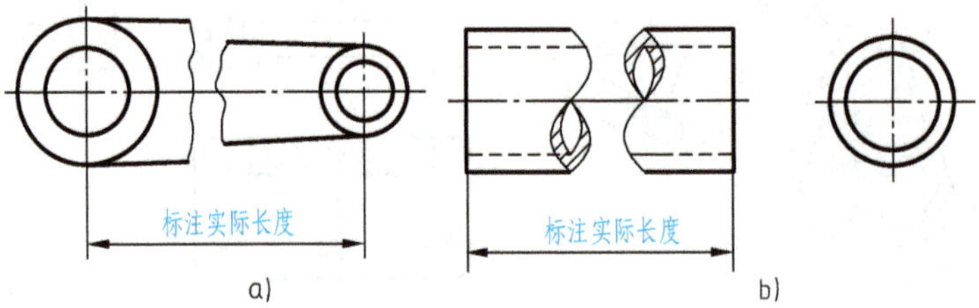


图 6-62　较长物体的折断画法

6）在不引起误解时，图中的过渡线、相贯线可以简化。例如，用圆弧或直线代替非圆曲线，如图 6-63 所示；也可采用模糊画法表示相贯线，如图 6-64 所示。

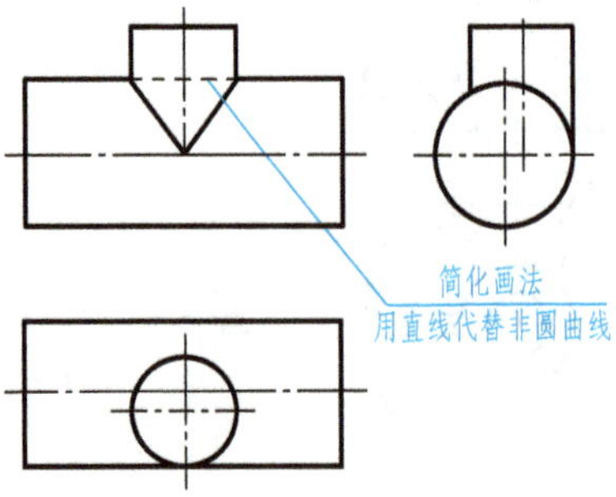


图 6-63　相贯线的简化画法

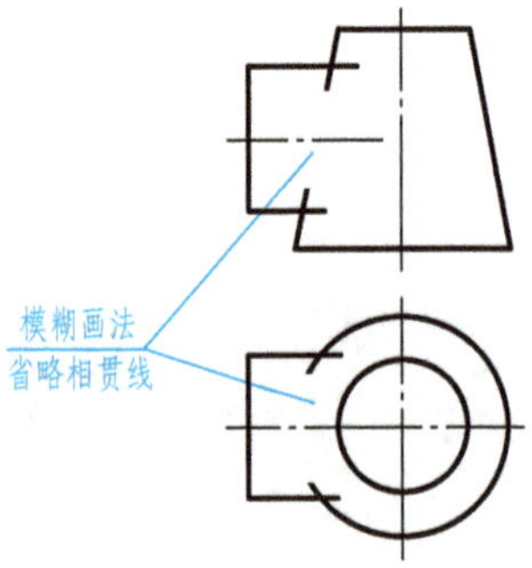


图 6-64　相贯线的模糊画法

7）与投影面倾斜角度≤30°的圆或圆弧，其投影可用圆或圆弧代替，如图 6-65 所示。

8）圆柱形法兰盘和类似零件上均匀分布的孔，可按图 6-66 所示的方法表示。

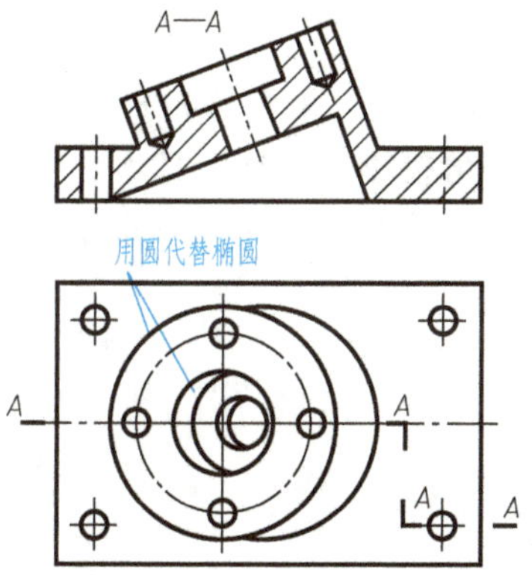


图 6-65　倾斜圆或圆弧的简化画法

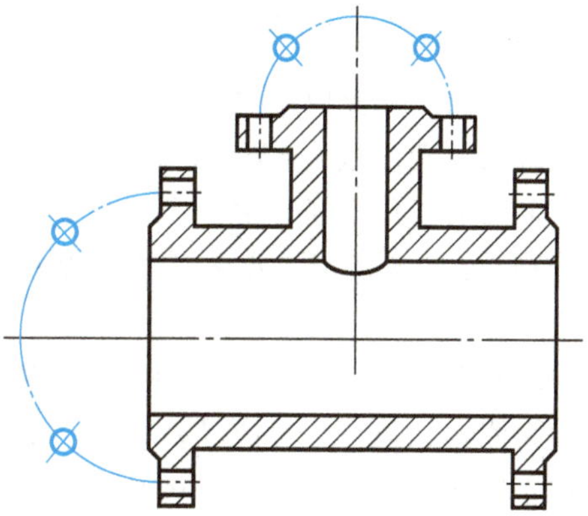

图 6-66　圆柱形法兰盘均布孔的简化画法

9）物体上一些较小结构，若在一个图形中已表达清楚时，则其他图形可简化或省略，如图 6-67 所示。

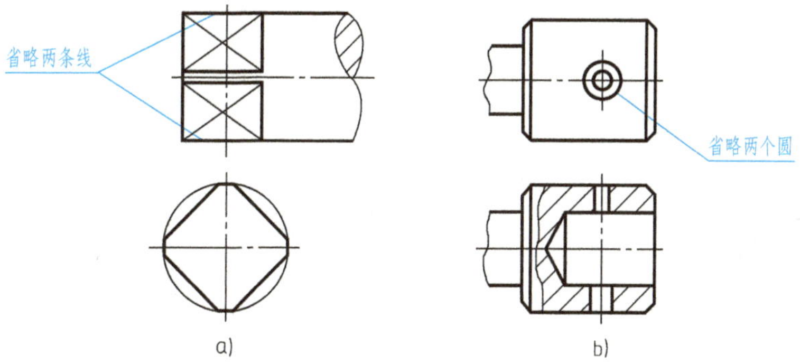


图 6-67　物体上较小结构的简化画法

10）在不引起误解时，零件图中的较小圆角或 45°的较小倒角允许省略不画，但必须注明，如图 6-68 所示。

11）在不引起误解的情况下，剖面符号可省略，如图 6-69 所示。

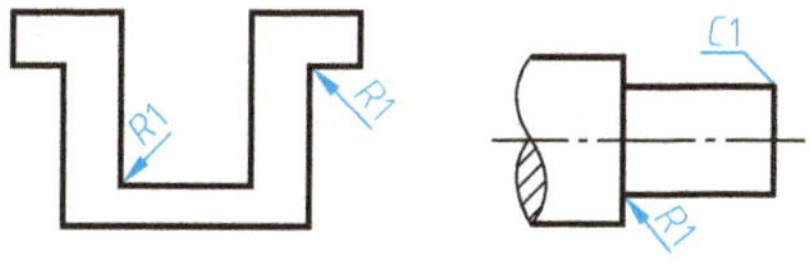


图 6-68　圆角、倒角的简化画法

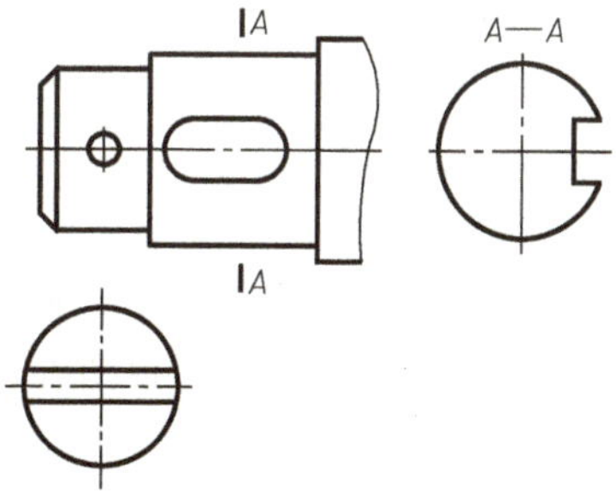


图 6-69　剖面符号可省略

## 知识拓展——第三角画法

目前，在国际上使用的有两种投影制，即第一角投影（又称第一角画法）和第三角投影（又称第三角画法）。英国、德国和俄罗斯等国家采用第一角投影，美国、日本、新加坡等国家采用第三角投影，中国大部分地区采用第一角投影，但港台地区采用第三角投影。

ISO国际标准规定，在表达机件结构中，第一角和第三角投影同等有效。

如图6-70所示，由三个互相垂直相交的投影面组成的投影体系，把空间分成了八个部分，每一部分为一个分角，依次为Ⅰ、Ⅱ、Ⅲ……Ⅶ、Ⅷ分角。将机件放在第Ⅰ分角进行投影，称为第一角画法。

第三角画法是将物体置于第Ⅲ角内，使投影面处于观察者与物体之间（假设投影面是透明的，并保持人—投影面—物的位置关系）而得到正投影的方法，如图6-71a所示。投影面展开后得到的三视图，如图6-71b所示。

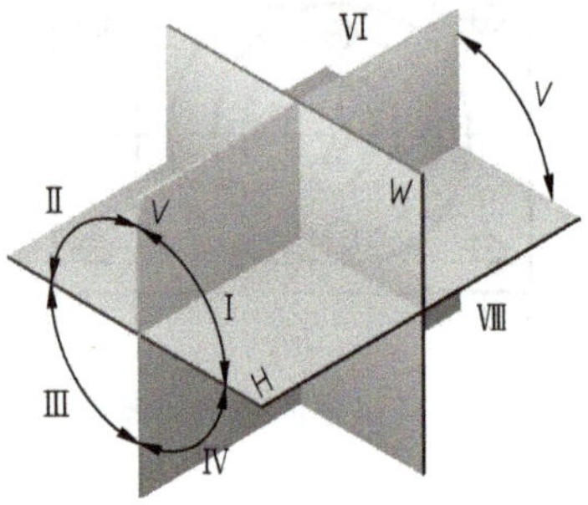


图6-70　八个分角

第三角画法及展开

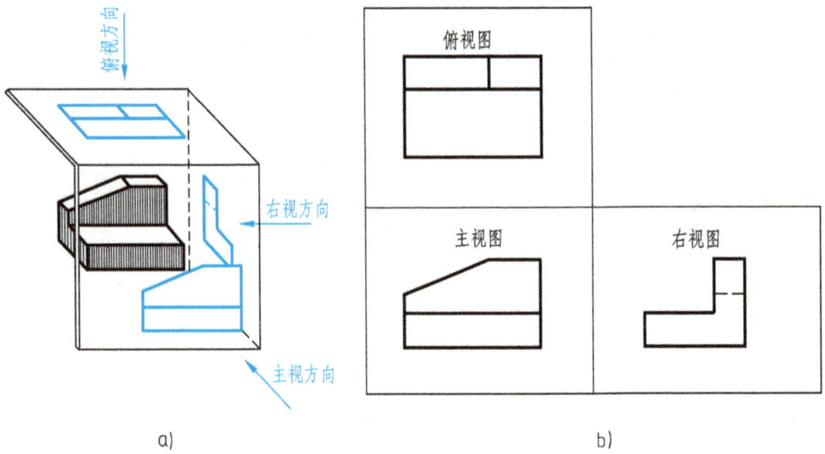


图6-71　第三角画法及展开

第一角画法和第三角画法的投影面展开方式及视图配置如图6-72所示。仔细比较可以看出，六个基本视图及其名称都是相同的。相应视图之间仍保持“长对正、高平齐、宽相等”的对应关系。

第一角画法与第三角画法的主要区别如下：

（1）视图的配置不同　由于两种画法投影面的展开方向不同（正好相反），所以视图的配置关系也不同。除主、后视图外，其他视图的配置一一对应相反，即上、下对调，左、右颠倒。

（2）视图与物体的方位不同　由于视图的配置关系不同，所以第三角画法中的俯视图、仰视图、左视图、右视图靠近主视图的一侧，均表示物体的前面（图6-72b）。这与第一角

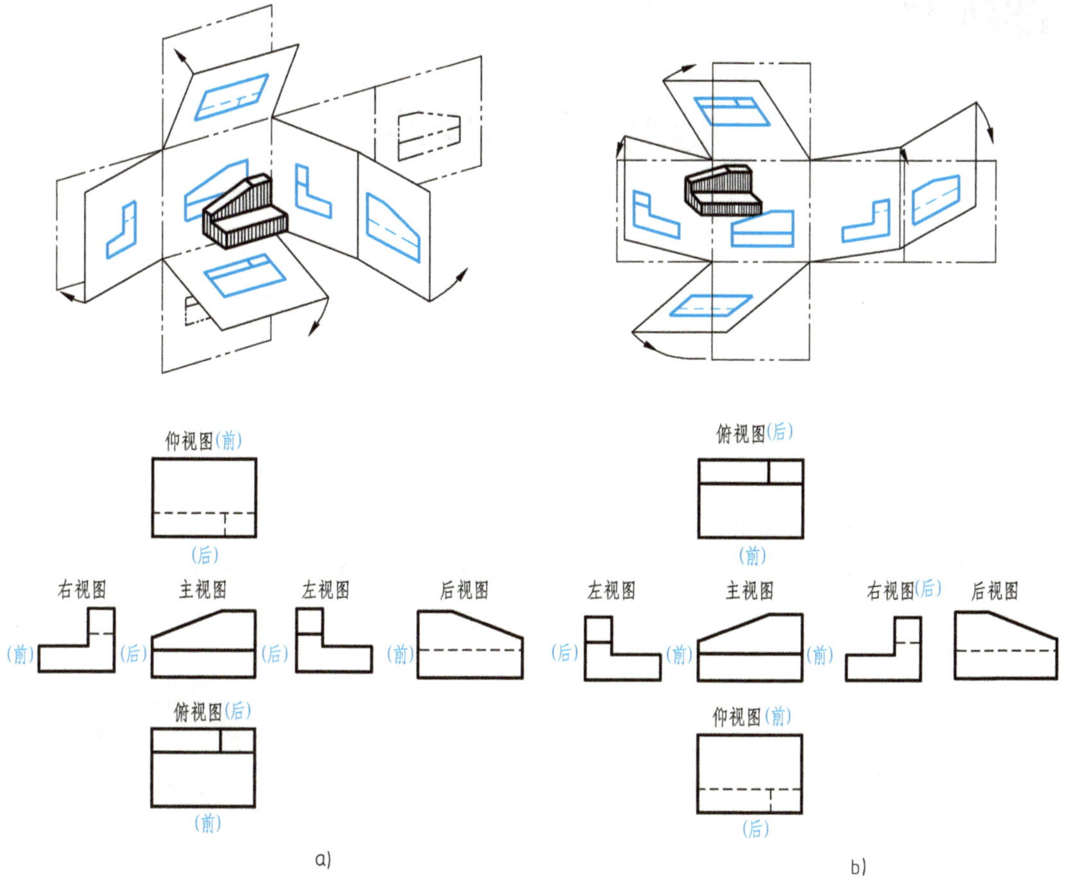


图 6-72　投影面展开及视图配置

a）第一角画法　b）第三角画法

画法的“外前里后”正好相反，如图 6-72a 所示。

在国际标准中规定，当采用第一角或第三角画法时，必须在标题栏中的专设格内标注相应的识别符号，如图 6-73 所示。当采用第一角画法时，可无须画出标志符号。当采用第三角画法时，则必须画出识别符号。

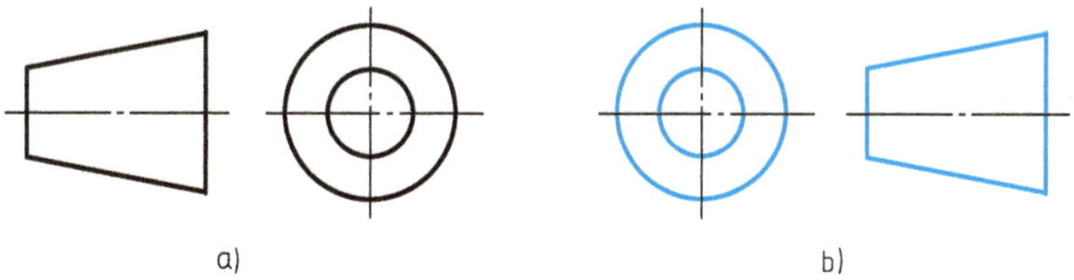


图 6-73　第一角、第三角画法的识别符号

a）第一角画法　b）第三角画法

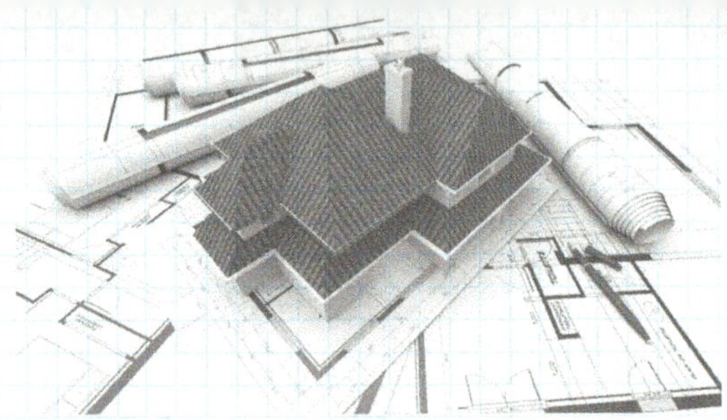

# 课题七

# 标准件和常用件

## 7-1 螺纹和螺纹紧固件

### 学习目标

1. 了解螺纹的形成、种类和用途，熟悉螺纹的要素。
2. 掌握螺纹的规定画法和标注方法，能够查询相关标准。
3. 熟悉常用螺纹紧固件连接的画法、种类与标记方法，能够查询相关标准。

### 制图任务

任务一：学习螺纹的规定画法。

任务二：根据图 7-1 所示图形绘制螺栓连接图。

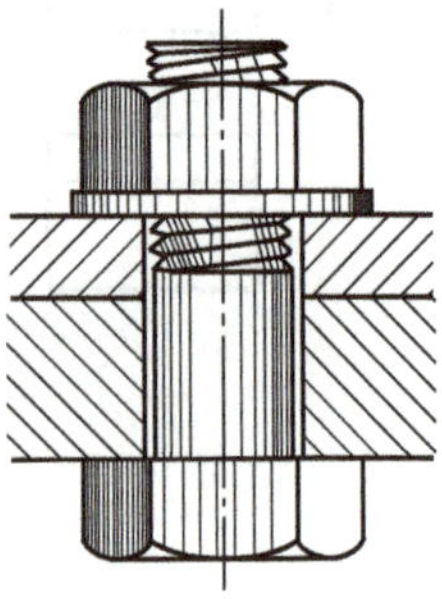

图 7-1 螺栓连接

### 任务实施

**1. 任务一的操作步骤**

（1）绘制外螺纹

1）绘制外螺纹的主视图，如图 7-2 所示。

2）绘制外螺纹的左视图，如图 7-3 所示。

外螺纹的画法

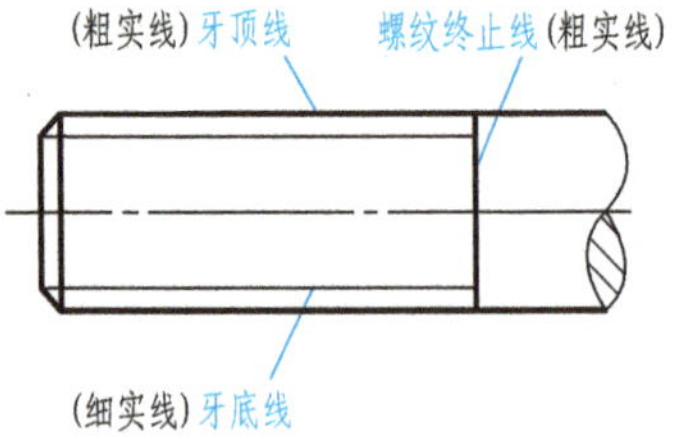


图 7-2 外螺纹的主视图

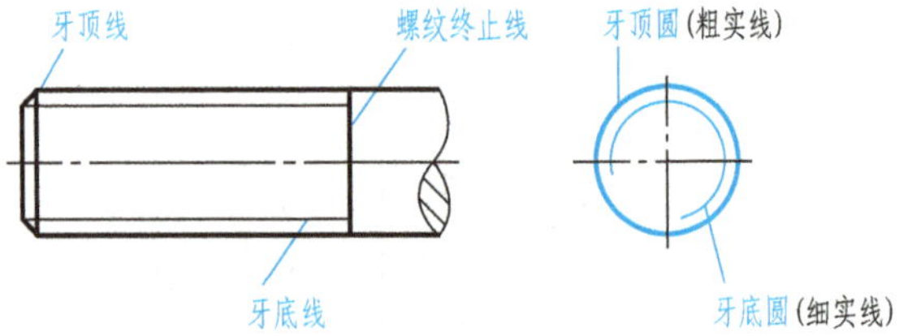


图 7-3 外螺纹的主、左视图

（2）绘制内螺纹

1）绘制螺纹孔如图 7-4 所示，牙顶线（小径）用粗实线绘制，钻孔锥角 120°，并绘制倒角 $C2$。

2）绘制内螺纹的主视图如图 7-5 所示，牙底线（大径）用细实线绘制，螺纹终止线用粗实线绘制，剖面线画到粗实线处，如图 7-6a 所示。

3）绘制内螺纹的左视图如图 7-6b 所示，投影为圆的视图中，牙顶用粗实线绘制，牙底用细实线绘制，表示牙底的细实线圆只画 3/4 圈，孔口的倒角圆省略不画。

（3）绘制螺纹旋合图　如图 7-7 所示主视图中，内、外螺纹旋合部分按外螺纹的画法绘制。未旋合部分按各自原有的画法绘制，表示大、小径的细实线和粗实线应分别对齐。

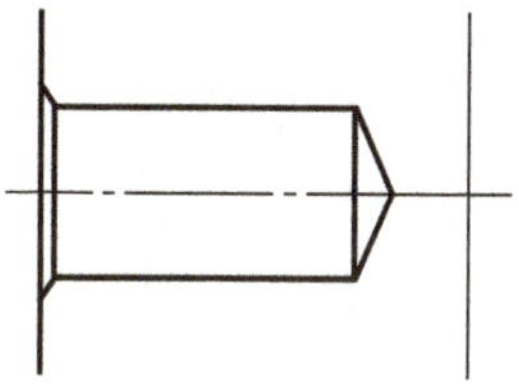

图 7-4　螺纹孔

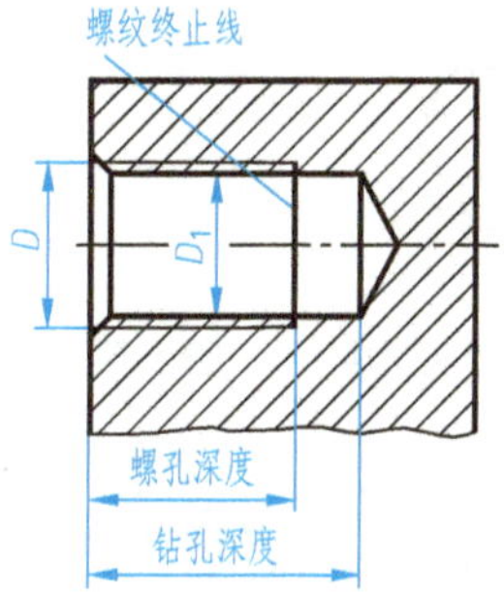


图 7-5　内螺纹的主视图

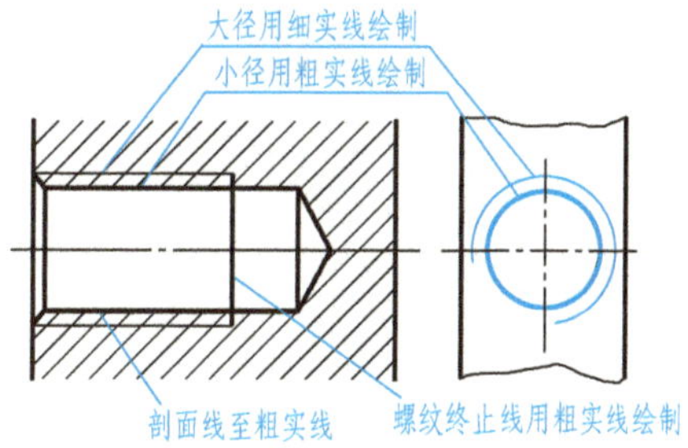


图 7-6　内螺纹的规定画法

内螺纹的画法

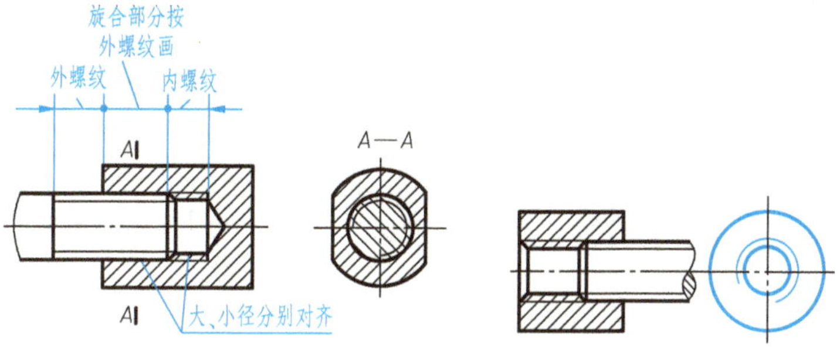


a)　　b)

图 7-7　螺纹旋合的规定画法

螺纹连接的画法

## 2. 任务二的操作步骤

1）按比例画法，根据计算确定的尺寸，画出三视图的轴线和大径 $d$，并定出各零件的高度，如图 7-8 所示。先确定螺栓公称长度，根据螺栓连接的比例关系计算出紧固件各部分的绘图尺寸，两零件的接触表面只画一条粗实线。

2）画出螺栓、螺母、垫圈等零件的外形轮廓，以及两板的通孔投影，如图 7-9 所示，通孔直径 $d_h$ 取 1.1$d$，螺栓和孔之间属于不接触表面，应画出间隙。垫圈的外圆直径 $d_2$ 取 2.2$d$，厚度取 0.15$d$。

3）螺栓、螺母等各部分形状的绘制结果如图 7-10 所示。

4）画出被连接件的剖面线，完成的螺栓连接图如图 7-11 所示，不同零件的剖面线方向应相反，或者方向一致而间隔不等。剖切平面通过螺杆轴线时，螺栓、螺母可按不剖绘制，仍画外形。

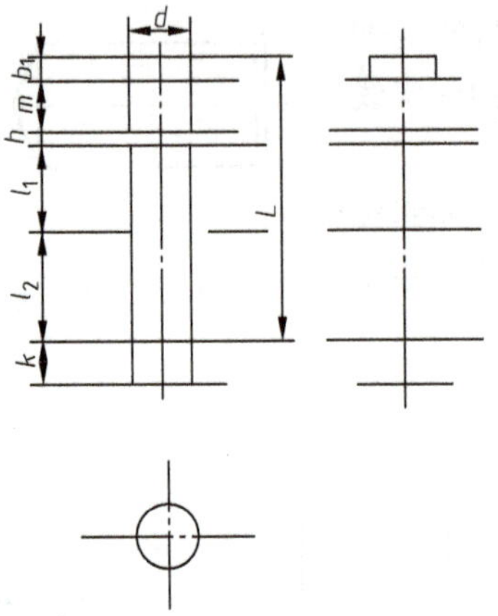


图 7-8 螺栓连接的画图步骤 1

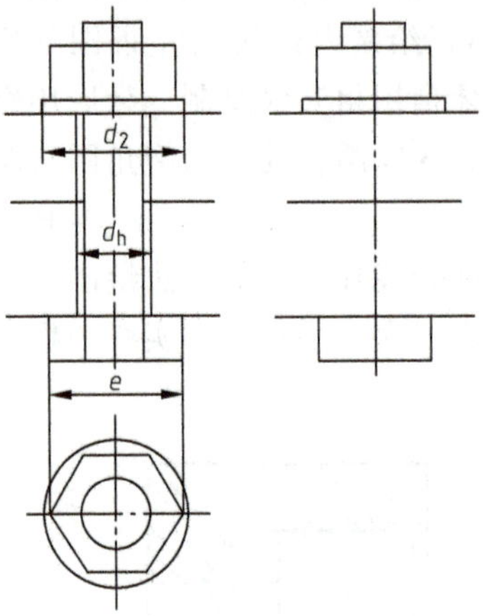


图 7-9 螺栓连接的画图步骤 2

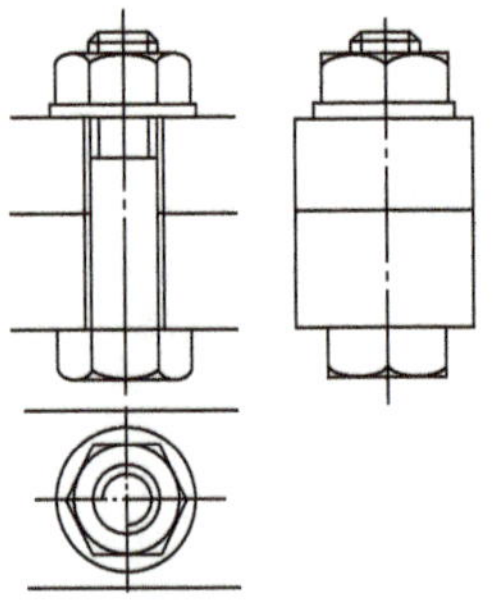

图 7-10 螺栓连接的画图步骤 3

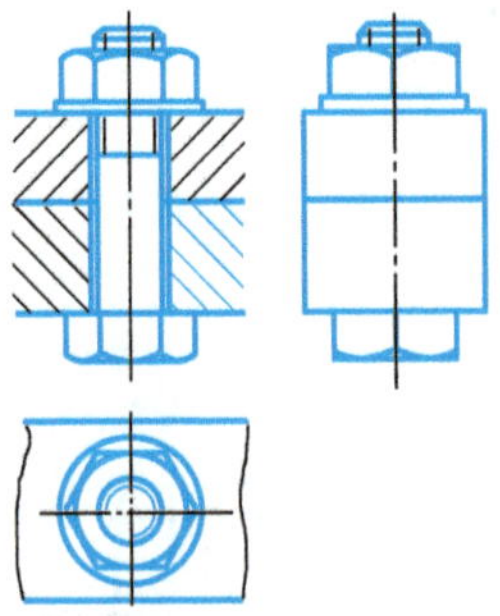

图 7-11 螺栓连接的画图步骤 4

## 知识链接

在各种机器和电器设备中，经常要用到螺栓、螺柱、螺钉、螺母、垫圈、键、销、滚动轴承等零件。这些零件的结构、尺寸及技术要求等均已标准化，因此，这类零件统称为标准件。

有些零件虽不属于标准件，但它们的某些结构与尺寸已部分标准化，如齿轮、弹簧等，这类零件应用比较广泛，统称为常用件。

### 1. 螺纹

螺纹是回转表面上沿螺旋线所形成的、具有相同剖面的连续凸起和沟槽。螺纹在回转体外表面时是外螺纹，在回转体内表面（即孔壁上）时是内螺纹，如图 7-12 所示。

图 7-12a、b 表示在车床上加工外、内螺纹的情况；对于直径较小的螺纹孔，可先用钻头钻出光孔，再用丝锥攻螺纹而得到内螺纹，如图 7-12c 所示。

#### （1）螺纹要素

1）螺纹牙型。在通过螺纹轴线的剖面上，螺纹的轮廓形状称为螺纹牙型，如图 7-13 所示，它有三角形、梯形等。

2）公称直径。公称直径代表螺纹尺寸直径，通常是指螺纹大径的基本尺寸，如图 7-13 所示。螺纹直径有大径（外螺纹用 $d$ 表示，内螺纹用 $D$ 表示）、中径和小径之分。外螺纹的大径和内螺纹的小径也称为顶径。

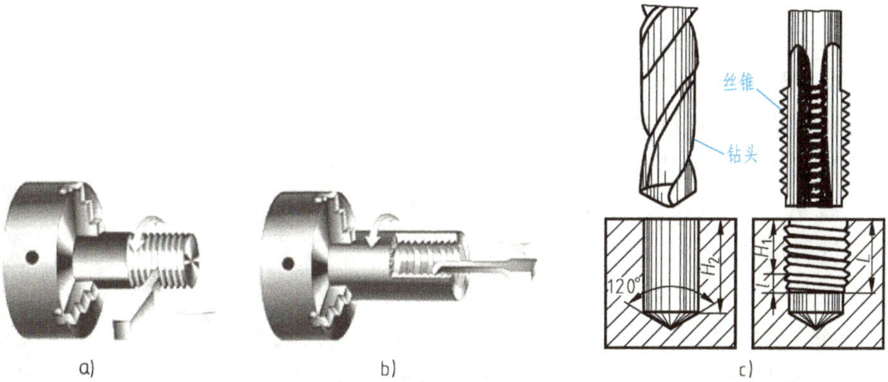


车外螺纹　　车内螺纹　　用丝锥加工内螺纹

图 7-12　螺纹加工方法示例

a）车削外螺纹　b）车削内螺纹　c）用丝锥加工内螺纹

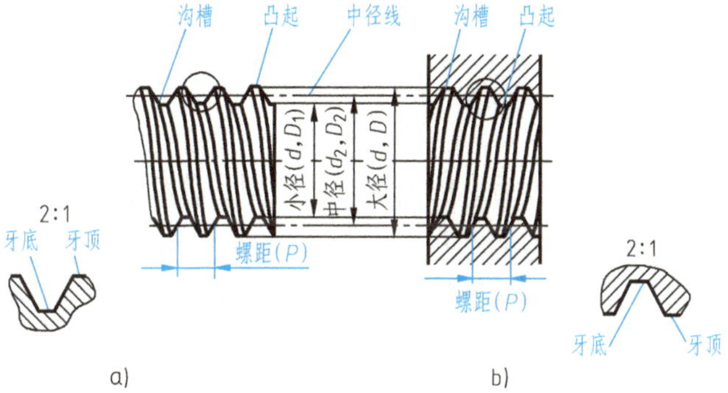


图 7-13　螺纹的要素

a）外螺纹　b）内螺纹

3）线数 $n$。螺纹有单线和多线之分。沿一条螺旋线形成的螺纹称为单线螺纹，沿两条或两条以上，且在轴向等距分布的螺旋线形成的螺纹称为多线螺纹，如图 7-14 所示。

4）螺距 $P$。相邻两牙在中径线上对应两点间的轴向距离称为

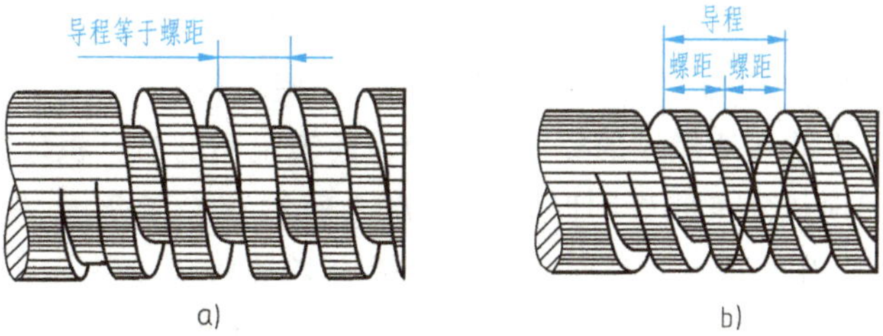


图 7-14　螺距与导程

a）单线螺纹　b）双线螺纹

螺距，如图 7-14 所示。

5）导程 $P_h$。同一螺旋线上的相邻两牙在中径线上对应两点间的轴向距离称为导程，如图 7-14 所示。

单线螺纹的导程等于螺距，即 $P_h=P$；多线螺纹的导程等于线数乘以螺距，即 $P_h=P\times n$。

6）旋向。螺纹有左旋和右旋之分。按顺时针方向旋转时旋入的螺纹是右旋螺纹；按逆时针方向旋转时旋入的螺纹是左旋螺纹，如图 7-15 所示。

内、外螺纹是配合使用的，只有螺纹的牙型、公称直径、线数、螺距和旋向都完全相同的内、外螺纹才能进行旋合。

螺纹牙型的结构、尺寸（如公称直径、螺距等）都有标准系列。凡螺纹牙型、公称直径、螺距三项都符合标准的，为标准螺纹；牙型符合标准，公称直径或螺距不符合标准的，为特殊螺纹；牙型不符合标准的，为非标准螺纹。

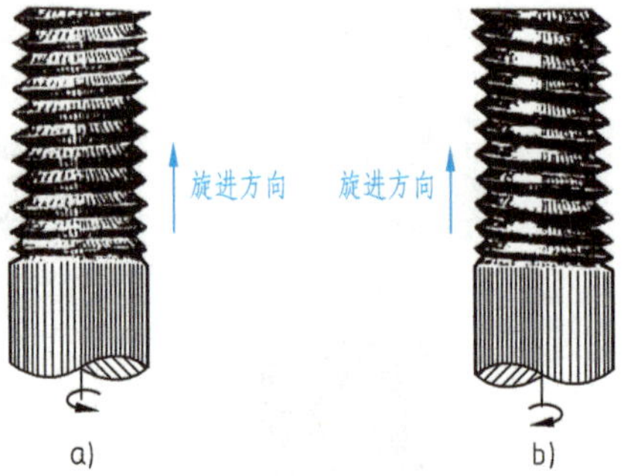


图 7-15　螺纹的旋向

a）右旋螺纹　b）左旋螺纹

（2）螺纹的种类和规定画法

1）螺纹的种类。螺纹按用途分为连接螺纹和传动螺纹两类，前者起连接作用，后者用于传递动力和运动。常用的螺纹的种类如下。

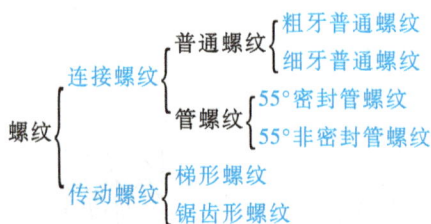

- 螺纹
  - 连接螺纹
    - 普通螺纹
      - 粗牙普通螺纹
      - 细牙普通螺纹
    - 管螺纹
      - 55°密封管螺纹
      - 55°非密封管螺纹
  - 传动螺纹
    - 梯形螺纹
    - 锯齿形螺纹

螺纹按国家标准规定画法画出后，图上未标明牙型、公称直径、螺距、线数和旋向等要素，因此，需要用标注代号或标记的方式来说明。

2）螺纹的规定画法。螺纹的规定画法如图 7-3、图 7-6、图 7-7 所示。

（3）常用螺纹的标记

普通螺纹的标记格式如下：

螺纹特征代号　公称直径×螺距-公差带代号-旋合长度代号-旋向代号

例如，标记 M20×1.5-5g6g-S-LH，其含义为：

普通螺纹 M，公称直径为 20mm，细牙，螺距为 1.5mm，中径公差带代号为 5g，顶径公差带代号为 6g，短旋合长度（S），左旋（LH）。

上述普通螺纹的标记规定中，还需说明的是：粗牙螺纹不注螺距，右旋时不注旋向，中径和顶径公差带相同时只注一次，螺纹旋合长度分为三种，即短“S”、长“L”和中等“N”，中等旋合长度时，“N”一般省略不标注。

常用螺纹的牙型、用途、特征代号及标注示例见表 7-1。

2. 螺纹紧固件

在机器设备上，常见的螺纹连接形式有螺栓连接、螺柱连接和螺钉连接。螺纹紧固件包括螺栓、螺柱、螺钉、螺母和垫圈等，这些零件都是标准件。国家标准已对它们的结构、形式和尺寸大小都做了规定，并制订了不同的标记方法。

表 7-1　螺纹的牙型、用途、特征代号及标注示例

| 类型 | 牙型及用途 | 特征代号 | 标注示例 | 标记说明 |
|---|---|---|---|---|
| 普通螺纹　粗牙 | 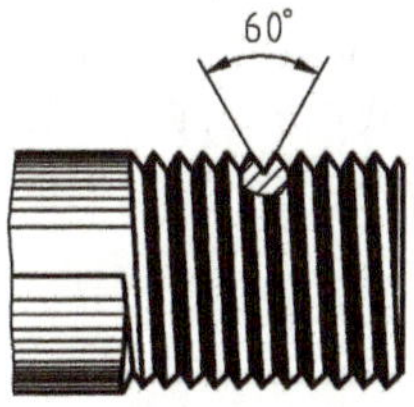 一般连接用粗牙普通螺纹 | M | 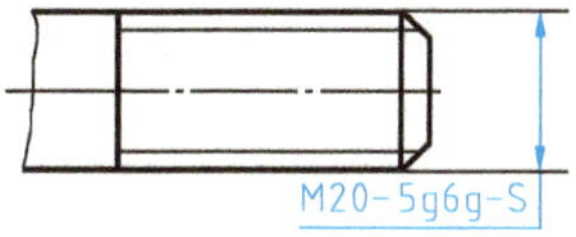 | 公称直径为 20mm 的粗牙普通螺纹，中径和顶径公差带代号分别为 5g、6g，短旋合长度 |
| 普通螺纹　细牙 | 薄壁零件的连接用细牙普通螺纹 | M | 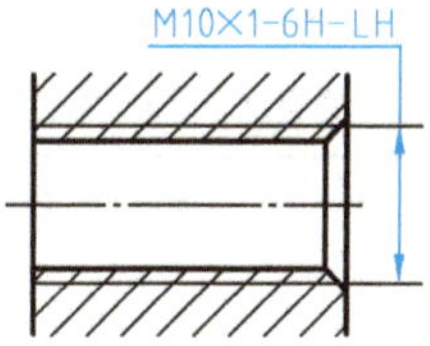 | 公称直径为 10mm 的细牙普通螺纹，螺距为 1mm，左旋，中、顶径公差带代号均为 6H，中等旋合长度 |
| 55°非密封管螺纹 | 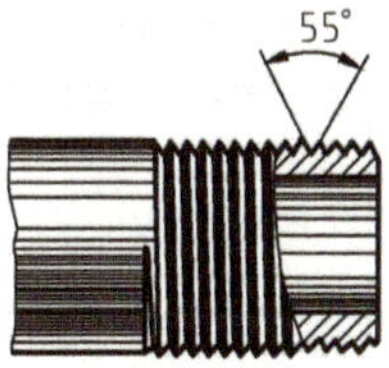 常用于电线管等不需要密封的管路系统中的连接 | G | 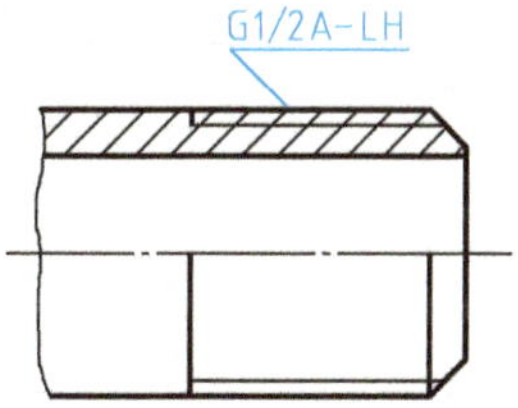 | 55°非密封外管螺纹，尺寸代号为 1/2、左旋，公差等级为 A 级 |
| 55°密封管螺纹 | 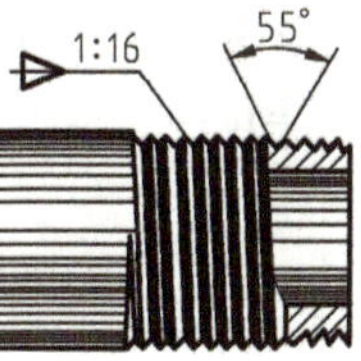 常用于日常生活中的水管、煤气管、机器上润滑油管等系统中的连接 | Rc<br>Rp<br>$R_2$<br>$R_1$ | 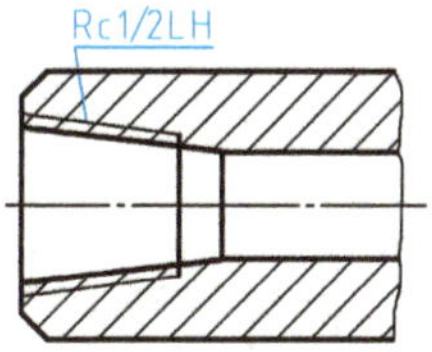 | 55°密封圆锥(内)管螺纹，尺寸代号为 1/2、左旋 |
| 梯形螺纹 | 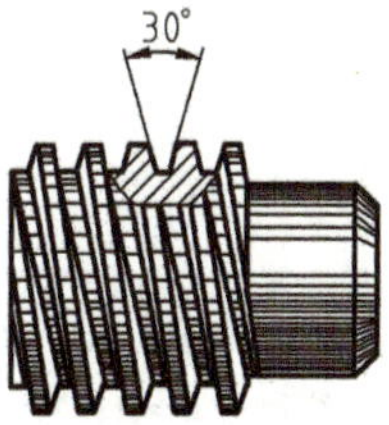 多用于各种机床上的传动丝杠，传递双向动力 | Tr | 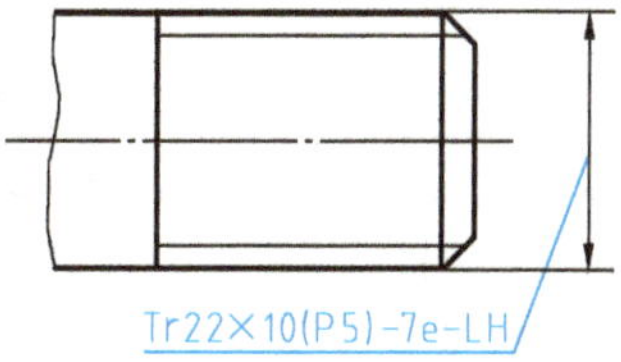 | 公称直径 $d=22$mm，双线，导程为 10mm，螺距 $P=5$mm，左旋，中径公差带代号为 7e，中等旋合长度的梯形螺纹 |

（续）

| 类型 | 牙型及用途 | 特征代号 | 标注示例 | 标记说明 |
|---|---|---|---|---|
| 锯齿形螺纹 | 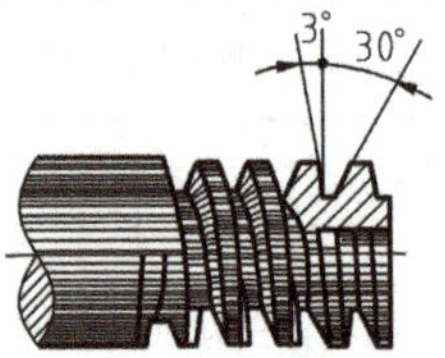<br>用于螺旋压力机的传动丝杠，传递单向动力 | B | 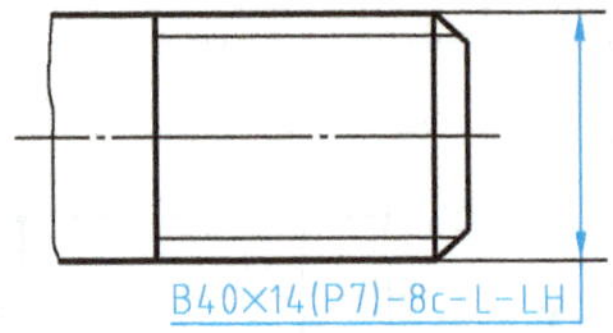 | 公称直径 $d$ = 40mm，导程为 14mm，螺距 $P$ = 7mm，左旋，公差带代号为 8c，长旋合长度的锯齿形螺纹 |

## （1）常用螺纹紧固件的简化标记

常用螺纹紧固件的图例及标注示例见表 7-2。

表 7-2　常用螺纹紧固件的图例及标注示例

| 名称 | 立体图 | 标注示例 | 标记及说明 |
|---|---|---|---|
| 六角头螺栓 |  | 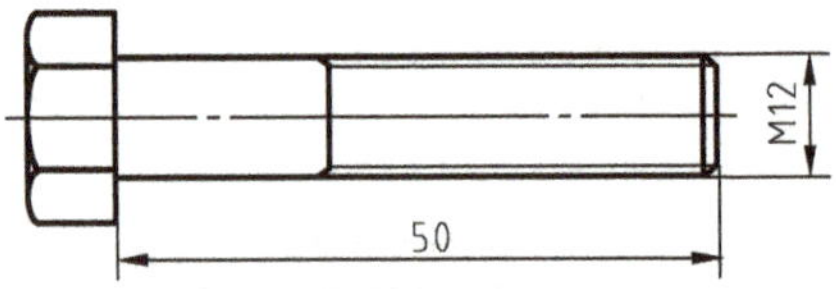 | 螺栓 GB/T 5782 M12×50<br>（A 级六角头螺栓，螺纹规格 $d$ = M12，公称长度为 $l$ = 50mm） |
| 双头螺柱 |  | 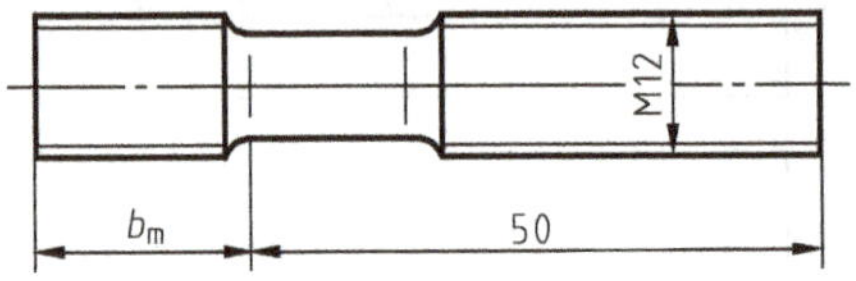 | 螺柱 GB/T 899 M12×50<br>（双头螺柱，两端均为粗牙普通螺纹，螺纹规格 $d$=M12，公称长度 $l$ = 50mm，B 型，$b_m$ = 1$d$） |
| 螺钉 |  | 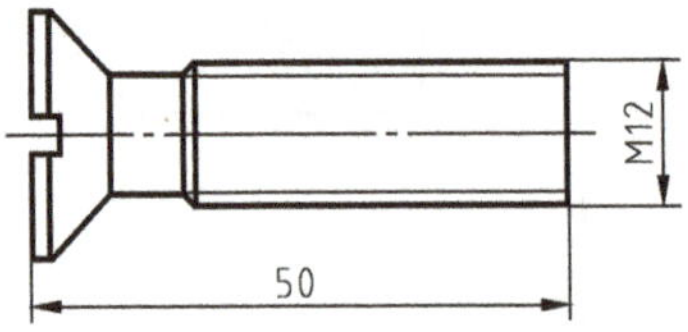 | 螺钉 GB/T 68 M12×50<br>（开槽沉头螺钉，螺纹规格 $d$=M12，公称长度 $l$=50mm） |
| 六角螺母 |  | 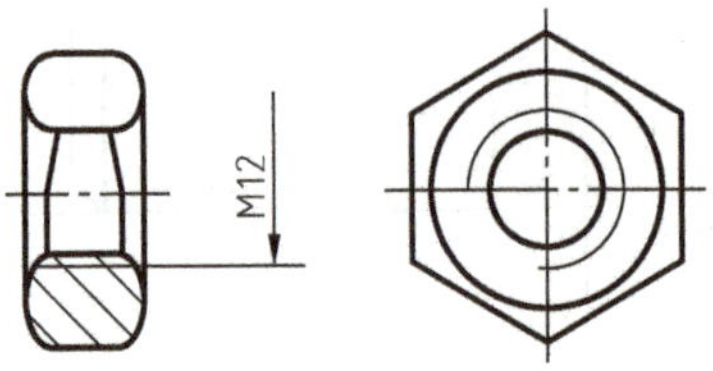 | 螺母 GB/T 6170 M12<br>（A 级的 1 型六角螺母，螺纹规格 $D$=M12） |

（续）

| 名称 | 立体图 | 标注示例 | 标记及说明 |
|---|---|---|---|
| 平垫圈 |  | 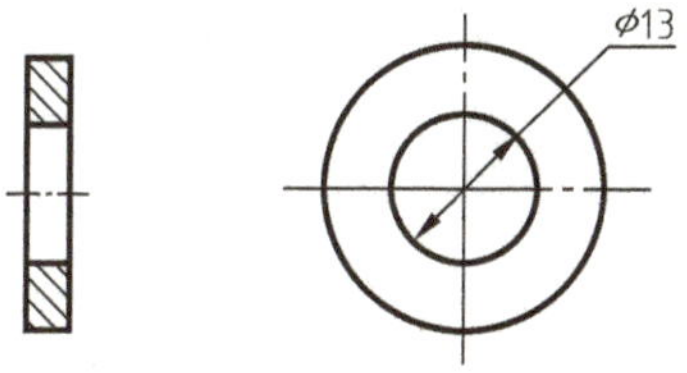 | 垫圈 GB/T 97.1 12<br>［A 级平垫圈，公称尺寸（指螺纹大径）$d$ = 12mm，从标准中可查得，当垫圈公称尺寸 $d$ = 12mm 时，该垫圈的孔径为 13mm］ |
| 弹簧垫圈 |  | 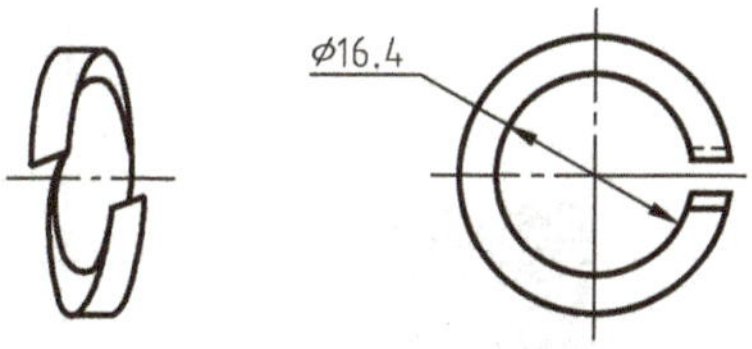 | 垫圈 GB/T 93 16<br>［标准型弹簧垫圈，公称尺寸（指螺纹大径）$d$ = 16mm，材料为 65Mn，表面氧化］ |

（2）螺纹紧固件的连接画法

1）螺栓连接。螺栓适用于连接两个被连接件不太厚、需要经常拆卸的场合。连接时将螺栓穿过两个被连接零件的光孔，再套上垫圈，然后用螺母紧固，如图 7-16 所示。普通螺栓连接的近似画法如图 7-17 所示。

在图 7-17 所示的近似画法中，$d_2=2.2d$，$e=2d$，$k=0.7d$，$h=0.15d$，$m=0.8d$，$a=(0.3\sim0.4)d$，$b=(1.5\sim2)d$，$d_h=1.1d$，$R=1.5d$，$r=1.5d$，$R_1=d$（$d$ 为螺栓的公称直径）。

画螺栓连接时，应根据螺栓的直径和被连接件的厚度等，按下式计算螺栓的有效长度 $L$

$$L \geqslant \delta_1+\delta_2+h+m+a$$

式中，$\delta_1$、$\delta_2$ 分别为被连接零件的厚度；$h$ 为平垫圈的厚度；$m$ 为螺母高度；$a$ 为螺栓顶端露出螺母外的高度。

按上式计算出的螺栓长度，要按螺栓长度系列选取相近的标准长度。

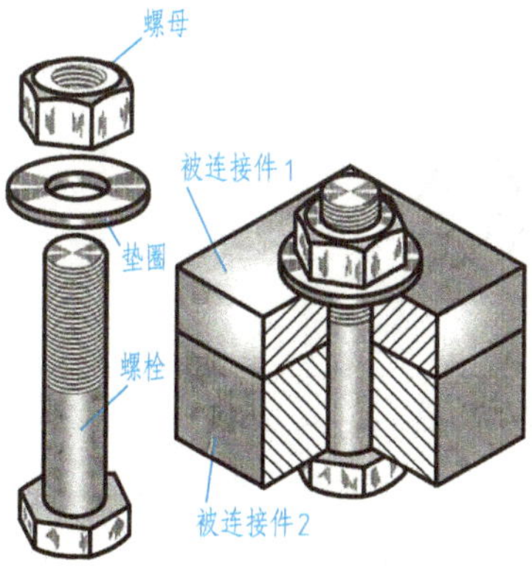


图 7-16　螺栓连接

螺栓连接

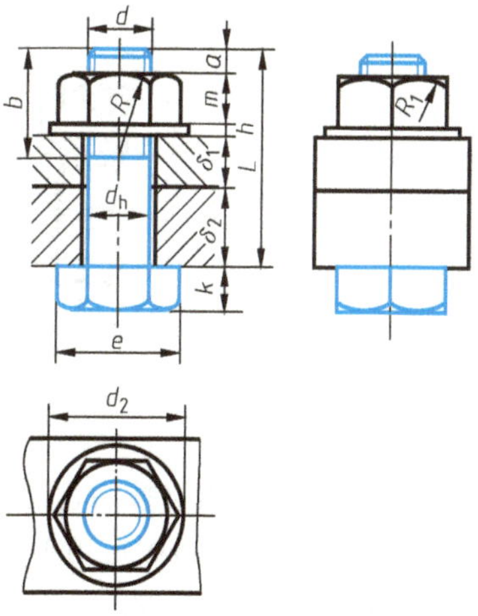


图 7-17　六角头螺栓的近似画法

2）双头螺柱连接。当两个被连接件中有一个较厚或不适宜用螺栓连接时，常采用双头螺柱连接。双头螺柱的两端都有螺纹，一端（旋入端）旋入被连接件的螺孔内，另一端（紧固端）穿过另一被连接件的通孔，套上垫圈，再用螺母拧紧，如图 7-18 所示。双头螺柱连接的画法如图 7-19 所示（其俯视图及各部分的画法比例与图 7-17 相同）。

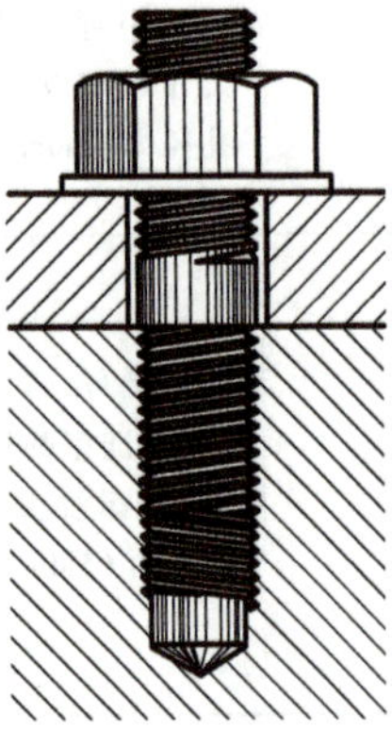

图 7-18　双头螺柱连接

双头螺柱
连接

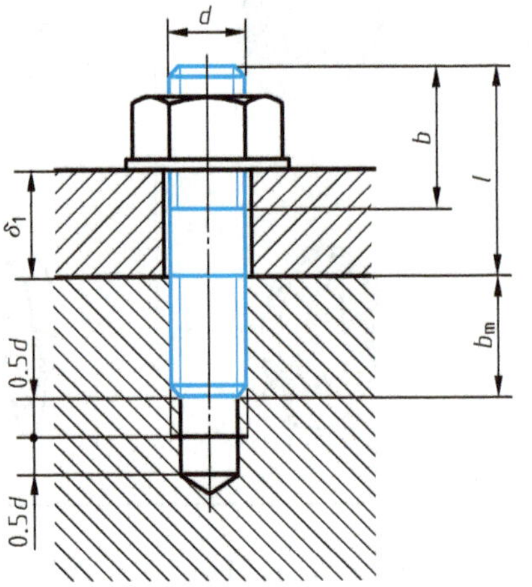


图 7-19　双头螺柱连接的画法

画双头螺柱连接图时的注意事项：

① 双头螺柱旋入端的螺纹长度 $b_m$（图 7-19）与被旋入的零件材料有关，一般钢或青铜等硬材料，取 $b_m=d$；铸铁取 $b_m=1.25d\sim1.5d$；铝等轻金属取 $b_m=2d$。

② 螺柱旋入端应全部旋入螺孔，如图 7-20a 所示，即旋入端的螺纹终止线与两个被连接件的接触面应画成一条线，弹簧垫圈的画法如图 7-20b 所示。

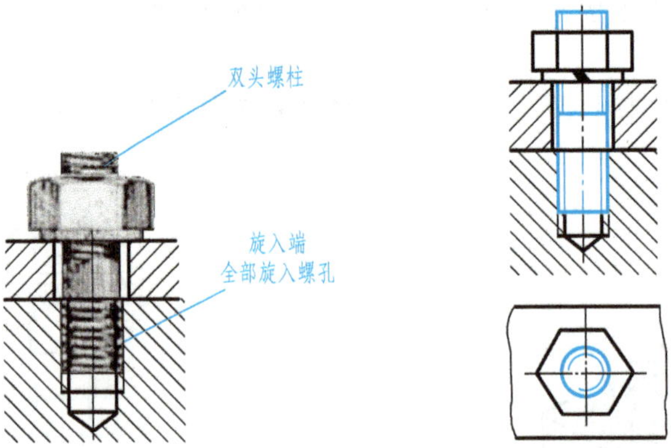


a)　　b)

图 7-20　双头螺柱连接的简化画法

3）螺钉连接。螺钉按用途可分为连接螺钉和紧定螺钉两类。

① 连接螺钉。连接螺钉用于受力不大的场合，将螺杆穿过较薄被连接件的通孔后，直接旋入较厚被连接件的螺纹孔内，即可将两个被连接件紧固，如图 7-21 所示。螺钉连接的画法如图 7-22 所示。图 7-23 所示为常用的开槽盘头螺钉连接图、开槽沉头螺钉连接图的简化画法。

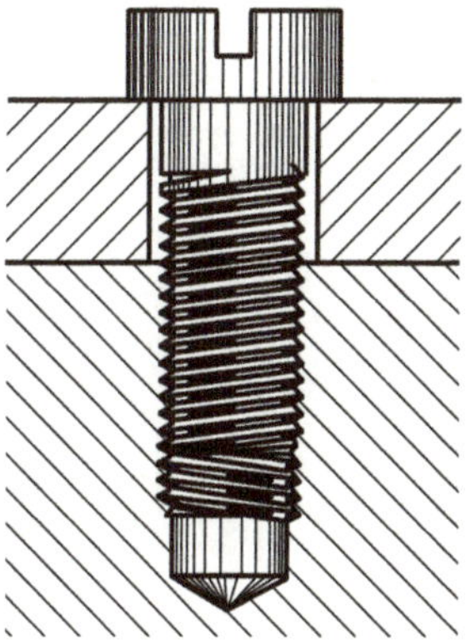

图 7-21 螺钉连接

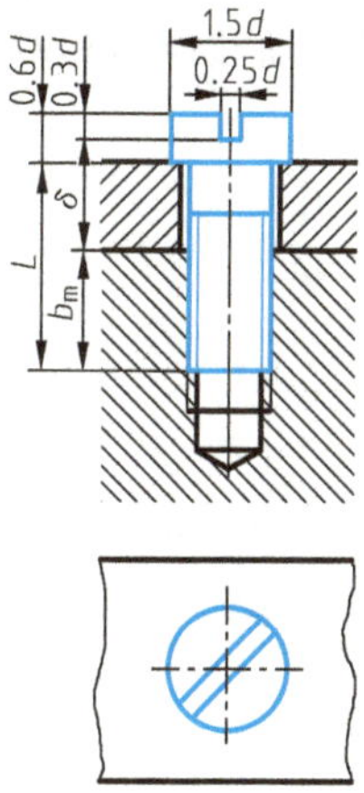


图 7-22 螺钉连接的画法

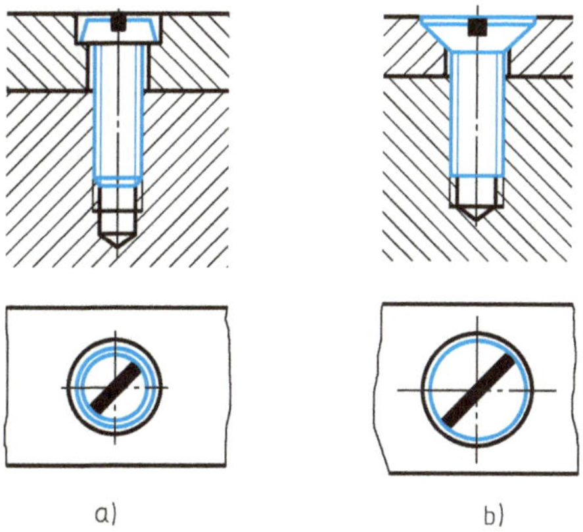


图 7-23 螺钉连接的简化画法

螺钉连接

② 紧定螺钉。紧定螺钉用于固定两零件的相对位置，使它们不产生相对运动，如图 7-24 所示。欲将轴、轮固定，可先在轮毂的适当部位加工出螺纹孔，然后将轮、轴装配

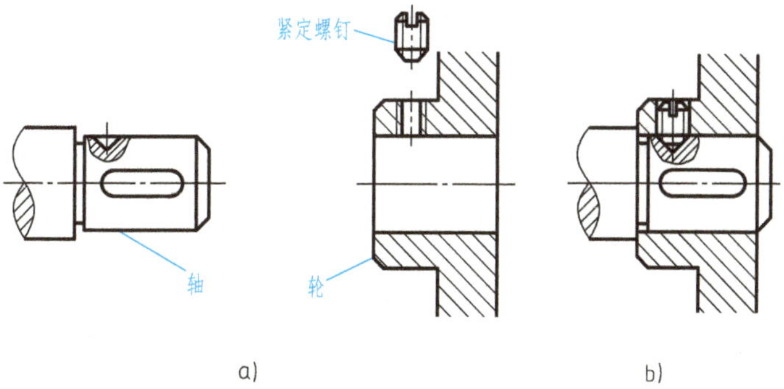


图 7-24 紧定螺钉的连接画法

a）连接前 b）连接后

在一起，以螺纹孔导向，在轴上钻出锥坑，最后拧入螺钉，即可限定轮、轴的相对位置，使其不产生轴向相对移动和径向相对转动。

## 7-2 齿轮

### 学习目标

1. 了解标准直齿圆柱齿轮轮齿部分的名称与尺寸关系。
2. 能识读和绘制单个和啮合的标准直齿圆柱齿轮图。

### 制图任务

任务一：识读如图 7-25 所示的一标准直齿圆柱齿轮的零件图。

| | |
|---|---|
| 模数 | 1.5 |
| 齿数 | 25 |
| 压力角 | 20° |

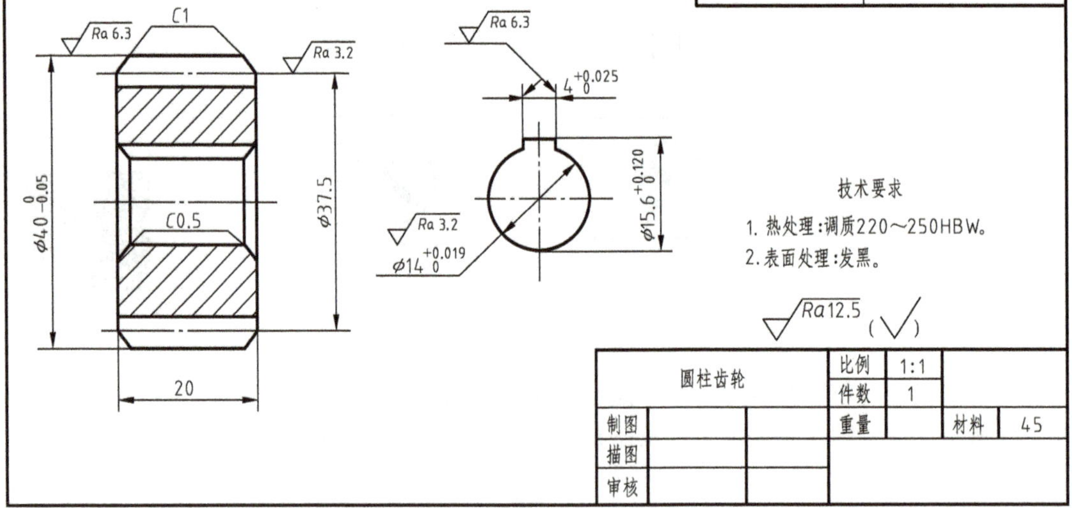


图 7-25 标准直齿圆柱齿轮的零件图

任务二：绘制单个直齿圆柱齿轮。

### 任务实施

#### 1. 任务一的操作步骤

齿轮零件图的识读如图 7-25 所示。

在齿轮零件图中，除具有一般零件的内容外，还应在图样右上角的参数表中注写模数、齿数、压力角等基本参数。

齿轮零件图的主视图一般采用剖视的画法，而左视图可根据需要画成完整的视图或只画出轴孔的局部视图。齿轮的齿顶圆、分度圆及齿轮的有关尺寸必须直接注出，而齿根圆直径不必标注。

### 2. 任务二的操作步骤

1）定基准线，绘制齿轮的端面视图，如图 7-26 所示。

2）绘制全剖的轴向视图，如图 7-27 所示。分度线用细点画线绘制，齿顶线用粗实线绘制，轮齿按不剖处理，齿根线用粗实线绘制（在投影为非圆视图上，若不画成剖视，则齿根线用细实线绘制或省略不画）。

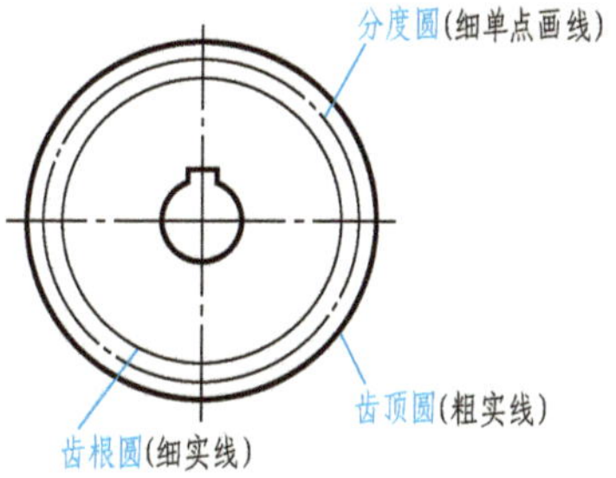


图 7-26　齿轮的端面视图

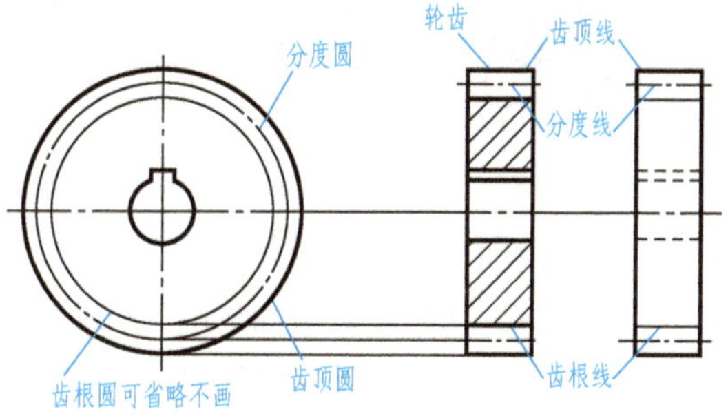


图 7-27　齿轮的规定画法

齿轮的画法

## 知识链接

齿轮是机械传动中应用最广的一种传动件，除用于传递动力外，还可以用于改变轴的转动方向和转速等。齿轮的种类很多，常用的齿轮有圆柱齿轮、锥齿轮、蜗杆与蜗轮。

1）圆柱齿轮——用于两平行轴之间的转动（图 7-28a）。

2）锥齿轮——用于两相交（一般是正交）轴之间的转动（图 7-28b）。

3）蜗杆与蜗轮——用于两交叉（一般是垂直交叉）轴之间的转动（图 7-28c）。

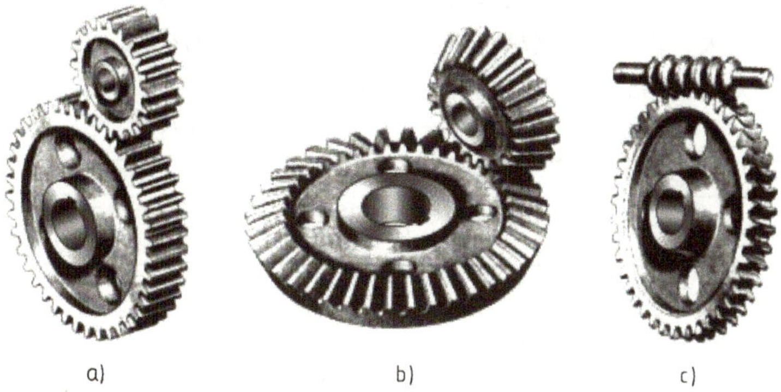


图 7-28　常见的齿轮转动

a）圆柱齿轮　b）锥齿轮　c）蜗杆与蜗轮

### 1. 圆柱齿轮

圆柱齿轮上的轮齿有直齿、斜齿和人字齿之分。

#### （1）直齿圆柱齿轮各部分名称及代号（图 7-29）

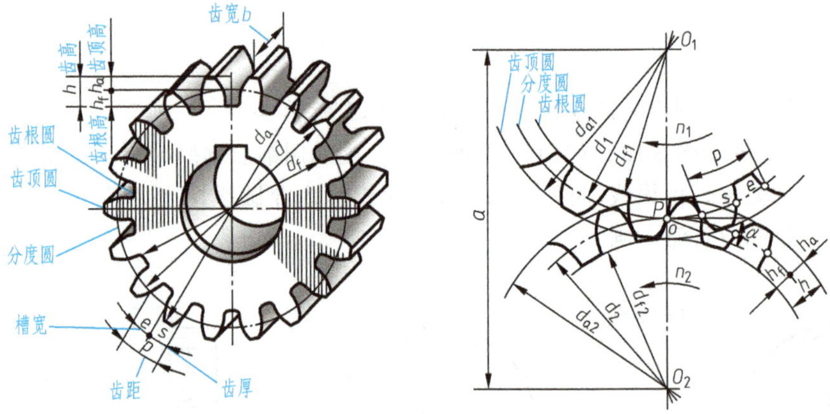


图 7-29　直齿圆柱齿轮各部分名称及代号

1）齿顶圆（直径 $d_a$）。通过轮齿顶部的圆。

2）齿根圆（直径 $d_f$）。通过轮齿根部的圆。

3）分度圆（直径 $d$）。设计、制造齿轮时，对轮齿各部分进行尺寸计算的基准圆。

4）齿顶高（$h_a$）。分度圆到齿顶圆之间的径向距离。

5）齿根高（$h_f$）。分度圆到齿根圆之间的径向距离。

6）齿高（$h$）。齿顶圆到齿根圆之间的径向距离。

7）齿距（$p$）。在分度圆上，相邻两齿对应点间的弧长；齿距由齿厚 $s$ 和槽宽 $e$ 组成。对于标准齿轮来说，$s=e=p/2$，$p=s+e$。

8）齿宽（$b$）。齿轮有齿部位沿分度圆柱面的素线方向度量的宽度。

9）齿数（$z$）。轮齿的个数。

10）模数（$m$）。由于分度圆的圆周长 $=\pi d=zp$，所以 $d=pz/\pi$，令 $p/\pi=m$，则 $d=mz$。其中，$m$ 称为模数，单位为 mm，它是设计、制造齿轮的重要参数。模数越大，轮齿各部分尺寸也随之成比例增大，齿轮的承载能力越大。两啮合齿轮的模数 $m$ 必须相等。为了便于设计和加工，减少刀具数目，模数的数值已标准化，见表 7-3。

表 7-3　标准模数（摘自 GB/T 1357—2008）　　（单位：mm）

| 第 Ⅰ 系列 | 第 Ⅱ 系列 |
|---|---|
| 1　1.25　1.5　2　2.5　3　4　5　6　8　10　12　16<br>20　25　32　40　50 | 1.125　1.375　1.75　2.25　2.75　3.5　4.5　5.5<br>(6.5)　7　9　11　14　18　22　28　35　45 |

注：应避免采用第 Ⅱ 系列中括号内的模数。

### （2）直齿轮轮齿各部分的尺寸计算

标准直齿轮轮齿各部分的尺寸，都根据模数来确定，见表 7-4。

表 7-4　标准直齿轮轮齿各部分的尺寸计算

| 名称 | 代号 | 计算公式 | 名称 | 代号 | 计算公式 |
|---|---|---|---|---|---|
| 模数 | $m$ | $m=p/\pi=d/z$ | 齿顶高 | $h_a$ | $h_a=m$ |
| 分度圆直径 | $d$ | $d=mz$ | 齿根高 | $h_f$ | $h_f=1.25m$ |
| 齿顶圆直径 | $d_a$ | $d_a=d+2h_a=m(z+2)$ | 齿高 | $h$ | $h=h_a+h_f=2.25m$ |
| 齿根圆直径 | $d_f$ | $d_f=d-2h_f=m(z-2.5)$ | 齿距 | $p$ | $p=\pi m$ |
| 中心距 | $a$ | $a=(d_1+d_2)/2=m(z_1+z_2)/2$ | | | |

(3) 直齿轮的规定画法

1）单个直齿轮的画法如图 7-27 所示，除轮齿部分应按图 7-26 的规定绘制外，其余部分仍按其真实投影绘制。

2）圆柱齿轮啮合的画法。圆柱齿轮啮合的画法如图 7-30 所示。在单个圆柱齿轮画法的基础上，注意以下几点：

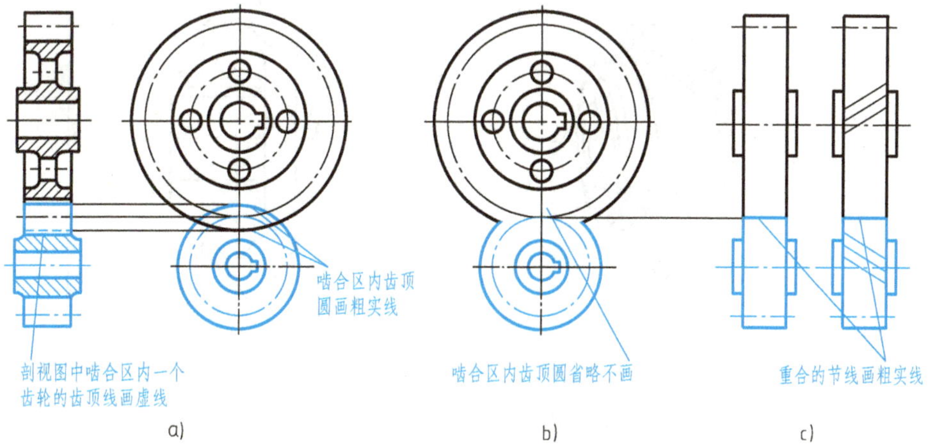


图 7-30　圆柱齿轮啮合的画法

a）规定画法　b）省略画法　c）外形视图（直齿、斜齿）

① 相互啮合的两圆柱齿轮的分度圆相切，用细单点画线绘制，如图 7-30a 所示；也可用省略画法，如图 7-30b 所示。

② 在剖视图中啮合区的投影如图 7-31 所示；啮合区画 5 条线，即粗实线（从动齿轮齿根圆，$n_1$ 为主动轮）、粗实线（主动齿轮齿顶圆）、细单点画线（分度圆）、虚线（从动齿轮齿顶圆）、粗实线（主动齿轮齿根圆）。图 7-30c 所示为省略画法，啮合区的齿顶线不画，分度线（节线）用粗实线绘制，其他处的分度线仍用细单点画线绘制。

③ 齿顶线与另一个齿轮齿根线之间有 0.25$m$ 的间隙，如图 7-31b 所示。

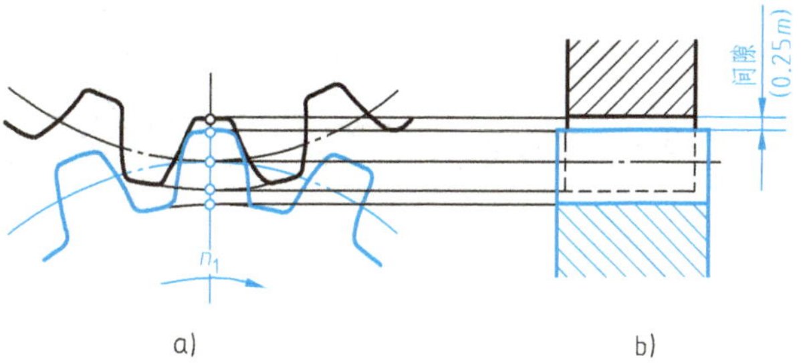


图 7-31　啮合齿轮的齿顶间隙

## 知识拓展

1. 锥齿轮的画法

锥齿轮用于相交两轴的传动，常见的是两轴相交成 90°。由于锥齿轮的轮齿分布在圆锥面上，所以轮齿的厚度、高度都沿着齿宽的方向逐渐变化，即模数是变化的。为了计算和制造方便，规定大端的模数为标准模数，并以它来决定其他各部分的尺寸，如图 7-32 所示。

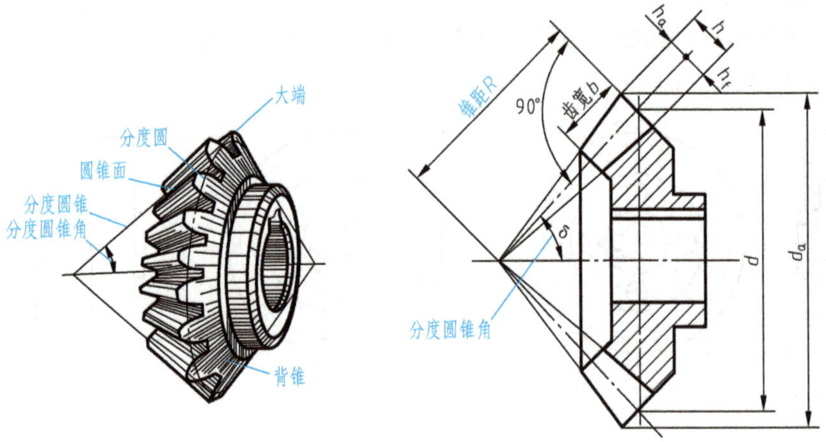


图 7-32　锥齿轮

（1）单个锥齿轮的画法　单个锥齿轮的规定画法如图 7-33 所示。齿顶线、剖视图中的齿根线和大、小端的齿顶圆用粗实线绘制，分度线和大端的分度圆用细单点画线绘制，齿根圆及小端分度圆均不必画出。

（2）锥齿轮啮合的画法　锥齿轮的啮合画法与圆柱齿轮的基本相同，在垂直于齿轮轴线的视图上，一个齿轮大端的分度线与另一个齿轮大端的分度圆相切，具体画法如图 7-34 所示。

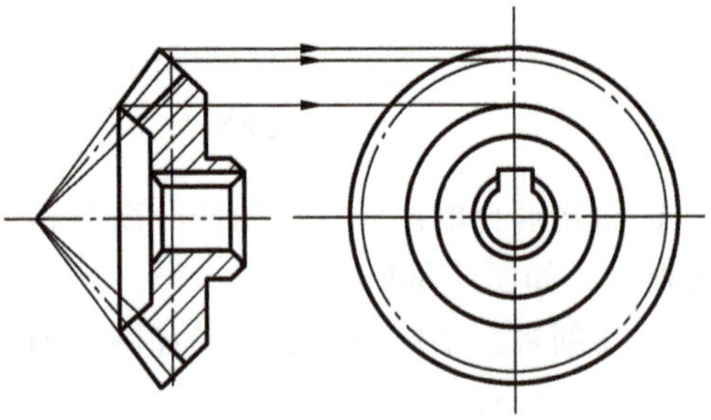

图 7-33　单个锥齿轮的规定画法

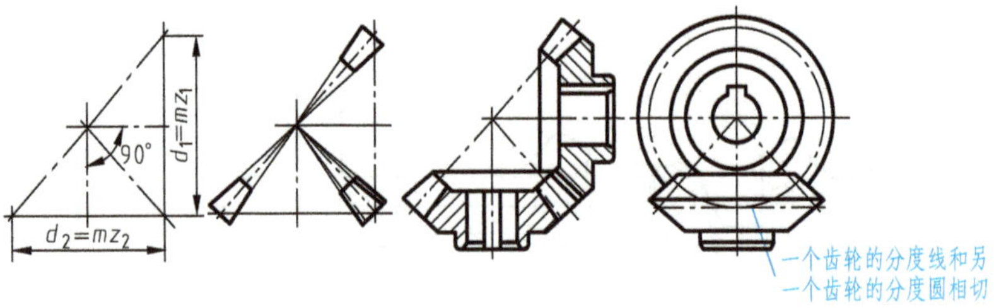


图 7-34　锥齿轮啮合的画法

## 2. 蜗轮、蜗杆的画法

蜗轮、蜗杆通常用于两轴垂直交叉的减速传动。蜗杆有单头和多头之分。蜗轮与圆柱斜齿轮相似，但其齿顶面制成环面。在蜗轮传动中，蜗杆是主动件，蜗轮是从动件。

（1）蜗杆的画法　其画法基本与圆柱齿轮相同，在两视图中，齿根线和齿根圆均可省略不画，如图 7-35 所示。

（2）蜗轮的画法　在垂直于蜗轮轴线的视图中，只画出分度圆和最大圆，齿顶圆和齿

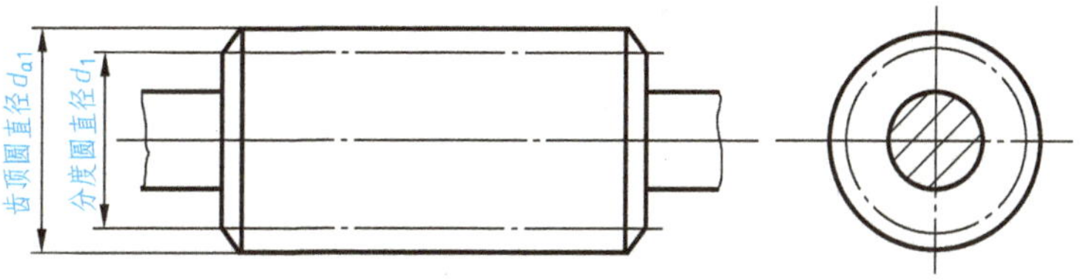


图 7-35　蜗杆的画法

根圆不画，如图 7-36 所示。

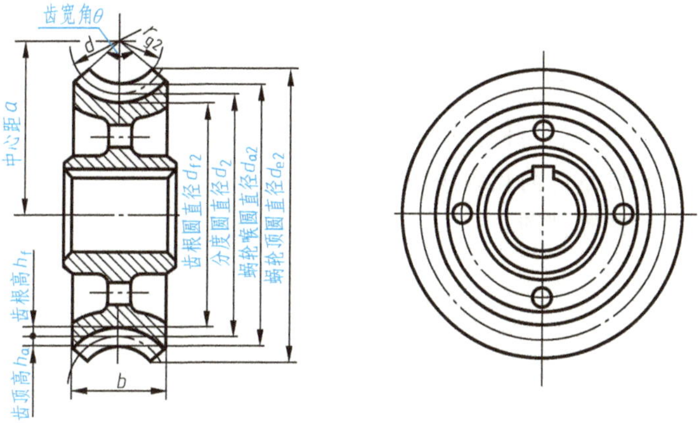


图 7-36　蜗轮的画法

（3）蜗轮、蜗杆啮合的画法　在蜗轮、蜗杆的啮合画法中，可以采用两个视图表达，如图 7-37a 所示。也可以采用全剖视图和局部剖视图表达，如图 7-37b 所示；全剖视图中，蜗轮在啮合区被挡部分的虚线可省略不画，局部剖视中啮合区内蜗轮的齿顶圆和蜗杆的齿顶线也可省略不画。

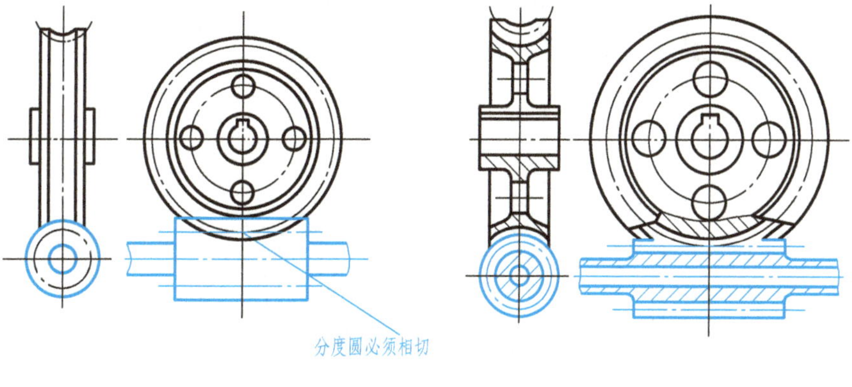


a)　　　　b)

图 7-37　蜗轮、蜗杆啮合的画法

a）视图　b）剖视图

# 7-3 其他标准件和常用件

## 学习目标

1. 理解键、销、滚动轴承标记的含义。
2. 了解常用件的表达方法。
3. 了解常用件的种类及用途。

## 制图任务

任务一：学习键连接的画法。
任务二：学习销的类型、结构特点及应用。
任务三：学习滚动轴承的简化画法和规定画法。
任务四：认识弹簧的零件图。

## 任务实施

### 1. 任务一学习键连接的画法

普通平键和半圆键都是以两侧面为工作面，起传递转矩作用。图 7-38a、b 所示为轴和轮毂上键槽的表示法，在绘制键连接时，键的两个侧面与轴和轮毂接触，键的底面与轴接触，均画一条线；键的顶面为非工作面，与轮毂有间隙，应画成两条线，如图 7-38c 所示。半圆键连接的画法如图 7-39 所示。

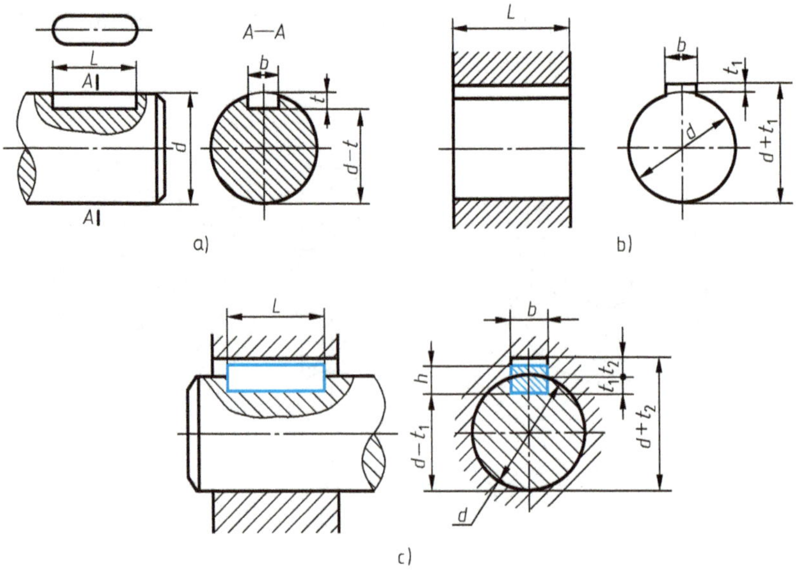


图 7-38 普通平键连接

a）轴上的键槽 b）轮毂上的键槽 c）普通平键连接

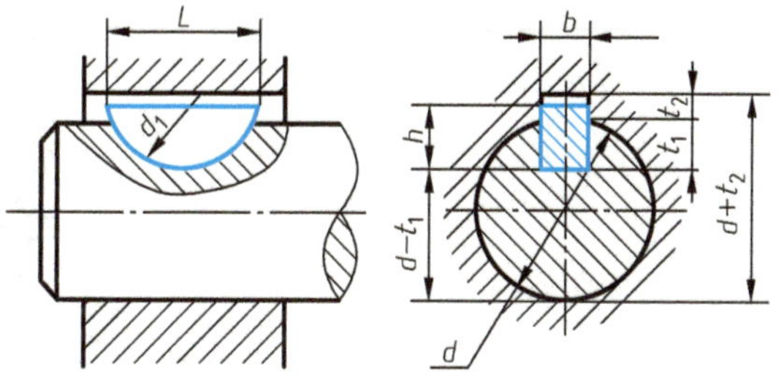


图 7-39　半圆键连接的画法

钩头楔键的顶面有 1∶100 的斜度，用于静连接，利用键的顶面与底面使轴上零件固定，同时传递转矩和承受轴向力。在连接画法中，钩头楔键的顶面和底面分别与轮毂和轴接触，均应画成一条线；而两个侧面有间隙，应画出两条线，如图 7-40 所示。

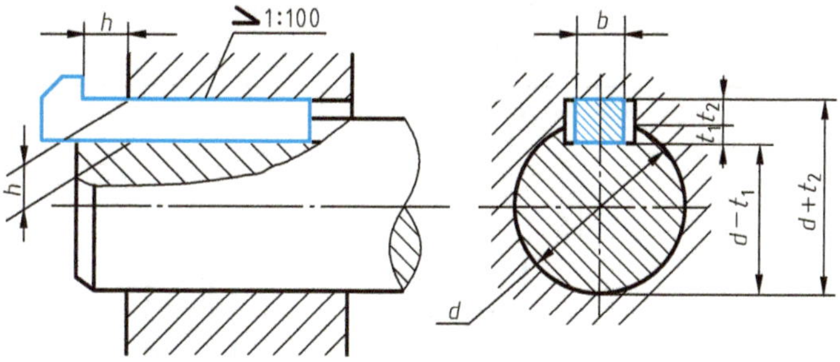


图 7-40　钩头楔键连接的画法

## 2. 任务二学习销的类型、结构特点及应用（见表 7-5）

表 7-5　销的类型、结构特点及应用

| 类　型 | 图　例 | 应用举例 |
|---|---|---|
| 圆柱销<br>GB/T 119.1—2008 | 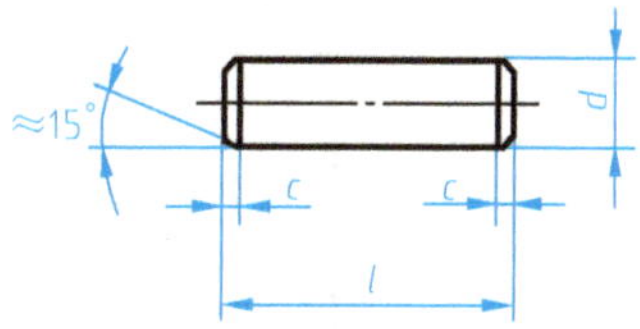 | 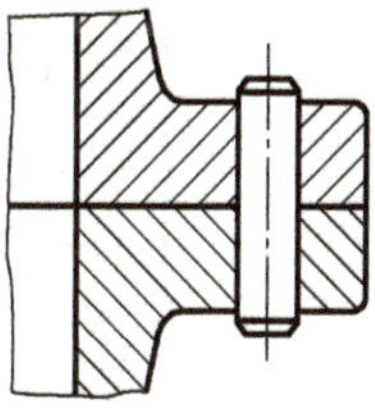<br>主要用于定位，也用于连接 |
| 圆锥销<br>GB/T 117—2000 | 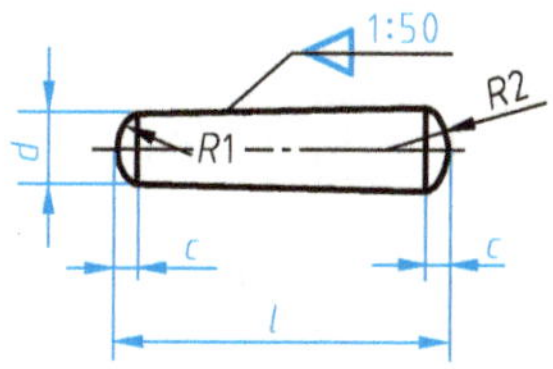 | 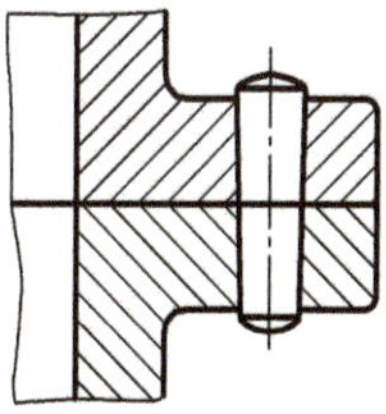<br>圆锥销上有 1∶50 的锥度，其小头为公称直径 $d$。有 A 型（磨削）和 B 型（车削或冷镦）两种类型 |

（续）

| 类　型 | 图　例 | 应用举例 |
|---|---|---|
| 开口销<br>GB/T 91—2000 | 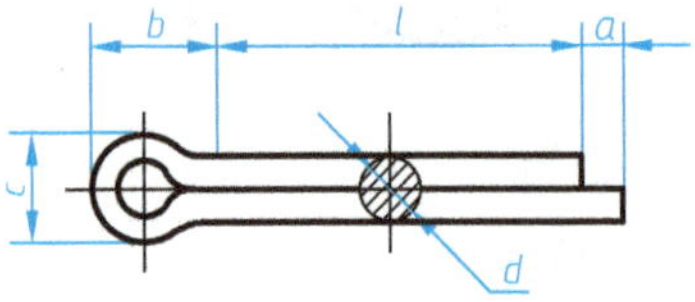 | 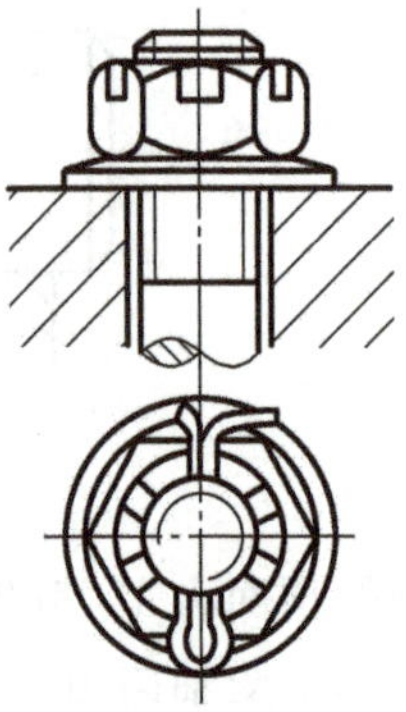<br>用于锁紧螺母和其他零件 |

### 3. 任务三学习滚动轴承的简化画法和规定画法（见表 7-6）

表 7-6　滚动轴承的简化画法和规定画法

| 轴承类型 | 简化画法 | | 规定画法 | 装配示意图 |
|---|---|---|---|---|
| | 通用画法 | 特征画法 | | |
| 深沟球轴承<br>GB/T 276—2013<br>60000 型 | | 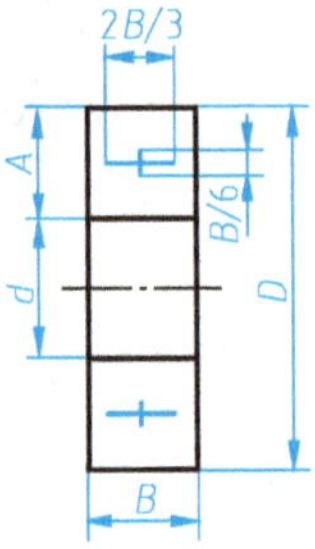 | 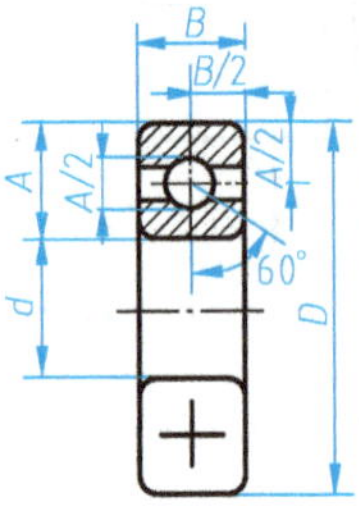 | 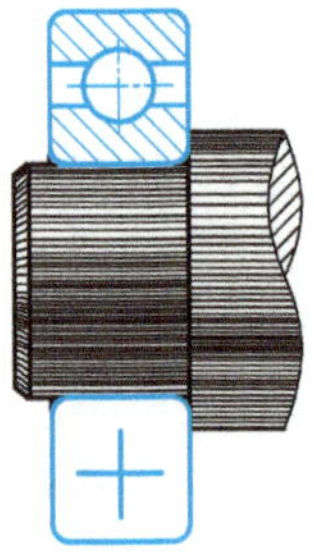 |
| 圆锥滚子轴承<br>GB/T 297—2015<br>30000 型 | 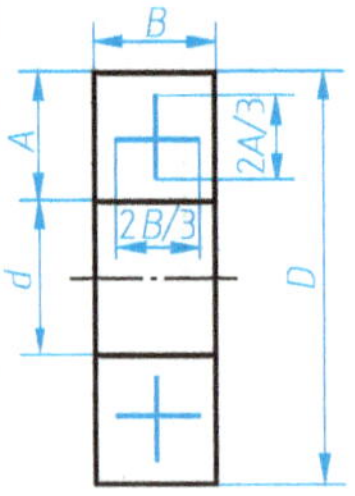 | 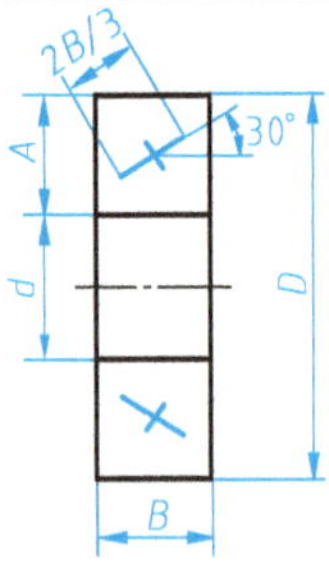 | 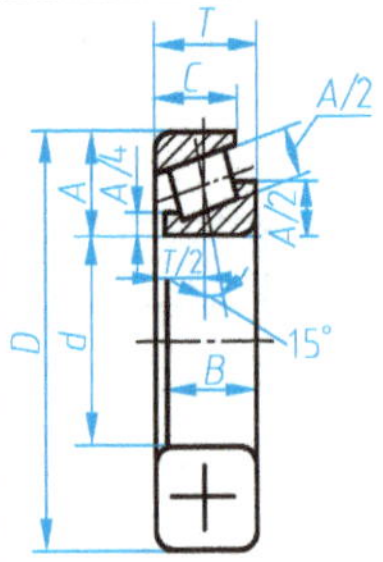 | 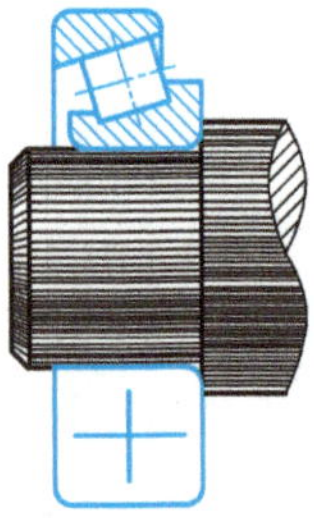 |
| 推力球轴承<br>GB/T 301—2015<br>51000 型 | | 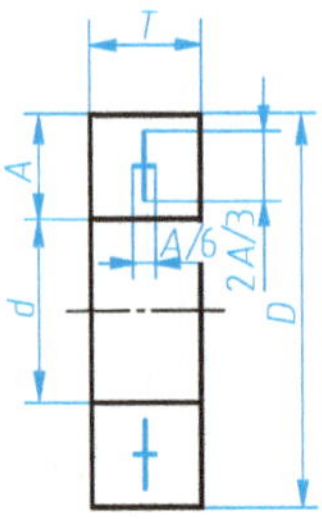 | 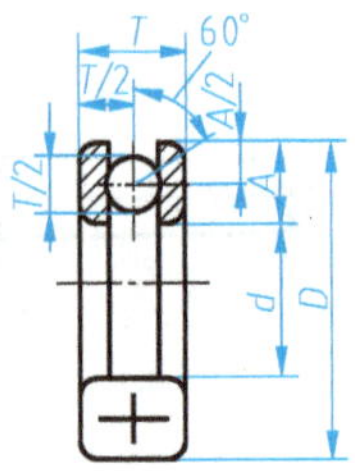 | 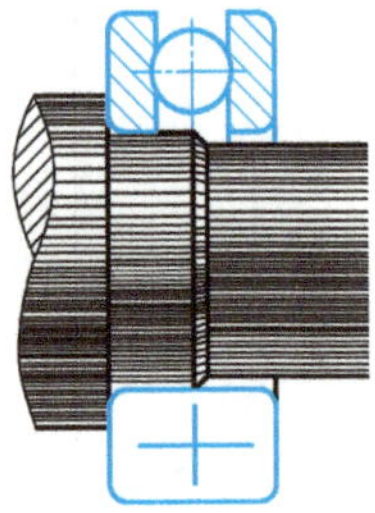 |

（续）

| 轴承类型 | 简化画法 | | 规定画法 | 装配示意图 |
|---|---|---|---|---|
| | 通用画法 | 特征画法 | | |
| 三种画法的选用 | 当不需要确切地表示滚动轴承的外形轮廓、承载特性和结构特征时采用 | 当需要较形象地表示滚动轴承的结构特征时采用 | 滚动轴承的产品图、产品样本、产品标准和产品使用说明书中采用 | — |

### 4. 任务四认识弹簧的零件图

图 7-41 所示为一弹簧零件图。主视图上方用斜线表示出外力与弹簧变形之间的关系。例如，当载荷 $P_2=752\text{N}$ 时，弹簧的长度缩短至 55.6mm。

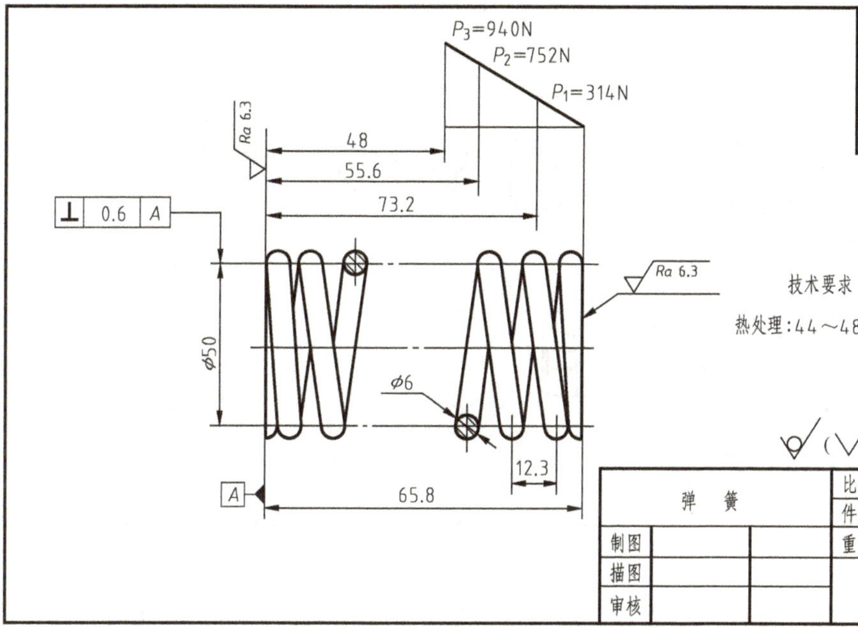


| 展开长度 L | 1182 |
|---|---|
| 旋向 | 右旋 |
| 有效圈数 | 6 |
| 总圈数 | 8.5 |

| 弹簧 | | | 比例 | 1:1 | | |
|---|---|---|---|---|---|---|
| | | | 件数 | 1 | | |
| 制图 | | | 重量 | | 材料 | 65Mn |
| 描图 | | | | | | |
| 审核 | | | | | | |

图 7-41 弹簧的零件图

## 知识链接

### 1. 键连接

键用于连接轴和轴上的传动件（如齿轮、带轮、凸轮等），并通过它来传递运动或动力，如图 7-42 所示。

图 7-42 键连接

a）普通平键 b）半圆键

键的种类较多，常用的有普通平键、半圆键、钩头楔键等，其中普通平键应用最广，键的结构形式和标记示例见表 7-7。

表 7-7　常用键的结构形式和标记示例

| 名　称 | 图　例 | 标 记 示 例 |
| --- | --- | --- |
| 普通型　平键<br>GB/T 1096—2003 | 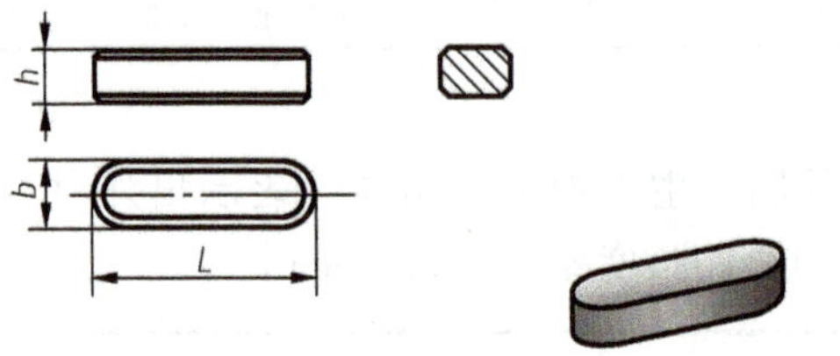 | $b$ = 18mm, $h$ = 11mm, $L$ = 100mm 的普通 A 型平键标记为：<br>GB/ T 1096　键 18×11×100 |
| 普通型　半圆键<br>GB/T 1099. 1—2003 | 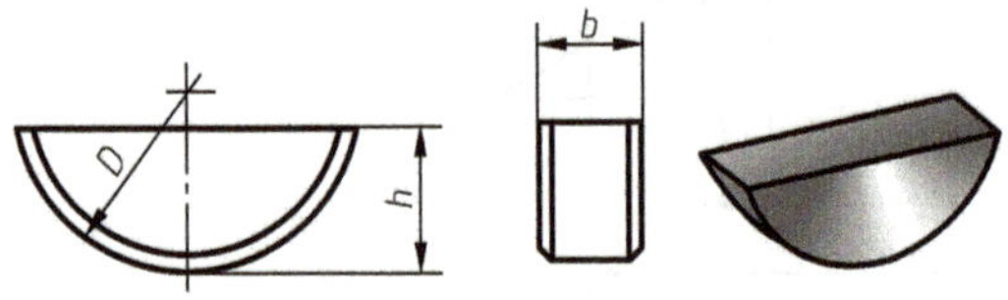 | $b$ = 6mm, $h$ = 10mm, $D$ = 25mm 的普通型半圆键标记为：<br>GB/T 1099. 1　键 6×10×25 |
| 钩头型　楔键<br>GB/T 1565—2003 | 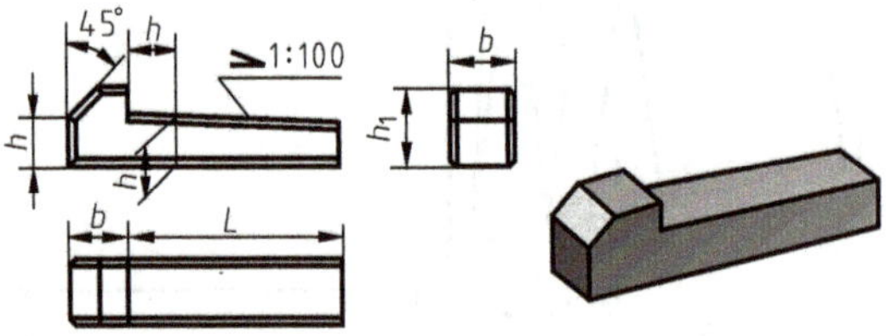 | $b$ = 18mm, $h$ = 11mm, $L$ = 100mm 的钩头型楔键标记为：<br>GB/T 1565　键 18×100 |

## 2. 销连接

销在机器中主要用于零件间的连接、定位或防松。常用的有圆柱销、圆锥销和开口销等，如图 7-43 所示。

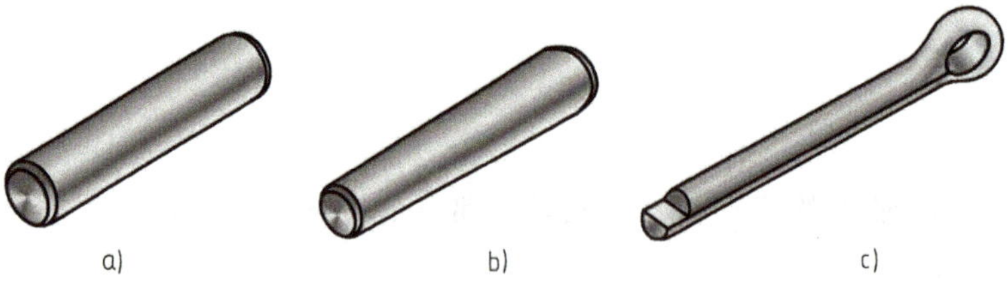


图 7-43　销的种类

a）圆柱销　b）圆锥销　c）开口销

## 3. 滚动轴承

（1）滚动轴承的结构　滚动轴承是支承轴旋转的部件，由于它具有摩擦阻力小、旋转精度高等优点，因此得到了广泛的应用。滚动轴承也是一种标准件。它的种类很多，一般由外圈、内圈、滚动体及保持架组成，如图 7-44 所示。

（2）滚动轴承的分类　滚动轴承的分类方法很多，按其承载特性可分三类。

1）向心轴承：主要承受径向载荷，如深沟球轴承（图 7-44a）。

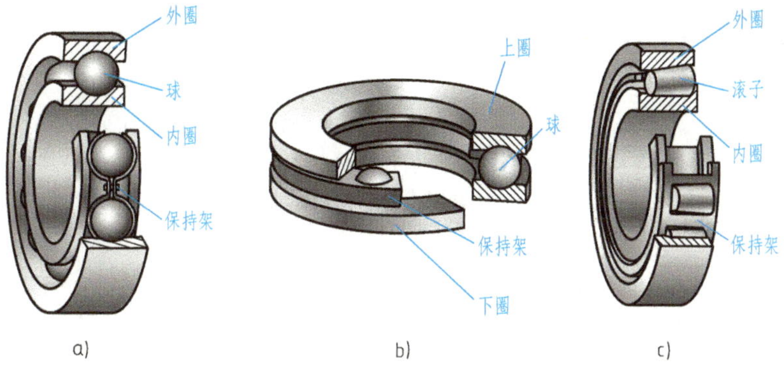


图 7-44 滚动轴承的结构与种类

a）深沟球轴承 b）推力球轴承 c）圆锥滚子轴承

2）推力球轴承：主要承受轴向载荷，如推力球轴承（图 7-44b）。

3）向心推力轴承：同时承受径向和轴向载荷，如圆锥滚子轴承（图 7-44c）。

（3）滚动轴承的代号 滚动轴承代号由前置代号、基本代号、后置代号依次排列组成。若没有特殊的结构和宽度等要求，则一般均以基本代号表示。

基本代号由类型代号、尺寸系列代号、内径代号构成。类型代号用数字或字母表示，见表 7-8；尺寸系列代号由滚动轴承的宽（高）度系列代号和直径代号用数字组成，它的主要作用是区别内径相同而宽度和外径不同的轴承，具体代号需查阅相关的国家标准。内径代号用数字表示，见表 7-9。

表 7-8 滚动轴承类型代号（摘自 GB/T 272—2017）

| 代号 | 轴承类型 | 代号 | 轴承类型 |
|---|---|---|---|
| 0 | 双列角接触球轴承 | 6 | 深沟球轴承 |
| 1 | 调心球轴承 | 7 | 角接触球轴承 |
| 2 | 调心滚子轴承 | 8 | 推力圆柱滚子轴承 |
| 3 | 圆锥滚子轴承 | N | 圆柱滚子轴承 |
| 4 | 双列深沟球轴承 | U | 外球面球轴承 |
| 5 | 推力球轴承 | QJ | 四点接触球轴承 |

表 7-9 滚动轴承内径代号（摘自 GB/T 272—2017）

| 轴承公称内径/mm | | 内径代号 | 示例 | |
|---|---|---|---|---|
| 1~9(整数) | | 用公称内径毫米数直接表示，对深沟及角接触球轴承直径系列 7、8、9，内径与尺寸系列代号之间用“/”分开 | 深沟球轴承 625 | $d=5$mm |
| | | | 深沟球轴承 618/5 | $d=5$mm |
| 10~17 | 10 | 00 | 深沟球轴承 6200 | $d=10$mm |
| | 12 | 01 | 深沟球轴承 6201 | $d=12$mm |
| | 15 | 02 | 深沟球轴承 6202 | $d=15$mm |
| | 17 | 03 | 深沟球轴承 6203 | $d=17$mm |
| 20~480<br>(22、28、32 除外) | | 公称内径除以 5 的商数，商数为个位数，需在商数左边加“0”，如 08 | 圆锥滚子轴承 30308 | $d=40$mm |
| | | | 深沟球轴承 6215 | $d=75$mm |

例如：

代号 6204

6 2 04

- 04——内径代号（$d = 4\text{mm} \times 5 = 20\text{mm}$）
- 2——尺寸系列代号（02）
- 6——类型代号（深沟球轴承）

代号 N2210

N 22 10

- 10——内径代号（$d = 10\text{mm} \times 5 = 50\text{mm}$）
- 22——尺寸系列代号（02）
- N——类型代号（圆柱滚子轴承）

## 4. 弹簧

弹簧常用于需储存能量、减振、夹紧、测力等场合。

弹簧的类型很多，有螺旋压缩（或拉伸）弹簧、扭转弹簧和平面蜗卷弹簧等，如图 7-45 所示。本节着重介绍机械中最常用的圆柱螺旋压缩弹簧的画法。

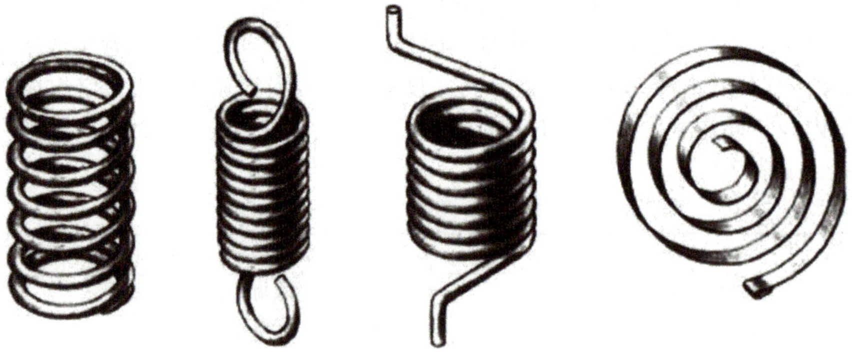

a) b) c) d)

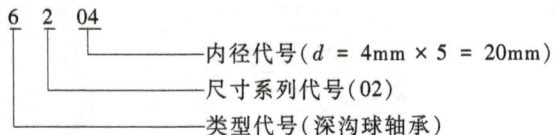

图 7-45 常用的弹簧

a）压缩弹簧 b）拉伸弹簧 c）扭转弹簧 d）平面蜗卷弹簧

### （1）圆柱螺旋压缩弹簧各部分的名称及尺寸计算（图 7-46）

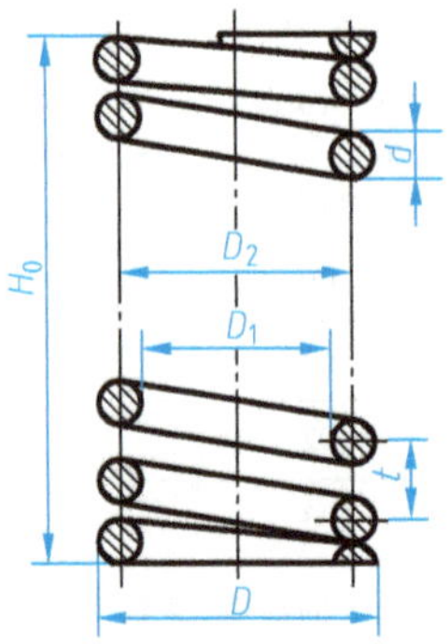

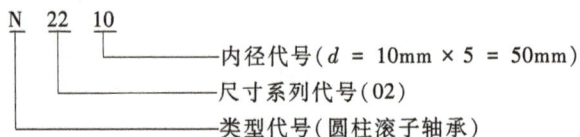

图 7-46 圆柱螺旋压缩弹簧

1）弹簧丝直径 $d$：制造弹簧的钢丝直径。

2）弹簧外径 $D$：弹簧的最大直径。

3）弹簧内径 $D_1$：弹簧的最小直径。

4）弹簧中径 $D_2$：弹簧的平均直径。计算公式为

$$D_2=(D+D_1)/2=D_1+d=D-d$$

5）节距 $t$：除支承圈外，相邻两有效圈上对应点间的轴向距离。

6）有效圈数 $n$：弹簧能保持相等节距的圈数。

7）支承圈数 $n_0$：为了使弹簧工作时受力均匀，支承平稳，制造时将其两端并紧及磨平的圈数。支承圈有 1.5 圈、2 圈、2.5 圈三种，以 2.5 圈最为常见。

8）总圈数 $n_1$，其计算公式为 $n_1=n+n_0$。

9）自由高度 $H_0$：弹簧在不受外力作用时的高度。其计算公式为

$$H_0=nt+(n_0-0.5)d$$

10）弹簧钢丝的展开长度 $L$，其计算公式为

$$L\approx n_1\sqrt{(\pi D_2)^2+t^2}$$

（2）圆柱螺旋压缩弹簧的规定画法

1）在平行于螺旋弹簧轴线的视图中，弹簧各圈的轮廓不必按螺旋线的真实投影画出，而是用直线代替螺旋线的投影，如图 7-46 所示。

2）螺旋弹簧均可画成右旋，对必须保证的旋向要求应在“技术要求”中注明。

3）有效圈数在四圈以上的螺旋弹簧，中间各圈可以省略，只画出其两端的 1~2 圈（不包括支承圈），中间只需用通过弹簧丝剖面中心的细单点画线连起来。省略后，允许适当缩小图形的高度，但应注明弹簧的自由高度。

4）在装配图中，螺旋弹簧被剖切后，不论中间各圈是否省略，被弹簧挡住的结构一般不画，其可见部分应从弹簧的外轮廓线或从弹簧钢丝断面的中心线画起，如图 7-47a 所示。

5）在装配图中，当弹簧钢丝的直径小于或等于 2mm 时，其断面可以涂黑表示，如图 7-47b 所示，或采用图 7-47c 的示意画法。

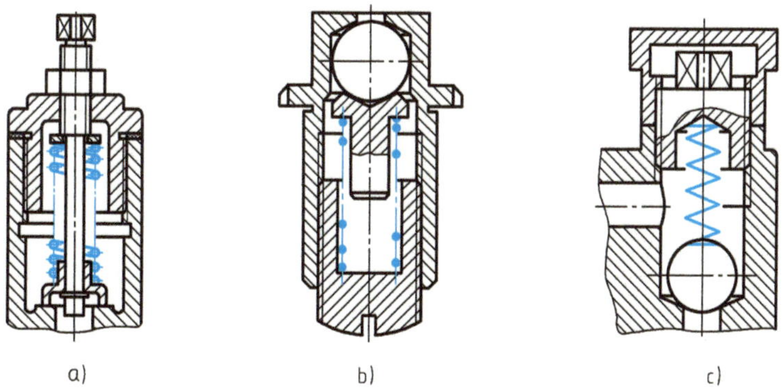


图 7-47　装配图中弹簧的画法

a）不画挡住部分的零件轮廓　b）弹簧钢丝断面涂黑　c）弹簧钢丝示意画法

（3）圆柱螺旋压缩弹簧画法举例　对于两端并紧、磨平的压缩弹簧，其作图步骤如图 7-48 所示。

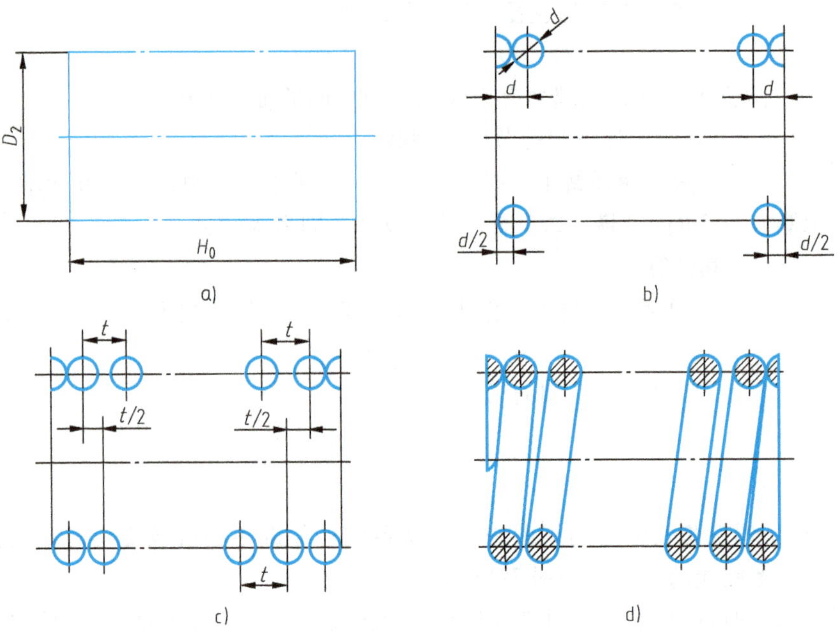


图 7-48　圆柱螺旋压缩弹簧的画图步骤

a）以自有高度 $H_0$ 和弹簧中径 $D_2$ 作矩形　b）画出支承圈部分与簧丝直径相等的圆和半圆
c）根据节距 $t$ 作弹簧丝断面　d）按右旋方向作弹簧丝断面的切线，校核，加深剖面线

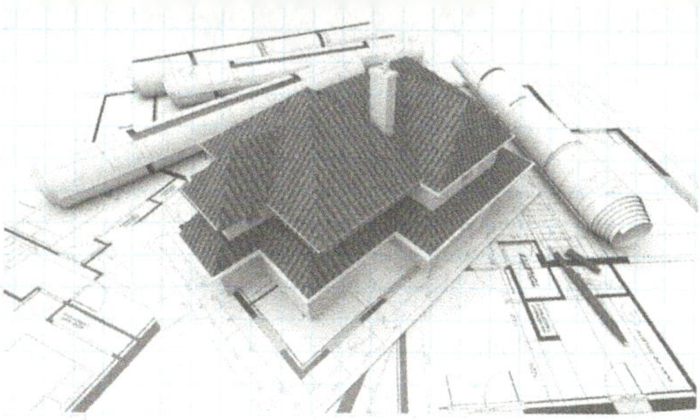

# 课题八

# 零 件 图

## 8-1 零件图的表达方法

### 学习目标

1. 了解零件图的基本内容及在生产中的作用。
2. 掌握正确识读零件图的步骤。
3. 熟悉零件视图选择的基本原则。
4. 掌握零件视图选择的一般方法与步骤。
5. 能够根据视图的选择原则，确定零件的合理表达方案。
6. 熟悉基准的概念、种类和选择，以及标注尺寸时的注意事项。
7. 掌握合理标注尺寸的方法与步骤。
8. 能够结合生产实习，提高合理标注尺寸的能力。

### 制图任务

任务一：识读轴零件图（图 8-1）。

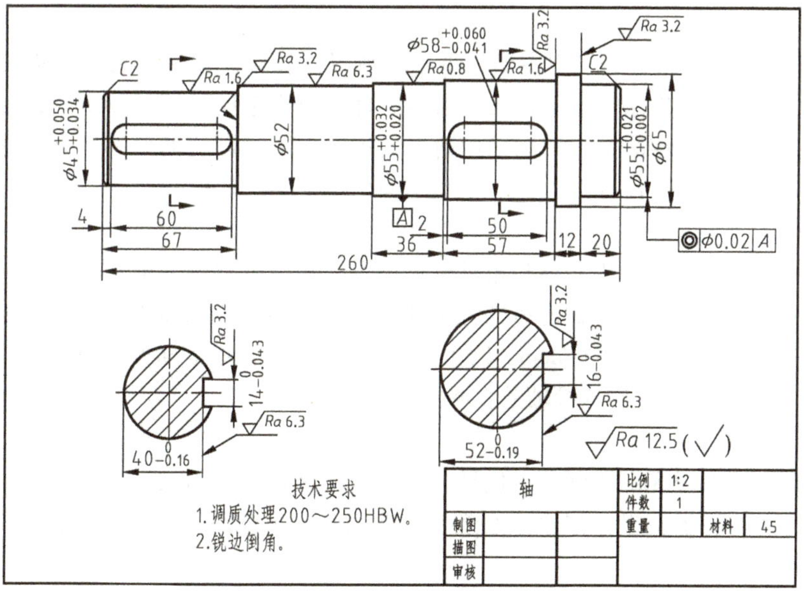

图 8-1 轴零件图

任务二：选择支座的表达方案——选择合理的主视图、其他视图和适当的表达方法，支座的轴测图如图 8-2 所示。

任务三：标注零件尺寸——根据图 8-3 所示支座零件的三视图，合理标注支座零件的尺寸。

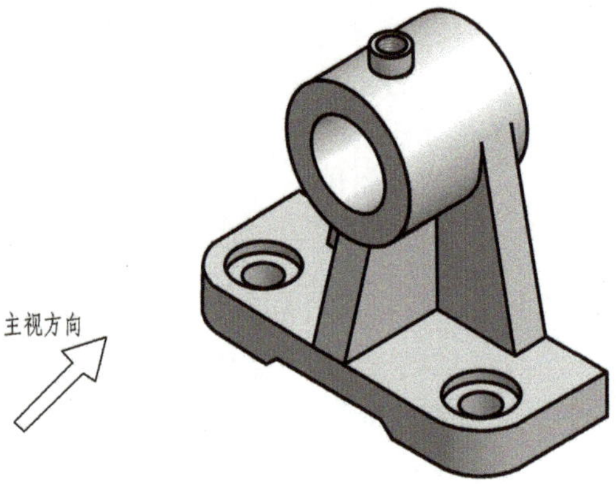


图 8-2　支座的轴测图

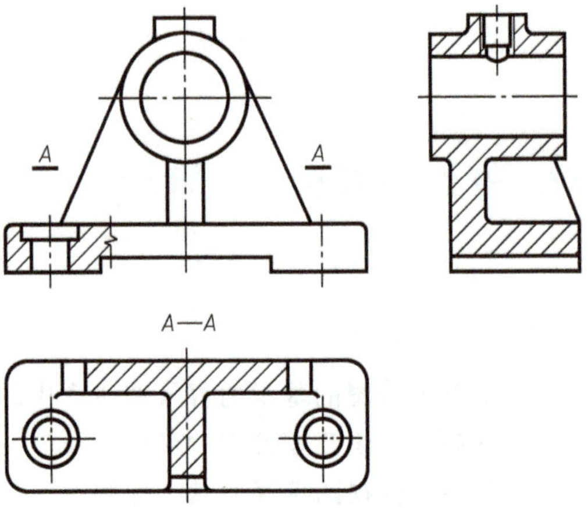


图 8-3　支座零件的三视图

## 任务实施

### 1. 任务一的操作步骤

（1）看标题栏

在标题栏中写明了与零件有关的内容，如零件名称为轴、材料为 45 钢、比例为 1∶1 等；与生产管理有关的内容，如单位名称、设计、审核者的责任签名、图号等。零件图上的标题栏要按国家标准的规定绘制并填写。

（2）读一组图形

图 8-1 所示轴零件图上有一组图形，采用主视图（基本视图）和移出断面图表达零件的外部和断面结构。轴零件图的基本视图反映该零件是由多个同轴圆柱体组成，移出断面图反映了键槽的深度。在零件图中，可以采用适当的视图、剖视图、断面图等表达方法，以一组图形完整、清晰地表达零件各部分的形状和结构。

（3）读图中的尺寸标注

为表达零件各部分的形状大小和相对位置关系，应在零件图上标注一组正确、完整、清晰、合理的尺寸，以满足零件制造和检验时的需要。该轴以右端面为长度方向基准的尺寸标注有：20mm、12mm、57mm、36mm、260mm；以中心轴线为高度方向基准的尺寸标注有：$\phi$45mm、$\phi$52mm、$\phi$55mm 等每段轴的直径尺寸。

（4）识读技术要求

在零件图上可以用规定的符号、代号、数字或文字说明，简明、准确地给出零件在制造和检验时应达到的质量要求，如表面粗糙度、尺寸公差、几何公差、热处理（调质处理）、锐边倒角等各项要求。

通过分析，想象出轴的空间结构如图 8-4 所示。

2. 任务二的操作步骤

(1) 主视图的表达　图 8-2 所示的 *A* 向为支座零件主视图的投射方向，采用形状特征的原则确定，并在视图内做局部剖视表达支座凸台上的沉孔。

(2) 其他视图的选择　当支座零件的主视图确定后，通过综合分析，选全剖的左视图，着重表达支承孔的内部结构及两侧支承板形状。俯视图选用 *A*—*A* 剖视，表达底板与支承板断面的形状。

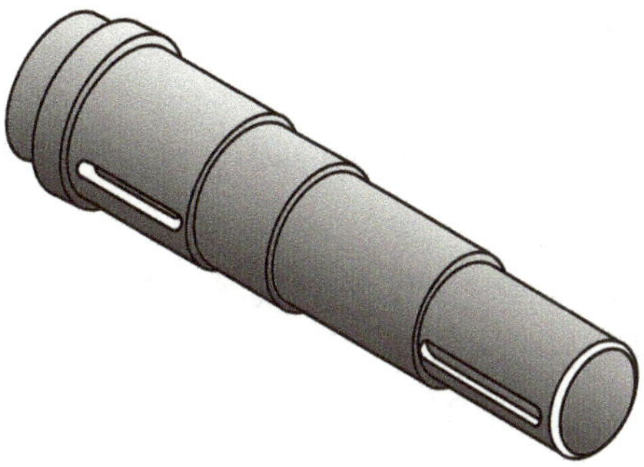

图 8-4　轴的轴测图

选用这样的表达形式，既能将支座结构形状表达清楚，又能采用了较少的视图，且表达比较合理。

3. 任务三的操作步骤

(1) 形体分析　标注支承座零件的尺寸之前，先要对该零件进行结构分析，即该零件由底板、支承板、肋板和带凸台的空心圆柱体组成；然后了解零件的工作性能和加工测量方法。

(2) 选择尺寸基准进行尺寸标注　在图 8-5 所示的支座中，其长度方向的基准为左右方向的对称平面，尺寸标注有 40mm、70mm、98mm；宽度方向的基准为底板和支承板的后端面，尺寸标注有 26mm、40mm、5mm、10mm 等；为了使螺纹孔定位测量方便，以套筒的后面作为宽度方向的辅助基准，主要基准与辅助基准之间的联系尺寸是 5mm；高度方向的基准为底板底面，尺寸标注有 12mm、60mm、85mm 等，其中 60mm 为轴中心的定位尺寸，是保证轴承座使用精度的重要尺寸，必须从基准直接注出，为方便测量选择 M8 螺纹孔的顶面为工艺基准，标注出凸台的高度尺寸 9mm，85mm 是高度方向主要基准和辅助基准之间的联系尺寸。

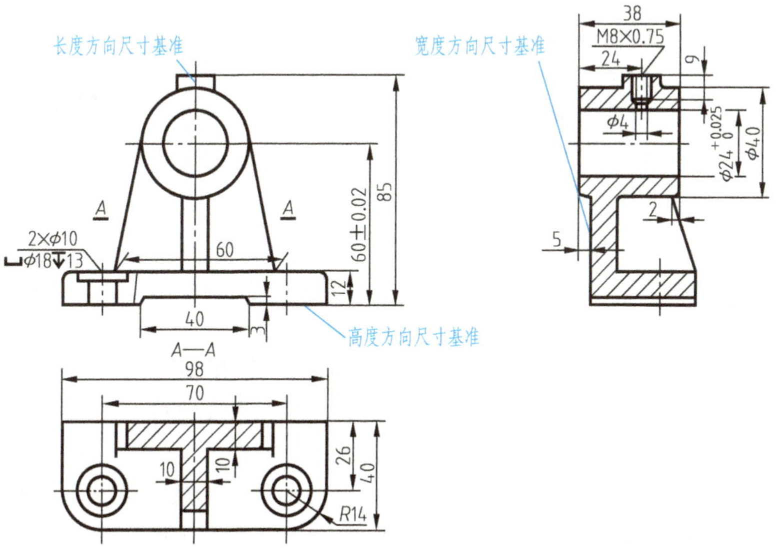


图 8-5　支座零件图尺寸标注

## 知识链接

### 1. 零件图

零件图是表达零件的形状结构、尺寸和技术要求的图样。一张完整的零件图，一般包括四方面内容。

1）一组视图：包括视图、剖视图、断面图等表达方式，用于正确、完整、清晰地表达零件的形状结构。

2）完整的尺寸：正确、完整、清晰、合理地标注出制造、检验零件的全部尺寸。

3）技术要求：用规定的符号、数字及文字说明零件在制造和检验过程中应达到的各项技术要求。如尺寸公差、形状和位置公差、表面粗糙度、材料的热处理与表面处理要求等。

4）标题栏：用于填写零件名称、材料、重量、数量、绘图比例、有关人员的签名及日期等。

### 2. 表达方案的选择

表达方案的选择主要包括选择主视图、选择其他视图、选择表达方法等内容，其中选择主视图是表达方案的核心内容。

零件图的视图选择就是选择零件的表达方案。选择表达方案时主要考虑零件各组成部分的形状及相对位置，视图数目的配置，便于加工，作图简便。要正确、完整、清晰、简便地表达零件的结构形状，关键是要选择一个合理的表达方案，其中包括主视图、视图数目及具体画法的选择。

（1）主视图的选择　主视图是一组视图的核心，选择恰当与否，直接影响其他视图的选择，关系到读图、绘图是否方便。

1）选择主视图的投射方向。应考虑形体特征原则，即将最能反映零件形状特征的方向作为主视图的投射方向。

2）选择主视图的位置。所谓主视图的位置，即是零件的摆放位置。应该考虑以下几个原则。

① 工作位置原则。所选择主视图的位置，应尽可能与零件在机械或部件中的工作位置相一致，如图 8-6 所示。

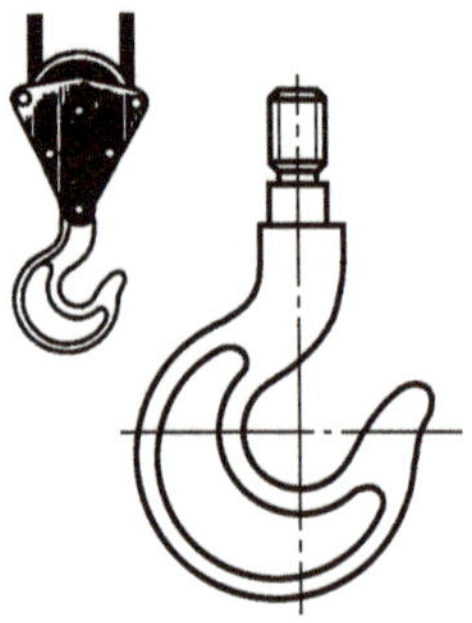

图 8-6　吊钩的工作位置

② 加工位置原则。零件图的作用是用于指导制造零件，因此主视图所表示的零件位置应尽量和该零件的主要工序的装夹位置一致，以便读图，如图 8-7 所示。

③ 自然摆放稳定原则。如果零件的工作位置不固定，或者零件的加工工序较多而且加工位置多变时，可以按照它的自然摆放平稳的位置作为主视图的位置，如图 8-8 所示。

在选择主视图时，应当根据零件的具体结构加工、使用情况加以综合考虑。其中，以反映形状特征原则为主，并尽量做到符合加工位置和工作位置。

（2）其他视图的选择　选定主视图后，应根据零件结构形状的复杂程度选择其他视图。

1）互补原则。其他视图主要用于表达零件在主视图中尚未表达清楚的部分，作为主视图的补充，这是选择其他视图的基本原则。主视图与其他视图在表达零件时，各有侧重，相互弥补，才能完整、清晰地表达零件的结构形状。

2）视图简化原则。在选用视图、剖视图等各种表达方法时，还要考虑绘图、读图的方便，力求减少视图数目、简化图形。为此，应广泛采用各种简化画法。

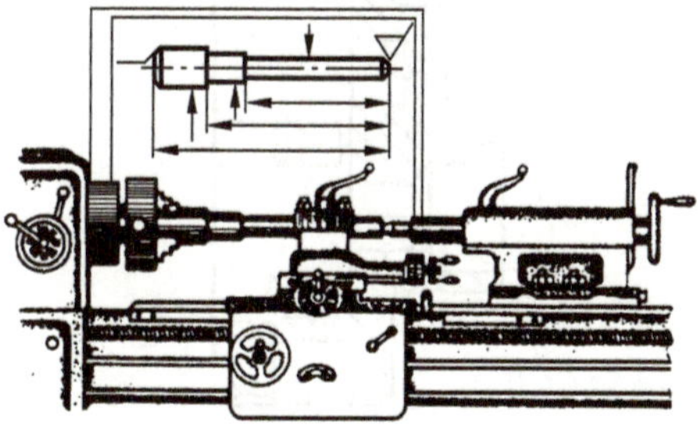

图 8-7 轴的加工位置

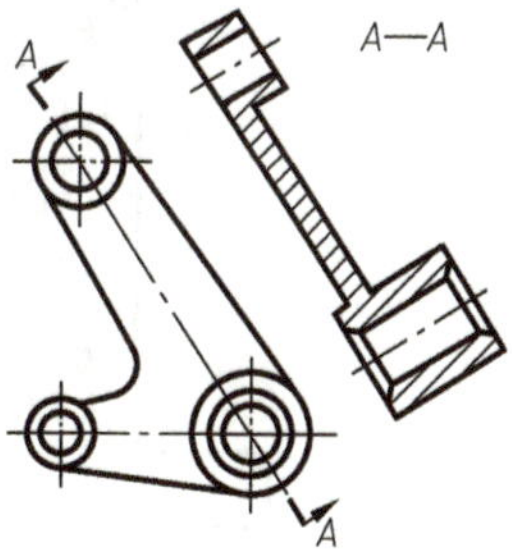


图 8-8 自然摆放稳定原则

### 3. 视图选择的注意事项

1）优先选用基本视图。

2）内、外形的表达，内形复杂的可采用全剖；内、外形需兼顾，且不影响清楚表达时可采用局部剖。

3）尽量不用虚线表示零件的轮廓线，但用少量虚线可节省视图数量而又不在虚线上标注尺寸时，可适当采用虚线。

4）方案比较，择优原则。

① 在零件的结构形状表达清楚的基础上，视图的数量越少越好。在多种方案中比较、择优。

② 避免不必要的细节重复。

总之，零件的视图选择是一个比较灵活的问题，在选择时一般应有几种方案，加以比较后，力求用比较好的方案表达零件。

### 4. 合理标注尺寸

合理标注尺寸是指所标尺寸既要满足设计要求，保证机器的使用性能，又要满足工艺要求，便于加工、测量和检验。

#### （1）零件图尺寸标注的基本步骤

1）尺寸基准的确定。零件的尺寸基准是指零件在设计、加工、测量和装配时，用于确定尺寸起始点的一些面、线或点。

① 设计基准和工艺基准。设计基准是指根据零件的结构和设计要求而选定的尺寸起始点；工艺基准是指根据零件在加工、测量和安装时的要求而选定的尺寸起始点。

② 主要基准和辅助基准。任何一个零件都有长、宽、高三个方向（或轴向、径向两个方向）的尺寸，每个方向的尺寸至少有一个基准，这三个基准就是主要基准。必要时还可以增加一些基准，即辅助基准。要注意的是，主要基准和辅助基准之间一定要有尺寸联系，如图 8-9 中的尺寸 80mm、35mm；主要基准应尽量作为设计基准同时也作为工艺基准，辅助基准可作为设计基准或工艺基准，如图 8-9 所示。

2）标注定位、定形尺寸从基准出发，标注定位、定性尺寸有以下几种形式：

① 链状式标注。同一方向的几个尺寸依次首尾相连，称为链状式。链状式可保证各端

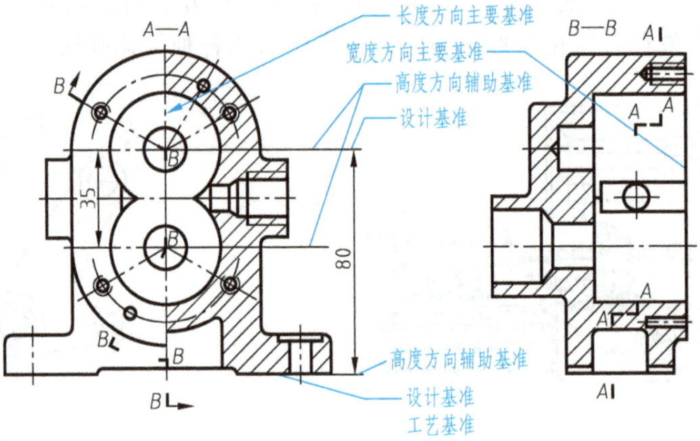


图 8-9　泵体的尺寸基准

尺寸的精度要求，但由于基准依次推移，使各端尺寸的位置误差受到影响，如图 8-10 所示。

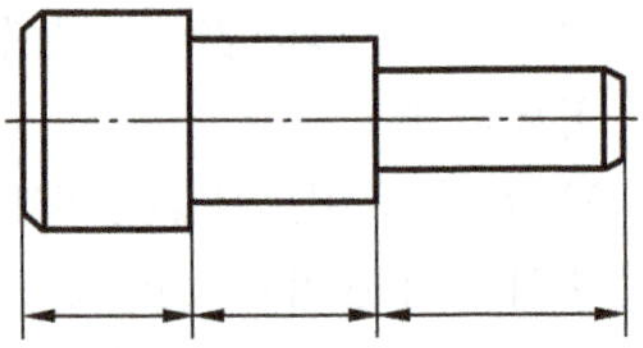

图 8-10　链状式尺寸注法

② 坐标式标注。同一方向的几个尺寸由同一基准出发，称为坐标式。坐标式能保证所注尺寸误差的精度要求，各段尺寸精度互不影响，不产生位置误差积累，如图 8-11 所示。

③ 综合式标注。同方向尺寸标注既有链状式又有坐标式标注的，称为综合式标注，如图 8-12 所示。此种形式既能保证零件一些部位的尺寸精度，又能减少各部位的尺寸位置误差积累，在尺寸标注中应用最广泛。

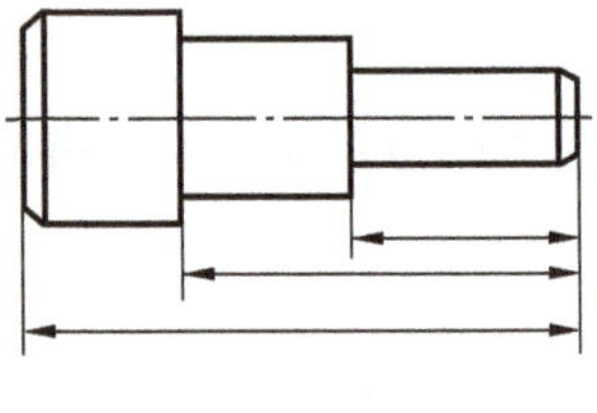

图 8-11　坐标式尺寸注法

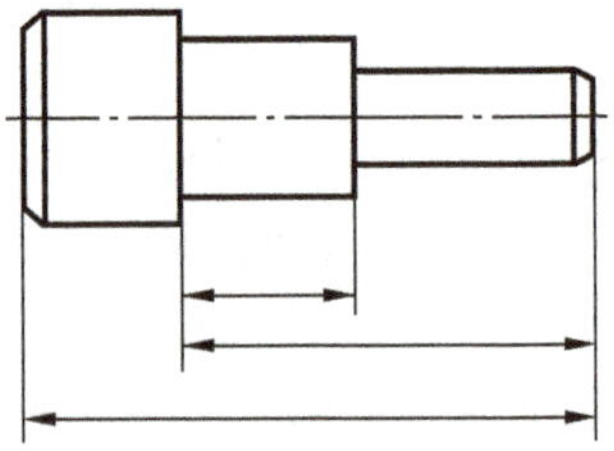

图 8-12　综合式尺寸注法

### （2）合理标注尺寸应满足的要求

1）满足设计要求。

① 主要尺寸。所谓主要尺寸是指零件的性能尺寸和影响零件在机器中工作精度、装配精度等的尺寸。主要尺寸应从基准出发直接注出，以保证加工时达到设计要求，避免尺寸之间的换算，如图 8-13 所示。

② 避免注成封闭的尺寸链。零件在加工时必然出现尺寸误差，因此不能标注成封闭尺寸链，如图 8-14a 所示。为了保证重要尺寸，常将尺寸链中的一个最不重要的尺寸不标注，使尺寸误差都累积到这个尺寸上，如图 8-14b 所示。

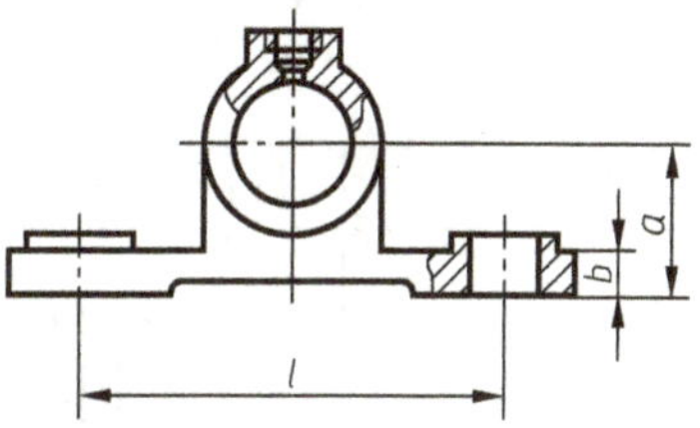


图 8-13　主要尺寸直接注出

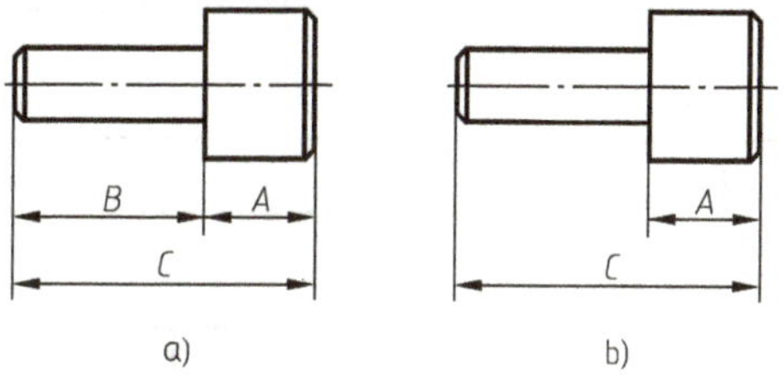


图 8-14　不能注成封闭尺寸链

2）满足工艺要求。

① 按加工顺序标注尺寸，既便于看图，又便于加工测量，从而保证工艺要求，如图 8-15 所示。

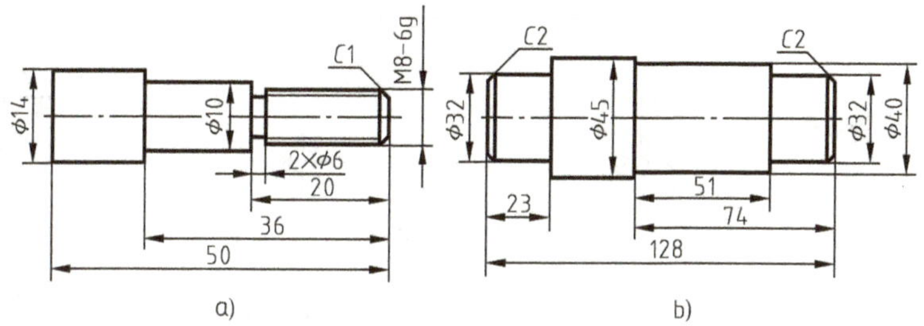


图 8-15　按加工顺序标注尺寸

a）一端加工　b）两端加工

② 考虑加工方法，用不同工种加工的尺寸应尽量分开标注，这样配置的尺寸清晰，便于加工时看图，如图 8-16 所示。

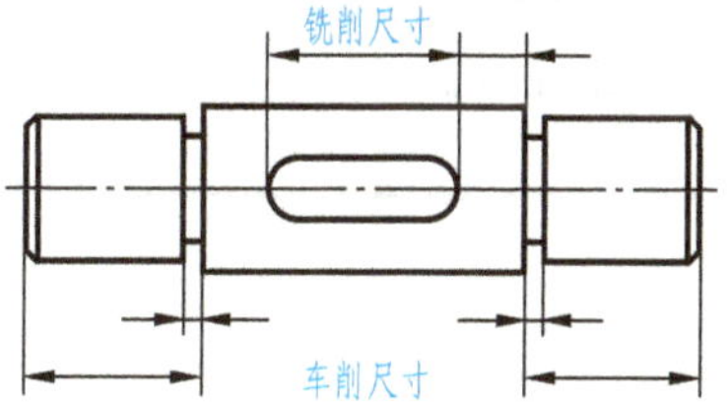


图 8-16　按不同的加工方法分开标注尺寸

③ 尺寸标注应考虑测量的方便与可能，如图 8-17 所示。

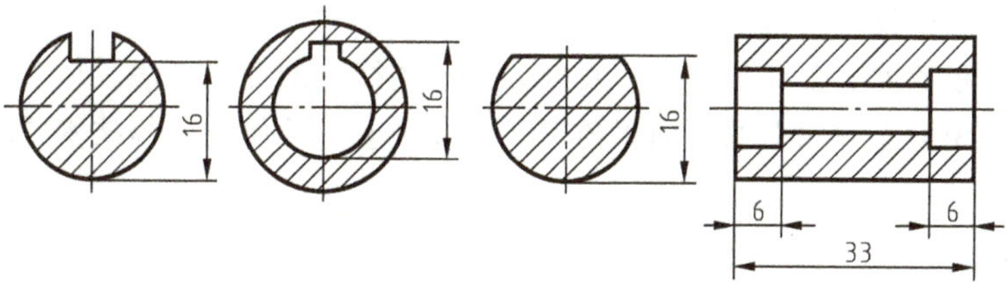


图 8-17　考虑测量方便

（3）零件上常见孔的尺寸标注　零件上常见孔的尺寸标注见表 8-1。

表 8-1　零件上常见孔的尺寸标注

| 类型 | | 简化注法 | | 普通注法 |
|---|---|---|---|---|
| 光孔 | 一般孔 | 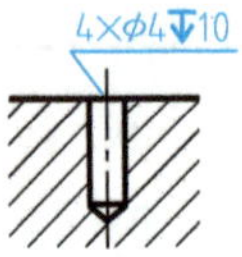  | 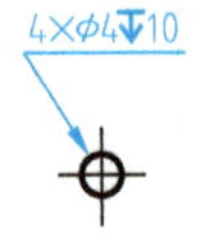  | 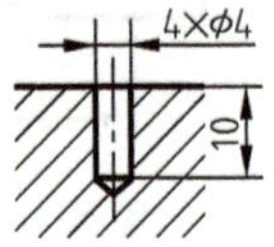  |
| 螺纹孔 | 通孔 | 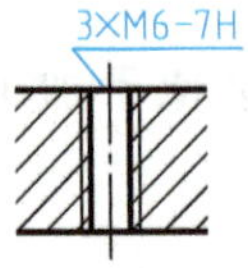  |   | 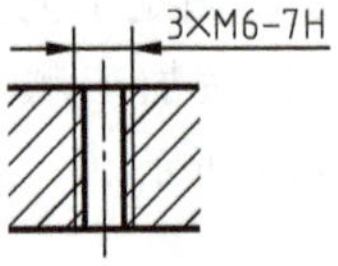  |
| 螺纹孔 | 不通孔 | 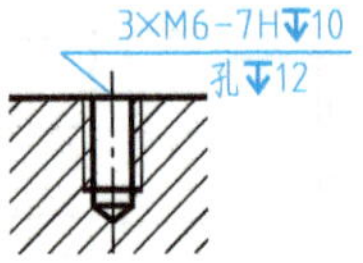  | 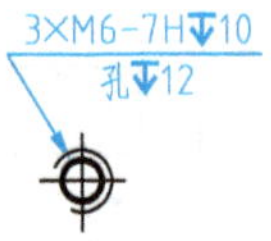  | 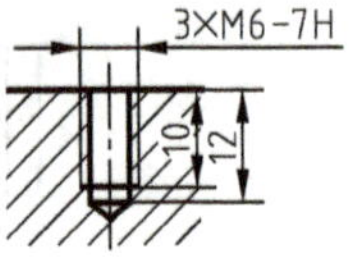  |
| 沉孔 | 锥形沉孔 | 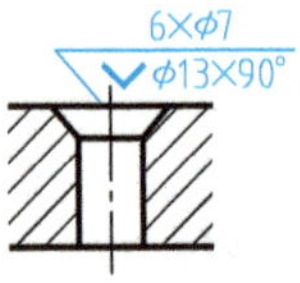  | 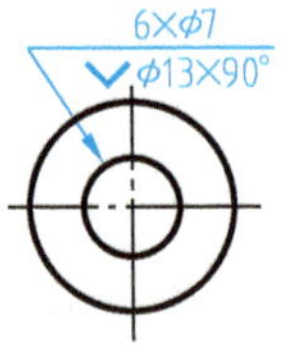  | 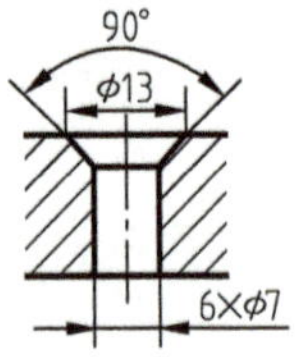  |
| 沉孔 | 柱形沉孔 | 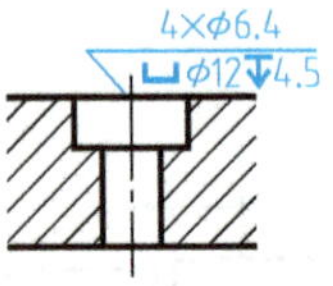  | 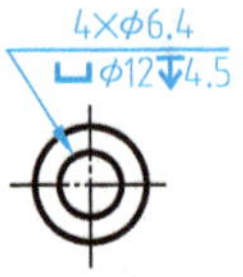  | 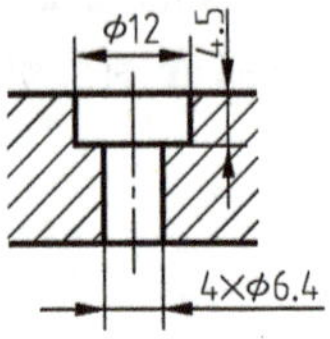  |

## 8-2　识读零件图的技术要求

### 学习目标

1. 熟悉零件图中技术要求的主要内容。
2. 掌握表面粗糙度、公差与配合、几何公差在图样上的标注方法。
3. 能够正确识读零件图上的表面粗糙度、尺寸公差、几何公差等技术要求。

### 制图任务

任务一：识读图 8-18 所示套筒零件图中表面粗糙度的标注方法和含义。

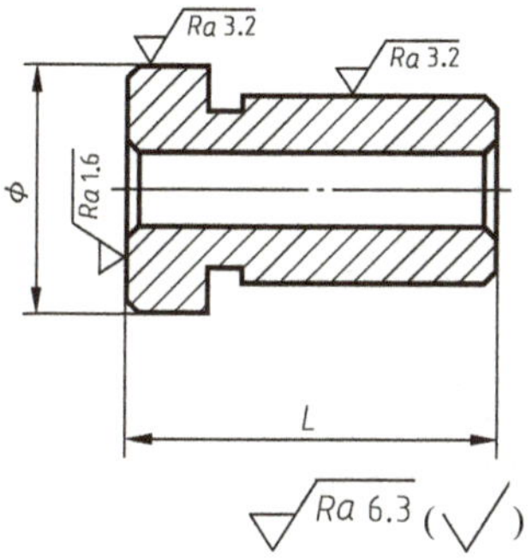


图 8-18　套筒

任务二：识读图 8-19 所示零件图中配合代号的含义。

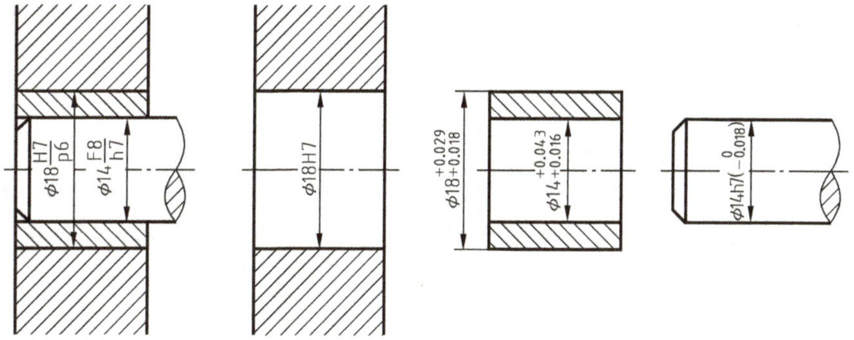


a)　b)　c)　d)

图 8-19　尺寸公差与配合注法

任务三：识读图 8-20 所示轴零件图中几何公差的含义。

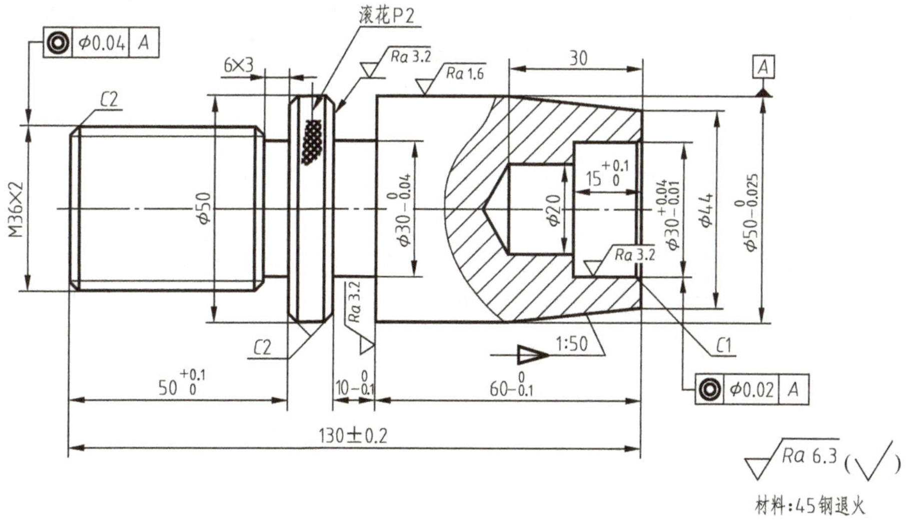


图 8-20　轴零件图

## 任务实施

### 1. 任务一的操作步骤

#### （1）零件表面粗糙度的标注方法

1）在同一零件图上，每一表面一般只注一次表面粗糙度符号、代号，并尽可能靠近有关的尺寸线。

2）表面粗糙度符号、代号应注在可见轮廓线、尺寸界线、引出线或它们的延长线上。

3）符号的箭头必须从材料外指向材料表面。

#### （2）图 8-20 中表面粗糙度的含义

$\sqrt{Ra\ 1.6}$：零件表面用去除材料的方法获得，表面粗糙度上限值为 1.6μm。

$\sqrt{Ra\ 3.2}$：零件表面用去除材料的方法获得，表面粗糙度上限值为 3.2μm。

$\sqrt{Ra\ 6.3}$（$\sqrt{}$）：未标注的零件表面用去除材料的方法获得，表面粗糙度上限值均为 6.3μm。

### 2. 任务二的操作步骤

图 8-19 中尺寸公差和配合的标注方法分析如下：

1）当公称尺寸后只标注公差带代号时，如图 8-19b 所示，配合精度明确，标注简单，但数值不直观，适用于量规检测的尺寸。这种标注法和采用专用量具检验零件统一起来，适应大批量生产的需要，不需标注极限偏差数值。

2）当公称尺寸后只标注极限偏差数值时，如图 8-19c 所示，数值直观，用万能量具检测方便。这种标注法主要用于小批量或单件生产，以便加工和检验时减少辅助时间。

3）当公称尺寸后同时标注公差带代号和极限偏差数值时，如图 8-19d 所示，适用于生产批量不确定的场合。

4）在装配图上的标注形式为公称尺寸后采用分数；分子为孔的基本偏差代号、公差等级；分母为轴的基本偏差代号、公差等级。当采用基孔制时，分子为基准孔代号 H 及公差等级。当采用基轴制时，分母为基准轴代号 h 及公差等级，如图 8-19a 所示。

### 3. 任务三的操作步骤

#### （1）零件表面几何公差的标注方法

1）当被测要素为组成要素时，从框格引出的指引线箭头，应指在该要素的轮廓线或其延长线上。

2）当被测要素是轴线或对称中心线（导出要素）时，应将箭头与该要素的尺寸线对齐，如“M36×2”轴线的同轴度注法。当基准要素是轴线时，应将基准符号与该要素的尺寸线对齐，如图 8-20 中的基准 $A$。

#### （2）图 8-20 中几何公差代号的含义

1）| ◎ | $\phi$0.02 | A | 表示 $\phi30^{+0.04}_{-0.01}$mm 内孔轴线对 $\phi50^{\ 0}_{-0.025}$mm 外圆轴线的同轴度公差为 $\phi$0.02mm。

2）| ◎ | $\phi$0.04 | A | 表示螺纹孔 M36×2 的轴线对 $\phi50^{\ 0}_{-0.025}$mm 外圆轴线的同轴度公差为 $\phi$0.04mm。

## 知识链接

### 1. 表面粗糙度

(1) 表面粗糙度的概念及评定参数　经过机械加工后所得的零件表面，不管多光滑，在金相显微镜下观察都是凹凸不平的，如图 8-21 所示。把表示零件表面具有的较小间距和峰谷所组成的微观集合形状特性称为表面粗糙度。表面粗糙度是评定零件表面质量重要指标之一，零件表面粗糙度对零件的配合质量、抗拉强度、耐磨性、耐蚀性、抗疲劳强度都有很大的影响。

关于表面粗糙度的评定参数，国家标准 GB/T 3505—2009《产品几何技术规范（GPS）表面结构　轮廓法　术语、定义及表面结构参数》规定了多种参数，本节只介绍常用的轮廓算术平均偏差 $Ra$ 和轮廓的最大高度 $Rz$。

如图 8-22 所示，轮廓算术平均偏差 $Ra$ 为在取样长度 $L$ 内，轮廓偏距绝对值的算术平均值。轮廓的最大高度 $Rz$ 为在取样长度 $L$ 内，轮廓峰顶线与轮廓谷底线之间的距离。

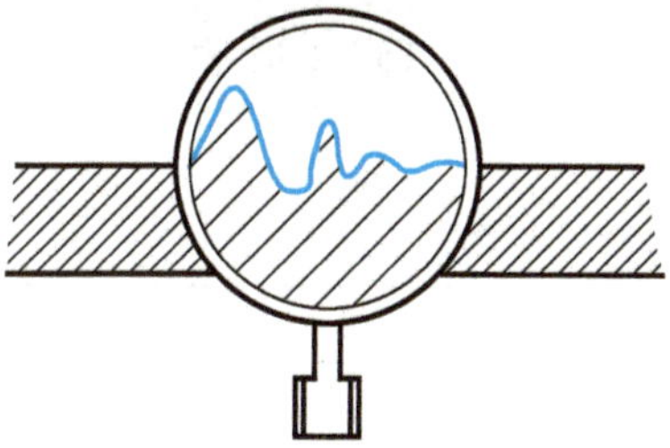

图 8-21　表面粗糙度

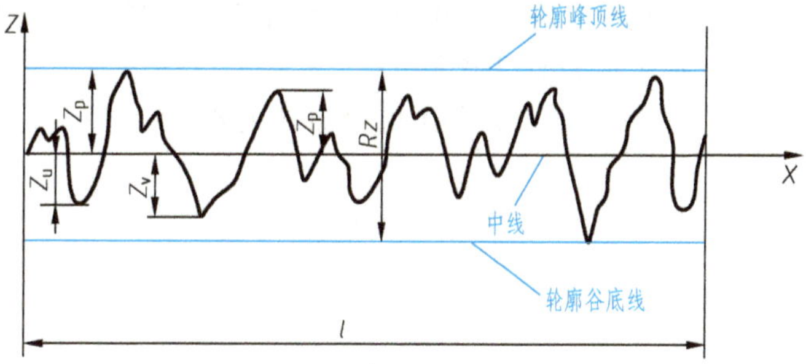


$$Ra=\frac{1}{l}\int_0^l |Z(x)|\mathrm{d}x$$

图 8-22　Ra、Rz 参数

表 8-2　表面粗糙度符号

| 符　号 | 意义及说明 |
|---|---|
|  | 基本符号，表示表面可用任何方法获得。当不加注表面粗糙度参数值或有关说明时，仅适用于简化代号标注 |
|  | 基本符号加一短画，表示表面是用去除材料的方法获得的，如车、铣、钻、刨、磨等 |
|  | 基本符号加一小圆，表示表面是用不去除材料的方法获得的，如铸、锻、轧、冲压等 |
| <br>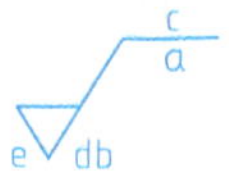<br> | 完整图形符号，当要求标注表面结构的补充信息时，在基本符号的长边加一横线。图中位置 a~c 分别注写以下内容：<br>位置 a——注写表面结构单一要求<br>位置 b——注写两个或多个表面结构要求<br>位置 c——注写加工方法、表面处理、涂层或其他加工工艺要求等，如车、磨、镀等加工表面<br>位置 d——注写表面纹理和纹理的方向，如“＝、X、M”<br>位置 e——注写加工余量，以毫米为单位给出数值 |

### （2）表面粗糙度符号、代号

1）表面粗糙度符号。表面粗糙度的基本符号及符号尺寸见表 8-2。

2）表面粗糙度代号。表面粗糙度符号的画法如图 8-23 所示，尺寸见表 8-3，其中 $H_1=1.4h$（$h$ 为字体高度），$H_2=3h$，小圆直径均为字体高 $h$，符号的线宽 $d'=h/10$。

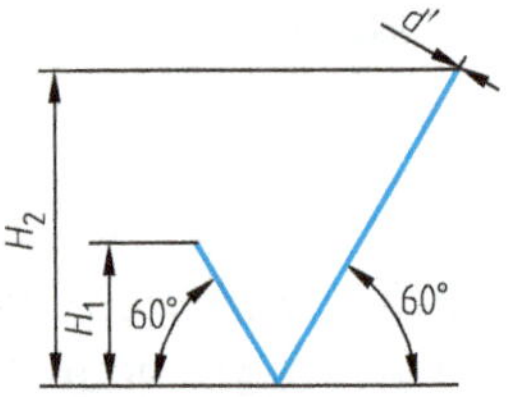


图 8-23　表面粗糙度符号

表 8-3　表面粗糙度符号的尺寸

| 数字和字母高度 $h$ | 2.5 | 3.5 | 5 | 7 | 10 | 14 | 20 |
|---|---|---|---|---|---|---|---|
| 高度 $H_1$ | 3.5 | 5 | 7 | 10 | 14 | 20 | 28 |
| 高度 $H_2$(最小值) | 7.5 | 10.5 | 15 | 21 | 30 | 42 | 60 |

在表面粗糙度符号的基础上，标注上表面特征及有关规定项目后，即组成表面粗糙度代号。

表面粗糙度的标注

3）表面粗糙度在图样上的标注（表 8-4）。

表 8-4　表面粗糙度在图样上的标注（GB/T 131—2006）

<table>
<tr><th>图　例</th><th>说　明</th></tr>
<tr><td>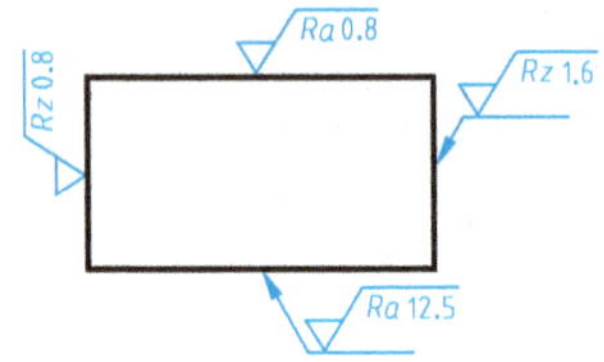
</td><td>表面结构的注写和读取方向与尺寸的注写和读取方向一致</td></tr>
<tr><td>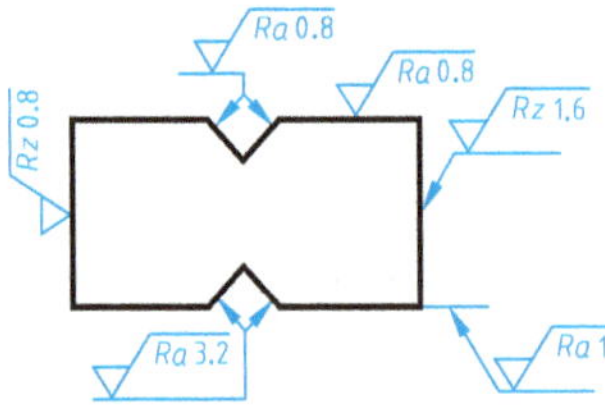
</td><td>必要时，表面结构符号可用带箭头或黑点的指引线标注</td></tr>
<tr><td>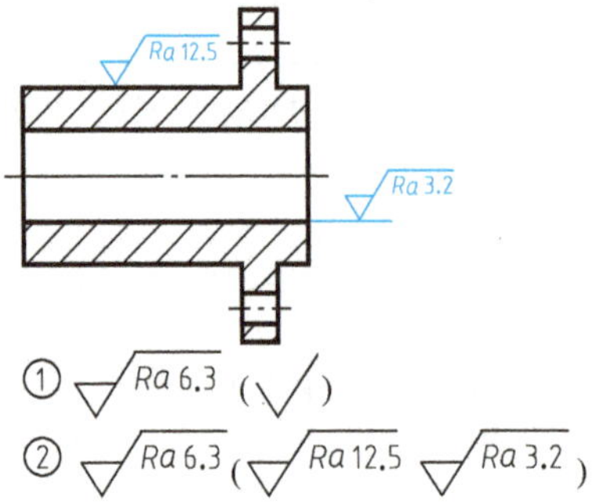
</td><td>如果零件的多数(包括全部)表面有相同的表面结构要求，则其表面结构要求可统一标注在图样的标题栏附近。此时(除全部表面有相同要求的情况外)，表面结构要求的符号后面应有：①在圆括号内给出无任何其他标注的基本符号。②在圆括号内给出不同的表面结构要求，不同的表面结构要求应直接标注在图形中</td></tr>
</table>

（续）

<table>
<tr><th>图　例</th><th>说　明</th></tr>
<tr><td>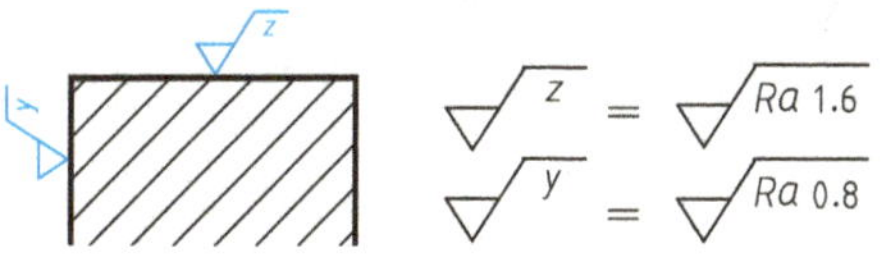
</td><td>当多个表面具有相同的表面结构要求或图纸空间有限时，可以采用简化注法。用带字母的完整符号，以等式的形式，在图形或标题栏的附近，对有相同表面结构要求的表面进行简化注法</td></tr>
<tr><td>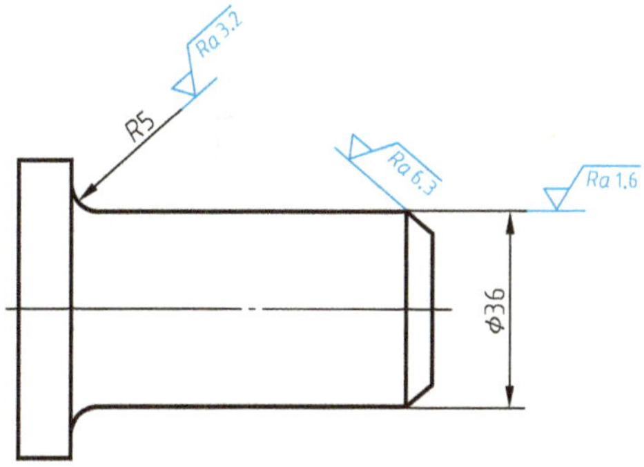
</td><td>表面结构和尺寸可以标注延长线上或分别标注在轮廓线或尺寸界线上</td></tr>
</table>

### 2. 互换性

在现代化大规模生产中，必须按互换性要求组织生产。所谓互换性，是指相同零件中一个零件可以替代另一个零件，并能满足同样要求的能力。要保证零件的互换性，就必须严格贯彻国家标准《极限与配合》（GB/T 1800.1～2—2020），从中选用符合使用要求的尺寸精度。

（1）零件的互换性　从一批规格大小相同的零件中任取一件，不经加工与修配就能顺利地将其装配到机器上，并能够保证机器的使用要求，就称这批零件具有互换性。随着社会化生产分工越来越细，互换性既能满足各生产部门的广泛协作，又能进行高效率的专业化、集团化生产。

（2）尺寸公差　制造零件时，为了使零件具有互换性，就必须对零件的尺寸规定一个允许的变动范围。为此，国家制定了极限尺寸制度，将零件制成后的实际尺寸限制在上极限尺寸和下极限尺寸的范围内。这种允许尺寸的变动量，称为尺寸公差。

下面简要介绍关于尺寸公差中的一些名词，如图 8-24 所示。

1）公称尺寸：设计给定的尺寸，如 $\phi$50mm。

2）极限尺寸：允许尺寸变动的两个界限值。如上极限尺寸为 $\phi$50.007mm，下极限尺寸为 $\phi$49.982mm。

3）尺寸偏差（简称偏差）：极限尺寸与公称尺寸的代数差，分别为上极限偏差和下极限偏差。孔的上极限偏差用 $ES$ 表示，下极限偏差用 $EI$ 表示；轴的上极限偏差用 $es$ 表示，下极限偏差用 $ei$ 表示。图 8-24 中

$$ES = 50.007\text{mm} - 50\text{mm} = 0.007\text{mm}$$

$$EI = 49.982\text{mm} - 50\text{mm} = -0.018\text{mm}$$

4）尺寸公差（简称公差 $T$）：尺寸允许的变动量。它等于上极限尺寸与下极限尺寸代数差的绝对值，也等于上极限偏差与下极限偏差代数差的绝对值，即

$$T=50.007\text{mm}-49.982\text{mm}=0.025\text{mm}$$

$$T=0.007\text{mm}-(-0.018\text{mm})=0.025\text{mm}$$

5）零线：在公差带图中确定偏差值的基准线，也称零偏差线。

6）尺寸公差带（简称公差带）：在公差带图（图 8-25）中，由代表上、下极限偏差的两条直线所限定的区域。

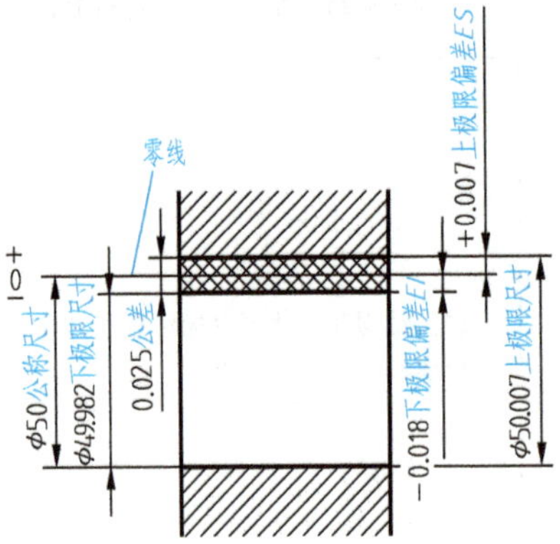


图 8-24　尺寸公差

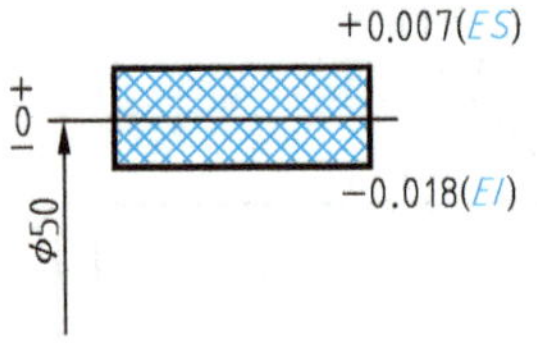


图 8-25　公差带图

### 3. 配合

公称尺寸相同并相互结合的孔和轴公差带之间的关系称为配合。配合有紧有松，国家标准将其分为三类。

（1）间隙配合　具有间隙的配合，此时，孔的公差带在轴的公差带之上，孔比轴大，如图 8-26a 所示。

（2）过盈配合　具有过盈的配合，此时，孔的公差带在轴的公差带之下，孔比轴小，如图 8-26b 所示。

（3）过渡配合　可能具有间隙也可能具有过盈的配合，此时，孔的公差带与轴的公差带互相交叠，孔可能比轴大，也可能比轴小，如图 8-26c 所示。

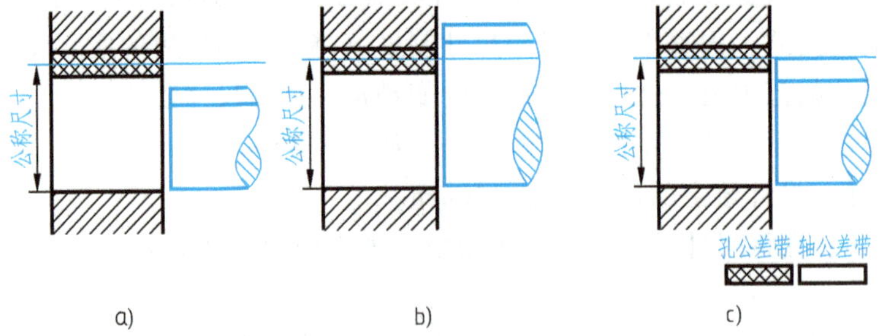


图 8-26　配合

### 4. 标准公差和基本偏差

公差带是由标准公差和基本偏差组成的。标准公差确定了公差带的大小，基本偏差确定了公差带的位置，如图 8-27 所示。

（1）标准公差　国家标准所列的，用以确定公差带大小的任一公差。标准公差分 20 个等级，即 IT01、IT0、IT1～IT18。IT 表示标准公差，数字表示公差等级。IT01 公差值最小，精度最高，IT18 公差值最大，精度最低。

（2）基本偏差　国家标准所列的，用以确定公差带相对于零线位置的上极限偏差或下极限偏差，一般是指靠近零线的那个极限偏差。孔和轴各有 28 个基本偏差，它的代号用拉丁字母表示，孔为大写字母，轴为小写字母。

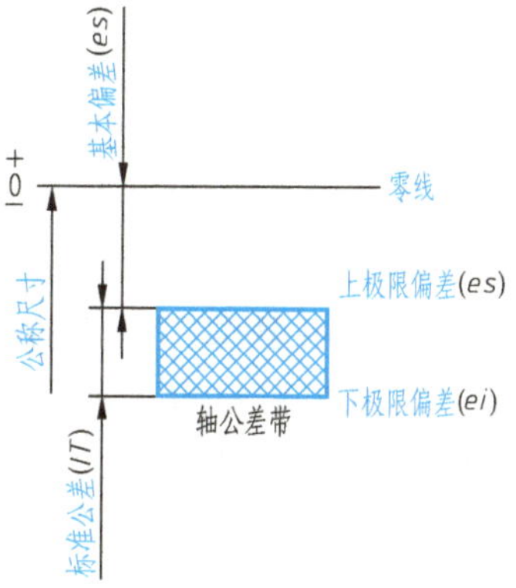

图 8-27　公差带

### 5. 配合制度

国家标准规定了基孔制和基轴制两种基准制度。

（1）基孔制　基本偏差为一定的孔的公差带，与不同基本偏差的轴的公差带形成各种配合的制度，如图 8-28 所示。基孔制的孔为基准孔，代号为 H，其下极限偏差为零。一般情况下应优先选用基孔制。

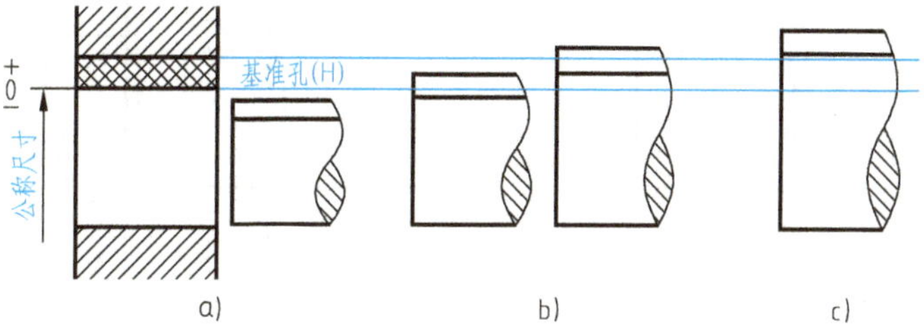

图 8-28　基孔制

（2）基轴制　基本偏差为一定的轴的公差带，与不同基本偏差的孔的公差带形成各种配合的制度，如图 8-29 所示。基轴制的轴为基准轴，代号为 h，其上极限偏差为零。

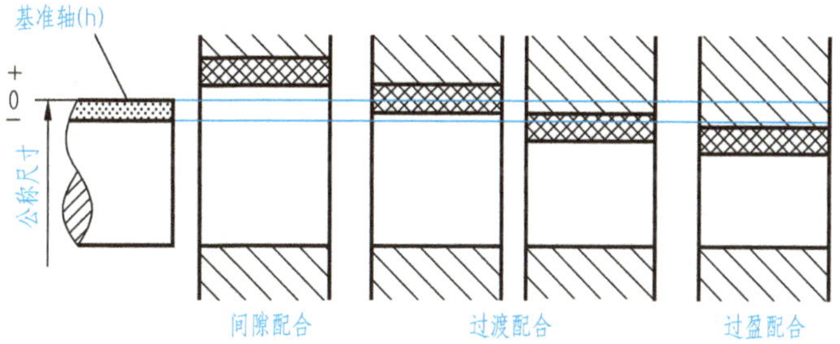

图 8-29　基轴制

### 6. 优先配合和常用配合

国家标准《极限与配合　公差带和配合的选择》（GB/T 1801—2020）中规定了优先配合和常用配合。

### 7. 极限与配合的标注

（1）在零件图上的标注　在零件图上标注公差有三种形式，在孔或轴的公称尺寸后面，一是标注公差带代号，二是标注极限偏差值，三是同时标注公差带代号和极限偏差值，如图 8-30 所示。

（2）在装配图上的标注　在装配图上标注公差与配合，是在公称尺寸的后面用分式注出，分子为孔的公差带代号，分母为轴的公差带代号，如图 8-31 所示。

## 8. 几何公差

产品质量不仅需要用表面粗糙度、尺寸公差保证，而且还要对零件宏观的几何形状和相对位置加以限制。为了满足使用要求，零件的几何形状和相对位置由形状公差和位置公差来保证。

### (1) 几何公差的分类

几何公差的分类、几何特征及符号见表8-5。

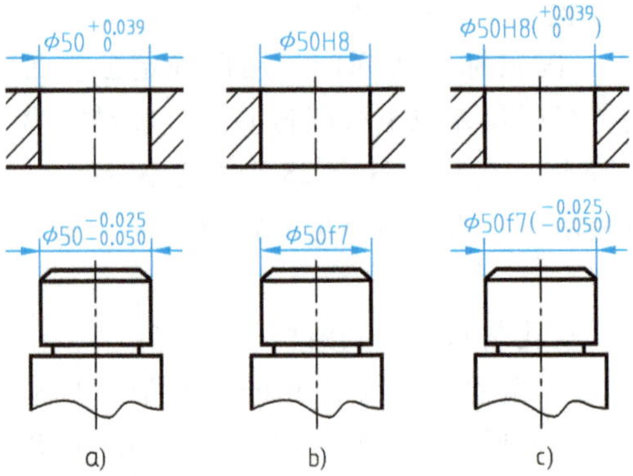


图8-30 零件图上尺寸公差的标注

极限与配合的标注

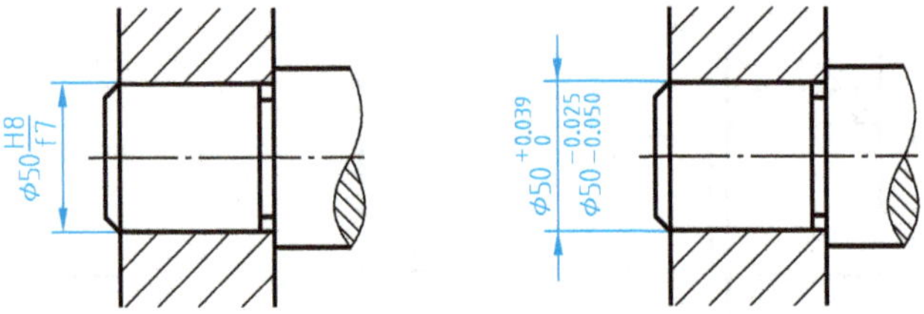


a) b)

图8-31 装配图上公差与配合的标注

表8-5 几何公差的分类、几何特征及符号

| 公差类型 | 几何特征 | 符号 | 有无基准 |
|---|---|---|---|
| 形状公差 | 直线度 | ⏤ | 无 |
| | 平面度 | ⏥ | 无 |
| | 圆度 | ○ | 无 |
| | 圆柱度 | ⌭ | 无 |
| | 线轮廓度 | ⌒ | 无 |
| | 面轮廓度 | ⌓ | 无 |
| 方向公差 | 平行度 | ∥ | 有 |
| | 垂直度 | ⊥ | 有 |
| | 倾斜度 | ∠ | 有 |
| | 线轮廓度 | ⌒ | 有 |
| | 面轮廓度 | ⌓ | 有 |
| 位置公差 | 位置度 | ⌖ | 有或无 |
| | 同轴（同心）度 | ◎ | 有 |
| | 对称度 | ⌯ | 有 |
| | 线轮廓度 | ⌒ | 有 |
| | 面轮廓度 | ⌓ | 有 |
| 跳动公差 | 圆跳动 | ↗ | 有 |
| | 全跳动 | ⌰ | 有 |

（2）几何公差代号　几何公差代号包括几何公差符号、几何公差框及指引线、几何公差值和基准代号等，如图 8-32 所示。注意，无论基准代号在图样上的方向如何，框内的字母均应水平书写。

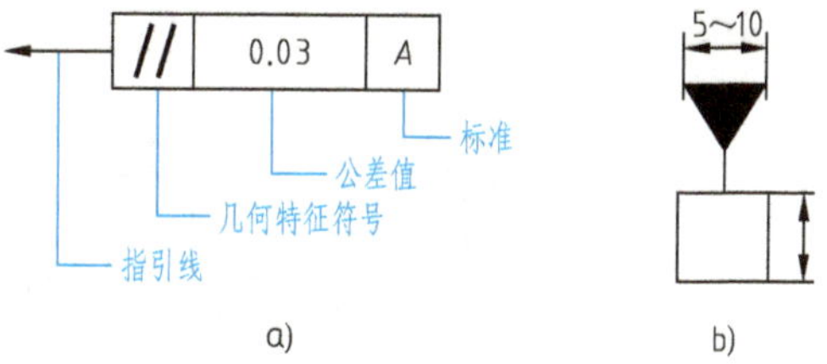


图 8-32　框格、符号、数字、基准的画法
a）几何公差代号　b）基准代号

（3）标注示例　图 8-33 所示为曲轴零件的几何公差标注实例，其中的几何公差含义如下：

1）键槽中心平面对基准 *F*（左端圆台部分的轴线）的对称度公差为 0.025mm。

2）$\phi$40mm 的轴线对公共基准线 *A*—*B* 的平行度公差为 $\phi$0.02mm。

3）$\phi$30mm 的外圆表面对公共基准线 *C*—*D* 的径向圆跳动公差为 0.025mm，圆柱度公差为 0.006 mm。

综前所述，零件几何参数准确与否，不仅决定于尺寸，也决定于形状和位置误差。因而，在设计零件时，对同一被测要素除给定尺寸公差外，还应根据其功能和互换性要求，给定形状和位置公差。同样在加工零件时，既要保证尺寸公差，还要达到零件图上标注的几何公差要求，加工出这样的零件才算合格。

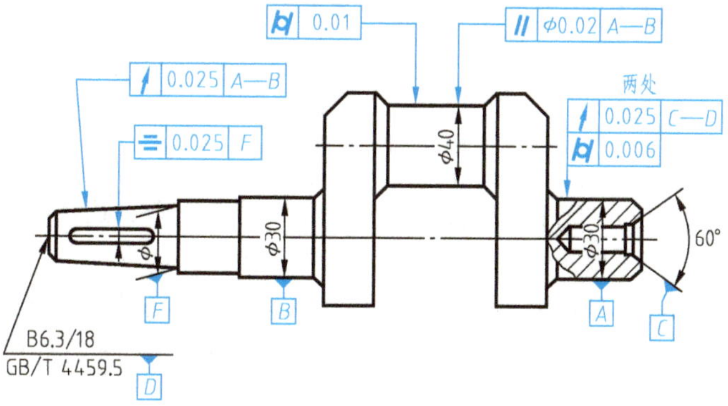


图 8-33　曲轴零件的几何公差标注实例

曲轴零件的几何公差标注实例

## 拓展及相关应用——零件的工艺结构

零件的结构既要满足使用要求，又要满足工艺要求。本节介绍一些常见的工艺结构及其尺寸标注。

### 1. 铸造零件对结构的要求

（1）起模斜度和铸造圆角　铸造零件在制作毛坯时，为了便于将木模从砂型中取出，一般在起模方向作出 1∶20 的斜度，称为起模斜度。相应的铸件上也应有起模斜度，如图 8-34 所示。起模斜度一般不必在零件图中画出，必要时可在技术要求中加以说明。

为防止浇注时冲坏砂型，同时也防止铸件在冷却时转角处产生砂孔和避免应力集中而产生裂纹，铸件两表面相交处均制成圆角，这种圆角称为铸造圆角。视图中一般不标注铸造圆角半径，而注写在技术要求中。

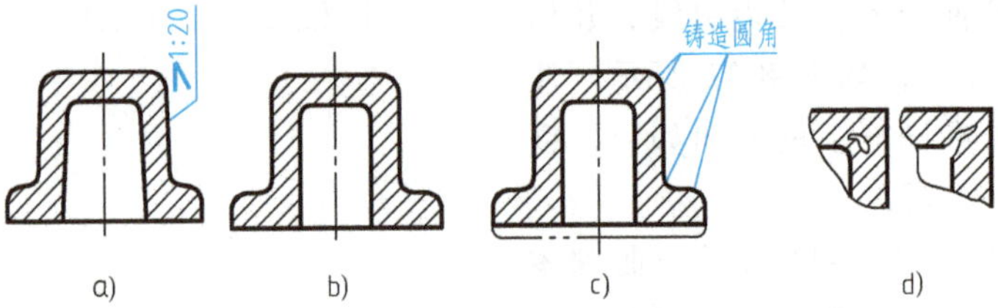


图 8-34　铸造圆角和起模斜度

a）起模斜度　b）起模斜度（图中省略）　c）铸造圆角

d）铸造缺陷（缩孔、裂纹）

（2）铸件壁厚　铸件的壁厚应尽量均匀，以避免各部分因冷却速度的不同而产生缩孔或裂纹。若因结构需要出现壁厚相差过大时，则壁厚应由大到小逐渐变化，如图 8-35 所示。

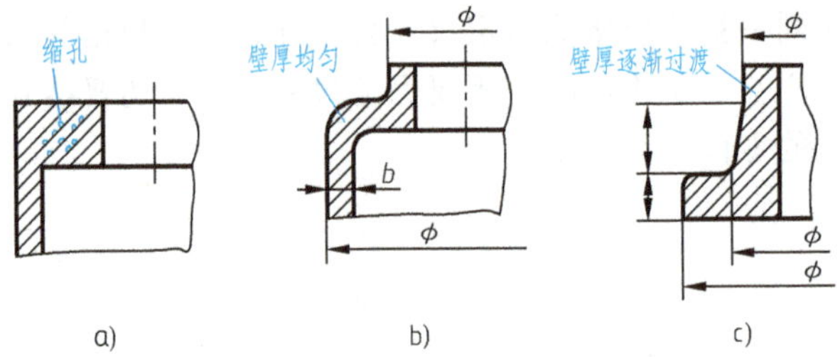


图 8-35　铸件壁厚

（3）过渡线的画法　由于铸件两表面相交处存在铸造圆角，这样交线就变得不够明显，但为了区分不同表面，在原相交处仍画出交线，这种交线称为过渡线。过渡线的画法与没有圆角时交线的画法完全相同。只是两曲面相交时，过渡线不与圆角的轮廓线接触（图 8-36）。当两曲面的轮廓线相切时，过渡线在切点附近应该断开（图 8-37）。图 8-38 所示为连接板与圆柱面相交和相切时过渡线的画法。

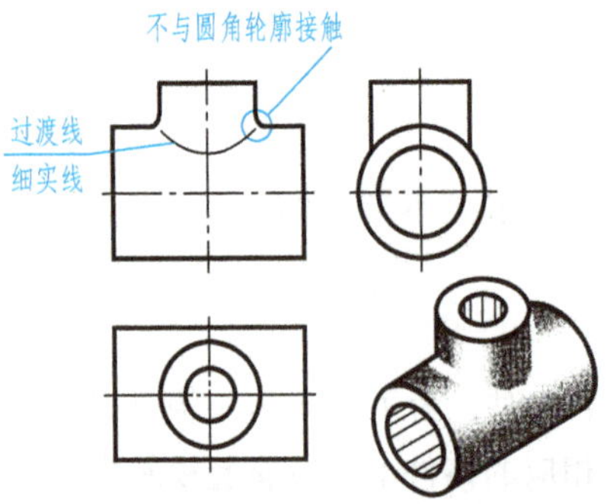


图 8-36　两圆柱相交过渡线画法

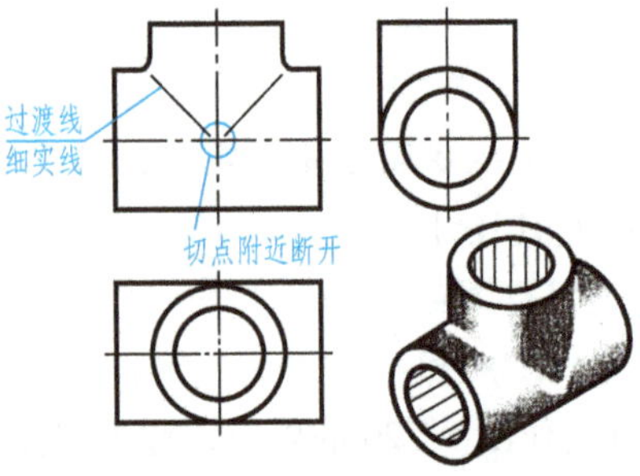


图 8-37　两圆柱相切过渡线画法

（4）凸台与凹坑　铸件上与其他零件接触的表面一般都要进行加工，设计零件形状时，应尽量减少加工面，以降低成本。因此，在铸造时就应铸出凸台和凹坑，如图 8-39 所示。

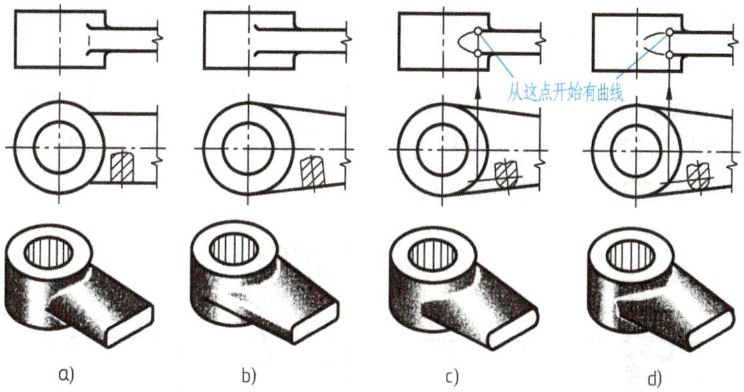


图 8-38 连接板与圆柱面相交和相切时过渡线的画法

a)、c) 相交 b)、d) 相切

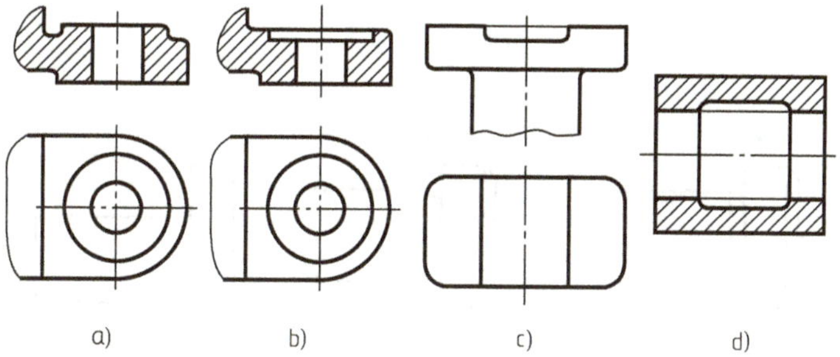


图 8-39 铸件上的凸台和凹坑

a) 凸台 b) 凹坑 c) 凹槽 d) 凹腔

## 2. 机械加工零件对结构的要求

(1) 倒角和倒圆 为了便于装配，要去除零件上的毛刺、锐边，通常将尖角加工成倒角。为避免轴肩处的应力集中，该处加工成圆角，圆角和倒角的尺寸系列可查看有关资料。其中倒角为45°时，用代号 $C$ 表示，与轴向尺寸 $n$ 连注成 $Cn$。如果倒角不是45°时，则要注出角度，如图 8-40 所示。

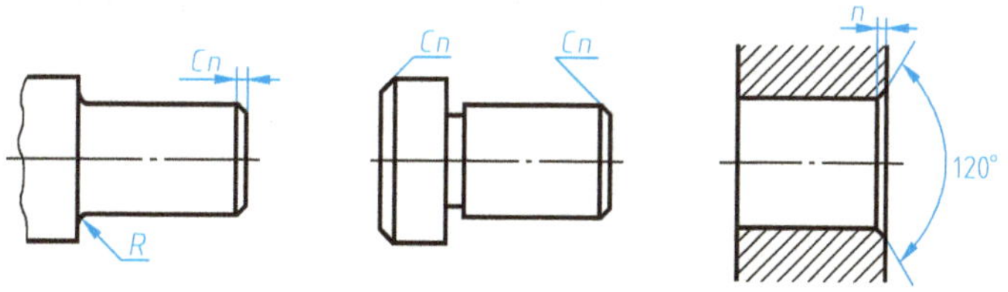


图 8-40 圆角和倒角

(2) 钻孔 零件上常有各种不同用途和不同形式的孔，这些孔常由钻头加工而成。图 8-41a 所示为用钻头加工出的通孔。用钻头加工出的不通孔和阶梯孔，留有钻头头部锥形部分形成的锥坑，图样上常把锥顶角画成 120°，但图样上不注出角度，钻孔深度也不包括锥坑，如图 8-41b 所示。在图 8-41c 所示阶梯孔中，在大孔与小孔直径变化的部分，形成一个圆锥面，也应画成 120°。

（3）退刀槽　在车削零件时，为防止损坏刀具，应事先在零件上车出凹槽，给退刀提供空间，这个凹槽称为退刀槽。退刀槽的尺寸注法有两种：一种是宽度×直径，如图 8-42a 所示；另一种是宽度×深度，如图 8-42b 所示。

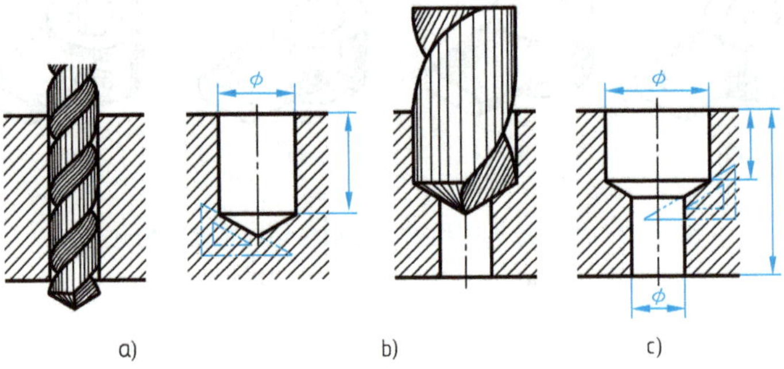


图 8-41　钻孔

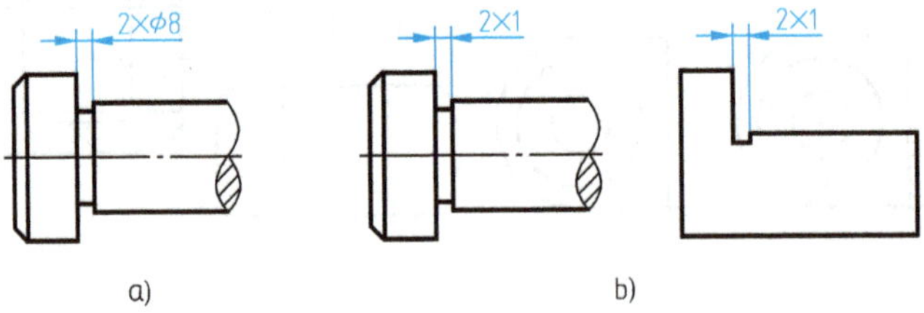


图 8-42　退刀槽的尺寸注法

## 8-3　识读典型零件图

### 学习目标

1. 了解四类典型零件的功用和特点。
2. 掌握识读轴套类、轮盘类、叉架类和箱体类零件图的一般方法和步骤。
3. 能够读懂中等复杂程度的零件图。

### 制图任务

任务一：识读轴套类零件图——图 8-43 所示为齿轮轴零件图。
任务二：识读轮盘类零件图——图 8-44 所示为端盖零件图。
任务三：识读叉架类零件图——图 8-45 所示为拨叉零件图。
任务四：识读箱体类零件图——图 8-46 所示为壳体零件图。

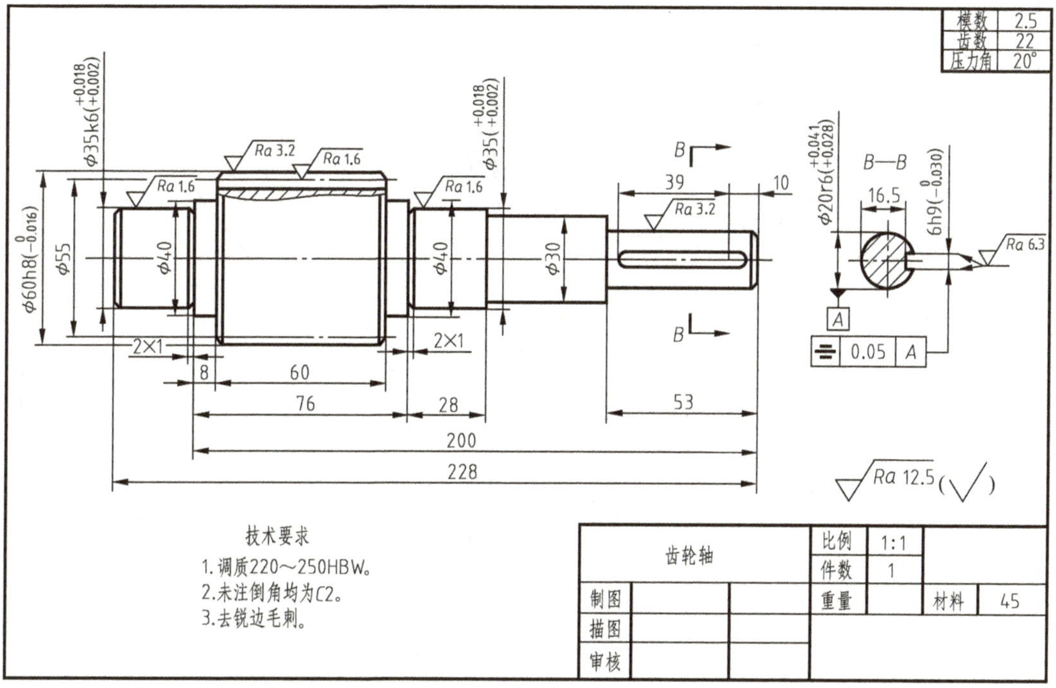


图 8-43 齿轮轴零件图

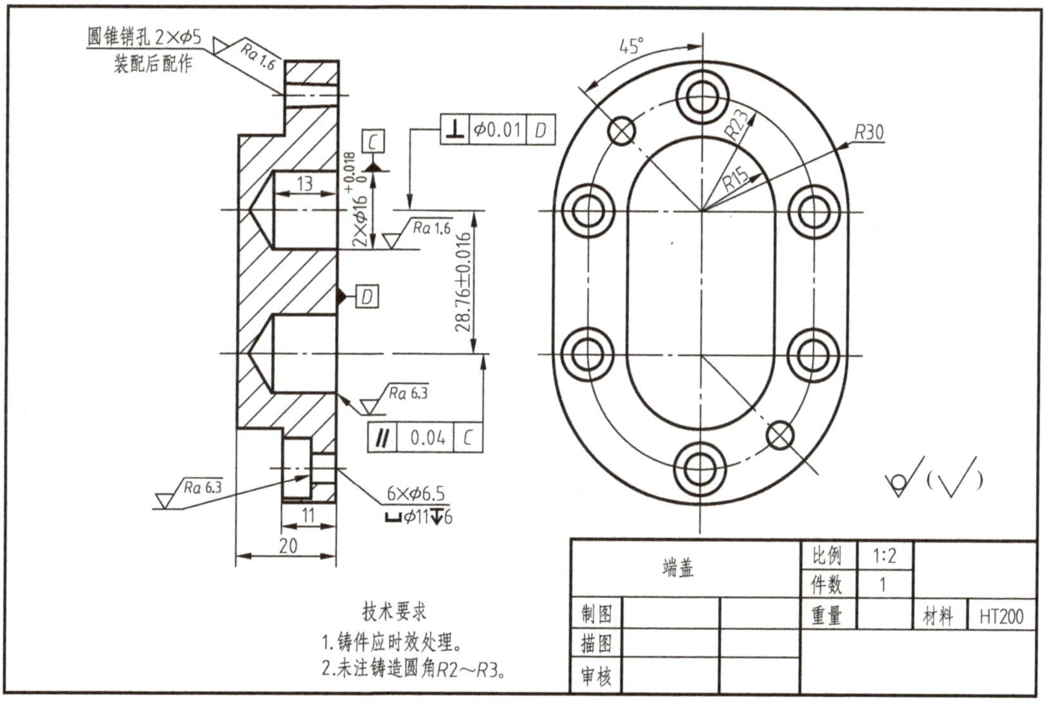


图 8-44 端盖零件图

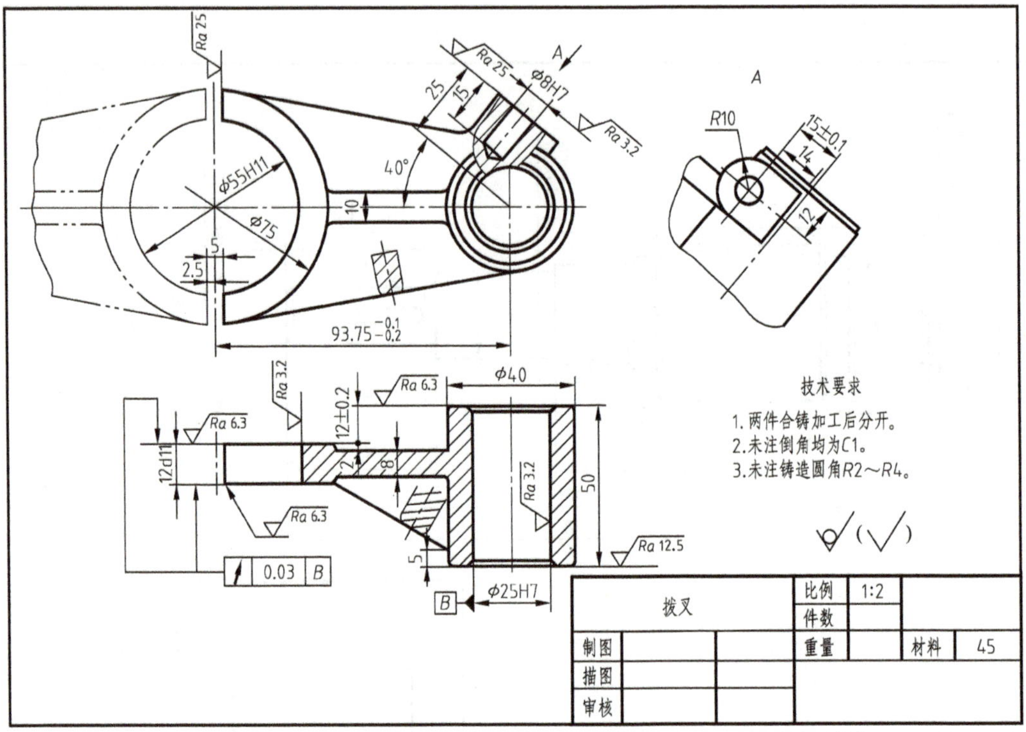


图 8-45　拨叉零件图

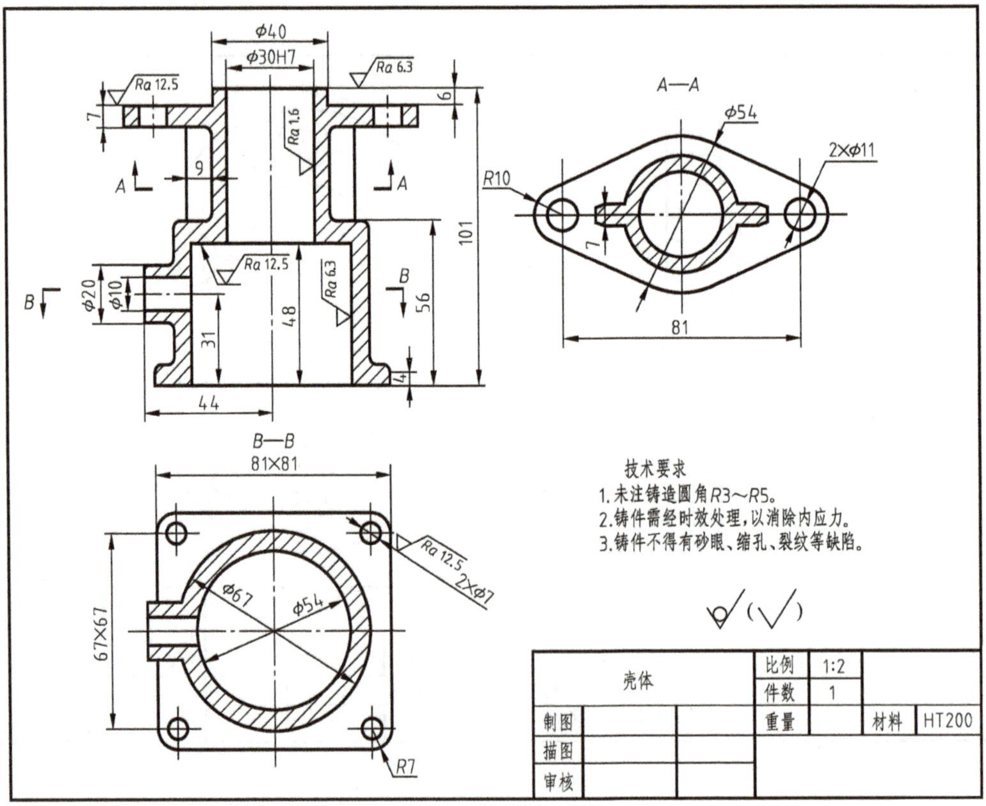


图 8-46　壳体零件图

## 任务实施

### 1. 任务一识读零件图的操作步骤

(1) 看标题栏　通过标题栏可了解该零件为齿轮轴，绘图比例为 1∶1，该零件是齿轮泵中的一个零件，主要用于传递运动和动力，轴套类零件常用的材料为优质碳素钢或 45 钢，工作转速较高时可选用 40Cr。常用的毛坯为圆钢或锻件。

(2) 分析视图　该齿轮轴属于轴套类零件，主要在车床、磨床上加工，为便于加工时看图，常按其形状特征及加工位置选择视图，其轴线水平放置，此类零件常用一个基本视图、移出断面图、局部放大图等表达键槽、退刀槽、砂轮越程槽等细部结构。轴上的键槽，一般面对操作者，移出剖面图用于表达键槽深度及有关尺寸。如图 8-43 所示，为表达轮齿结构，采用了局部剖视图，对于形状简单且较长的轴可采用折断画法。该轴两端有倒角、退刀槽等。

(3) 分析尺寸　轴套类零件通常以重要的定位面作为长度方向的主要尺寸基准，以回体轴线作为径向（即宽度、高度方向）的主要尺寸基准，以加工顺序标注尺寸。在该轴中，$\phi$35mm 轴段用于安装滚动轴承，为使传动平稳，各轴段应有同一轴线，故径向尺寸以回转轴线为尺寸基准。左轴肩用于滚动轴承的定位，76mm 的左端面作为长度方向的主要基准，依此为基准链状式注出的尺寸有 8mm、60mm、76mm、28mm、200mm、2mm×1mm。零件的右端面为长度方向的第一辅助基准，以此为基准注出的尺寸有 53mm、10mm，右端面与主要基准的联系尺寸为 200mm。

(4) 分析技术要求　从图中可看出，$\phi$35mm 与滚动轴承有配合要求，表面粗糙度为 $Ra1.6\mu m$；右端带有键槽与带轮有配合尺寸且精度较高，表面粗糙度为 $Ra3.2\mu m$，为保证键与轴很好地配合，键槽两侧面对轴线的对称度公差为 0.05mm；齿轮与齿轮相啮合，表面粗糙度要求为 $Ra1.6\mu m$、$Ra3.2\mu m$，图中还提出了用文字说明的技术要求，为提高轴的强度和韧性需要进行调质处理。

(5) 归纳综合　通过上述看图分析，对轴的作用、形状、大小和主要加工方法，加工中的主要技术要求，都有了清楚地认识，综合起来，即可得出轴的整体形状，如图 8-47 所示。

### 2. 任务二识读零件图的操作步骤

(1) 看标题栏　通过标题栏可知零件为端盖，通常为齿轮泵的端盖，用于支承轴，与泵体之间形成密封，属于轮盘类零件；绘图比例为 1∶2；这类零件的常用材料为铸铁（HT200）或普通碳素钢，常用毛坯为铸件或锻件。

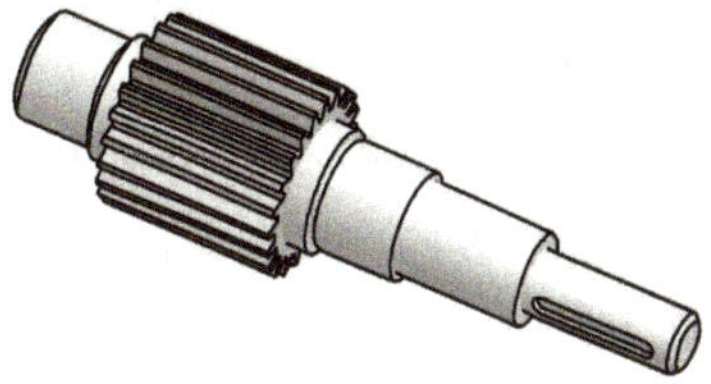

图 8-47　齿轮轴的轴测图

(2) 分析视图　端盖零件由一个全剖的主视图和一个左视图组成。此类零件多在车床上加工，常按形状特征及工作位置选择主视图。轮盘类零件的基本形状为扁盘状回转体，轴向尺寸较小，径向尺寸较大。端盖上有 6 个均布的 $\phi$6.5mm 的孔，两个 $\phi$5mm 的锥销孔。除此之外，轮盘盖类零件上常有轮辐、键槽、销孔、螺纹孔等结构。

(3) 分析尺寸　端盖径向的主要尺寸基准为上部 $\phi$16mm 的回转体轴线，注出尺寸有 28.76mm。长度方向的主要尺寸为右端面，以此为基准，注出的尺寸有 20mm、11mm、

13mm，宽度方向的基准以前后对称面为基准。

（4）分析技术要求　尺寸 $\phi$16mm 有配合要求，故该内圆面的表面粗糙度要求较高，即 $Ra$1.6μm；两轴的平行度公差为 0.04mm；右端面起轴向定位作用，表面粗糙度为 $Ra$6.3μm；与 $\phi$16mm 孔的垂直度公差为 0.01mm，销孔表面的粗糙度要求为 $Ra$1.6μm，6 个螺栓孔的表面粗糙度为 $Ra$6.3μm；图中还有文字说明的圆角尺寸，为释放内应力而需要进行时效处理。

（5）归纳综合　通过分析，可以想象出端盖的空间结构（图 8-48、图 8-49）。

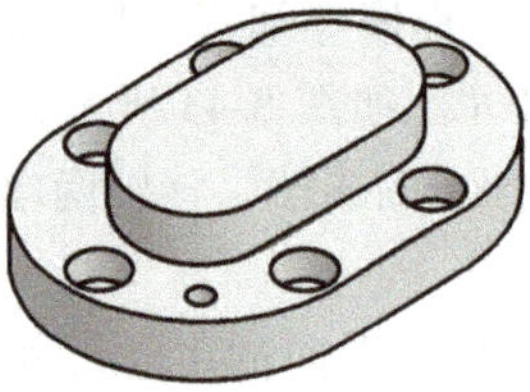

图 8-48　端盖零件轴测图

图 8-49　端盖零件轴测剖视图

### 3. 任务三识读零件图的操作步骤

（1）看标题栏　通过标题栏可知零件为拨叉，属于叉杆类零件，绘图比例为 1∶2，材料为 45 钢。叉架类零件一般包括拨叉、连杆、支架三部分，支架用于支承、连接零件。此类零件结构形状差别较大，结构不规则，外形比较复杂。零件上常有弯曲或倾斜结构，以及肋板、轴孔、耳板、底板等。局部结构常有螺纹孔、沉孔、油孔、油槽等。常用材料为铸铁、碳钢，毛坯常为铸铁或锻件。

（2）分析视图　拨叉的表达方案由两个基本视图和一个斜视图组成。叉杆类零件的结构形状较复杂，加工工序较多，加工位置多变，故常按其工作位置和形状结构特征选择主视图，当工作位置是倾斜的或不固定时，可将其摆正画主视图。叉杆零件一般至少要用两个基本视图，常还将其中的一个视图画成全剖视图，以表达相应的孔、槽结构；叉杆类零件上常有铸造圆角、起模斜度、凸台、凹坑等工艺结构，常采用局部视图与剖视图。对其倾斜结构常用斜视图、斜剖来表达，对叉杆上常见的肋板，一般用剖视图来表达断面形状。

（3）分析尺寸　通常以主要孔的轴线、对称平面、经过加工的较大端面、安装底面作为主要尺寸基准。图 8-45 中尺寸注法的特点是，以拨叉孔 $\phi$55H11 的轴线为长度方向的主要基准，标出与孔 $\phi$25H7 轴线间的中心距 $93.75_{-0.2}^{-0.1}$mm；高度方向以拨叉的对称平面为主要基准；宽度方向则以拨叉的后工作侧面为主要基准，标出的尺寸有 12d11、（12±0.2）mm 以及 2mm 等。

（4）分析技术要求　具有配合要求的表面其表面质量要求较高，如与轴相配合的表面 $\phi$25H7、$\phi$55H11 的表面粗糙度为 3.2μm，再如对 $\phi$55H11 轴孔的前后表面提出了跳动公差。用文字说明了未注铸造圆角和倒角的技术要求，以及一项加工要求。

（5）归纳综合　通过分析，想象出拨叉的空间结构（图 8-50）。

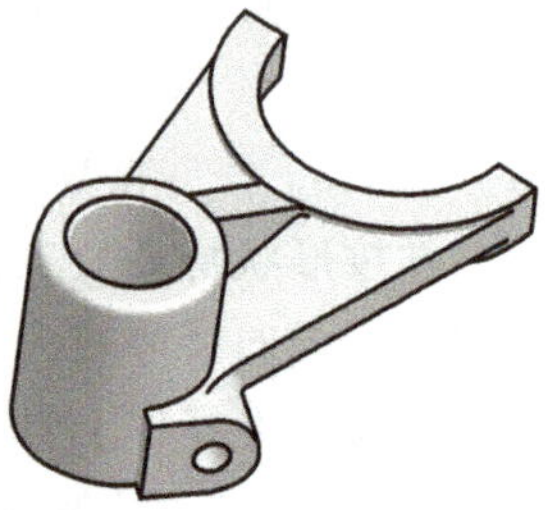

图 8-50　拨叉零件轴测图

### 4. 任务四识读零件图的操作步骤

（1）看标题栏　通过标题栏可知零件为壳体，属于箱体类零件，其材料为铸铁（HT200），铸造毛坯。

（2）分析视图　箱体类零件加工位置多变，它常有铸造圆角、起模斜度、凸台、凹坑等工艺结构。故常按其形状特征及工作位置来选择主视图，通常需要三个以上的基本视图，并按结构表达需要采用合适的剖视图、断面图、局部视图等表达方法。该壳体采用两个基本视图和一个辅助视图，主视图采用了全剖视图，用以表达壳体空腔、左端凸台、壳体上盖安装孔等结构形状。俯视图采用了全剖视图，以表达底板上螺栓孔的分布状况。

（3）分析尺寸　箱体类零件尺寸繁多，加工难度大，在长、宽、高三个方向上常选对称平面、主要孔的轴线、安装底面、重要端面、箱体盖的接合面作为主要尺寸基准。如图8-46所示，长度方向以主视图中左右基本对称面为主要尺寸基准；宽度方向以前后对称平面为主要尺寸基准；高度方向以底面为主要尺寸基准。

（4）分析技术要求　箱体上的配合面及安装面，其表面质量要求均较高，如 $\phi30H7$ 的表面粗糙度为 $Ra1.6\mu m$。箱体在机加工前应作时效处理，技术要求中注出了未注铸造圆角的尺寸。

（5）归纳综合　通过分析，想象箱体的空间结构（图8-51）。

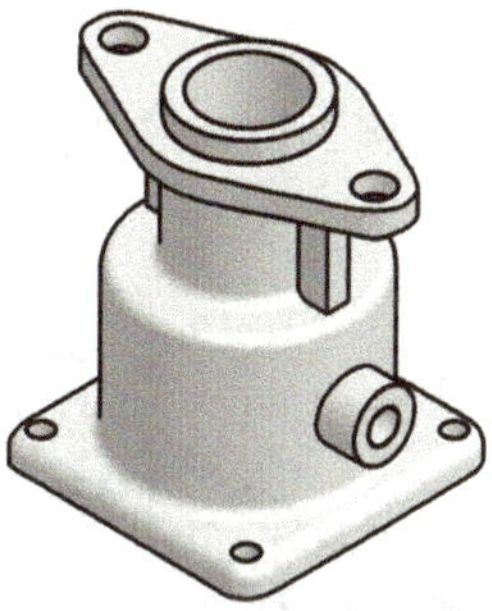

图 8-51　箱体零件轴测图

## 知识链接

零件的形状虽然千差万别，但根据它们在机器或部件中的作用和形状特征，仍可以大体地将它们划分为如下几种类型。

1）轴套类零件，如机床上的主轴、传动轴、空心套等；

2）轮盘类零件，如各种轮子、法兰盘、端盖等；

3）叉架类零件，如拨叉、连杆、支架等；

4）箱体类零件，如机座、阀体、床身等。

识读零件图的基本方法仍然是形体分析法和线面分析法。较复杂的零件图，由于其视图、尺寸数量及各种代号都较多，初学者读图时往往不知从何看起，甚至会产生畏惧心理。其实，就图形而言，看多个视图与看三视图的道理一样。视图数量多，主要是因为组成零件的形体复杂，所以将表示每个形体的三视图组合起来，加之它们之间重叠的部位，图形就显得繁杂。实际上，对每一个基本形体来说，一般只用2~3个视图就可以确定它的形状。所以读图时，只要善于运用形体分析法，按组成部分“分块”看，就可将复杂的问题分解成几个简单的问题处理。

识读图的步骤如下：

(1) 看标题栏　了解零件的名称、材料、绘图比例等，为联想零件在机器中的作用、制造要求以及有关结构形状等提供线索。

(2) 分析视图　先根据视图的配置和有关标注，判断出视图的名称和剖切位置，明确它们之间的投影关系。进而抓住图形特征，分部分想象其形状，再合起来想象整体。

(3) 分析尺寸　先分析长、宽、高三个方向的尺寸基准，再找出各部分的定位尺寸和定形尺寸，搞清楚哪些是主要尺寸，最后还要检查尺寸标注是否齐全与合理。

(4) 分析技术要求　可根据表面粗糙度、尺寸公差、几何公差以及其他技术要求，分析清楚哪些是要求加工的表面以及精度的高低等。

(5) 综合归纳　将识读零件图所得到的全部信息加以综合归纳，对所示零件的结构、尺寸及技术要求都有一个完整的认识，这样才算真正将图看懂。

识读图时，上述的每一步骤都不要孤立地进行，应视其情况灵活运用。此外，还应参考有关的技术资料和相关的装配图或同类产品的零件图，这对于识读图是很有帮助的。

## 拓展及相关应用——零部件测绘

下面以铣刀头（图8-52）的箱体为例，说明零部件测绘的方法和步骤。

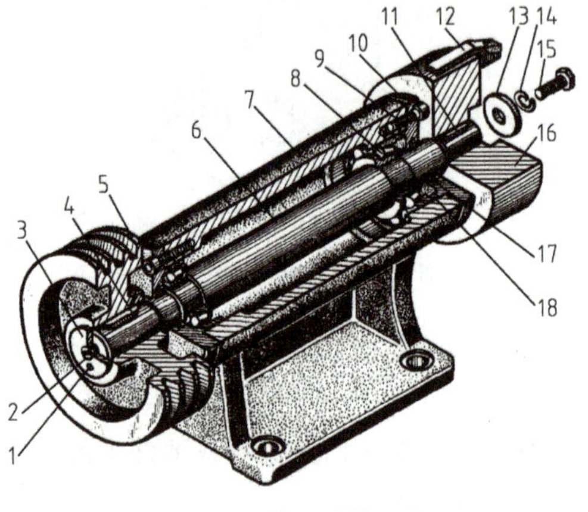


图8-52　铣刀头轴测图

1—销　2、9—螺钉　3、13—挡圈　4、11—键　5—V带轮　6—轴　7—座体　8—滚动轴承
10—端盖　12—铣刀　14—垫圈　15—螺栓　16—刀盘　17—毡圈　18—调整环

### 1. 了解和分析测绘对象

首先应了解零件的名称、材料以及它在机器或部件中的位置、作用及与相邻零件的关系，然后对零件的内、外结构形状进行分析。

铣刀头是支承、带动铣刀的主要部件，外部动力传至V带轮，V带轮与轴键连接，轴即产生旋转运动，带动铣刀运动。轴由两滚动轴承支承，并安放在座体上，在座体两端安装了起防尘与密封作用的端盖，轴的左端安放V带轮，右端为刀盘，为防止V带轮与刀盘作轴向运动，一端为轴肩，另一端为挡圈。

座体是铣刀头的主体件，属于箱体类零件，材料为铸铁。它的主要作用是容纳滚动轴承和轴，内部为减少加工面积而制作大孔的圆筒，左右设置了两个销孔和六个螺纹孔，是为了使左端盖和右端盖与其定位和连接。座体的底板为带有四个地脚螺栓孔、下部带有凹坑、四个角为圆角的长方体底板。底板与圆筒之间有两块连接板和一块加强肋，座体的结构已基本分析清楚。

### 2. 确定表达方案

由于座体的内、外结构都比较复杂，选用主、左二个基本视图。座体的主视图应按其工作位置及形状结构特征选定，为表达圆筒的内部结构，主视图采用局部剖视，左视图为表达加强肋与连接板形状和位置，兼顾地脚螺栓孔的深度，沿地脚螺栓孔处采用局部剖视。然后再选用一局部视图表示底板的形状及安装孔的数量、位置。最后选定表达方案。

### 3. 绘制零件草图

（1）绘制图形　根据选定的表达方案，徒手画出视图、剖视等图形，其作图步骤与绘制零件相同。但需注意以下两点：

1）零件上的制造缺陷（如砂眼、气孔等），以及由于长期使用造成的磨损、碰伤等，均不应画出。

2）零件上的细小结构（如铸造圆角、倒角、倒圆、退刀槽、砂轮越程槽、凸台和凹坑等）必须画出。

（2）标注尺寸　先选定基准，再标注尺寸。具体应注意以下三点：

1）先集中画出所有的尺寸界线、尺寸线和箭头，再依次测量、逐个记入尺寸数字。

2）零件上标准结构（如键槽、退刀槽、销孔、中心孔、螺纹等）的尺寸，必须查阅相应国家标准，并予以标准化。

3）与相邻零件的相关尺寸（如泵体上螺纹孔、销孔、沉孔的定位尺寸，以及有配合关系的尺寸等）一定要一致。

（3）注写技术要求　零件上的表面粗糙度、极限与配合、几何公差等技术要求，通常可采用类比法给出。具体注写时需注意以下三点：

1）主要尺寸要保证其精度，泵体的两轴线、轴线距底面以及有配合关系的尺寸等，都应给出公差。

2）有相对运动的表面及对形状、位置要求较严格的线、面等要素，要给出既合理又经济的表面粗糙度或几何公差要求。

3）有配合关系的孔与轴，要查阅与其相结合的轴与孔的相应资料（装配图或零件图），以核准配合制度和配合性质。

只有这样，经测绘而制造出的零件，才能顺利地装配到机器上去并达到其功能要求。

（4）填写标题栏　一般可填写零件的名称、材料及绘图者的姓名和完成时间等。

### 4. 根据零件草图画零件图

草图完成后，便要绘制零件图，其绘图方法和步骤同前，这里不再赘述。完成的零件图如图8-53所示。座体的空间结构如图8-54所示。

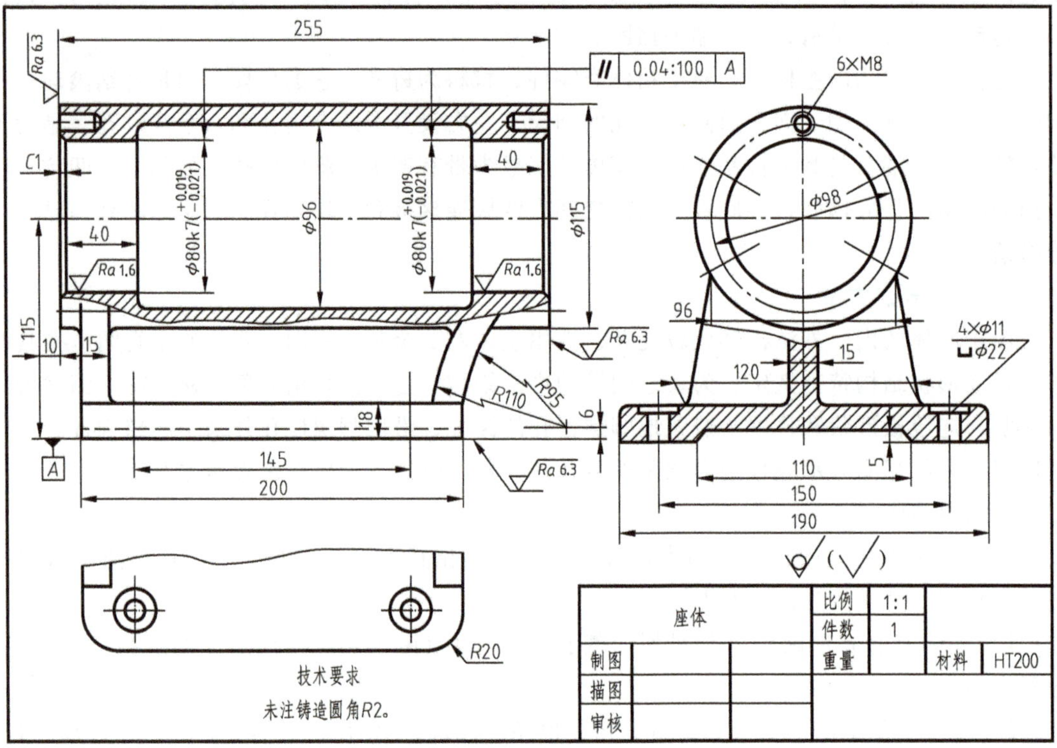


图 8-53　座体零件图

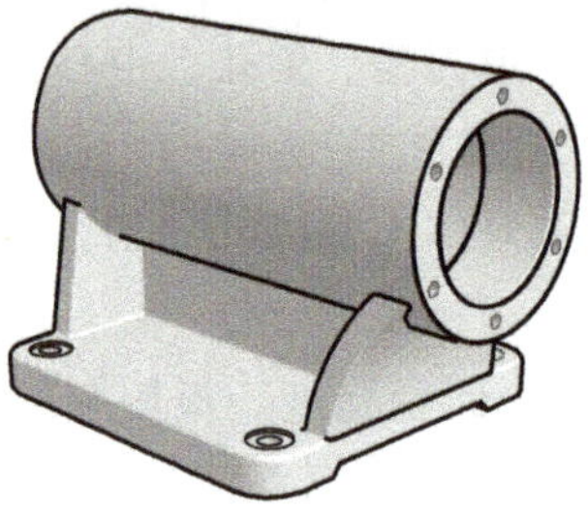

图 8-54　座体轴测图

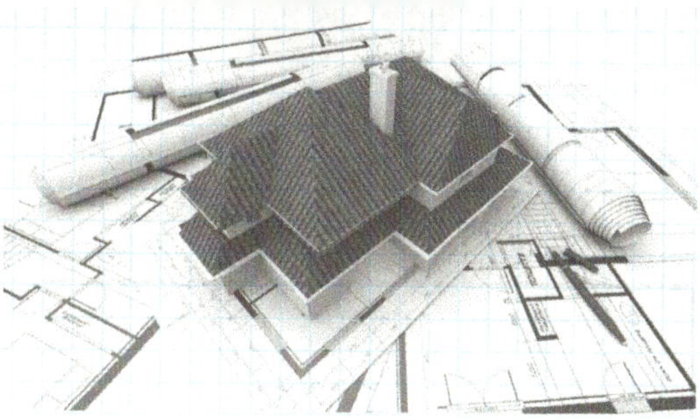

# 课题九

# 装　配　图

## 9-1　装配图的表达方法

### 学习目标

1. 了解装配图的作用及基本内容。
2. 掌握识读装配图的基本步骤。
3. 熟悉装配图表达方案选择的基本原则。
4. 掌握装配图表达方案的选择方法及装配图的规定画法和特殊画法。
5. 能够根据装配体特点及装配图的有关知识，选择合适的表达方案。
6. 熟悉装配图中几类必要的尺寸，了解装配图尺寸标注与零件图尺寸标注的区别。
7. 掌握装配图中零件序号的编排方法。
8. 能够正确识读装配图上的尺寸标注、零件序号和明细栏的有关内容。

### 制图任务

任务一：识读装配图的内容（图 9-1）。

任务二：装配图的视图选择（图 9-1）。

任务三：装配图表达方案的选择（图 9-1）。

### 任务实施

#### 1. 任务一的操作步骤

读懂图 9-1 所示的齿轮泵装配图，并分析相关问题，具体读图步骤如下：

（1）读标题栏　从标题栏中概括了解装配体的名称是齿轮泵，齿轮泵是装在供油管路上用于输送油液的部件。

（2）读视图　了解装配图的表达方法，分析零件间的装配关系。齿轮泵装配图由三个基本视图表达。主视图采用全剖视图，表达了各零件之间的装配关系。左视图采用局部剖视图，表达了齿轮泵的内部结构和外形。俯视图采用局部视图，表达了齿轮泵的外形特征（拆去零件 10、11、12、13）。

（3）分析尺寸，了解技术要求　在图 9-1 中，标注的尺寸有性能（规格）尺寸、配合尺寸、安装尺寸和外形尺寸等。图 9-1 中还用文字标注出齿轮泵安装、使用时的有关技术要求。

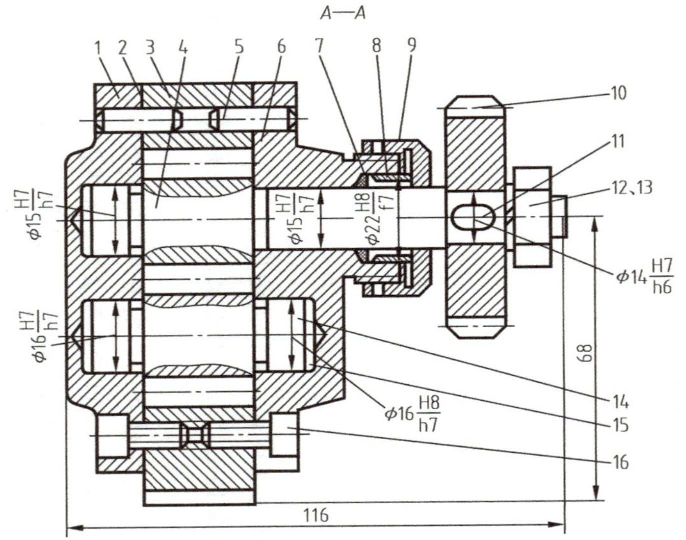


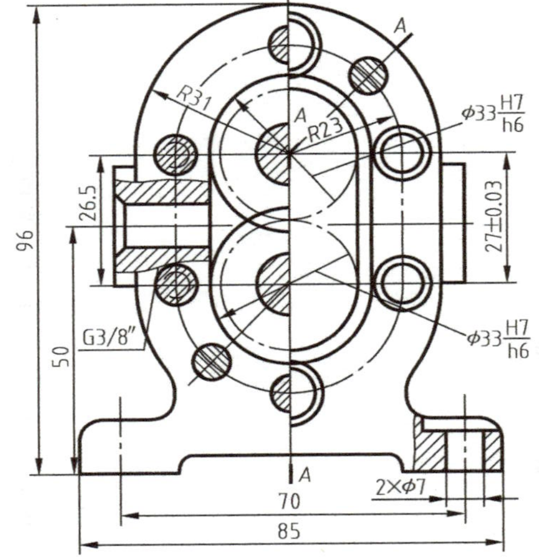


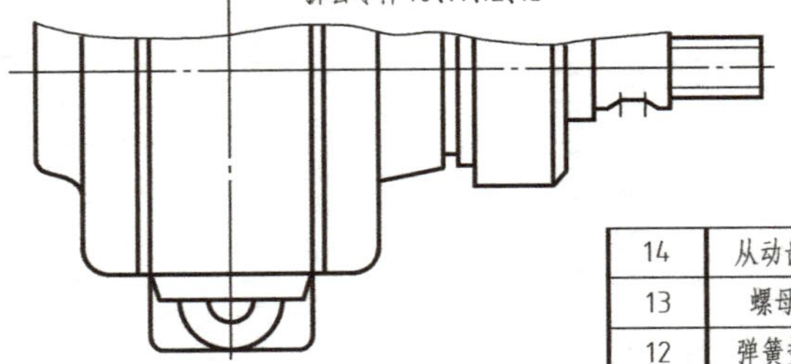


技术要求

1. 齿轮安装后，用手转动主动齿轮轴时，应灵活旋转。
2. 校验时各接合面不得有漏油现象。

| 序号 | 名称 | 数量 | 材料 | 备注 |
|---|---|---|---|---|
| 16 | 螺钉M6×20 | 12 | 35 | GB/T 70.1—2008 |
| 15 | 调整片 | 3 | 35 | |
| 14 | 从动齿轮轴 | 1 | 45 | $m=3$ $z=9$ |
| 13 | 螺母M10 | 1 | 45 | GB/T 41—2016 |
| 12 | 弹簧垫圈10 | 1 | 65Mn | GB/T 93—1987 |
| 11 | 键5×5×10 | 1 | 45 | GB/T 1096—2003 |
| 10 | 齿轮 | 1 | 45 | $m=2.5$ $z=20$ |
| 9 | 盖螺母 | 1 | 35 | |
| 8 | 填料压盖 | 1 | 35 | |
| 7 | 填料 | 1 | 橡胶 | |
| 6 | 泵盖 | 1 | HT200 | |
| 5 | 销5×20 | 4 | 35 | GB/T 119.1—2000 |
| 4 | 主动齿轮轴 | 1 | 45 | $m=3$ $z=9$ |
| 3 | 泵体 | 1 | HT200 | |
| 2 | 垫片 | 2 | 厚纸 | |
| 1 | 泵盖 | 1 | HT200 | |

| | | | | |
|---|---|---|---|---|
| 齿轮泵 | | | 比例 | 1:1 |
| | | | 共1张 | 第1张 |
| 制图 | | | | |
| 审核 | | | | |

图 9-1　齿轮泵装配图

通过分析想象出齿轮泵的空间结构，如图 9-2 所示。

### 2. 任务二的操作步骤

分析图 9-1 所示齿轮泵装配图的表达方法。其分析步骤如下：

（1）主视图的选择　齿轮泵是机器中输送油液的部件，由泵体、泵盖、齿轮、密封零件及标准件等 16 种零件组成。装配图采用三个基本视图表达，主视图选择反映主要装配关系的方向为投射方向，为表达油泵内部各零件之间的装配关系，主视图采用了全剖视图。

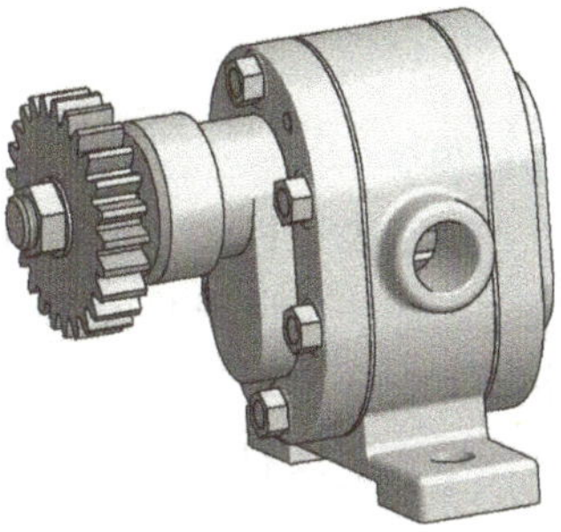

图 9-2　齿轮泵装配轴测图

齿轮泵结构分解

（2）其他视图的确定　为补充主视图中未表达清晰的内容，俯视图拆去 10、11、12、13 零件，表达齿轮泵的外部形状，左视图表达齿轮的啮合情况，以及吸、压油的工作原理。

（3）齿轮泵的基本表示法　齿轮泵装配图中的主视图，利用剖面线的不同方向和间隔，明确各零件轮廓的范围。图中紧固件如螺母 13、螺钉 16 等及实心件如齿轮轴 4、销 5 等，当剖切平面通过其轴线（或对称线）剖切这些零件时，则这些零件均按不剖绘制，只画出零件的外形。

（4）齿轮泵的特殊表示法　图 9-1 中，俯视图拆去 10、11、12、13 零件。

### 3. 任务三的操作步骤

（1）分析齿轮泵装配图中的必要尺寸

1）规格或性能尺寸：表示部件规格或性能的尺寸是设计和选用部件时的主要依据。如图 9-1 所示，齿轮泵中进出油口的螺纹孔直径 G3/8″为规格尺寸，它表示连接管道管螺纹的规格。

2）装配尺寸：用于保证部件功能精度和正确装配的尺寸。

① 配合尺寸：它表示零件间配合性质的尺寸，这种尺寸与部件的工作性能和装配方法有关。如图 9-1 中的 $\phi16$ H7/h7，$\phi22$ H8/f7，$\phi14$H7/h6 等。

② 相对位置尺寸：它表示装配时零件间需要保证的相对位置尺寸，常见的有重要的轴距、孔的中心距和间隙等。如图 9-1 中，齿轮轴回转轴线距底面的尺寸 68mm、两齿轮轴的中心距尺寸（27±0.03）mm 等。

3）安装尺寸：将部件安装到其他零部件或基座上所需的尺寸。如图 9-1 所示，轴承座底板上的安装孔 2×$\phi$7mm 及其定位尺寸 70mm。

4）外形尺寸：表示装配体外形的总长、总宽和总高的尺寸。它表明装配体所占空间的大小，以供产品包装、运输和安装时参考。如图 9-1 中的尺寸 116mm、85mm 和 96mm。

5）其他重要尺寸：它是在设计中确定的，而又未包括在上述几类尺寸之中的主要尺寸。例如，运动件的活动范围尺寸，非标准件上的螺纹尺寸，经计算确定的重要尺寸等。

（2）齿轮泵装配图中的零件序号和明细栏　齿轮泵由 16 种零件组成，装配图按顺时针方向为专用件排列序号，序号沿铅垂方向整齐排列。标准件的标记直接注出，没有编入序号。

明细栏画在标题栏上方，外框为粗实线，内框为细实线。明细栏内详细填写了零件序号、名称、材料、数量及备注等内容，明细栏内的零件序号与装配图中的零件序号应一致。

## 知识链接

### 1. 完整装配图的内容

（1）一组视图　用于表达机器（或部件）的工作原理、装配关系和结构特点。

（2）必要的尺寸　标注出反映机器（或部件）的规格（性能）、安装尺寸，零件之间的装配尺寸以及外形尺寸等。

（3）技术要求　用文字或符号注写机器（或部件）的重量、装配、检验、使用等方面的要求。

（4）零件编号、明细栏和标题栏　根据生产组织和管理的需要，在装配图上对每种零件编注序号，并填写明细栏。在标题栏中写明装配体名称、图号、绘图比例以及有关人员的责任签字等。

### 2. 装配图的表达方法

在零件图上所采用的各种表达方法，如向视图、剖视、断面、局部放大图等也同样适用于装配图。但由于装配图和零件图所表达的重点不同，因此，国家标准《机械制图》对装配图还提出了一些规定画法和特殊表达方法。

（1）规定画法

1）接触面与配合面的画法。相邻两零件的接触面或配合面画一条线，非接触面不论间隙多小，均画两条线，并留有间隙。例如图 9-3 所示的轴与孔配合画一条线，而螺栓与孔非配合画两条线。

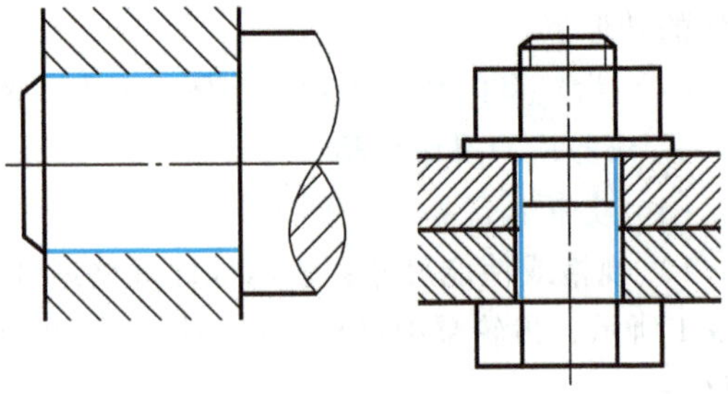

图 9-3　接触面与配合面的画法

2）剖面线的画法。相邻两零件的剖面线方向应尽量相反，或方向一致，间隔不同。在同一装配图的不同视图中，同一零件的剖面线方向相同、间隔相等。

在图样中，宽度≤2mm 的狭小剖面，可用涂黑代替剖面线，如图 9-4 中齿轮泵左端盖与泵体之间垫片的画法。

3）标准实心件的画法。对于螺纹紧固件以及轴、连杆、手柄、球、键、销等实心零件，若按纵向剖切且剖切平面通过其轴线或对称平面时，则这些零件按不剖绘制。若需特别表明零件的构造，如键槽、销孔等，则可用局部剖视图来表示。如图 9-4 所示的齿轮轴、销、螺钉等按不剖绘制，为表达轮齿啮合的形状采用了局部剖视图。

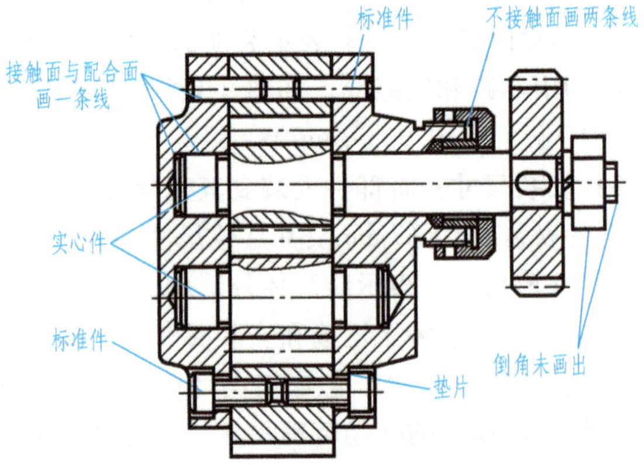


图 9-4　规定画法

（2）特殊表达方法

1）沿零件的接合面剖切。为了表达装配体内部结构，可假想沿某些零件的接合面选取剖切平面，接合面上不画剖面符号，被剖切到的零件必须画出剖面线。如图 9-1 所示，为表达齿轮泵内齿轮啮合情况，左视图上左半部分就是沿泵盖和泵体接合面剖切的，剖切到的螺钉、销等画剖面线，接合面不画剖面线。

2）拆卸画法和单独表达零件。如果所要表达的部分被某个零件遮住而无法表达清楚，或某零件无需重复表达时，可假想将其拆去，只画出所要表达部分的视图。采用拆卸画法时该视图上方需注明："拆去××" 等字样，如图 9-1 所示齿轮泵的俯视图，就是拆去齿轮、垫圈、螺母与键后绘制的。

当某个零件的主要结构在基本视图中未能表达清楚，而且影响对部件的工作原理或装配关系的正确理解时，可单独画出该零件的某一视图。必须在所画视图的上方注出该零件及其视图的名称，并在相应视图上标出相同的字母，如图 9-16 中的零件 7 的 $C$ 向视图。

3）假想画法。在装配图中，为了表达与本部件有装配关系但又不属于本部件的其他相邻零件，或需要表达某些零件的运动范围和极限位置时，可用双点画线将相关部分画出，如图 9-5 所示。

4）夸大画法。在装配图中，较小的间隙、薄垫片和直径较小的弹簧丝等，可适当夸大尺寸画出，如图 9-4 中的垫圈。

5）简化画法。

① 在装配图中，对于若干相同的零件组，允许详细画出其中的一组或几组，其余的只需在其装配位置画出轴线位置即可，如图 9-6 所示。

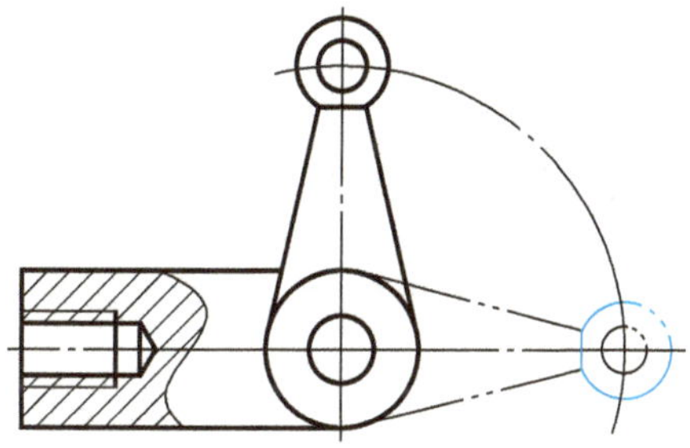

图 9-5　假想画法

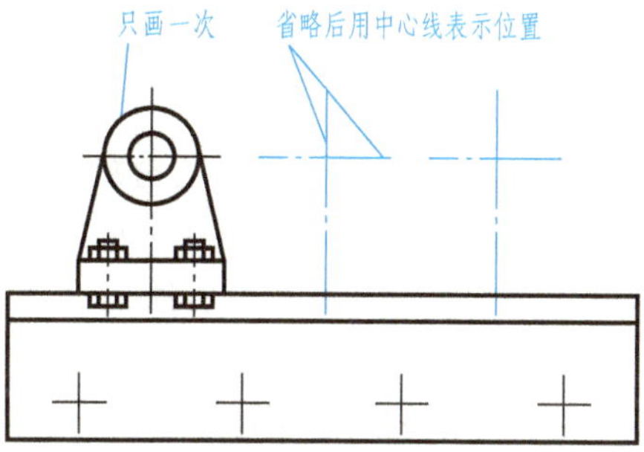


图 9-6　简化画法

② 在装配图中，零件的工艺结构如小圆角、倒角、退刀槽可以不画。

### 3. 装配图的尺寸标注和技术要求

（1）尺寸标注　由于装配图不直接用于零件的制造生产，因此，在装配图上无需注出各组成零件的全部尺寸，按装配体的设计或生产要求来标注某些必要的尺寸。这些尺寸一般可分为以下五类：

1）规格或性能尺寸：表示部件规格或性能的尺寸，它是设计和选用部件时的主要依据。

2）装配尺寸：用于保证部件功能、精度和正确装配的尺寸。装配尺寸包括配合尺寸和相对位置尺寸。

3）安装尺寸：将部件安装到其他零部件或基座上所需的尺寸。

4）外形尺寸：表示装配体外形的总长、总宽和总高的尺寸。

5）其他重要尺寸：它是在设计中确定的，而又未包括在上述几类尺寸之中的主要尺寸，如运动件的活动范围尺寸、非标准件上的螺纹尺寸、经计算确定的重要尺寸等。

上述五类尺寸之间并不是互相孤立无关的，实际上有的尺寸往往有几种含义，并不是每张装配图必须全部标注上述各类尺寸的，因此，装配图上应标注哪些尺寸，要根据具体情况进行具体分析。

（2）技术要求　由于机器或部件的性能、用途各不相同，因此其技术要求也不同，拟定机器或部件技术要求时，一般从以下三个方面考虑，并根据具体情况而定。

1）装配要求：是指装配过程中的注意事项，装配后应达到的要求。

2）检验要求：是指对机器或部件整体性能的检验、试验、验收方法的说明。

3）使用要求：是对机器或部件的性能、维护、保养、使用注意事项的说明。可自行对照齿轮泵的技术要求学习。

### 4. 装配图中零部件序号、明细栏和标题栏

为了便于装配时看图查找零件，便于生产准备、图样管理和读图，在装配图上必须对所有的零部件进行编号，并在标题栏的上方绘制明细栏。

（1）零部件序号（GB/T 4458.2—2003）

1）序号的编注方法。

① 装配图中所有的零部件都必须进行编号。

② 装配图中一个部件只可编写一个序号。同一装配图中相同的零部件应编写相同的序号。

③ 装配图中的零部件序号，应与明细栏中的序号一致。

2）零件序号的表示方法。

① 指引线应从零件的可见轮廓内引出，并在末端画一小圆点，在指引线的水平线（细实线）上或圆（细实线）内注写序号，序号字高比该装配图中所注尺寸数字高度大一号或大两号。序号也可书写在指引线的旁边，但序号字高比该装配图中所注尺寸数字高度大两号，如图9-7a所示。

注意：同一装配图编注序号的形式应一致。

② 一组螺纹紧固件或装配关系清楚的零件组，可采用公共指引线，如图9-7b所示。

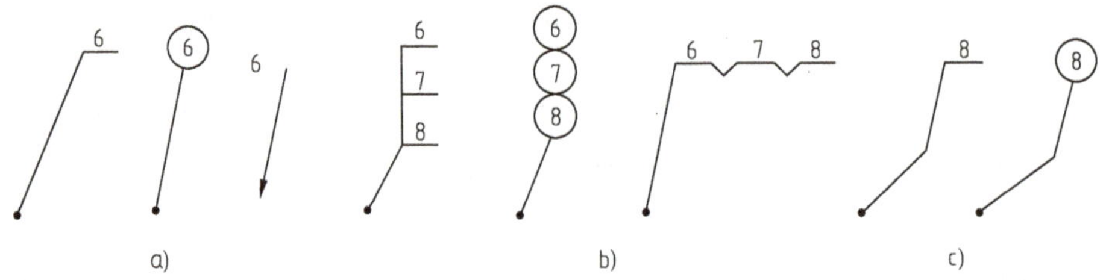


图9-7　序号的形式

③ 指引线之间不能互相相交，当通过剖面线区域时，指引线不能与剖面线平行。必要时指引线可画成折线，但只能曲折一次，如图9-7c所示。

④ 对于很薄的零件和涂黑的剖面，指引线末端不便画出圆点时，可在指引线的末端画

出箭头，并指向该部分的轮廓，如图 9-8 所示。

⑤ 装配图中的序号应按水平或垂直方向排列整齐，并按顺时针或逆时针方向顺序排列，如图 9-1 所示。

(2) 明细栏和标题栏　标题栏和明细栏的格式在国家标准中虽有统一规定，但也有企业根据产品自行确定适合本企业的标题栏。

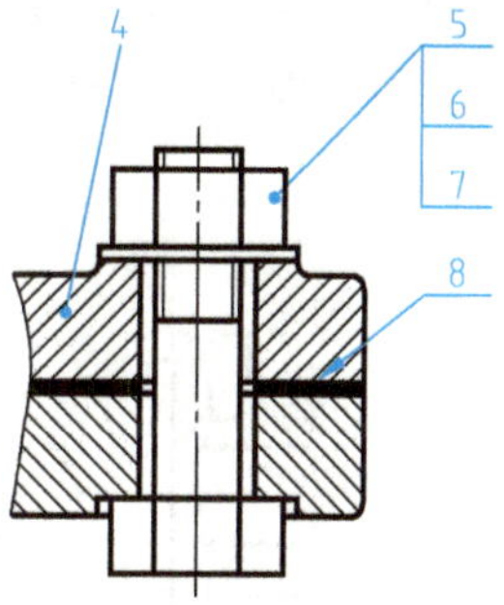

图 9-8　序号编排示例

本书中的明细栏和标题栏的格式，如图 9-9 所示，可供学习作业中使用。明细栏一般画在标题栏的上方，当标题栏上方位置不够时，明细栏也可分段画在标题栏的左方，序号的填写应自下而上。对于标准件，在名称栏内还应注出规定标记及主要参数，并在备注栏中写明所依据的标准号。特殊情况下，明细栏可单独编写在一张纸上。

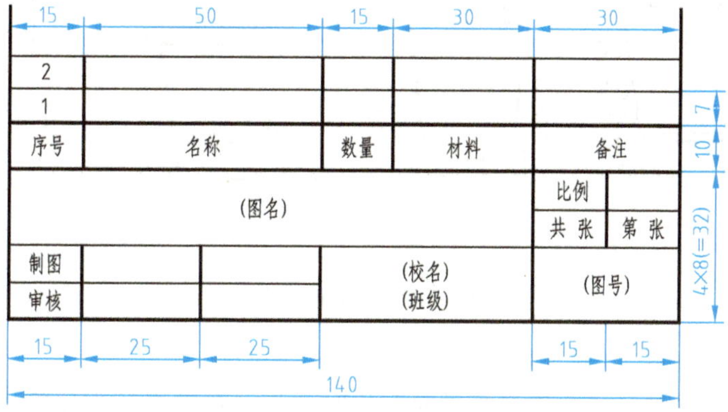

图 9-9　明细栏的格式

## 5. 装配工艺结构

为了保证机器或部件的性能要求，而且拆装方便，在设计绘制装配图时应考虑合理的装配工艺结构问题。了解零部件上有关装配的工艺结构和常见装置，也可使图样中零部件的装配结构更合理。在读装配图时，有助于理解零件间的装配关系和零件的结构形状。

(1) 保证轴肩与孔的端面接触　为了保证轴肩与孔的端面接触，孔口应制出适当的倒角（或圆角），或在轴根处加工出槽，如图 9-10 所示。

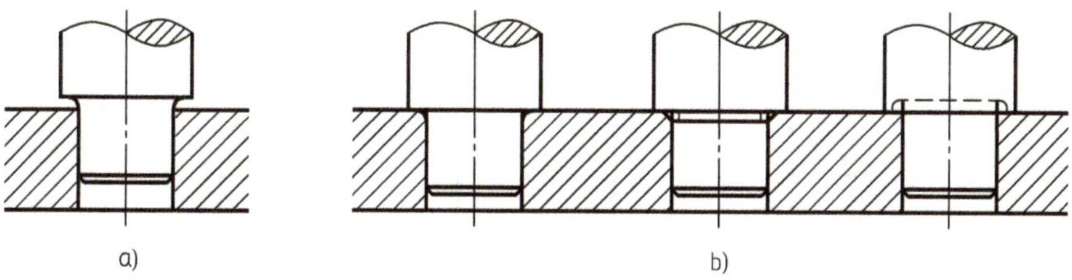

图 9-10　轴肩与孔端面接触处的结构

a）不正确　b）正确

(2) 两零件在同一方向不应有两组面同时接触或配合　在设计时，同方向的接触面或配合面一般只有一组，若因其他原因多于一组接触面时，则在工艺上要提高精度，增加制造成本，甚至根本做不到，如图 9-11 所示。

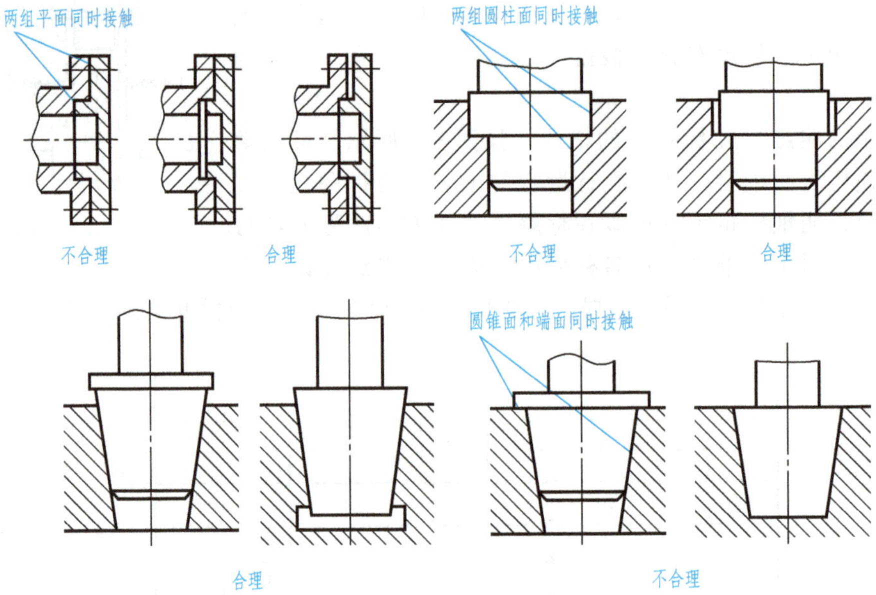


图 9-11　同方向接触面或配合面的数量

（3）必须考虑装拆的方便与可能性

1）当滚动轴承以轴肩或孔肩进行轴向定位时，为了在维修时方便拆卸轴承，要求轴肩或孔肩的高度，应分别小于轴承内圈或外圈的厚度，如图 9-12 a、b 所示；或在箱壁上预先加工孔或螺纹孔，则拆卸时就可用适当的工具或螺钉顶出套筒、轴承等，如图 9-12c 所示。

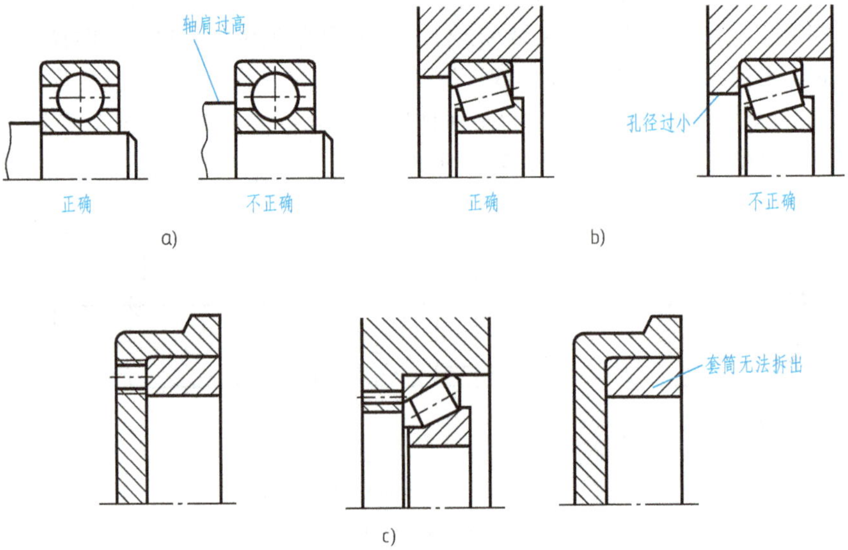


图 9-12　滚动轴承端面接触的结构

2）当零件用螺纹紧固件连接时，应考虑到装拆的可能性。图 9-13 所示为一些合理与不合理结构的对比。

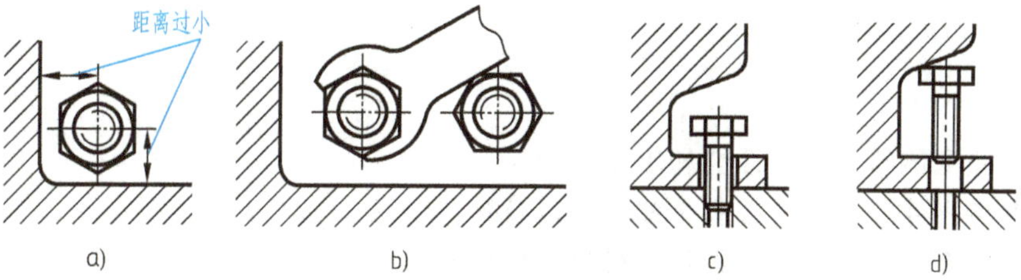


图 9-13 方便螺纹件的装卸

a）不合理 b）好 c）错误 d）正确

### (4) 常见的密封装置

1）为防止灰尘与杂屑飞入设备结构或润滑油外溢，常采用图 9-14 所示的滚动轴承密封装置。

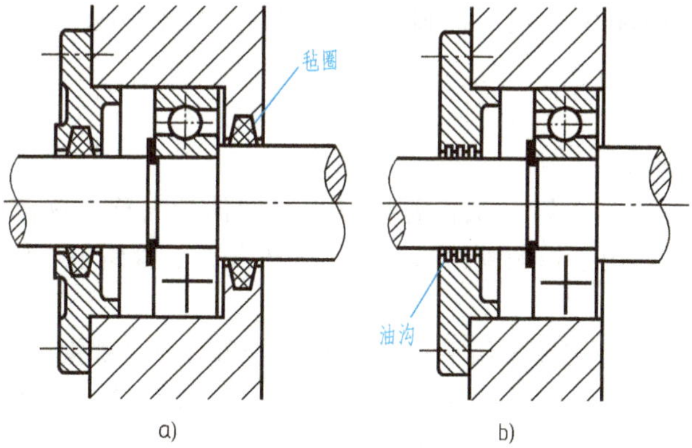


图 9-14 密封装置 1

a）粘圈式密封 b）间隙和油沟式密封

2）为防止阀中或管路中的液体泄漏常采用图 9-15 所示的密封装置。

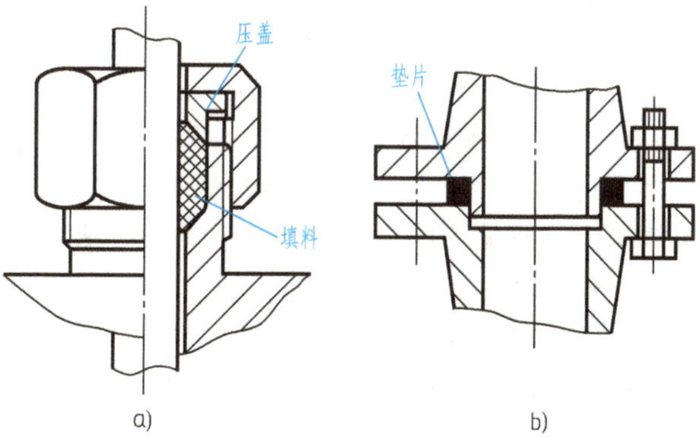


图 9-15 密封装置 2

a）填料密封 b）垫片密封

# 9-2 读装配图——由装配图拆画零件图

## 学习目标

1. 了解装配体的功用、性能和工作原理。
2. 了解各零件的相对位置和装配关系以及拆装顺序。
3. 了解每个零件的名称、数量、材料、作用和结构形状。
4. 了解技术要求中的各项内容。
5. 根据装配图绘制零件图。

## 制图任务

任务一：读装配图——球阀（图 9-16）。
任务二：由装配图拆画零件图（拆画图 9-16 阀体 1 的零件图）。

## 任务实施

### 1. 任务一的操作步骤

（1）概括了解装配图的内容　从标题栏可知装配体的名称是球阀，绘图比例是 1∶1。球阀安装在流体管路上，用于控制管路的开启、关闭及调节管路中流体的流量。由明细栏可知球阀由 12 种零件组成。

（2）分析视图　球阀装配图采用了三个基本视图和两个局部视图。主视图为全剖视图，主要表达球阀两条装配干线（多个零件沿着一条轴线装配而成，这条轴线称为装配干线）上的各零件装配关系及其结构。俯视图基本上是外形图，用局部剖视图表达阀体 1 与阀体接头 12 的连接方法。左视图用 *A—A* 半剖视图，反映了阀杆 4 与球塞 2 的装配关系，阀体接头 12 与阀体 1 连接时所用四个双头螺柱 11 的分布情况，以及阀体和阀体接头的端面形状。*B* 向视图用于说明在阀体上应制出的字样。零件 7 的 *C* 向视图用于显示压紧螺母的顶端刻有槽口，说明该槽口用于装卸时压紧螺母 7。

（3）分析工作原理及传动关系　分析装配体的工作原理，一般应从传动关系入手，分析视图及参考说明书进行了解。球阀工作时，旋转扳手 6，通过阀杆上端的方块带动阀杆转动，阀杆带动球塞 2 旋转，使阀内通道逐渐变小。当阀杆转过 90°后，球阀便处于关闭状态。

（4）分析零件间的装配关系及装配体的结构　球阀的装配线有两条装配线，一条是流体通道系统，左端为阀体接头，右端为阀体，中间安放球塞，两端安放密封圈起到密封作用，这是流体流动的流道。另一条装配线是阀杆的上端通过方榫与扳手相配；旋紧压紧螺母 7 可将密封环 8、阀杆 4 以及垫片 5 压紧，从而起密封作用，防止流体泄漏。阀杆与球塞的凹槽相扣，旋转阀杆带动球塞旋转，从而控制流道的开、关。

1）连接和固定关系。阀体接头与阀体是靠四个双头螺柱连接。件 8 密封圈是由件 7 压紧螺母与阀体螺纹连接压入孔内。

2）配合关系。凡是配合的零件，都要弄清基准制、配合种类、公差等级等。这可由图

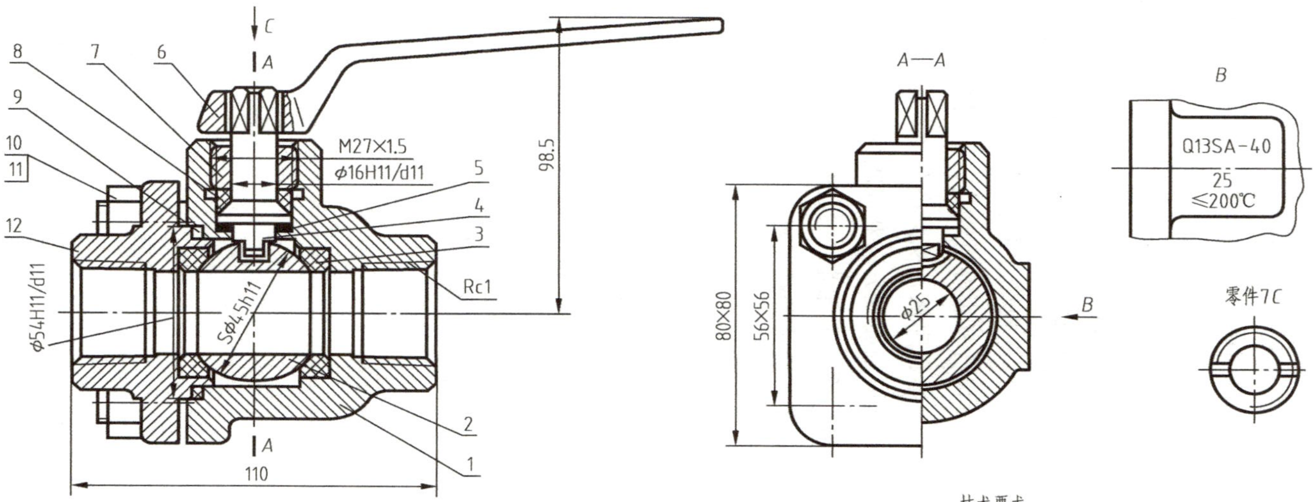


技术要求

对本阀门材料的强度和紧密性，要进行水压强度试验。

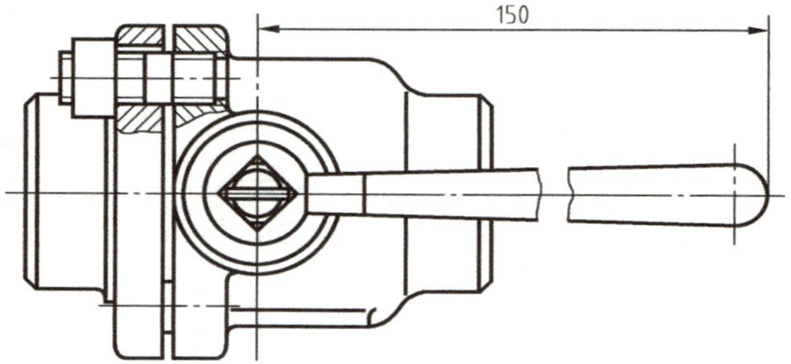


| 序号 | 名称 | 数量 | 材料 | 备注 |
|---|---|---|---|---|
| 12 | 阀体接头 | 1 | 20 | 通用件 |
| 11 | 双头螺柱M12×25 | 4 | 40 | GB/T 897—1988 |
| 10 | 螺母M12 | 1 | Q235 | GB/T 6170—2015 |
| 9 | 垫片φ47 | 1 | 1060 | |
| 8 | 密封环φ16 | 1 | 聚四氟乙烯 | |
| 7 | 压紧螺母 | 1 | 45 | |
| 6 | 扳手 | 1 | Q235 | |
| 5 | 垫片φ16 | 1 | 聚四氟乙烯 | |
| 4 | 阀杆 | 1 | 40 | |
| 3 | 密封圈 | 2 | 聚四氟乙烯 | |
| 2 | 球塞 | 1 | 40 | |
| 1 | 阀体 | 1 | 25 | |

| | | | |
|---|---|---|---|
| 球阀 | | 比例 | 1:1 |
| | | 共 张 | 第 张 |
| 制图 | | (校名) | |
| 审核 | | 系 班 | |

图 9-16 球阀装配图

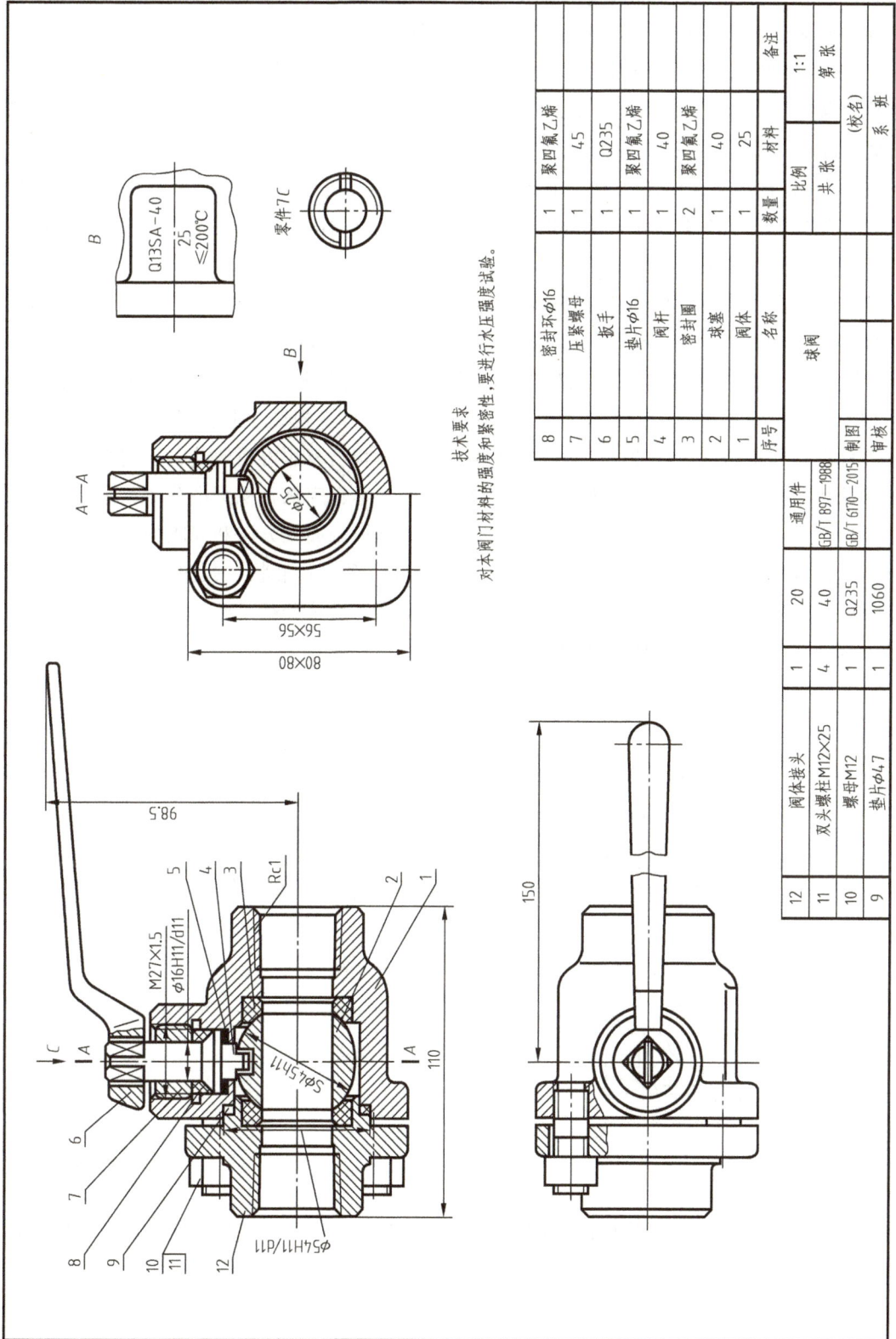

上所标注的公差与配合代号来判别。如阀杆与压紧螺母的通孔为间隙配合（$\phi$16H11/d11）。阀体接头与阀体的配合处也为间隙配合（$\phi$54H11/d11）。

3）密封装置。为防止液体泄漏以及灰尘进入内部，一般都有密封装置，阀体接头与阀体之间有垫片9，球塞2两端装有密封圈3，阀杆4与阀体1之间有垫片5，上部有压紧螺母7压紧密封环8起到密封作用。

4）结构设计。装配体在结构设计上都应有利于各零件能按一定的顺序进行装拆。拆卸球阀时，先拆下上部扳手，旋下压紧螺母，抽出阀杆；再横向旋下双头螺柱的螺母，将阀体接头与阀体分开，可将球塞取下。

（5）分析尺寸　球阀的通孔$\phi$25mm是它的规格尺寸；Rc1是安装尺寸；$\phi$54 H11/d11、$\phi$16H11/d11、M27×1.5、56mm×56mm是装配尺寸；110mm、98.5mm、150mm、80mm×80mm是总体尺寸；S$\phi$45h11除了说明球塞的基本形状是球体外，它还是零件的主要尺寸。

（6）分析零件的形状　先看明细栏中的零件序号，再从视图上找到该序号的零件。对于一些标准件和常用件，如螺栓、垫片、手柄等，其形状已表达得很清楚，不用细看。对于一些形状比较复杂的零件就要仔细分析，把该零件的投影轮廓从各视图中分离出来。

从标注序号的视图着手，对线条、找投影关系，根据剖面线方向和间隔的不同，在各视图上找到该零件的相应投影，然后进行构形分析，最后看懂其形状。如图9-17所示，就是按上述方法从球阀装配图中分离出来的阀体的投影轮廓。通过分析这些轮廓并补全其他零件遮挡的线条，就可构想出阀体零件的形状。

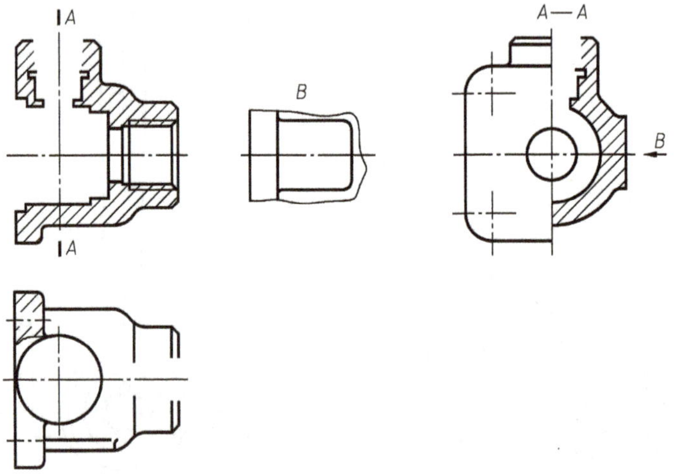


图9-17　分离出来的阀体各视图

（7）归纳总结　在上述分析的基础上，按照读装配图的三个要求，进行归纳总结，以便对部件有一个完整的、全面的认识。

以上所述是读装配图的一般方法和步骤，事实上有些步骤不能截然分开，而要交替进行。读图总有一个具体的重点目标，在读图过程中应该围绕着这个重点目标去分析、研究。

只要这个重点目标能够达到，就可以灵活地解决问题。

通过分析，想象出球阀的空间结构，如图 9-18 所示。

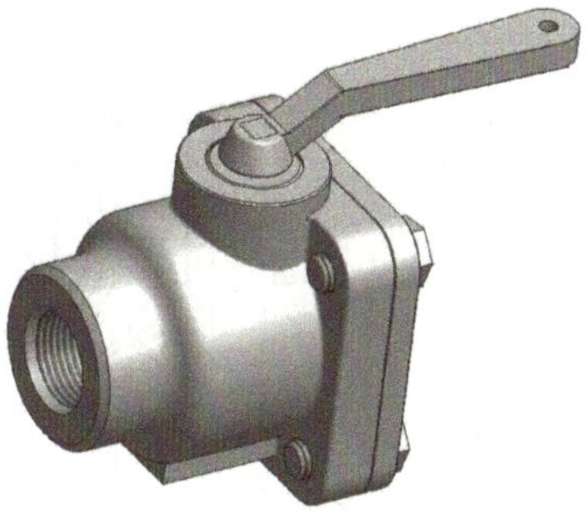

图 9-18　球阀装配轴测图

球心阀结构分解

### 2. 任务二的操作步骤

（1）零件视图的选择　装配图的视图选择方案，主要是从表达装配体的装配关系和整个工作原理来考虑的，而零件图的视图选择，则主要是从表达零件的结构形状这一特点来考虑的。由于表达的出发点和主要要求不同，从装配图上拆画零件图时，应按表达零件选择视图的原则来考虑，不能机械地从装配图上照搬。

（2）零件的结构形状

1）在拆画零件图时，对那些装配图中未表达完全的结构，要根据零件的作用和装配关系进行设计。

2）装配图上未画出的工艺结构，如倒角、圆角和砂轮越程槽、螺纹退刀槽等，在零件图上都应表达清楚。

（3）零件图的尺寸标注

1）从装配图上直接移注的尺寸。装配图上的尺寸，除了某些外形尺寸和装配时要求通过调整来保证的尺寸（如间隙尺寸）等不能作为零件图的尺寸外，其他尺寸一般都能直接移注到零件图中。对于配合尺寸，一般应注出极限偏差数值。

2）查表确定的尺寸。对于一些工艺结构，如圆角、倒角、退刀槽、砂轮越程槽、键槽、螺栓通孔等，应尽量选用标准结构，即查有关标准确定尺寸标注。

3）需要计算确定的尺寸，如齿轮的分度圆、齿顶圆直径等。

4）在装配图上直接量取的尺寸。除前面三种尺寸外，其他尺寸都可以从装配图上按比例量取。

5）给定尺寸。对于拆画零件图时，有些装配图中没有表达清楚的部分，要根据零件的作用和装配关系进行设计，这一部分尺寸自行给定。

（4）技术要求　零件各加工表面的表面粗糙度数值和其他技术要求，应根据零件的作用、装配关系和装配图上提出的有关要求来确定。

根据上述要求画出从球阀装配图中拆画出的阀体零件图，如图 9-19 所示。通过分析，想象出球阀阀体的空间结构。如图 9-20 所示。

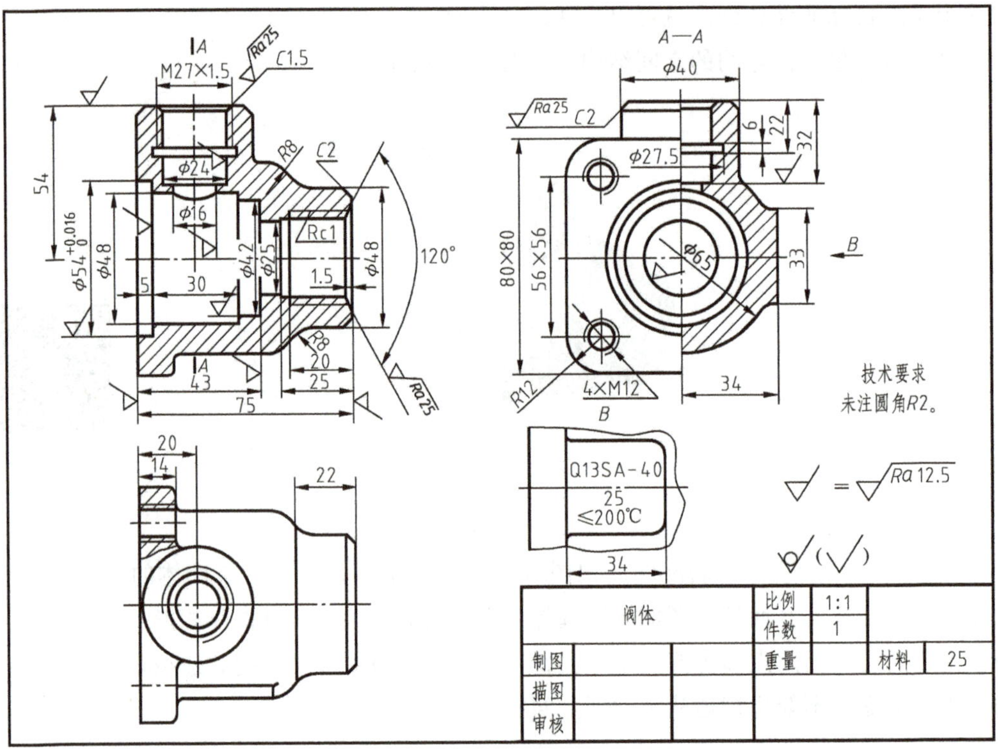


图 9-19　球阀阀体零件图

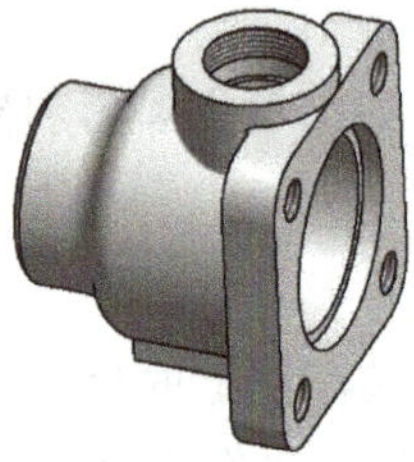

图 9-20　球阀阀体零件轴测图

## 拓展及相关应用

### 1. 识读滑动轴承装配图

通过对以下问题的思考来识读装配图（图 9-21～图 9-23）。

1）滑动轴承的功用是什么？它是由几种零件组成的？

2）轴承座 1 和轴承盖 3 是通过什么零件连接在一起的？添加垫片起到什么作用？

3）装配图中的尺寸配合 64H9/f9，$\phi$10H8/k7，$\phi$60H8/k7 和 92H8/h7 分别表示什么样的配合关系？其精度都是什么等级？哪个精度等级较低？

4）简述滑动轴承的拆卸顺序。

5）表中 M16、M16×125、Q235A、HT200 的含义是什么？比例 1∶2 表明实际零件的尺寸比图样大、还是小？

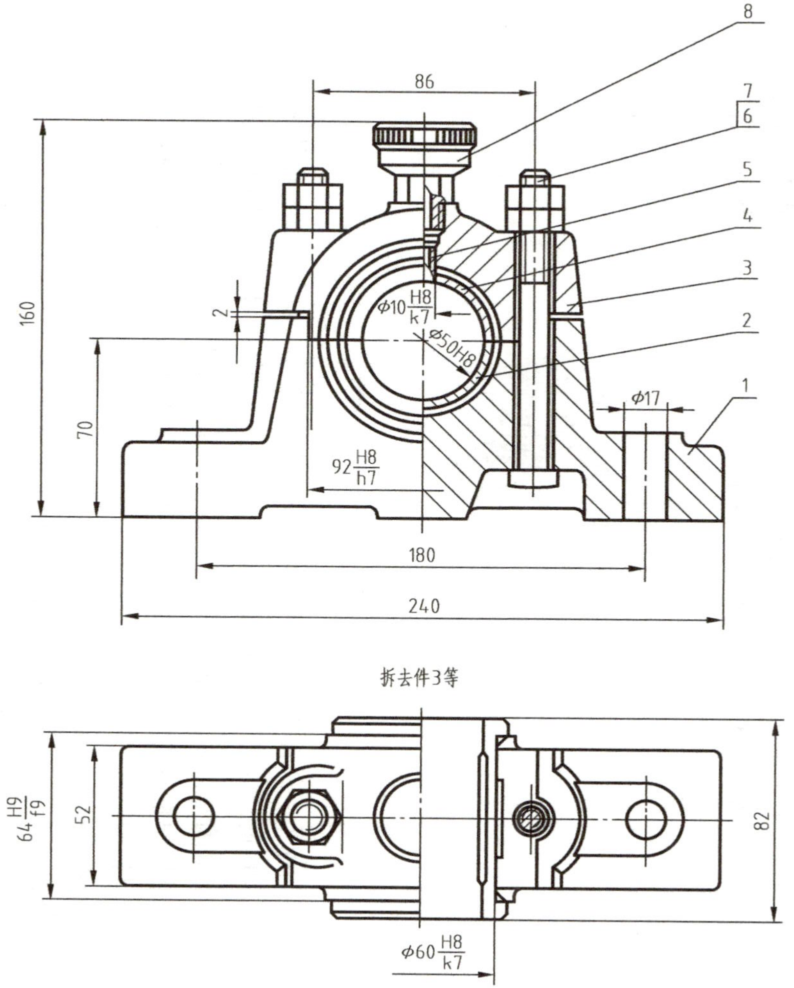


技术要求

调试后用煤油清洗工作面涂薄干油。

| 8 | JB/T 7940.3 | 油杯 | 1 | | |
|---|---|---|---|---|---|
| 7 | GB/T 6170 | 螺母M16 | 4 | Q235A | |
| 6 | GB/T 5780 | 螺栓M16×125 | 2 | Q235A | |
| 5 | | 轴承衬固定套 | 1 | Q235A | |
| 4 | | 上轴承衬 | 1 | ZCuSn6PbZn3 | |
| 3 | | 轴承盖 | 1 | HT200 | |
| 2 | | 下轴承衬 | 1 | ZCuSn6PbZn3 | |
| 1 | | 轴承座 | | HT200 | |
| 序号 | 代号 | 名称 | 数量 | 材料 | 备注 |

| 滑动轴承 | | 比例 | 重量 | 共 张 | (图号) |
|---|---|---|---|---|---|
| | | | | 第 张 | |
| 制图 | (姓名) | (日期) | (单位) | | |
| 审核 | (姓名) | (日期) | | | |

图 9-21 滑动轴承装配图

### 2. 装配体的测绘

装配图必须清楚地表达机器（或部件）的工作原理，各零部件间的相对位置及其装配关系，以及主要零件的主要形状。在确定视图表达方案之前，应详尽地了解该机器或部件的工作原理和结构情况。现以图9-24所示的机用平口钳为例，说明绘制装配图的方法与步骤。

滑动轴承的安装

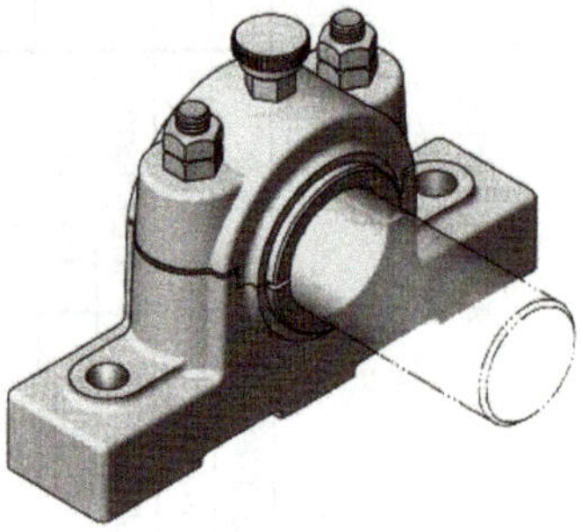

图9-22　滑动轴承的立体图

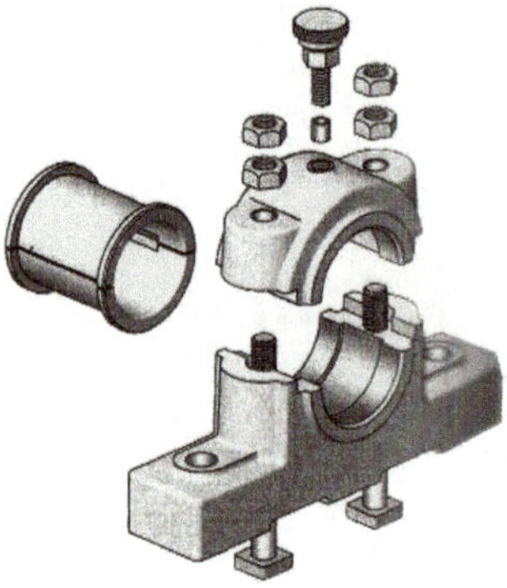

图9-23　滑动轴承结构分解图

（1）对所画装配体进行全面了解和分析　机用平口钳安装在机床上，用于夹持并固定工件，以便于机床加工。

工作时，固定钳身固定在机床上，转动螺杆，螺杆通过螺纹连接带动螺母，螺母带动活动钳身，活动钳身在固定钳身上滑动，通过钳口板夹持工件。机用平口钳有一条装配干线，由丝杠、螺纹支座、螺钉、活动钳身、固定钳身组成，图9-24所示为机用平口钳立体图。

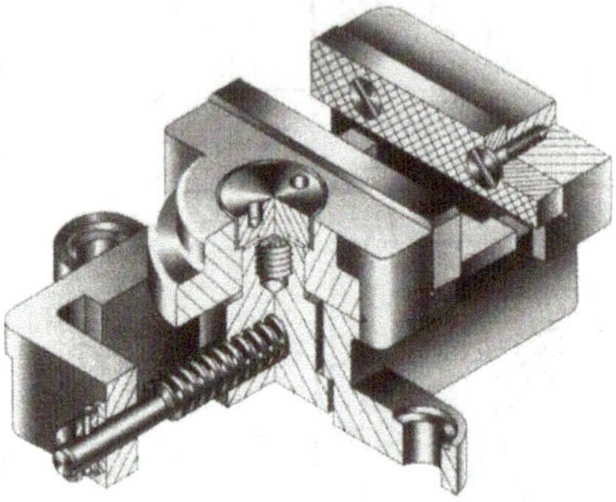

图9-24　机用平口钳立体图

（2）拆卸装配体　在拆卸前，应准备好有关的拆卸工具，以及放置零件的用具和场地，然后根据装配的特点，按照一定的拆卸顺序，正确地依次拆卸。拆卸过程中，对每一个零件应扎上标签，记好编号。对拆下的零件要分区、分组放在适当的地方，以免混乱和丢失。这样，也便于测绘后的重新装配。对不可拆卸的零件和过盈配合的零件应不拆卸，以免损坏零件。机用平口钳拆卸顺序如下：

1）用扳手拧下螺钉。

2）取下挡圈和调整片，将螺杆从螺母中拧下。

3）用扳手将活动钳身上部的螺钉取下，使活动钳身与螺母分离，将活动钳身从固定钳身上取下，拆卸完毕。

（3）绘制装配示意图　装配示意图一般是用简单的图线画出装配体各零件的大致轮廓，以表示其装配位置、装配关系和工作原理等情况的简图。国家标准《机械制图》中规定了一些零件的简单符号，画图时可以参考使用。

绘制装配示意图之前，应对装配体全面了解、分析，并在拆卸过程中进一步了解装配体内部结构和各零件之间的关系，进行修正、补充，以备后续正确地画出装配图和重新安装装配体之用，图 9-25 所示为机用平口钳装配示意图及其零件明细栏。

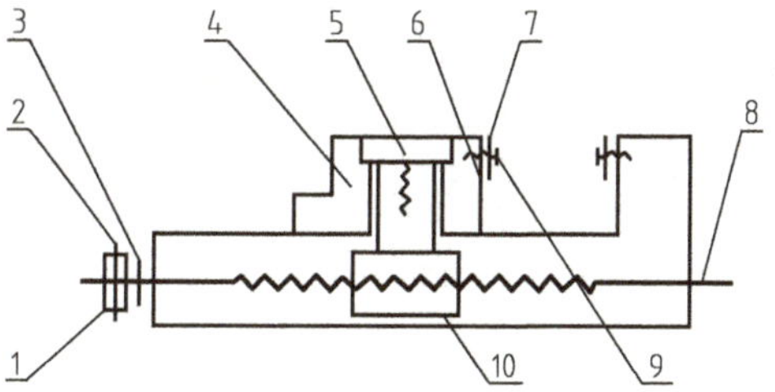


| 序号 | 名称 | 数量 | 材料 |
|---|---|---|---|
| 1 | 挡圈 | 1 | Q235 |
| 2 | 销4×25 | 1 | |
| 3 | 调整片 | 2 | Q235 |
| 4 | 活动钳身 | 1 | HT150 |
| 5 | 螺钉M10 | 1 | |
| 6 | 固定钳身 | 1 | HT150 |
| 7 | 钳口板 | 2 | 45 |
| 8 | 螺杆 | 1 | 45 |
| 9 | 螺钉M8×12 GB 5782—2016 | 4 | |
| 10 | 螺母 | 1 | 20 |

图 9-25　机用平口钳装配示意图及其零件明细栏

机用平口钳结构分解

（4）绘制零件草图　把拆下的零件逐个徒手画出其零件草图。对于一些标准零件，如螺栓、螺钉、螺母、垫圈、键、销等可以不画，但需确定其规定标记。

绘制零件草图时应注意以下三点：

1）对于零件草图的绘制，除了图线是徒手完成的外，其他方面的要求均和绘制正式的零件图一样。

2）零件的视图选择和安排，应尽可能地便于画装配图。

3）零件间的配合、连接和定位尺寸等，在相关零件上应标注一致。

（5）绘制装配图

根据装配体各组成零件的零件草图和装配示意图就可以画出装配图。

1）拟定表达方案。表达方案应包括选择主视图、确定视图数量和各视图的表达方法。

一般对装配体的视图表达的基本要求是：应正确、清晰地表达出部件的工作原理、各零件间的相对位置和装配关系以及主要零件的主要结构形状。

① 主视图的选择。主视图的选择应符合下列要求：

a. 一般应按部件的工作位置放置。当部件在机器上的工作位置倾斜时，可将其放正，使主要装配干线垂直于某基本投影面，以便于画图。

b. 应能较好地反映部件的工作原理和主要零件间的装配关系，因此一般都采用剖视图。

机用平口钳的工作位置为水平位置。以右下向左上作为主视图的投射方向，并通过装配干线（在同一个正平面上）作剖切，则采用全剖的主视图。

② 确定其他视图。根据对装配图视图表达的要求，针对部件在主视图中尚未表达清楚的内容，应当选择适当的其他视图或剖视等来表达。

机用平口钳的主视图选定后，但固定钳身和活动钳身的形状还未表达清楚，因此需要俯视图；活动钳身和固定钳身的连接情况还未表达清楚，所以需要左视图且采用半剖视图；最后确定机用平口钳视图表达方案。

2）绘制装配图的步骤（图 9-26）。

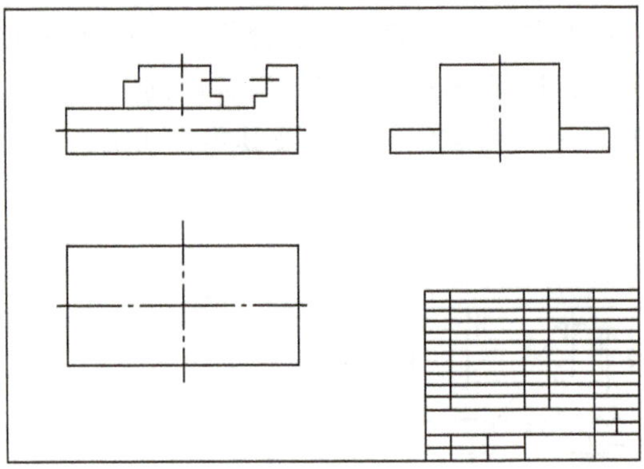

a)

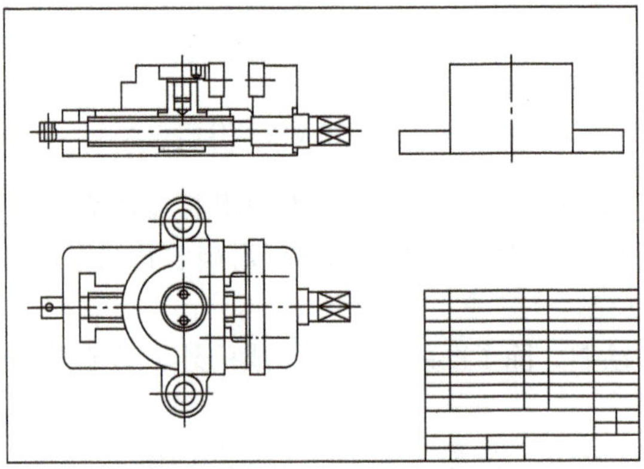

b)

图 9-26　画装配图底稿的步骤

a）画图框、标题栏、明细栏外框　b）画出两条装配干线上的零件

① 确定表达方案后，根据部件的大小，并考虑应标注尺寸、序号、明细栏、标题栏及书写技术要求所占的位置，确定画图比例和图幅大小。

② 画出图框线、标题栏和明细栏。

③ 布置视图，画出各视图的作图基准线。各视图间要留出足够的位置以标注尺寸和注写零件序号等。

④ 画底稿时，应先画基本视图，后画非基本视图。基本视图中一般先从主视图开始。画图时，先画出主体零件（阀体），然后画出装配干线上的主要零件，最后画出各条装配干线上的次要零件。

⑤ 标注尺寸。

⑥ 画剖面线。

⑦ 检查底稿，然后加深图线并进行编号。

⑧ 填写明细栏、标题栏和技术要求。

⑨ 完成该部件的装配图。图 9-27 所示为机用平口钳的装配图。

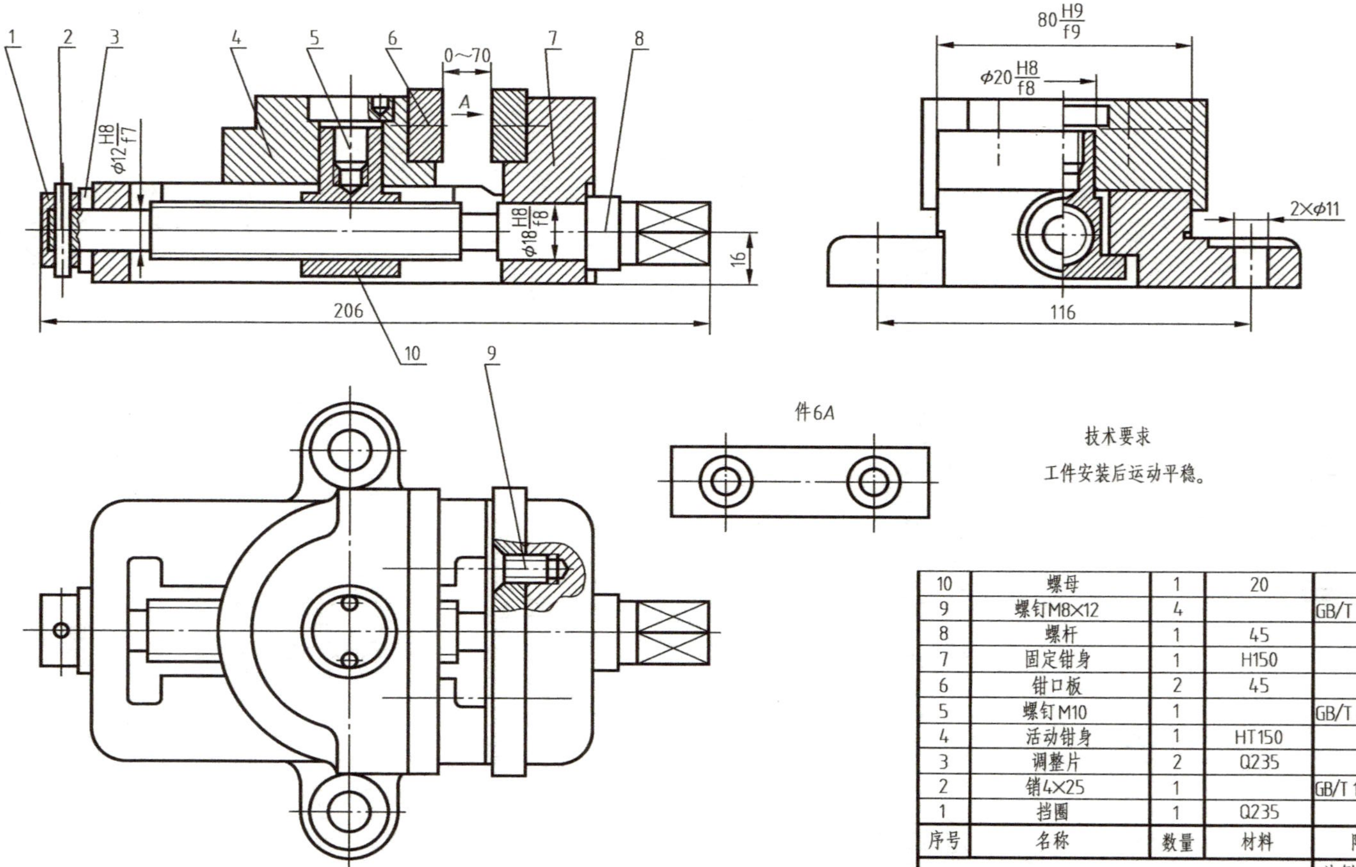


技术要求

工件安装后运动平稳。

| 序号 | 名称 | 数量 | 材料 | 附注 |
|---|---|---|---|---|
| 10 | 螺母 | 1 | 20 | |
| 9 | 螺钉M8×12 | 4 | | GB/T 68—2016 |
| 8 | 螺杆 | 1 | 45 | |
| 7 | 固定钳身 | 1 | H150 | |
| 6 | 钳口板 | 2 | 45 | |
| 5 | 螺钉M10 | 1 | | GB/T 68—2016 |
| 4 | 活动钳身 | 1 | HT150 | |
| 3 | 调整片 | 2 | Q235 | |
| 2 | 销4×25 | 1 | | GB/T 119.1—2000 |
| 1 | 挡圈 | 1 | Q235 | |

| | | | | |
|---|---|---|---|---|
| 机用平口钳 | | | 比例 | 1:1 |
| | | | 共4张 | 第1张 |
| 制图 | | | 04－00 | |
| 审核 | | | | |

图 9-27 机用平口钳装配图

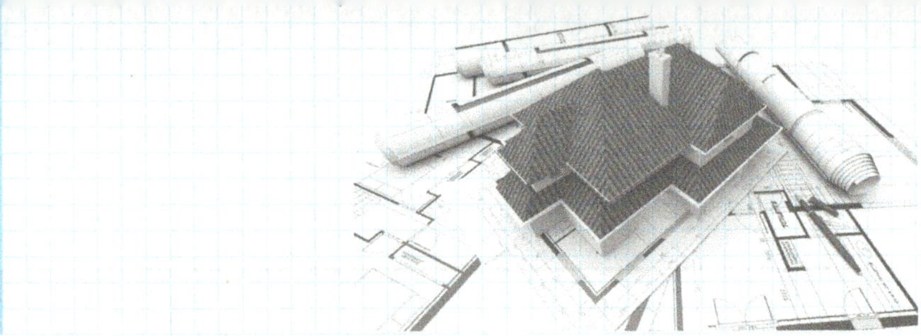

# 课题十

# 焊接制图

## 10-1 焊接基础知识

### 学习目标

1. 了解焊接接头的组成形式，掌握焊缝的表示方法。
2. 熟悉焊缝代号（基本符号、辅助符号、引出线和尺寸符号等）。
3. 熟悉焊接的标注方法。

### 1. 焊接的概念

焊接就是通过加热或加压，或两者并用，使用或不使用填充材料，使焊件结合的一种加工方法。

按照焊接过程中金属所处的状态不同，可以把焊接方法分为：熔焊、压焊、钎焊。详细分类方法如图 10-1 所示。

### 2. 焊缝分类

（1）焊缝　焊件经焊接后形成的结合部分是构成焊接接头的主体部分。随着电弧的移动，在焊接熔池不断形成又不断结晶的过程中形成了连续的焊缝。凝固后，高出母材部分成为焊缝的余高。

（2）分类

1）按空间位置分类：可分为平焊缝、横焊缝、立焊缝、仰焊缝。

2）按承载方式分类：可分为工作焊缝、联系焊缝。

3）按焊缝断续情况分类：可分为连续焊缝、断续焊缝。

4）按结合方式分类：可分为对接焊缝、角焊缝、塞焊缝、端接焊缝。

① 对接焊缝：构成对接接头的焊缝称为对接焊缝。对接焊缝可以由对接接头形成，也可以由 T 形接头（十字接头）形成，后者是指开坡口后进行全焊透焊接而焊脚为零的焊缝，如图 10-2 所示。

② 角焊缝：两焊件接合面构成直交或接近直交焊接的焊缝，如图 10-3a 所示。由对接焊缝和角焊缝组成的焊缝称为组合焊缝，T 形接头（十字接头）开坡口后进行全焊透焊接并且具有一定焊脚的焊缝，即为组合焊缝，坡口内的焊缝为对接焊缝，坡口外连接两焊件的焊缝为角焊缝，如图 10-3b 所示。

③ 塞焊缝：是指两焊件相叠，其中一块开有圆孔，然后在圆孔中焊接所形成的填满圆孔的焊缝，如图 10-4a 所示。

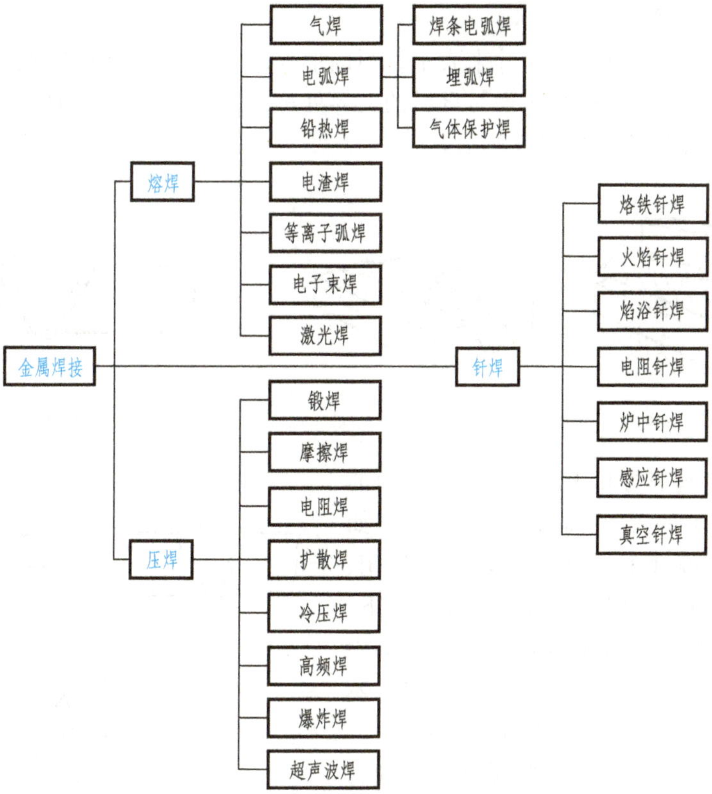


图 10-1　焊接方法分类

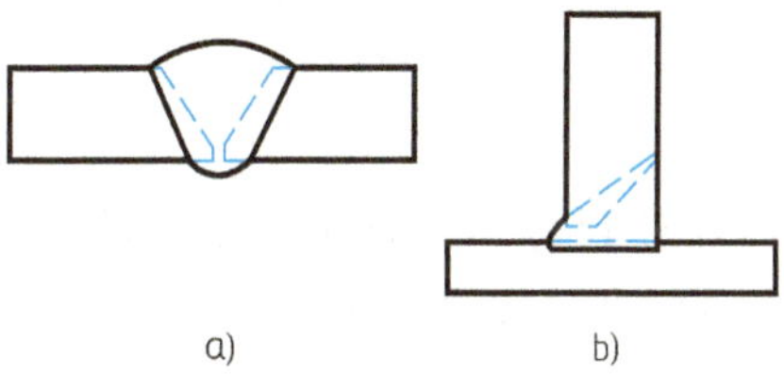


图 10-2　对接焊缝

a）对接接头形成的对接焊缝　b）T 形接头形成的对接焊缝

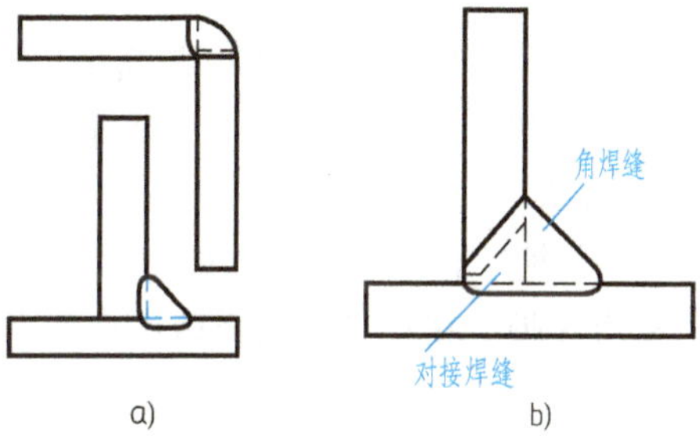


图 10-3　角焊缝和组合焊缝

a）角焊缝　b）组合焊缝

④ 端接焊缝：构成端接接头的焊缝，如图 10-4b 所示。

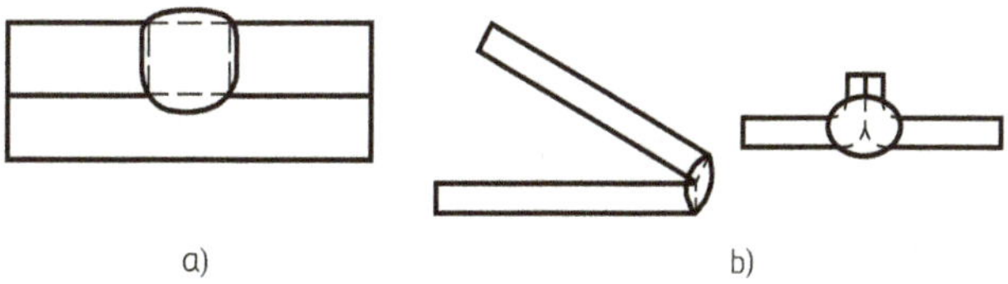


图 10-4　塞焊缝和端接焊缝

a）塞焊缝　b）端接焊缝

(3) 焊缝的形状尺寸

焊缝的形状用一系列几何尺寸来表示，不同形式的焊缝，其形状参数也不一样。

1）焊缝宽度 $B(c)$。焊缝表面与母材的交界处称为焊趾。焊缝表面两焊趾之间的距离称为焊缝宽度，如图 10-5、图 10-6 所示。

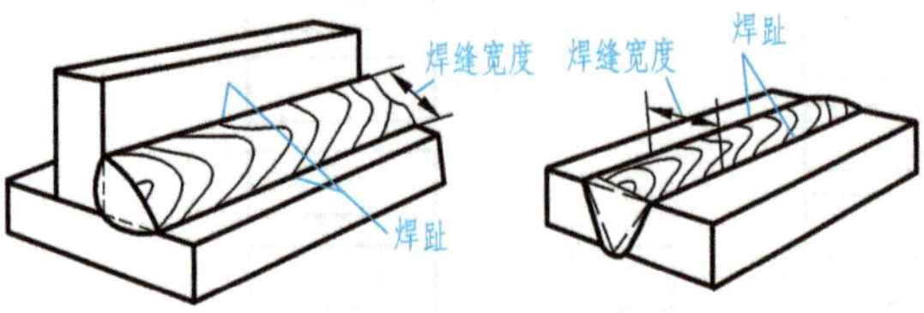


图 10-5　焊缝宽度示意图

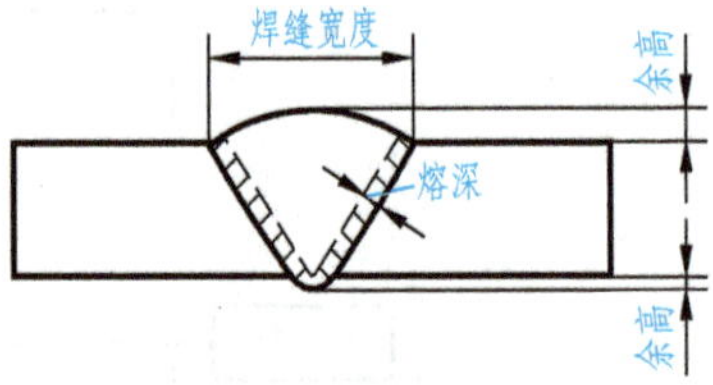


图 10-6　焊缝宽度、余高和熔深

2）余高 $h$。超出母材表面焊趾连线上面的那部分焊缝金属的最大高度称为余高，如图 10-6 所示。在静载下它有一定的加强作用，所以它又称为加强高。但在动载或交变载荷下，它非但不起加强作用，反而因焊趾处应力集中易于促使脆断。所以余高不能低于母材但也不能过高。焊条电弧焊时的余高值为 0~3mm。

3）熔深 $H$。在焊接接头横截面上，母材或前道焊缝熔化的深度称为熔深，如图 10-6、图 10-7 所示。

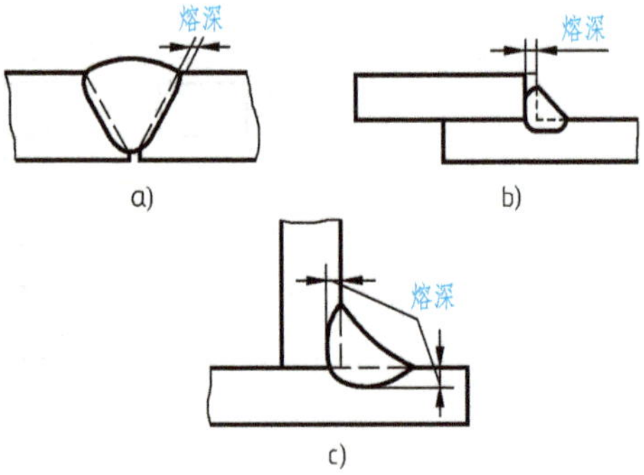


图 10-7　熔深

a）对接接头熔深　b）搭接接头熔深

c）T 形接头熔深

4）焊缝厚度 $S$。在焊缝横截面中，从焊缝正面到焊缝背面的距离，称为焊缝厚度，如图 10-8 所示。

5）焊脚。角焊缝的横截面中，从一个直角面上的焊趾到另一个直角面表面的最小距离，称为焊脚。在角焊缝的横截面中最大的等腰直角三角形直角边的长度称为焊脚尺寸，如图 10-8 所示。

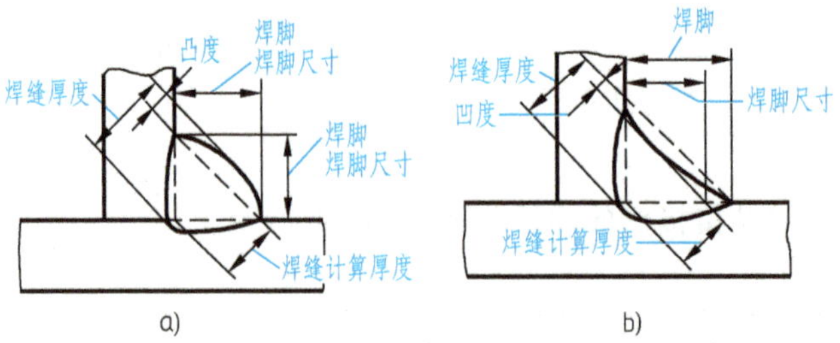


图 10-8　焊缝厚度及焊脚

a）凸形角焊缝　b）凹形角焊缝

## 3. 焊接接头的组成及基本形式

(1) 焊接接头的组成　用焊接方法连接的接头称为焊接接头（简称为接头）。它包括焊缝、熔合区和热影响区三部分，如图 10-9 所示。

(2) 焊接接头的作用　在焊接结构中焊接接头起两方面的作用，第一是连接作用，即把两焊件连接成一个整体；第二是传力作用，即传递焊件的承受载荷。

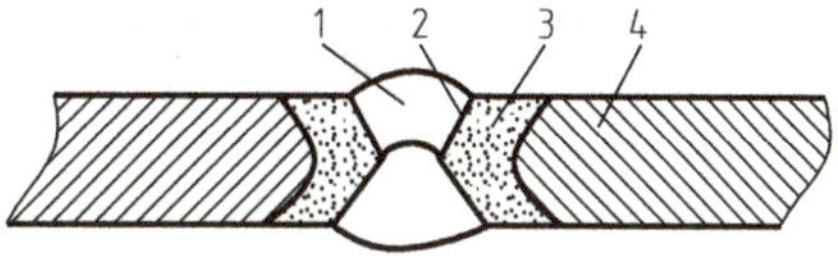


图 10-9　焊接接头组成示意图

1—焊缝　2—熔合区　3—热影响区　4—母材

(3) 焊接接头的基本形式　根据 GB/T 3375—1994《焊接术语》中的规定，焊接接头可分为 10 种类型，即对接接头、T 形接头、十字接头、搭接接头、角接接头、端接接头、套管接头、斜对接接头、卷边接头和锁底接头，其中以对接接头和 T 形接头应用最为普遍，见表 10-1。

(4) 坡口的基本形式

1）坡口。根据设计或工艺需要，将焊件的待焊部位加工成一定几何形状的沟槽称为坡口。

表 10-1　焊接接头的基本类型、特点及应用

| 接头类型 | 特点及应用 | 图　示 |
|---|---|---|
| 对接接头 | 两焊件表面构成≥135°、≤180°夹角的接头称为对接接头，是采用最多的一种接头形式。按照钢板厚度选用不同形式的坡口 | 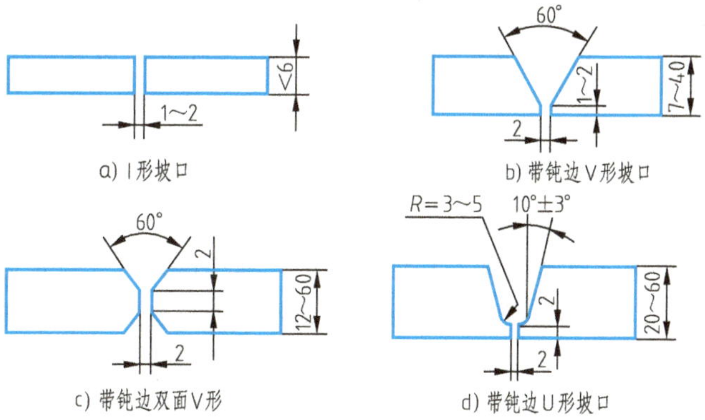<br> |
| T形接头 | T 形接头是一焊件之端面与另一焊件表面构成直角或近似直角的接头。主要用于箱形、船体结构<br>按照钢板厚度和对结构强度的要求，可分别考虑选用不同形式坡口，使接头焊透，保证接头强度 | 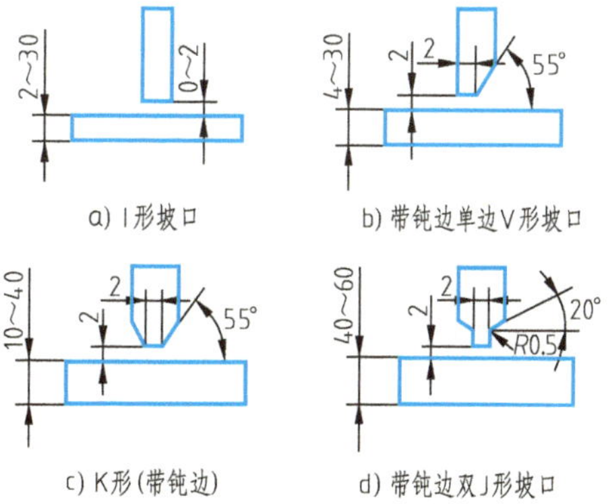<br> |

（续）

| 接头类型 | 特点及应用 | 图　示 |
|---|---|---|
| 角接接头 | 两焊件端面间构成>35°、<135°夹角的接头，称为角接接头，其承载能力差，一般用于不重要的焊接结构。可根据板厚开不同形式的坡口 | 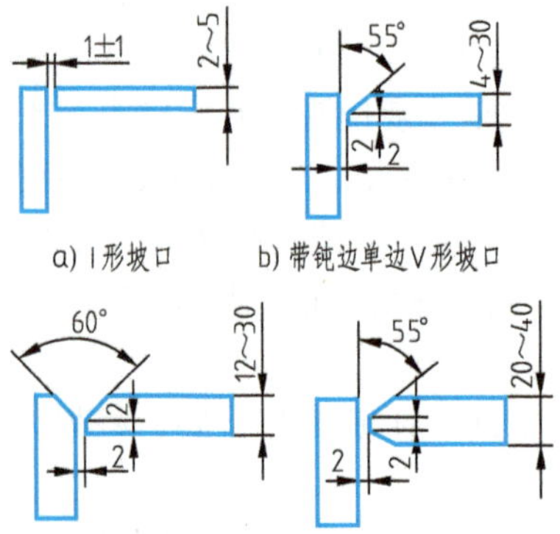a) I形坡口　b) 带钝边单边V形坡口　c) 带钝边V形　d) 带钝边双面V形坡口 |
| 搭接接头 | 两焊件部分重叠构成的接头称为搭接接头，特别适用于被焊结构狭小处及密闭的焊接结构。<br>I 形坡口的搭接接头，其重叠部分为 3～5 倍板厚，并采用双面焊接 | 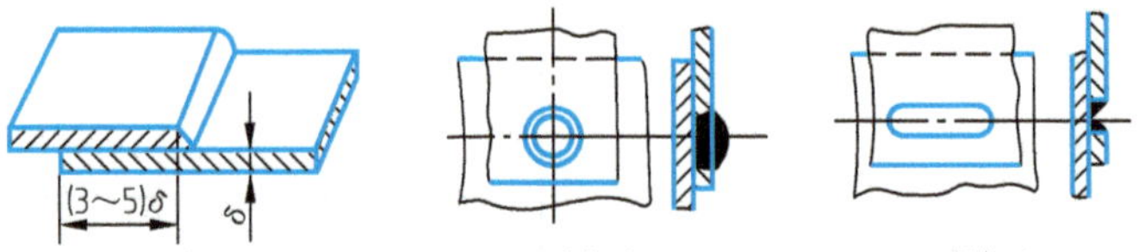I形坡口　塞焊缝　槽焊缝 |

2）开坡口的目的。

① 保证电弧能深入到焊缝根部使其焊透，并获得良好的成形焊缝以及便于清渣。

② 对于合金钢，坡口还能起到调节母材金属和填充金属比例（即熔合比）的作用。

3）开坡口的方法。可以用机械（如刨削、车削、磨削等）、火焰或电弧（碳弧气刨）等方式加工所需坡口。

### （5）坡口类型

坡口的形式由 GB/T 985.1—2008《气焊、焊条电弧焊、气体保护焊和高能束焊的推荐坡口》、GB/T 985.2—2008《埋弧焊的推荐坡口》标准制定的。

常用的坡口形式有 I 形坡口、带钝边 V 形坡口、带钝边 U 形坡口、带钝边双面 V 形坡口、带钝边单边 V 形坡口，如图 10-10 所示。

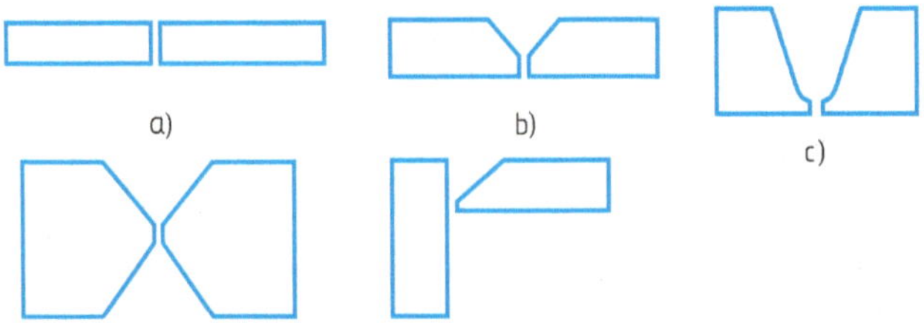


图 10-10　坡口的形式

a） I 形坡口　b） 带钝边 V 形坡口　c） 带钝边 U 形坡口　d） 带钝边双面 V 形坡口　e） 带钝边单边 V 形坡口

(6) 表达坡口几何尺寸的参数

1）坡口面。焊件上开坡口的表面称为坡口面，如图 10-11 所示。

2）坡口面角度和坡口角度。焊件表面的垂直面与坡口面之间的夹角称为坡口面角度，两坡口面之间的夹角称为坡口角度。坡口面角度和坡口角度如图 10-12 所示。

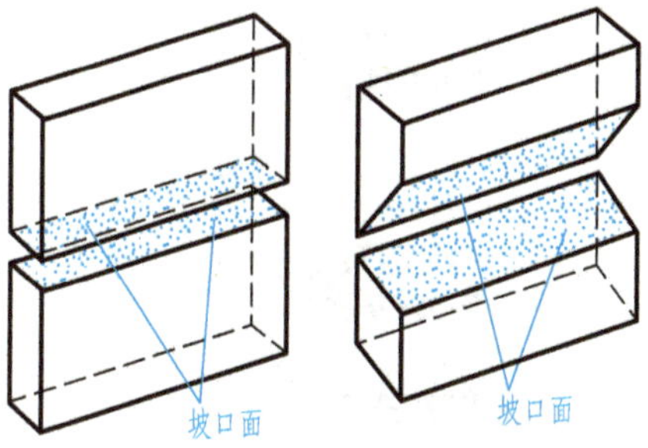


图 10-11　坡口面示意图

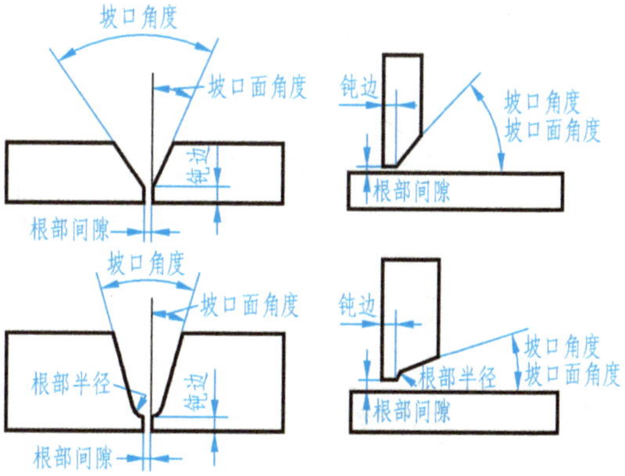


图 10-12　坡口几何尺寸参数

开单面坡口时，坡口角度等于坡口面角度；开双面对称坡口时，坡口角度等于两倍的坡口面角度。坡口角度（或坡口面角度）应保证焊条能自由伸入坡口内部，不和两侧坡口面相碰，但角度太大将会消耗太多的填充材料，并降低生产率。

3）根部间隙。焊前，在接头根部之间预留的空隙称为根部间隙，亦称为装配间隙。根部间隙的作用在于焊接底层焊道时，能保证根部可以焊透。因此，根部间隙太小时，将在根部产生焊不透现象；但太大的根部间隙，又会使根部烧穿，形成焊瘤。根部间隙如图 10-12 所示。

4）钝边。焊件开坡口时，沿焊件厚度方向未开坡口的端面部分称为钝边。钝边的作用是防止根部烧穿，但钝边值太大，又会使根部焊不透。钝边如图 10-12 所示。

5）根部半径。U 形坡口底部的半径称为根部半径。根部半径的作用是增大坡口根部的横向空间，使焊条能够伸入根部，促使根部焊透。根部半径如图 10-12 所示。

4. 焊缝代号与组成

(1) 焊缝符号　在图样上标注焊接方法、焊缝形式和焊缝尺寸的代号称为焊缝符号。

(2) 焊缝符号组成

根据 GB/T 324—2008《焊缝符号表示法》的规定，完整的焊缝符号包括基本符号、指引线、补充符号、尺寸符号及数据等。

1）基本符号。基本符号表示焊缝横截面的基本形式或特征。它采用近似于焊缝横截面形状的符号表示，最常见的是 V、X、K 及 U 形，见表 10-2。基本符号的组合见表 10-3。

2）补充符号。补充符号用来补充说明有关焊缝或接头的某些特征（如表面形状、衬垫、焊缝分布、施焊地点等），见表 10-4。

3）尺寸符号。尺寸符号是表示坡口和焊缝各特征尺寸的符号（表 10-5），其标注示例见表 10-6。

表 10-2　焊缝的基本符号

| 焊缝名称 | 焊缝横截面形状 | 符号 | 焊缝名称 | 焊缝横截面形状 | 符号 |
|---|---|---|---|---|---|
| I 形焊缝 |  |  | 角焊缝 |  |  |
| V 形焊缝 |  |  | 塞焊缝或槽焊缝 |  |  |
| 带钝边 V 形焊缝 |  |  | 点焊缝 | 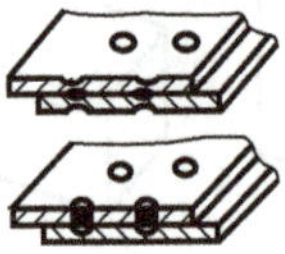 |  |
| 单边 V 形焊缝 |  |  | 缝焊缝 | 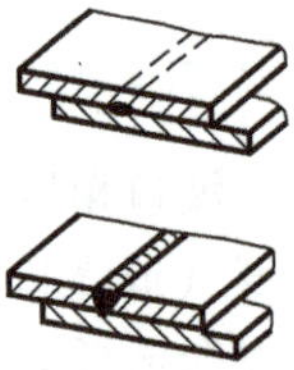 |  |
| 带钝边单边 V 形焊缝 |  |  | | | |
| 带钝边 U 形焊缝 |  |  | | | |
| 封底焊缝 |  |  | | | |

表 10-3　基本符号的组合

| 序号 | 名　　称 | 示　意　图 | 符　　号 |
|---|---|---|---|
| 1 | 双面 V 形焊缝（X 焊缝） |  |  |
| 2 | 双面单 V 形焊缝（K 焊缝） | 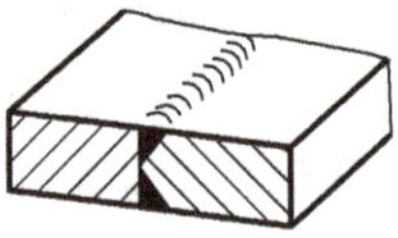 |  |
| 3 | 带钝边的双面 V 形焊缝 | 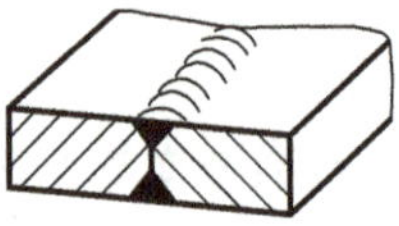 |  |
| 4 | 带钝边的双面单 V 形焊缝 | 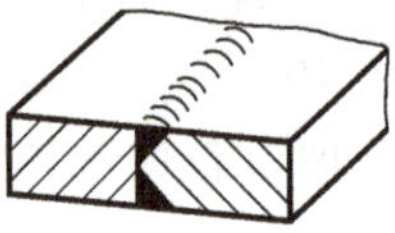 |  |

（续）

| 序号 | 名　　称 | 示　意　图 | 符　　号 |
|---|---|---|---|
| 5 | 双面 U 形焊缝 | 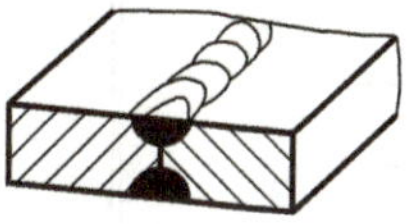 |  |

**表 10-4　补充符号**

| 序号 | 名称 | 符号 | 说　　明 |
|---|---|---|---|
| 1 | 平面 |   | 焊缝表面通常经过加工后平整 |
| 2 | 凹面 |  | 焊缝表面凹陷 |
| 3 | 凸面 |  | 焊缝表面凸起 |
| 4 | 圆滑过渡 |  | 焊趾处过渡圆滑 |
| 5 | 永久衬垫 |  | 衬垫永久保留 |
| 6 | 临时衬垫 |  | 衬垫在焊接完成后拆除 |
| 7 | 三面焊缝 |  | 三面带有焊缝 |
| 8 | 周围焊缝 |  | 沿着工件周边施焊的焊缝<br>标注位置为基准线与箭头线的交点处 |
| 9 | 现场焊缝 |  | 在现场焊接的焊缝 |
| 10 | 尾部 |  | 可以表示所需的信息 |

表 10-5 尺寸符号

| 符号 | 名称 | 示 意 图 |
|---|---|---|
| δ | 工件厚度 | 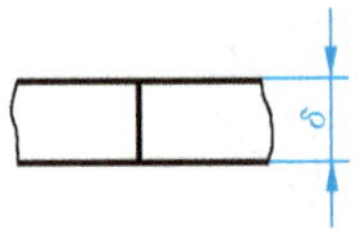 |
| α | 坡口角度 | 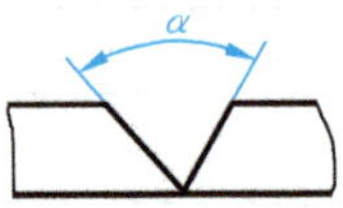 |
| β | 坡口面角度 | 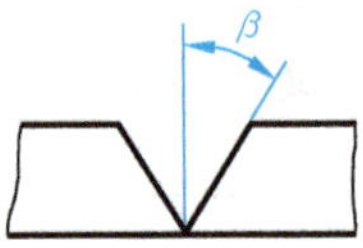 |
| b | 根部间隙 | 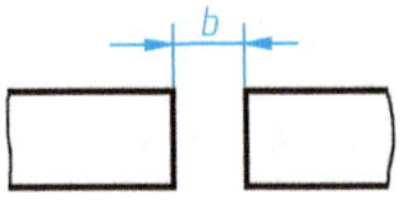 |
| p | 钝边 | 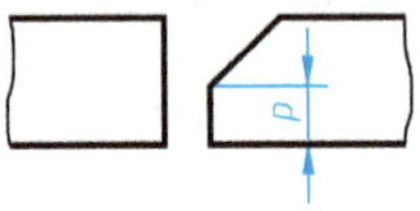 |
| R | 根部半径 | 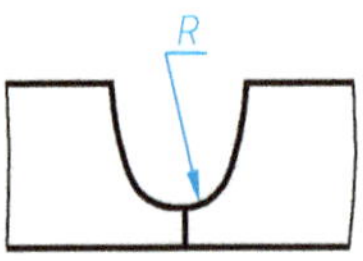 |
| H | 坡口深度 | 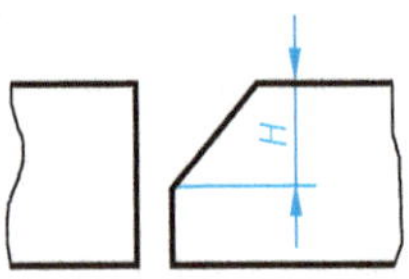 |
| S | 焊缝有效厚度 | 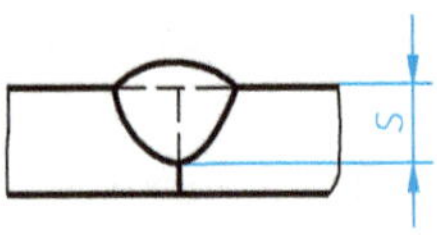 |

| 符号 | 名称 | 示 意 图 |
|---|---|---|
| c | 焊缝宽度 | 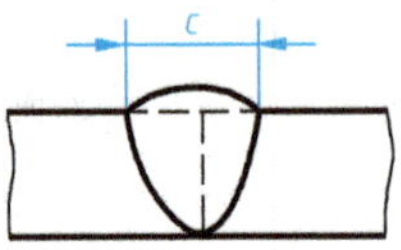 |
| K | 焊脚尺寸 | 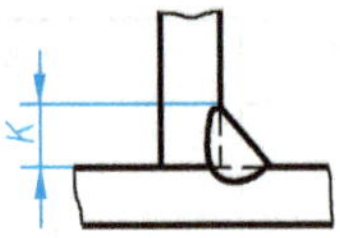 |
| d | 点焊:熔核直径<br>塞焊:孔径 | 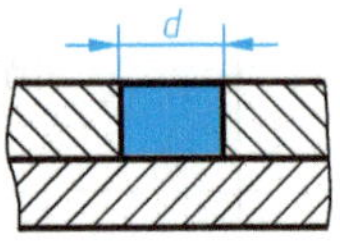 |
| n | 焊缝段数 | 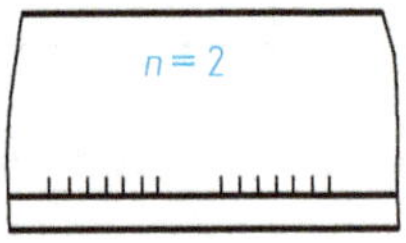 |
| l | 焊缝长度 | 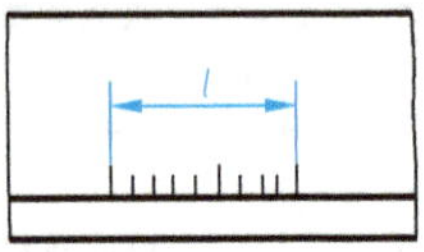 |
| e | 焊缝间距 | 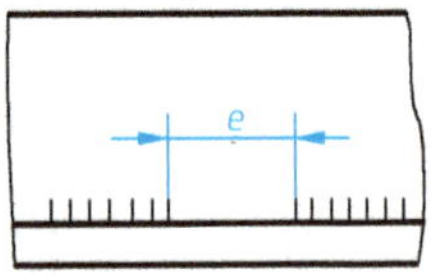 |
| N | 相同焊缝数量 | 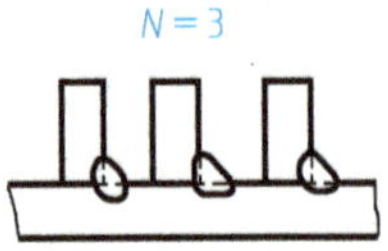 |
| h | 余高 | 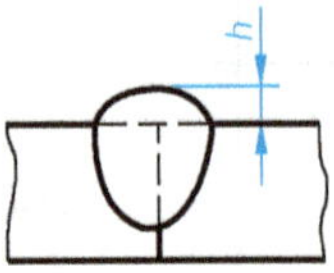 |

### 表 10-6　尺寸标注示例

| 序号 | 名称 | 示　意　图 | 尺寸符号 | 标注方法 |
|---|---|---|---|---|
| 1 | 对接焊缝 | 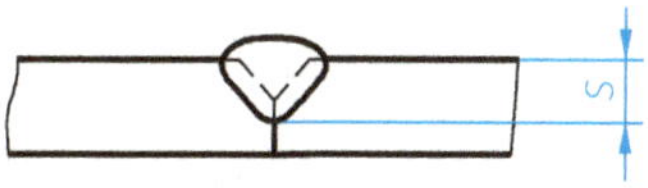 | $S$:焊缝有效厚度 |  |
| 2 | 连续角焊缝 | 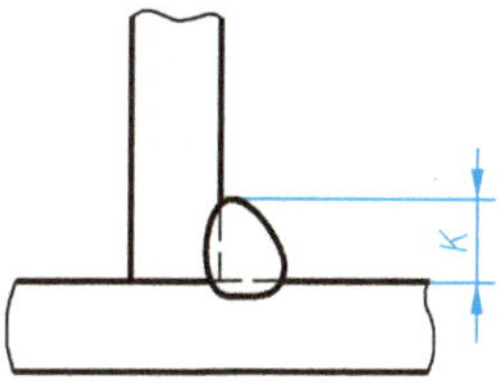 | $K$:焊脚尺寸 |  |
| 3 | 断续角焊缝 | 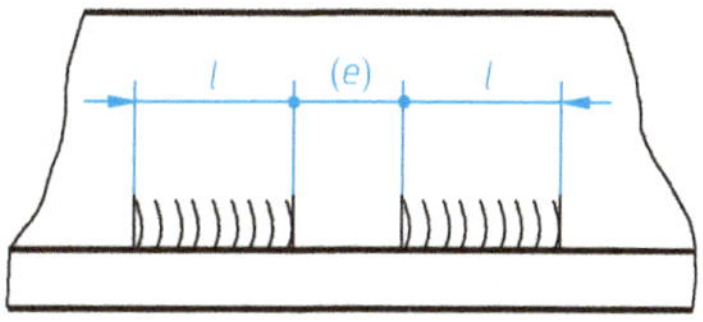 | $l$:焊缝长度;<br>$e$:间距;<br>$n$:焊缝段数;<br>$K$:焊脚尺寸 |  |
| 4 | 交错断续角焊缝 | 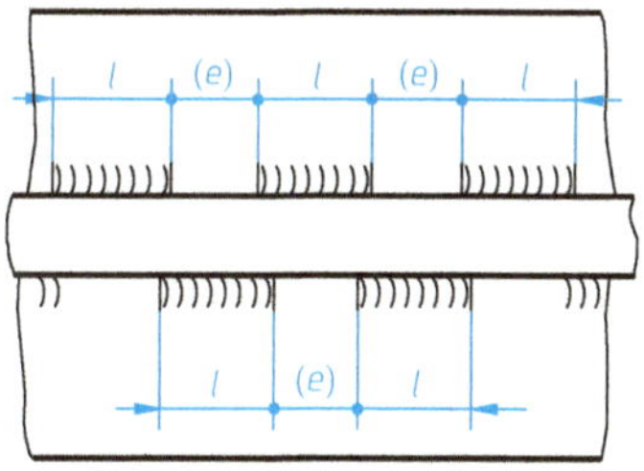 | $l$:焊缝长度;<br>$e$:间距;<br>$n$:焊缝段数;<br>$K$:焊脚尺寸 | 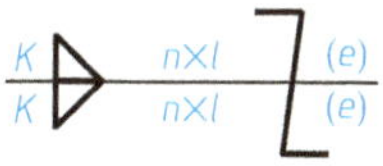 |
| 5 | 塞焊缝或槽焊缝 | 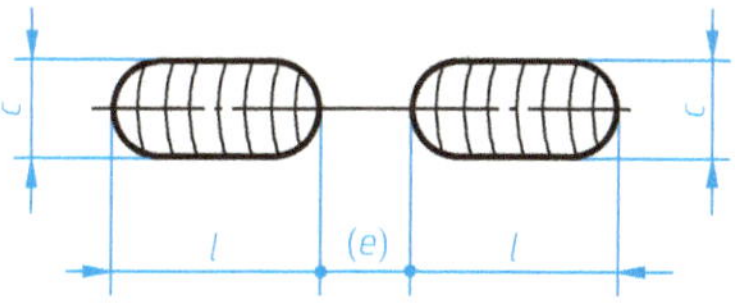 | $l$:焊缝长度;<br>$e$:间距;<br>$n$:焊缝段数;<br>$c$:槽宽 |  |
| | | 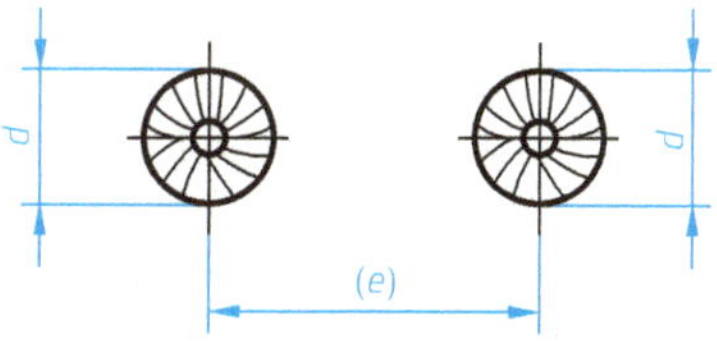 | $e$:间距;<br>$n$:焊缝段数;<br>$d$:孔径 |  |
| 6 | 点焊缝 | 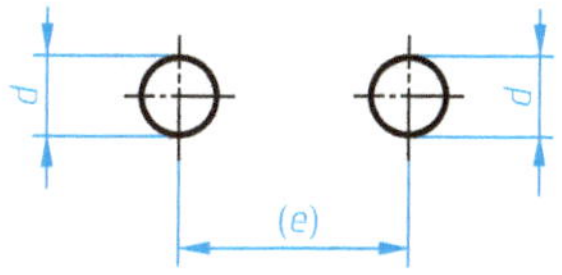 | $n$:焊点数量;<br>$e$:焊点距;<br>$d$:熔核直径 |  |

（续）

| 序号 | 名称 | 示　意　图 | 尺寸符号 | 标注方法 |
|---|---|---|---|---|
| 7 | 缝焊缝 | 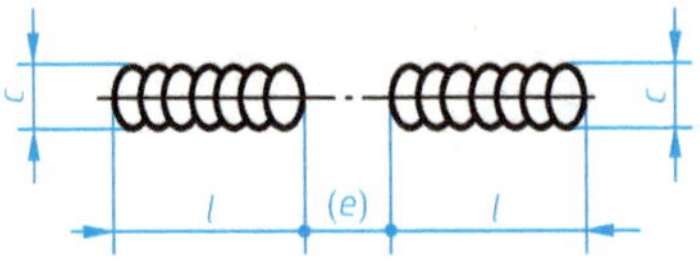 | $l$:焊缝长度；<br>$e$:间距；<br>$n$:焊缝段数；<br>$c$:焊缝宽度 |  |

4）指引线。指引线由箭头线和基准线（实线和虚线）组成，如图 10-13 所示。

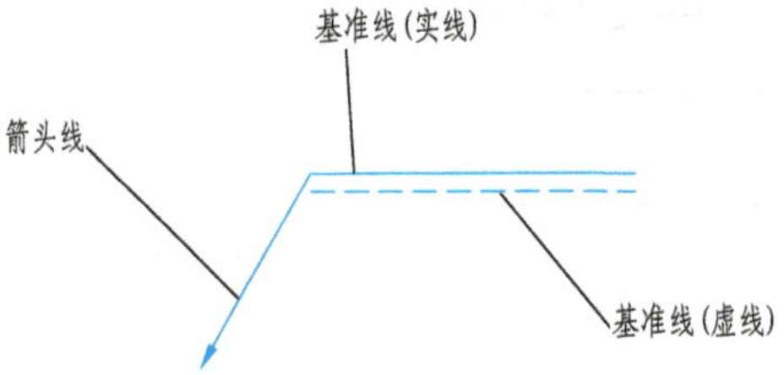


图 10-13　指引线

(3) 基本符号与基准线的相对位置

1）基本符号在实线侧时，表示焊缝在箭头侧，如图 10-14a 所示。

2）基本符号在虚线侧时，表示焊缝在非箭头侧，如图 10-14b 所示。

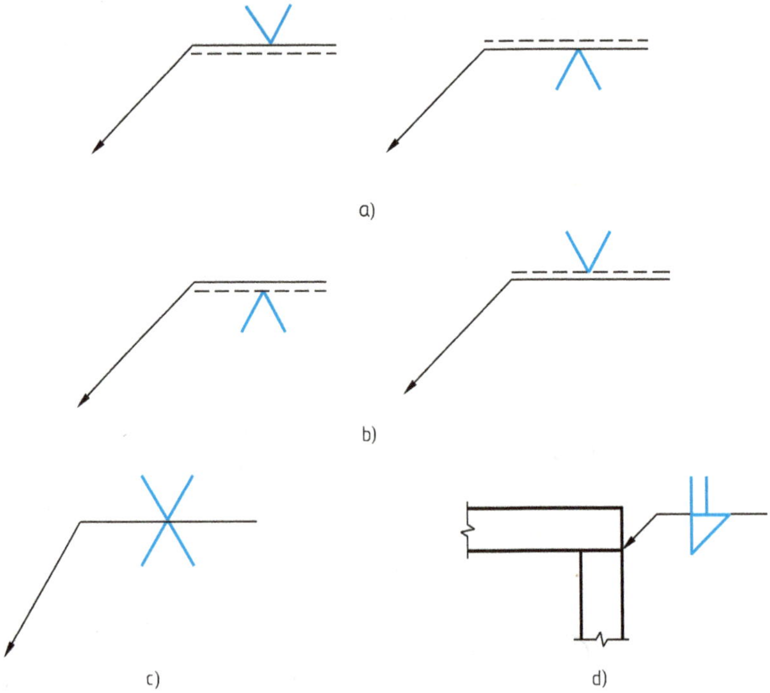


图 10-14　基本符号与基准线的相对位置

a）焊缝在接头的箭头侧　b）焊缝在接头的非箭头侧　c）对称焊缝　d）双面焊缝

3）对称焊缝允许省略虚线，如图 10-14c 所示。

4）在明确焊缝分布位置的情况下，有些双面焊缝也可省略虚线，如图 10-14d 所示。

## 5. 焊缝符号的标注

### （1）焊缝符号的标注规定

国家标准 GB/T 324—2008、GB/T 5185—2005 和 GB/T 12212—2012 中分别对焊缝符号和焊接方法代号的标注方法做了规定。

1）焊缝符号和焊接方法代号必须通过指引线及有关规定才能准确无误地表示焊缝。

2）标注焊缝时，首先将焊缝基本符号标注在基准线上边或下边，其他符号按规定标注在相应的位置上。

3）箭头线相对焊缝的位置一般没有特殊要求，但是在标注 V 形、单边 V 形、J 形等焊缝时，箭头应指向带有坡口一侧的工件，如图 10-15 所示。

4）必要时允许箭头线弯折一次。

5）虚基准线可以画在实基准线的上侧或下侧。

6）基准线一般应与图样的底边相平行，但在特殊条件下亦可与底边相垂直。

7）如果焊缝和箭头线在接头的同一侧，则将焊缝基本符号标注在实基准线侧；相反，如果焊缝和箭头线不在接头的同一侧，则将焊缝基本符号标注在虚基准线侧。

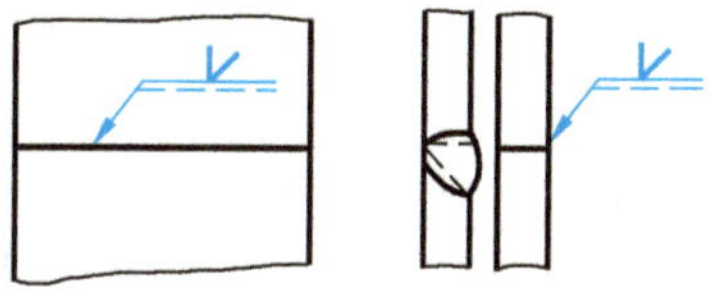

图 10-15　箭头指向坡口

### （2）焊缝符号的标注原则

1）焊缝横截面上的尺寸标注在基本符号的左侧，如钝边 $p$，坡口深度 $H$，焊脚尺寸 $K$，余高 $h$，焊缝有效厚度 $S$，根部半径 $R$，焊缝宽度 $c$，焊核直径 $d$（或孔径 $d$）。如图 10-16 所示。

2）焊缝长度方向的尺寸标注在基本符号的右侧，如焊缝长度 $l$，焊缝间隙 $e$，焊缝段数 $n$，如图 10-16 所示。

3）坡口角度 $\alpha$、坡口面角度 $\beta$、根部间隙 $b$ 等尺寸标注在基本符号的上侧或下侧。

4）相同焊缝数量符号标注在尾部。

5）当需要标注的尺寸数据较多又不易分辨时，可在数据前面增加相应的尺寸符号。

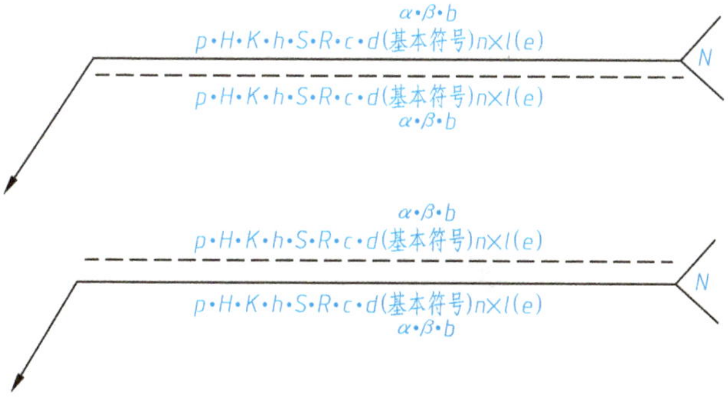


图 10-16　焊缝符号的标注原则

（3）焊缝符号的标注示例（表 10-7）

表 10-7　焊缝符号的标注示例

| 标　　注 | 说　　明 |
| --- | --- |
| 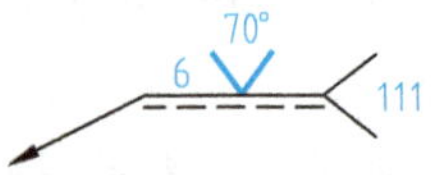 | V 形焊缝，坡口角度 70°，焊缝有效高度 6mm |
| 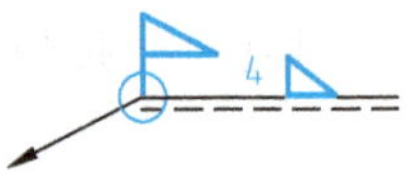 | 角焊缝，焊脚尺寸为 4mm，在现场沿工件周围焊接 |
|  | 角焊缝，焊脚尺寸为 5mm，三面焊接 |
|  | 槽焊缝，焊缝宽度（或直径）5mm，共 8 个焊缝，焊缝间距 10mm |
|  | 断续双面角焊缝，焊脚尺寸为 5mm，共 12 段焊缝，每段 80mm，焊缝间隔 30mm |
|  | 在箭头所指的另一侧焊接，连续角焊缝，焊缝有效高度 5mm |

## 10-2　焊接制图的画法

### 学习目标

1. 了解焊接的概念、分类方法和焊接制图的应用。
2. 掌握焊接制图符号的画法。
3. 能正确识读焊接制图，并根据图样排布工艺焊接操作。

### 制图任务

任务一：根据图 10-17 所示的轴测图，画出轴承挂架焊接制图（图 10-18）。

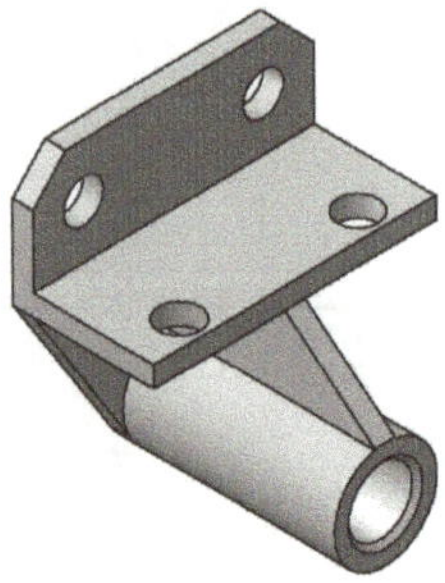

图 10-17　轴承挂架轴测图

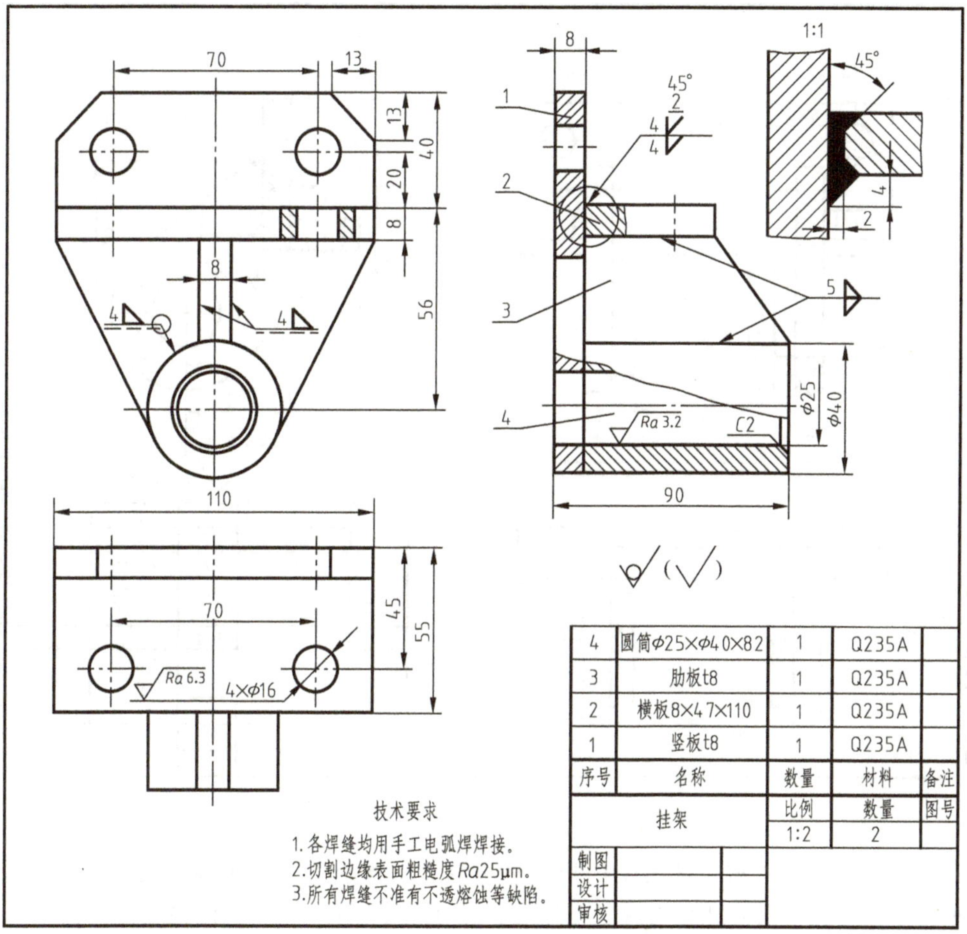

| 4 | 圆筒φ25×φ40×82 | 1 | Q235A | |
|---|---|---|---|---|
| 3 | 肋板t8 | 1 | Q235A | |
| 2 | 横板8×47×110 | 1 | Q235A | |
| 1 | 竖板t8 | 1 | Q235A | |
| 序号 | 名称 | 数量 | 材料 | 备注 |
| 挂架 | | 比例 | 数量 | 图号 |
| | | 1:2 | 2 | |
| 制图 | | | | |
| 设计 | | | | |
| 审核 | | | | |

技术要求

1. 各焊缝均用手工电弧焊焊接。

2. 切割边缘表面粗糙度Ra25μm。

3. 所有焊缝不准有不透熔蚀等缺陷。

图 10-18　轴承挂架焊接制图

任务二：根据图 10-19 所示的轴承支架轴测图，画出其焊接制图（图 10-20）。

图 10-19　轴承支架轴测图

## 任务实施

**操作步骤：**

（1）形体分析　轴承挂架由竖板（背板）、横板、圆筒和肋板四部分组成。横板与竖板垂直，圆筒用于安装轴承，也与竖板垂直。

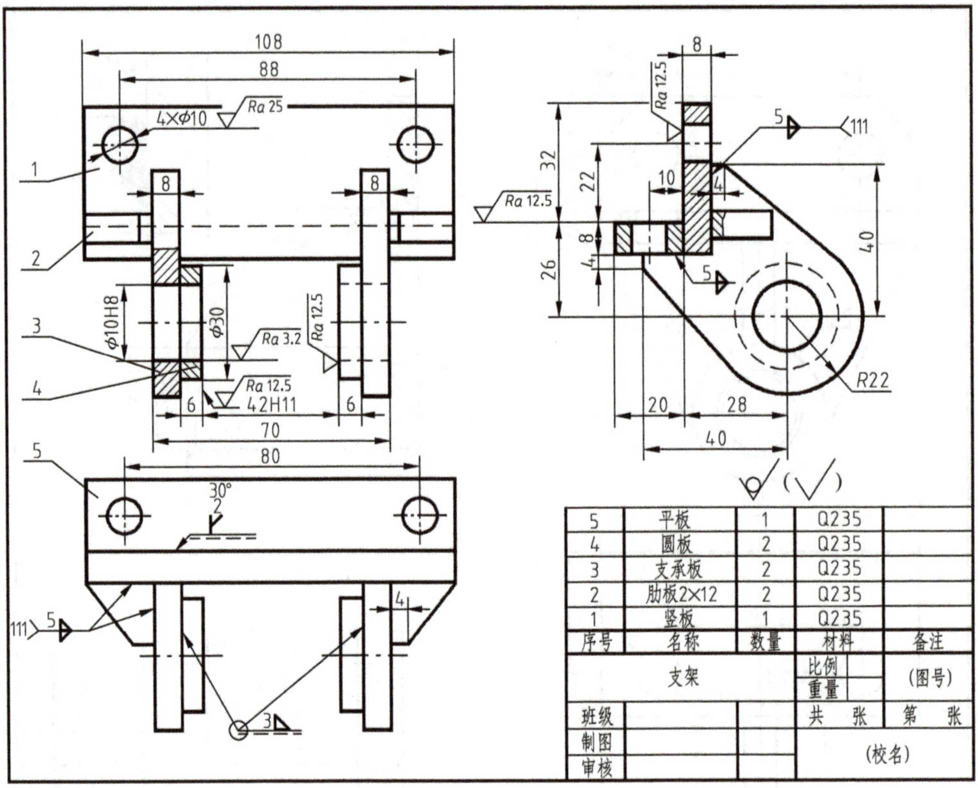


图 10-20　轴承支架焊接制图

（2）确定主视图　该工件由于横板与竖板垂直，横板下方有圆筒和肋板，且三个零件都分布在竖板一侧，因而把竖板放置在最后，其他三个零件放置在前的视图最能表达组合体的形状和特征，把这一视图作为主视图也最符合人们习惯。

（3）选比例，定图幅

（4）布置视图　采用三视图表达零件的结构和加工、装配的关系。

（5）绘制底稿

1）绘制出每个视图的基准线和主要轮廓线，如图 10-21 所示。

2）绘制竖板的三视图，如图 10-22 所示。

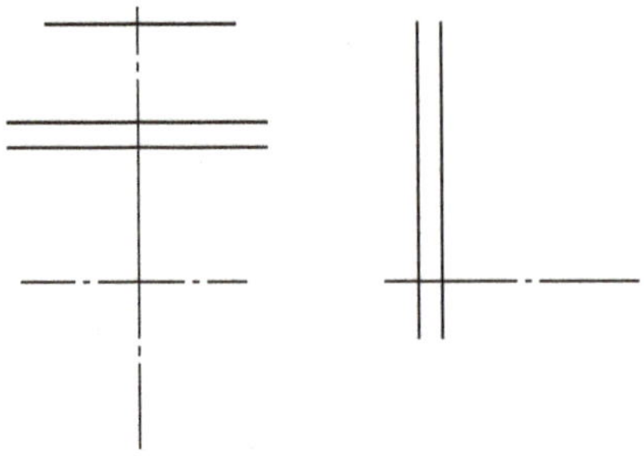

图 10-21　绘制出每个视图的基准线

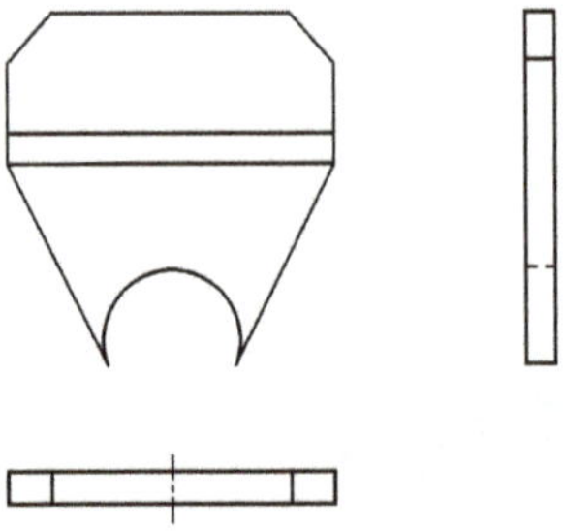

图 10-22　竖板的三视图

3）绘制横板的三视图，如图 10-23 所示。

4）绘制圆筒的三视图，如图 10-24 所示。

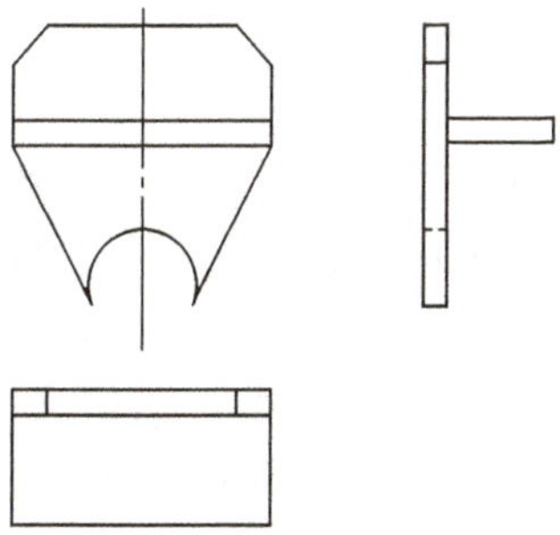

图 10-23　横板的三视图

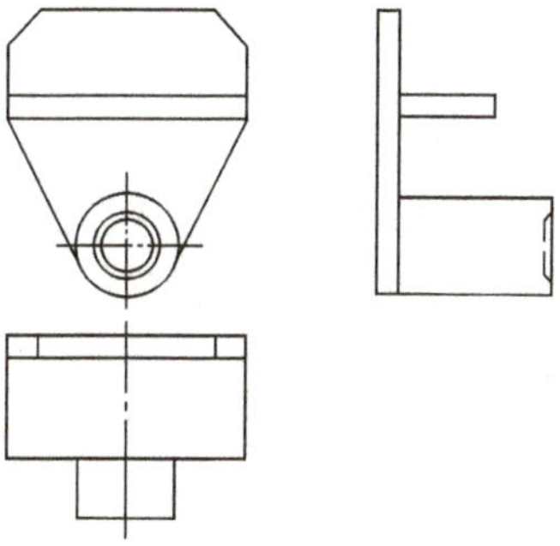

图 10-24　圆筒的三视图

5）绘制肋板的三视图，如图 10-25 所示。

6）绘制孔的三视图，如图 10-26 所示。

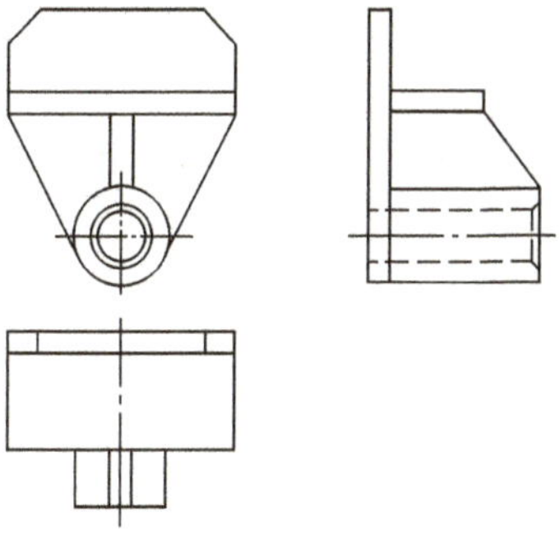

图 10-25　肋板的三视图

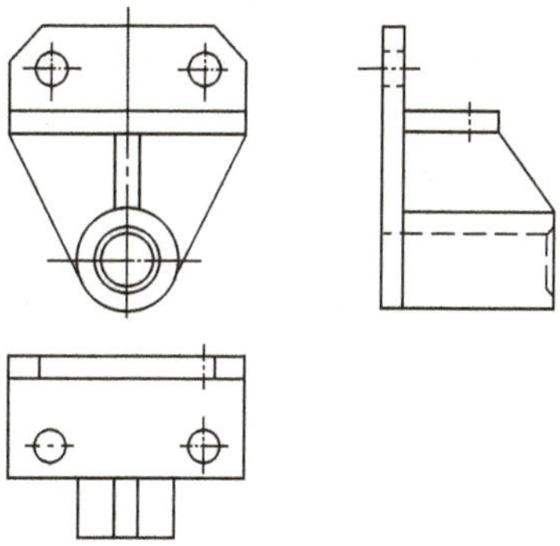

图 10-26　孔的三视图

7）绘制局部剖视图，如图 10-27 所示。

8）绘制局部放大图和焊接符号，如图 10-28 所示。

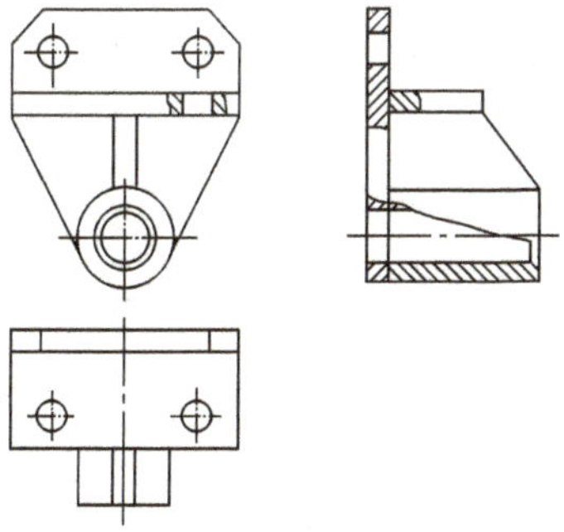

图 10-27　绘制局部剖视图

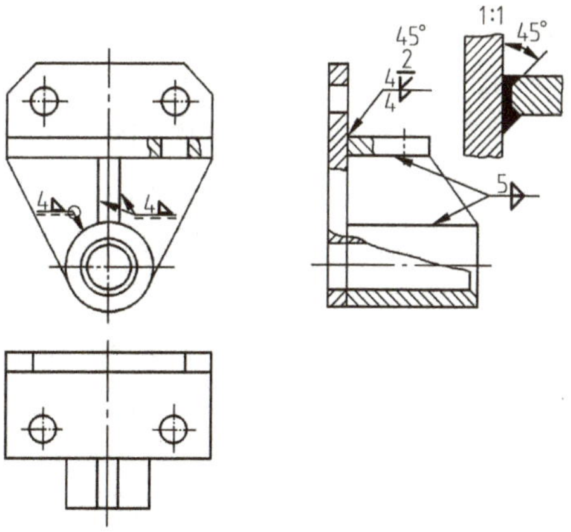


图 10-28　局部放大图和焊接符号

9）检查描深、标注尺寸，再填写标题栏和技术要求，如图 10-18 所示。

## 知识链接

### 1. 焊接制图解读

轴承挂架由竖板（背板）、横板、圆筒和肋板组成。竖板（背板）、横板、肋板厚度都是 8mm，所用材料均为 Q235A，在市场上较易买到，可由同种板材切割下料。直线切割可以使用剪板机，能大大提高效率。

竖板：形状复杂，有两个 13mm×13mm 的斜边，可由铆工用氧-乙炔火焰切割法去除；若能使用数控火焰切割或线切割，则加工精度更佳。根据图样可知，竖板与圆筒是插入式装配（钢板开孔，圆筒插入钢板，与钢板后平面平齐），竖板下边是两条斜边和多半个圆弧，同样，竖板也可以用氧-乙炔、数控火焰切割或线切割法加工成形。竖板上有两孔，尺寸为 $\phi$16mm，可与横板一块加工。

横板：长方形，形状简单，易于加工。其上有两孔与竖板相同，可同时在钻床上加工。

圆筒：圆柱形，可用展开法由钢板加工；也可由市场直接购入钢管截取获得。一般小尺寸由钢管截取，大尺寸由钢板通过卷筒机卷筒并经过焊接后获得。因为此处尺寸较小，可直接由钢管截取获得。

肋板：是竖板、横板和圆筒的连接件，也是横板、圆筒的支承件。形状简单，易于加工。

图样中注明零件数量为 2，即焊接成品挂架是两件。

### 2. 焊接符号解读

本图样中有四个焊接符号和一个原值比例局部视图。

1）在这个放大视图中用描黑手法，直观反映焊缝真实情况，即：

① 横板的坡口，由图 10-29 中可以看出横板端部两侧各开一个 45°的坡口，是带钝边双边 V 形坡口。由描黑部分可以看出横板下边焊接 45°角焊缝，用数学方法很容易算出钝边厚度是 4mm。坡口可用刨边机、角磨机、火焰切割机加工。

② 装配关系。横板与竖板的装配距离是 2mm，即装配间隙是 2mm，如图 10-29 所示。

③ 焊缝处理。焊接时横板下方与竖板焊接成 45°角，焊脚尺寸为 4mm，即图中标注的 4mm。

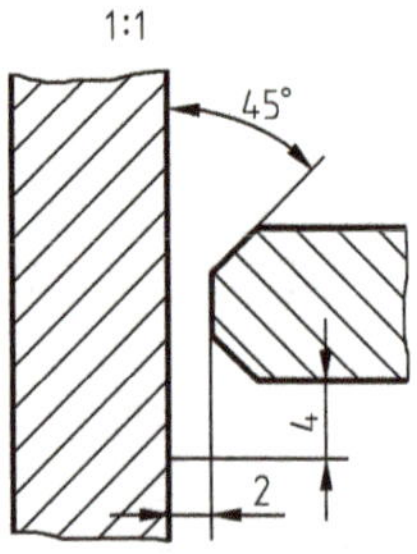

图 10-29 横板端部坡口形式

2）图 10-18 中有两处图 10-30 所示的焊接符号。它表示角焊缝，焊脚尺寸是 4mm。圆圈○是周围焊缝符号，表示需要围绕圆筒焊一周，即一圈都是角焊缝，不能间断。三角符号⊿在实线上方表示焊接时要在主视图所视的方向焊接，即正面焊接，箭头表示焊接的位置，不能焊接在竖板的后边。

3）图 10-31 所示的焊接符号是组合焊缝符号。⊿符号在实线上下各有一个，没有虚线，它表示钢板两侧都是角焊缝，焊脚尺寸为 5mm。两个箭头指向两处，表示两处都要焊接，且焊接要求一样，即肋板两侧、上下都要焊成高为 5mm 的角焊缝，箭头表示焊接的位置。

4）图 10-32 所示焊接符号也是组合焊缝符号。在实线下方的一个三角形符号，表示焊缝是角焊缝，焊脚尺寸为 4mm，焊接位置是竖板与横板下方开坡口的交界处，如图 10-33 所

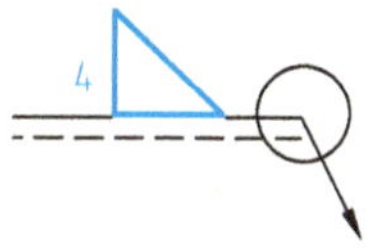

图 10-30　焊接符号 1

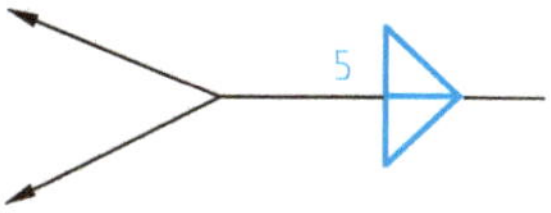

图 10-31　焊接符号 2

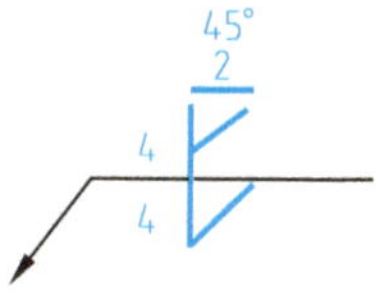

图 10-32　焊接符号 3

示。在实线上方的符号表示单边 Y 形坡口，符号上有上下排列的两组数字 2 和 45°，分别表示装配间隙为 2mm 和坡口角度为 45°。在数字 2 的下方有一直线，是焊缝平面符号，它表示焊缝焊接后要加工成平面，不留余高，一般都采用角磨机打磨的方法进行处理。符号前有一个数字 4，它有多种解释方法，一般情况下，除可以表示焊缝余高外，还可以表示钝边、熔深、焊缝有效厚度、坡口深度、焊缝宽度或熔核直径。因为图样要求不留余高，所以可以理解钝边为 4mm。

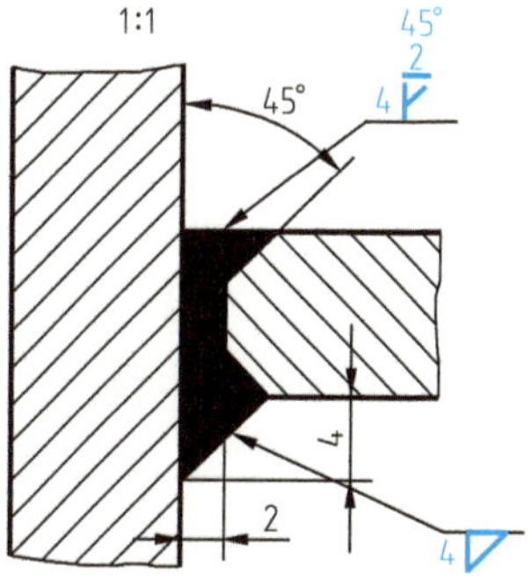

图 10-33　符号意义与焊接位置对应关系

### 3. 任务二的操作步骤

（1）形体分析　轴承支架由竖板（背板）、横板、支承板、圆板和肋板五部分组成。

（2）确定主视图　该工件横板与竖板垂直，横板下方有支承板和圆板，竖板后有肋板。横板与竖板结构简单，为尽可能表达所有结构，把竖板放在前，横板放在竖板后，这样就能看到肋板的结构，它能更好地表达组合体的形状和特征，把这一视图作为主视图也最符合人们的习惯。

（3）选比例，定图幅

（4）布置视图

采用三视图表达零件的结构和加工、装配的关系。

（5）绘制底稿

1）绘制出每个视图的基准线，如图 10-34 所示。

2）绘制竖板的三视图，如图 10-35 所示。

图 10-34　绘制出每个视图的基准线

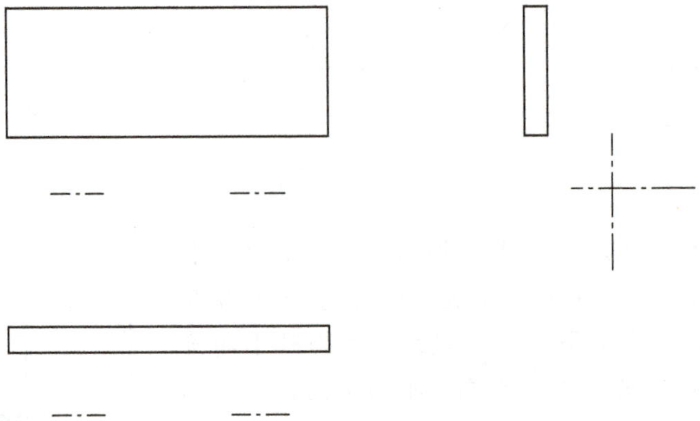

图 10-35　绘制竖板的三视图

3）绘制横板的三视图，如图 10-36 所示。

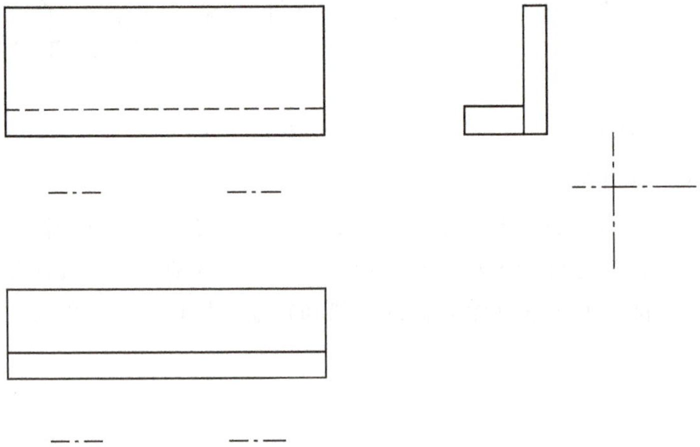

图 10-36　绘制横板的三视图

4）绘制支承板的三视图，如图 10-37 所示。

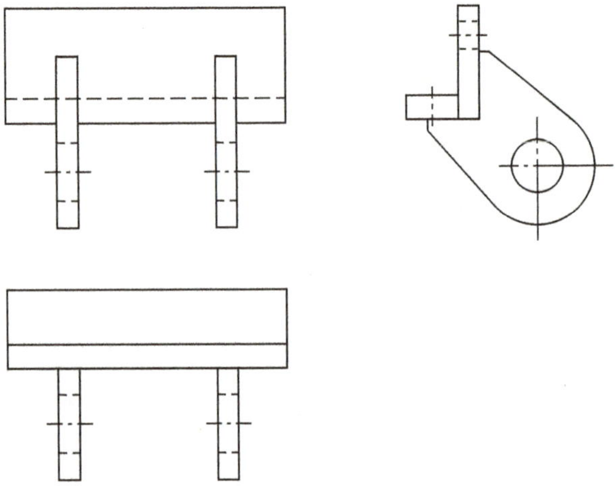

图 10-37　绘制支承板的三视图

5）绘制肋板、圆孔的三视图，如图 10-38 所示。

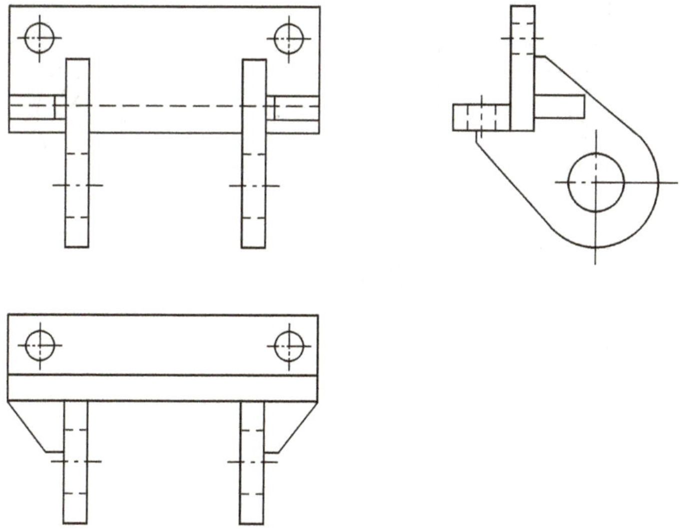

图 10-38　绘制肋板、圆孔的三视图

6）绘制圆板的三视图，如图 10-39 所示。

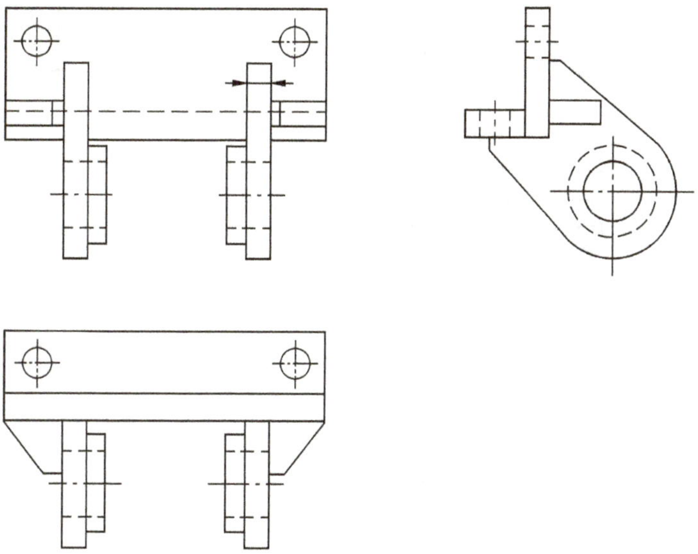

图 10-39　绘制圆板的三视图

7）绘制剖视图、局部剖视图，如图 10-40 所示。

8）绘制焊接符号，如图 10-41 所示。

9）检查描深、标注尺寸、填写标题栏和技术要求，如图 10-20 所示。

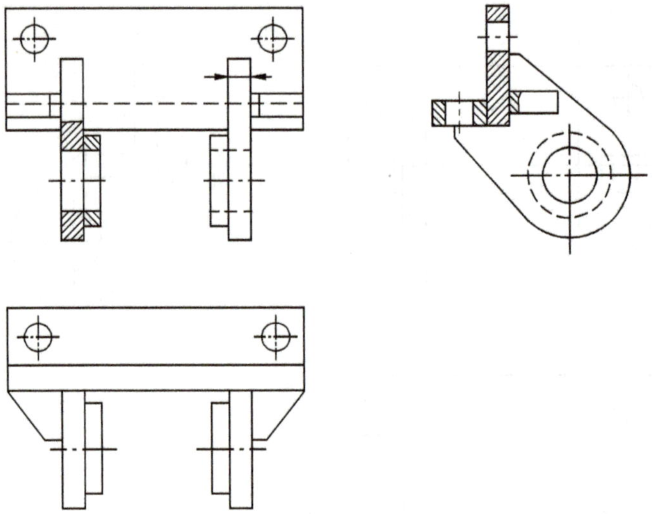

图 10-40　绘制剖视图、局部剖视图

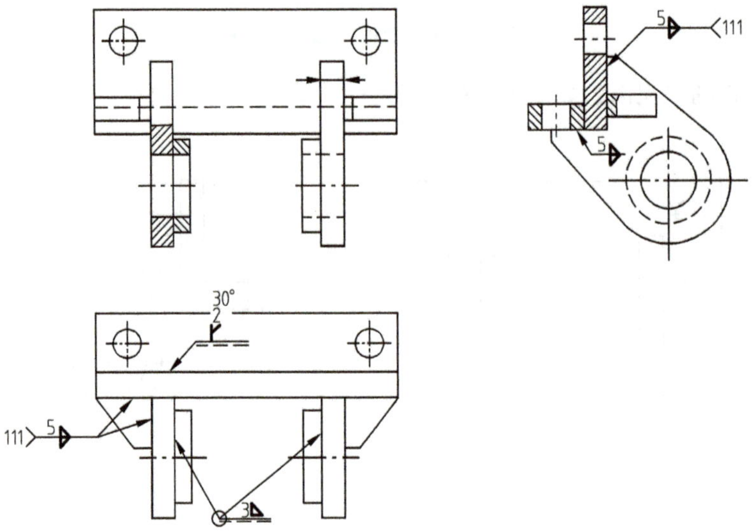


图 10-41　绘制焊接符号

## 知识链接

### 1. 焊接制图解读

轴承支架组成及材料来源：

轴承支架由竖板（背板）、横板、支承板、圆板和肋板五部分组成。本图纸中有五个焊接符号，俯视图上有三处焊接符号，左视图上有两处。

竖板、横板、厚度都是 8mm，所用材料均为 Q235，在市场上容易买到，可由同种板材切割下料。直线切割可以使用剪板机，能大大提高效率。也可以用氧-乙炔、数控火焰切割或线切割法加工成形。

支承板厚度是8mm，所用材料为Q235，直线切割可以使用剪板机，圆孔可以使用数控切割机切割，也可以采用手工切割，但须经过车床或镗床加工，以达到表面粗糙度要求。

圆板厚度是6mm，所用材料为Q235，圆板内圆可以使用数控切割机切割，也可以采用手工切割，但须经过车床或镗床加工，以达到表面粗糙度要求。外圆无表面粗糙度要求，可不必机加工。

肋板厚度是12mm，所用材料为Q235，形状简单，可由剪板机加工。

### 2. 焊接符号解读

1）图10-42所示的三处符号，都是组合焊缝符号，且这三种符号意思是相同的。三角符号◺表示角焊缝，焊脚尺寸为5mm。实线上下都有三角符号◺，说明钢板两侧都要焊接，箭头表示焊接的位置。尾部的111是焊接方法的代号，表示焊条电弧焊。

图10-42　焊接符号4

2）图10-43所示焊接符号，表示角焊缝，焊脚尺寸为3mm，圆圈○是周围焊缝符号，表示需要围绕圆板焊一周，且不能间断。三角符号◺在实线上方表示焊接时要在主视图所视的方向焊接，即正面焊接，不能焊接在圆板的后边。箭头表示焊接的位置。

3）图10-44所示焊接符号中，在实线上方的符号表示单边Y形坡口，符号上有上下排列的两组数字2和30°，分别表示装配间隙为2mm和坡口角度为30°。根据装配关系，坡口应为单边Y形，开在横板上，坡口角度为30°。此处没有规定焊脚高度，焊工可自定。

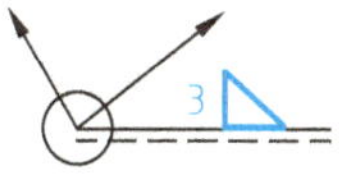


图10-43　焊接符号5

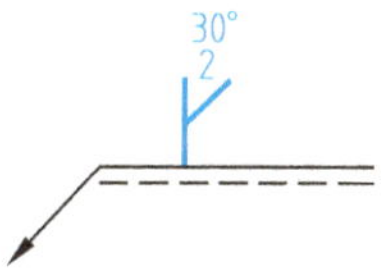


图10-44　焊接符号6

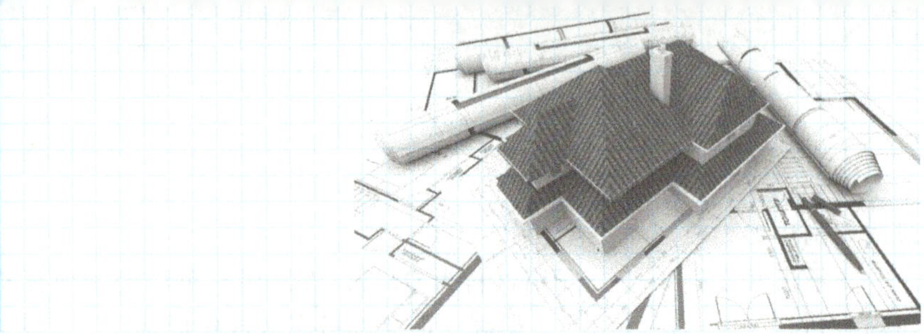

# 课题十一

# 中望3D建模入门

## 11-1　初识中望 3D 2022

**学习目标**

1. 了解中望 3D 软件特点。
2. 掌握中望 3D 软件的启动方法和新建文件、保存文件、文件打开/输入方法。
3. 掌握中望 3D 软件中快捷操作方式。

### 1. 中望 3D 软件简介

中望 3D 软件是基于中望自主三维几何建模内核的三维 CAD/CAM 一体化解决方案，如图 11-1 所示，具有强大的综合建模能力，支持各种几何建模算法，集“实体建模、曲面造型、装配设计、工程图、钣金、模具设计、车削、2-5 轴加工”等功能模块于一体，覆盖产品设计开发全流程。

中望 3D 软件特点如下：

1）完美兼容：全面兼容各种三维软件格式，使三维数据重用及再编辑无障碍。

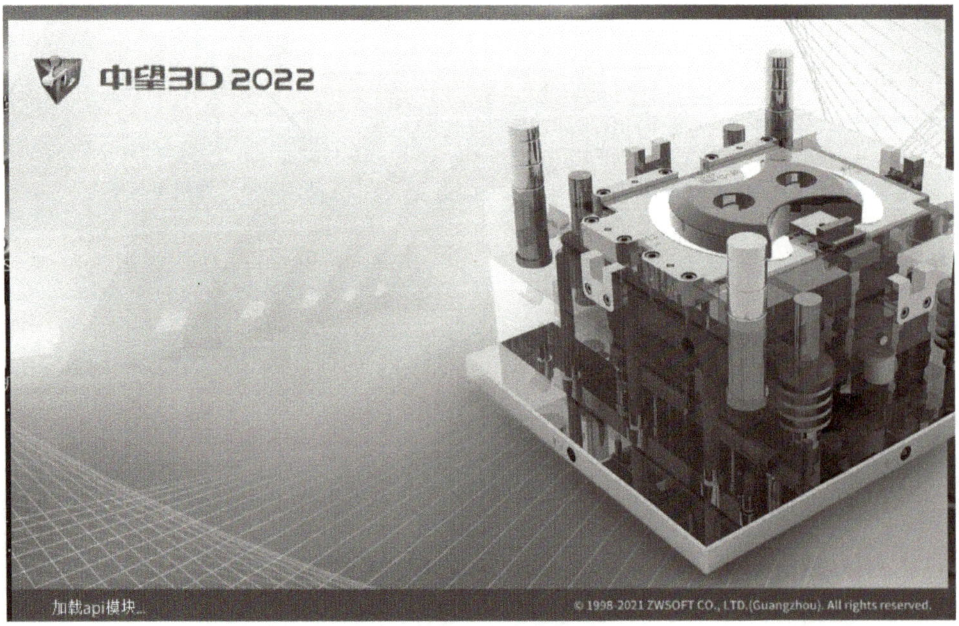


图 11-1　中望 3D 2022 软件

2）自由建模，高效设计：实体与曲面设计自由交互，参数与无参数相结合，轻松实现各种三维建模思路。

3）丰富的标准件库：提供多国标准件库，支持企业自制零件库。

4）智能模具设计：全流程塑料模具设计，并涵盖丰富的模具标准件库。

5）CAD/CAE/CAM 一体化：无缝集成 CAE，支持 2-5 轴加工，设计、验证、加工无忧。

6）即学即用，轻松上手：通过边学边用系统传承设计经验，多维度教学助用户轻松上手。

## 2. 中望 3D 工作界面

（1）启动中望 3D　在 Windows 操作环境下，中望 3D 可以通过以下两种方式进行启动：

1）选择“开始”→“所有程序”→“中望 3D 2022”命令。

2）双击桌面上的“中望 3D”快捷图标。

启动完成后的初始界面如图 11-2 所示。

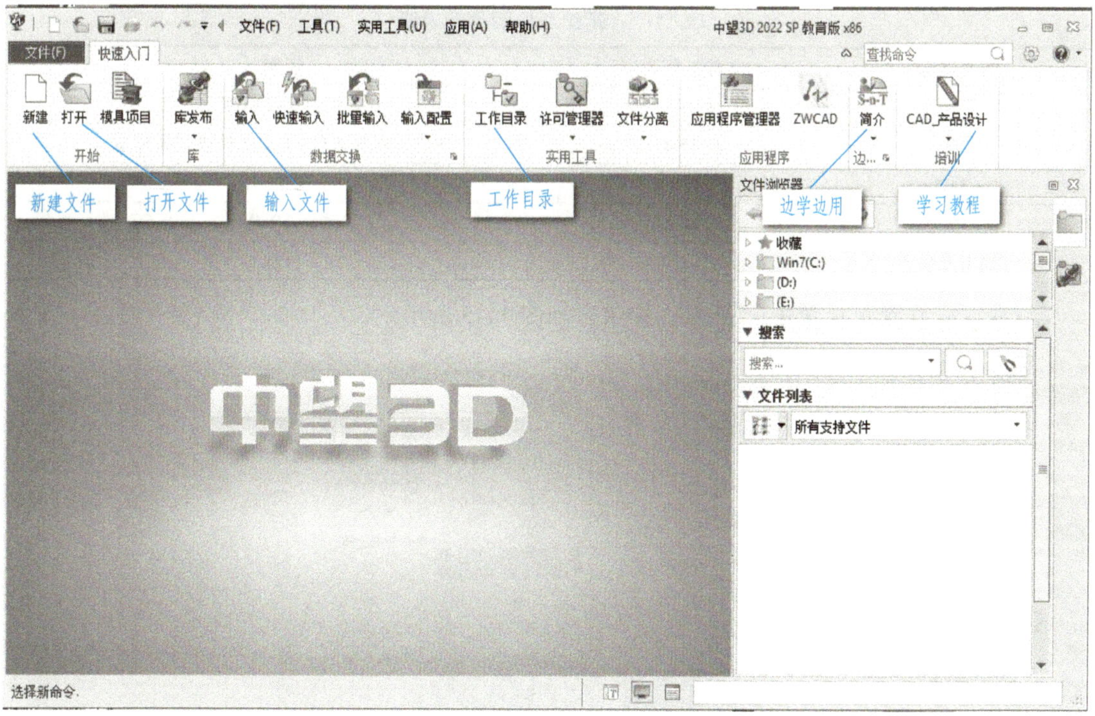


图 11-2　中望 3D 2022 初始界面

（2）新建文件　进入初始界面后，即可进行文件的新建。选择“文件”→“新建”命令，或单击工具栏上的“新建”按钮，弹出“新建文件”对话框，如图 11-3 所示。

在“新建文件”对话框中可以进行文件类型的选择，五个图标分别代表“零件”“装配”“工程图”“2D 草图”“加工方案”，文件类型说明见表 11-1。用户根据创建需要自行选择后，单击“确认”按钮，进入相应的设计工作环境。

（3）保存文件

方法一：在快捷工具栏单击“保存”按钮，或按快捷键<Ctrl+S>保存，如图 11-4 所示。

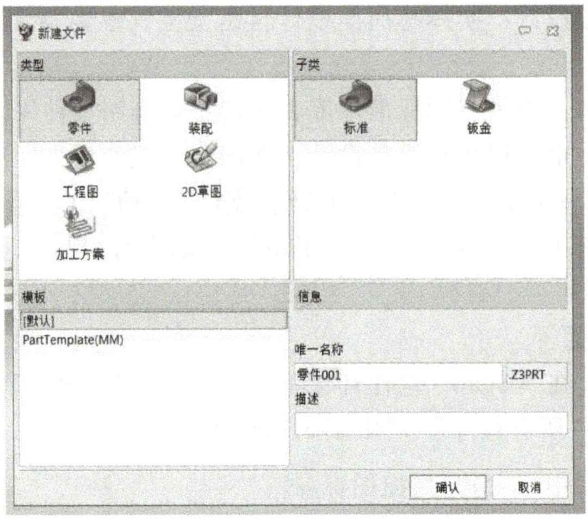


图 11-3　新建中望 3D 文件对话框

表 11-1　新建文件的类型说明

| 文件类型 | 文件扩展名 | 说明 |
| --- | --- | --- |
| 零件 | Z3RT | 创建零件模型 |
| 装配 | Z3ASM | 建立装配体零件，生成部件或整体模型 |
| 工程图 | Z3DRW | 生成工程图 |
| 2D 草图 | Z3SKH | 建立 2D 草图 |
| 加工方案 | Z3CAM | 创建零件加工方案 |

方法二：在菜单栏单击“保存”按钮，如图 11-5 所示。

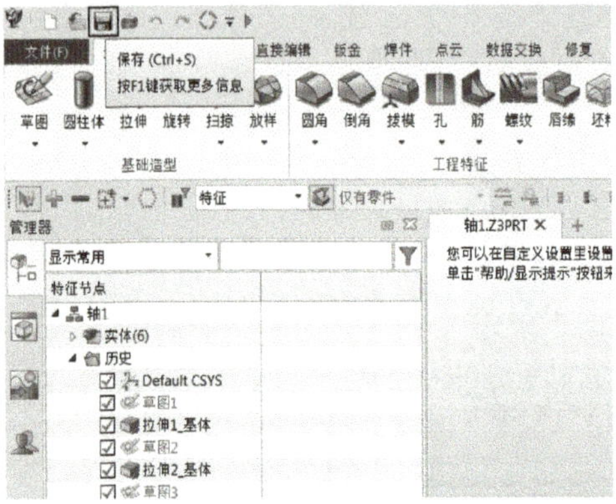


图 11-4　通过快捷工具栏保存

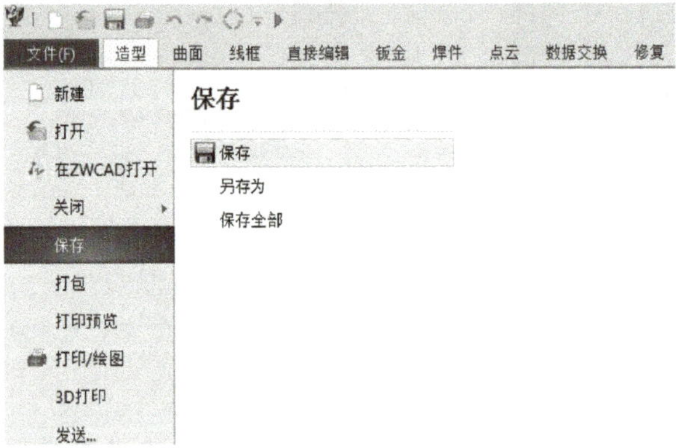


图 11-5　通过菜单栏保存

方法三：当关闭绘制好的图形文件时，会弹出提醒保存文件对话框，如图 11-6 所示。

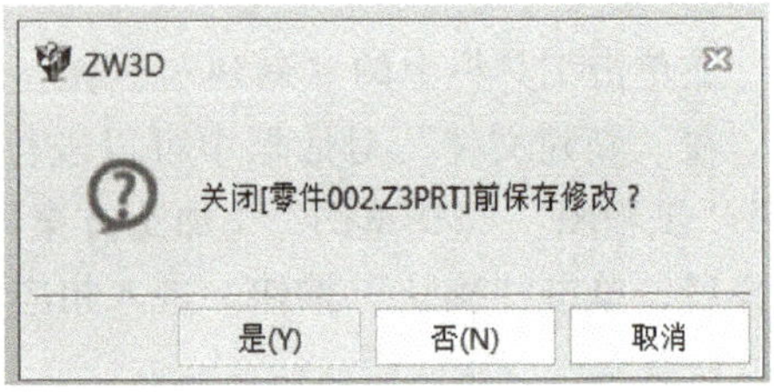


图 11-6　退出文件时保存

（4）文件打开/输入

1）中望 3D 支持直接打开以下主流软件的数据文件格式，如图 11-7 所示。

2）输入、输出 IGES、STEP、Parasolid 等文件格式，如图 11-8 所示。

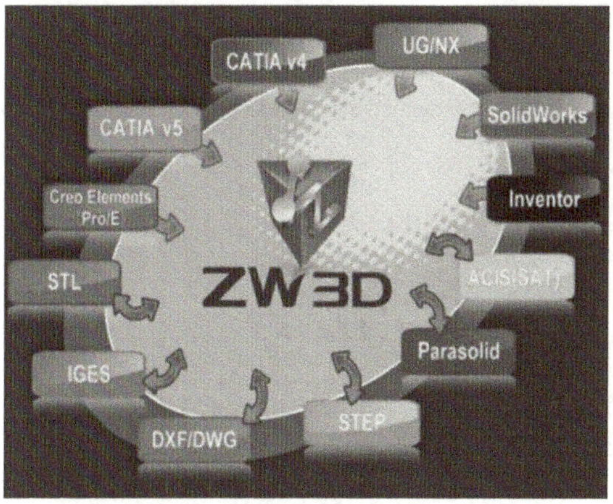


图 11-7　支持主流软件的数据文件格式

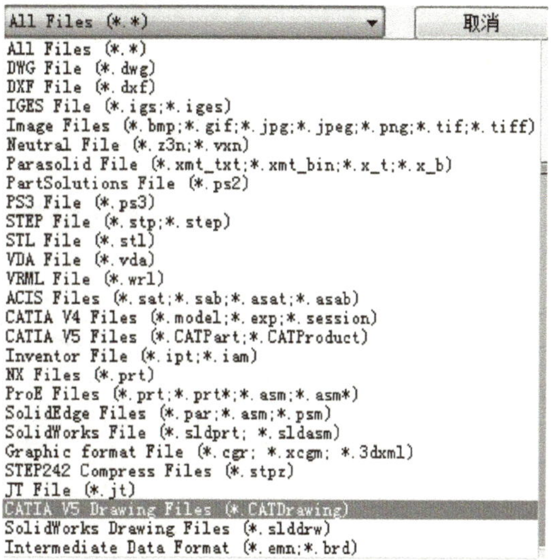


图 11-8　输入、输出的文件格式

3）输出 2D、3D PDF 格式文件。

4）输出高质量图。

（5）文件目录设置　工作目录设置是将中望 3D 文件放置在指定的文件下，便于后期文件的查找，如图 11-9 所示。

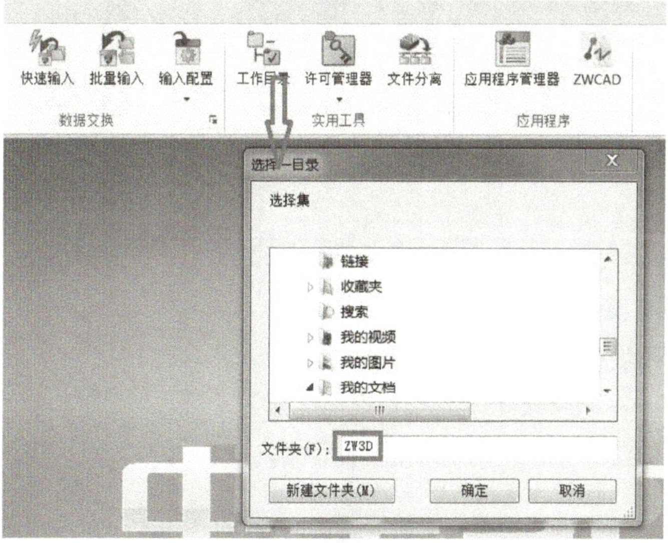


图 11-9　工作目录设置

（6）边学边用系统　边学边用系统提供中望 3D 软件内部可直接学习和操作的步骤。在初始界面打开“边学边用”系统，界面如图 11-10 所示。

可在设计界面选择“帮助”→“边学边用”选项进入相关模块的学习教程，日常可以通过“边学边用”系统来帮助用户了解和掌握中望 3D 软件的操作方法。选项如图 11-11 所示。

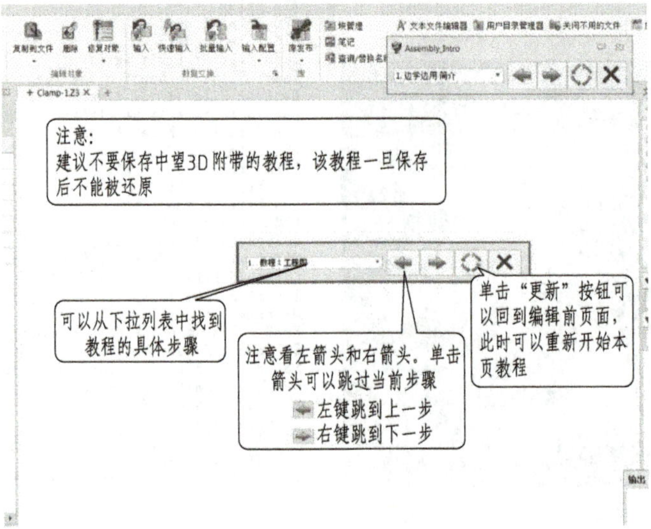


图 11-10 “边学边用”界面

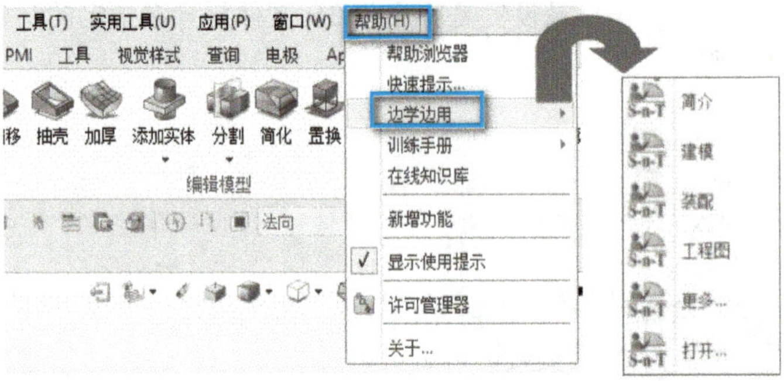


图 11-11 “边学边用”选项

## 3. 中望 3D 快捷操作方式

1）鼠标应用如图 11-12 所示。

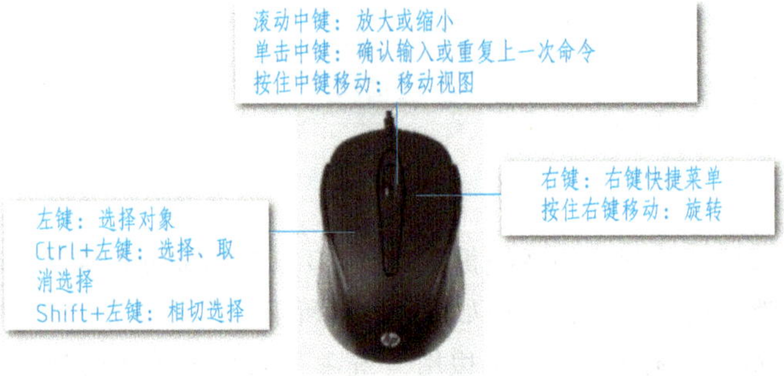


图 11-12 鼠标操作

2）右键快捷应用如图 11-13 所示。

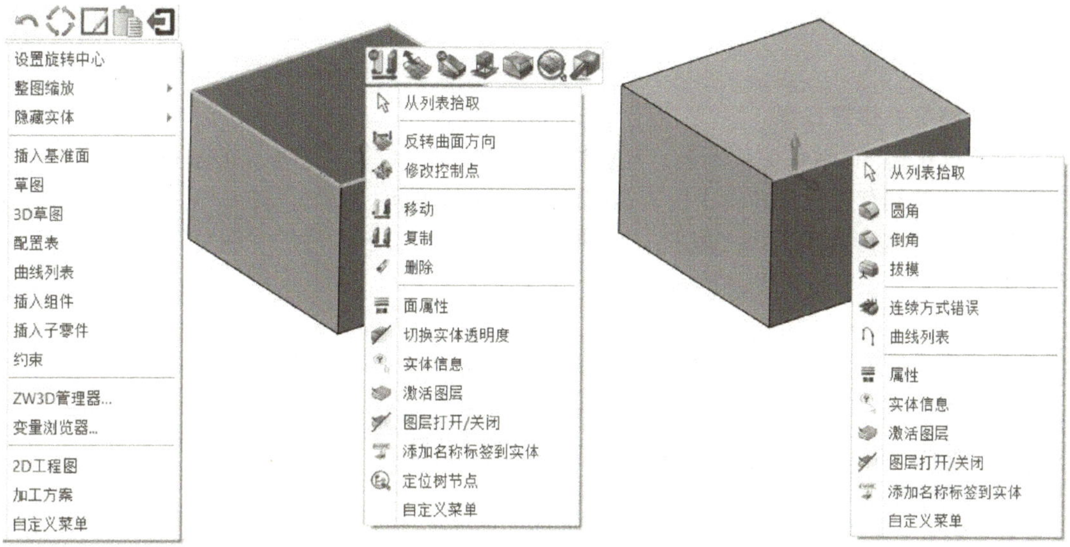


在空白处单击右键　　在实体面单击右键　　在实体边单击右键

图 11-13　鼠标右键

3）自定义快捷键：打开“工具”→“自定义”→“热键”选项卡，如图 11-14 所示。

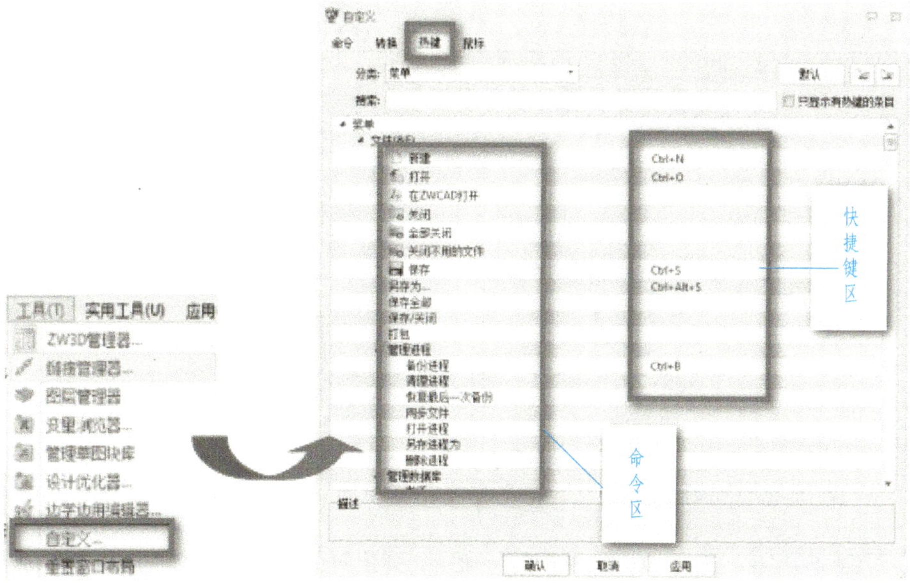


图 11-14　自定义快捷键

# 11-2 轴类零件建模

## 学习目标

1. 了解零件建模过程。

2. 掌握中望 3D 软件的草图设计环境进入和退出方法以及草图平面的选择方法。

3. 熟练掌握草图设计环境中圆、圆槽的绘制和快速标注方法。

4. 掌握“基础造型”子工具栏“拉伸”“工程特征”子工具栏“倒角”和“键槽”命令应用。

下面以课题八中图 8-1 所示轴零件图为例，介绍中望 3D 建模操作。

### 1. 启动中望 3D 2022 软件

双击桌面上的“中望 3D”快捷方式，进入初始界面。

### 2. 新建文件

1）单击“新建”图标，进入“新建文件”界面，选择“零件”，命名为“轴”并保存，注意保存位置、保存类型为默认的“ * . Z3PRT”，如图 11-15 所示。

2）单击“确认”按钮进入设计界面，中望 3D 软件的设计环境主要包括标题栏、工具栏、管理器、提示栏、DA 工具栏、绘图区、信息栏等。

### 3. 轴 3D 建模

（1）进入草图设计环境　选择“基础造型”→“草图”命令，平面选择“XY”，进入草图设计环境，如图 11-16 所示。单击 ✔ 按钮进入草图设计界面，如图 11-17 所示。

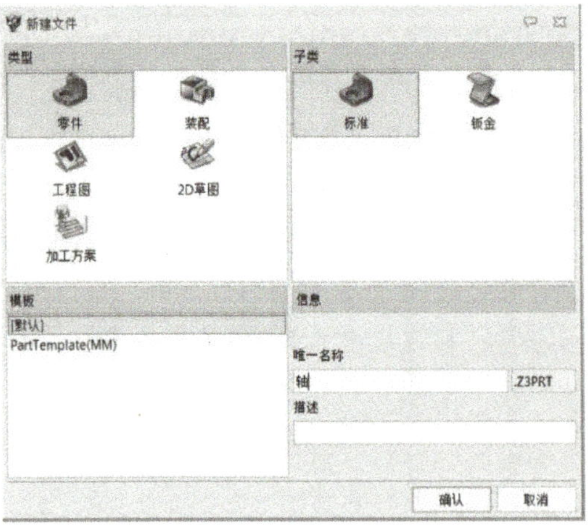


图 11-15　创建轴草图

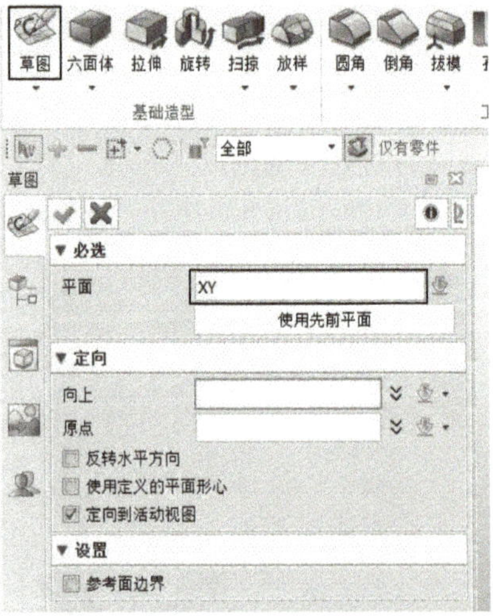


图 11-16　插入草图

（2）绘制轴草图　选择“绘图”→“圆”命令，弹出对话框，单击圆心选择坐标原点。从轴右端开始建模，依据零件图半径输入 27.5mm，单击 ✔ 按钮确认，如图 11-18 所示。单击“文件”下方“退出”图标，或单击右键选择“退出”命令，退出草图设计，如图 11-19 所示。

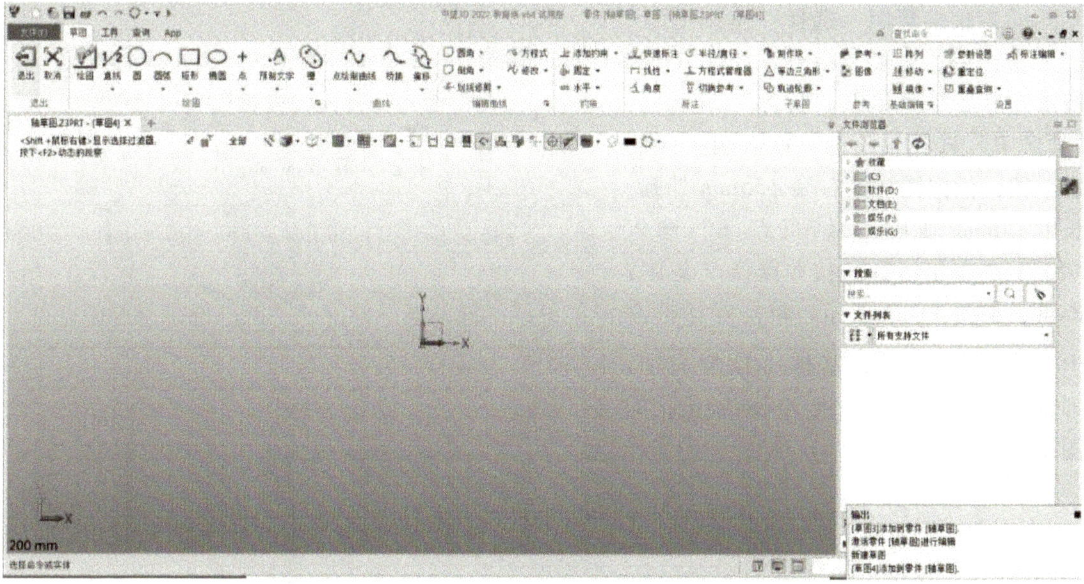


图 11-17　草图设计界面

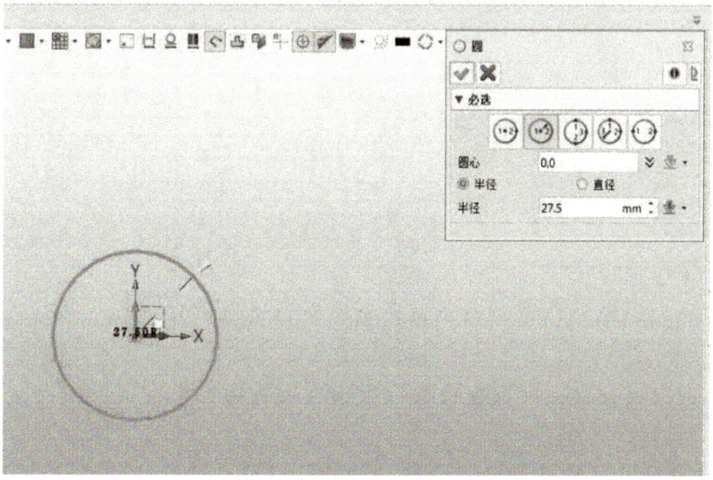


图 11-18　绘制半径 27. 5mm 圆

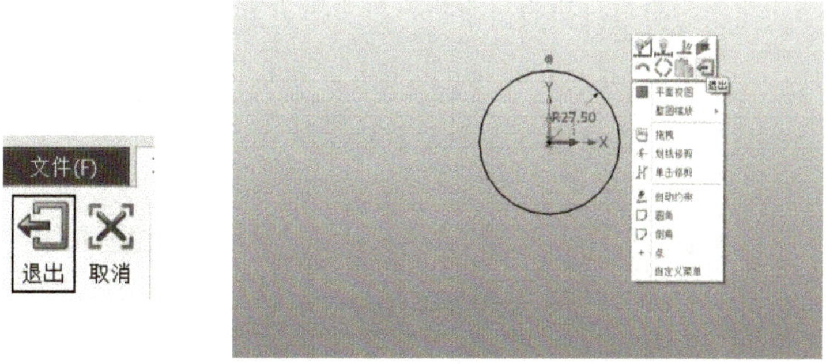


a)

b)

图 11-19　退出草图设计

（3）拉伸草图　选择“基础造型”子工具栏→“拉伸”命令，如图 11-20 所示，界面左侧弹出“拉伸”对话框，“轮廓 P”选择轴草图，单击刚绘制的轴草图；依据图样轴右端 $\phi$55mm 外圆、长度 20mm 轴段，“结束点 E”输入“20”；“布尔运算”按照默认（基体）即可，如图 11-21 所示。单击对话框左上角按钮确定，基体 1 拉伸成功，即轴右端 $\phi$55mm、长度 20mm 轴段，如图 11-22 所示。

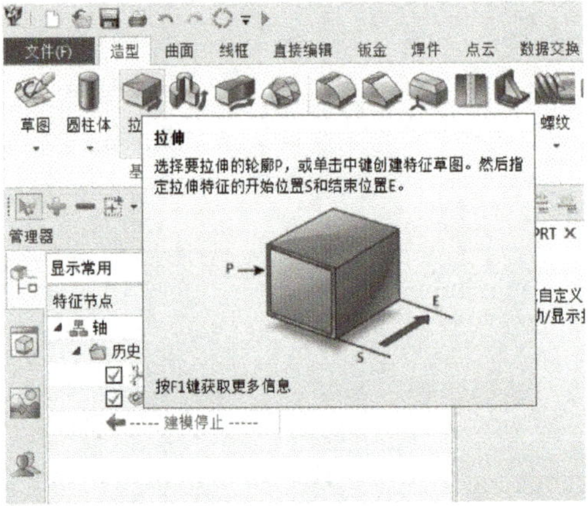

图 11-20　选择拉伸命令

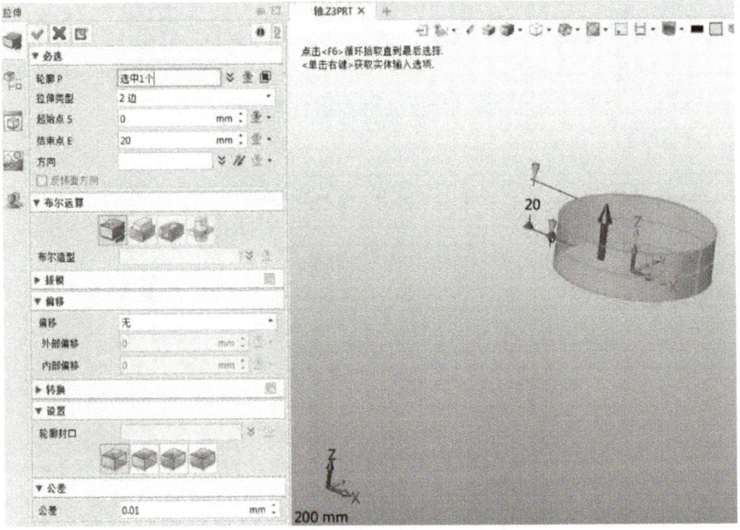

图 11-21　“拉伸”对话框

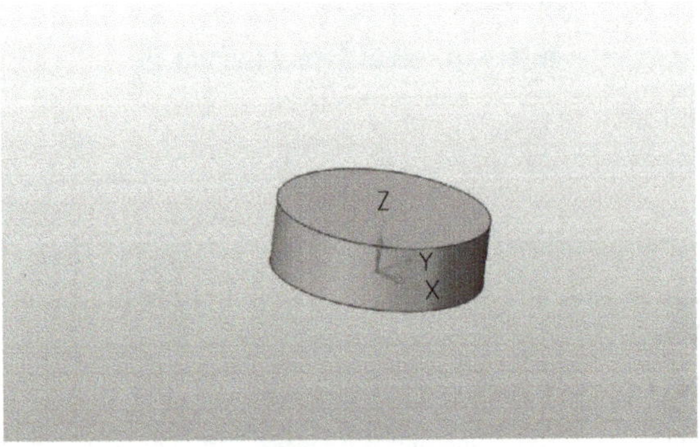

图 11-22　基体 1

（4）绘制轴右端 $\phi$65mm、长度 12mm 的轴段　单击“新建草图”，选择 $\phi$55mm 轴段的上面作为草图平面，如图 11-23 所示。单击按钮，进入草图 2 设计环境，依据图样绘制同心圆，半径输入“32.5”，如图11-24所示。然后单击右键选择“退出”命令，如图11-25所示。

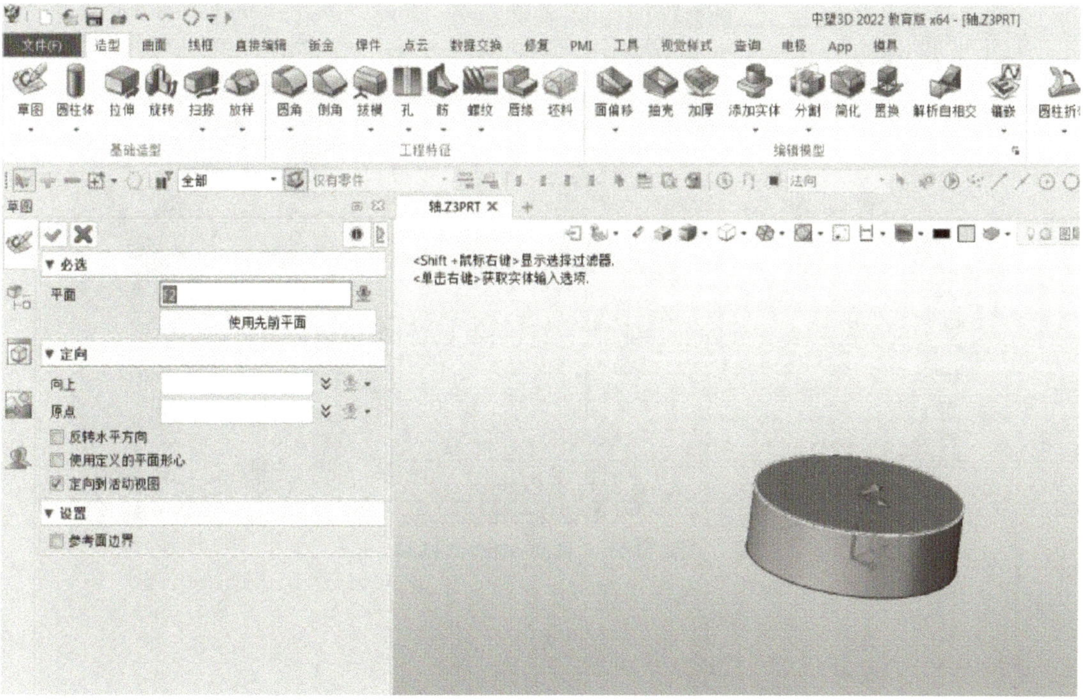


图 11-23　草图2平面

图 11-24　绘制半径32.5mm同心圆

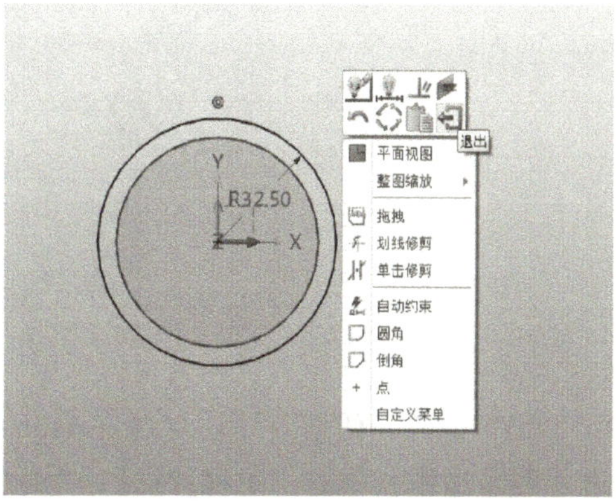


图 11-25　退出草图2

单击“拉伸”命令，界面左侧弹出“拉伸”对话框，“轮廓P”选择轴草图2，单击选择绘制的轴$\phi$65mm草图；依据图样右端$\phi$65mm外圆、长度12mm轴段，“结束点E”输入“12”；“布尔运算”按照默认（基体）即可，如图11-26所示。单击对话框左上角✔按钮，基体2拉伸成功，即轴右端$\phi$65mm、长度12mm轴段，如图11-27所示。

（5）绘制其他轴段　重复基体1、基体2建模的方法，依次生成基体3（$\phi$58mm、长度57mm轴段）、基体4（$\phi$55mm、长度36mm轴段）、基体5（$\phi$52mm、长度68mm）、基体6（$\phi$45mm、长度67mm轴段），如图11-28所示。

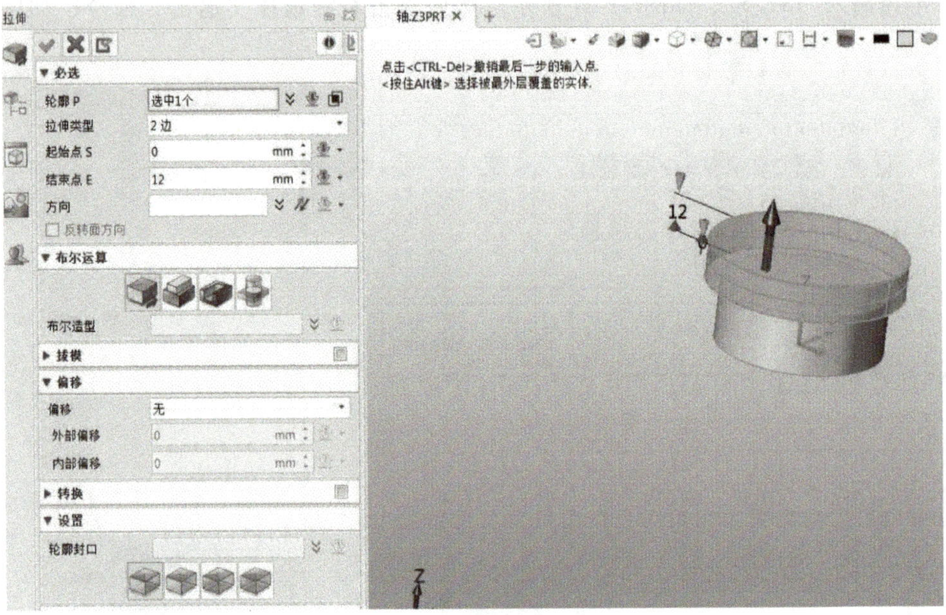


图 11-26　拉伸 $\phi$65mm 轴段

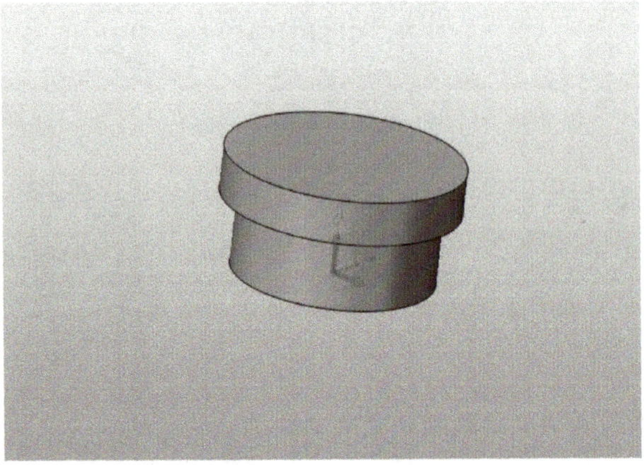

图 11-27　基体 2

（6）倒角　依据图样轴左端（$\phi$45mm）和右端（$\phi$55mm）倒角要求 $C2$，对轴 3D 模型进行倒角操作。单击“工程特征”→“倒角”命令，左侧弹出“倒角”对话框，“倒角距离 S”输入“2”，确认后如图 11-29 所示。单击选择轴左、右两端边界圆，生成两端倒角，如图 11-30 所示。

（7）绘制键槽　依据图样绘制轴左端 $\phi$45mm 轴段键槽（尺寸为 14mm×60mm）。以上练习使用“拉伸”命令生成基体，键槽可以使用“拉伸”命令中的布尔运算“减运算”生成，如何选择草图平面是建模关键。单击右上角“基准面”下拉三角图标，如图 11-31 所示，单击“基准面”图标，左侧弹出“基准面”对话框，选择“几何体”，单击轴左端外圆表面，“原点”选择“曲线象限点”，如图 11-32 所示。然后单击对话框左上角 ✔ 按钮，生成基准平面 1，如图 11-33 所示。

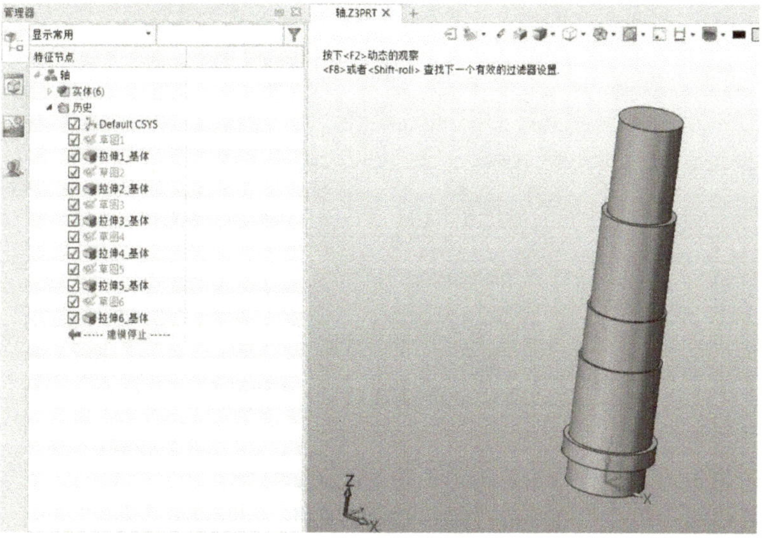


图 11-28　生成基体 3～6

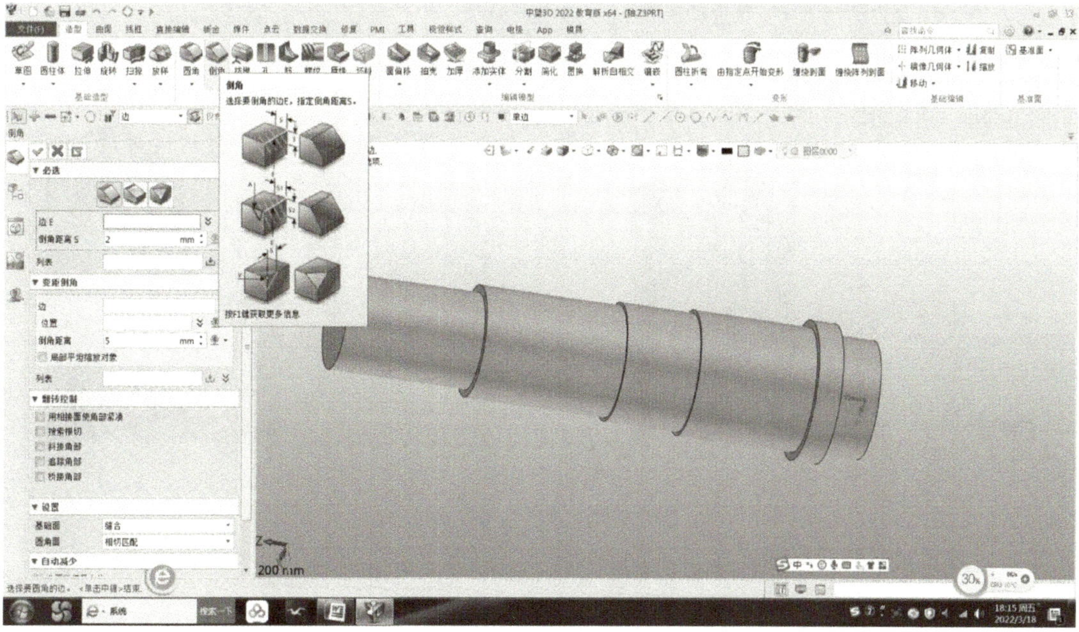


图 11-29　设置倒角参数

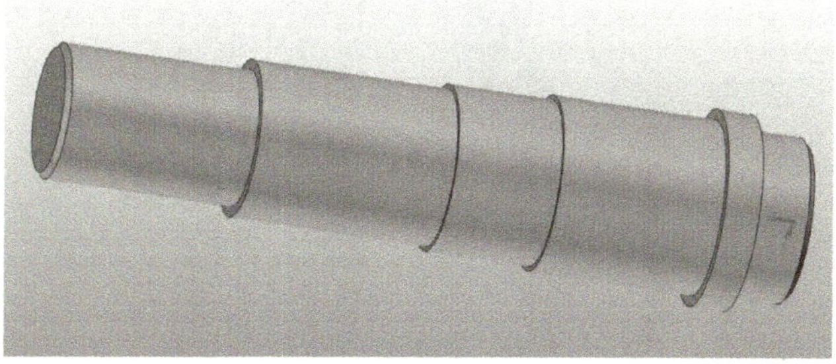

图 11-30　生成两端倒角

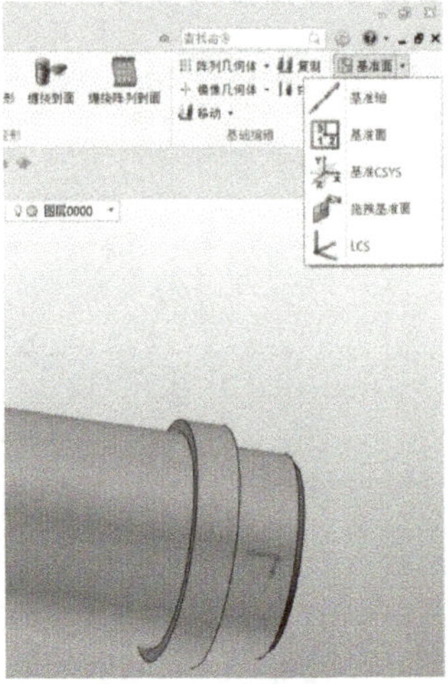


图 11-31　基准面

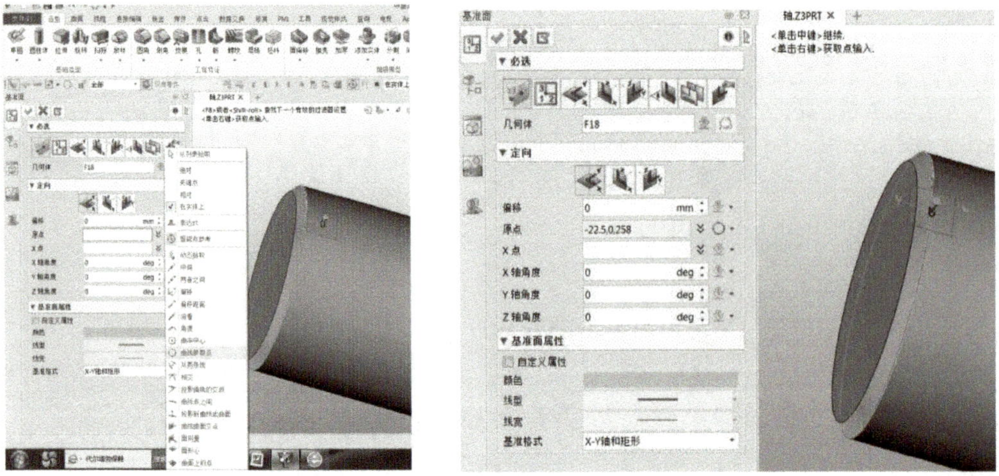


a)　　　　　　b)

图 11-32　选择基准平面 1

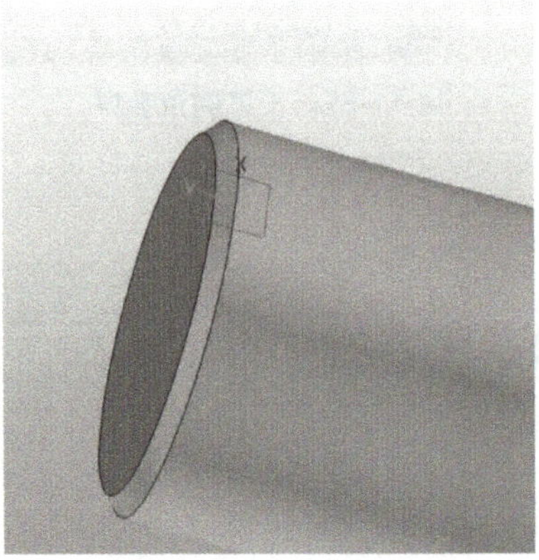

图 11-33　生成基准平面 1

单击“新建草图”命令，选择基准平面 1 作为草图平面，如图 11-34 所示，单击 ✔ 按钮，进入键槽草图 7 设计环境，如图 11-35 所示。

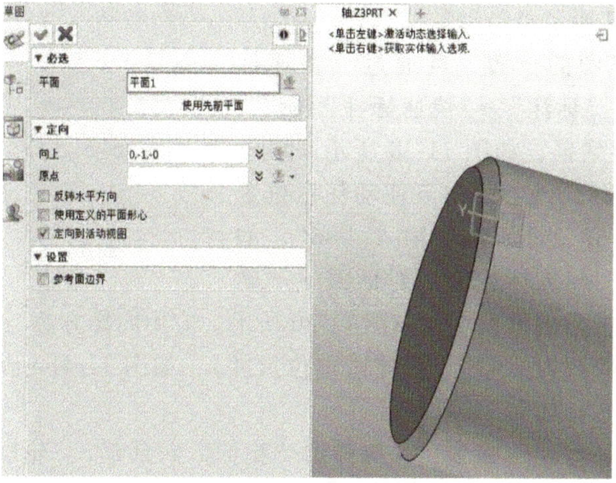


图 11-34　选择平面 1

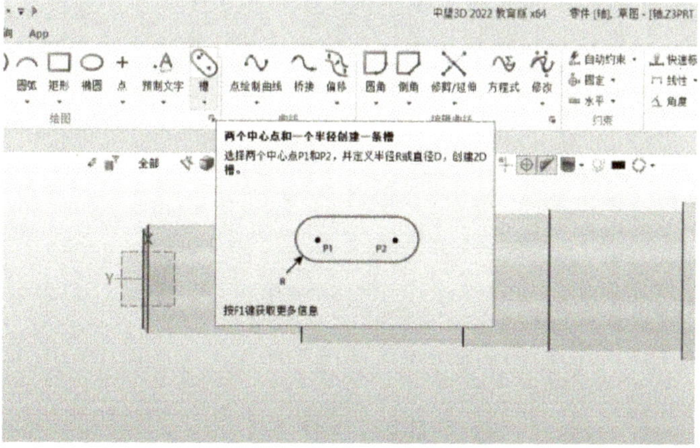


图.11-35　草图 7 设计环境

单击“绘图”→“槽”命令，弹出“槽”对话框，“半径”输入“7”，第一中心点在图 11-36

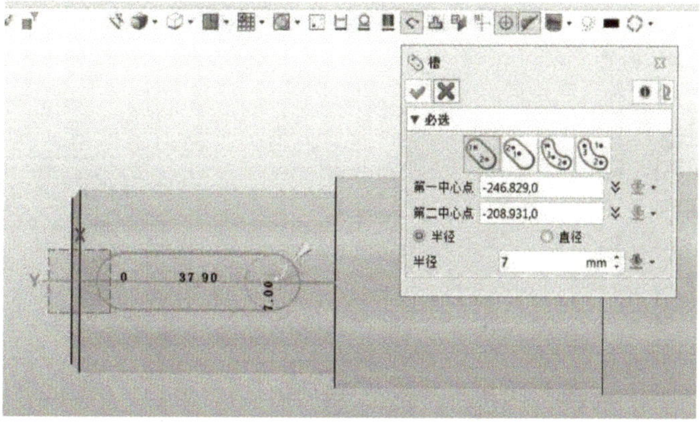


图 11-36　绘制键槽草图

所示坐标中心水平线上选择，按住鼠标左键水平向右拖动，在任意位置单击左键，单击 按钮，生成键槽草图，如图 11-37 所示。

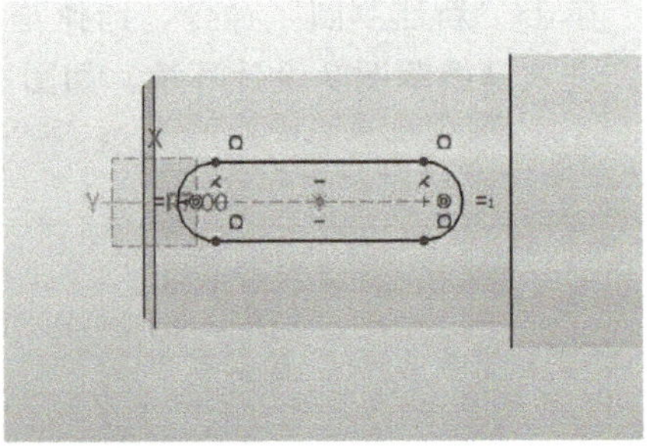

图 11-37　生成键槽草图

为了确定键槽草图的位置，可通过“快速标注”命令完成。单击“标注”→“快速标注”命令，弹出“快速标注”对话框，如图 11-38 所示。单击左侧圆弧圆心、右侧圆弧圆心、向下拖动任意位置单击，在“输入标准值”对话框中输入“46”，如图 11-39 所示。单击“输入标注值”对话框中“确定”按钮，生成图样要求键槽长度，如图 11-40 所示。应用同样方法，标注轴左端到键槽左象限点水平尺寸，并修改为“4”（即键槽定位尺寸），如图 11-41 所示。单击“确定”按钮，生成键槽正确位置，如图 11-42 所示。

退出草图，单击“拉伸”命令，左侧弹出“拉伸”对话框，“轮廓 P”选择草图 7，单击选择键槽草图；依据图样“结束点 E”输入“5”；“布尔运算”选择“减运算”，如

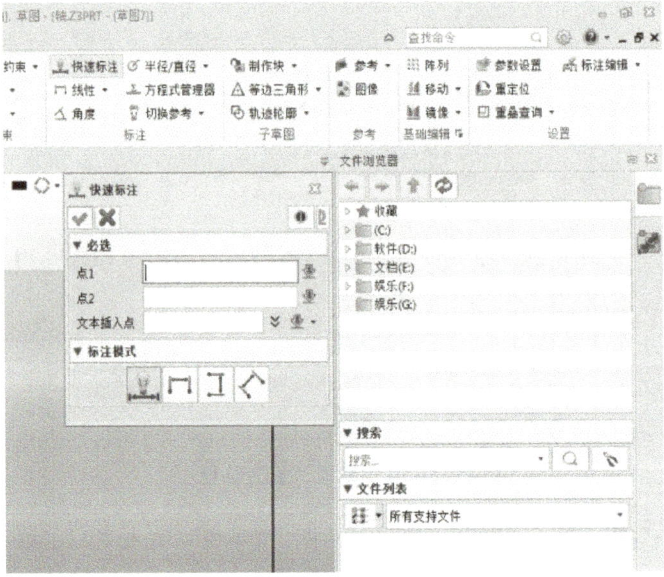


图 11-38　“快速标注”对话框

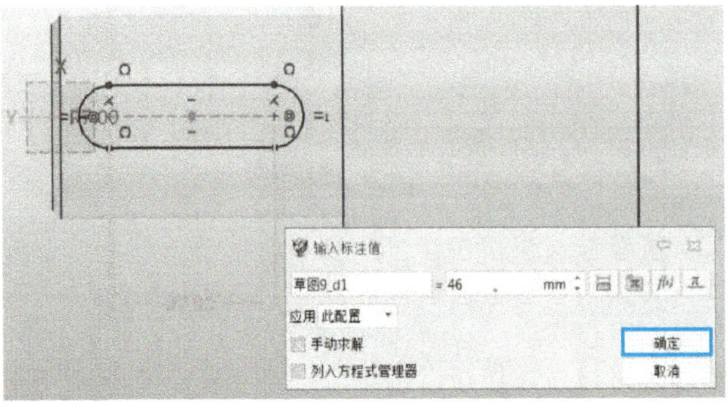


图 11-39　确定键槽长度 46mm

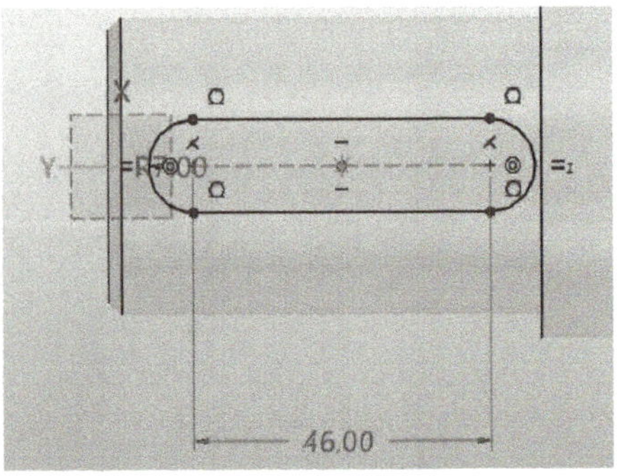


图 11-40　生成键槽长度 46mm

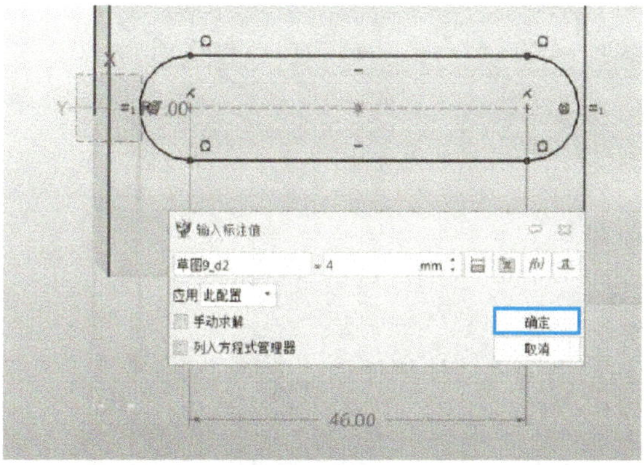


图 11-41　确定键槽定位尺寸 4mm

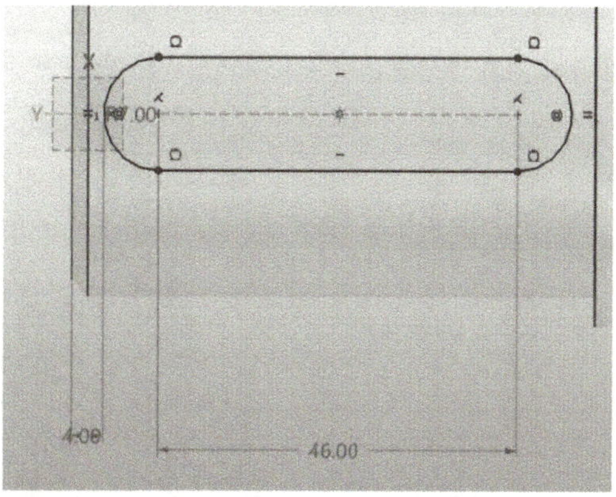


图 11-42　确定键槽正确位置

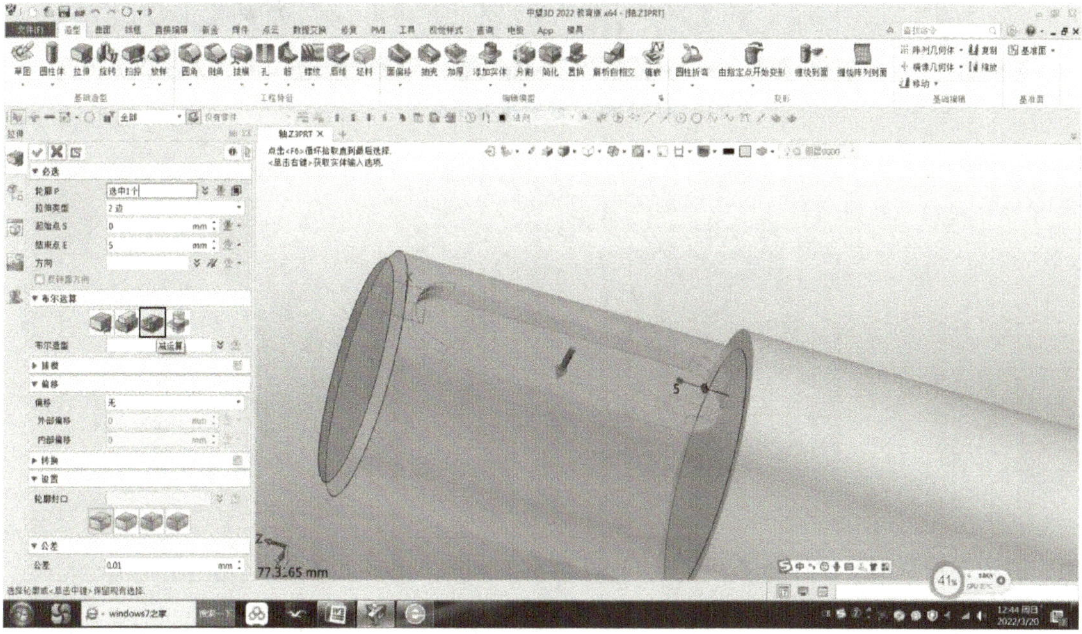

图 11-43　键槽参数

图 11-43 所示，然后单击 按钮，生成键槽，如图 11-44 所示。

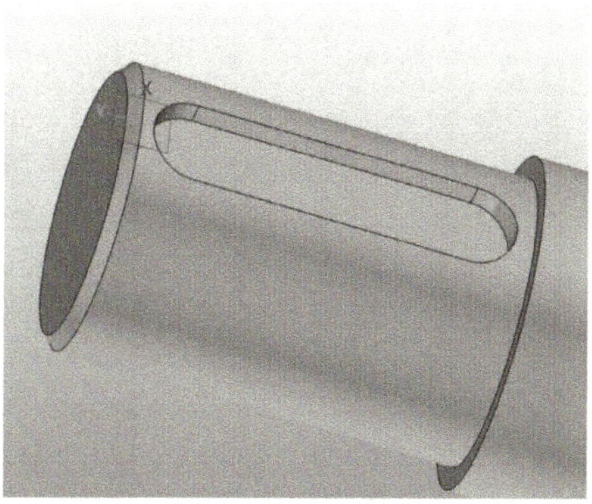

图 11-44　生成键槽

依据图样要求，再次绘制轴右端 $\phi$58mm 轴段键槽（尺寸为 16mm×50mm），两键槽在同一方向上，基准平面 2 必须与基准平面 1 平行。插入基准面，选择两个平行实体，实体 1 选择“平面 1”，实体 2 选择“$\phi$58mm 外圆表面”，如图 11-45 所示。单击 按钮，生成基准平面 2，如图 11-46 所示。

继续新建草图，选择基准平面 2 作为草图平

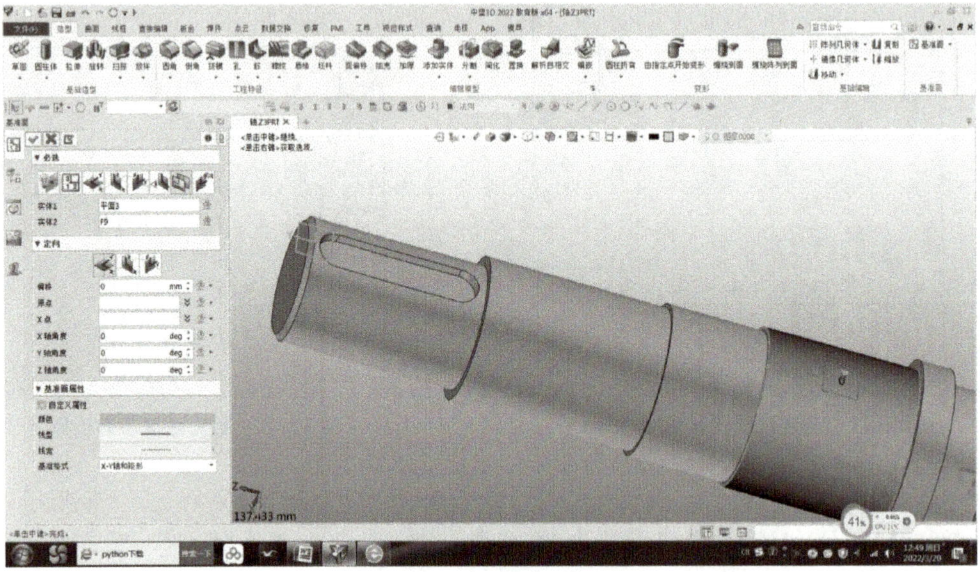

图 11-45　选择基准平面 2

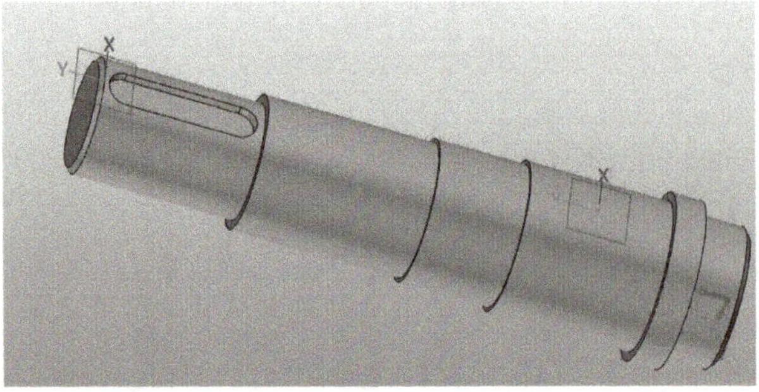

图 11-46　生成基准平面 2

面，进入键槽草图 8 设计环境，如图 11-47 所示。

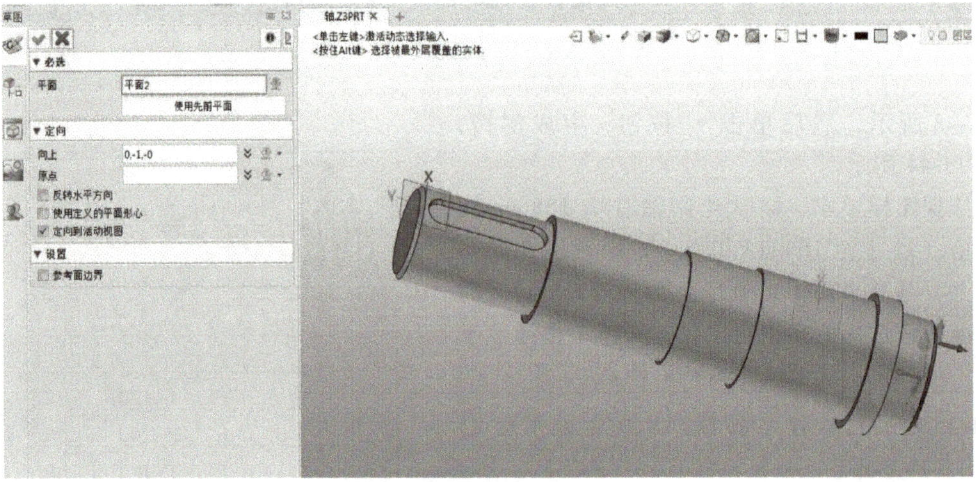


图 11-47　草图 8 设计环境

参照键槽 14mm×60mm 建模方法，创建键槽 16mm×50mm 草图，如图 11-48 所示。应用“拉伸”命令，“轮廓 P”选择草图 8，单击选择右端键槽草图；依据图样“结束点 E”输入“6”，布尔运算选择“减运算”，如图 11-49 所示；单击按钮，生成键槽，如图 11-50 所示。

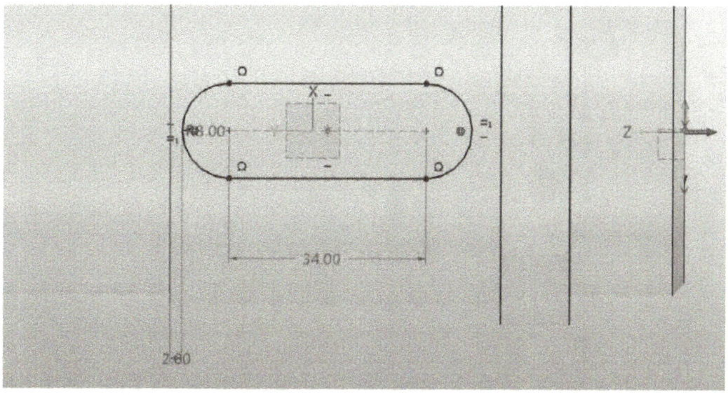

图 11-48　键槽草图 8

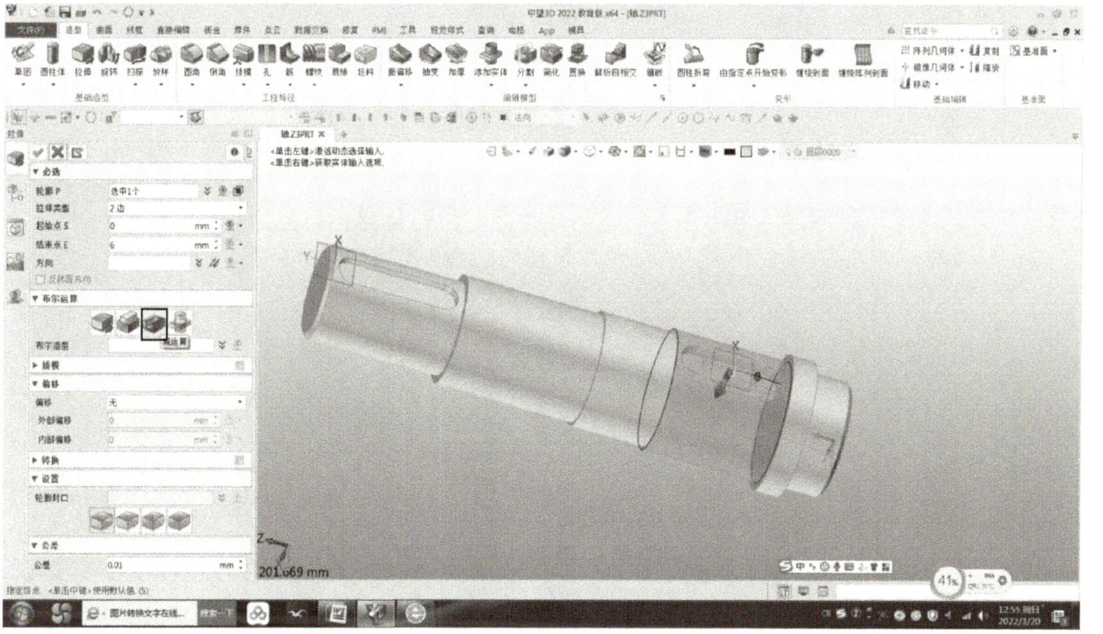

图 11-49　设置键槽参数

小结：轴的建模方法有很多，除了上述传统的方法建模，再介绍另一种建模方法，单击“基础造型”→“圆柱体”命令，弹出“圆柱体”对话框。依据图样“半径”输入“27.5”，“长度”输入“20”，在图 11-51 所示位置单击，然后单击按钮，生成 $\phi$55mm 圆柱体，如图 11-52 所示。重复执行“圆柱体”命令，依据图样“半径”输入“32.5”，“长度”输入“12”，位置选择 $\phi$55mm 轴段左端面，如图 11-53 所示，生成 $\phi$65mm 圆柱体，如图 11-54 所示。重复上述操作，生成轴 3D 模型，如图 11-55 所示。

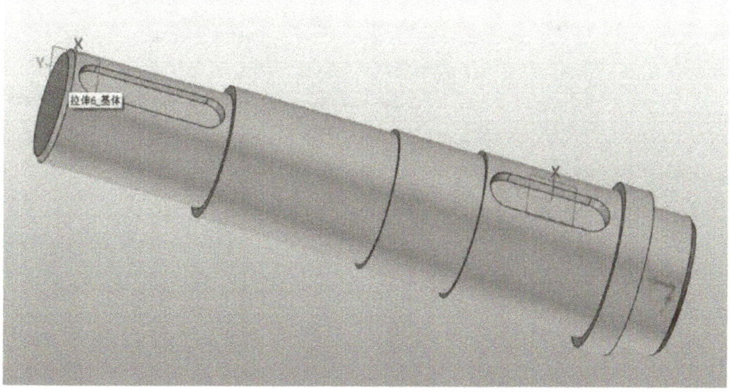

图 11-50　生成键槽 16mm×50mm

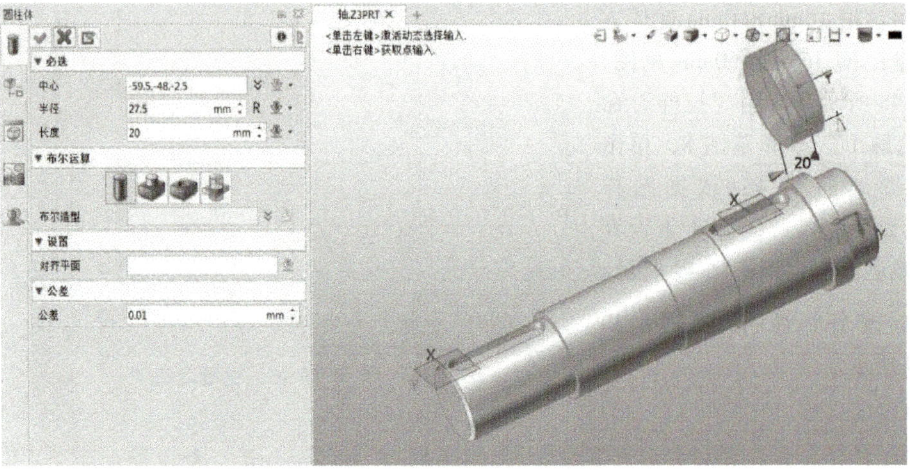


图 11-51　设置 $\phi$55mm 圆柱体 1

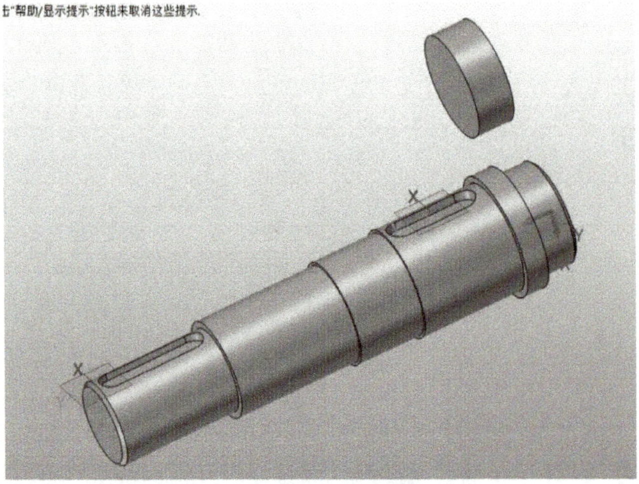


图 11-52　生成 $\phi$55mm 圆柱体 1

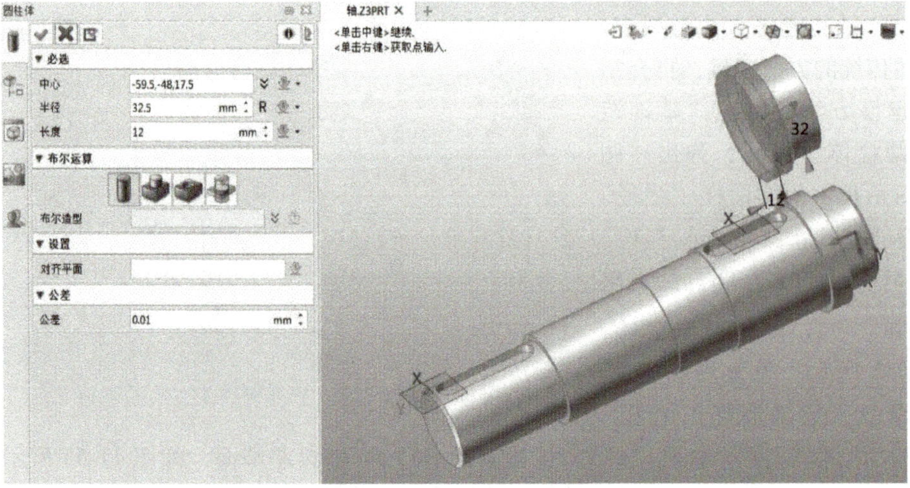


图 11-53　设置 $\phi$55mm 圆柱体 2

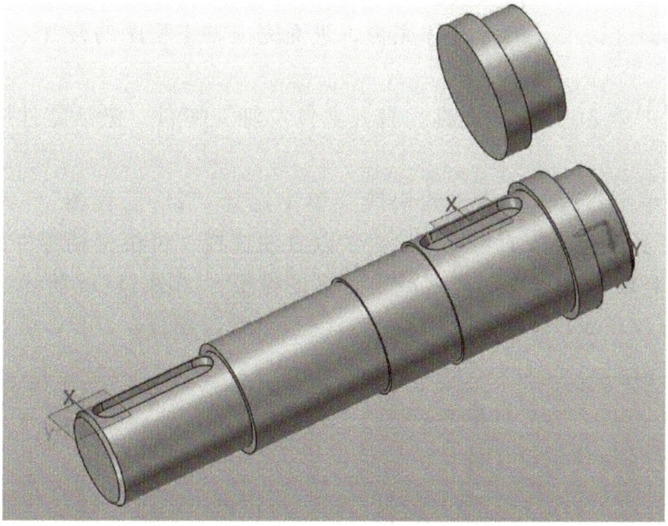

图 11-54　生成 ϕ55mm 圆柱体 2

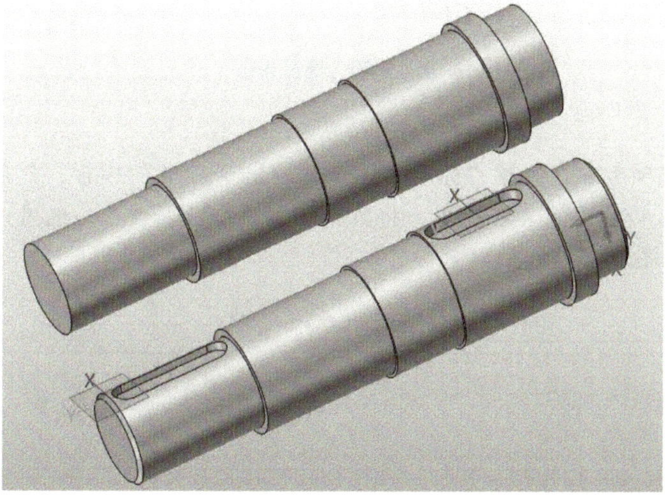

图 11-55　生成轴 3D 模型

## 11-3　生成工程图

学习目标

1. 了解采用中望 3D 软件绘制零件工程图的方法。
2. 了解常用视图工具的使用方法。

由 3D 模型生成工程图，在实际的工作中都会用到。首先利用中望 3D 软件进行视图的布局，完成视图框架的构建，接着对视图进行适当的编辑和修改，尽量做到符合给定的图样要求；最后，对视图进行尺寸的标注和完善，进而完成轴工程图的设计。

### 1. 加载零件

双击桌面上“中望 3D”快捷图标，打开文件“轴”零件，激活零件层。

### 2. 选择模板

在桌面空白处单击右键，在弹出的快捷菜单中选择“2D 工程图”，并在弹出的对话框中将“选择模板”下的选项改成“GB_chs”，以方便选择，可根据轴零件的大小选取合适的模板，建议使用 A4_H（GB_chs）模板或自定义的模板，如图 11-56 所示，单击“确定”按钮进入工程图环境。

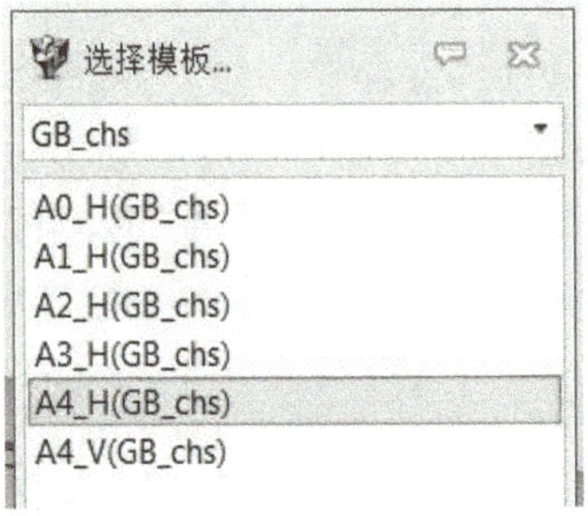


图 11-56　选择模板

### 3. 视图布局

在“布局”选项卡中，选择“标准”命令并调出“标准”模板，然后进行设置，例如选择不同视角以及 X/Y 比例（在这里，将其指定为 1∶2）。当然，也可以双击视图边界来编辑视图属性，如图 11-57 所示。

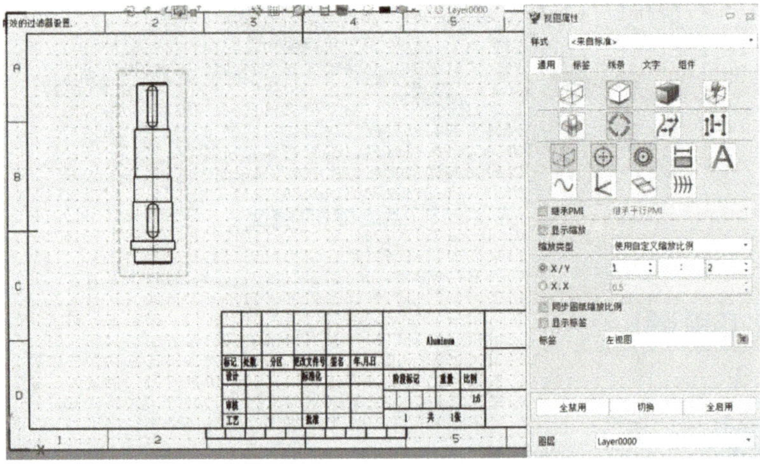

图 11-57　视图布局

### 4. 绘制断面图

通过旋转视图，将轴的基本视图放置水平位置。按照图样要求绘制轴左端、右端两个键槽的断面图（步骤略），如图 11-58 所示。

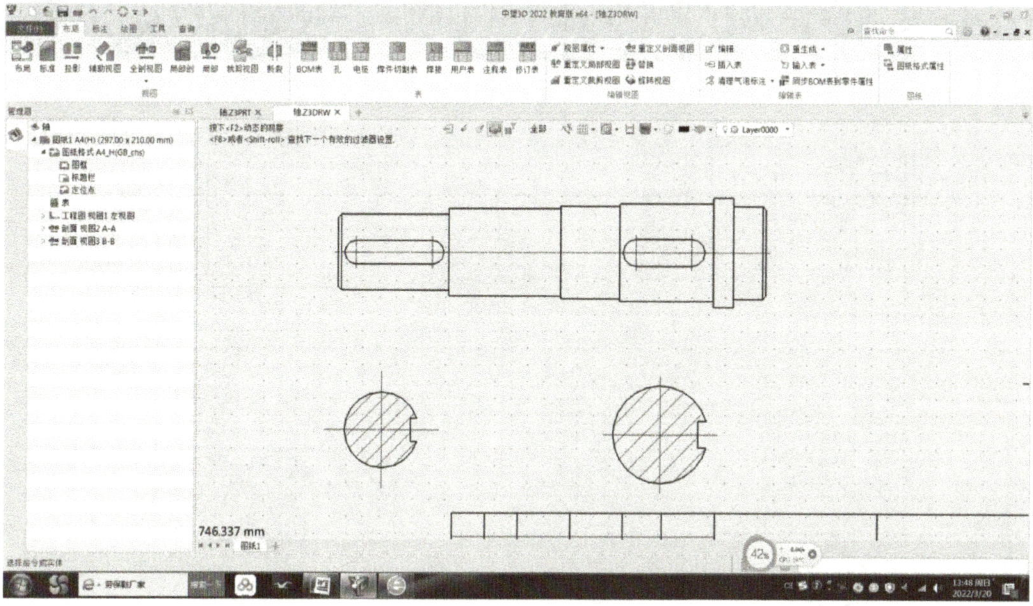

图 11-58　视图与断面图

### 5. 规范标注

通过“工具”选项卡中的“数据交换”功能，将该工程图导出为 DWG 格式文件，再在中望 CAD 中打开并进行标注。在这一过程中，中望 3D 和中望 CAD 之间的无缝兼容起到重要作用。也可单击软件界面右上角“ZWCAD 标注”图标，如图 11-59 所示，直接启动“中望 CAD 机械版”软件进行规范标注，结果如图 11-60 所示。

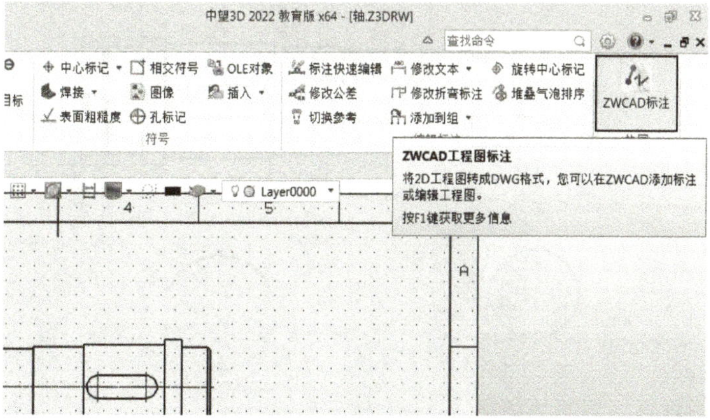


图 11-59　启动图标

按照机械制图国家标准规定标注尺寸、公差、表面粗糙度、几何公差、技术要求、填写标题栏，结果如图 11-61 所示。由于篇幅所限，中望 CAD 机械版的应用这里不作多介绍。

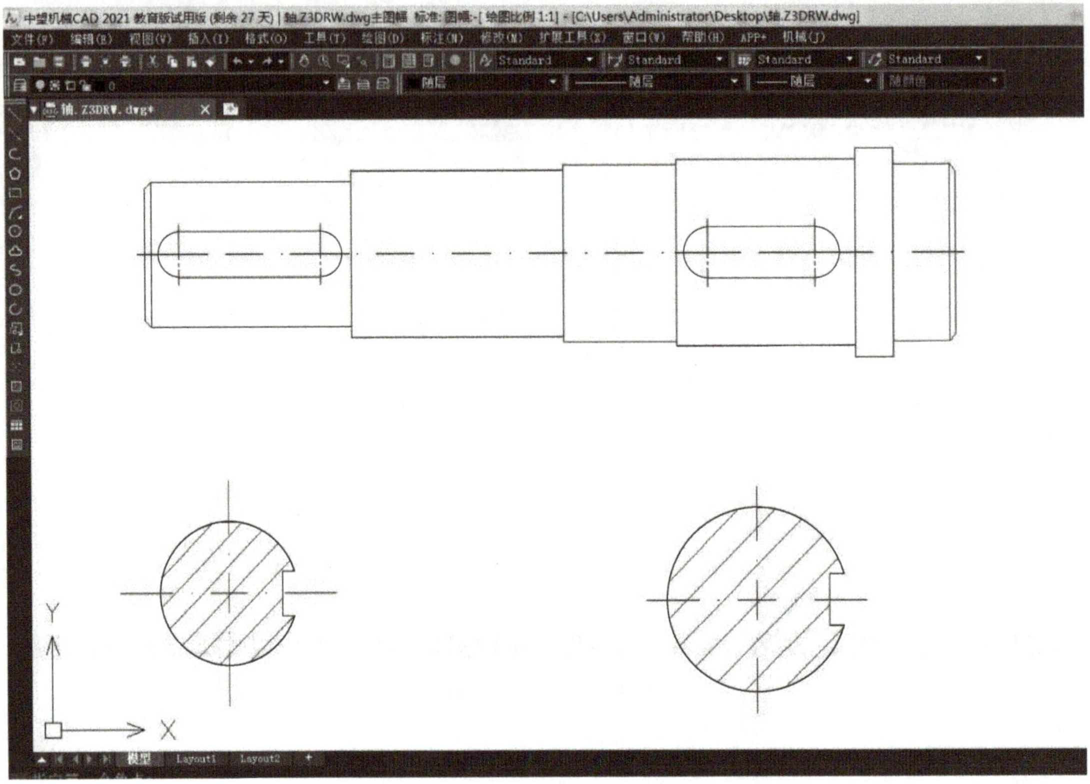

图 11-60　在中望 CAD 机械版中绘制工程图

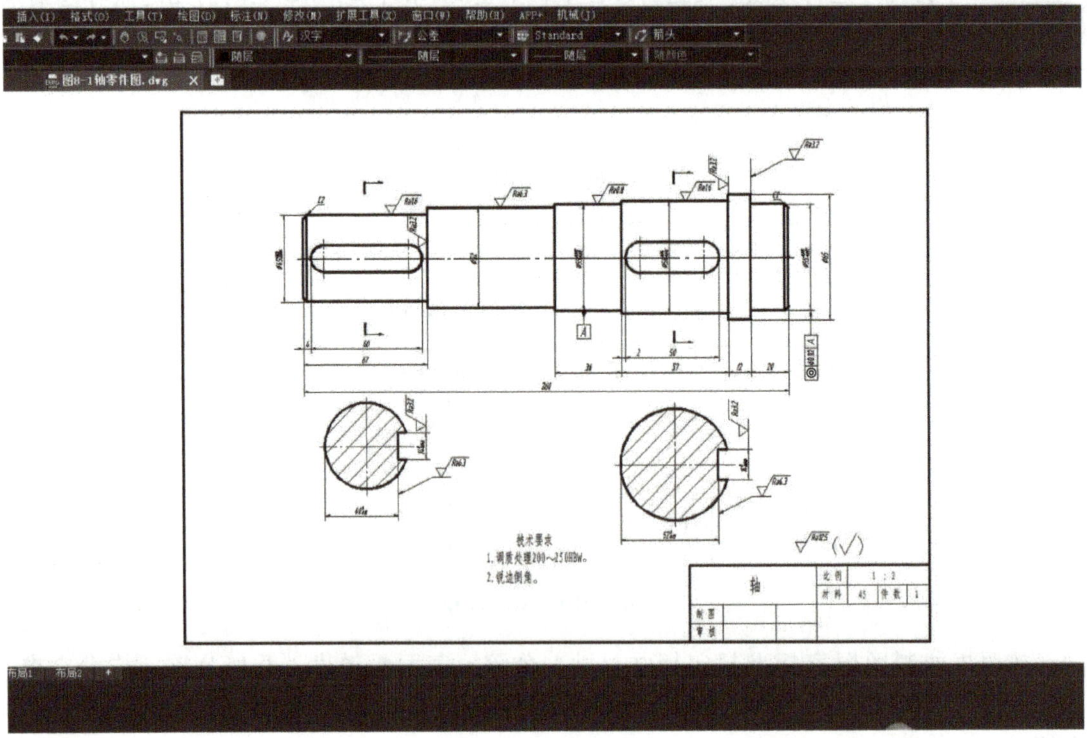


图 11-61　轴零件图

# 附　录

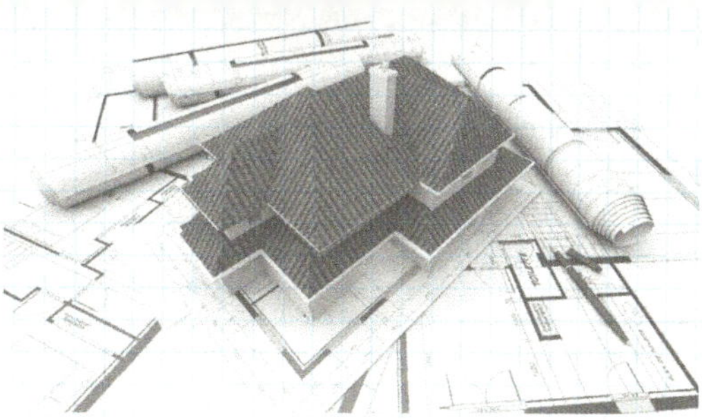

附表 1　普通螺纹直径与螺距、基本尺寸（摘自 GB/T 193—2003 和 GB/T 196—2003）

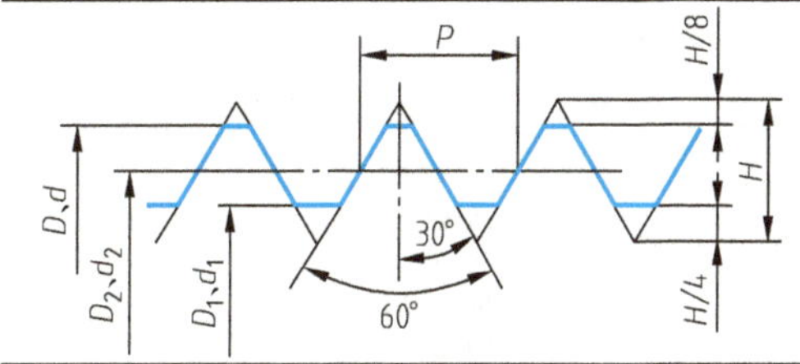


标记示例

公称直径 24mm，螺距 3mm，右旋粗牙普通螺纹，其标记为 M24

公称直径 24mm，螺距 1.5mm，左旋细牙普通螺纹，公差带代号 7H，其标记为 M24×1.5-LH

（单位：mm）

| 公称直径 D、d | | 螺距 P | | 粗牙小径 $D_1$、$d_1$ | 公称直径 D、d | | 螺距 P | | 粗牙小径 $D_1$、$d_1$ |
|---|---|---|---|---|---|---|---|---|---|
| 第一系列 | 第二系列 | 粗牙 | 细牙 | | 第一系列 | 第二系列 | 粗牙 | 细牙 | |
| 3 | | 0.5 | 0.35 | 2.459 | 16 | | 2 | 1.5、1 | 13.835 |
| 4 | | 0.7 | 0.5 | 3.242 | | 18 | 2.5 | 2、1.5、1 | 15.294 |
| 5 | | 0.8 | | 4.134 | 20 | | | | 17.294 |
| 6 | | 1 | 0.75 | 4.917 | | 22 | | | 19.294 |
| 8 | | 1.25 | 1、0.75 | 6.647 | 24 | | 3 | 2、1.5、1 | 20.752 |
| 10 | | 1.5 | 1.25、1、0.75 | 8.376 | 30 | | 3.5 | (3)、2、1.5、1 | 26.211 |
| 12 | | 1.75 | 1.25、1 | 10.106 | 36 | | 4 | 3、2、1.5 | 31.670 |
| | 14 | 2 | 1.5、1.25*、1 | 11.835 | | 39 | | | 34.670 |

注：应优先选用第一系列，括号内尺寸尽可能不用，带*号仅用于火花塞。

附表 2　梯形螺纹直径与螺距系列、基本尺寸及公差

（摘自 GB/T 5796.2—2005、GB/T 5796.3—2005、GB/T 5796.4—2005）

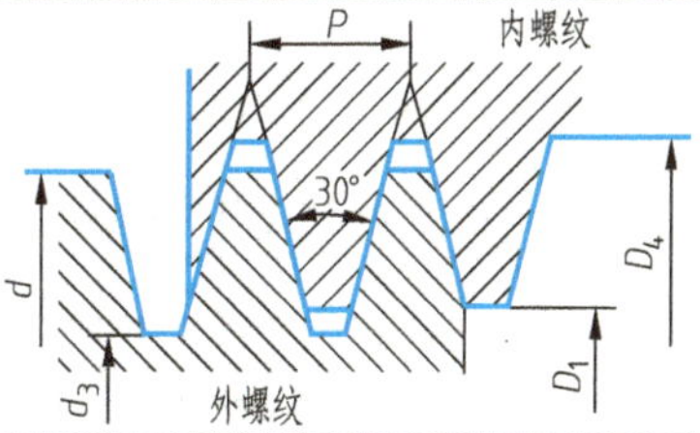


标记示例

公称直径 28mm、螺距 5mm、中径公差带代号为 7H 的单线右旋梯形内螺纹，其标记为 Tr28×5-7H

公称直径 28mm、导程 10mm、螺距 5mm，中径公差带代号为 8e 的双线左旋梯形外螺纹，其标记为 Tr28×10(P5)LH-8e

内外螺纹旋合所组成的螺纹副的标记为 Tr24×8-7H/8e

（单位：mm）

| 公称直径 d | | 螺距 P | 大径 $D_4$ | 小径 | | 公称直径 d | | 螺距 P | 大径 $D_4$ | 小径 | |
|---|---|---|---|---|---|---|---|---|---|---|---|
| 第一系列 | 第二系列 | | | $d_3$ | $D_1$ | 第一系列 | 第二系列 | | | $d_3$ | $D_1$ |
| 16 | | 2 | 16.50 | 13.50 | 14.00 | 24 | | 3 | 24.50 | 20.50 | 21.00 |
| | | 4 | | 11.50 | 12.00 | | | 5 | | 18.50 | 19.00 |
| | 18 | 2 | 18.50 | 15.50 | 16.00 | | | 8 | 25.00 | 15.00 | 16.00 |
| | | 4 | | 13.50 | 16.00 | | 26 | 3 | 26.50 | 22.50 | 23.00 |
| 20 | | 2 | 20.50 | 17.50 | 18.00 | | | 5 | | 20.50 | 21.00 |
| | | 4 | | 15.50 | 16.00 | | | 8 | 27.00 | 17.00 | 18.00 |
| | 22 | 3 | 22.50 | 18.50 | 19.00 | 28 | | 3 | 28.50 | 24.50 | 25.00 |
| | | 5 | | 16.50 | 17.00 | | | 5 | | 22.50 | 23.00 |
| | | 8 | 23.0 | 13.00 | 14.00 | | | 8 | 29.00 | 19.00 | 20.00 |

注：螺纹公差带代号：外螺纹有 9c、8c、8e、7e；内螺纹有 9H、8H、7H。

## 附表3　管螺纹尺寸代号及基本尺寸

55°非密封管螺纹(摘自 GB/T 7307—2001)

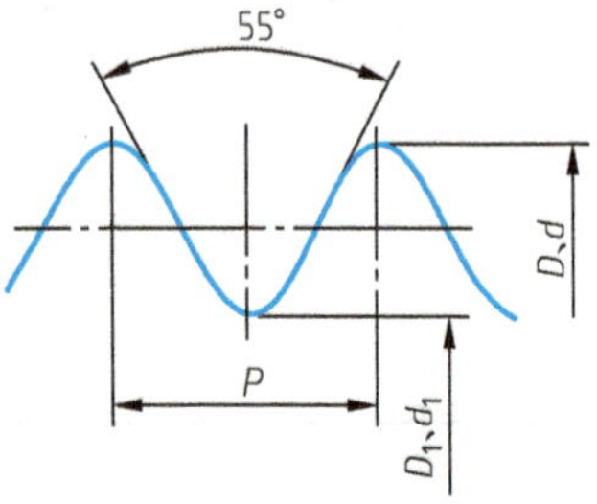


标记示例

尺寸代号为 1/2 的 A 级右旋外螺纹的标记为 G1/2A

尺寸代号为 1/2 的 B 级左旋外螺纹的标记为 G1/2B-LH

尺寸代号为 1/2 的右旋内螺纹的标记为 G1/2

| 尺寸代号 | 每 25.4mm 内的牙数 $n$ | 螺距 $P$/mm | 大径 $D=d$/mm | 小径 $D_1=d_1$/mm | 基准距离/mm |
|---|---|---|---|---|---|
| 1/4 | 19 | 1.337 | 13.157 | 11.445 | 6 |
| 3/8 | 19 | 1.337 | 16.662 | 14.950 | 6.4 |
| 1/2 | 14 | 1.814 | 20.955 | 18.631 | 8.2 |
| 3/4 | 14 | 1.814 | 26.441 | 24.117 | 9.5 |
| 1 | 11 | 2.309 | 33.249 | 30.291 | 10.4 |
| 1¼ | 11 | 2.309 | 41.910 | 38.952 | 12.7 |
| 1½ | 11 | 2.309 | 47.803 | 44.845 | 12.7 |
| 2 | 11 | 2.309 | 59.614 | 56.646 | 15.9 |

## 附表4　六角头螺栓

六角头螺栓—A 和 B 级(摘自 GB/T 5782—2016)

六角头螺栓—全螺纹(摘自 GB/T 5783—2016)

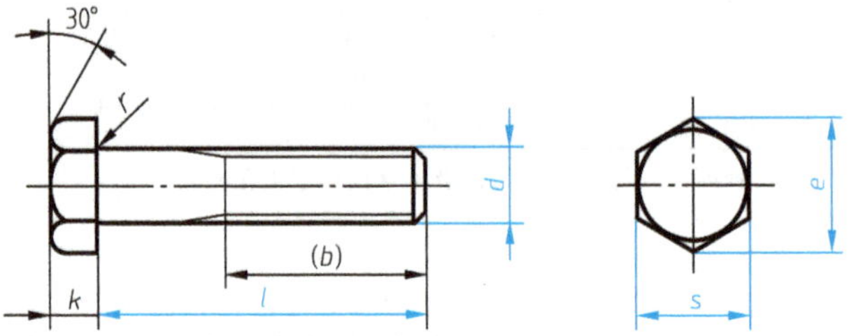


标记示例

螺纹规格 $d$=M12、公称长度 $l$=80mm、性能等级为 8.8 级、表面氧化、A 级的六角头螺栓，其标记为

螺纹 GB/T 5782　M12×80

(单位:mm)

| 螺纹规格 $d$ | | M3 | M4 | M5 | M6 | M8 | M10 | M12 | M16 | M20 | M24 | M30 | M36 |
|---|---|---|---|---|---|---|---|---|---|---|---|---|---|
| $s$ | | 5.5 | 7 | 8 | 10 | 13 | 16 | 18 | 24 | 30 | 36 | 46 | 55 |
| $k$ | | 2 | 2.8 | 3.5 | 4 | 5.3 | 6.4 | 7.5 | 10 | 12.5 | 15 | 18.7 | 22.5 |
| $r$ | | 0.1 | 0.2 | 0.2 | 0.25 | 0.4 | 0.4 | 0.6 | 0.6 | 0.6 | 0.8 | 1 | 1 |
| $e$ | A | 6.01 | 7.66 | 8.79 | 11.05 | 14.38 | 17.77 | 20.03 | 26.75 | 33.53 | 39.98 | — | — |
| | B | 5.88 | 7.50 | 8.63 | 10.89 | 14.20 | 17.59 | 19.85 | 26.17 | 32.95 | 39.55 | 50.85 | 51.11 |
| ($b$) GB/T 5782 | $l \leqslant 124$ | 12 | 14 | 16 | 18 | 22 | 26 | 30 | 38 | 46 | 54 | 66 | — |
| | $125<l \leqslant 200$ | 18 | 20 | 22 | 24 | 28 | 32 | 36 | 44 | 52 | 60 | 72 | 84 |
| | $l>200$ | 31 | 33 | 35 | 37 | 41 | 45 | 49 | 57 | 65 | 73 | 85 | 97 |
| $l$ 范围 (GB/T 5782) | | 20~30 | 25~40 | 25~50 | 30~60 | 40~80 | 45~100 | 50~120 | 65~160 | 80~200 | 90~240 | 110~300 | 140~360 |
| $l$ 范围 (GB/T 5783) | | 6~30 | 8~40 | 10~50 | 12~60 | 16~80 | 20~100 | 25~120 | 30~150 | 40~150 | 50~150 | 60~200 | 70~200 |
| $l$ 系列 | | 6、8、10、12、16、20、25、30、35、40、45、50、55、60、65、70、80、90、100、110、120、130、140、150、160、180、200、220、240、260、280、300、320、340、360、380、400、420、440、460、480、500 | | | | | | | | | | | |

## 附表 5 双头螺柱

GB/T 897—1988( $b_m = 1d$ )

GB/T 898—1988( $b_m = 1.25d$ )

GB/T 899—1988( $b_m = 1.5d$ )

GB/T 900—1988( $b_m = 2d$ )

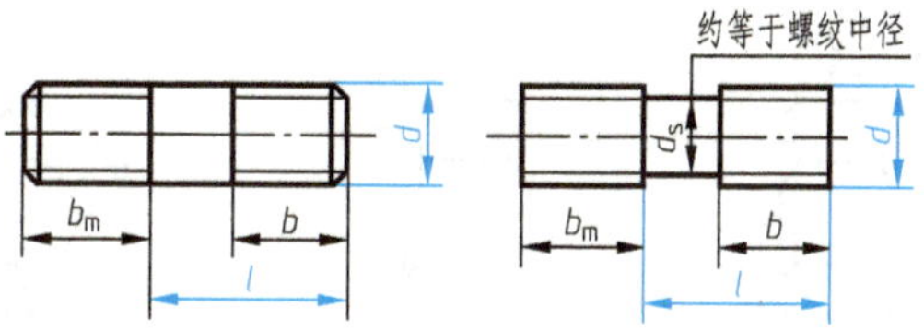


标记示例

两端均为粗牙普通螺纹，$d = 10$mm、$l = 50$mm、性能等级为 4.8 级、不经表面处理、B 型、$b_m = 1d$ 的双头螺柱，其标记为

螺柱 GB/T 897 M10×50

若为 A 型，则标记为　　螺柱 GB/T 897 AM10-M10×1×50

### 双头螺柱各部分尺寸

（单位：mm）

| 螺纹规格 $d$ | | M3 | M4 | M5 | M6 | M8 |
|---|---|---|---|---|---|---|
| $b_m$ 公称 | GB/T 897—1988 | | | 5 | 6 | 8 |
| | GB/T 898—1988 | | | 6 | 8 | 10 |
| | GB/T 899—1988 | 4.5 | 6 | 8 | 10 | 12 |
| | GB/T 900—1988 | 6 | 8 | 10 | 12 | 16 |
| $l/b$ | | 16~20/6<br>(22)~40/12 | 16~(22)/8<br>25~40/14 | 16~(22)/10<br>25~50/16 | 20~(22)/10<br>25~30/14<br>(32)~(75)/18 | 20~(22)/12<br>25~30/16<br>(32)~90/22 |
| 螺纹规格 $d$ | | M10 | M12 | M16 | M20 | M24 |
| $b_m$ 公称 | GB/T 897—1988 | 10 | 12 | 16 | 20 | 24 |
| | GB/T 898—1988 | 12 | 15 | 20 | 25 | 30 |
| | GB/T 899—1988 | 15 | 18 | 24 | 30 | 36 |
| | GB/T 900—1988 | 20 | 24 | 32 | 40 | 48 |
| $l/b$ | | 23~(28)/14<br>30~(38)/16<br>40~120/26<br>130/32 | 25~30/16<br>(32)~40/20<br>40~120/30<br>130~180/36 | 30~(38)/20<br>40~(55)/30<br>60~120/38<br>130~200/44 | 35~40/25<br>(45)~(65)/35<br>70~120/46<br>130~200/52 | 45~50/30<br>(55)~(75)/45<br>80~120/54<br>130~200/60 |

注：1. GB/T 897—1988 和 GB/T 898—1988 规定螺柱的螺纹规格 $d$=M5~M48，公称长度 $l$=16~300mm；GB/T 899—1988 和 GB/T 900—1988 规定螺柱的螺纹规格 $d$=M2~M48，公称长度 $l$=12~300mm。

2. 螺柱公称长度 $l$（系列）：12，(14)，16，(18)，20，(22)，25，(28)，30，(32)，35，(38)，40，45，50，(55)，60，(65)，70，(75)，80，(85)，90，(95)，100~260（10 进位），280，300mm，尽可能不采用括号内的数值。

3. 材料为钢的螺柱性能等级有 4.8、5.8、6.8、8.8、10.9、12.9 级，其中 4.8 级为常用。

## 附表 6　1 型六角螺母（摘自 GB/T 6170—2015）

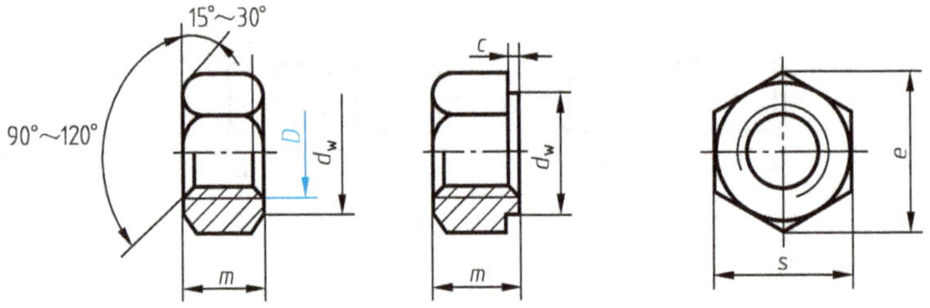


标记示例

螺纹规格 $D$=M12、性能等级为 8 级、不经表面处理、产品等级为 A 级的 1 型六角螺母，其标记为

螺母　GB/T 6170　M12

（单位：mm）

| 螺纹规格 $D$ | | M3 | M4 | M5 | M6 | M8 | M10 | M12 | M16 | M20 | M24 | M30 | M36 |
|---|---|---|---|---|---|---|---|---|---|---|---|---|---|
| $e$ | (min) | 6.01 | 7.66 | 8.79 | 11.05 | 14.38 | 17.77 | 20.03 | 26.75 | 32.95 | 39.55 | 50.85 | 60.79 |
| $s$ | (max) | 5.5 | 7 | 8 | 10 | 13 | 16 | 18 | 24 | 30 | 36 | 46 | 55 |
| | (min) | 5.32 | 6.78 | 7.78 | 9.78 | 12.73 | 15.73 | 17.73 | 23.67 | 29.16 | 35 | 45 | 53.8 |
| $c$ | (max) | 0.4 | 0.5 | 0.5 | 0.5 | 0.6 | 0.6 | 0.6 | 0.8 | 0.8 | 0.8 | 0.8 | 0.8 |
| $d_w$ | (max) | 4.6 | 5.9 | 6.9 | 8.9 | 11.6 | 14.6 | 16.6 | 22.5 | 27.7 | 33.2 | 42.7 | 51.1 |
| | (min) | 3.45 | 4.6 | 5.75 | 6.75 | 8.75 | 10.8 | 13 | 17.3 | 21.6 | 25.9 | 32.4 | 38.9 |
| $m$ | (max) | 2.4 | 3.2 | 4.7 | 5.2 | 6.8 | 8.4 | 10.8 | 14.8 | 18 | 21.5 | 25.6 | 31 |
| | (min) | 2.15 | 2.9 | 4.4 | 4.9 | 6.44 | 8.04 | 10.37 | 14.1 | 16.9 | 20.2 | 24.3 | 29.4 |

## 附表 7　平垫圈—A 级（摘自 GB/T 97.1—2002）、平垫圈倒角型—A 级（摘自 GB/T 97.2—2002）

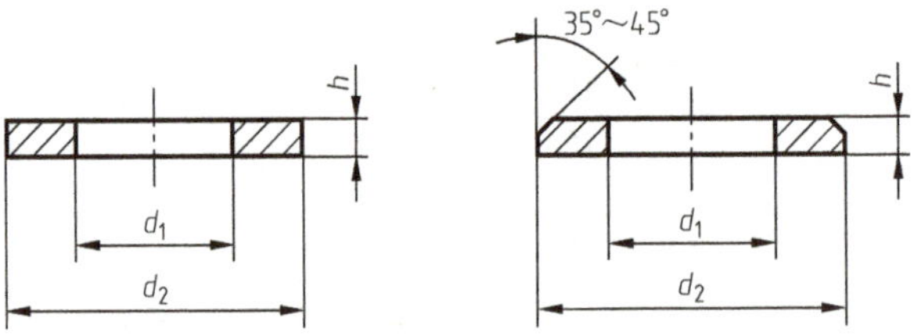


标记示例

标准系列，公称规格 8mm，由钢制造的硬度等级为 200HV 级、不经表面处理、产品等级为 A 级的平垫圈，其标记为垫圈　GB/T 97　8

（单位：mm）

| 公称规格（螺纹大径 $d$） | 2 | 2.5 | 3 | 4 | 5 | 6 | 8 | 10 | 12 | 14 | 16 | 20 | 24 | 30 |
|---|---|---|---|---|---|---|---|---|---|---|---|---|---|---|
| 内径 $d_1$ | 2.2 | 2.7 | 3.2 | 4.3 | 5.3 | 6.4 | 8.4 | 10.5 | 13 | 15 | 17 | 21 | 25 | 31 |
| 外径 $d_2$ | 5 | 6 | 7 | 9 | 10 | 12 | 16 | 20 | 24 | 28 | 30 | 37 | 44 | 56 |
| 厚度 $h$ | 0.3 | 0.5 | 0.5 | 0.8 | 1 | 1.6 | 1.6 | 2 | 2.5 | 2.5 | 3 | 3 | 4 | 4 |

## 附表 8　标准型弹簧垫圈（摘自 GB/T 93—1987）、轻型弹簧垫圈（摘自 GB/T 859—1987）

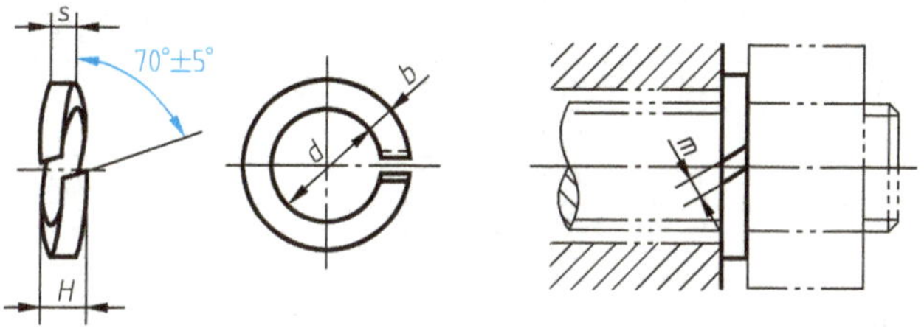


标记示例

公称直径 16mm，材料为 65Mn、表面氧化的标准型弹簧垫圈，其标记为

垫圈 GB/T 93　16

（单位：mm）

| 规格（螺纹大径） | | 2 | 2.5 | 3 | 4 | 5 | 6 | 8 | 10 | 12 | 16 | 20 | 24 | 30 | 36 | 42 | 48 |
|---|---|---|---|---|---|---|---|---|---|---|---|---|---|---|---|---|---|
| $d$ | | 2.1 | 2.6 | 3.1 | 4.1 | 5.1 | 6.2 | 8.2 | 10.2 | 12.3 | 16.3 | 20.5 | 24.5 | 30.5 | 36.6 | 42.6 | 49 |
| $H$ | GB/T 93—1987 | 1.2 | 1.6 | 2 | 2.4 | 3.2 | 4 | 5 | 6 | 7 | 8 | 10 | 12 | 13 | 14 | 16 | 18 |
| | GB/T 859—1987 | 1 | 1.2 | 1.6 | 2 | 2.4 | 3.2 | 4 | 5 | 6.4 | 8 | 9.6 | 12 | | | | |
| $s(b)$ | GB/T 93—1987 | 0.6 | 0.8 | 1 | 1.2 | 1.6 | 2 | 2.5 | 3 | 3.5 | 4 | 5 | 6 | 6.5 | 7 | 8 | 9 |
| $s$ | GB/T 859—1987 | 0.5 | 0.6 | 0.8 | 0.8 | 1 | 1.2 | 1.6 | 2 | 2.5 | 3.2 | 4 | 4.8 | 6 | | | |
| $m\leqslant$ | GB/T 93—1987 | 0.4 | | 0.5 | 0.6 | 0.8 | 1 | 1.2 | 1.5 | 1.7 | 2 | 2.5 | 3 | 3.2 | 3.5 | 4 | 4.5 |
| | GB/T 859—1987 | 0.3 | | 0.4 | | 0.5 | 0.6 | 0.8 | 1 | 1.2 | 1.6 | 2 | 2.4 | 3 | | | |
| $b$ | GB/T 859—1987 | 0.8 | | 1 | 1.2 | | 1.6 | 2 | 2.5 | 3.5 | 4.5 | 5.5 | 6.5 | 8 | | | |

## 附表 9　开槽圆柱头螺钉（摘自 GB/T 65—2016）、开槽沉头螺钉（摘自 GB/T 68—2016）、开槽盘头螺钉（摘自 GB/T 67—2016）

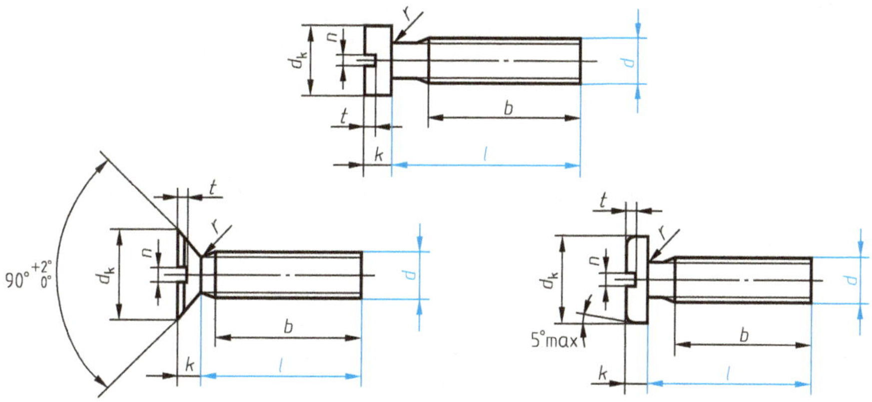


标记示例

螺纹规格 $d$=M5，公称长度 $l$=20mm、性能等级为 4.8 级、不经表面处理的 A 级开槽圆柱头螺钉，

其标记为螺钉　GB/T 65　M5×20

（单位：mm）

| 螺纹规格　$d$ | | M1.6 | M2 | M2.5 | M3 | M4 | M5 | M6 | M8 | M10 |
|---|---|---|---|---|---|---|---|---|---|---|
| GB/T 65—2016 | $d_k$ | | | | | 7 | 8.5 | 10 | 13 | 16 |
| | $k$ | | | | | 2.6 | 3.3 | 3.9 | 5 | 6 |
| | $t_{min}$ | | | | | 1.1 | 1.3 | 1.6 | 2 | 2.4 |
| | $r_{min}$ | | | | | 0.2 | 0.2 | 0.25 | 0.4 | 0.4 |
| | $l$ | | | | | 5~40 | 6~50 | 8~60 | 10~80 | 12~80 |
| | 全螺纹时最大长度 | | | | | 40 | 40 | 40 | 40 | 40 |

（续）

| 螺纹规格 $d$ | | M1.6 | M2 | M2.5 | M3 | M4 | M5 | M6 | M8 | M10 |
|---|---|---|---|---|---|---|---|---|---|---|
| GB/T 67—2016 | $d_k$ | 3.2 | 4 | 5 | 5.6 | 8 | 9.5 | 12 | 16 | 23 |
| | $k$ | 1 | 1.3 | 1.5 | 1.8 | 2.4 | 3 | 3.6 | 4.8 | 6 |
| | $t_{min}$ | 0.35 | 0.5 | 0.6 | 0.7 | 1 | 1.2 | 1.4 | 1.9 | 2.4 |
| | $r_{min}$ | 0.1 | 0.1 | 0.1 | 0.1 | 0.2 | 0.2 | 0.25 | 0.4 | 0.4 |
| | $l$ | 2~16 | 2.5~20 | 3~25 | 4~30 | 5~40 | 6~50 | 8~60 | 10~80 | 12~80 |
| | 全螺纹时最大长度 | 30 | 30 | 30 | 30 | 40 | 40 | 40 | 40 | 40 |
| GB/T 68—2016 | $d_k$ | 3 | 3.8 | 4.7 | 5.5 | 8.4 | 9.3 | 11.3 | 15.8 | 18.3 |
| | $k$ | 1 | 1.2 | 1.5 | 1.65 | 2.7 | 2.7 | 3.3 | 4.65 | 5 |
| | $t_{min}$ | 0.32 | 0.4 | 0.5 | 0.6 | 1 | 1.1 | 1.2 | 1.8 | 2 |
| | $r_{min}$ | 0.4 | 0.5 | 0.6 | 0.8 | 1 | 1.3 | 1.5 | 2 | 2.5 |
| | $l$ | 2.5~16 | 3~20 | 4~25 | 5~30 | 6~40 | 8~50 | 8~60 | 10~80 | 12~80 |
| | 全螺纹时最大长度 | 30 | 30 | 30 | 30 | 45 | 45 | 45 | 45 | 45 |
| $n$ | | 0.4 | 0.5 | 0.6 | 0.8 | 1.2 | 1.2 | 1.6 | 2 | 2.5 |
| $b_{min}$ | | 25 | | | | 38 | | | | |
| $l$ 系列 | | 2、2.5、3、4、5、6、8、10、12、(14)、16、20、25、30、35、40、45、50、(55)、60、(65)、70、(75)、80 | | | | | | | | |

## 附表 10 圆柱销（不淬硬钢和奥氏体不锈钢）（摘自 GB/T 119.1—2000）、圆柱销（淬硬钢和马氏体不锈钢）（摘自 GB/T 119.2—2000）

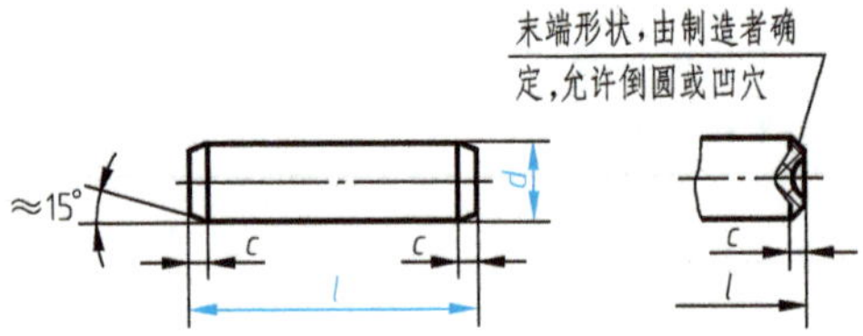


标记示例

公称直径 $d$=6mm、公差 m6、公称长度 $l$=30mm、材料为钢、不经淬火、不经表面处理的圆柱销，其标记为

销 GB/T 119.1 6m6×30

公称直径 $d$=6mm、公称长度 $l$=30mm、材料为钢、普通淬火（A 型）、表面氧化处理的圆柱销，其标记为

销 GB/T 119.2 6×30

（单位：mm）

| 公称直径 $d$ | | 3 | 4 | 5 | 6 | 8 | 10 | 12 | 16 | 20 | 25 | 30 | 40 | 50 |
|---|---|---|---|---|---|---|---|---|---|---|---|---|---|---|
| $c$≈ | | 0.50 | 0.63 | 0.80 | 1.2 | 1.6 | 2.0 | 2.5 | 3.0 | 3.5 | 4.0 | 5.0 | 6.3 | 8.0 |
| 公称长度 $l$ | GB/T 119.1 | 8~30 | 8~40 | 10~50 | 13~60 | 14~80 | 18~95 | 22~140 | 26~180 | 35~200 | 50~200 | 60~200 | 80~200 | 95~200 |
| | GB/T 119.2 | 8~30 | 10~40 | 12~50 | 14~60 | 18~80 | 22~100 | 26~100 | 40~100 | 50~100 | — | — | — | — |
| $l$ 系列 | | 8、10、12、14、16、18、20、22、24、26、28、30、32、35、40、45、50、55、60、65、70、75、80、85、90、95、100、120、140、160、180、200 | | | | | | | | | | | | |

注：1. GB/T 119.1—2000 规定圆柱销的公称直径 $d$=0.6~50mm，公称长度 $l$=2~200mm，公差有 m6 和 h8。

2. GB/T 119.2—2000 规定圆柱销的公称直径 $d$=1~20mm，公称长度 $l$=3~100mm，公差仅有 m6。

3. 当圆柱销公差为 h8 时，其表面粗糙度 $Ra \leqslant 1.6\mu m$。

## 附表 11 圆锥销（摘自 GB/T 117—2000）

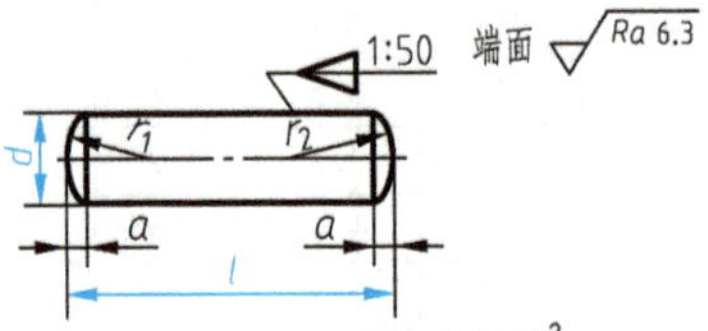


$$r_1 \approx d \quad r_2 \approx d + \frac{a}{2} + \frac{(0.02l)^2}{8a}$$

标记示例

公称直径 $d$=10mm、公称长度 $l$=60mm、材料为 35 钢、热处理硬度 28~38HRC、表面氧化处理的 A 型圆锥销，其标记为

销 GB/T 117 10×60

（单位：mm）

（续）

| 公称直径 $d$ | 4 | 5 | 6 | 8 | 10 | 12 | 16 | 20 | 25 | 30 | 40 | 50 |
|---|---|---|---|---|---|---|---|---|---|---|---|---|
| $a\approx$ | 0.5 | 0.63 | 0.8 | 1 | 1.2 | 1.6 | 2 | 2.5 | 3 | 4 | 5 | 6.3 |
| 公称长度 $l$ | 14~55 | 18~60 | 22~90 | 22~120 | 26~160 | 32~180 | 40~200 | 45~200 | 50~200 | 55~200 | 60~200 | 65~200 |
| $l$ 系列 | 2、3、4、5、6、8、10、12、14、16、18、20、22、24、26、28、30、32、35、40、45、50、55、60、65、70、75、80、85、90、95、100、120、140、160、180、200 | | | | | | | | | | | |

注：1. 标准规定圆锥销的公称直径 $d$=0.6~50mm。

2. 有 A 型和 B 型。A 型为磨削，锥面表面粗糙度 $Ra$0.8μm；B 型为切削或冷镦，锥面表面粗糙度 $Ra$3.2μm。

## 附表 12 倒角和倒圆（摘自 GB/T 6403.4—2008）

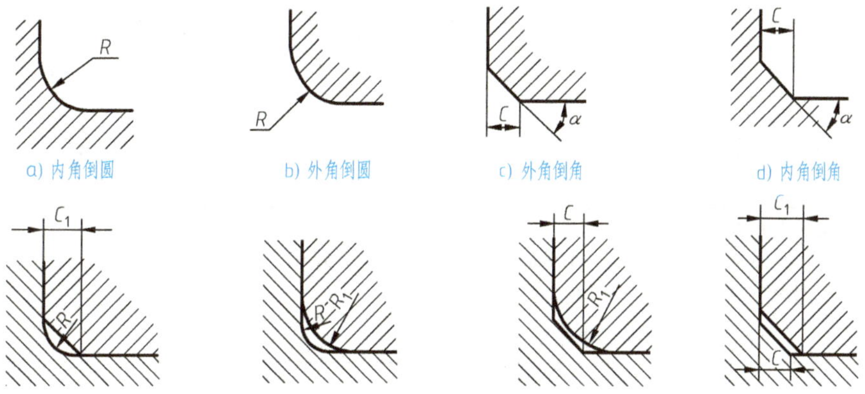


a) 内角倒圆 b) 外角倒圆 c) 外角倒角 d) 内角倒角

e) $C_1>R$ f) $R_1>R$ g) $C<0.58R_1$ h) $C_1>C$

（单位：mm）

| 直径 $D$ | | ~3 | | >3~6 | | >6~10 | | >10~18 | >18~30 | >30~50 | | >50~80 |
|---|---|---|---|---|---|---|---|---|---|---|---|---|
| $C$、$R$ | $R_1$ | 0.1 | 0.2 | 0.3 | 0.4 | 0.5 | 0.6 | 0.8 | 1.0 | 1.2 | 1.6 | 2.0 |
| $C_{max}$($C<0.58R_1$) | | — | 0.1 | 0.1 | 0.2 | 0.2 | 0.3 | 0.4 | 0.5 | 0.6 | 0.8 | 1.0 |
| 直径 $D$ | | >80~120 | >120~180 | >180~250 | >250~320 | >320~400 | >400~500 | >500~630 | >630~800 | >800~1000 | >1000~1250 | >1250~1600 |
| $C$、$R$ | $R_1$ | 2.5 | 3.0 | 4.0 | 5.0 | 6.0 | 8.0 | 10 | 12 | 16 | 20 | 25 |
| $C_{max}$($C<0.58R_1$) | | 1.2 | 1.6 | 2.0 | 2.5 | 3.0 | 4.0 | 5.0 | 6.0 | 8.0 | 10 | 12 |

注：$\alpha$ 一般采用 45°，也可采用 30°或 60°。

## 附表 13 砂轮越程槽（摘自 GB/T 6403.5—2008）

（单位：mm）

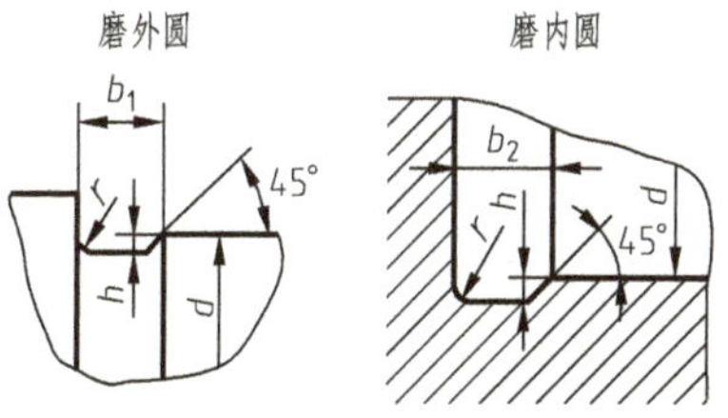


| $b_1$ | 0.6 | 1.0 | 1.6 | 2.0 | 3.0 | 4.0 | 5.0 | 8.0 | 10 |
|---|---|---|---|---|---|---|---|---|---|
| $b_2$ | 2.0 | 3.0 | | 4.0 | | 5.0 | | 8.0 | 10 |
| $h$ | 0.1 | 0.2 | | 0.3 | 0.4 | | 0.6 | 0.8 | 1.2 |
| $r$ | 0.2 | 0.5 | | 0.8 | 1.0 | | 1.6 | 2.0 | 3.0 |
| $d$ | ~10 | | | >10~50 | | >50~100 | | >100 | |

注：1. 越程槽内与直线相交处，不允许产生尖角。

2. 越程槽深度 $h$ 与圆弧半径 $r$，要满足 $r\leq 3h$。

3. 磨削具有数个直径的工件时，可使用同一规格的越程槽。

4. 直径 $d$ 值大的零件，允许选择小规格的砂轮越程槽。

5. 砂轮越程槽的尺寸公差和表面粗糙度根据该零件的结构、性能确定。

## 附表 14　普通螺纹退刀槽和倒角（摘自 GB/T 3—1997）

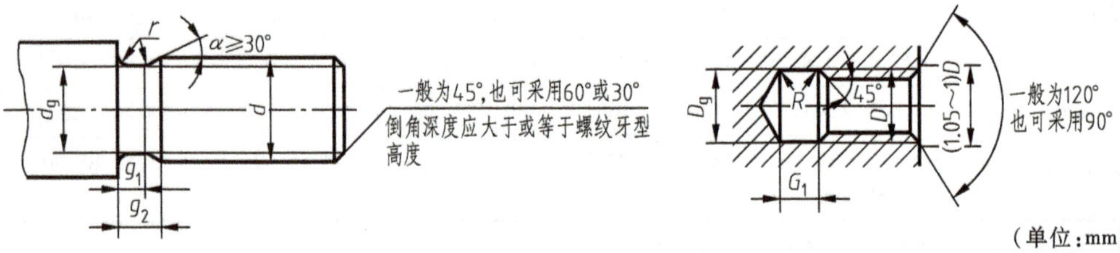


（单位：mm）

| 螺距 | 外螺纹 | | | 内螺纹 | | 螺距 | 外螺纹 | | | 内螺纹 | |
|---|---|---|---|---|---|---|---|---|---|---|---|
| | $g_{2max}$ | $g_{1min}$ | $d_g$ | $G_1$ | $D_g$ | | $g_{2max}$ | $g_{1min}$ | $d_g$ | $G_1$ | $D_g$ |
| 0.5 | 1.5 | 0.8 | $d-0.8$ | 2 | $D+0.3$ | 1.75 | 5.25 | 3 | $d-2.6$ | 7 | $D+0.5$ |
| 0.7 | 2.1 | 1.1 | $d-1.1$ | 2.8 | | 2 | 6 | 3.4 | $d-3$ | 8 | |
| 0.8 | 2.4 | 1.3 | $d-1.3$ | 3.2 | | 2.5 | 7.5 | 4.4 | $d-3.6$ | 10 | |
| 1 | 3 | 1.6 | $d-1.6$ | 4 | $D+0.5$ | 3 | 9 | 5.2 | $d-4.4$ | 12 | |
| 1.25 | 3.75 | 2 | $d-2$ | 5 | | 3.5 | 10.5 | 6.2 | $d-5$ | 14 | |
| 1.5 | 4.5 | 2.5 | $d-2.3$ | 6 | | 4 | 12 | 7 | $d-5.7$ | 16 | |

注：1. $d$、$D$ 为螺纹公称直径代号。

2. $d_g$ 公差为：$d>3$mm 时，为 h13；$d\leqslant 13$mm 时，为 h12。$D_g$ 公差为 H13。

3. “短”退刀槽仅在结构受限制时采用。

## 附表 15　优先配合中轴的极限偏差（摘自 GB/T 1800.2—2020）

| 公称尺寸/mm | | 公差带/μm | | | | | | | | | | | | |
|---|---|---|---|---|---|---|---|---|---|---|---|---|---|---|
| | | c | d | f | g | h | | | | k | n | p | s | u |
| 大于 | 至 | 11 | 9 | 7 | 6 | 6 | 7 | 9 | 11 | 6 | 6 | 6 | 6 | 6 |
| — | 3 | -60<br>-120 | -20<br>-45 | -6<br>-16 | -2<br>-8 | 0<br>-6 | 0<br>-20 | 0<br>-25 | 0<br>-60 | +6<br>0 | +10<br>+4 | +12<br>+6 | +20<br>+14 | +24<br>+18 |
| 3 | 6 | -70<br>-145 | -30<br>-60 | -10<br>-22 | -4<br>-22 | 0<br>-8 | 0<br>-12 | 0<br>-30 | 0<br>-75 | +9<br>+1 | +16<br>+8 | +20<br>+12 | +27<br>+19 | +31<br>+23 |
| 6 | 10 | -80<br>-170 | -40<br>-76 | -13<br>-28 | -5<br>-14 | 0<br>-9 | 0<br>-15 | 0<br>-36 | 0<br>-90 | +10<br>+1 | +19<br>+10 | +24<br>+15 | +32<br>+23 | +37<br>+28 |
| 10 | 14 | -95<br>-205 | -50<br>-93 | -16<br>-34 | -6<br>-17 | 0<br>-11 | 0<br>-18 | 0<br>-43 | 0<br>-110 | +12<br>+1 | +23<br>+12 | +29<br>+28 | +39<br>+28 | +44<br>+33 |
| 14 | 18 | | | | | | | | | | | | | |
| 18 | 24 | -110<br>-240 | -65<br>-117 | -20<br>-41 | -7<br>-20 | 0<br>-13 | 0<br>-21 | 0<br>-52 | 0<br>-130 | +15<br>+2 | +28<br>+15 | +35<br>+22 | +48<br>+35 | +54<br>+41 |
| 24 | 30 | | | | | | | | | | | | | +61<br>+48 |
| 30 | 40 | -120<br>-280 | -80<br>-142 | -25<br>-50 | -9<br>-25 | 0<br>-16 | 0<br>-25 | 0<br>-62 | 0<br>-160 | +18<br>+2 | +33<br>+17 | +42<br>+25 | +59<br>+43 | +76<br>+60 |
| 40 | 50 | -130<br>-290 | | | | | | | | | | | | +86<br>+70 |
| 50 | 65 | -140<br>-330 | -100<br>-174 | -30<br>-60 | -10<br>-29 | 0<br>-19 | 0<br>-30 | 0<br>-74 | 0<br>-190 | +21<br>+2 | +39<br>+20 | +51<br>+32 | +72<br>+53 | +106<br>+87 |
| 65 | 80 | -150<br>-340 | | | | | | | | | | | +78<br>+59 | +121<br>+102 |

（续）

| 公称尺寸/mm | | 公差带/μm | | | | | | | | | | | | |
|---|---|---|---|---|---|---|---|---|---|---|---|---|---|---|
| | | c | d | f | g | h | | | | k | n | p | s | u |
| 大于 | 至 | 11 | 9 | 7 | 6 | 6 | 7 | 9 | 11 | 6 | 6 | 6 | 6 | 6 |
| 80 | 100 | -170<br>-390 | -120<br>-207 | -36<br>-71 | -12<br>-34 | 0<br>-22 | 0<br>-35 | 0<br>-87 | 0<br>-220 | +25<br>+3 | +45<br>+23 | +59<br>+37 | +93<br>+71 | +146<br>+124 |
| 100 | 120 | -180<br>-400 | | | | | | | | | | | +101<br>+79 | +166<br>+144 |
| 120 | 140 | -200<br>-450 | -145<br>-245 | -43<br>-83 | -14<br>-39 | 0<br>-25 | 0<br>-40 | 0<br>-100 | 0<br>-250 | +38<br>+3 | +52<br>+27 | +68<br>+43 | +117<br>+92 | +195<br>+170 |
| 140 | 160 | -210<br>-460 | | | | | | | | | | | +125<br>+100 | +215<br>+190 |
| 160 | 180 | -230<br>-480 | | | | | | | | | | | +133<br>+108 | +235<br>+210 |
| 180 | 200 | -240<br>-530 | -170<br>-285 | -50<br>-96 | -15<br>-44 | 0<br>-29 | 0<br>-46 | 0<br>-115 | 0<br>-290 | +33<br>+4 | +60<br>+31 | +79<br>+50 | +151<br>+122 | +265<br>+236 |
| 200 | 225 | -260<br>-550 | | | | | | | | | | | +159<br>+130 | +287<br>+258 |
| 225 | 250 | -280<br>-570 | | | | | | | | | | | +169<br>+140 | +313<br>+284 |
| 250 | 280 | -300<br>-620 | -190<br>-320 | -56<br>-108 | -17<br>-49 | 0<br>-32 | 0<br>-52 | 0<br>-130 | 0<br>-320 | +36<br>+4 | +66<br>+34 | +88<br>+56 | +190<br>+158 | +347<br>+315 |
| 280 | 315 | -330<br>-650 | | | | | | | | | | | +202<br>+170 | +382<br>+350 |
| 315 | 355 | -360<br>-720 | -210<br>-350 | -62<br>-119 | -18<br>-54 | 0<br>-36 | 0<br>-57 | 0<br>-140 | 0<br>-360 | +40<br>+4 | +73<br>+37 | +98<br>+62 | +226<br>+190 | +426<br>+390 |
| 355 | 400 | -400<br>-760 | | | | | | | | | | | +244<br>+208 | +471<br>+435 |
| 400 | 450 | -440<br>-840 | -230<br>-385 | -68<br>-131 | -20<br>-60 | 0<br>-40 | 0<br>-63 | 0<br>-155 | 0<br>-400 | +45<br>+5 | +80<br>+40 | +108<br>+68 | +272<br>+232 | +530<br>+490 |
| 450 | 500 | -480<br>-880 | | | | | | | | | | | +292<br>+252 | +580<br>+540 |

附表 16　优先配合中孔的极限偏差（摘自 GB/T 1800.2—2020）

| 公称尺寸/mm | | 公差带/μm | | | | | | | | | | | | |
|---|---|---|---|---|---|---|---|---|---|---|---|---|---|---|
| | | C | D | F | G | H | | | | K | N | P | S | U |
| 大于 | 至 | 11 | 9 | 8 | 7 | 7 | 8 | 9 | 11 | 7 | 7 | 7 | 7 | 7 |
| — | 3 | +120<br>+60 | +45<br>+20 | +20<br>+6 | +12<br>+2 | +10<br>0 | +14<br>0 | +25<br>0 | +60<br>0 | 0<br>-10 | -4<br>-14 | -6<br>-16 | -14<br>-24 | -18<br>-28 |
| 3 | 6 | +145<br>+70 | +60<br>+30 | +28<br>+10 | +16<br>+4 | +12<br>0 | +18<br>0 | +30<br>0 | +75<br>0 | +3<br>-9 | -4<br>-16 | -8<br>-20 | -15<br>-27 | -19<br>-31 |
| 6 | 10 | +170<br>+80 | +76<br>+40 | +35<br>+13 | +20<br>+5 | +15<br>0 | +22<br>0 | +36<br>0 | +90<br>0 | +5<br>-10 | -4<br>-19 | -9<br>-24 | -17<br>-32 | -22<br>-37 |

（续）

| 公称尺寸/mm | | 公差带/μm | | | | | | | | | | | | |
|---|---|---|---|---|---|---|---|---|---|---|---|---|---|---|
| | | C | D | F | G | H | | | | K | N | P | S | U |
| 大于 | 至 | 11 | 9 | 8 | 7 | 7 | 8 | 9 | 11 | 7 | 7 | 7 | 7 | 7 |
| 10 | 14 | +205<br>+95 | +93<br>+50 | +43<br>+16 | +24<br>+6 | +18<br>0 | +27<br>0 | +43<br>0 | +110<br>0 | +6<br>-12 | -5<br>-23 | -11<br>-29 | -21<br>-39 | -26<br>-44 |
| 14 | 18 | | | | | | | | | | | | | |
| 18 | 24 | +240<br>+110 | +117<br>+65 | +53<br>+20 | +28<br>+7 | +21<br>0 | +33<br>0 | +52<br>0 | +130<br>0 | +6<br>-15 | -7<br>-28 | -14<br>-35 | -27<br>-48 | -33<br>-54 |
| 24 | 30 | | | | | | | | | | | | | -40<br>-61 |
| 30 | 40 | +280<br>+120 | +142<br>+80 | +64<br>+25 | +34<br>+9 | +25<br>0 | +39<br>0 | +62<br>0 | +160<br>0 | +7<br>-18 | -8<br>-33 | -17<br>-42 | -34<br>-59 | -51<br>-76 |
| 40 | 50 | +290<br>+130 | | | | | | | | | | | | -61<br>-86 |
| 50 | 65 | +330<br>+140 | +174<br>+100 | +76<br>+30 | +40<br>+10 | +30<br>0 | +46<br>0 | +74<br>0 | +190<br>0 | +9<br>-21 | -9<br>-39 | -21<br>-51 | -42<br>-72 | -76<br>-106 |
| 65 | 80 | +340<br>+150 | | | | | | | | | | | -48<br>-78 | -91<br>-121 |
| 80 | 100 | +390<br>+170 | +207<br>+120 | +90<br>+36 | +47<br>+12 | +35<br>0 | +54<br>0 | +87<br>0 | +220<br>0 | +10<br>-25 | -10<br>-45 | -24<br>-59 | -58<br>-93 | -111<br>-146 |
| 100 | 120 | +400<br>+180 | | | | | | | | | | | -66<br>-101 | -131<br>-166 |
| 120 | 140 | +450<br>+200 | +245<br>+145 | +106<br>+43 | +54<br>+14 | +40<br>0 | +63<br>0 | +100<br>0 | +250<br>0 | +12<br>-28 | -12<br>-52 | -28<br>+68 | -77<br>-117 | -155<br>-195 |
| 140 | 160 | +460<br>+210 | | | | | | | | | | | -85<br>-125 | -175<br>-215 |
| 160 | 180 | +480<br>+230 | | | | | | | | | | | -93<br>-133 | -195<br>-235 |
| 180 | 200 | +530<br>+240 | +285<br>+170 | +122<br>+50 | +61<br>+15 | +46<br>0 | +72<br>0 | +115<br>0 | +290<br>0 | +13<br>-33 | -14<br>-60 | -33<br>-79 | -105<br>-151 | -219<br>-265 |
| 200 | 225 | +550<br>+260 | | | | | | | | | | | -113<br>-159 | -241<br>-287 |
| 225 | 250 | +570<br>+280 | | | | | | | | | | | -123<br>-169 | -267<br>-313 |
| 250 | 280 | +620<br>+300 | +320<br>+190 | +137<br>+56 | +69<br>+17 | +52<br>0 | +81<br>0 | +130<br>0 | +320<br>0 | +16<br>-36 | -14<br>-99 | -36<br>-88 | -138<br>-190 | -295<br>-347 |
| 280 | 315 | +650<br>+330 | | | | | | | | | | | -150<br>-202 | -330<br>-382 |
| 315 | 355 | +720<br>+360 | +350<br>+210 | +151<br>+62 | +75<br>+18 | +57<br>0 | +89<br>0 | +140<br>0 | +360<br>0 | +17<br>-40 | -16<br>-73 | -41<br>-98 | -169<br>-226 | -369<br>-426 |
| 355 | 400 | +760<br>+400 | | | | | | | | | | | -187<br>-244 | -414<br>-471 |
| 400 | 450 | +840<br>+440 | +385<br>+230 | +165<br>+68 | +83<br>+20 | +63<br>0 | +97<br>0 | +155<br>0 | +400<br>0 | +18<br>-45 | -17<br>-80 | -45<br>-108 | -209<br>-272 | -467<br>-530 |
| 450 | 500 | +880<br>+480 | | | | | | | | | | | -229<br>-292 | -517<br>-580 |

附表 17 常用热处理和表面处理（GB/T 7232—2012 和 JB/T 8555—2008）

| 名称 | 有效硬化层深度和硬度标注举例 | 说明 | 目的 |
|---|---|---|---|
| 退火 | 退火 163~197HBW<br>或退火 | 加热→保温→缓慢冷却 | 用于消除铸、锻、焊零件的内应力，降低硬度，以利切削加工，细化晶粒，改善组织，增加韧性 |
| 正火 | 正火 170~217HBW<br>或正火 | 加热→保温→空气冷却 | 用于处理低碳钢、中碳结构钢及渗碳零件，细化晶粒，增加强度与韧性，减少内应力，改善切削性能 |
| 淬火 | 淬火 42~47HRC | 加热→保温→急冷<br>工件加热奥氏体化后，以适当方式冷却获得马氏体或（和）贝氏体的热处理工艺 | 提高机件强度及耐磨性。但淬火后引起内应力，使钢变脆，所以淬火后必须回火 |
| 回火 | 回火 | 回火是将淬硬的钢件加热到临界点（$Ac_1$）以下的某一温度，保温一段时间，然后冷却到室温 | 用于消除淬火后的脆性和内应力，提高钢的塑性和冲击韧度 |
| 调质 | 调质 200~230HBW | 淬火→高温回火 | 提高韧性及强度，重要的齿轮、轴及丝杠等零件需调质 |
| 感应淬火 | 感应淬火 DS=<br>0.8~1.6，<br>48~52HRC | 用感应电流将零件表面加热→急速冷却 | 提高机件表面的硬度及耐磨性，而心部保持一定的韧性，使零件既耐磨又能承受冲击，常用于处理齿轮 |
| 渗碳淬火 | 渗碳淬火<br>DC=0.8~1.2，<br>58~63HRC | 将零件在渗碳介质中加热、保温，使碳原子渗入钢的表面后，再淬火回火，渗碳深度 0.8~1.2mm | 提高机件表面的硬度、耐磨性、抗拉强度等，适用于低碳、中碳（$w_c$<0.40%）结构钢的中小型零件 |
| 渗氮 | 渗氮 DN=0.25~0.4，<br>≥850HV | 将零件放入氨气内加热，使氮原子渗入钢表面。渗氮层 0.25~0.4mm，渗氮时间 40~50h | 提高机件的表面硬度、耐磨性、疲劳强度和耐蚀性。适用于合金钢、碳钢、铸铁件，如机床主轴、丝杠、重要液压元件中的零件 |
| 碳氮共渗淬火 | 碳氮共渗淬火<br>DC=0.5~0.8，<br>58~63HRC | 钢件在含碳氮的介质中加热，使碳、氮原子同时渗入钢表面。可得到 0.5~0.8mm 硬化层 | 提高表面硬度、耐磨性、疲劳强度和耐蚀性，用于要求硬度高、耐磨的中小型、薄片零件及刀具等 |
| 时效 | 自然时效<br>人工时效 | 机件精加工前，加热到 100~150℃ 后，保温 5~20h，空气冷却，铸件也可自然时效（露天放一年以上） | 消除内应力，稳定机件形状和尺寸，常用于处理精密机件，如精密轴承、精密丝杠等 |
| 发蓝处理、发黑 | 发蓝处理或发黑 | 将零件置于氧化剂内加热氧化，使表面形成一层氧化铁保护膜 | 防腐蚀、美化，如用于螺纹紧固件 |
| 镀镍 | 镀镍 | 用电解方法，在钢件表面镀一层镍 | 防腐蚀、美化 |
| 镀铬 | 镀铬 | 用电解方法，在钢件表面镀一层铬 | 提高表面硬度、耐磨性和耐蚀能力，也用于修复零件上磨损了的表面 |
| 硬度 | HBW（布氏硬度见 GB/T 231.1—2018）<br>HRC（洛氏硬度见 GB/T 230.1—2018）<br>HV（维氏硬度见 GB/T 4340.1—2009） | 材料抵抗硬物压入其表面的能力<br>根据测定方法不同而有布氏、洛氏、维氏等几种 | 检验材料经热处理后的力学性能<br>——硬度 HBW 用于退火、正火、调制的零件及铸件<br>——HRC 用于经淬火、回火及表面渗碳、渗氮等处理的零件<br>——HV 用于薄层硬化零件 |

注 “JB/T” 为机械工业行业标准的代号。

## 附表 18　铁和钢

1. 灰铸铁（摘自 GB/T 9439—2010）、工程用铸钢（摘自 GB/T 11352—2009）

| 牌号 | 统一数字代号 | 使用举例 | 说　明 |
|---|---|---|---|
| HT150<br>HT200<br>HT350 | | 中强度铸铁：底座、刀架、轴承座、端盖<br>高强度铸铁：床身、机座、齿轮、凸轮、联轴器、机座、箱体、支架 | “HT”表示灰铸铁，后面的数字表示最小抗拉强度（MPa） |
| ZG230—450<br>ZG310—570 | | 各种形状的机件、齿轮、飞轮、重负荷机架 | “ZG”表示铸钢，第一组数字表示屈服强度（MPa）最低值，第二组数字表示抗拉强度（MPa）最低值 |

2. 碳素结构钢（摘自 GB/T 700—2006）、优质碳素结构钢（摘自 GB/T 699—2015）

| 牌号 | 统一数字代号 | 使用举例 | 说　明 |
|---|---|---|---|
| Q215<br>Q235<br>Q255<br>Q275 | | 受力不大的螺钉、轴、凸轮、焊件等<br>螺栓、螺母、拉杆、钩、连杆、轴、焊件<br>金属构造物中的一般机件、拉杆、轴、焊件<br>重要的螺钉、拉杆、钩、连杆、轴、销、齿轮 | “Q”表示钢的屈服点，数字为屈服强度数值（MPa），同一钢号下分质量等级，用 A、B、C、D 表示质量依次下降，如 Q235A |
| 30<br>35<br>40<br>45<br>65Mn | U20302<br>U20352<br>U20402<br>U20452<br>U21652 | 曲轴、轴销、连杆、横梁<br>曲轴、摇杆、拉杆、键、销、螺栓<br>齿轮、齿条、凸轮、曲柄轴、链轮<br>齿轮轴、联轴器、衬套、活塞销、链轮<br>小尺寸的各种扁、圆弹簧，如坐垫弹簧、弹簧发条 | 牌号数字表示钢中平均含碳量的万分数，例如，“45”表示平均含碳的质量分数为 0.45%，数字依次增大，表示抗拉强度、硬度依次增加，伸长率依次降低。当含锰的质量分数在 0.7% ~ 1.2%时需注出“Mn” |

3. 合金结构钢（摘自 GB/T 3077—2015）

| 牌号 | 统一数字代号 | 使用举例 | 说　明 |
|---|---|---|---|
| 15Cr | A20152 | 用于渗透零件，齿轮、小轴、离合器、活塞销 | 符号前数字表示含碳量的万分数，符号后数字表示元素含量的百分数，当含量小于 1.5%时，不注数字 |
| 40Cr | A20402 | 活塞销、凸轮，用于心部韧性较高的渗碳零件 | |
| 20CrMnTi | A26202 | 工艺性好，汽车拖拉机的重要齿轮，供渗碳处理 | |

注：表中物质的含量均为质量分数。

## 附表 19　非铁金属及其合金

1. 加工黄铜（摘自 GB/T 5231—2012）、铸造铜合金（摘自 GB/T 1176—2013）

| 牌号或代号 | 使用举例 | 说　明 |
|---|---|---|
| H62（代号） | 散热器、垫圈、弹簧、螺钉等 | “H”表示普通黄铜，数字表示铜平均含量的百分数 |
| ZCuZn38Mn2Pb2<br>ZCuSn5Pb5Zn5<br>ZCuAl10Fe3 | 铸造黄铜：用于轴瓦、轴套及其他耐磨零件<br>铸造锡青铜：用于承受摩擦的零件，如轴承<br>铸造铝青铜：用于制造蜗轮、衬套和耐蚀性零件 | “ZCu”表示铸造铜合金，合金中其他主要元素用化学符号表示，符号后数字表示该元素的平均含量百分数 |

（续）

| 2. 变形铝及铝合金（摘自 GB/T 3190—2020）、铸造铝合金（摘自 GB/T 1173—2013） | | |
|---|---|---|
| 牌号或代号 | 使用举例 | 说　明 |
| 1060<br>1050A<br>2A12<br>2A13 | 用于制作贮槽、塔、热交换器、防止污染及深冷设备<br>用于中等强度的零件，焊接性能好 | 铝及铝合金牌号用 4 位数字或字符表示，部分新旧牌号对照如下：<br>新　旧　新　旧<br>1060　L2　2A12　LY12<br>1050A　L3　2A13　LY13 |
| ZAlCu5Mn<br>（代号 ZL201）<br>ZAlMg10<br>（代号 ZL301） | 砂型铸造，工作温度在 175～300℃ 的零件，如内燃机缸头、活塞<br>在大气或海水中工作，承受冲击载荷，外形不太复杂的零件，如舰船配件、氨用泵体等 | “ZAl”表示铸造铝合金，合金中的其他元素用化学符号表示，符号后数字表示该元素平均含量百分数。代号中的数字表示合金系列代号和顺序号 |

# 参考文献


[1] 钱可强，姜尤德．机械制图（多学时）[M]．2版．北京：机械工业出版社，2016.

[2] 房芳．机械制图 [M]．北京：机械工业出版社，2008.

[3] 胡建生．机械制图（多学时）[M]．4版．北京：机械工业出版社，2020.

[4] 王幼龙．机械制图 [M]．3版．北京：高等教育出版社，2011.

[5] 叶曙光．机械制图（任务驱动模式）[M]．北京：机械工业出版社，2008.

[6] 柳燕君，应龙泉，潘陆桃．机械制图（多学时）[M]．北京：高等教育出版社，2010.

[7] 王志学．机械识图与公差配合 [M]．北京：中国劳动社会保障出版社，2009.

职业教育机械类专业“互联网+”新形态教材

# 机械制图　活页习题集

## 第 2 版

机 械 工 业 出 版 社

# 目　录

# 课题一　制图基础训练

## 1-1　仿宋字练习

机械制图技术要求材料尺寸标注零件螺栓连接测绘装配铸造倒角厚度

表面处理旋转沉孔均布网纹齿轮模数其余轴　金属键销比例序号重量审核硬度淬火调质热

0 1 2 3 4 5 6 7 8 9 0 1 2 3 4 5 6 7 8 9　A B C D E F G H I J K L M N O P Q R S T U V W X Y Z

$\alpha\ \beta\ \delta\ \psi\ \gamma\ \lambda\ \mu\ \pi\ \sigma\ \phi\ \theta$　Ⅰ Ⅱ Ⅲ Ⅳ Ⅴ Ⅵ Ⅶ Ⅷ Ⅸ Ⅹ Ⅺ Ⅻ　a b c d e f g h i j k l m n o p q r s t u v w x y z

班级　　姓名　　学号

## 1-2 线型练习

1. 以点 $O$ 为圆心在指定位置处从大到小依次绘出粗实线圆、细实线圆、虚线圆和细单点画线圆。

2. 在指定位置按 1∶1 的比例抄绘所给图形，尺寸从图中量取，并取整。

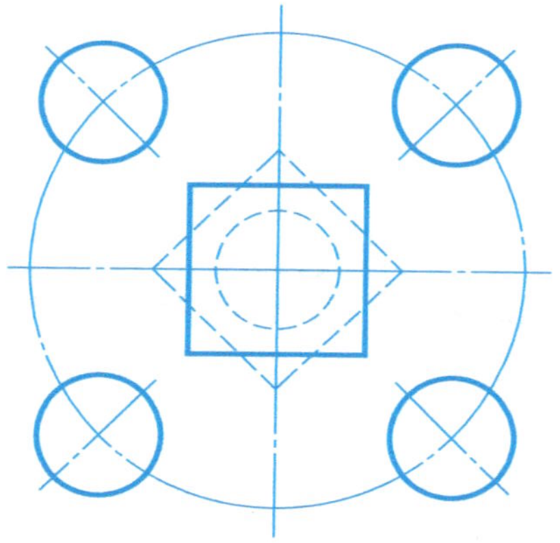

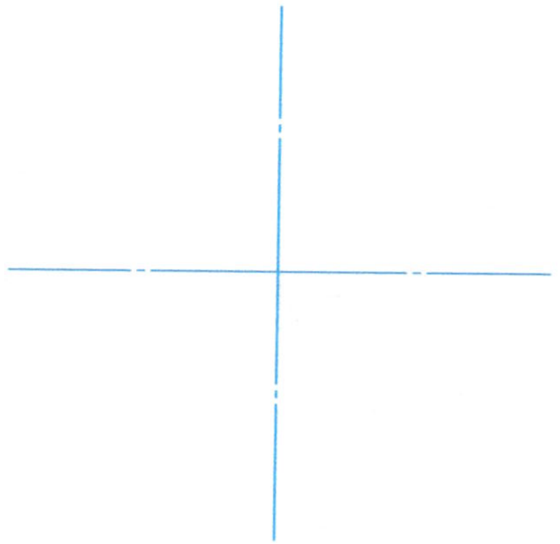



班级　　　　姓名　　　　学号

3. 采用 1 : 1 的比例绘制下图。

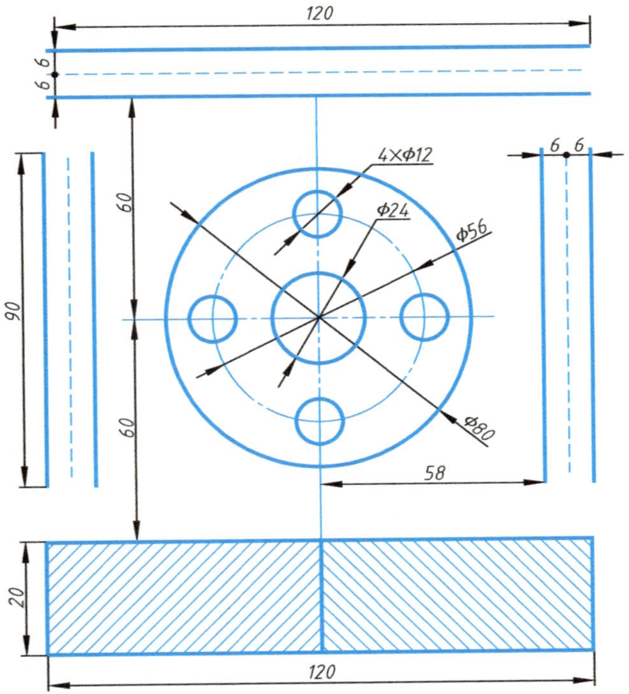


班级 姓名 学号

# 课题二　绘制平面图形

## 2-1　简单平面图形

1. 按右图要求等分圆周并作内接多边形。

（1）

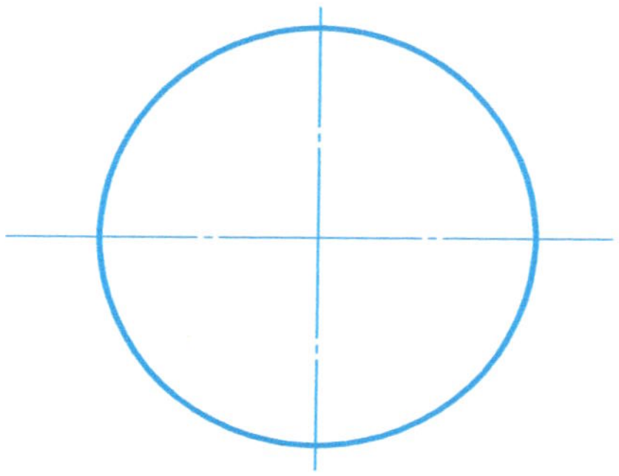

（2）

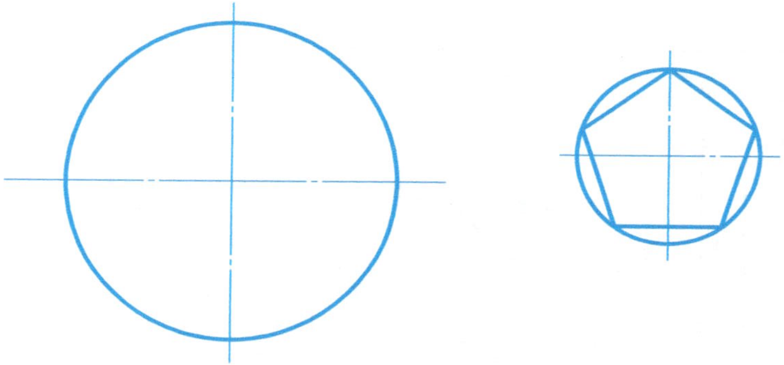

2. 标注下列图形中尺寸，数值按 1∶1 比例从图中量取（取整数）。

（1）

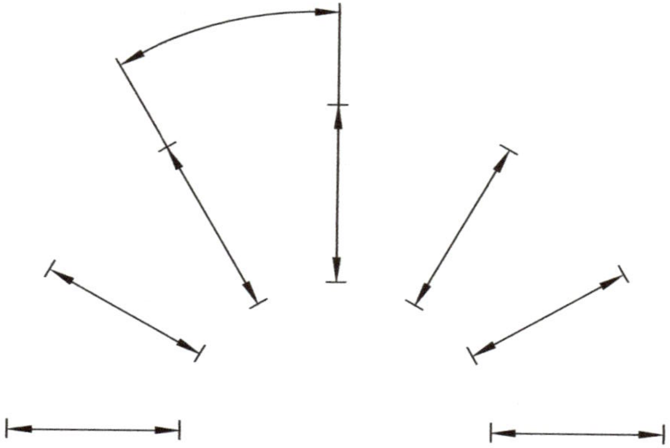

（2）

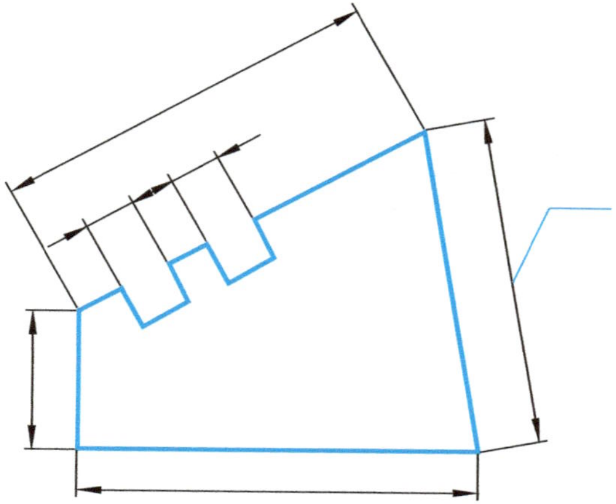



班级　　　　姓名　　　　学号

(3) 标注角度

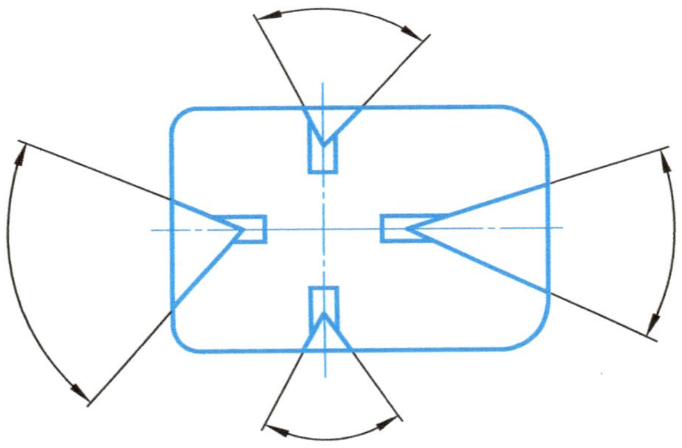

(4) 标注直径

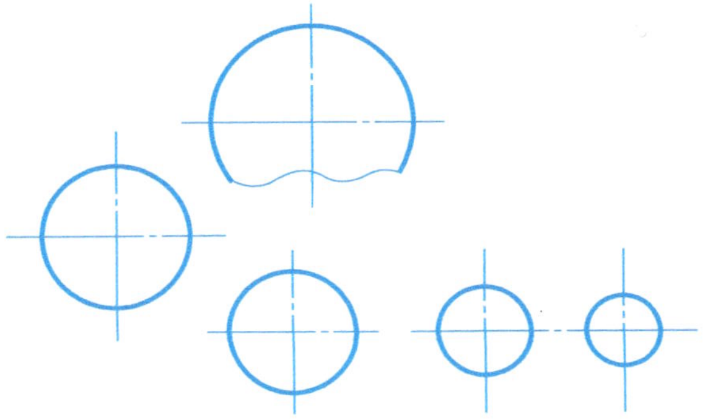

(5) 标注半径

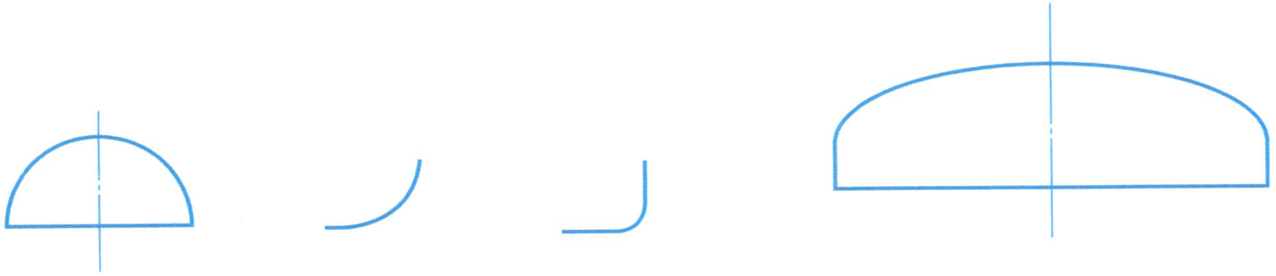

3. 绘制下列平面图形，并标注尺寸（按 1∶1 比例量取整数）。

（1）

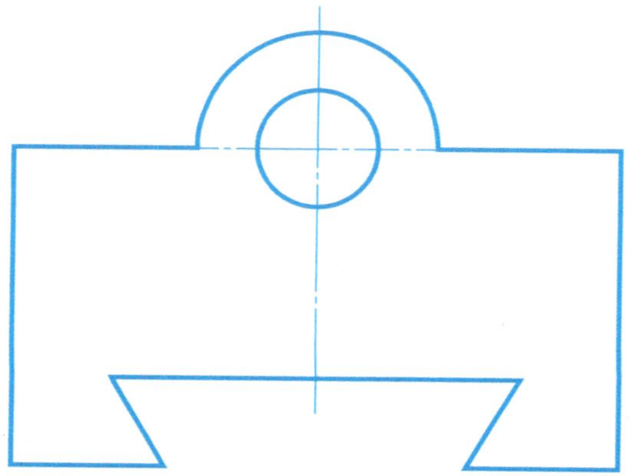

（2）

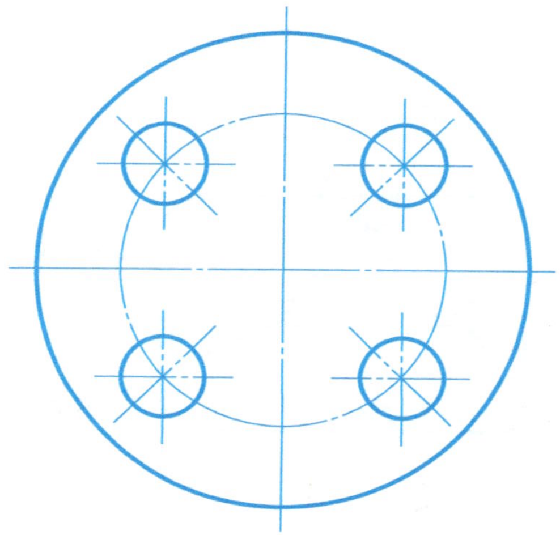



班级　　　　姓名　　　　学号

(3)

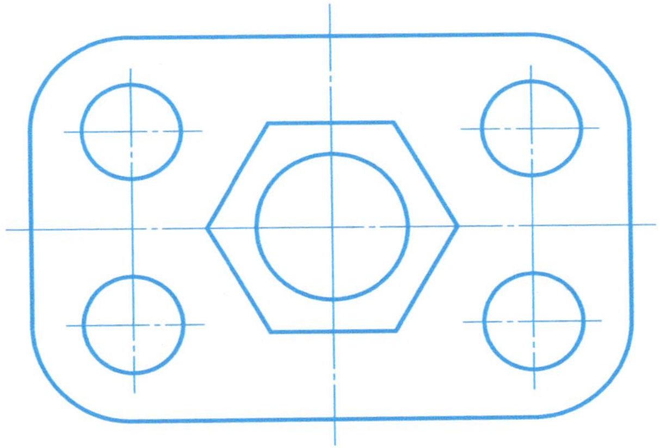

(4)

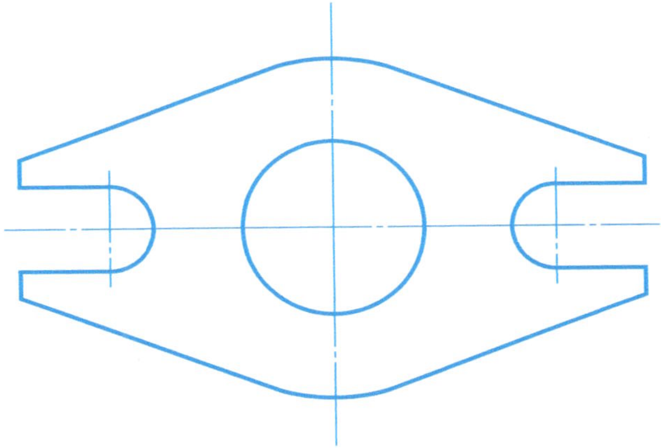

班级 姓名 学号

## 2-2 复杂平面图形

1. 按 1 : 1 的比例绘制带有斜度的图形，并标注斜度。

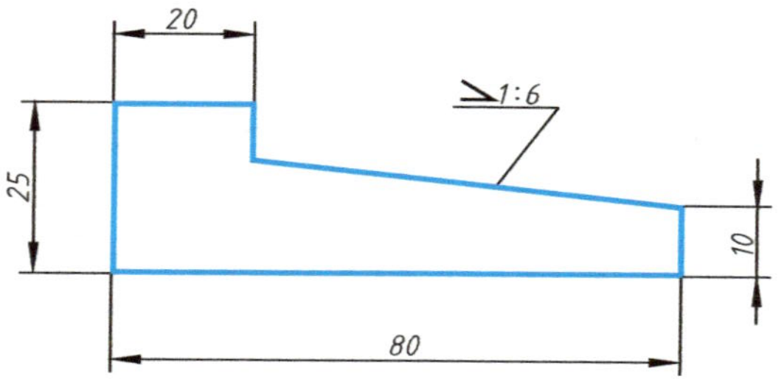


2. 按 1 : 1 的比例绘制带有锥度的图形，并标注锥度。

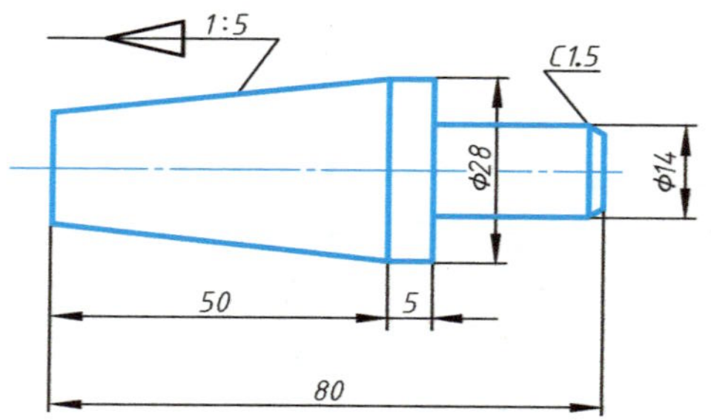




班级　　　姓名　　　学号

3. 参照给出的图例和尺寸，在指定位置作圆弧连接，并标出圆心及切点。

（1）

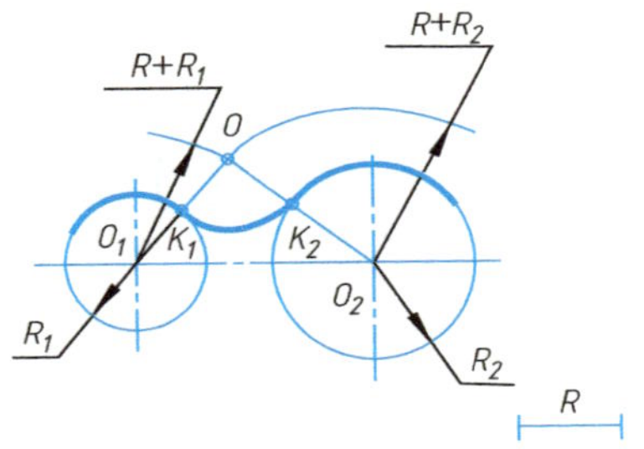


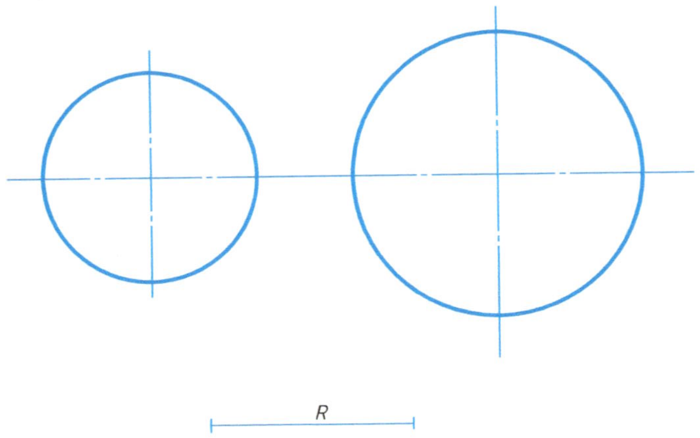


（2）

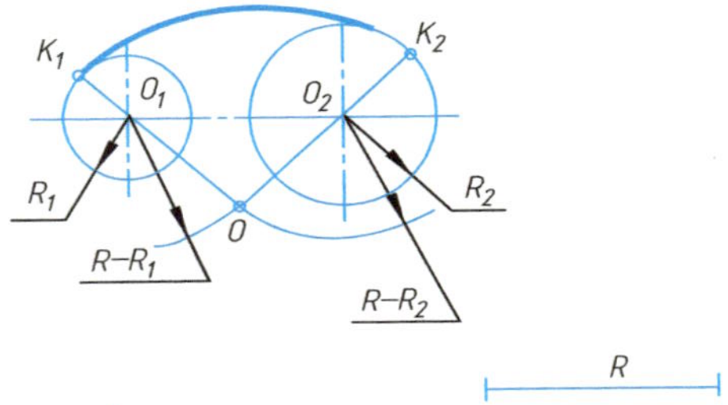


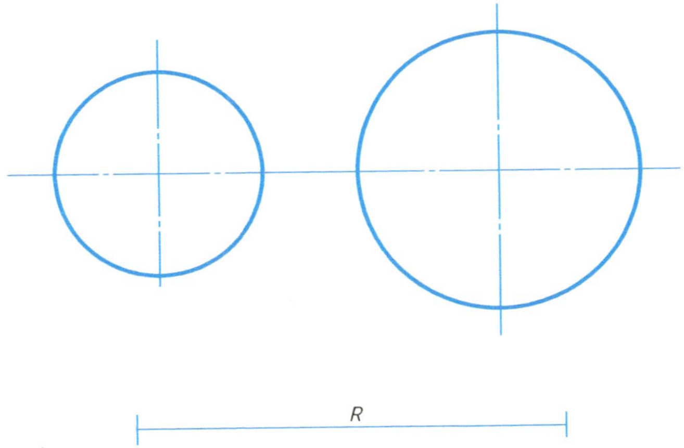

4. 在指定位置完成线段连接，并标出连接圆弧中心和切点。

（1）

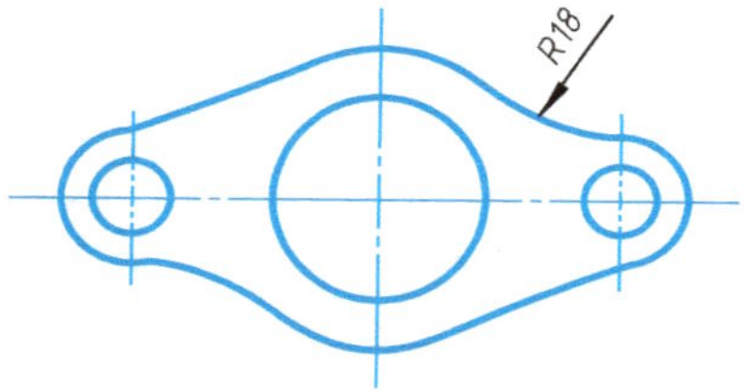


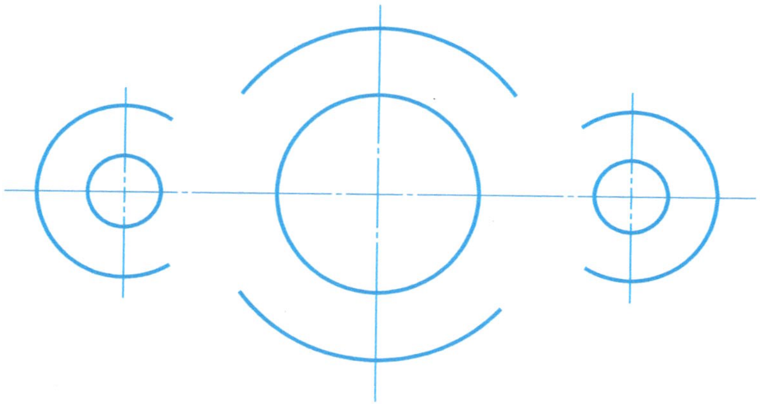

（2）

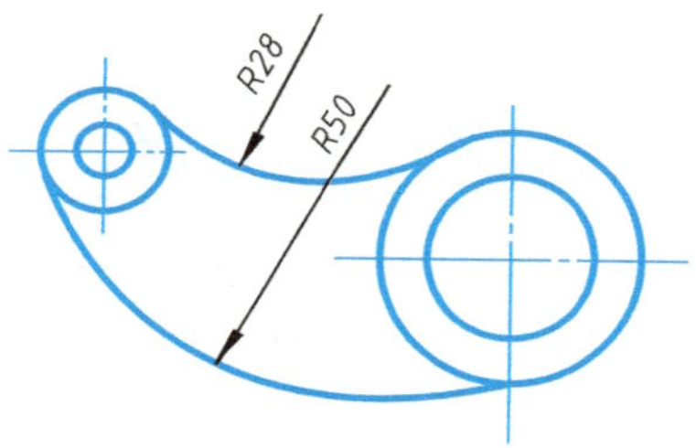


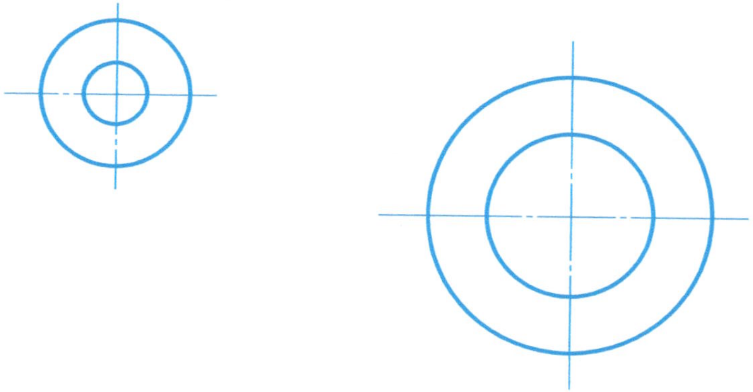



班级　　　姓名　　　学号

5. 抄画下列平面图形。

（1）

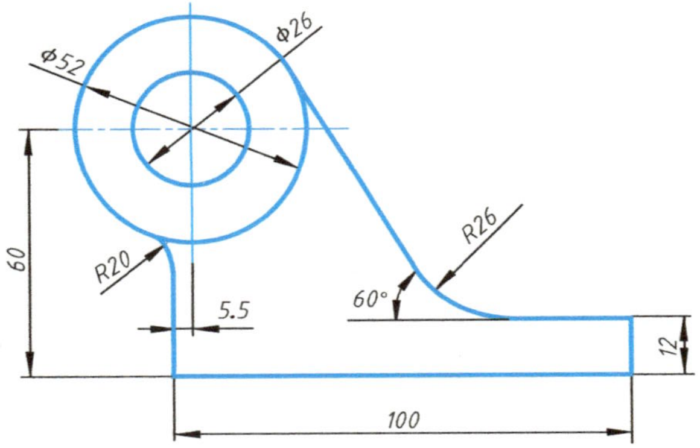


（2）

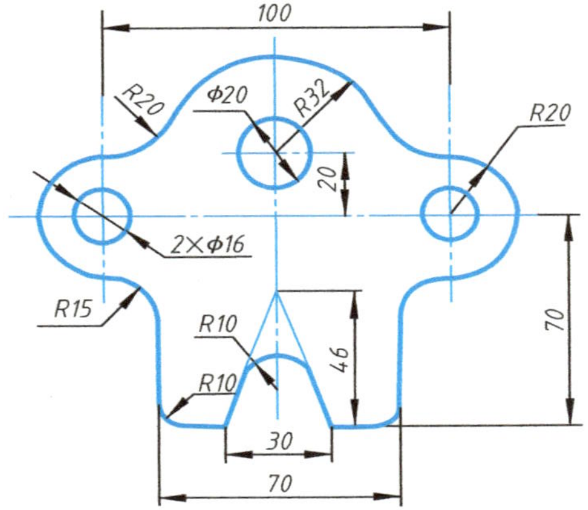


（3）

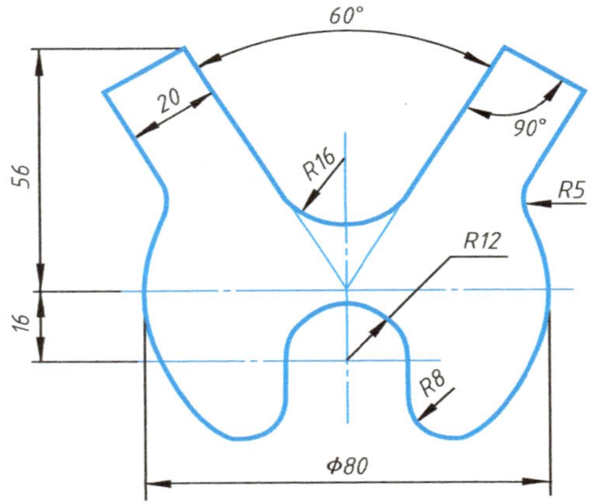


班级　　姓名　　学号

## 2-3 平面图形作业

作业要求：按教师指定的题号绘制平面图形，并标注尺寸；用 A4 或 A3 图纸，自己选定绘图比例及确定图纸横放或竖放。

（1）扳手

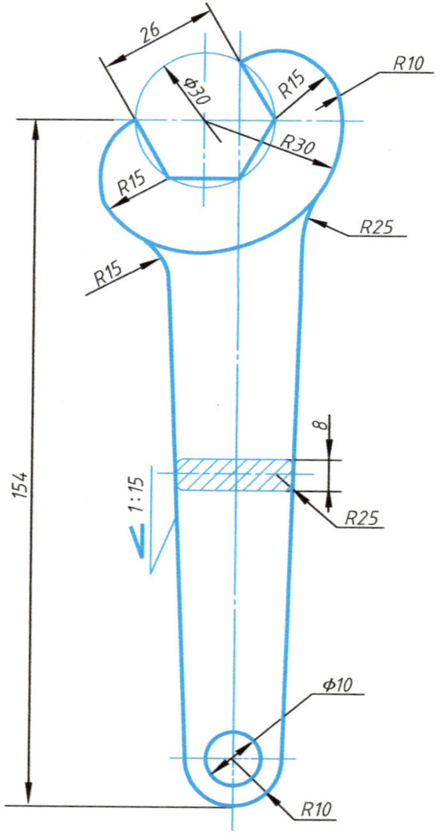


（2）瓷瓶

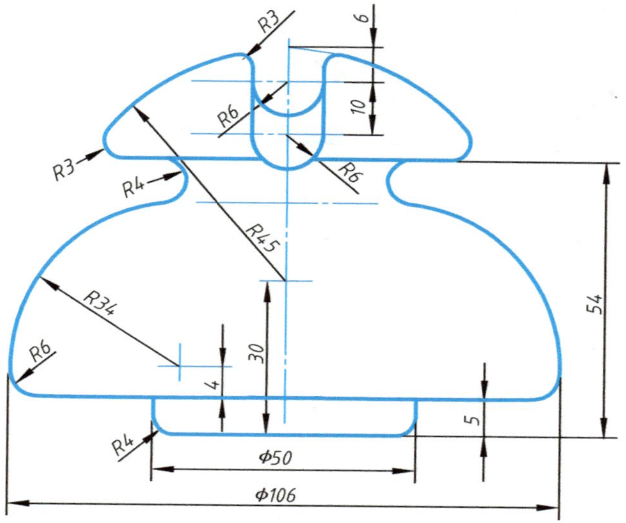




班级　　姓名　　学号

（3）盖板

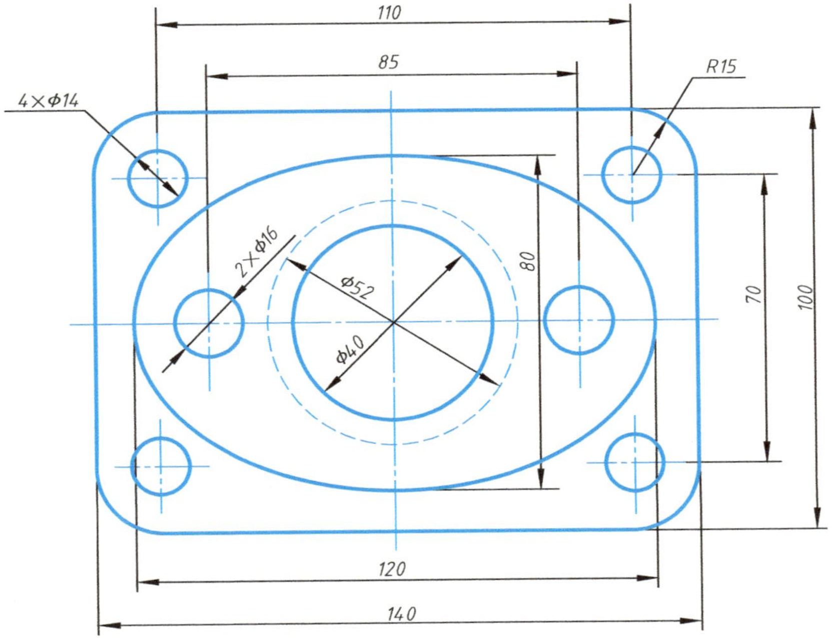


（4）吊钩

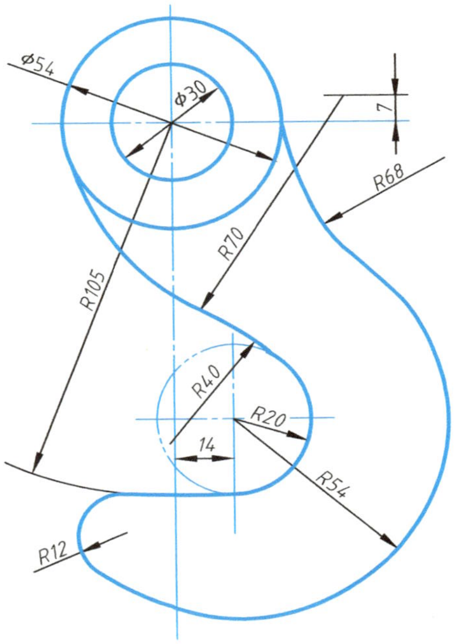


班级 姓名 学号

# 课题三　绘制基本体立体

## 3-1　补绘视图中的缺陷或视图

1.

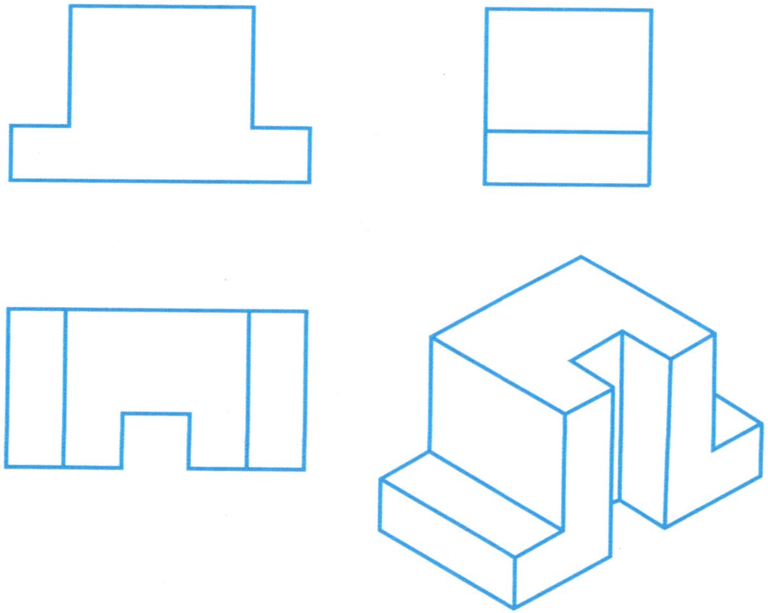

2.

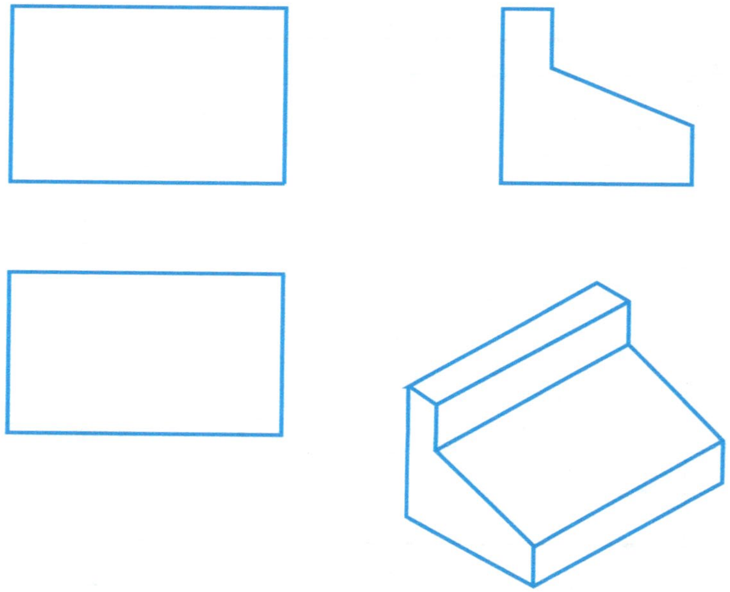



班级　　　　姓名　　　　学号

3.

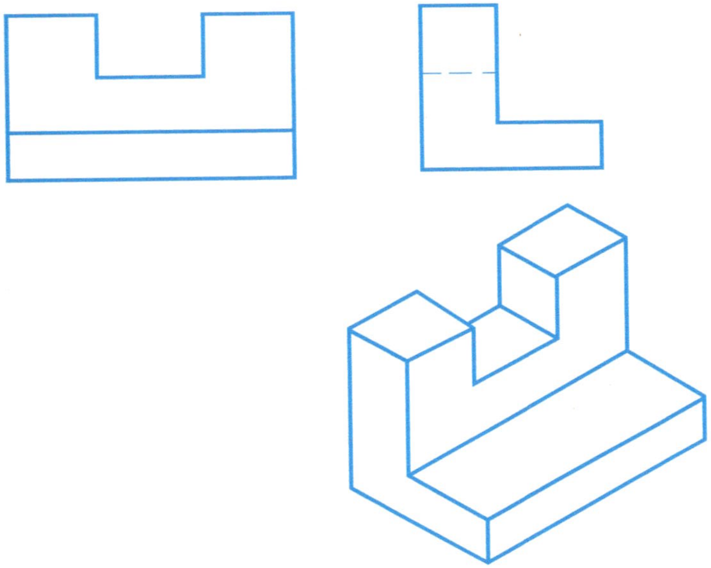

4.

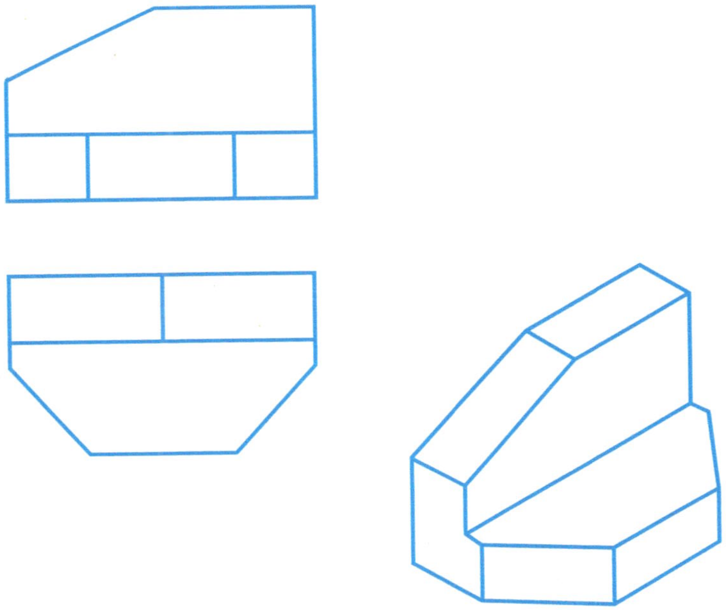

班级　　姓名　　学号

## 3-2 根据立体图绘制三视图（尺寸按 1∶1 比例测量，取整）

1.

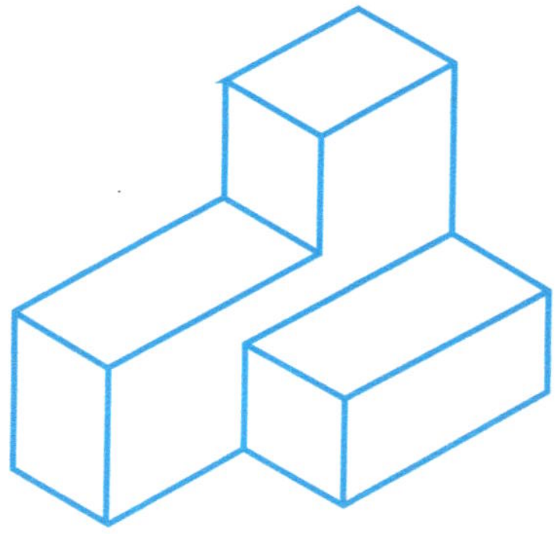

2.

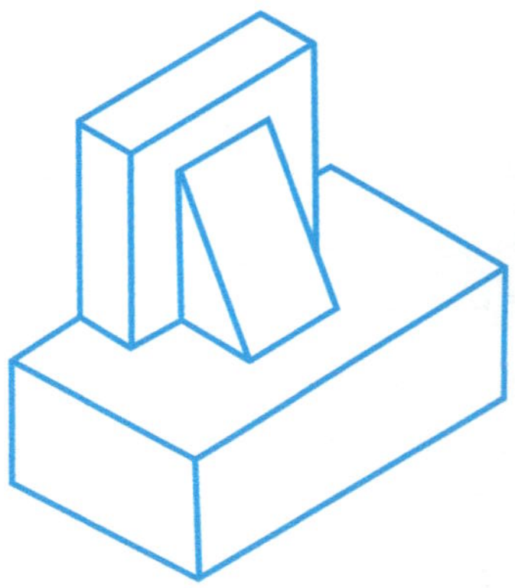



班级　　姓名　　学号

## 3-2 根据立体图绘制三视图（尺寸按 1∶1 测量，取整）

3.

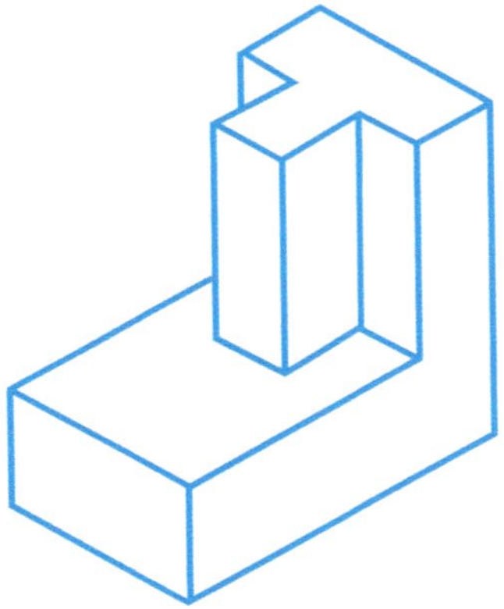

4.

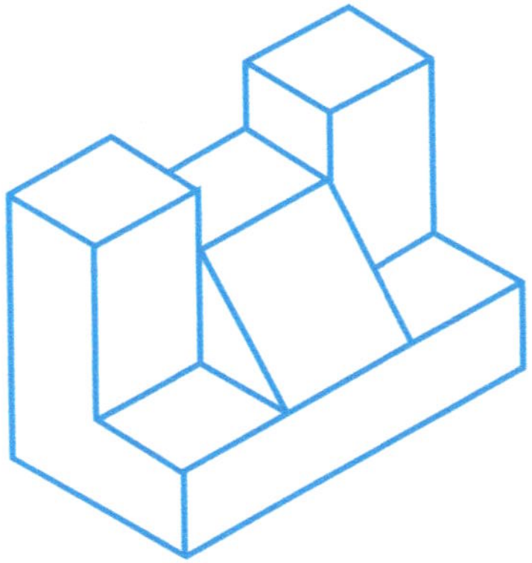

班级　　姓名　　学号

1. 根据点的两个投影，作出第三投影。

（1）

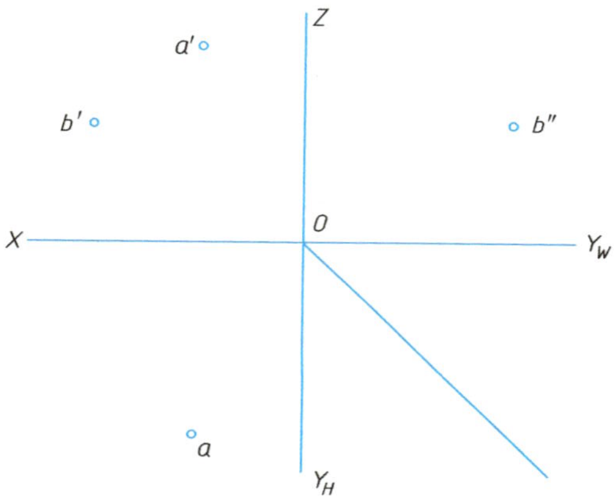


（2）

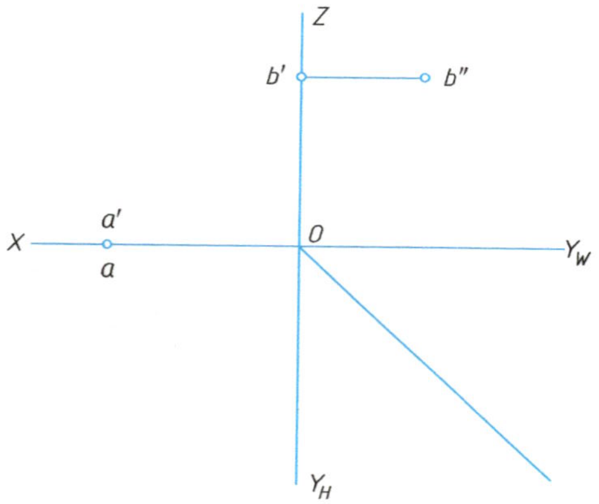


2. 已知点 *C* 的 *H* 面投影，且点 *C* 距 *H* 面的距离为 15mm，作出其余两面的投影图。

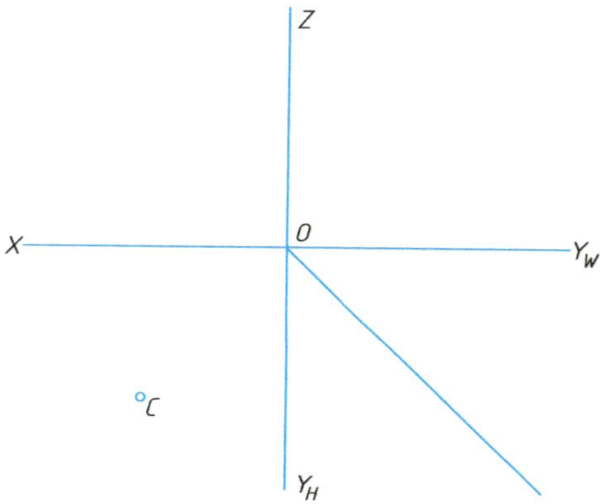


3. 已知 *A*（10，20，15），作点 *A* 的三面投影图。

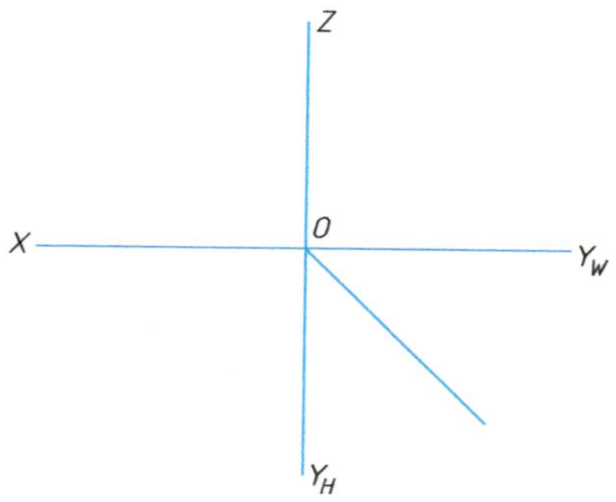


　班级　姓名　学号

4. 作出下列各点的三面投影：*A*（18，12，0）、*B*（0，18，25）、*C*（26，0，0）并填空。

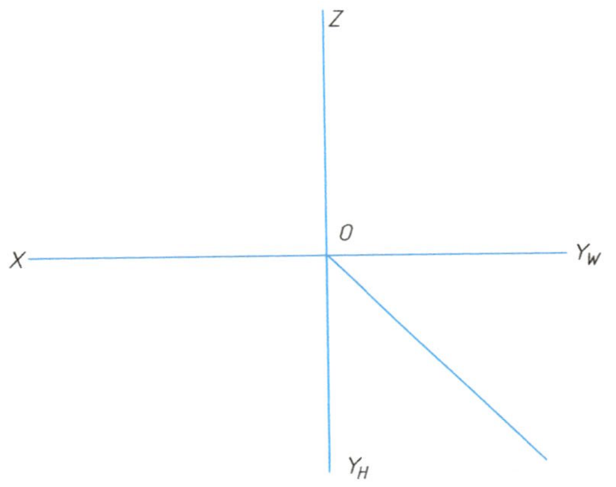


*A* 点在______面上，它的______坐标等于零；

*B* 点在______面上，它的______坐标等于零；

*C* 点在______轴上，它的______和______坐标均为零。

5. 已知点 *M*、*N* 的两个投影，求作其第三投影，并判断这两个点的相对位置。

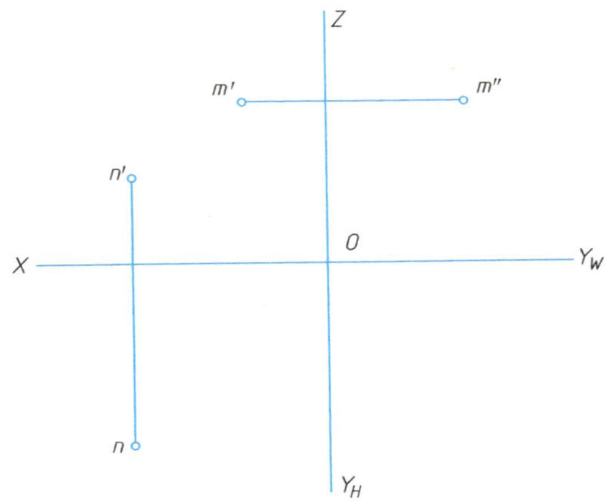


$X_M$______$X_N$，*M* 点在 *N* 点的______方；

$Y_M$______$Y_N$，*M* 点在 *N* 点的______方；

$Z_M$______$Z_N$，*M* 点在 *N* 点的______方。

6. 在三视图中，标出 $A$、$B$、$C$ 三点的三面投影。

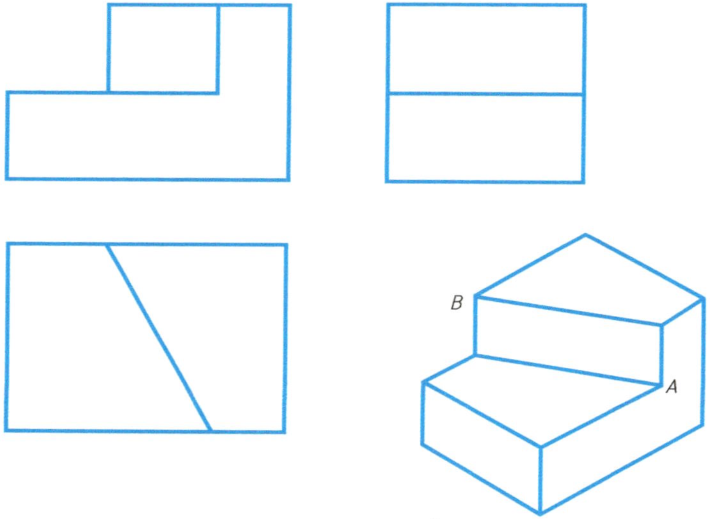


7. 已知立体三面投影图上 $A$、$B$、$C$ 三点的两面投影，求作第三面投影，并判断其相对位置。

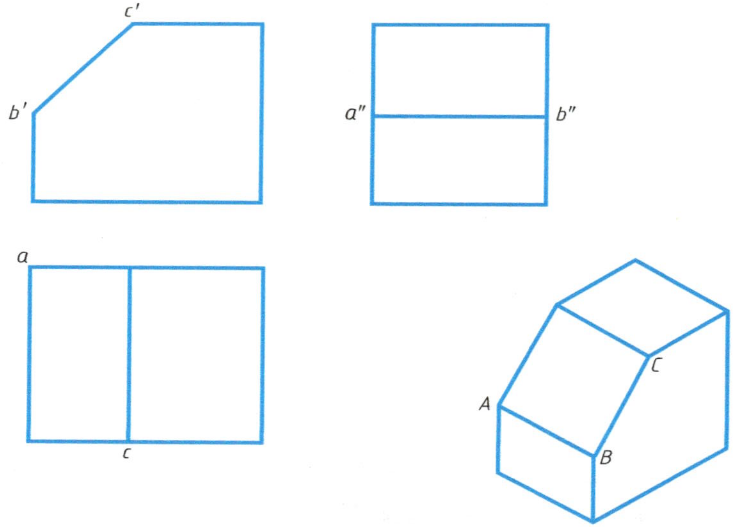




班级　　姓名　　学号

## 3-4 直线的投影

1. 根据直线的两个投影，作出第三投影并填空。

(1)

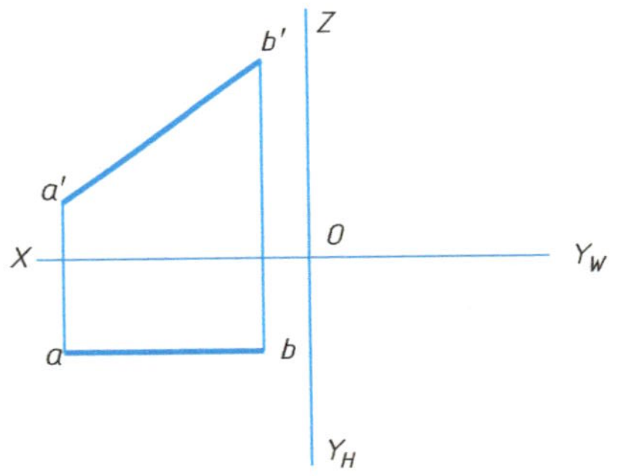


*AB* 是________线

(2)

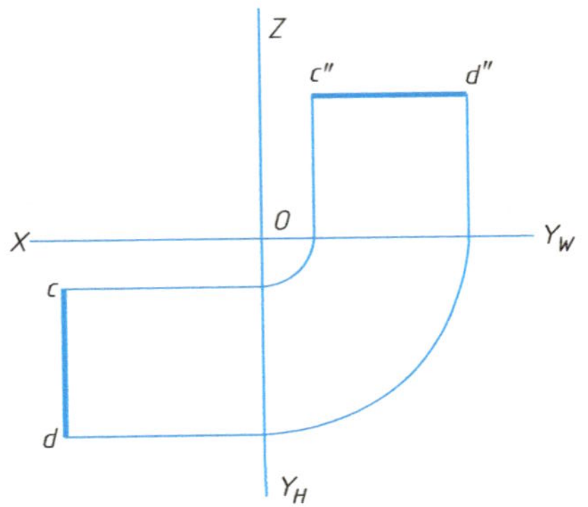


*CD* 是________线

(3)

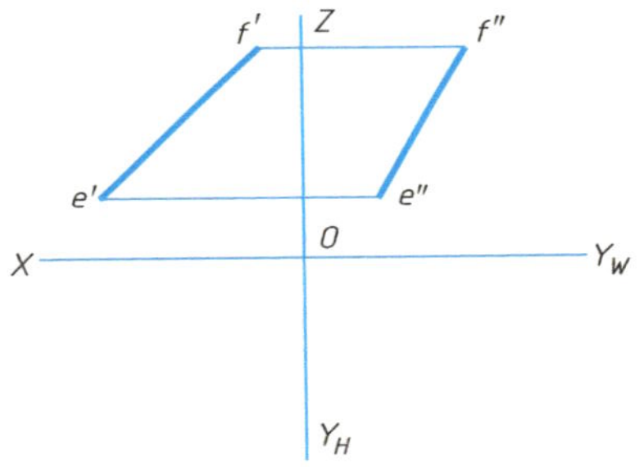


*EF* 是________线

(4)

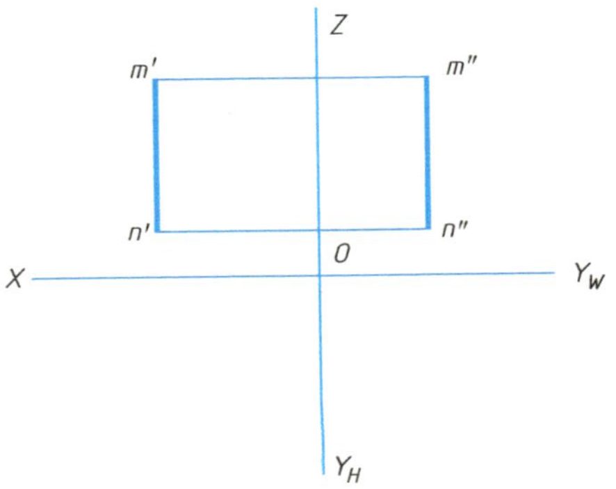


*MN* 是________线

2. 由已知条件，补全投影字母，判断下列直线相对于投影面的位置并填空。

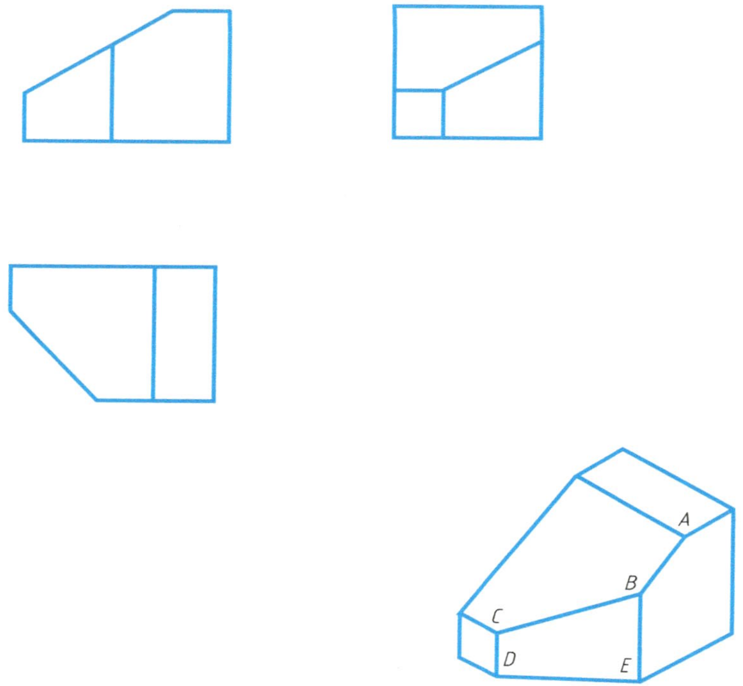


*AB* 是________线；
*BC* 是________线；
*BE* 是________线；
*DE* 是________线。

3. 补绘下列三视图的投影，用字母标出平面 *M*、*N* 及点 *A*、*B*、*C*、*D*、*E* 的投影，并填写指定线、面的名称。

（1）

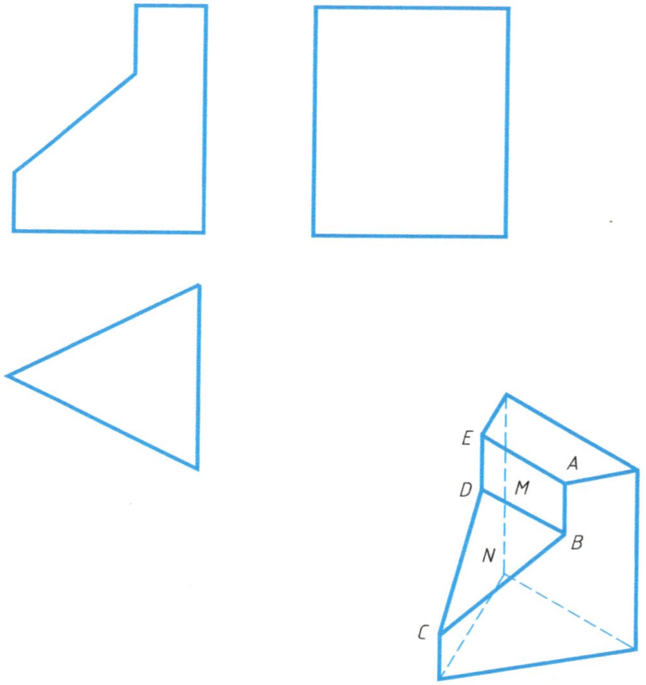

*AB* 是________线，
*BD* 是________线，
*BC* 是________线，
矩形 *ABDE*（面 *M*）是________面，
三角形 *BCD*（面 *N*）是________面。


班级　　姓名　　学号

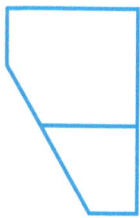

## 3-4 直线的投影

(2)

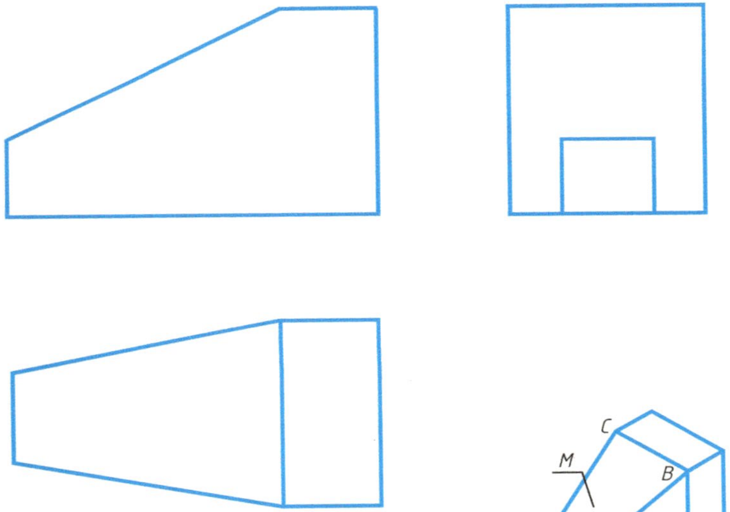

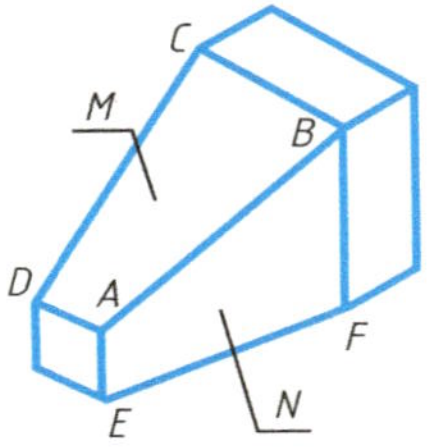


*AB* 是________线；

*BC* 是________线；

*BF* 是________线；

梯形 *ABCD*（面 *M*）是________面；

直角梯形 *AEFB*（面 *N*）是________面。

## 3-5 平面的投影

1. 根据平面图形的两个投影，求作第三投影，并判断平面的空间位置。

(1)

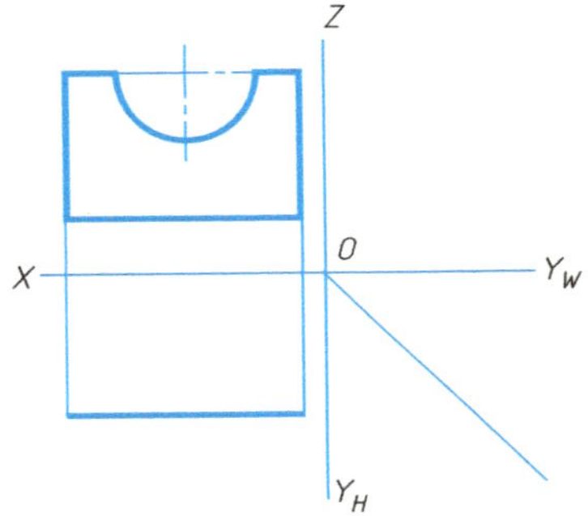


________面

(2)

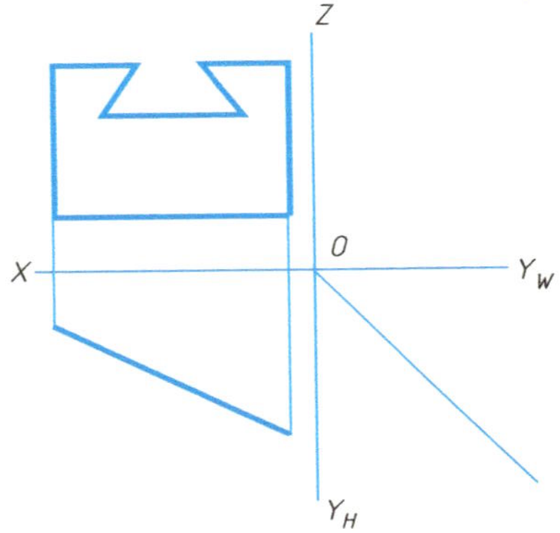


________面

2. 在投影图中，用字母标出立体图中所示各表面的三个投影，并说明其空间位置。

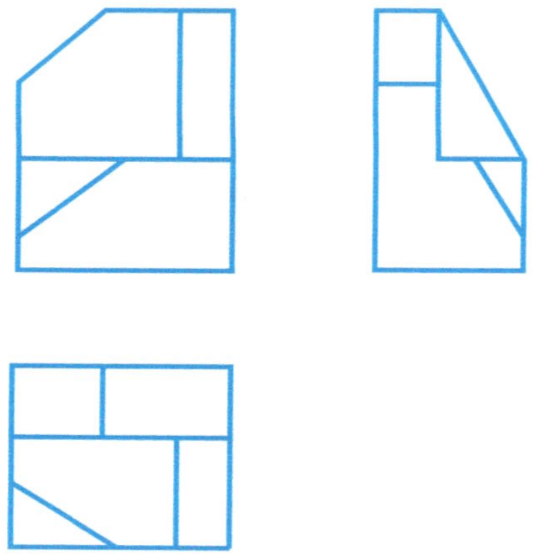

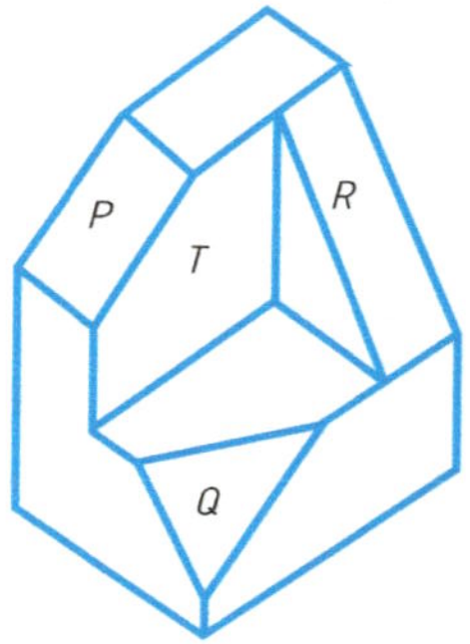


$P$ 是______面；$Q$ 是______面；
$R$ 是______面；$T$ 是______面。

3. 求下列平面的第三面投影。

（1）

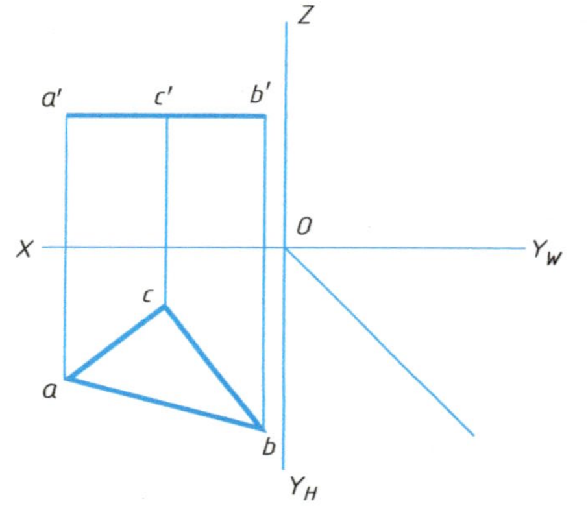


（2）

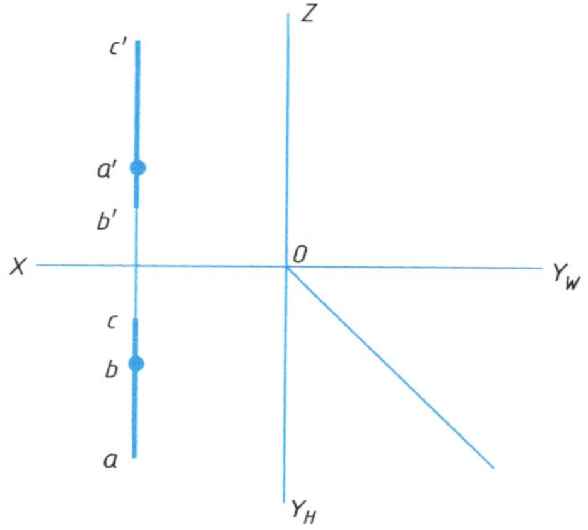


　　班级　　姓名　　学号

## 3-5 平面的投影

(3)

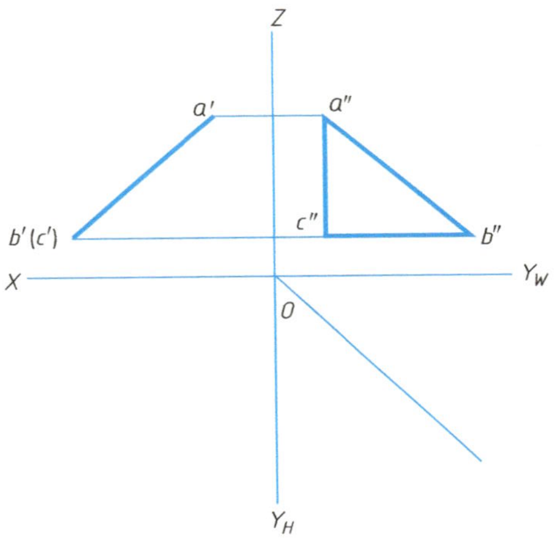


(4)

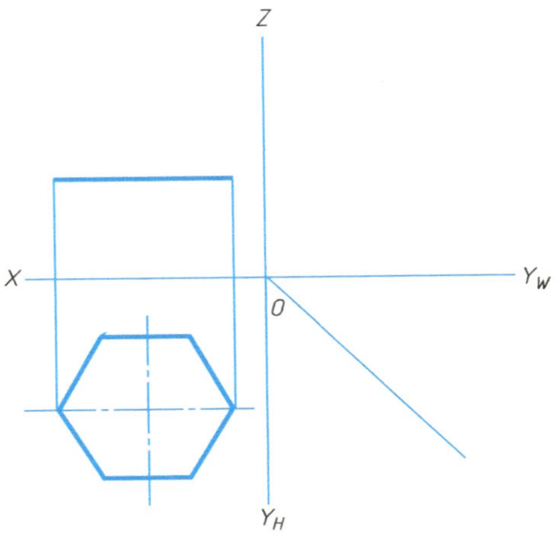


## 3-6 几何体的投影

1. 画出下列平面立体所缺视图，并求点的另两面投影。

(1)

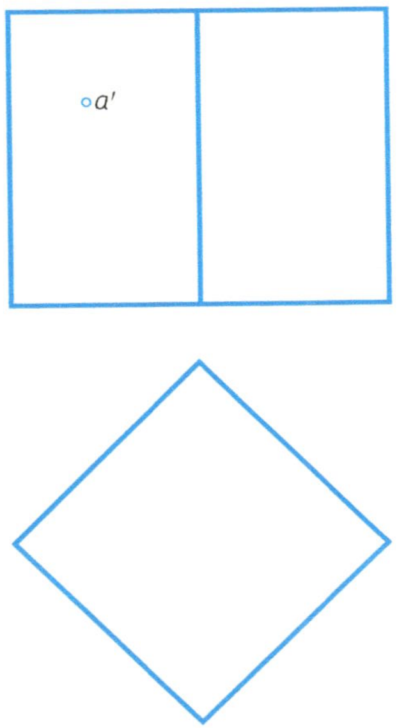

（2）

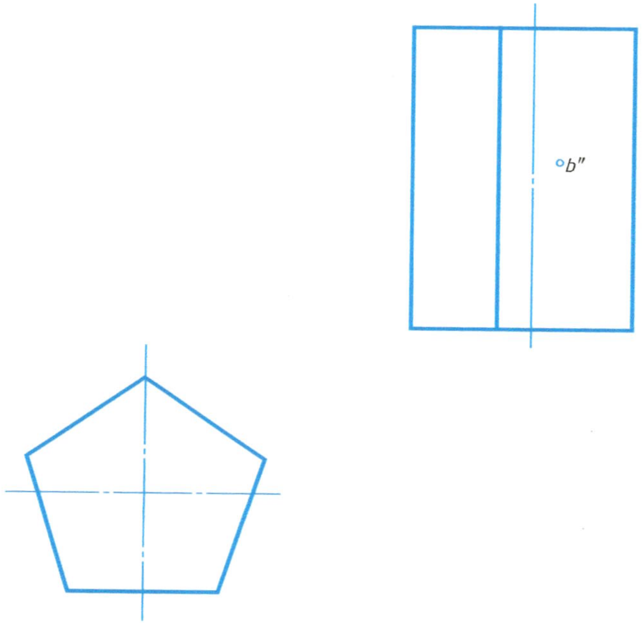


（3）

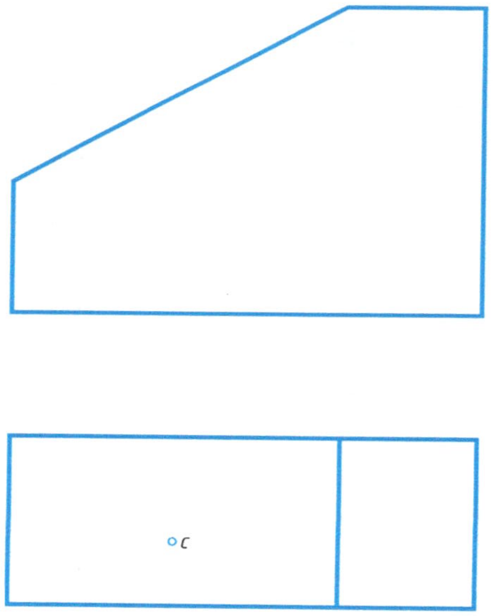




班级 姓名 学号

(4)

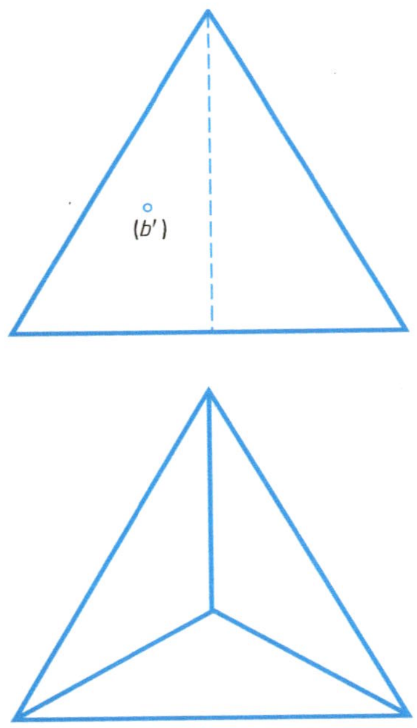


(5)

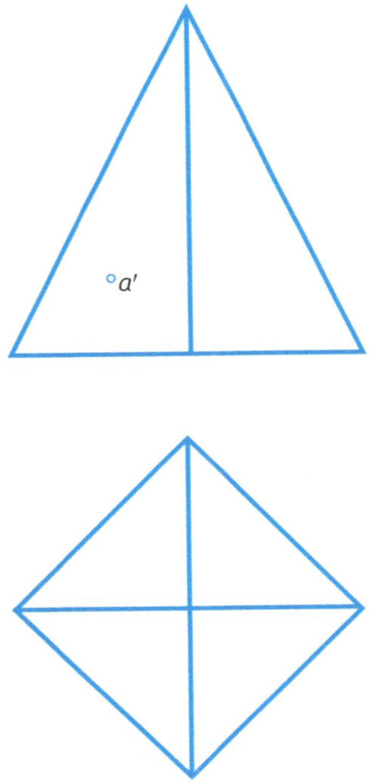

（6）

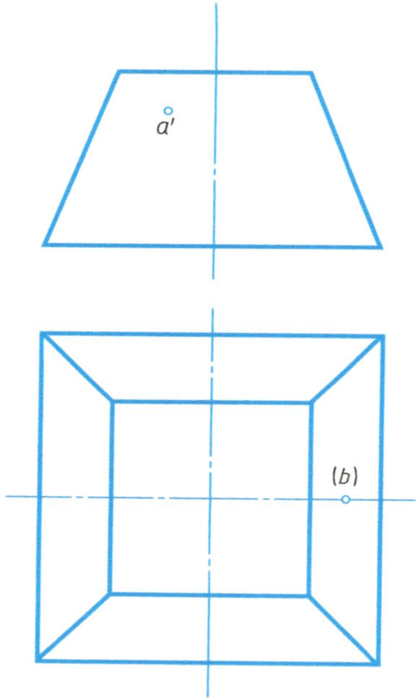


2. 画出下列曲面立体所缺视图，并求点的另两面投影。

（1）

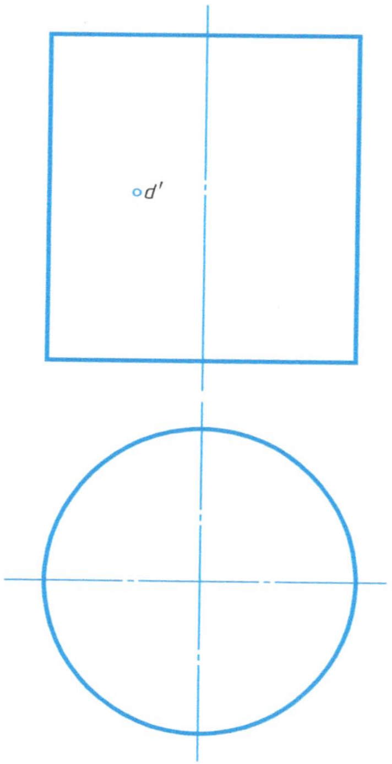




班级　　姓名　　学号

（2）

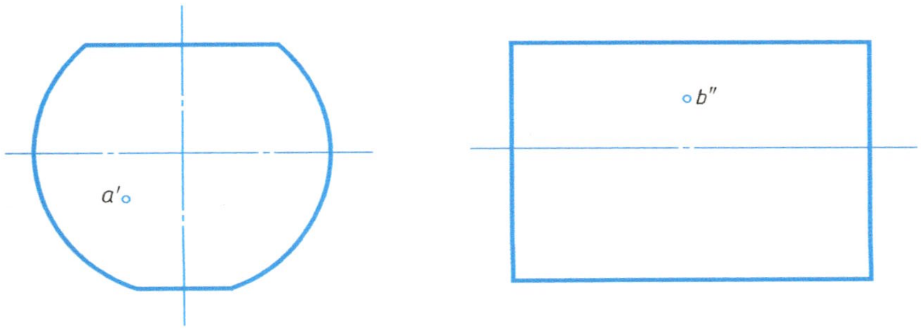


（3）

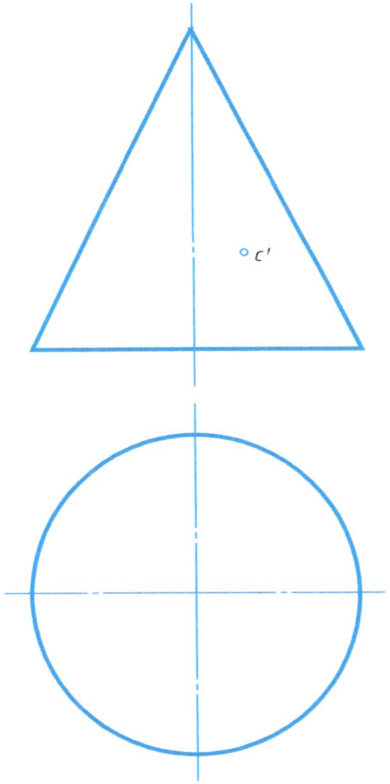

（4）

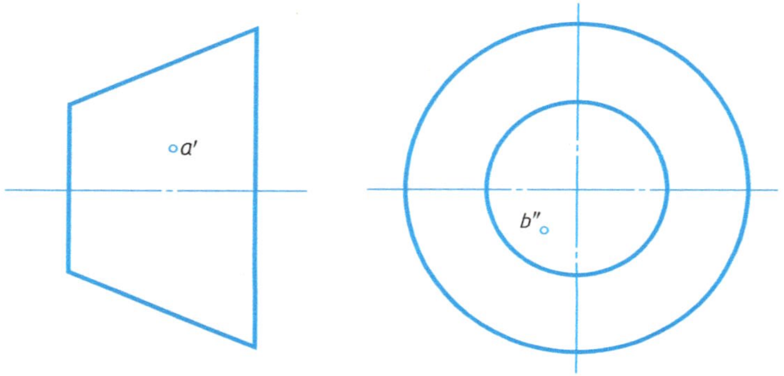


（5）

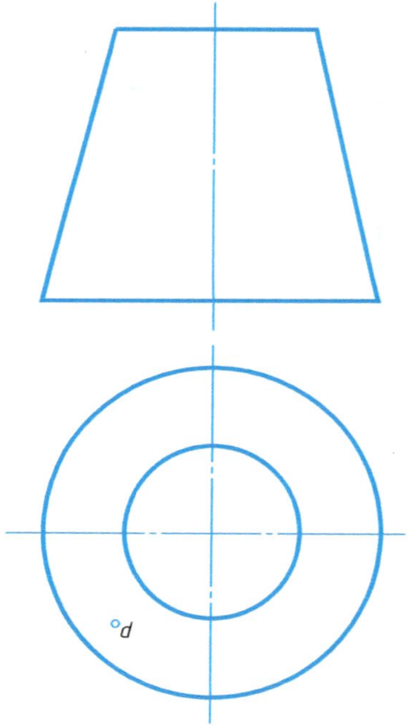




班级　　姓名　　学号

## 3-6 几何体的投影

(6)

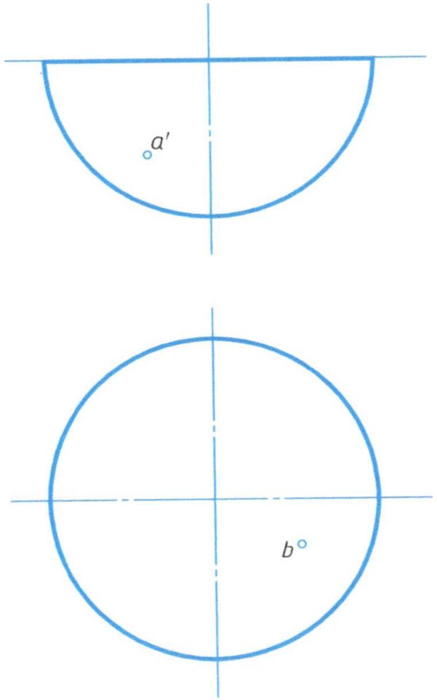


## 3-7 立体的表面交线

1. 平面与平面立体相交，求截交线，并补全三视图。

(1)

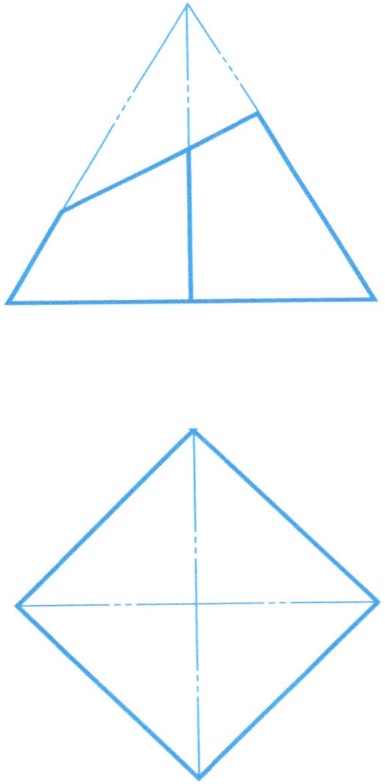

（2）

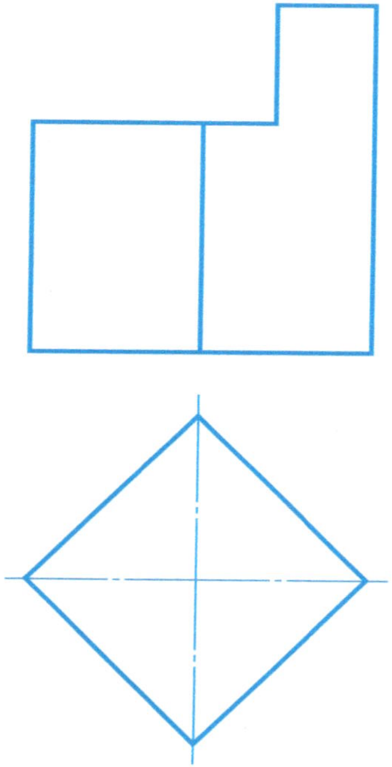

（3）

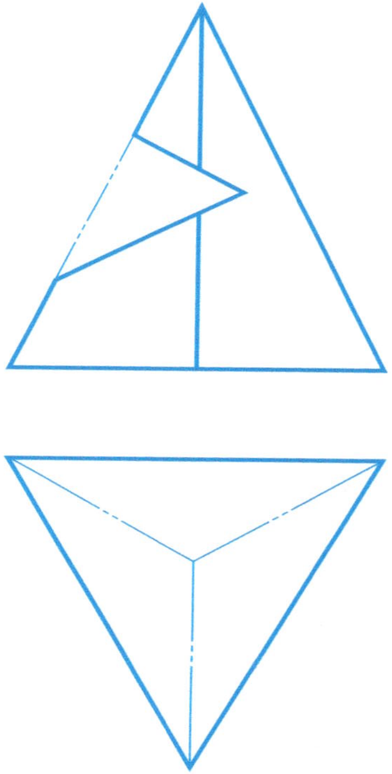



班级　　姓名　　学号

(4)

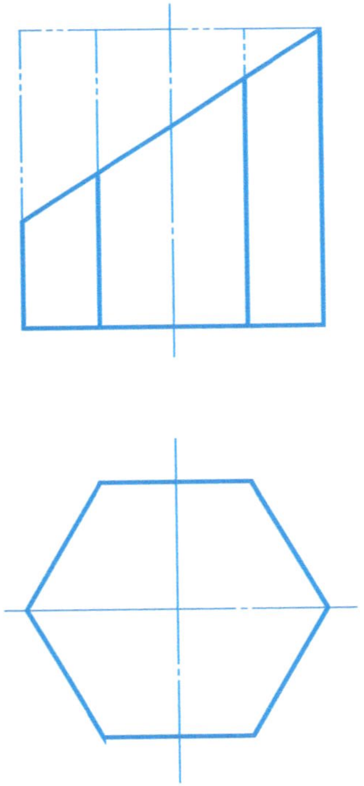

(5)

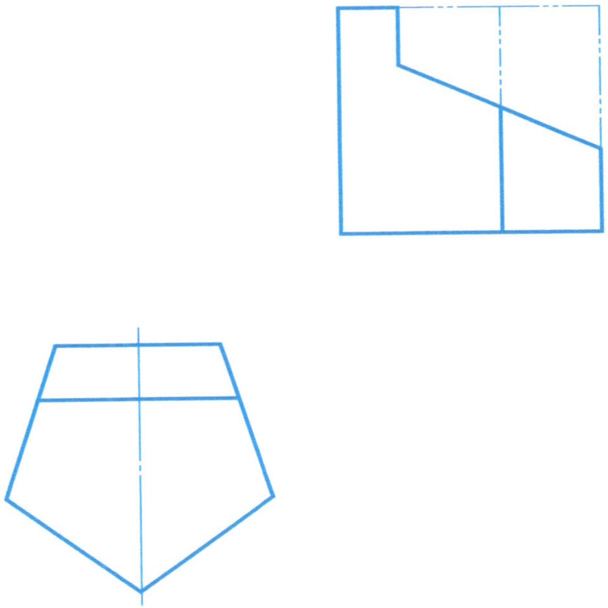

班级 姓名 学号

2. 平面与曲面立体相交，求截交线，并补全三视图。

（1）

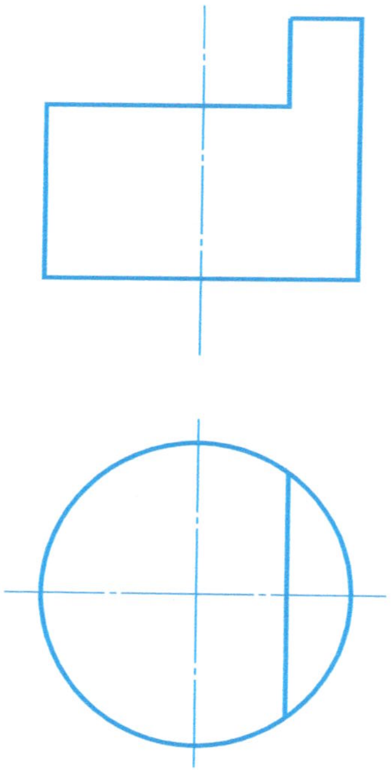

（2）

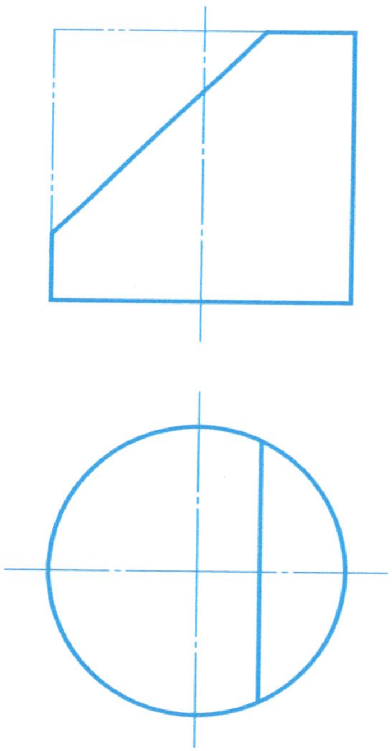



班级　　姓名　　学号

(3)

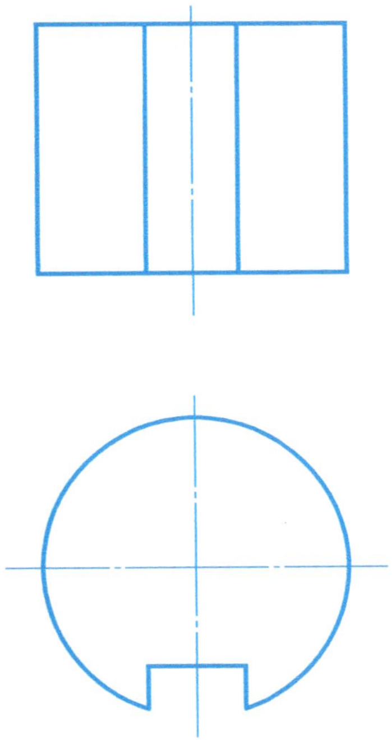

(4)

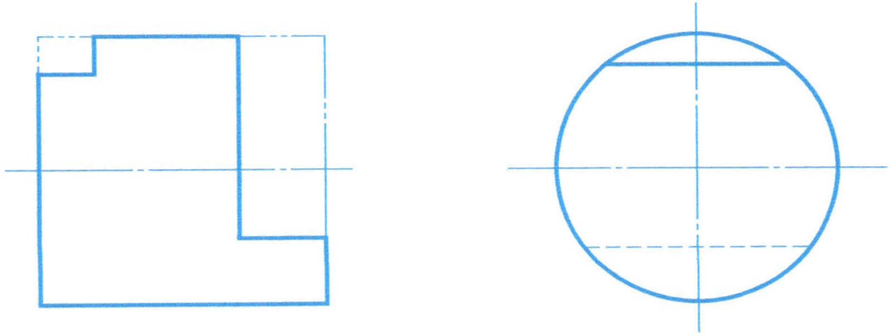

（5）

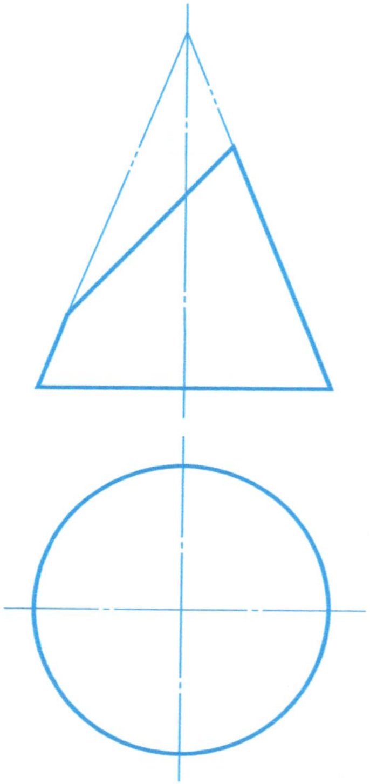

（6）

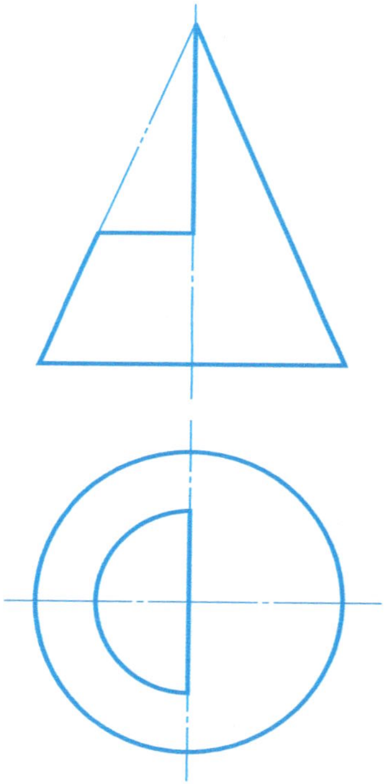



班级　　　　姓名　　　　学号

（7）

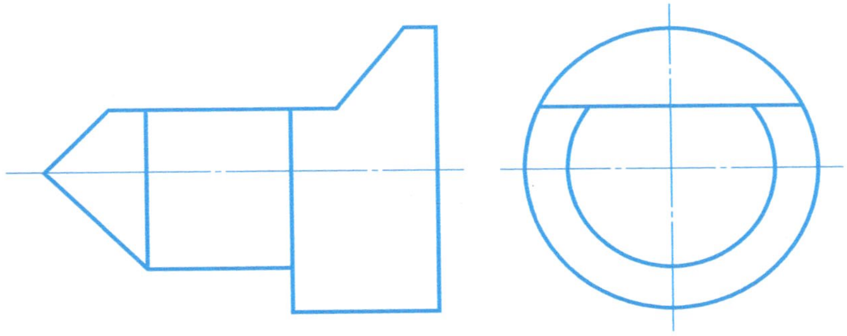

（8）

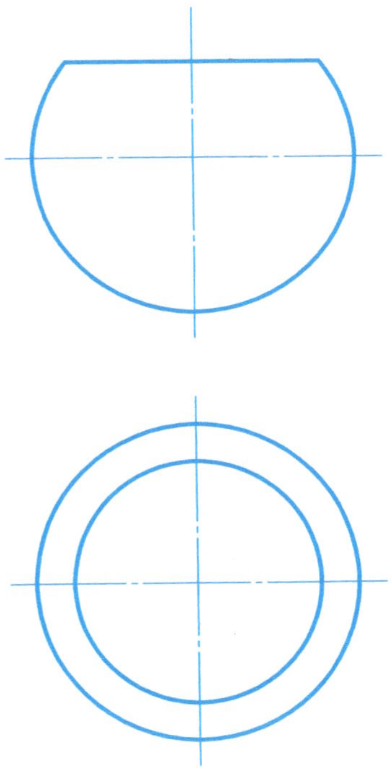

（9）

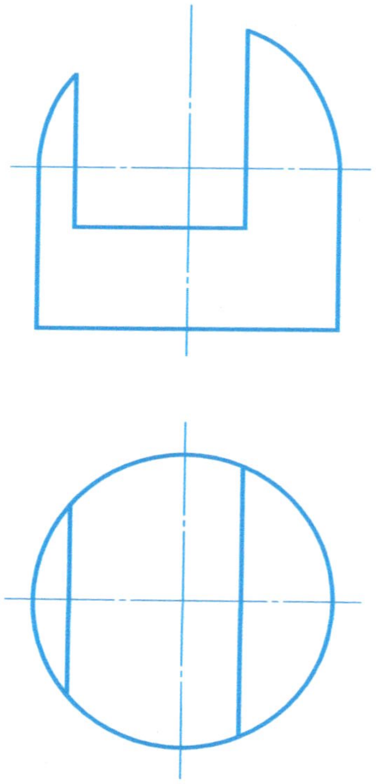

3. 曲面与曲面立体相交，补画相贯线，完成三视图。

（1）

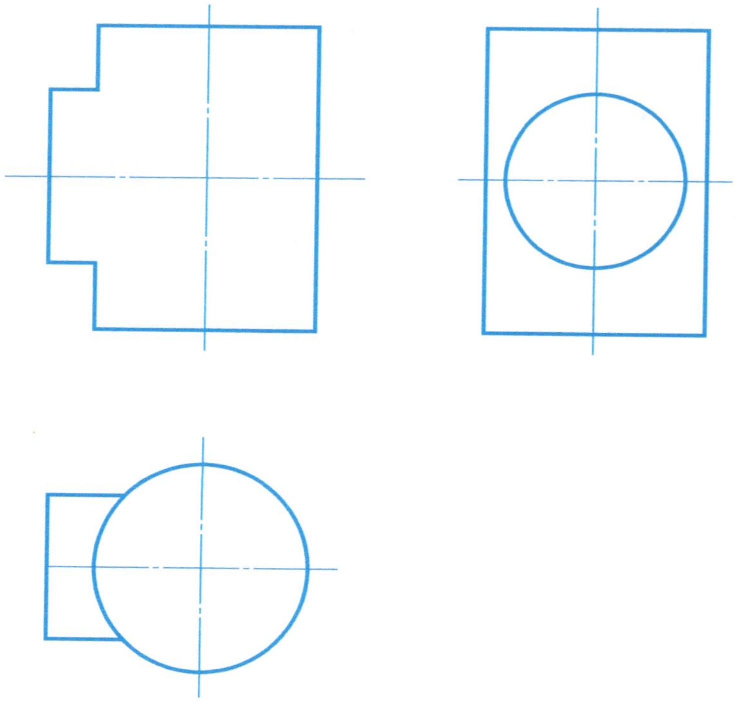



班级　　　　姓名　　　　学号

（2）

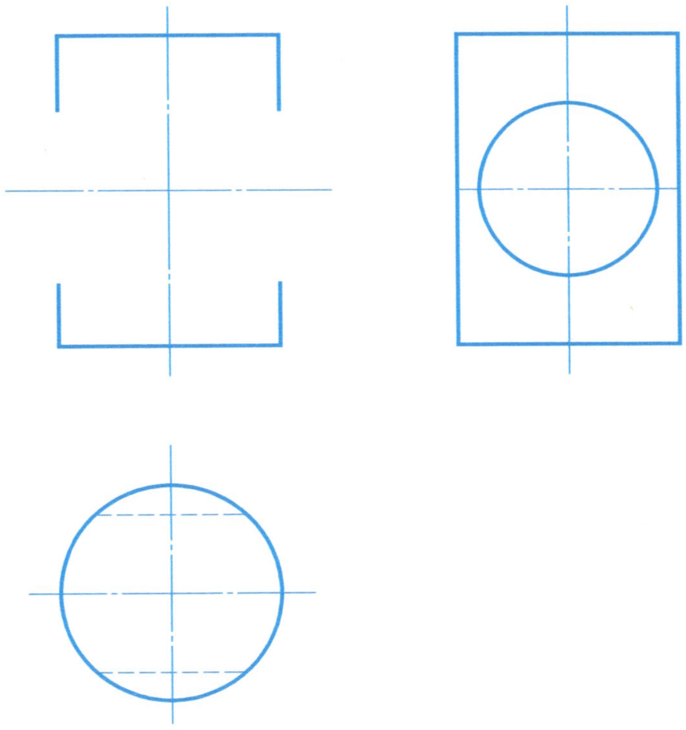

（3）

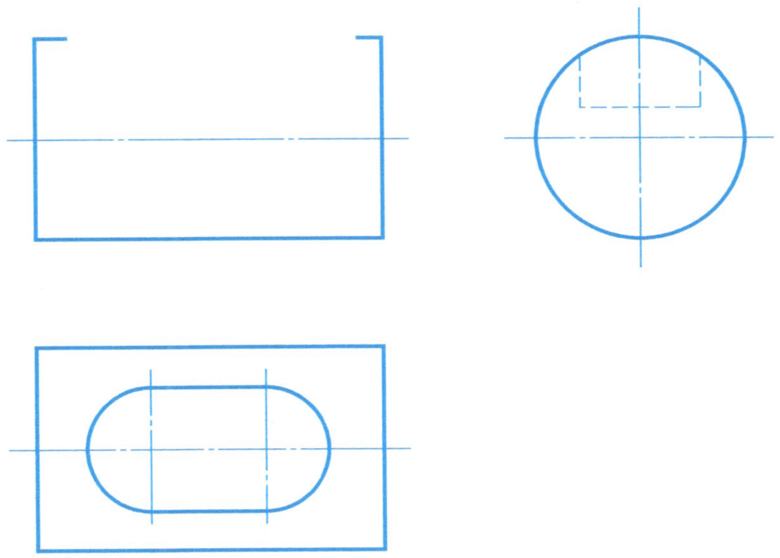

班级　　　　姓名　　　　学号

（4）

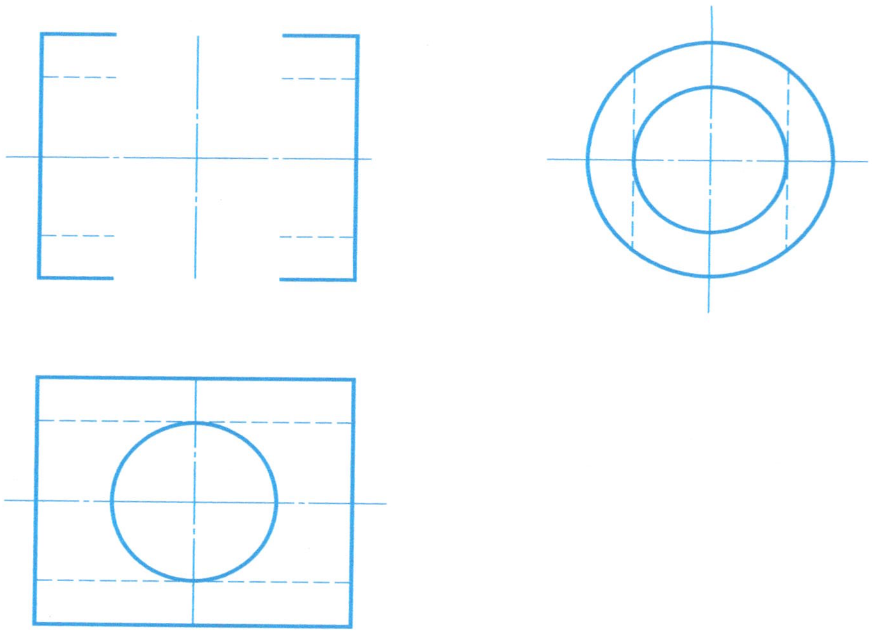

（5）

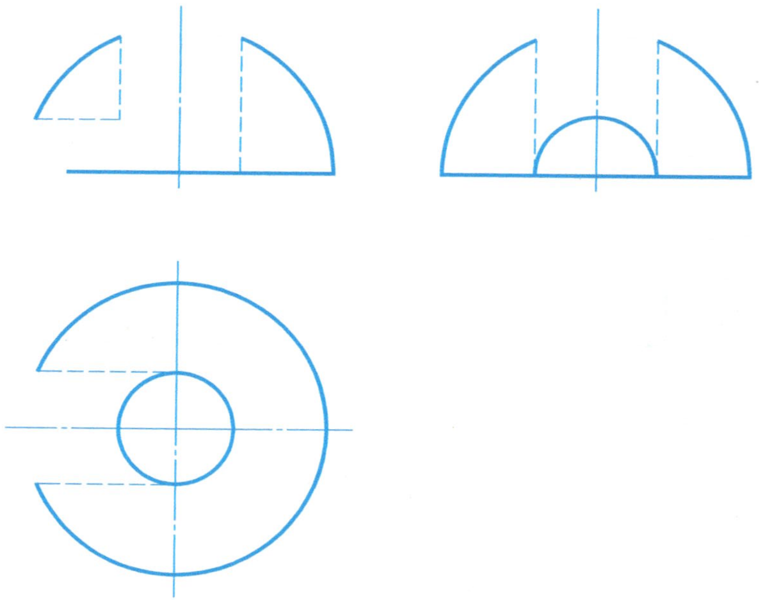



班级　　姓名　　学号

# 课题四　绘制轴测图

## 4-1　绘制基本几何体正等轴测图

1. 根据四棱柱的三视图绘制正等轴测图（尺寸从图中量取）。

2. 根据六棱柱的三视图绘制正等轴测图（尺寸从图中量取）。

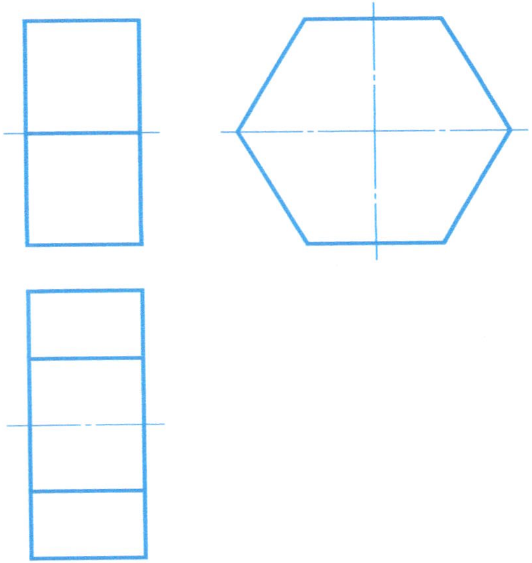

班级　　　　姓名　　　　学号

## 4-1 绘制基本几何体正等轴测图

3. 根据五棱锥的三视图绘制正等轴测图。

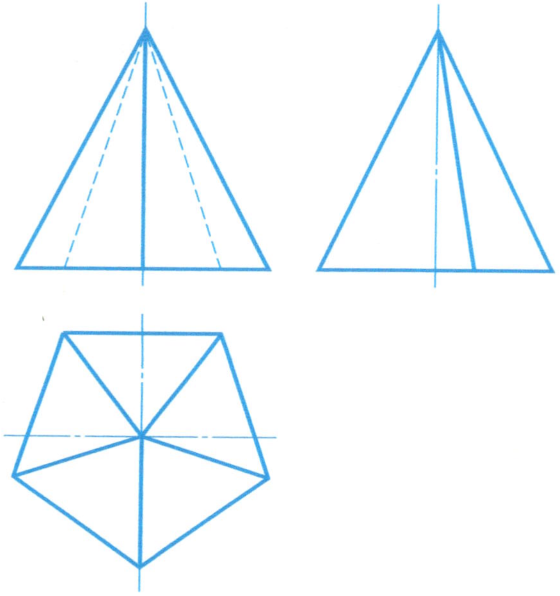

4. 根据圆台的两视图绘制正等轴测图。

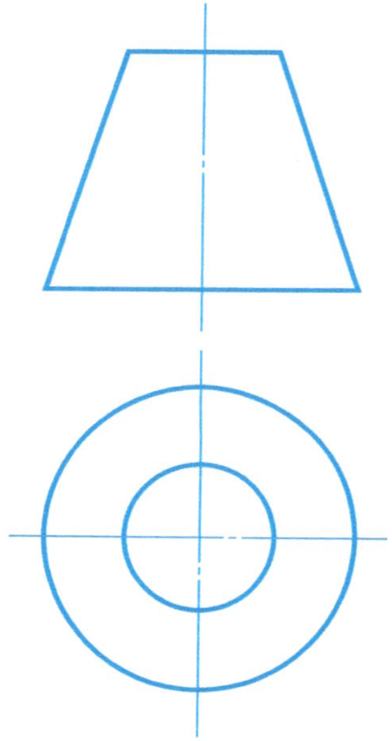



班级　　姓名　　学号

## 4-2 绘制组合体正等轴测图

1. 根据组合体的已知视图绘制正等轴测图。

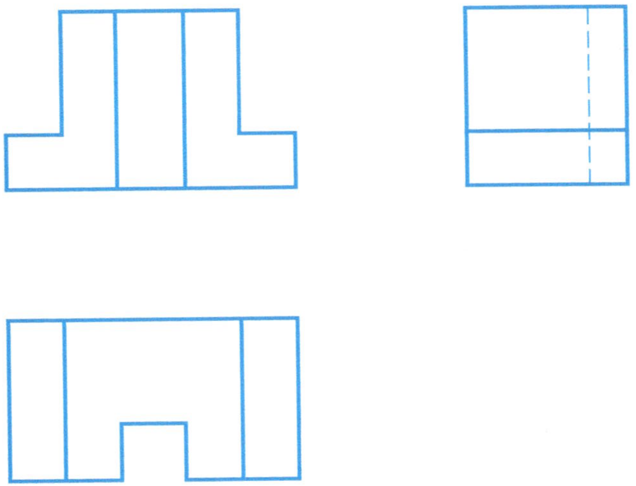

2. 根据组合体的已知视图绘制正等轴测图。

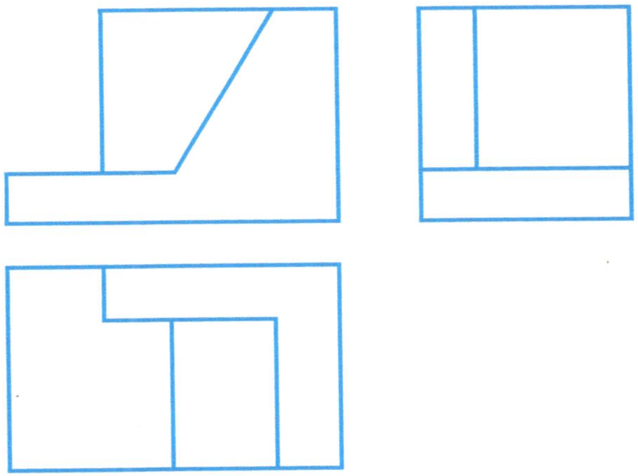

班级　　姓名　　学号

3. 根据组合体的已知视图绘制正等轴测图。

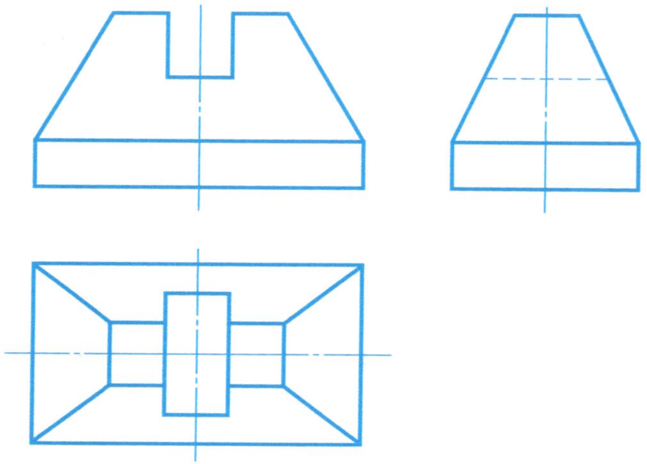

*4. 根据组合体的已知视图绘制正等轴测图。

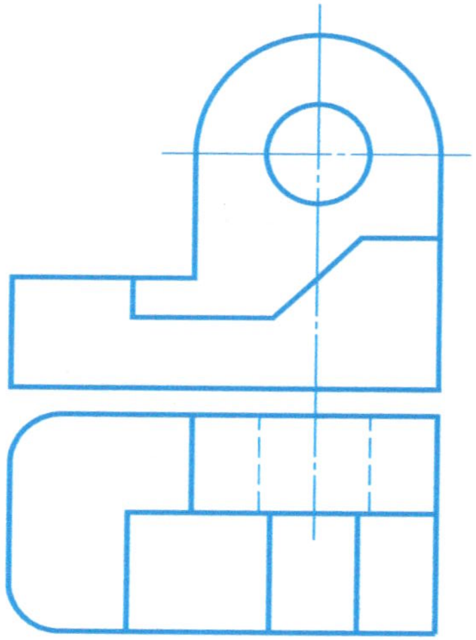



班级 姓名 学号

## 4-3 绘制组合体斜二轴测图

1. 根据组合体视图绘制斜二轴测图。

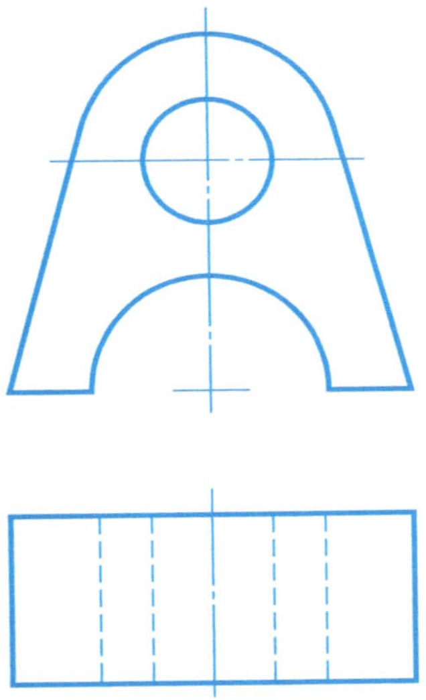

2. 根据组合体视图绘制斜二轴测图。

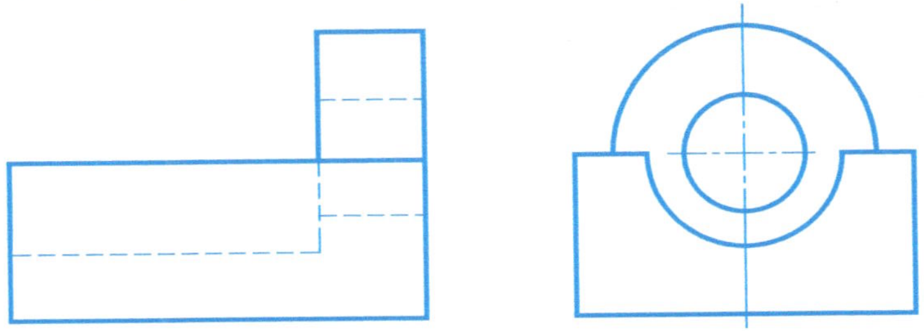

班级　　　　姓名　　　　学号

# 课题五　绘制组合体

## 5-1　绘制组合体的三视图

1. 根据轴测图绘制物体的三视图（尺寸按 1∶1 比例测量，取整）。

（1）

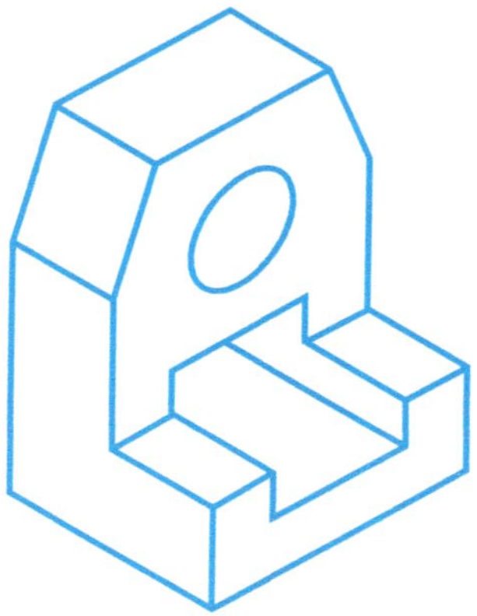

（2）

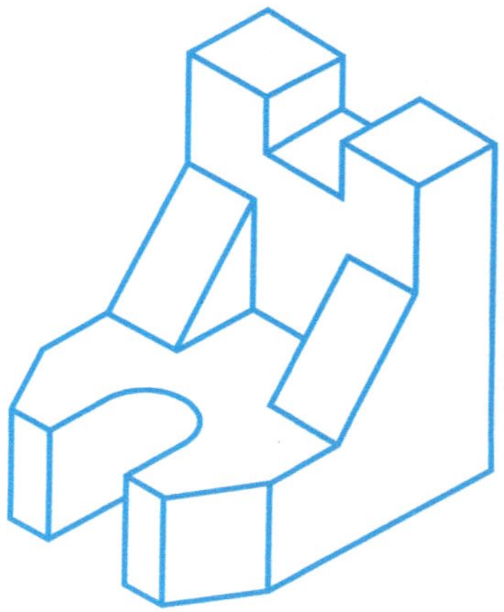



班级　　姓名　　学号

（3）

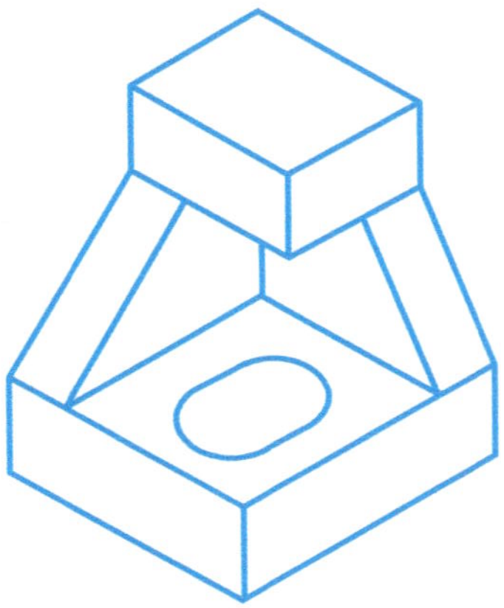

2. 指出视图中重复或多余的尺寸（打“×”），并标注遗漏的尺寸。

（1）

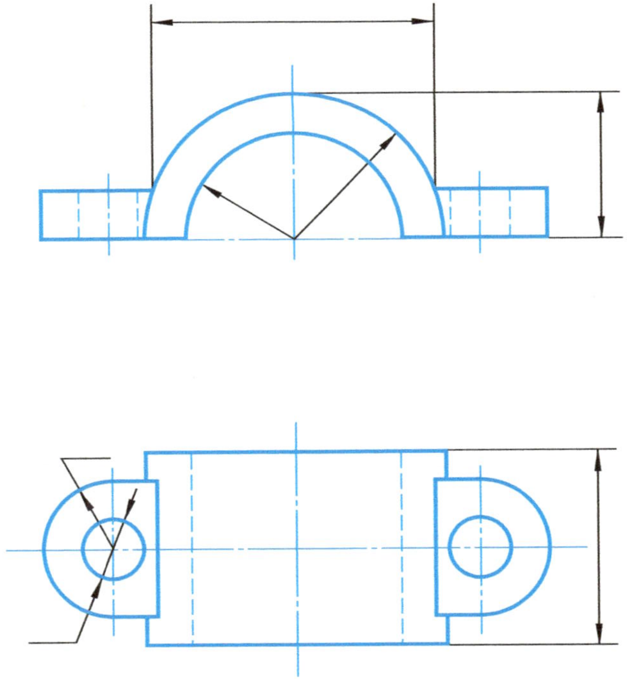

（2）

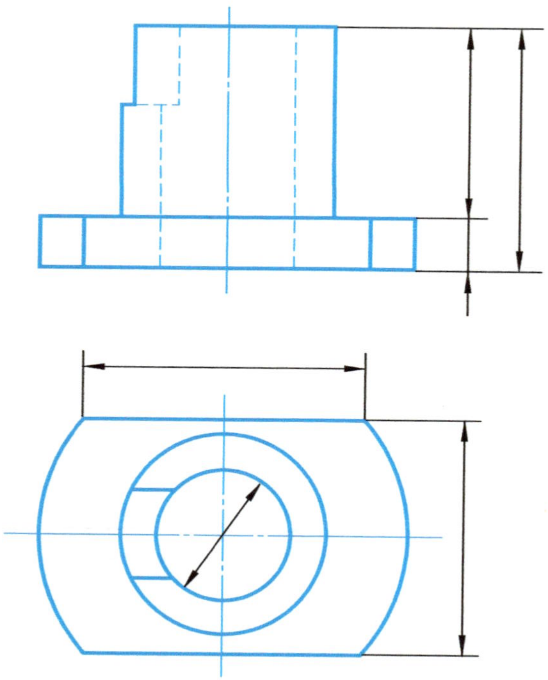

3. 标注组合体的尺寸（尺寸按 1 : 1 比例从图中量取，取整数）。

（1）

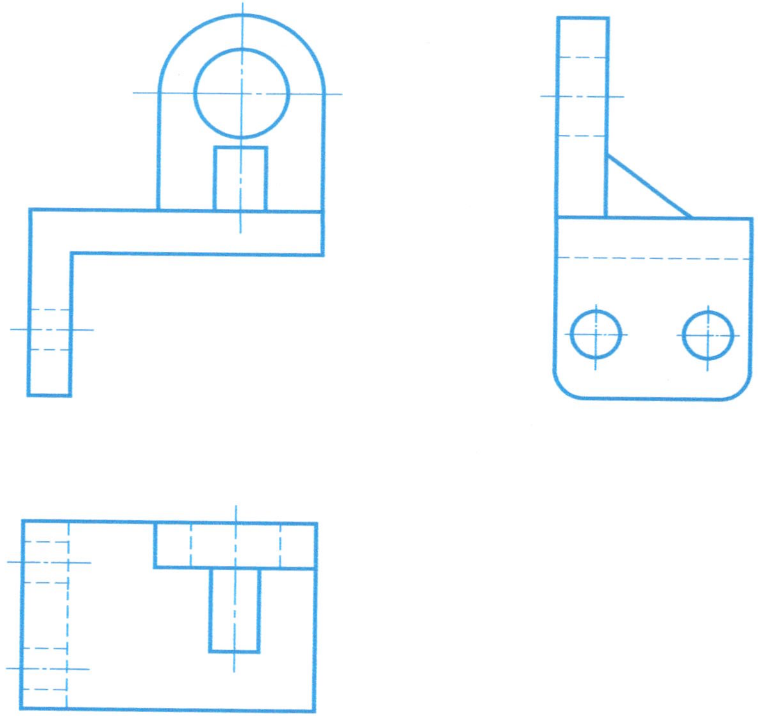



班级　　姓名　　学号

## 5-1 绘制组合体的三视图

（2）

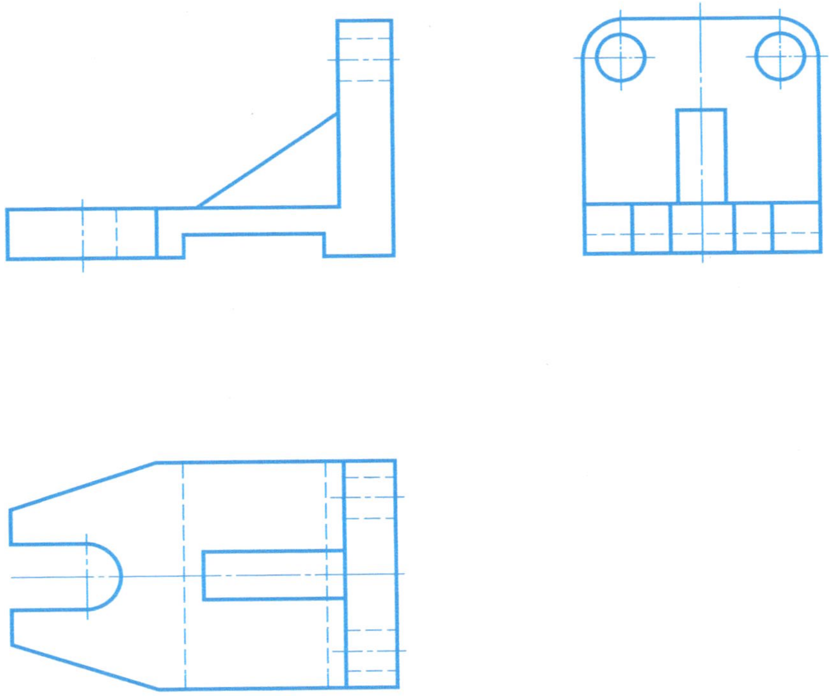

班级　　　　　姓名　　　　　学号

4. 由所给立体图绘制组合体的三视图，并标注尺寸。要求：采用 A3 或 A4 图纸，横放，自定绘图比例。

（1）

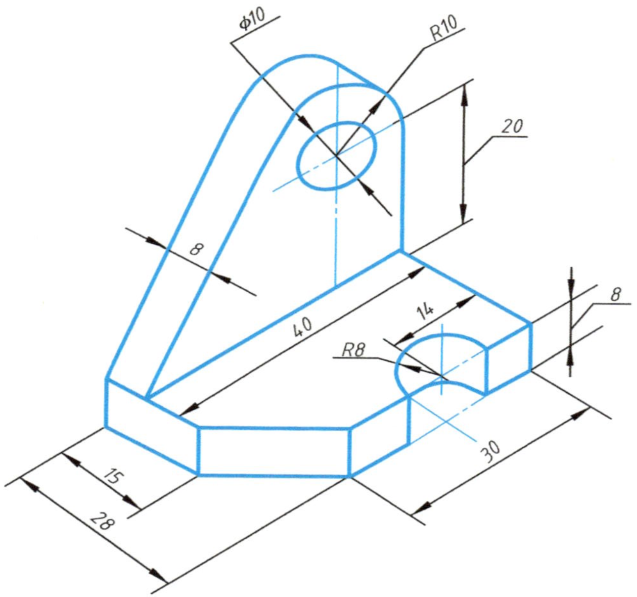


（2）

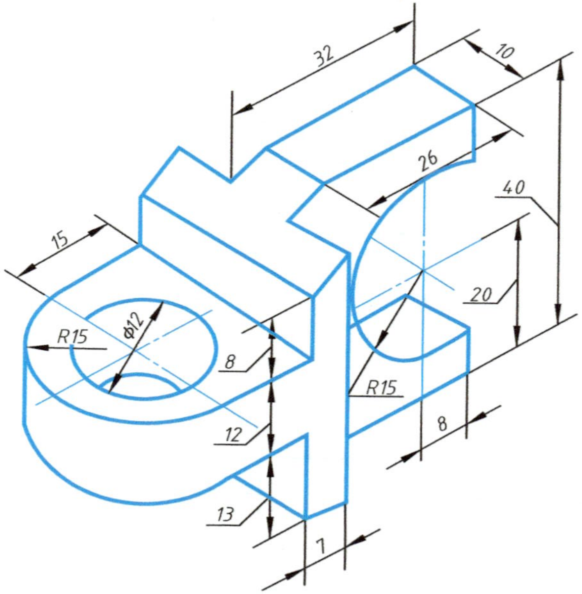


 班级 姓名 学号

(3)

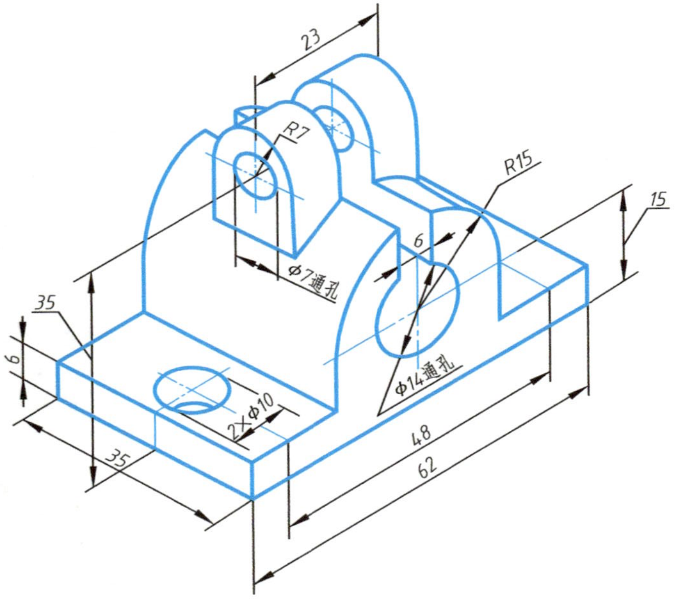
23
R7
R15
15
6
Φ7通孔
35
6
Φ14通孔
2×Φ10
48
35
62

(4)

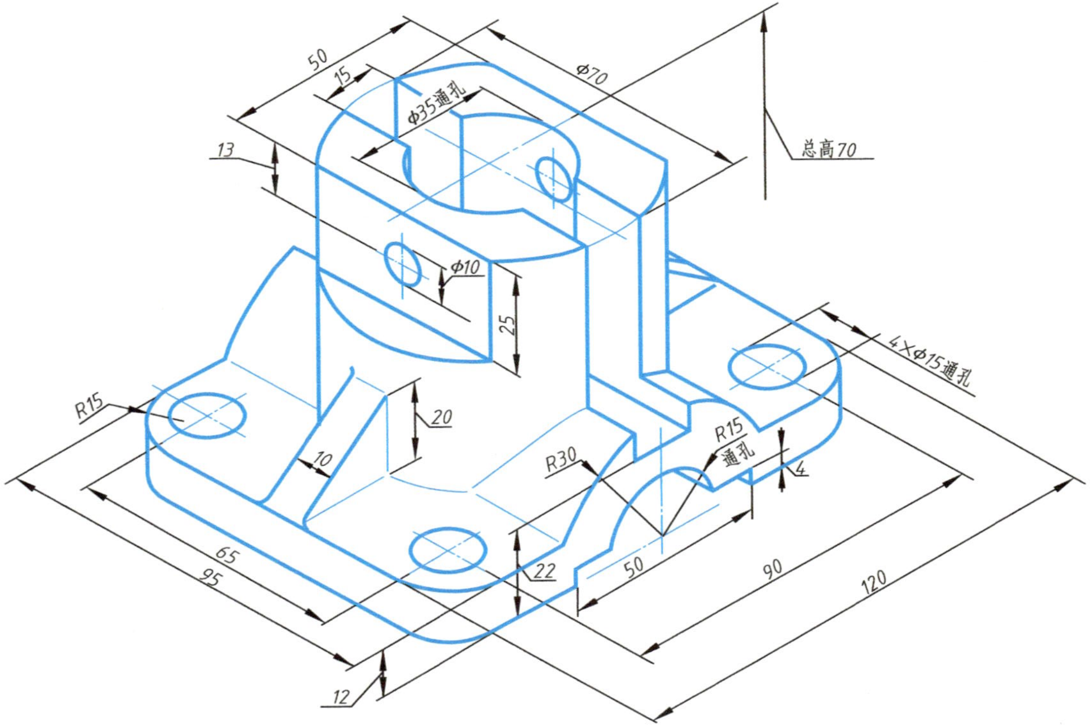
50
15
Φ70
Φ35通孔
13
总高70
Φ10
25
4×Φ15通孔
R15
20
10
R30
R15
通孔
4
65
95
22
50
90
120
12

1. 选择与主视图相对应的俯视图及立体图的编号填入表格。

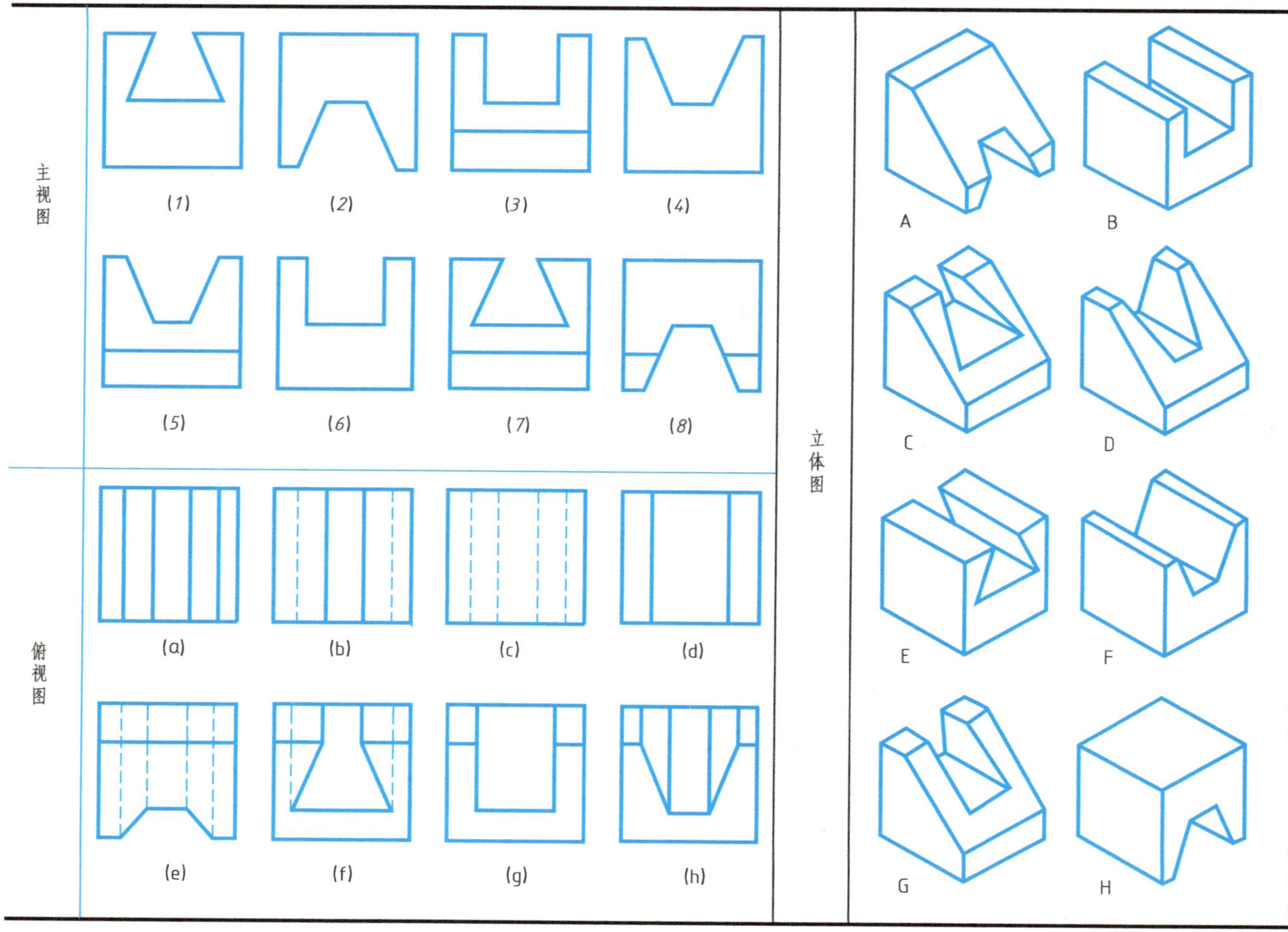


| 主视图 | 俯视图 | 立体图 |
|---|---|---|
| (1) | | |
| (2) | | |
| (3) | | |
| (4) | | |
| (5) | | |
| (6) | | |
| (7) | | |
| (8) | | |

 班级 姓名 学号

2. 找出相对应的立体图，并在其下方圆圈内填写它的序号。

（1）

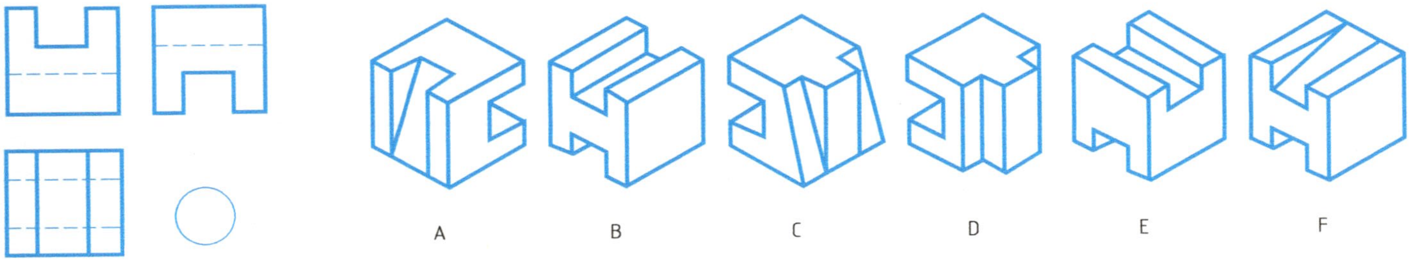


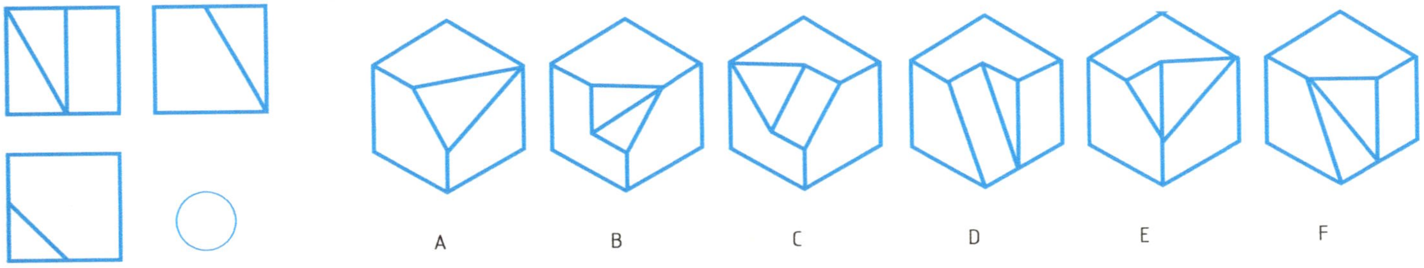


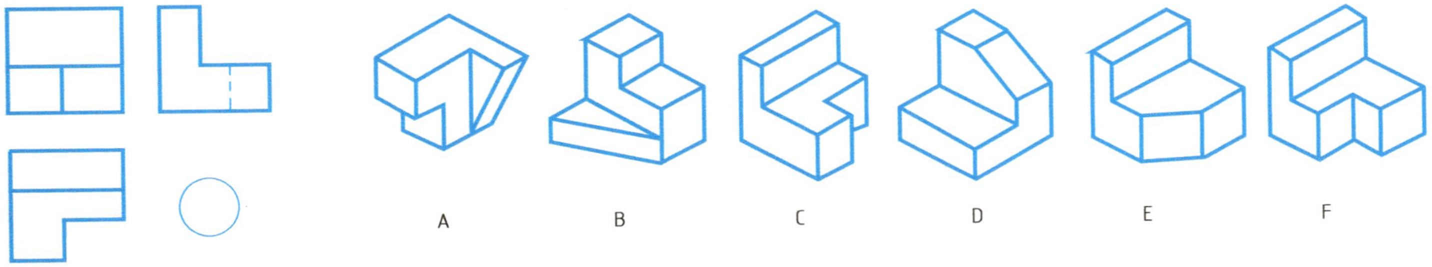


班级 姓名 学号

(2)

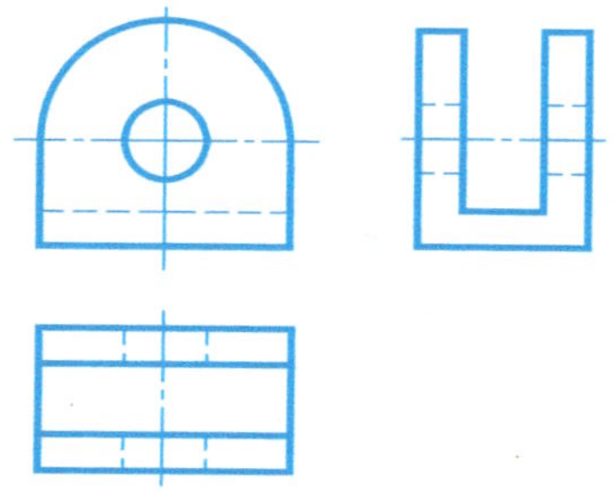

A

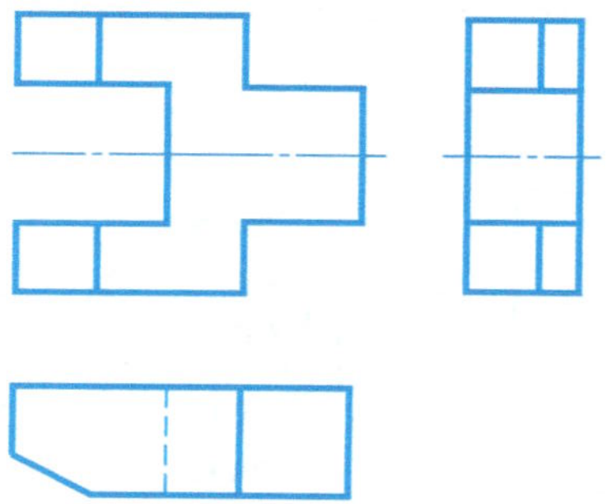

B

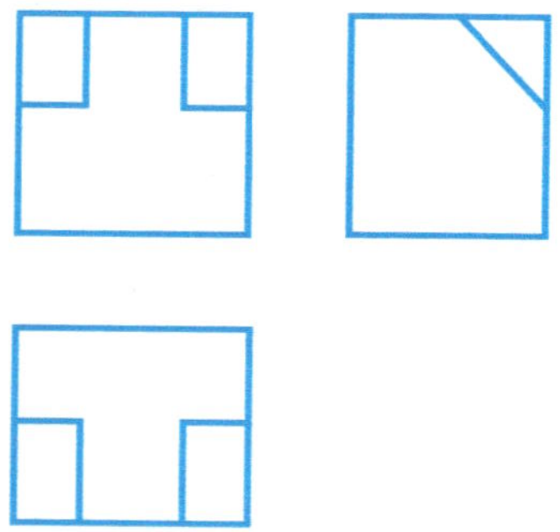

C

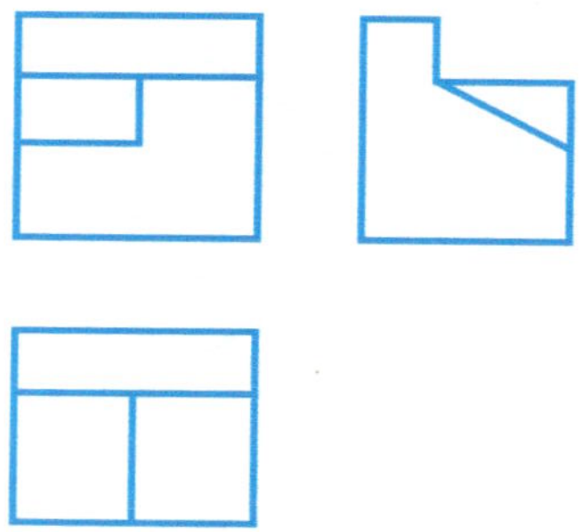

D

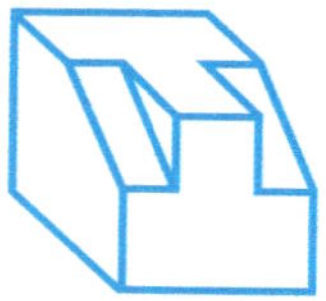

(  )

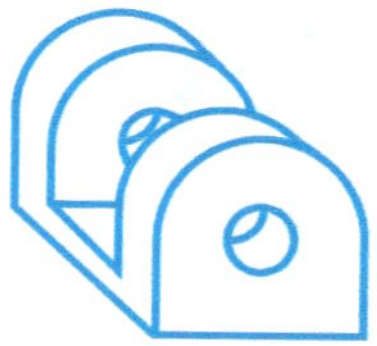

(  )

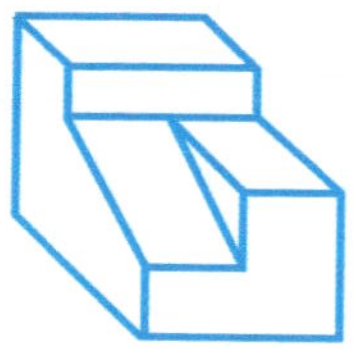

(  )

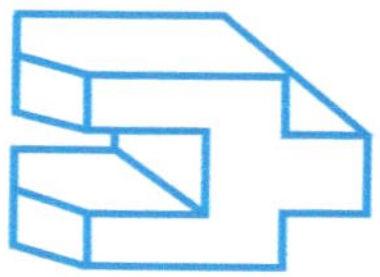

(  )



班级　　姓名　　学号

（3）

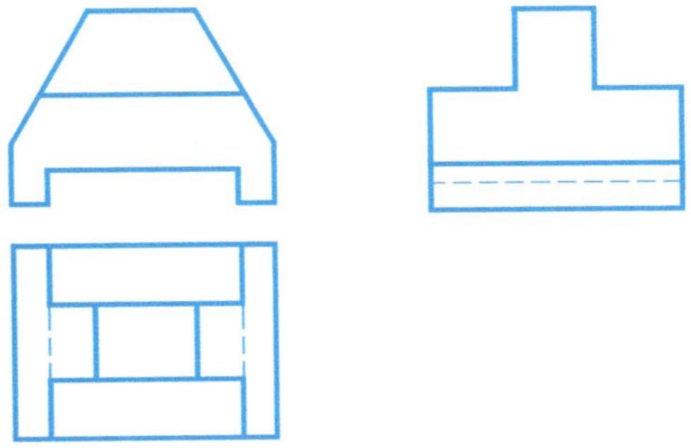

A

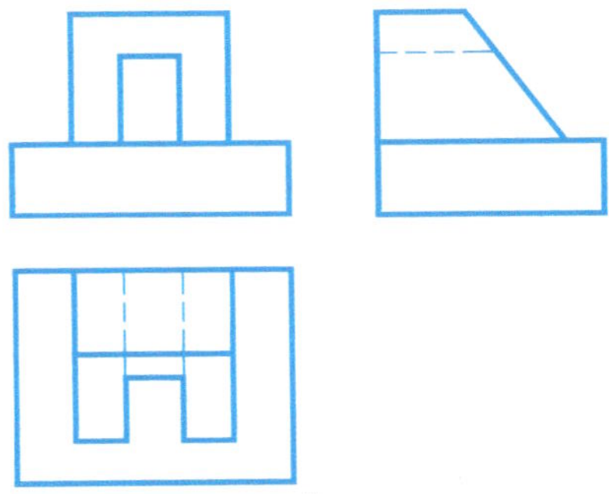

B

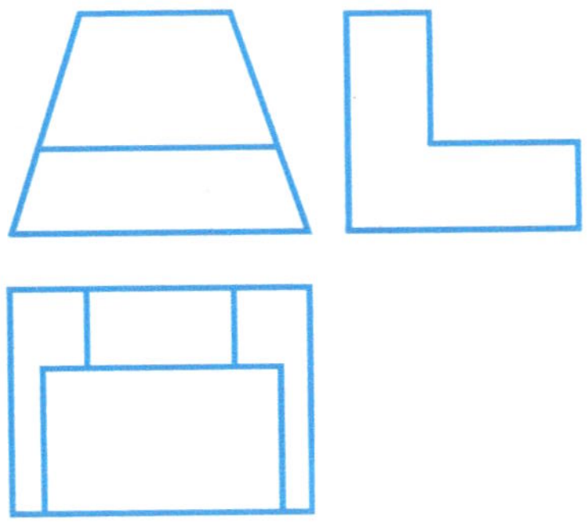

C

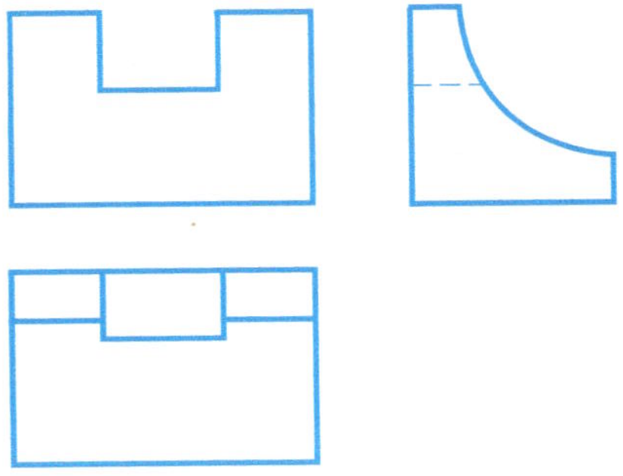

D

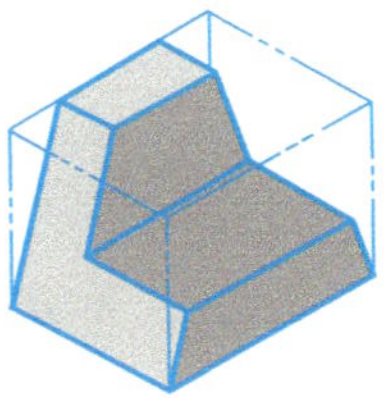

(  )

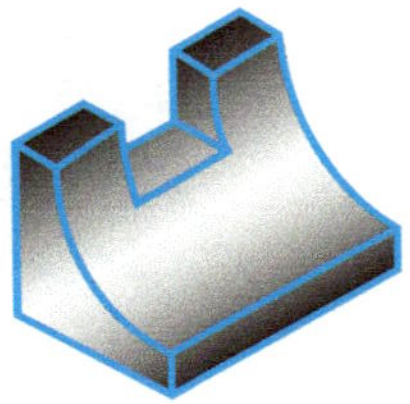

(  )

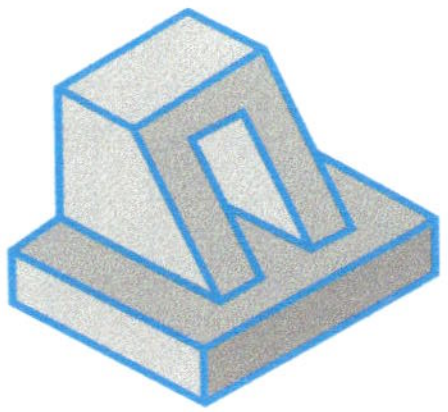

(  )

(  )

班级 姓名 学号

(4)

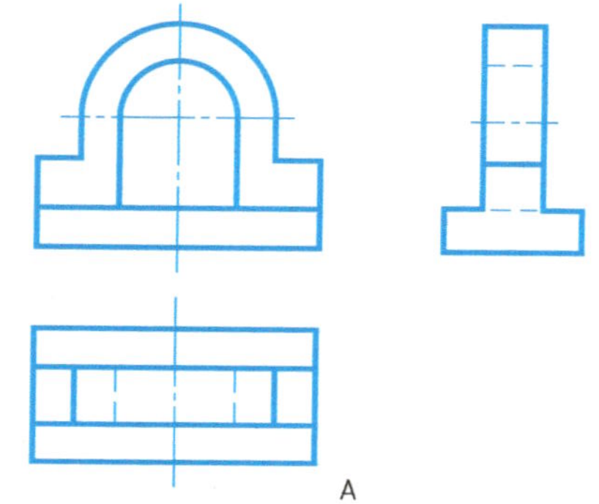
A

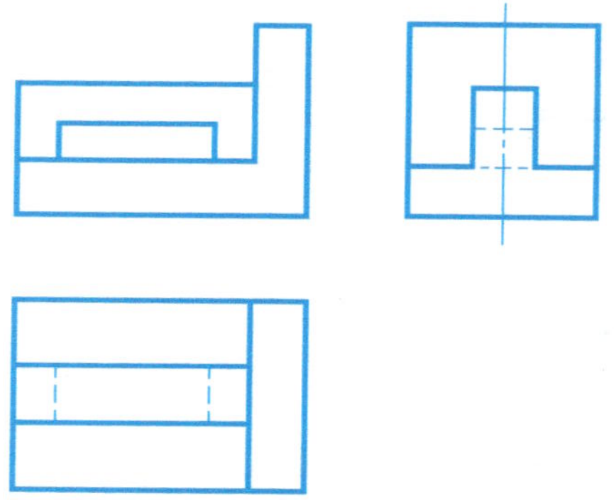
B

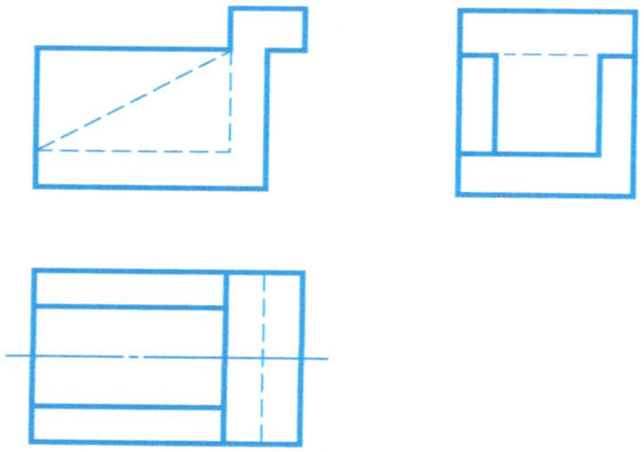
C

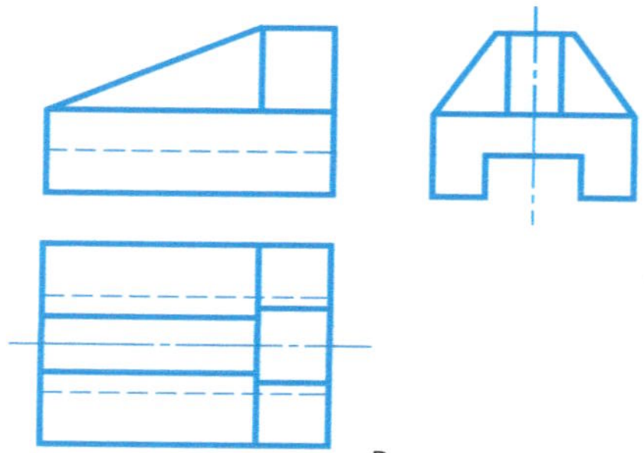
D

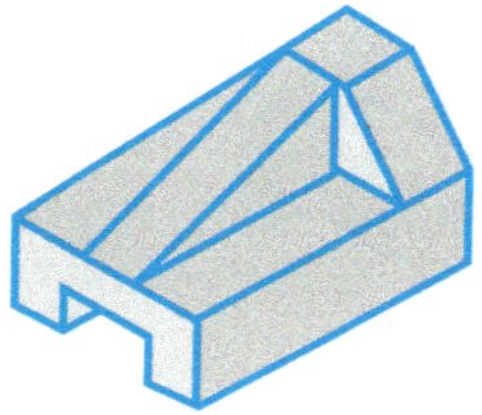
( )

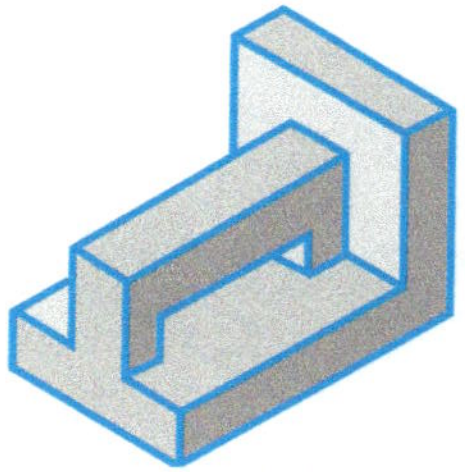
( )

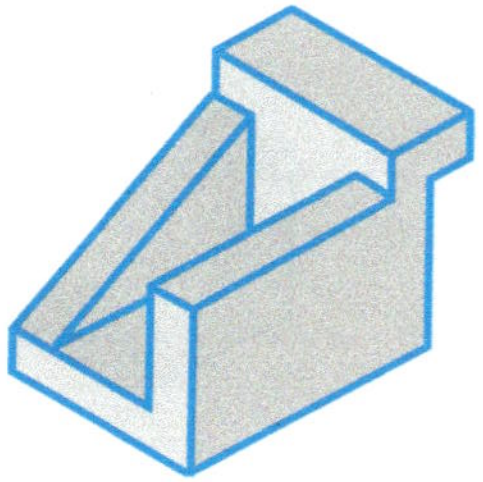
( )

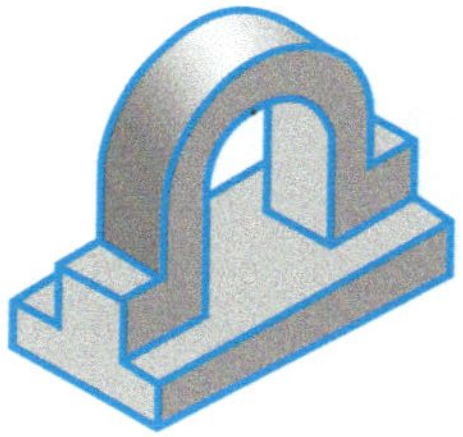
( )



班级 姓名 学号

(5)

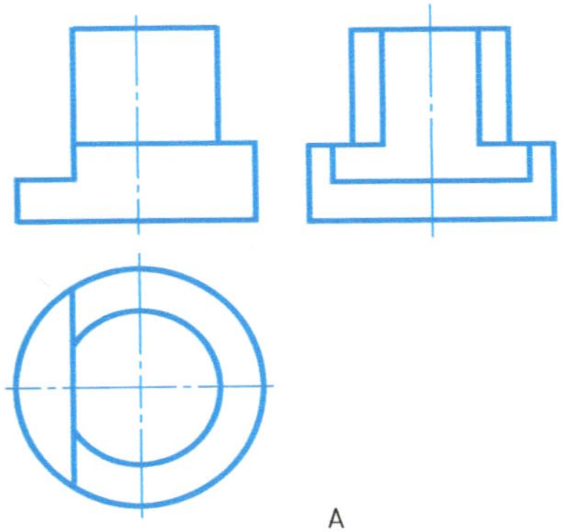
A

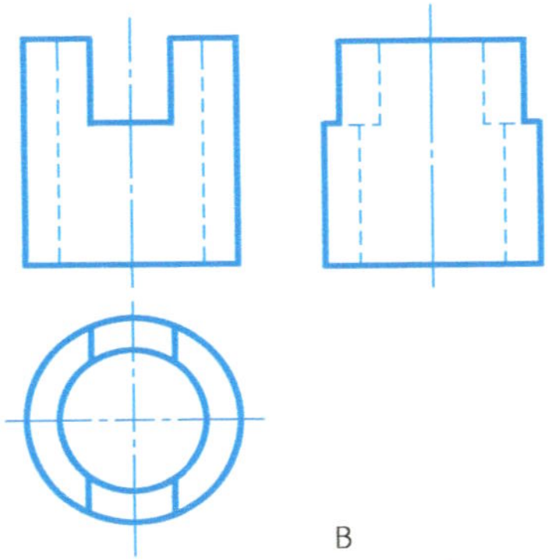
B

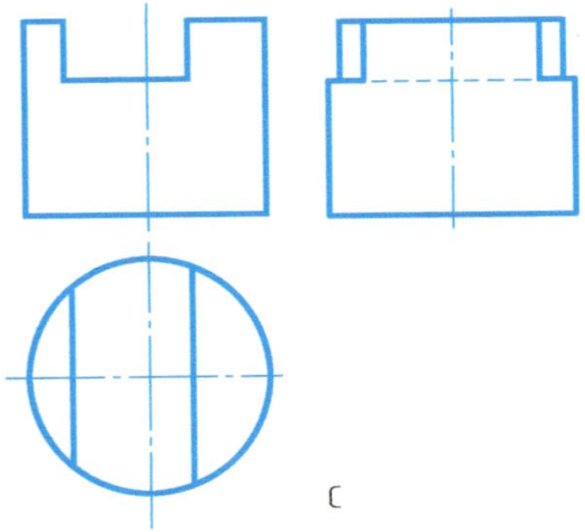
C

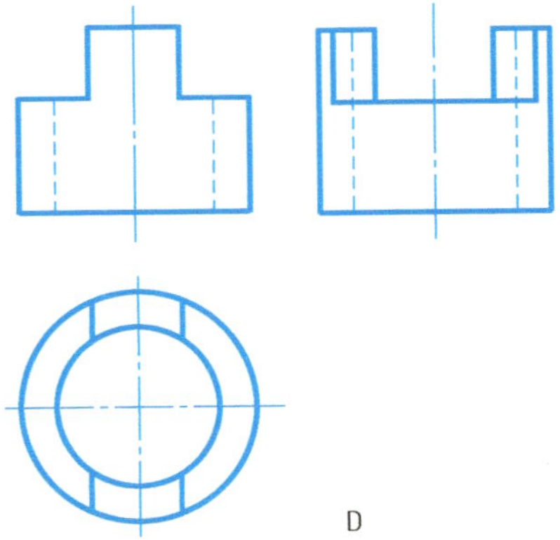
D

(　)

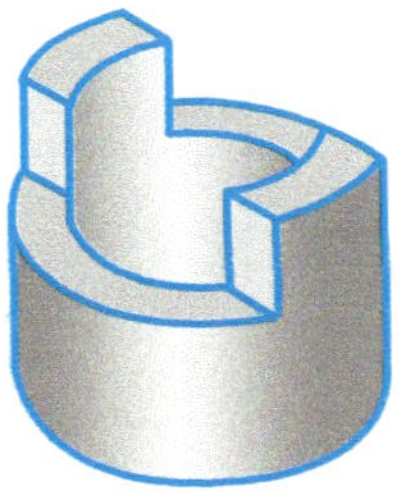
(　)

(　)

(　)

3. 在视图下方的圆圈内填上对应的立体图编号。

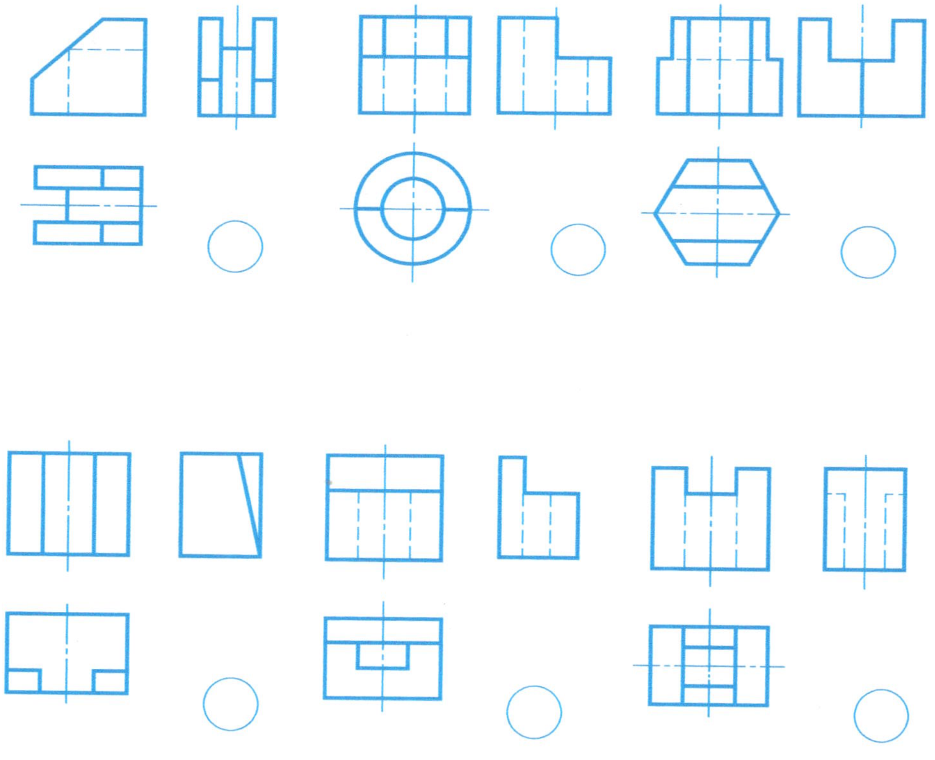

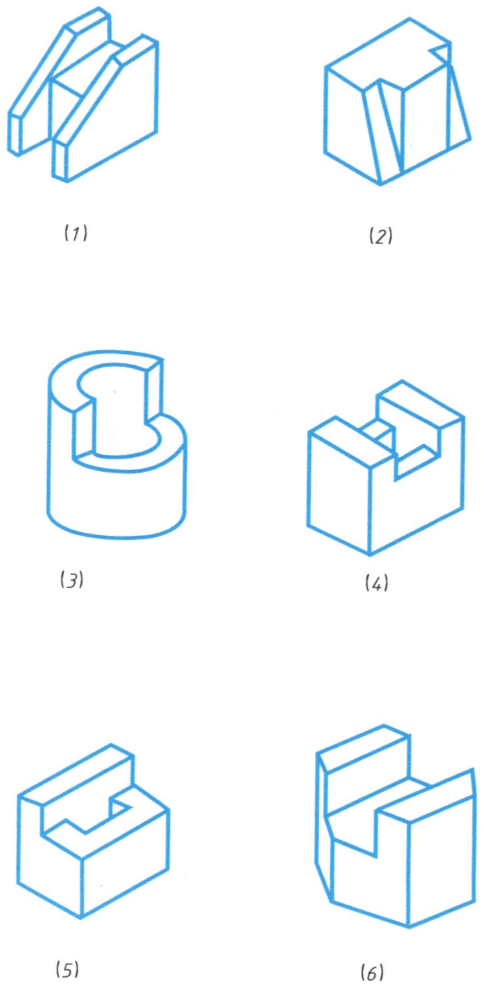




班级　　姓名　　学号

4. 根据两视图选择正确的第三视图（括号内打“√”）。

（1）

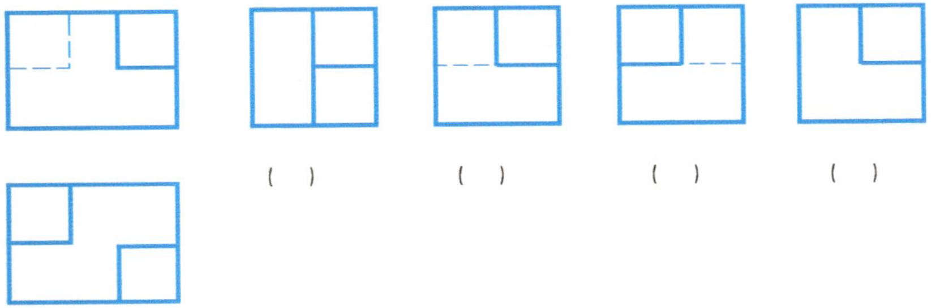

（2）

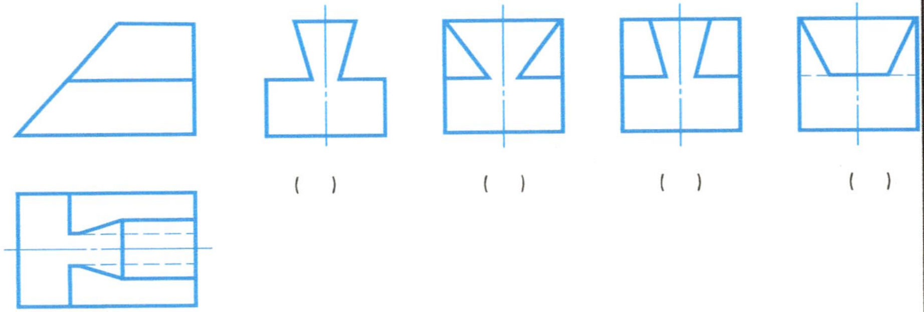

（3）

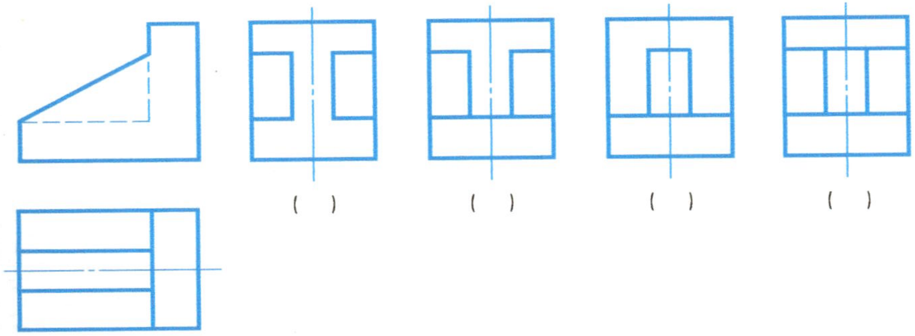

（4）

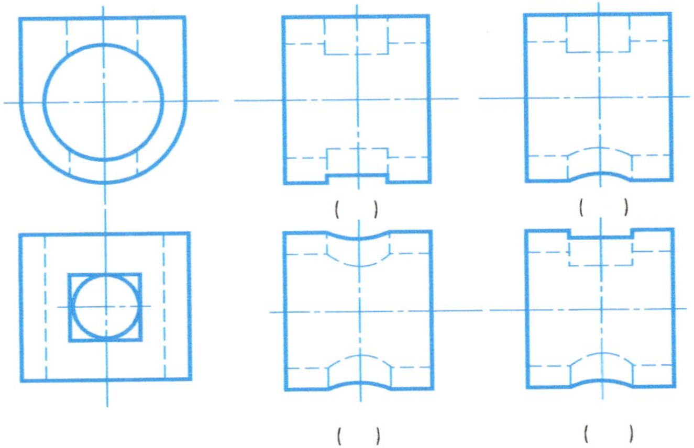

班级　　姓名　　学号

（5）

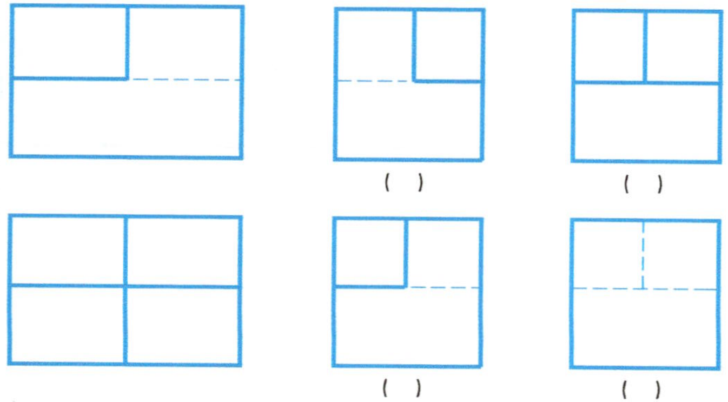

（6）

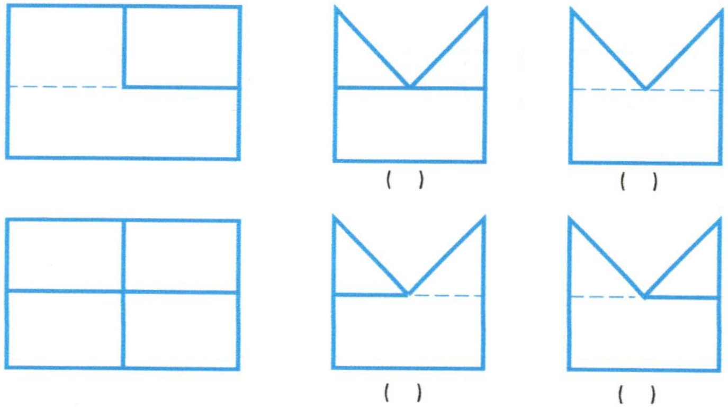

（7）

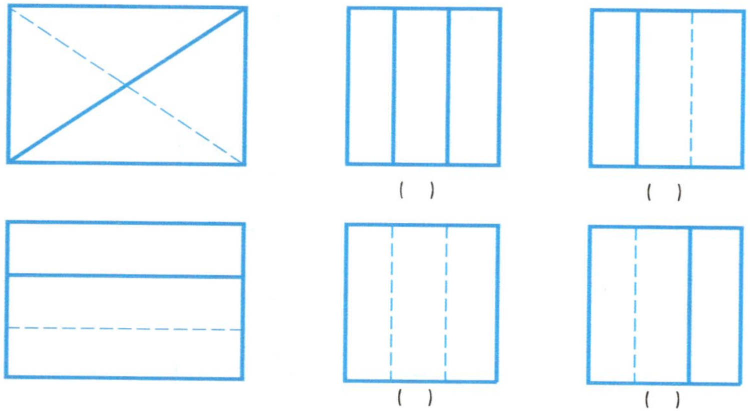

（8）

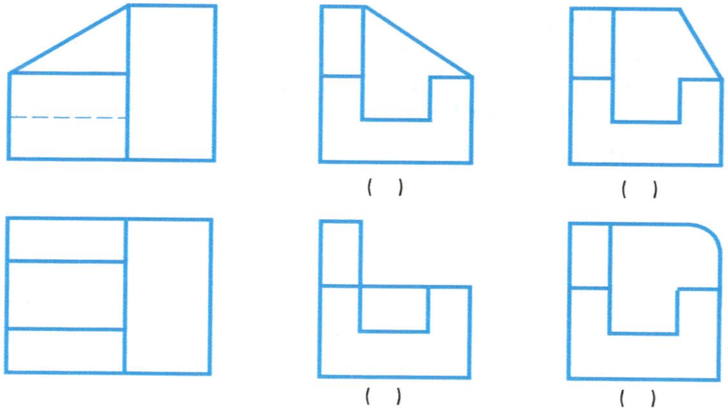



班级　　　　姓名　　　　学号

5. 在组合体上做线面分析，对指定的图线和线框标出其他两面投影，并填空，判别它们与投影面以及相互之间的相对位置。

（1）

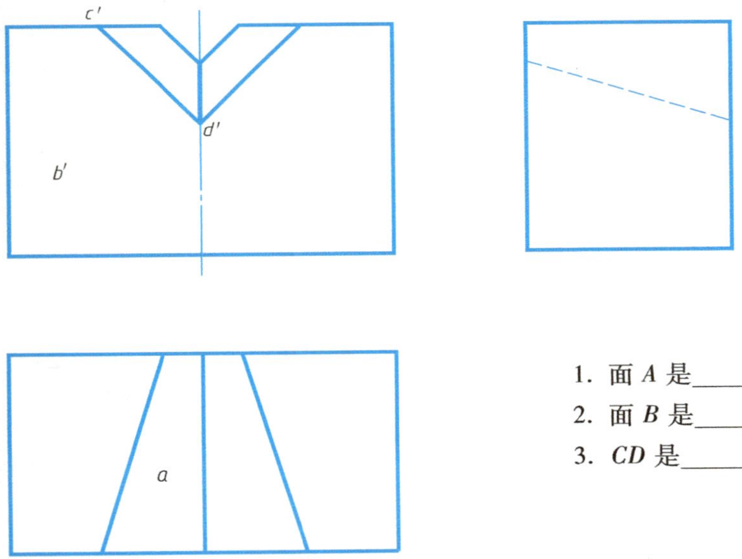


1. 面 *A* 是__________面；
2. 面 *B* 是__________面；
3. *CD* 是__________线。

（2）

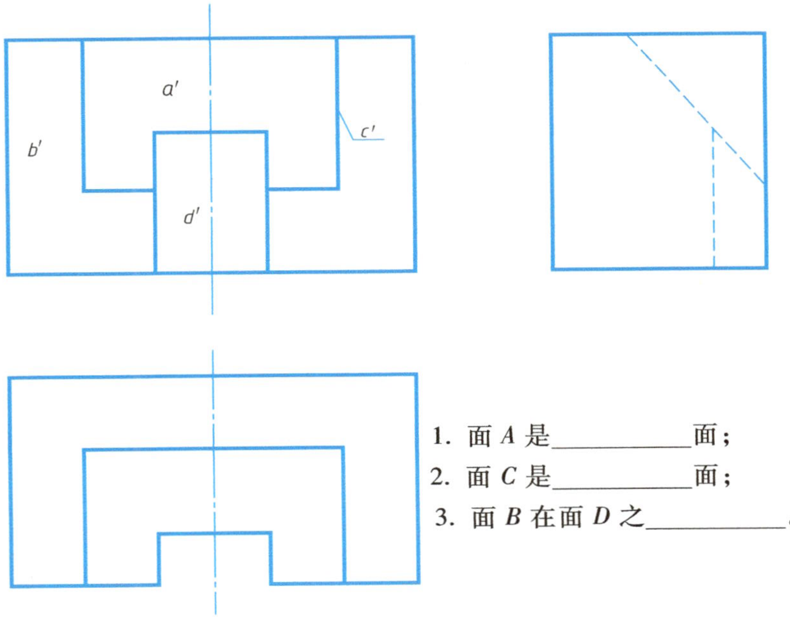


1. 面 *A* 是__________面；
2. 面 *C* 是__________面；
3. 面 *B* 在面 *D* 之__________。

(3)

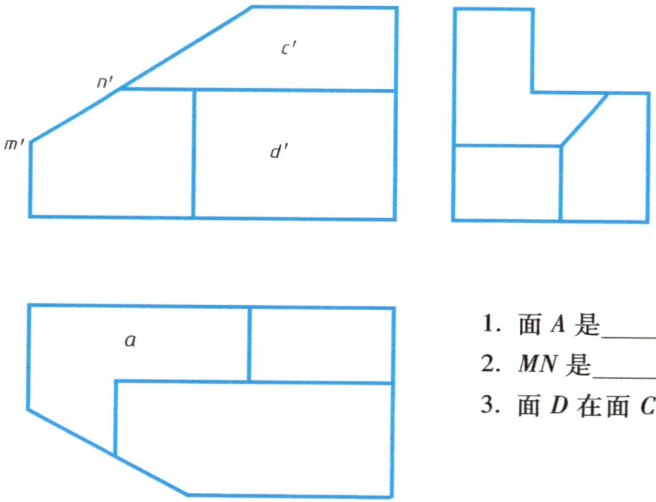


1. 面 $A$ 是__________面；
2. $MN$ 是__________线；
3. 面 $D$ 在面 $C$ 之__________。

(4)

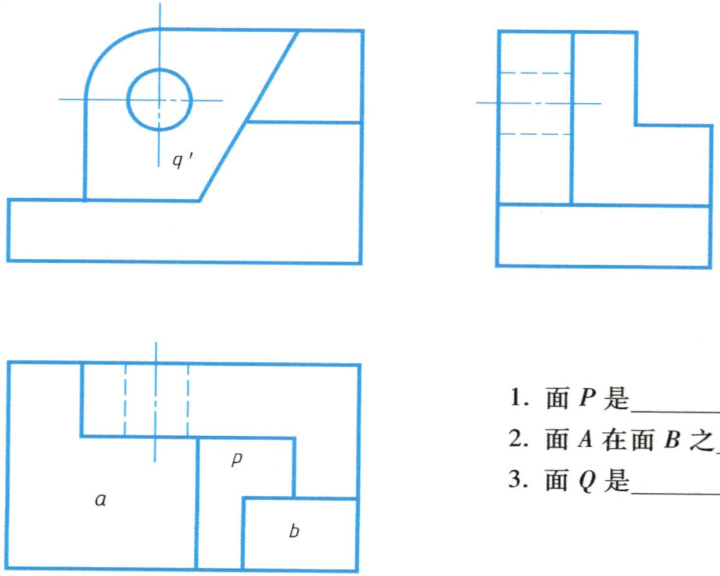


1. 面 $P$ 是__________面；
2. 面 $A$ 在面 $B$ 之__________；
3. 面 $Q$ 是__________面。



班级　　　姓名　　　学号

6. 补画俯视图。

（1）

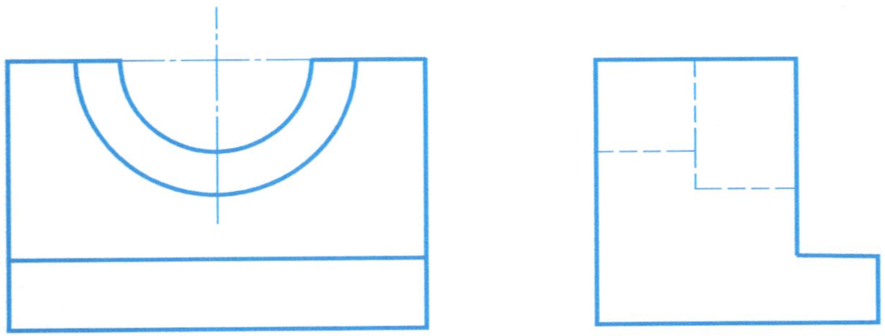

（2）

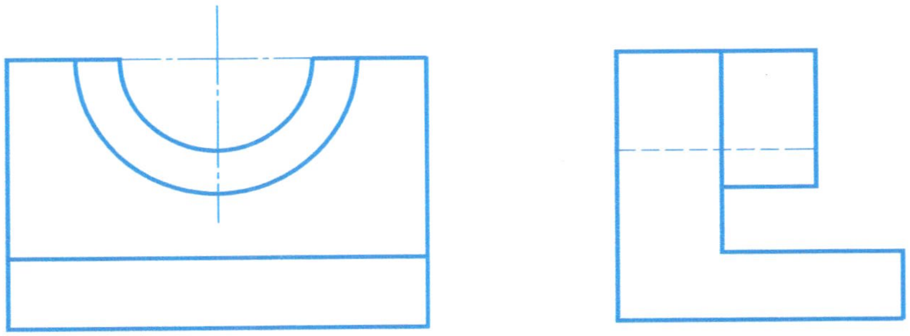

班级　　姓名　　学号

7. 补画左视图。

（1）

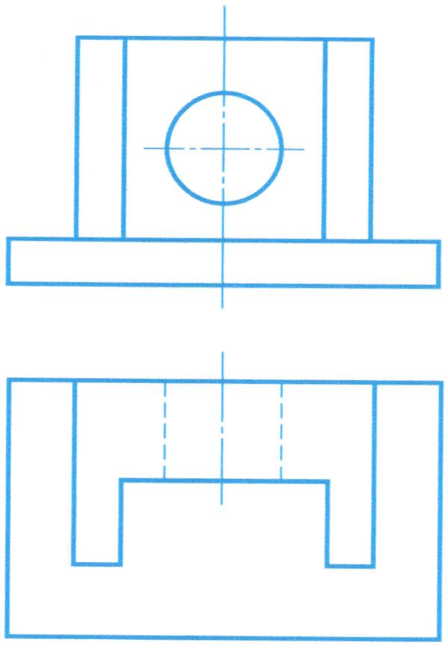

（2）

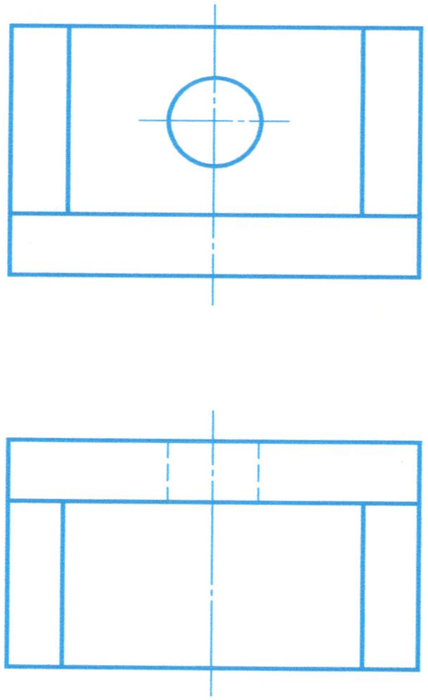



班级　　　　姓名　　　　学号

## 5-2 识读组合体的三视图

(3)

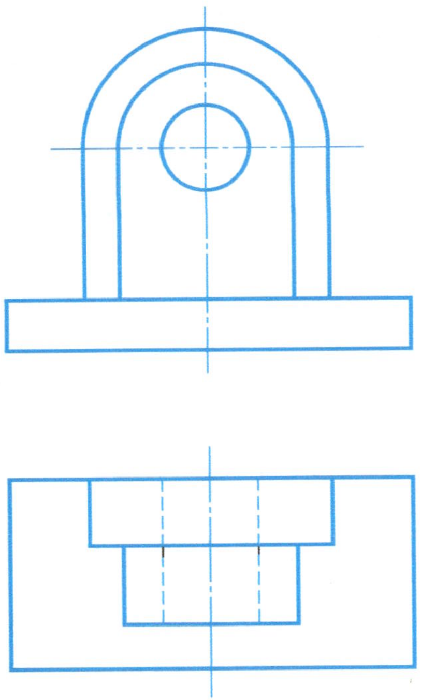

(4)

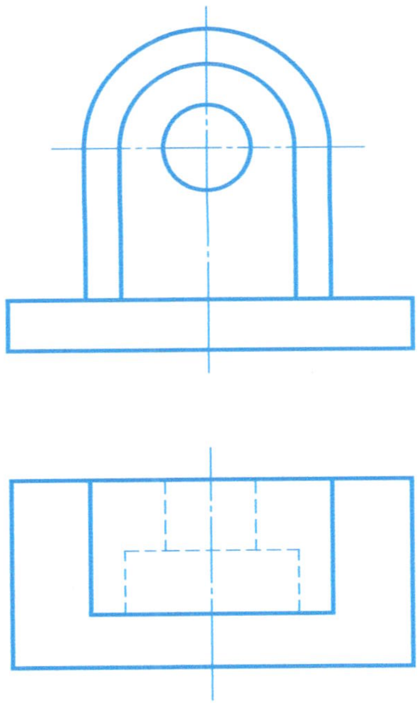

班级 姓名 学号

8. 补画第三视图。

（1）

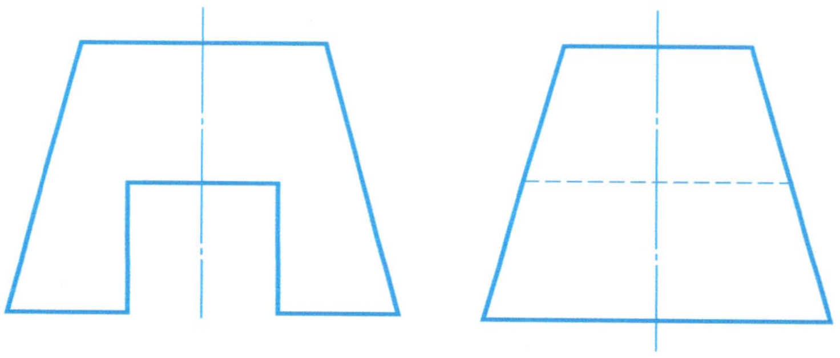

（2）

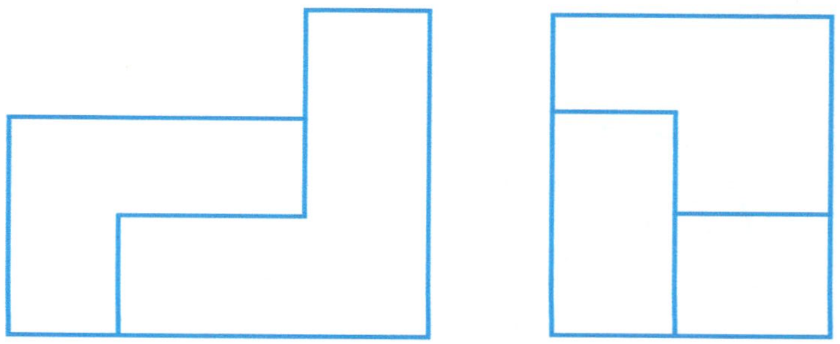



班级　　　　姓名　　　　学号

## 5-2 识读组合体的三视图

(3)

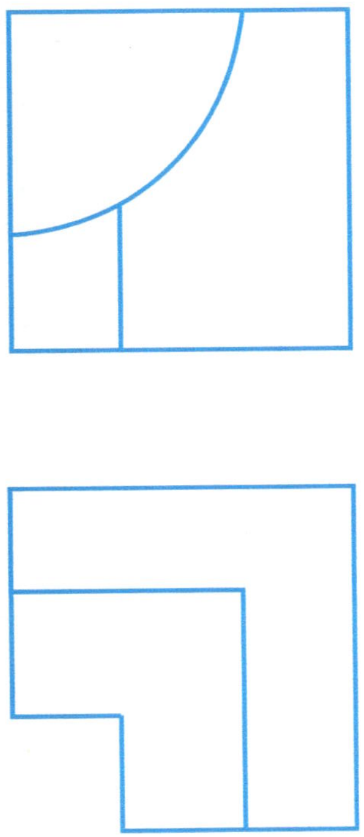

(4)

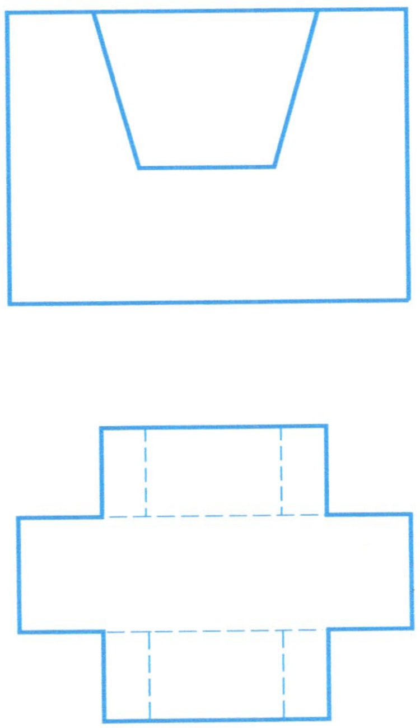

班级　　姓名　　学号

（5）

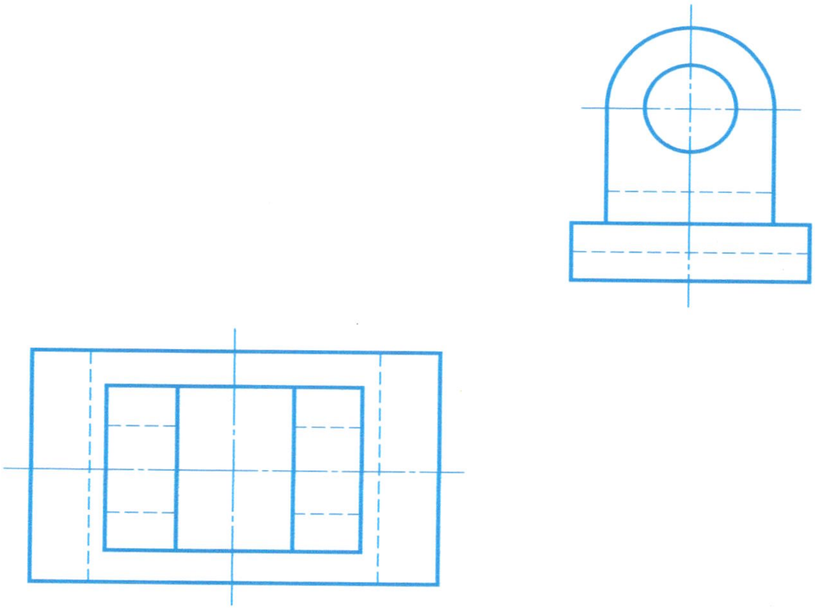

（6）

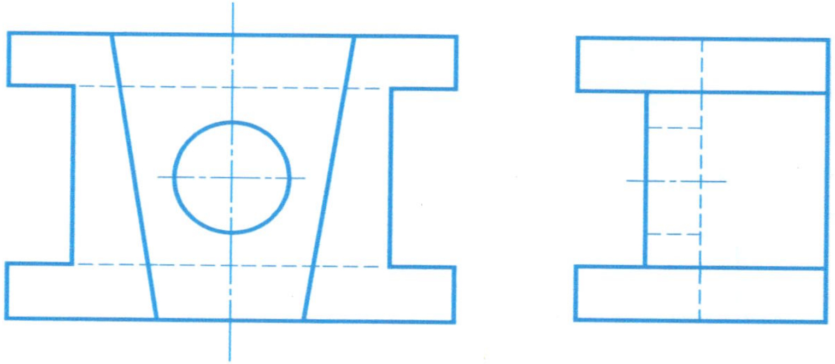



班级 姓名 学号

(7)

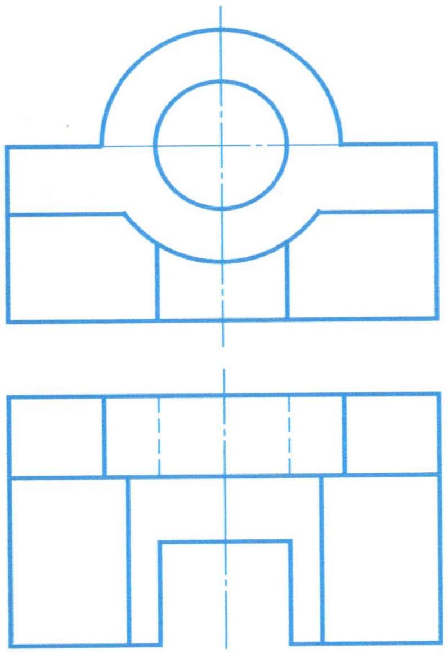

(8)

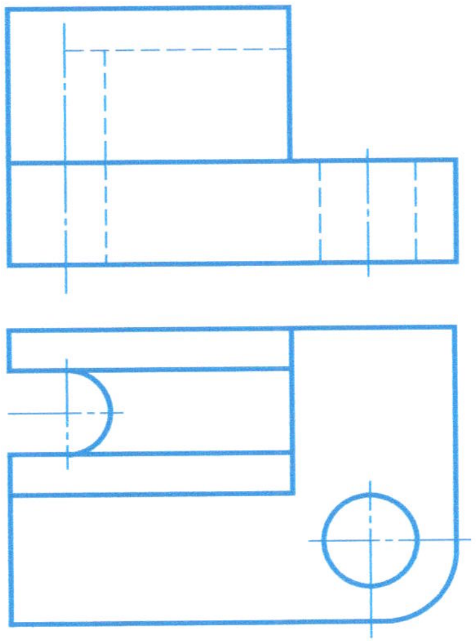

*(9)

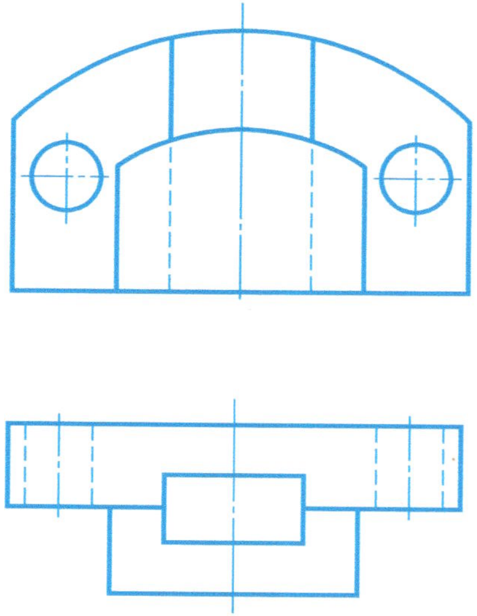

*(10)

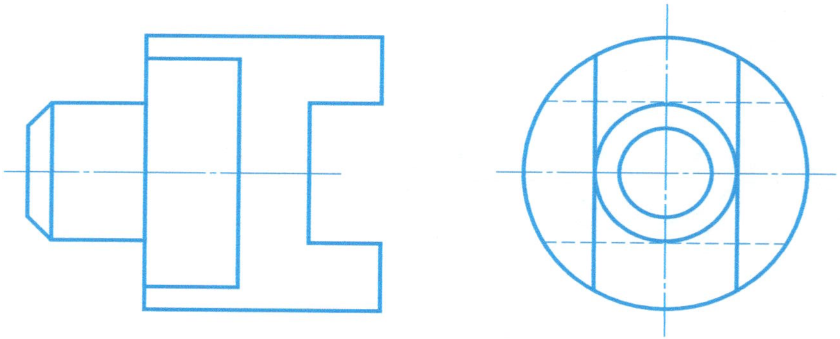



班级　　姓名　　学号

*(11)

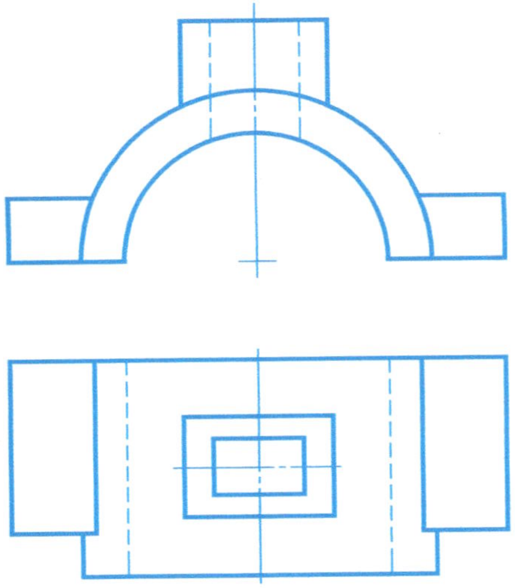

*(12)

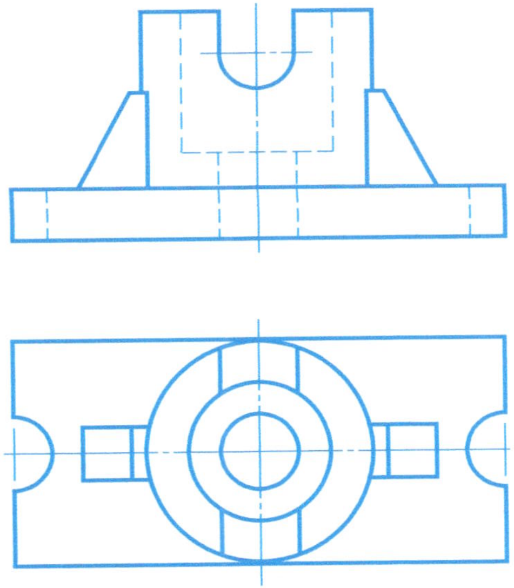

班级 姓名 学号

9. 补画三视图中的缺线。

(1)

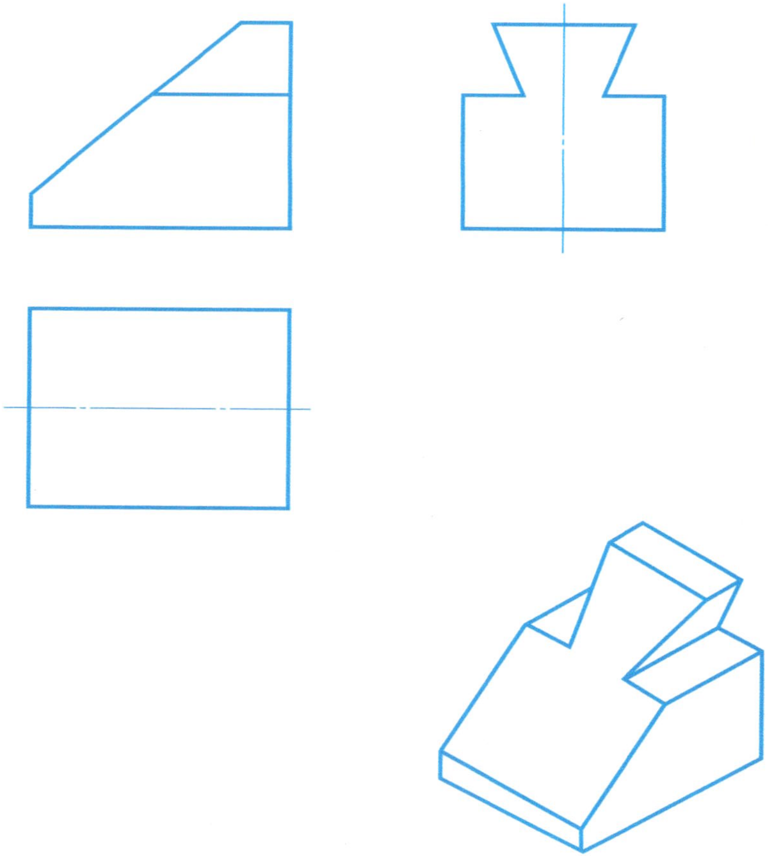

(2)

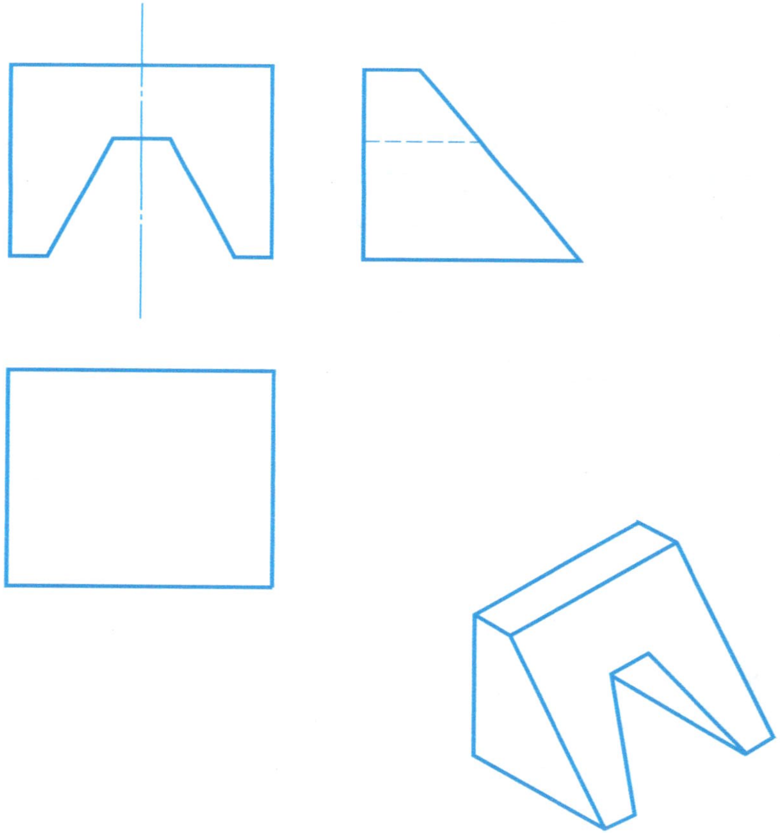



班级　　姓名　　学号

## 5-2 识读组合体的三视图

(3)

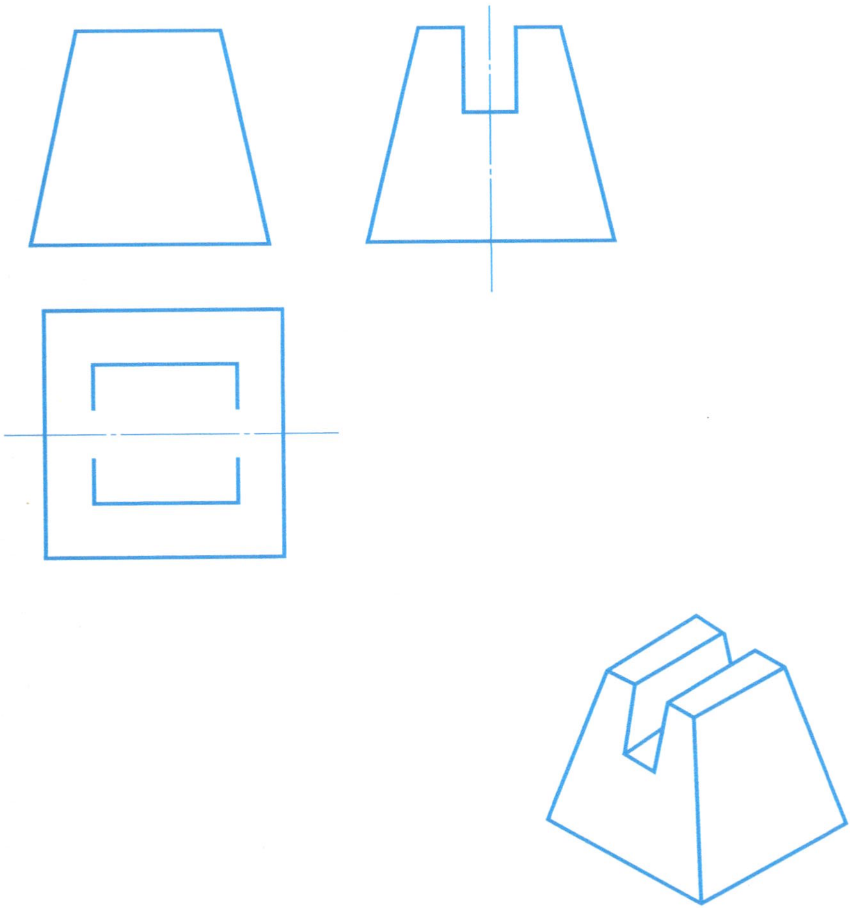

(4)

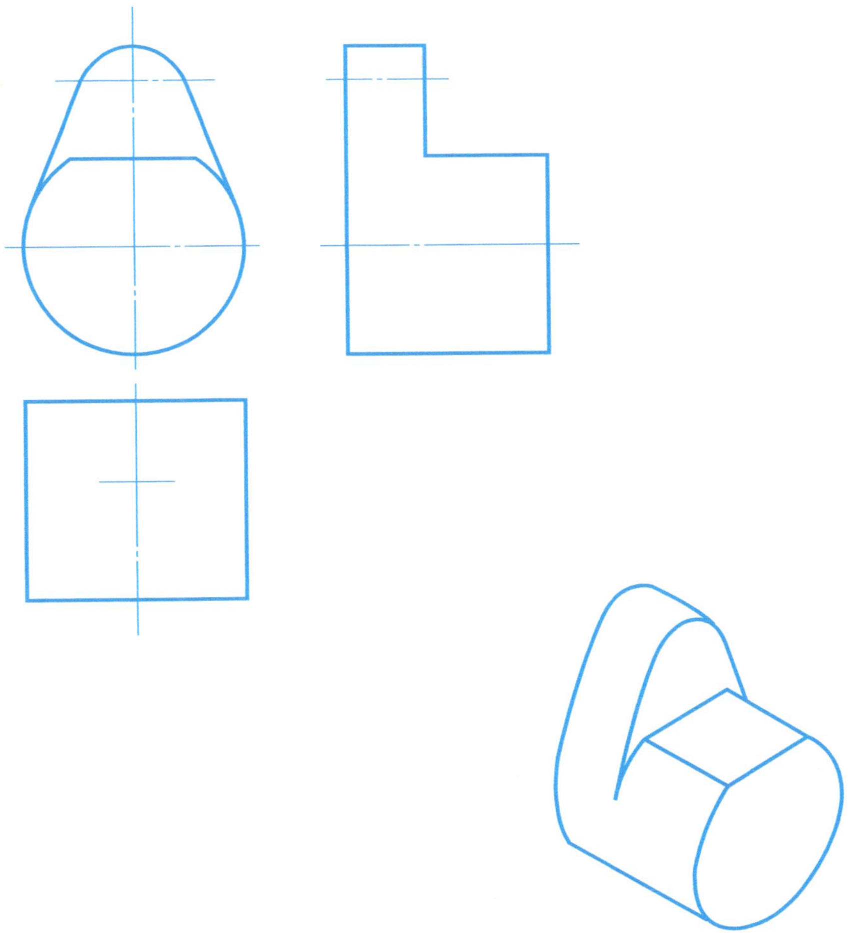

班级　　姓名　　学号

(5)

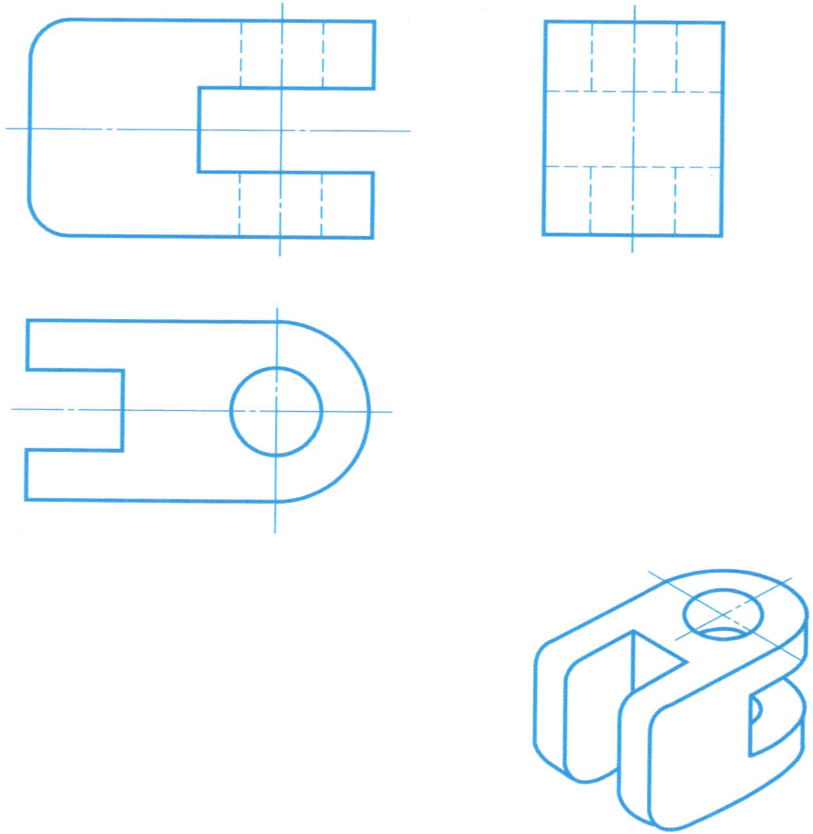

(6)

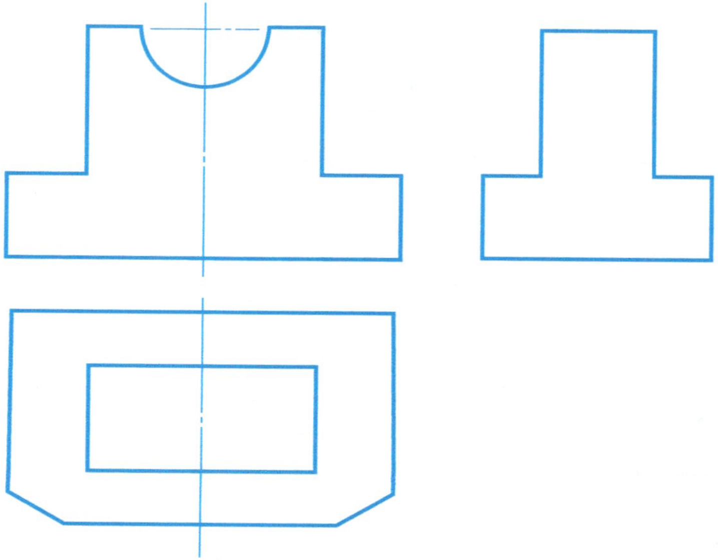



班级 姓名 学号

(7)

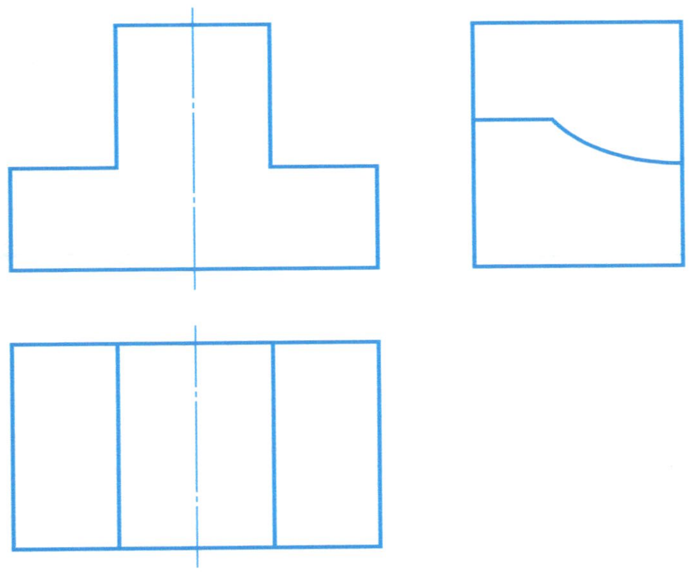

(8)

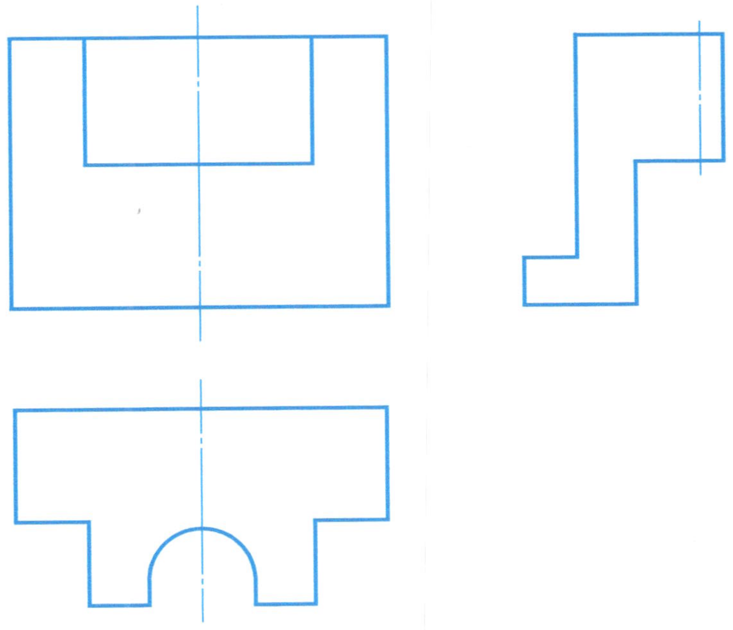

(9)

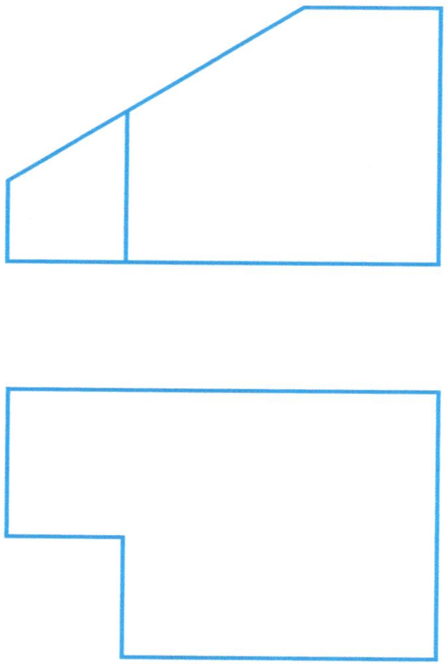

(10)

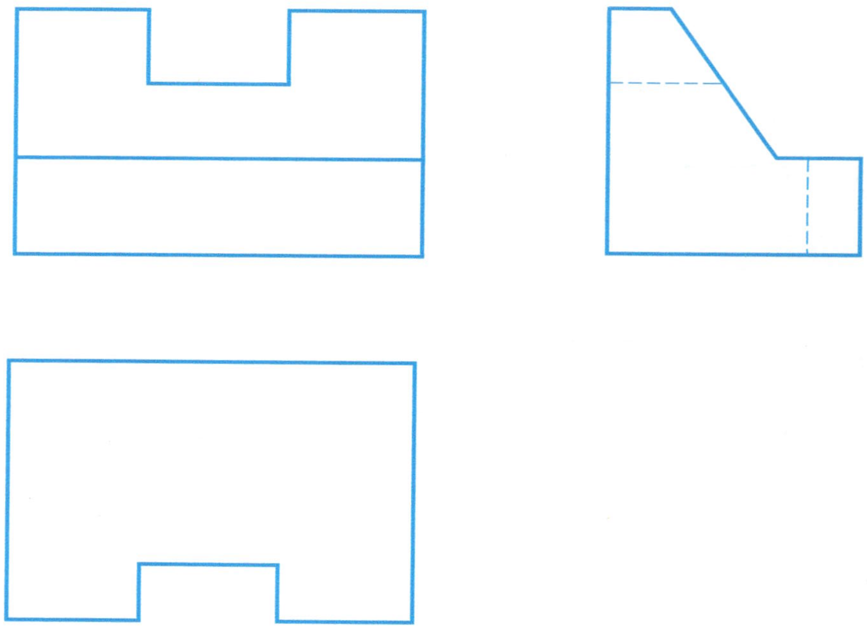



班级　　姓名　　学号

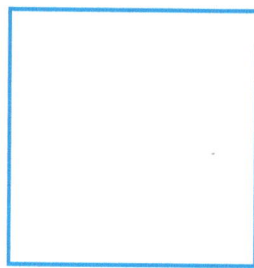

*(11)

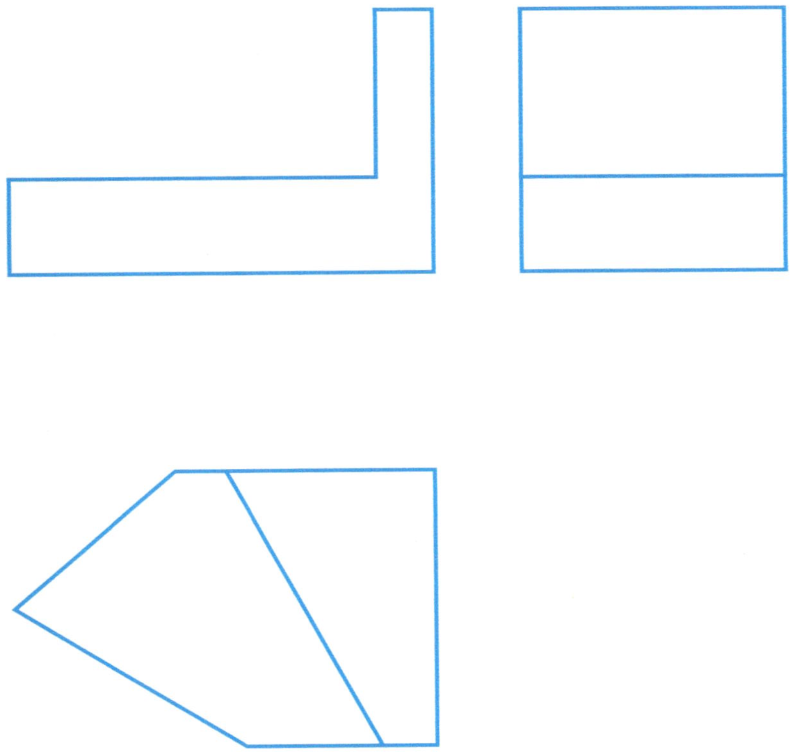

*(12)

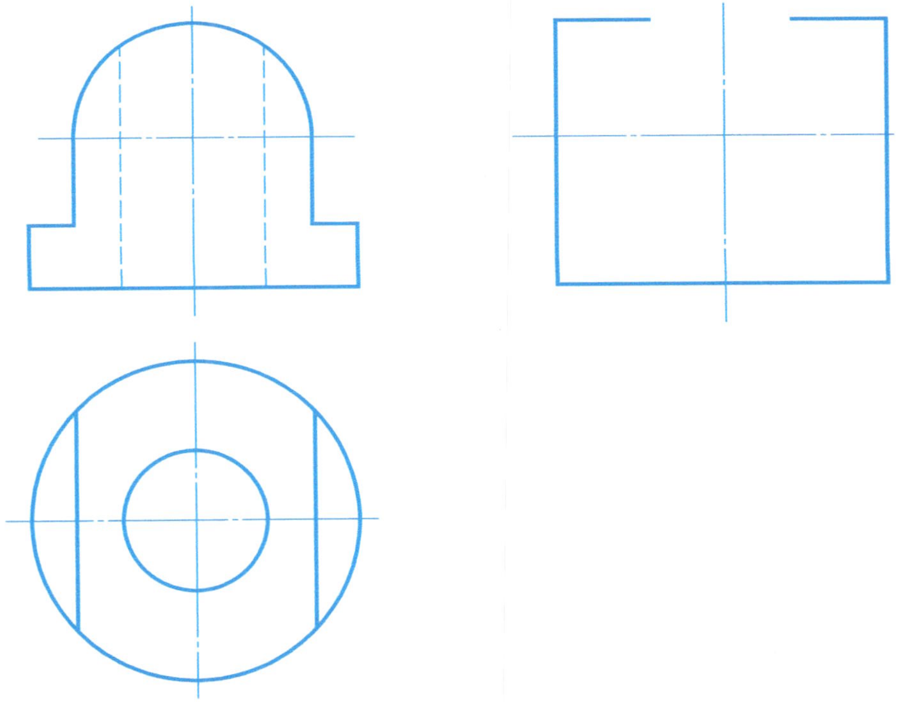

班级 姓名 学号

*(13)

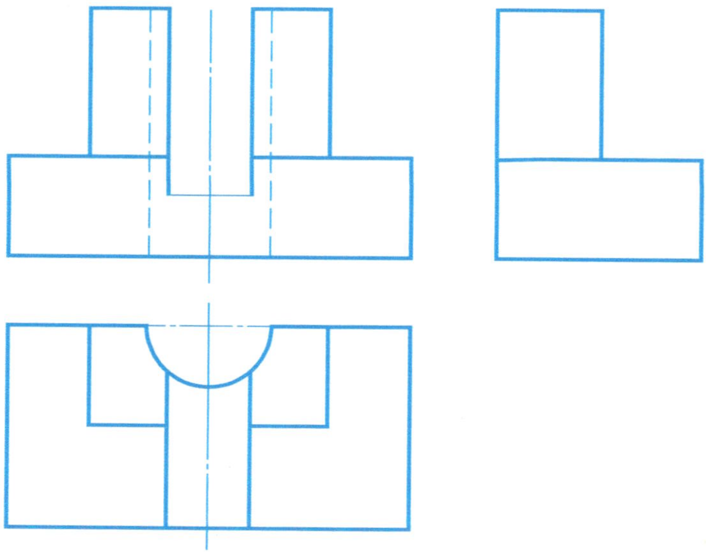

*(14)

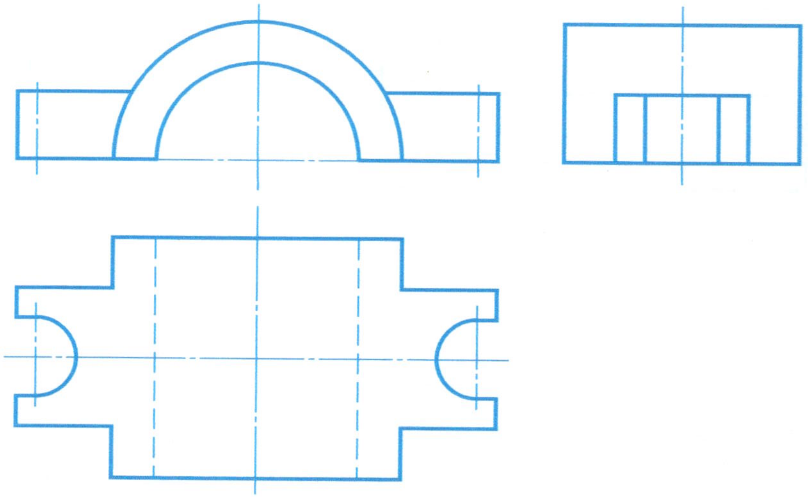



班级　　姓名　　学号

# 课题六　机件的表达方法

## 6-1　机件外部形状的表达

1. 根据主、俯、左三视图，参照轴测图补画右、后、仰三视图。

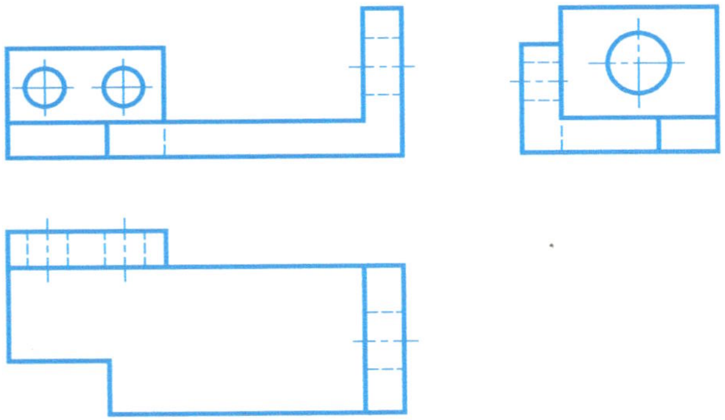

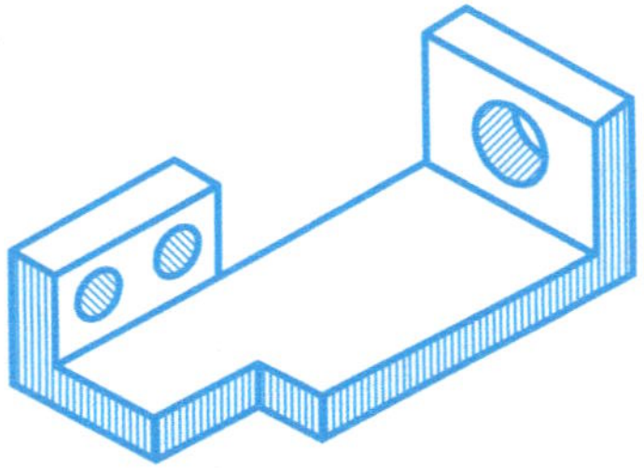

班级　　　　姓名　　　　学号

2. 已知主、俯视图，配置 *C*、*D*、*E*、*F* 四个投射方向的视图。

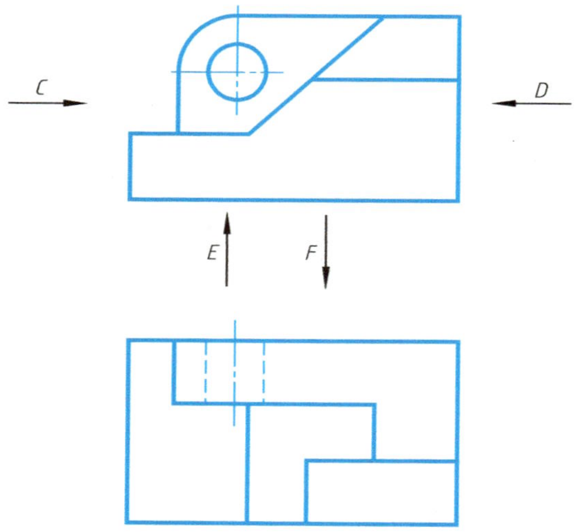


C

D

E

F

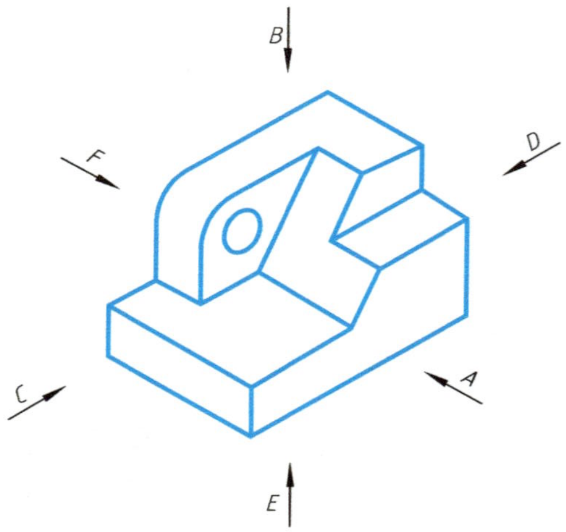

3. 在指定位置作出各向视图。

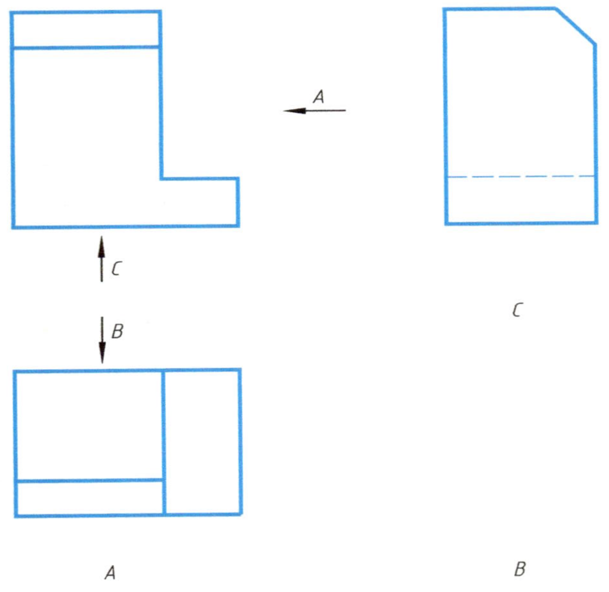


4. 画出 *A* 向局部视图。

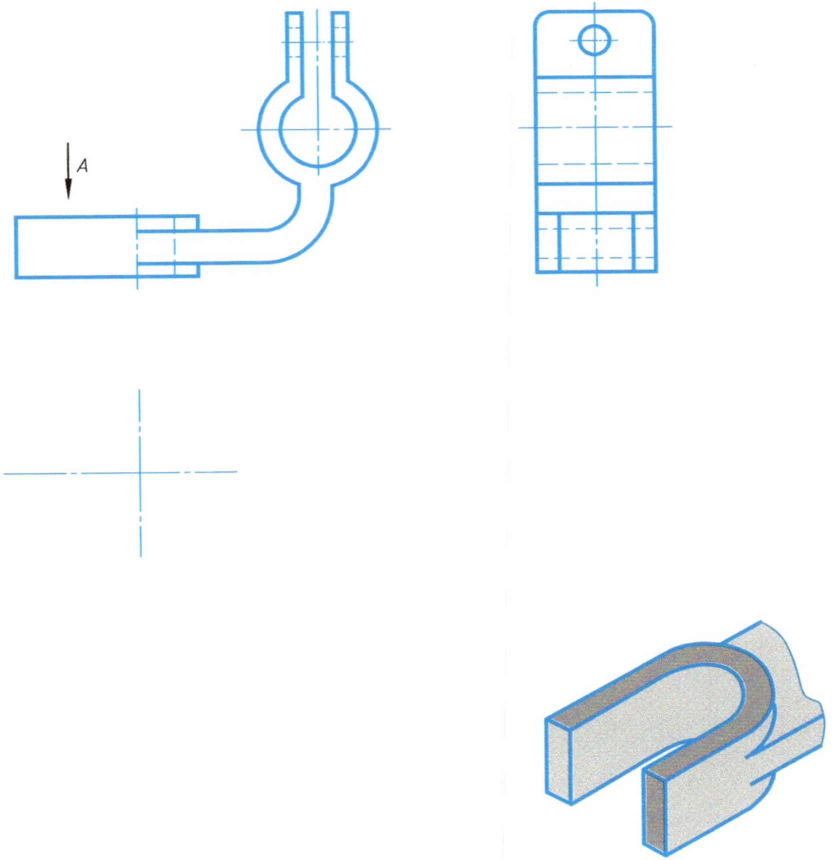

5. 根据主视图和轴测图，补画一个斜视图和一个局部视图，将机件的形状表达清楚。

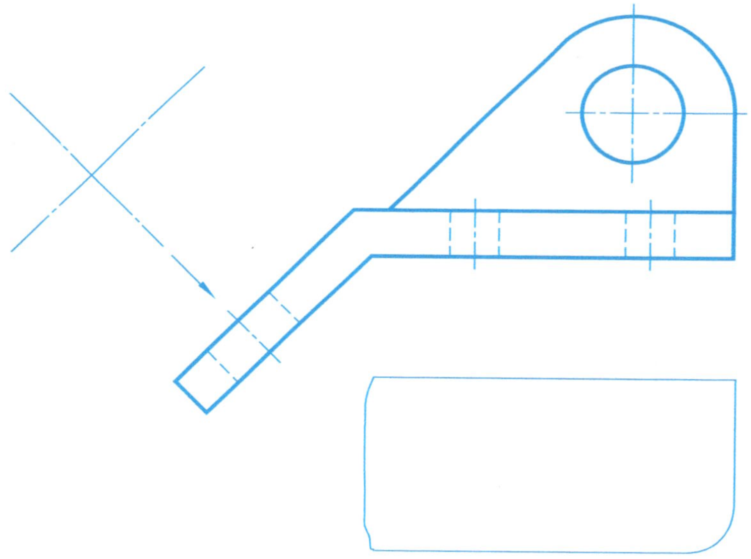

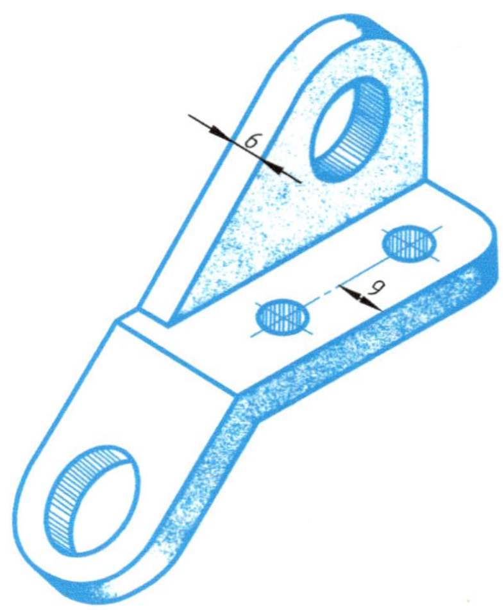



班级 姓名 学号

6. 在指定位置作局部视图和斜视图。

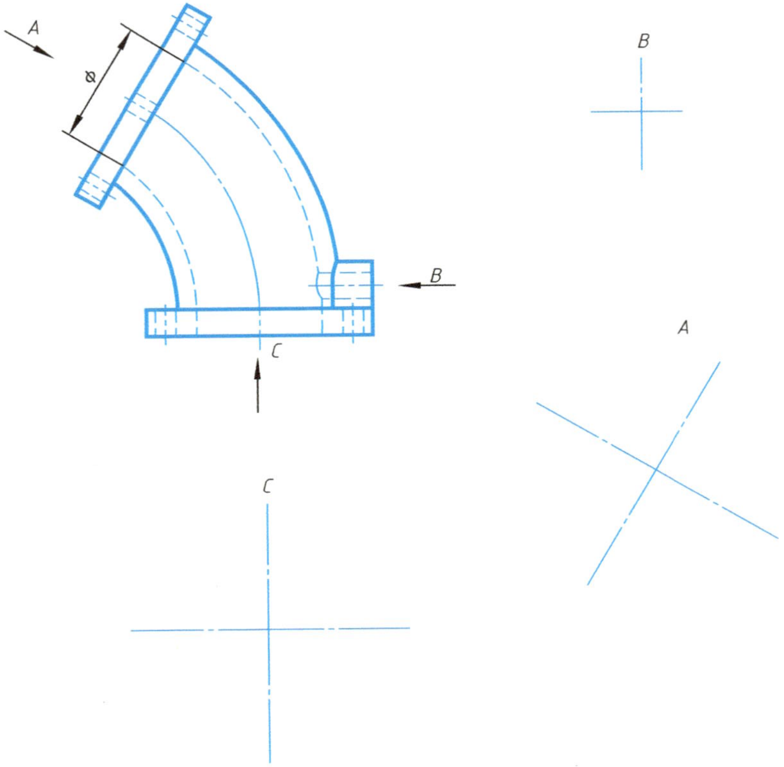


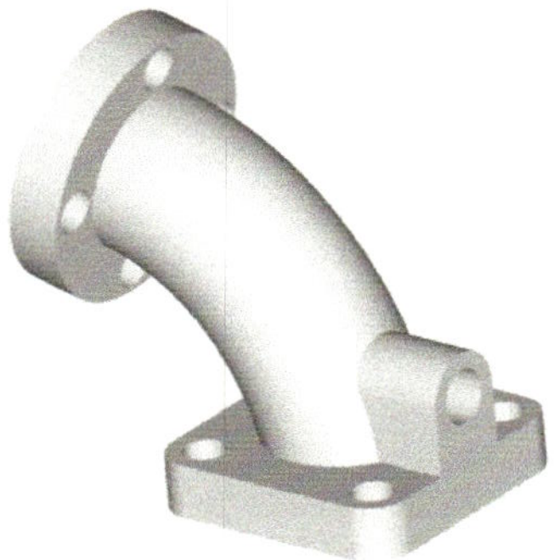

## 6-2 机件内部形状的表达

1. 将主视图画成全剖视图。

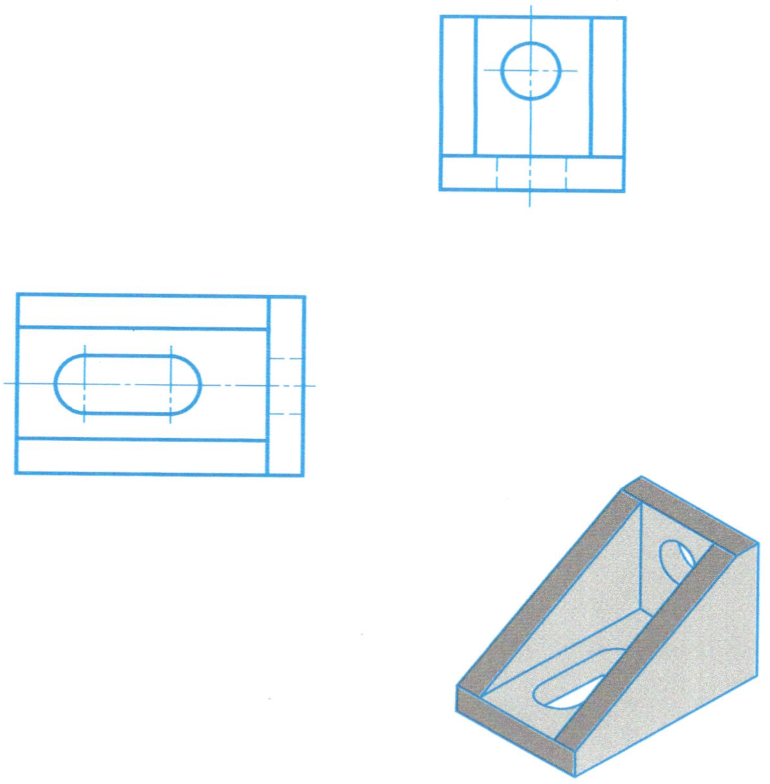

2. 将主视图画成全剖视图。

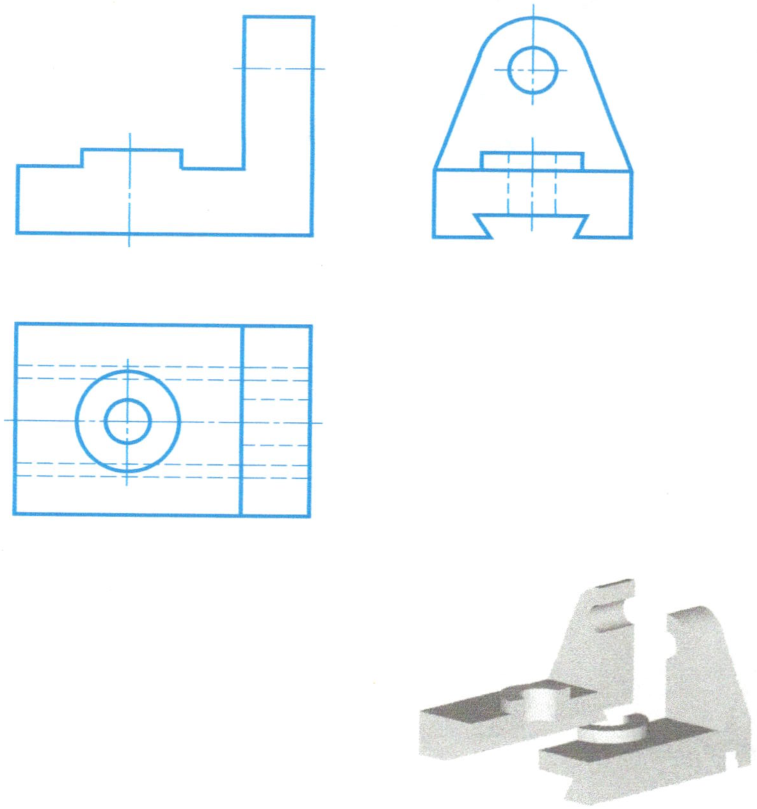



班级　　　　姓名　　　　学号

3. 将主、左视图画成全剖视图。

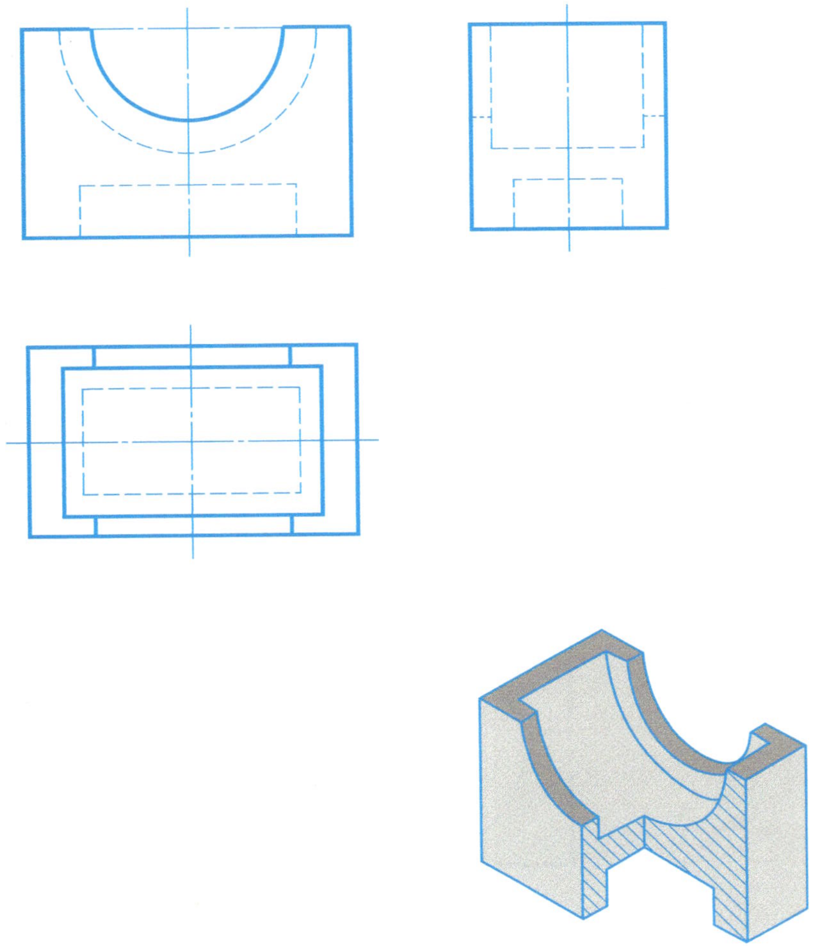

4. 在指定位置将主视图画成全剖视图。

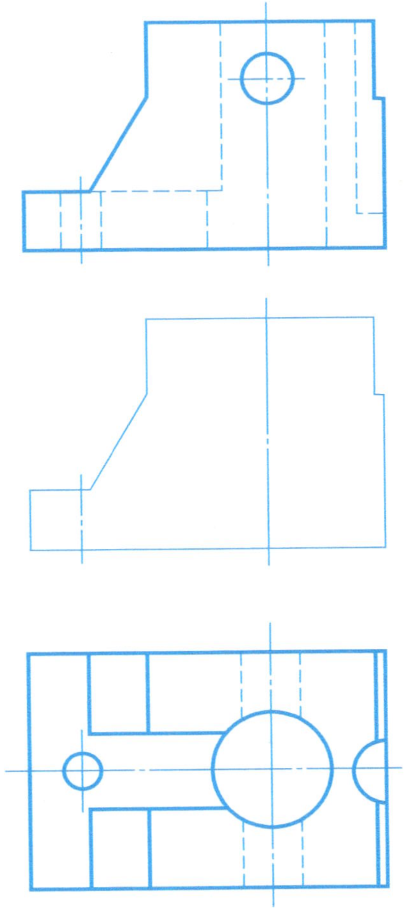

5. 在指定位置将主视图画成半剖视图。

（1）

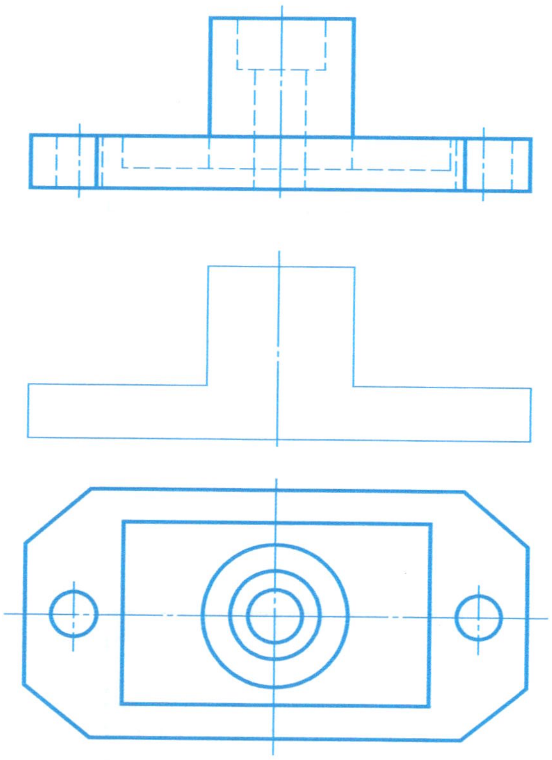

（2）

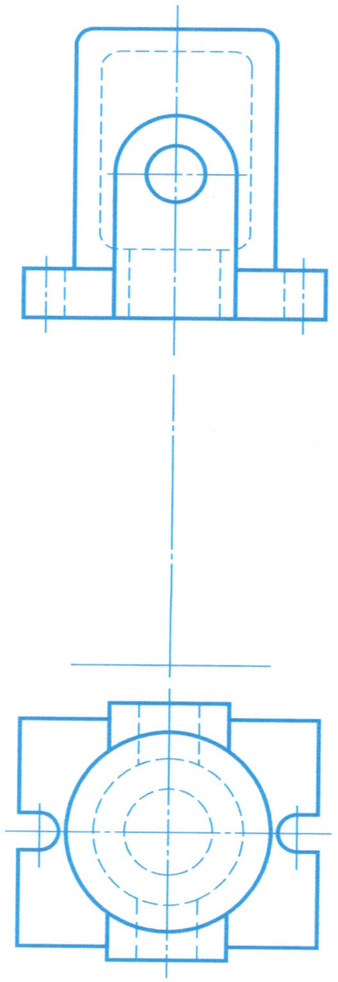



班级　　　　姓名　　　　学号

6. 在主视图上以波浪线为界作局部剖视。

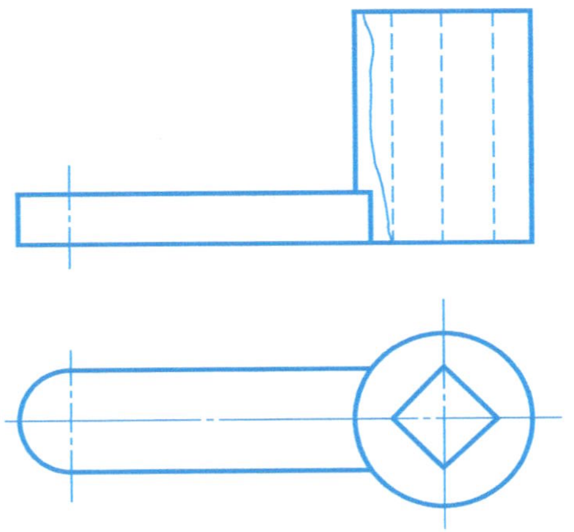

7. 在主视图与俯视图上作局部剖视图。

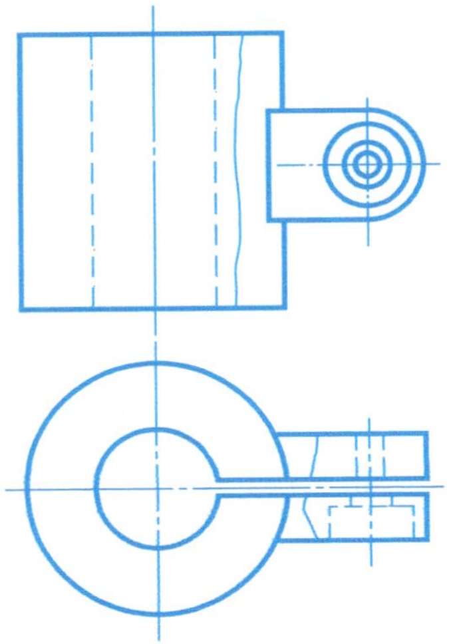

8. 找出图中的错误，在指定位置画出正确的局部剖视图（剖切位置和范围不变）。

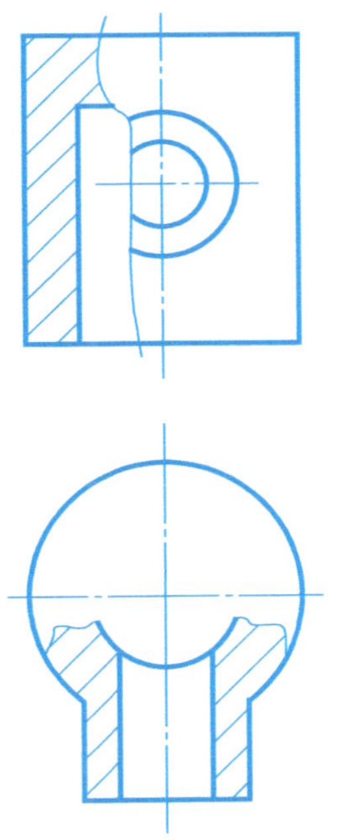

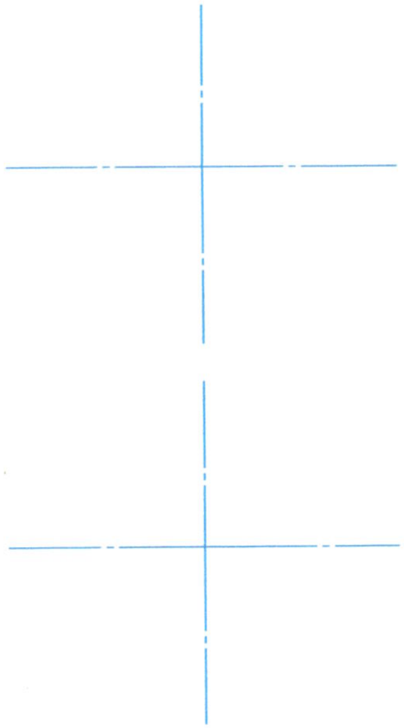

班级　　姓名　　学号

9. 补全视图中漏线。

（1）

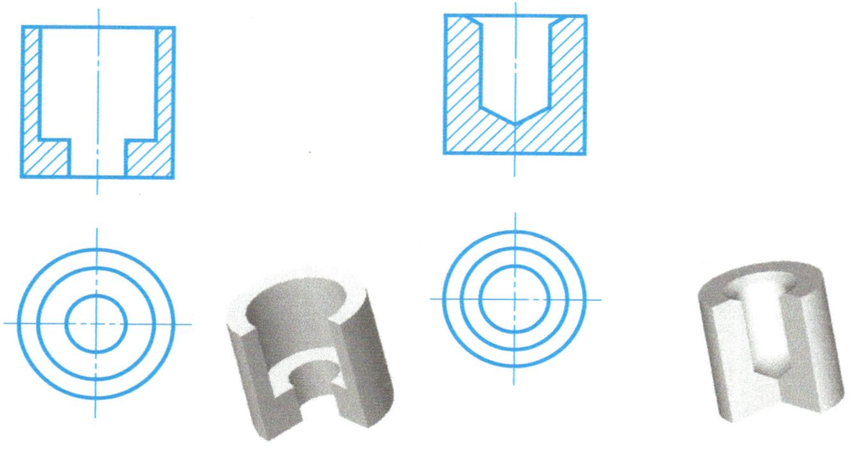

（3）

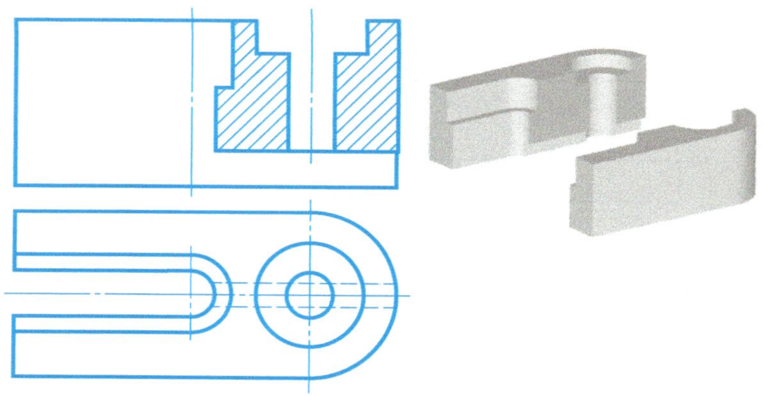

（2）

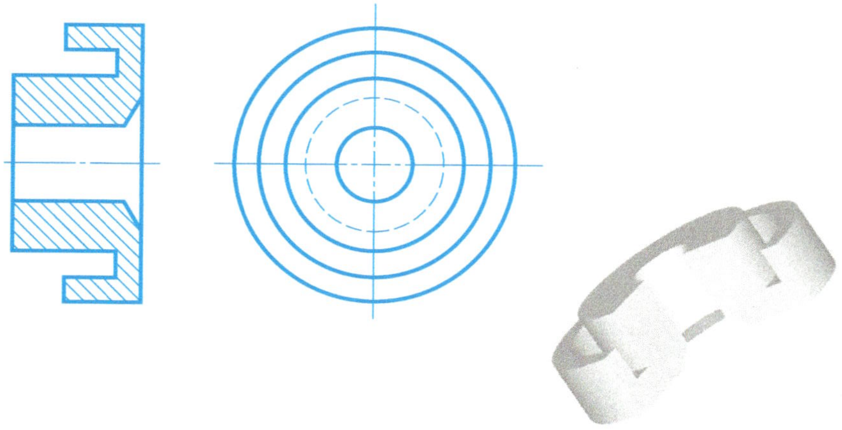

（4）

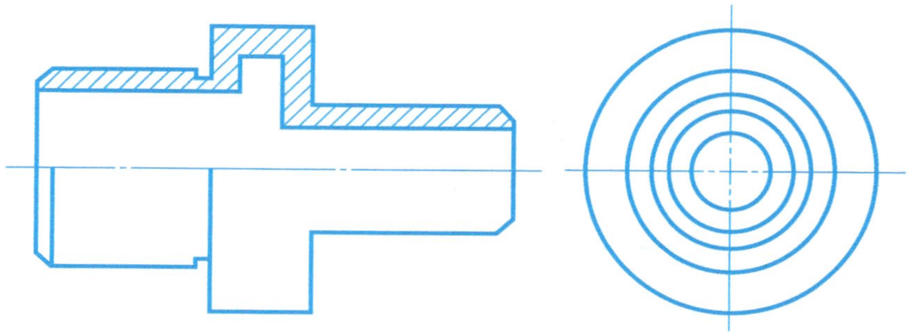



班级　　姓名　　学号

10. 根据已知的视图，画 $B$—$B$ 全剖视图。

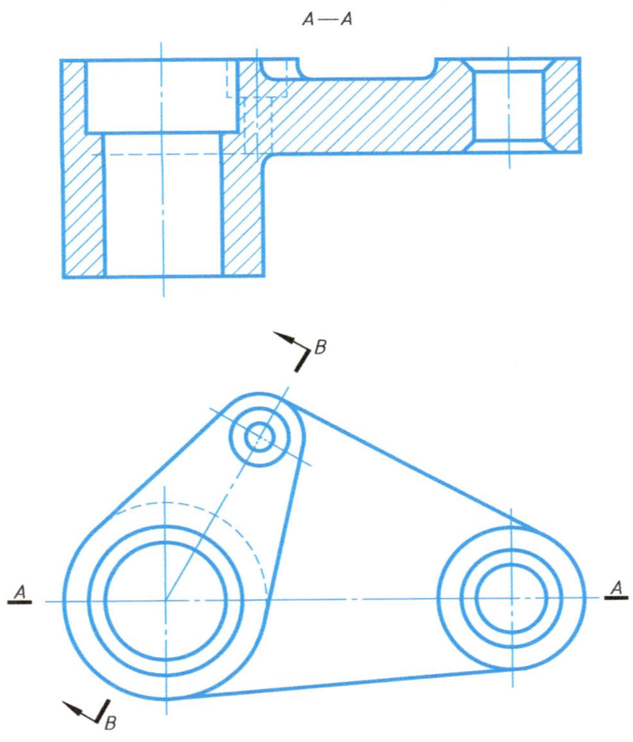


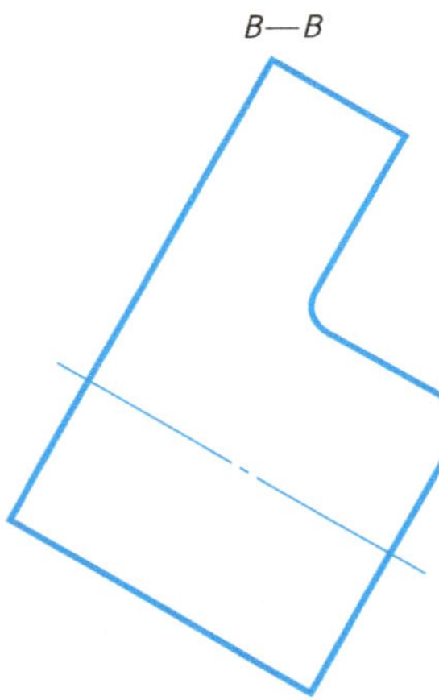


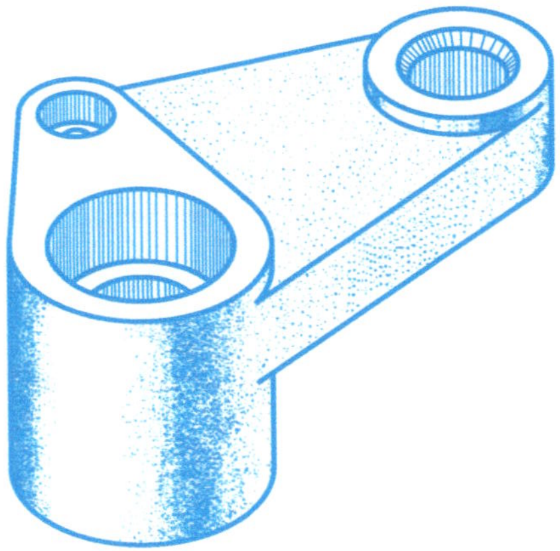

11. 用几个平行的剖切平面剖切物体，在指定位置把主视图画成全剖视图。

（1）

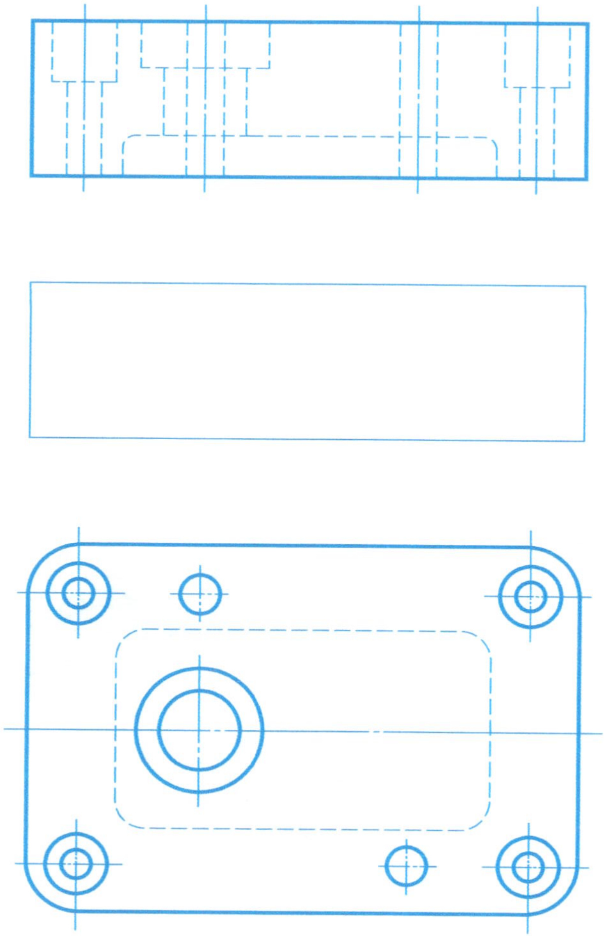

（2）

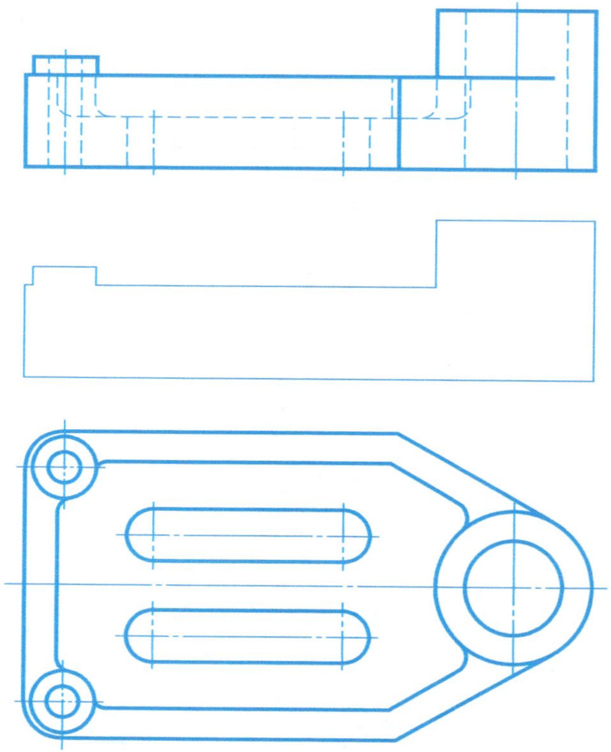



班级　　　　姓名　　　　学号

12. 用两个相交的剖切平面剖切物体，在指定位置把主视图画成全剖视图。

（1）

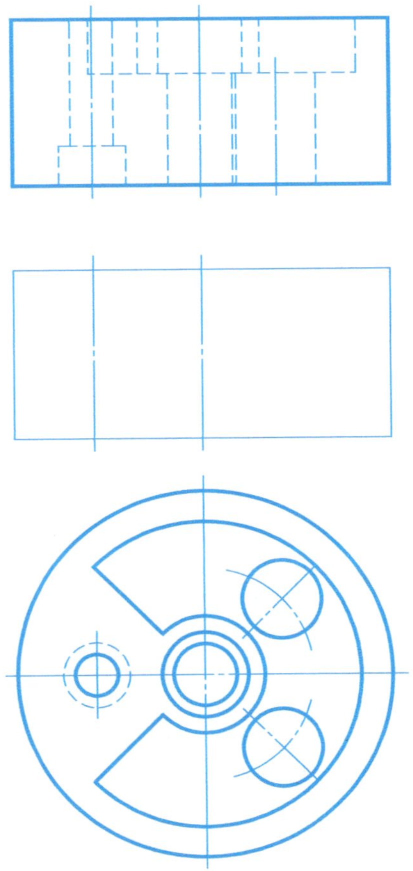

（2）

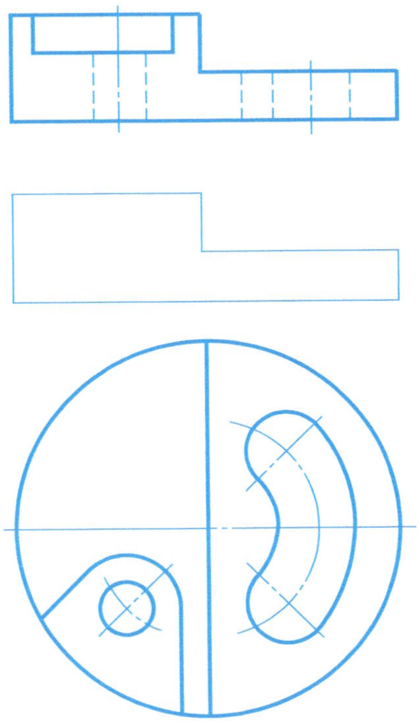

(3)

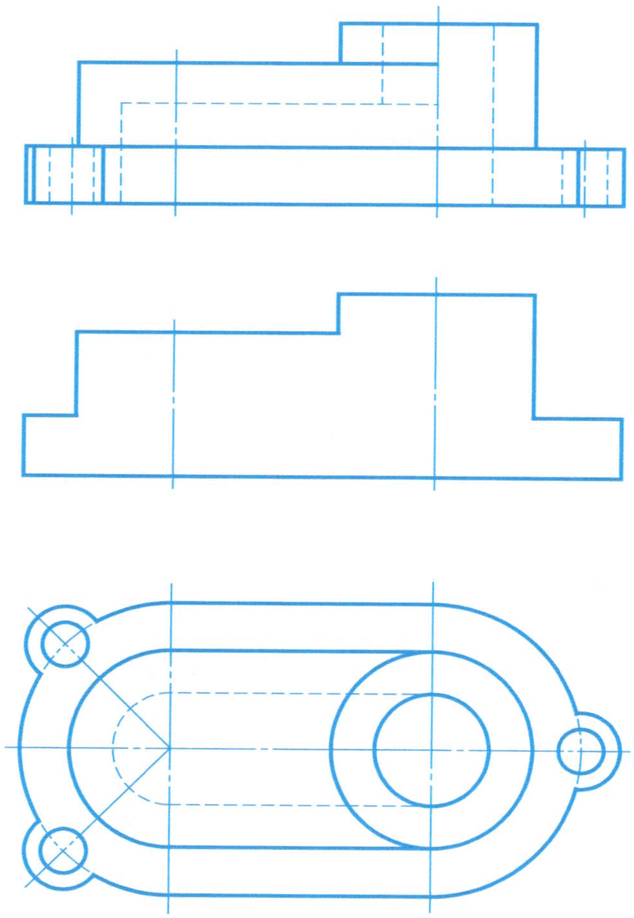

(4)

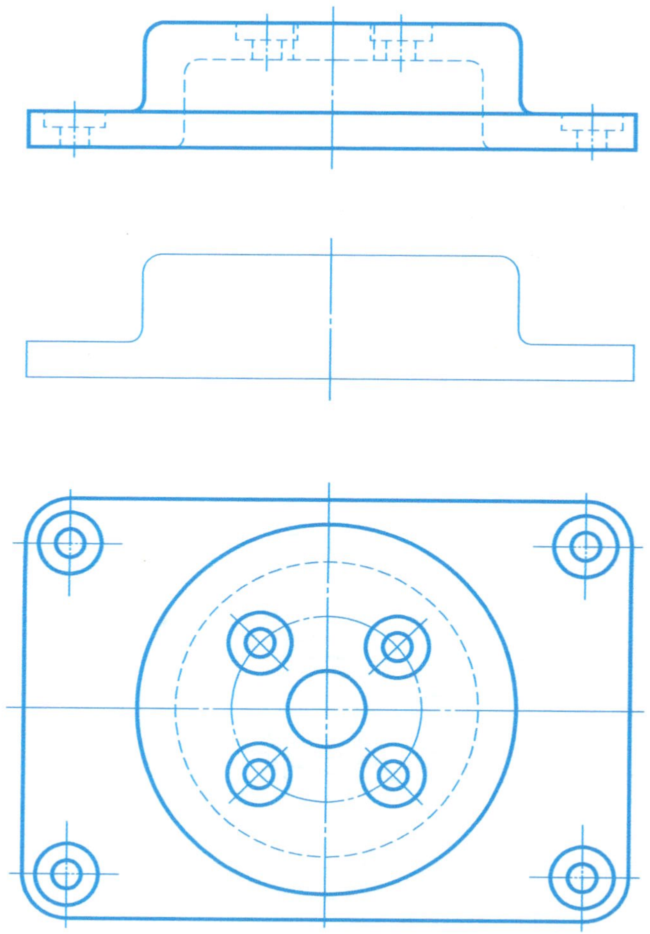



班级 姓名 学号

## 6-3 绘制断面图和轴的局部放大图

1. 画出指定的断面图（左端键槽深 4mm，右端键槽深 3.5mm）。

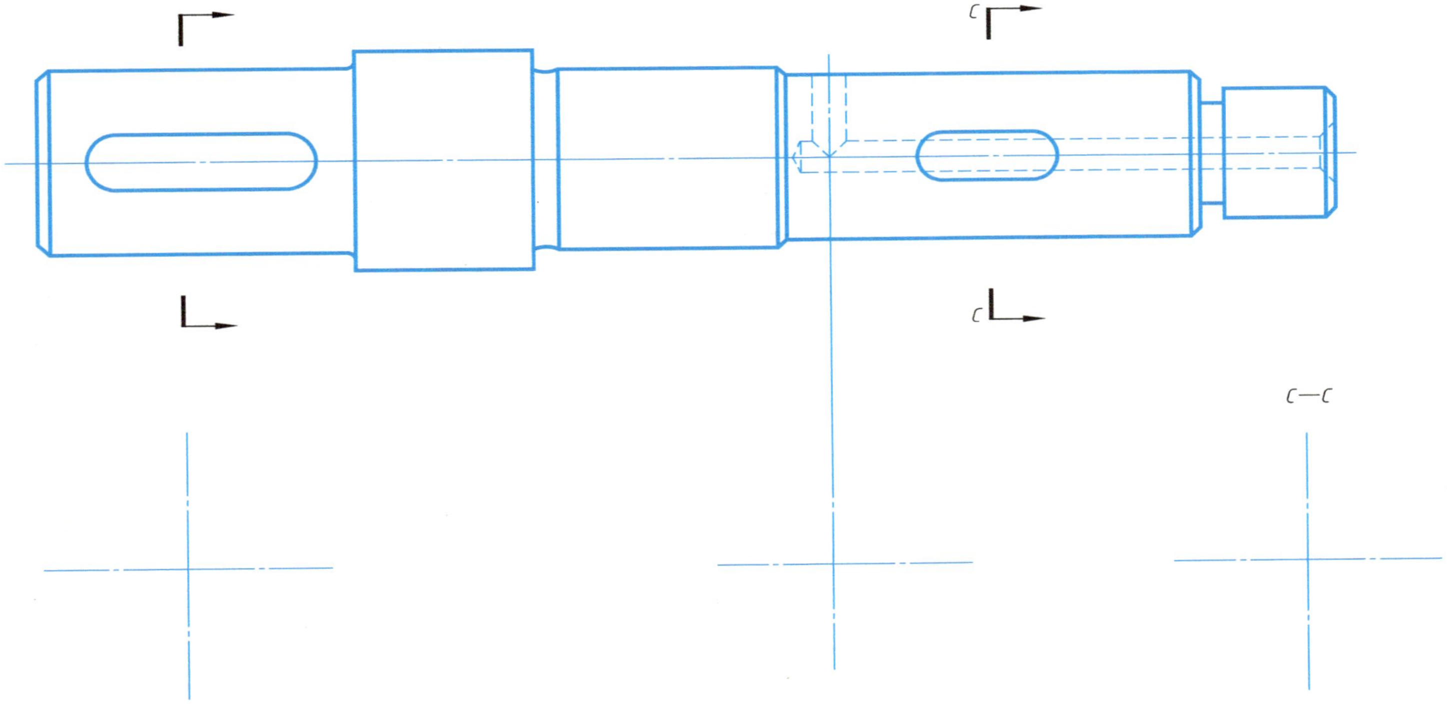


班级　　　　姓名　　　　学号

2. 断面图（在视图下方的断面图中选出正确的断面图形，并在括号内打“√”）。

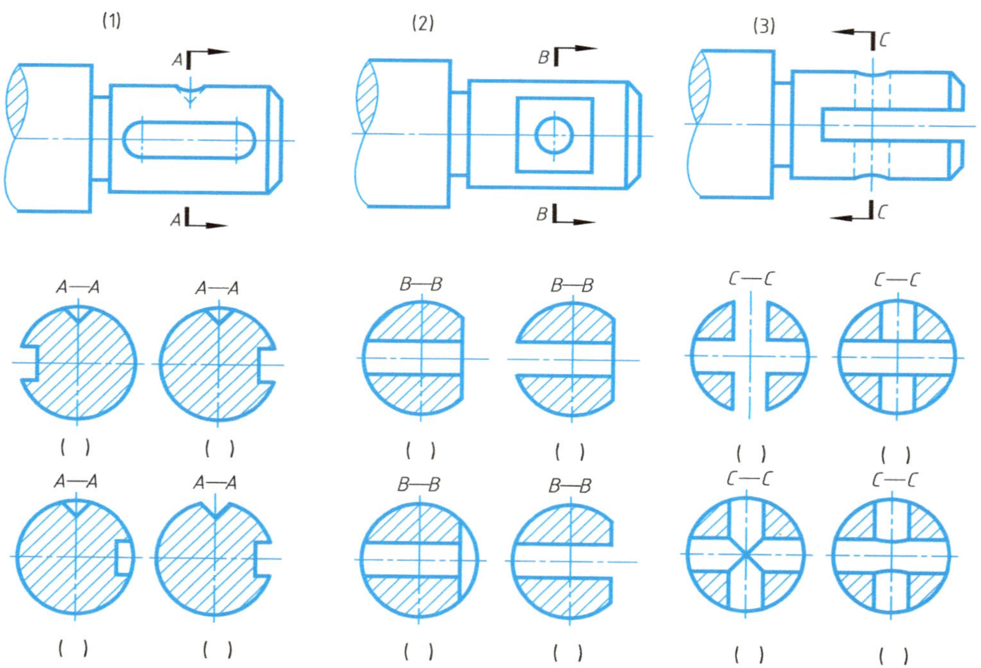


3. 在两个相交剖切平面的延长线上，作出断面图。

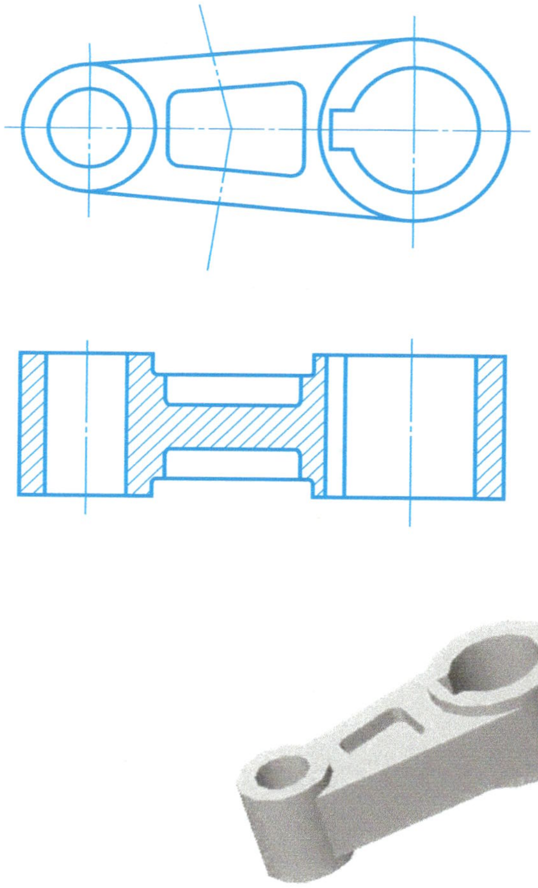

4. 在主视图上作肋板的重合断面图。

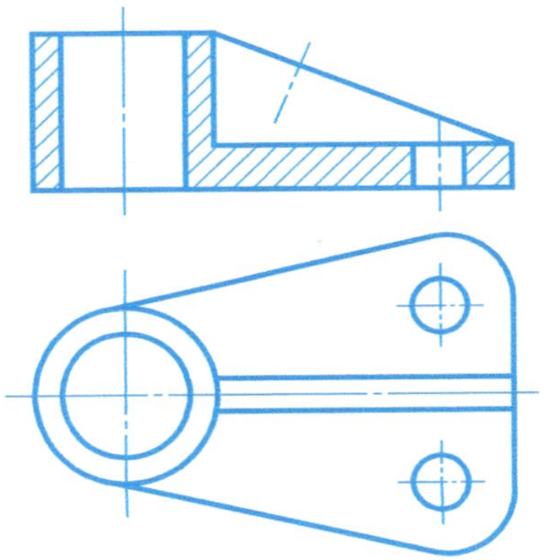

5. 简化画法。

（1）将剖视图按正确画法，画在指定位置。

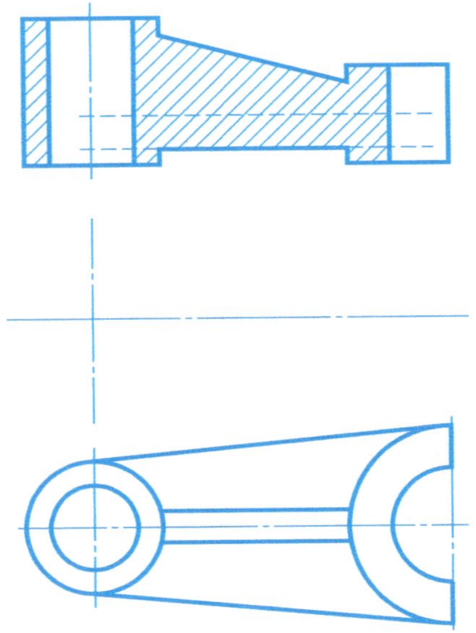

（2）将主视图在指定位置画成全剖视图。

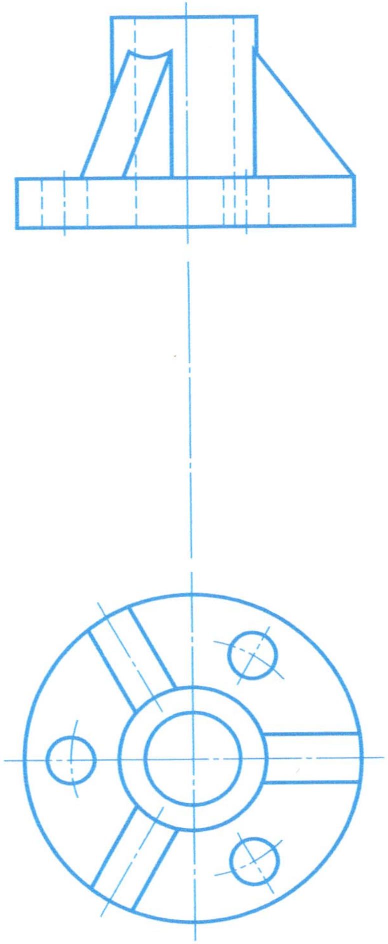

班级　　姓名　　学号

## 作 业 指 导

1. 目的

1）熟悉剖视图、断面图等表达方法，进一步提高空间想象力。

2）进一步提高形体分析能力及机件结构的表达能力。

3）训练应用图样画法、选择合适机件的表达方法。

2. 内容

1）读懂视图，选择合适的图样表达方案，重新表达该机件。

2）标注全部尺寸。

3）用 A3 图纸，按 1 : 1 比例绘图。

3. 作图步骤

1）根据已知视图进行形体分析，了解机件的结构形状。

2）按照机件的结构特点，确定表达重点，选取表达方案。

3）根据规定的图幅选定比例，合理布置图面。

4）轻画底稿。按照各种剖切方法、剖视图和其他画法要求，逐一画出各视图，并结合尺寸标注将机件表达清楚。

5）画出剖面符号。在同一机件的各个剖视图中，剖面线的方向应一致，间隔应相等。

6）检查后描深。

7）标注尺寸，填写标题栏等。

4. 注意点

1）剖面线一般不应画底稿，而在描深时一次画成。

2）注意区分哪些剖切位置和剖视图名称应标注，哪些不必标注。注意局部剖视图中波浪线的画法。

3）标注尺寸仍需应用形体分析法。

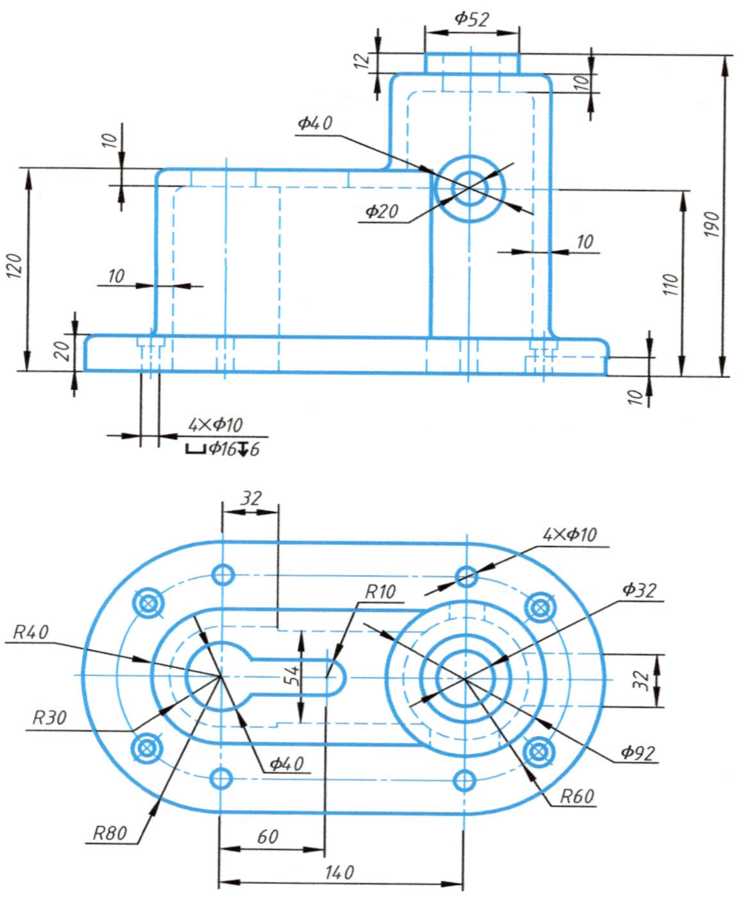




班级　　　姓名　　　学号

## * 附加机件表达方法综合练习

1. 对所给视图进行形体分析，在此基础上选择表达方案，标注尺寸，用 A3 图纸，按 1 : 1 比例绘制。

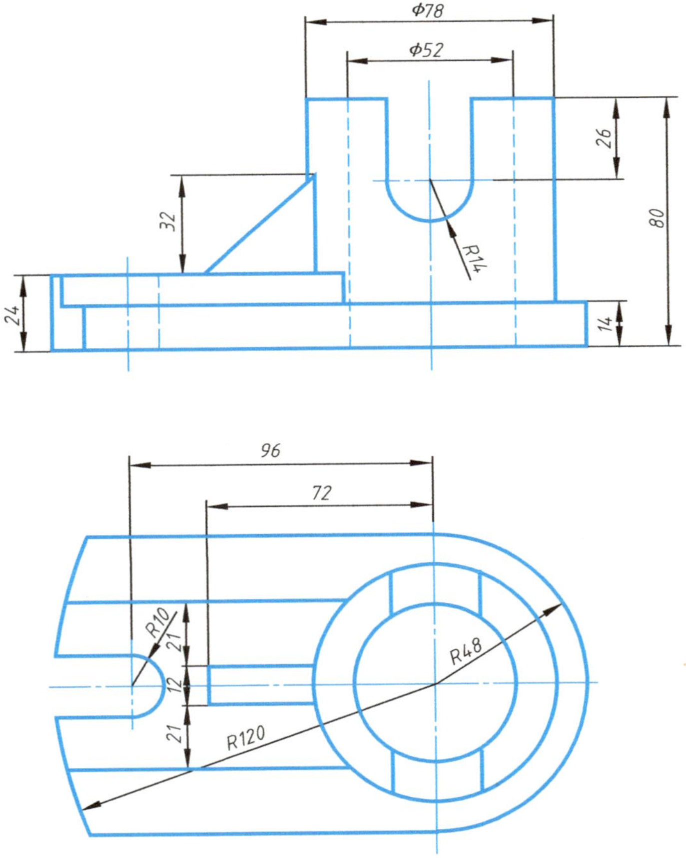


2. 对所给机件进行形体分析，在此基础上选择表达方案，重新布置尺寸，用 A3 图纸，按 1 : 1 比例绘制。

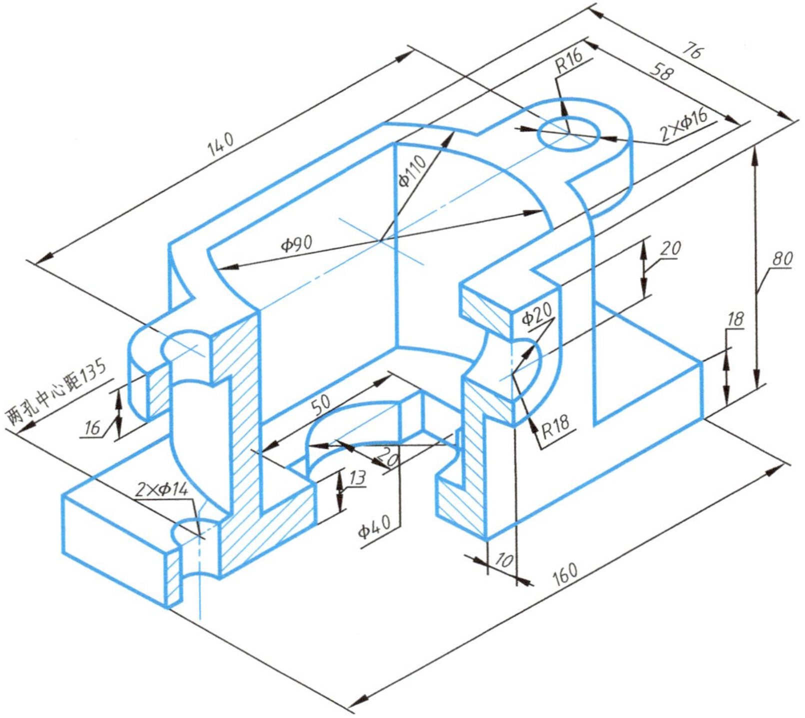


班级　　姓名　　学号

# 课题七　标准件和常用件

## 7-1　螺纹和螺纹紧固件

1. 判断下列螺纹画法的正误，正确的在括号内打“✓”，错误的在括号内打“×”。

（1）

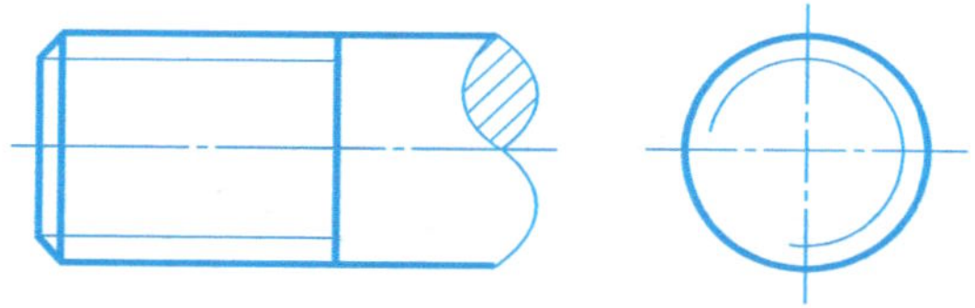

（　）

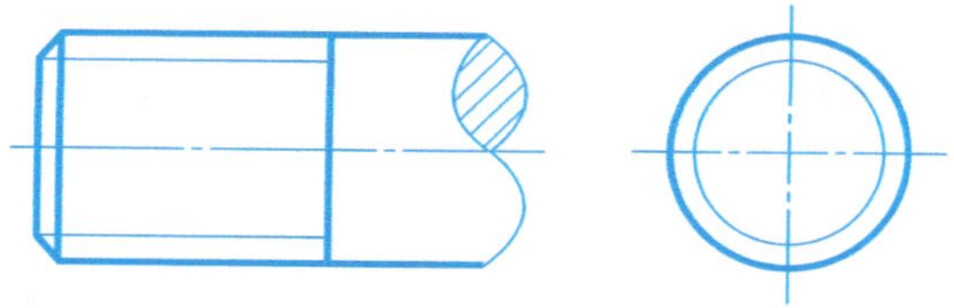

（　）

（2）

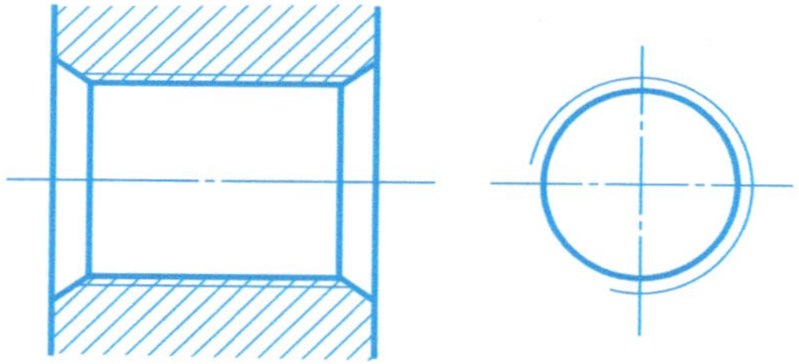

（　）

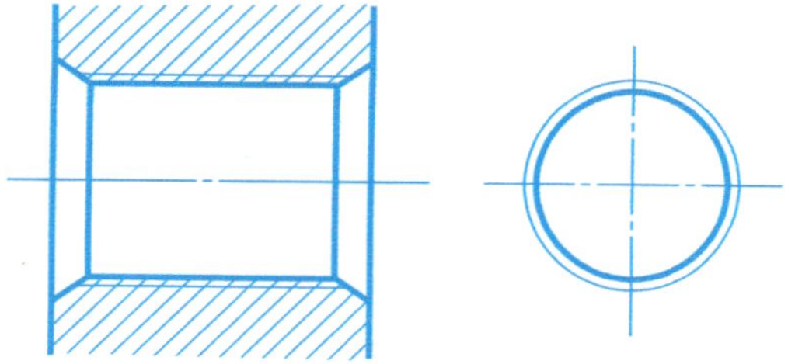

（　）

（3）

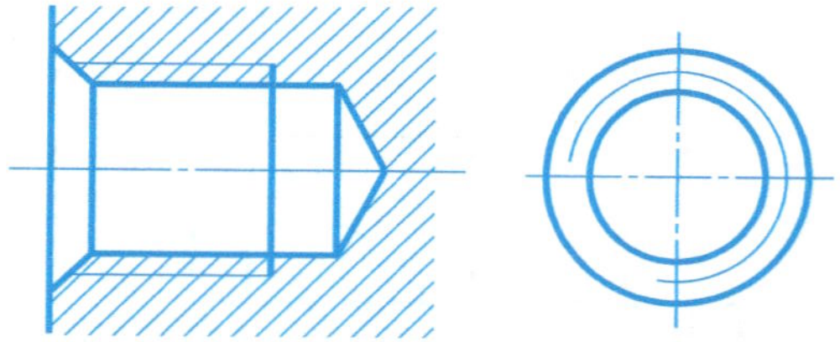

（　）

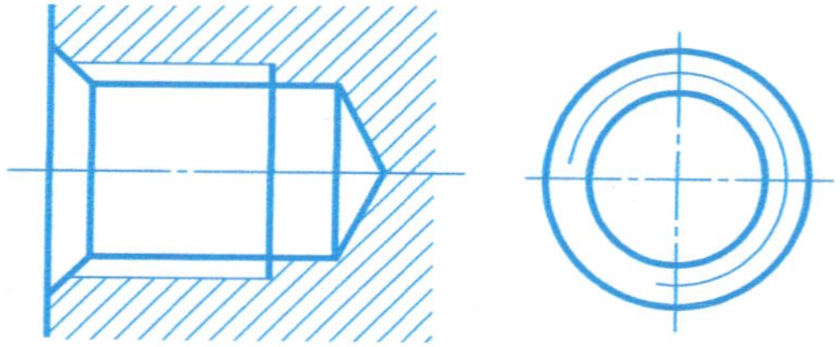

（　）



班级　　　　姓名　　　　学号

2. 按照已知条件绘制螺纹视图

（1）外螺纹，公称直径 M20，螺纹长度为 20mm，螺杆长度为 30mm，螺纹倒角为 $C2$。

（2）内螺纹，公称直径 M20，螺纹长度为 20mm，孔深为 30mm，螺纹倒角为 $C2$。

（3）画出上述内、外螺纹连接图，左视图采用剖视画法。

3. 分析螺纹画法中的错误，在指定位置画出正确的视图。

（1）

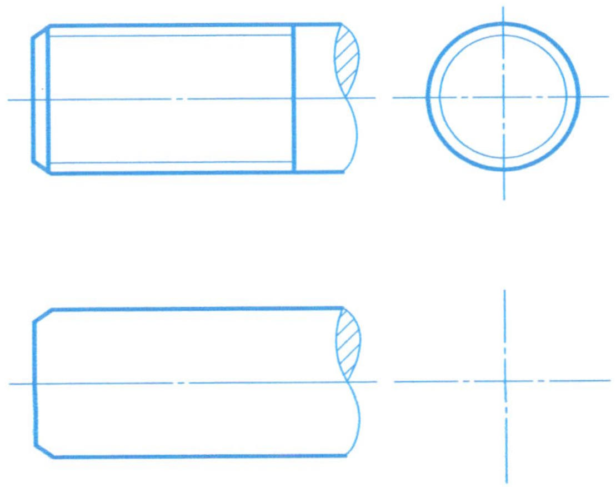

（2）

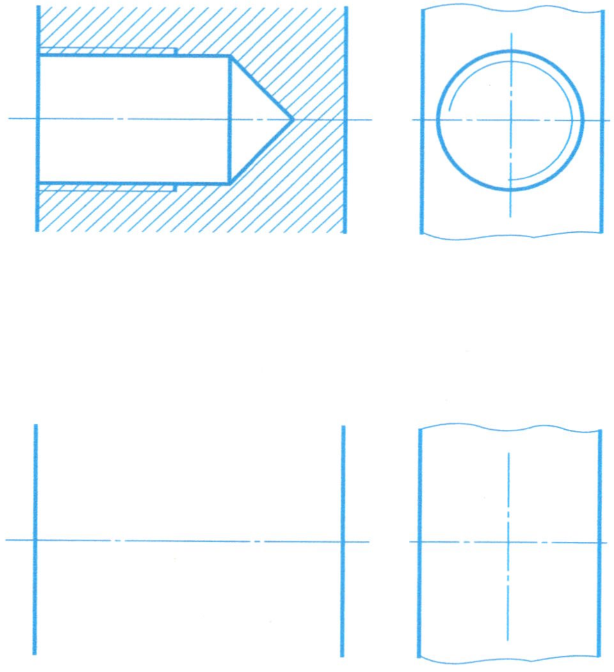

（3）

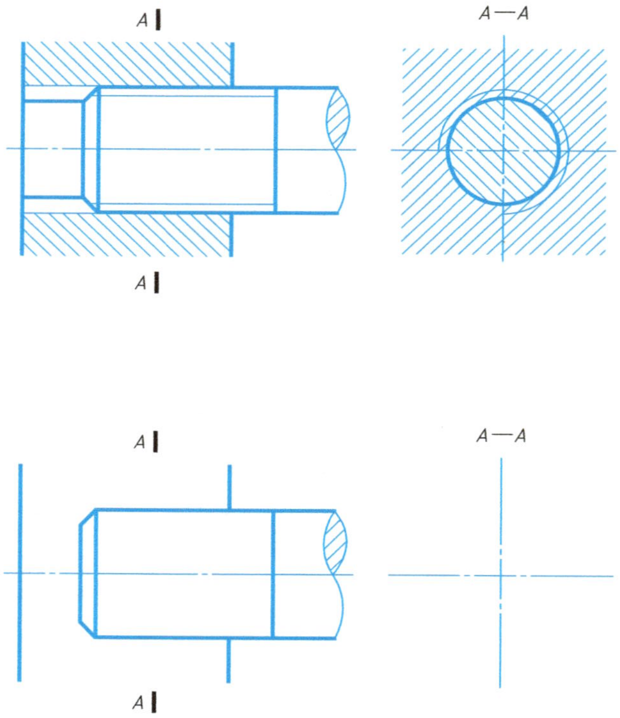


（4）

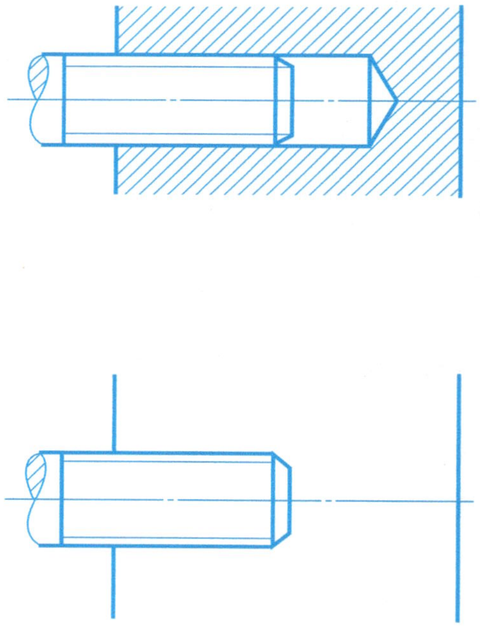

## 7-2 螺纹的标注

1. 粗牙普通螺纹大径为16mm，右旋，中、顶径公差带代号为6g，中等旋合长度。

2. 粗牙普通螺纹大径为16mm，右旋，中、顶径公差带代号为6H，中等旋合长度。

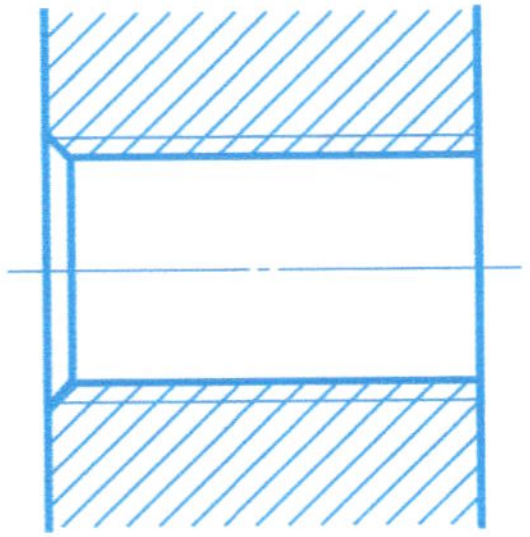

3. 梯形螺纹，公称直径为20mm，导程为14mm，双线，右旋，中径公差带代号为8e，中等旋合长度。

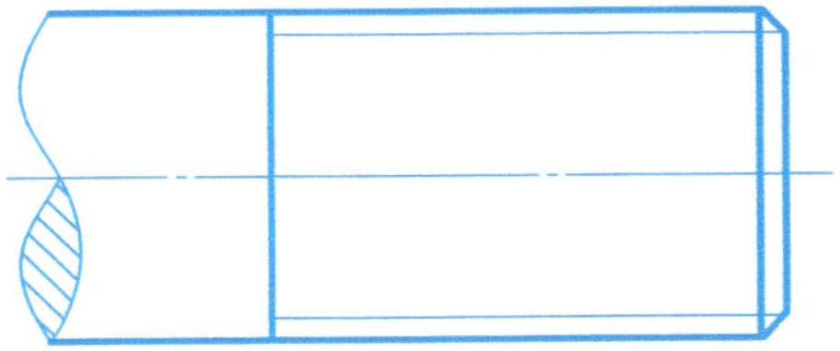

4. 55°非密封管螺纹，尺寸代号为3/4，左旋，公差等级为A级。

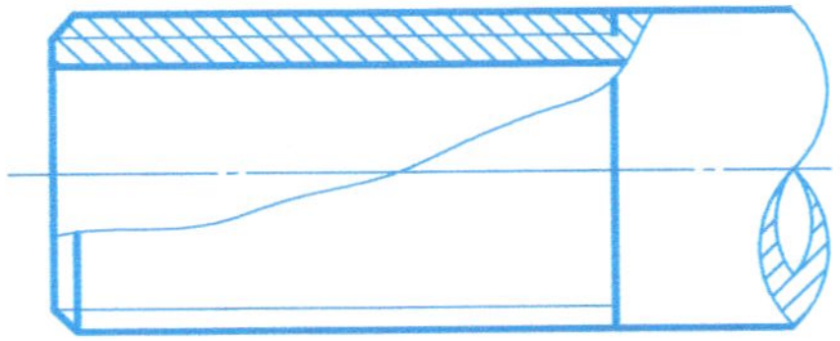

1. 分析螺栓连接视图中的错误，并补全视图中所缺的图线。

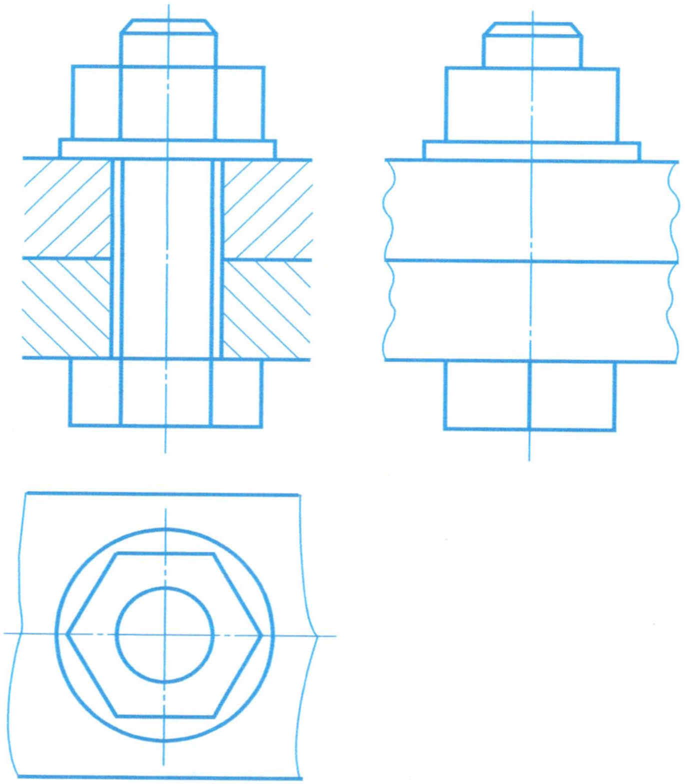

2. 完成螺栓连接的装配图（采用简化画法）。

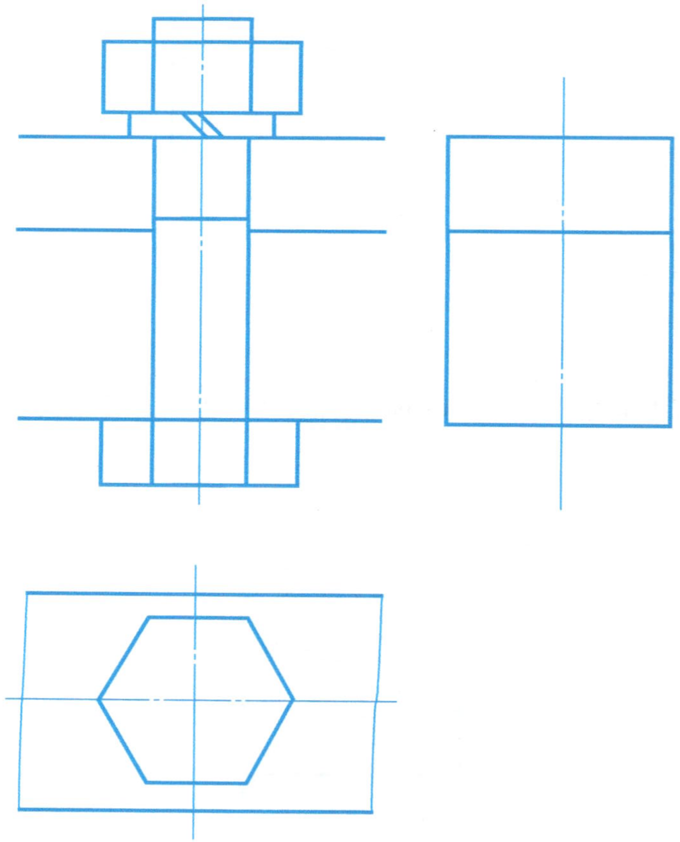



班级　　　　姓名　　　　学号

3. 分析螺柱连接视图中的错误，并将正确的视图画在右边的空白处。

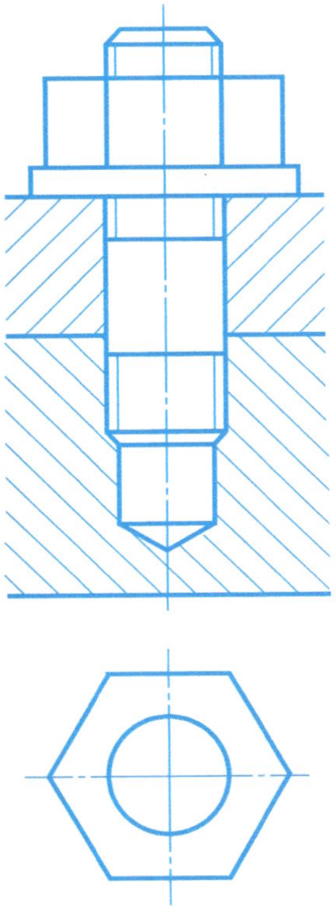

4. 完成螺钉连接的装配图。

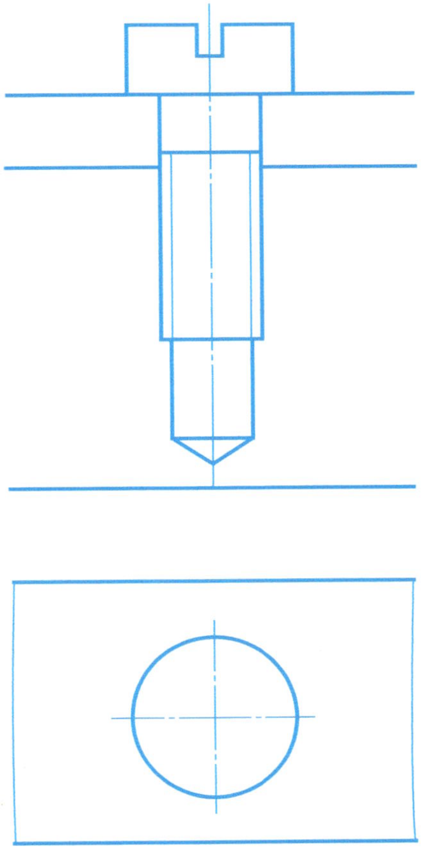

班级　　姓名　　学号

1. 补全直齿圆柱齿轮的主视图和左视图，并标注尺寸（模数 $m=3$，齿数 $z=34$）。

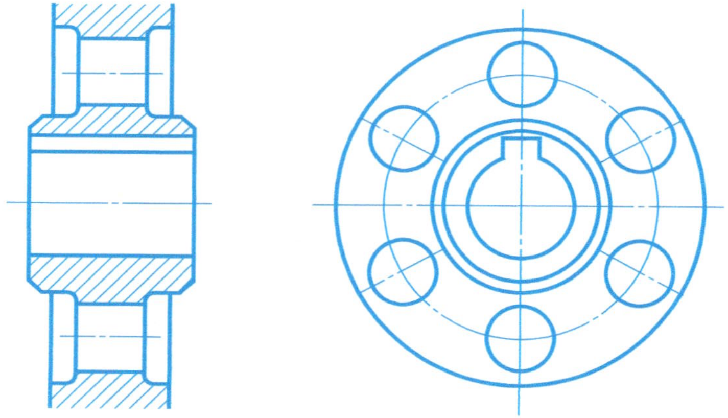

2. 补全齿轮啮合的主视图和左视图。

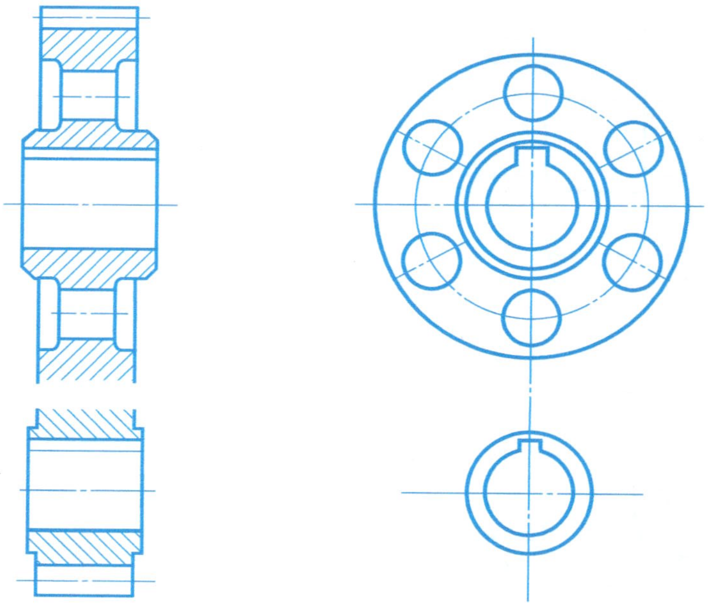



班级　　　　姓名　　　　学号

1. 查表画出轴和轴孔上的键槽（轴的公称直径从图上量取），并标注尺寸。

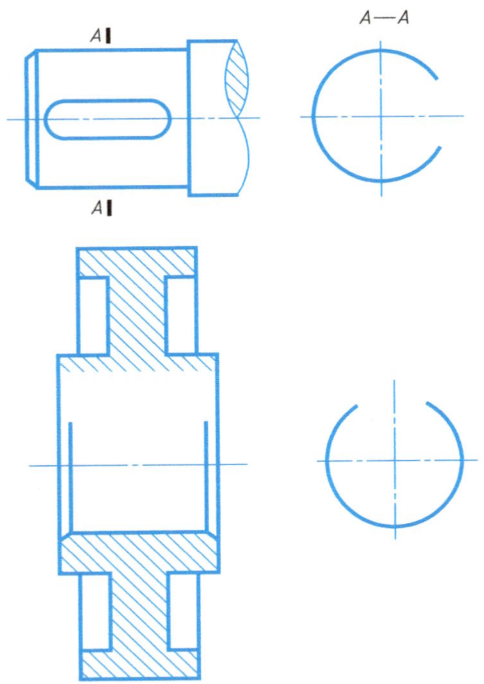


2. 检查轴承规定画法和通用画法中的错误，在右侧画出正确的视图。

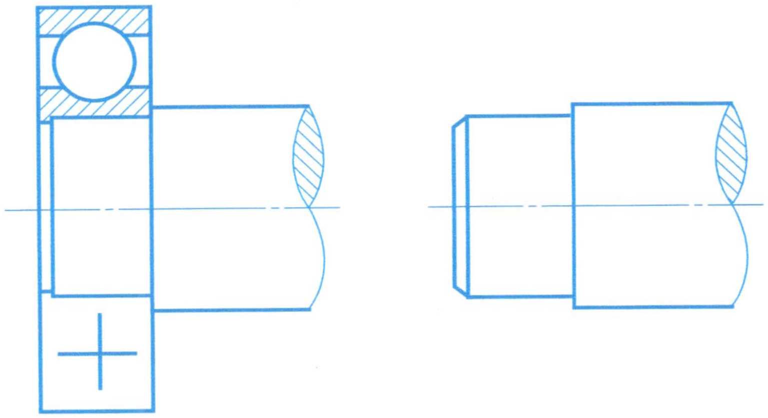

班级 姓名 学号

# 课题八 零 件 图

## 8-1 识读零件图的表达方法

1. 分析 $A$、$B$、$C$ 三个方向中哪个方向作为主视图最好，然后选定一组图形，表达此零件。（尺寸由图中量取）

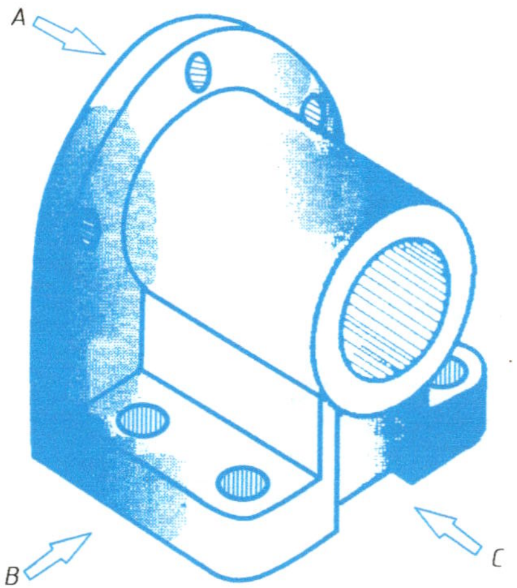


 班级　　姓名　　学号

2. 根据给出的立体图，确定表达方案、完成一组视图并标注尺寸，并用“▽”指出长、宽、高方向的尺寸基准。

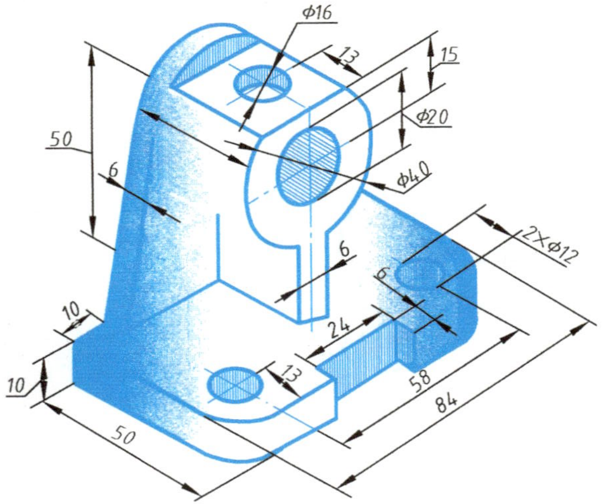

1. 标注表面粗糙度

（1）下图的所有表面的表面粗糙度值均为 $Ra3.2\mu m$。

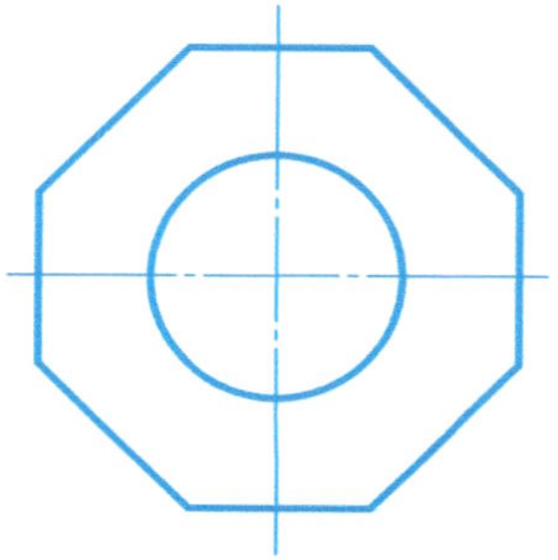

（2）将所给出的各部位表面粗糙度值注在图中。

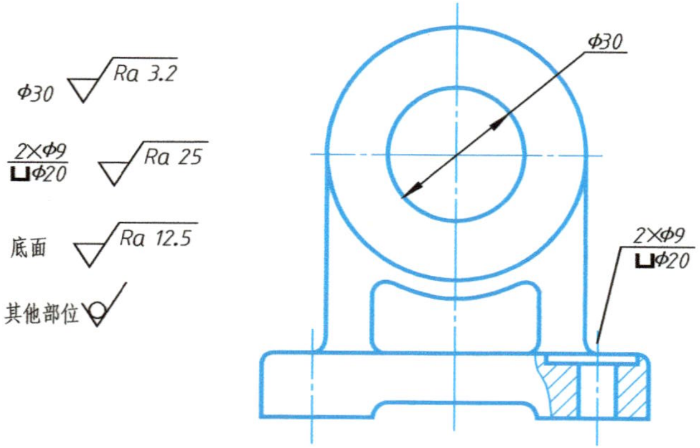


（3）$\phi15mm$ 孔内表面的表面粗糙度值为 $Ra1.6\mu m$。

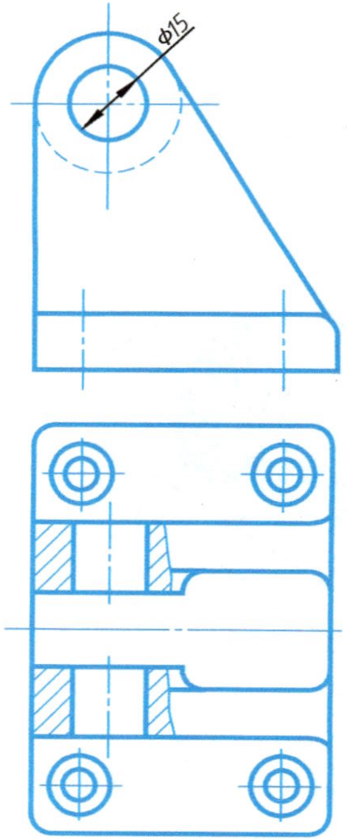




班级 姓名 学号

（4）齿轮圆柱面的表面粗糙度值为 $Ra3.2\mu m$，轮齿工作面的表面粗糙度值为 $Ra1.6\mu m$。

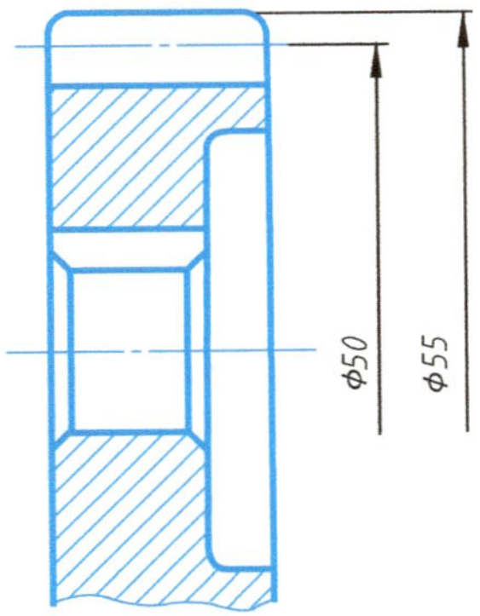


（5）按照要求标注下图。

1）轴孔的表面粗糙度值为 $Ra3.2\mu m$；2）键槽两侧面的表面粗糙度值为 $Ra3.2\mu m$，槽底的表面粗糙度值为 $Ra6.3\mu m$；3）轮齿工作面的表面粗糙度值为 $Ra0.8\mu m$；4）其余表面的表面粗糙度值为 $Ra12.5\mu m$。

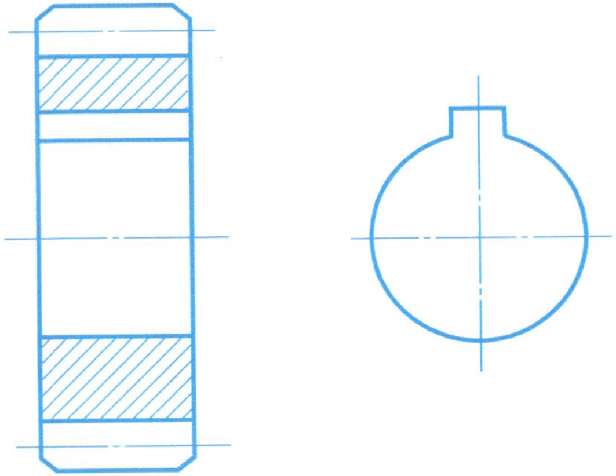

2. 标注极限与配合。

（1）

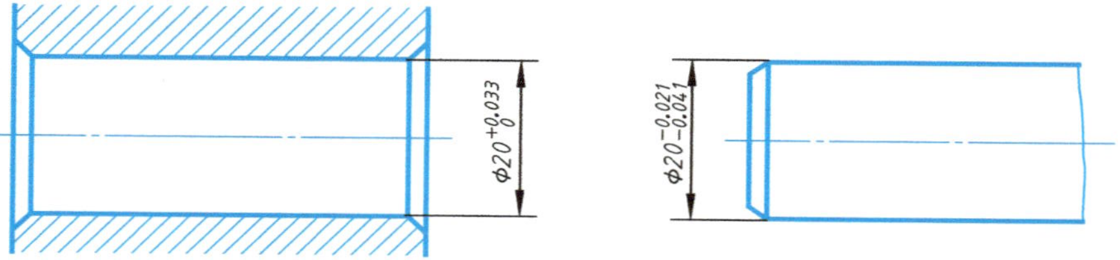


| 名称 | 孔 | 轴 |
| --- | --- | --- |
| 公称尺寸 | | |
| 上极限尺寸 | | |
| 下极限尺寸 | | |
| 上极限偏差 | | |
| 下极限偏差 | | |
| 公差 | | |

（2）根据零件图中的标注，在装配图上注出配合代号，并回答问题。

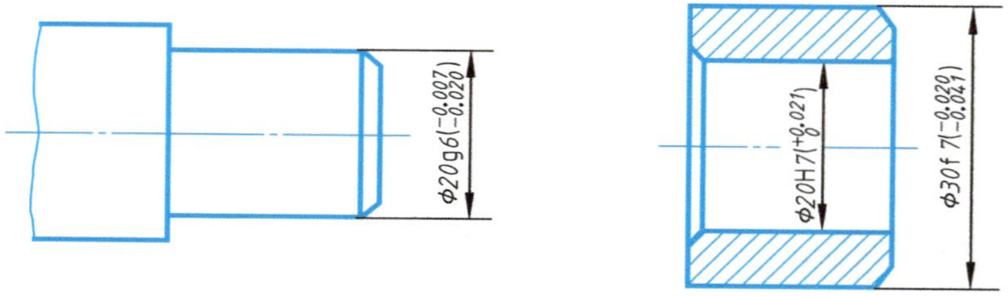


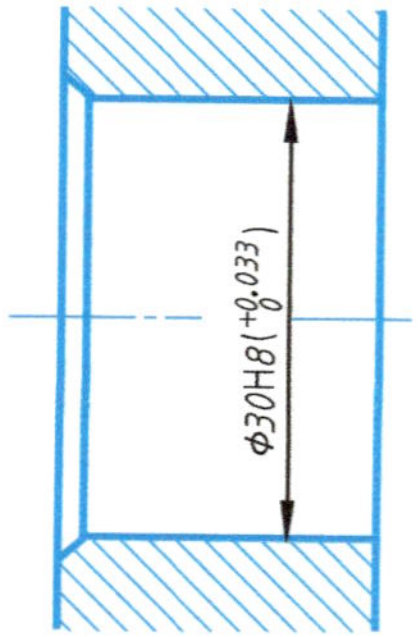


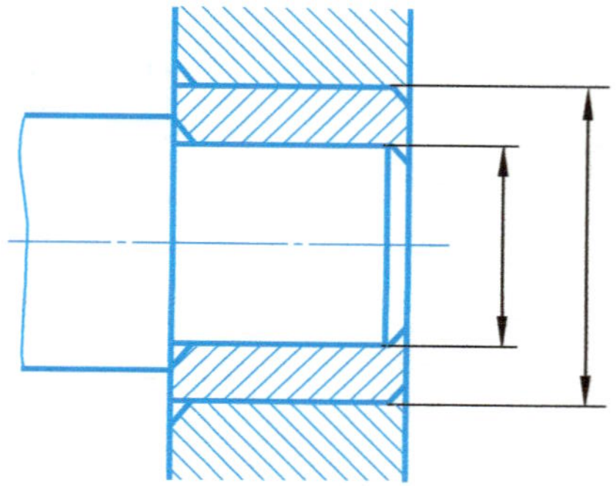

轴与轴套孔是______制________配合；

轴套与零件孔是______制________配合。

3. 说明图中几何公差的含义并填空。

(1)

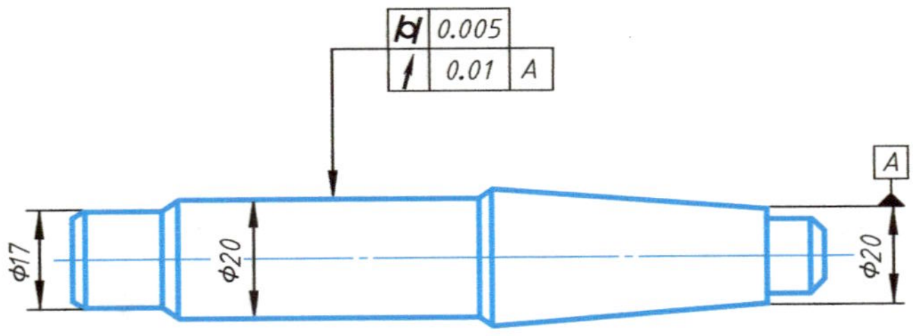


(2)

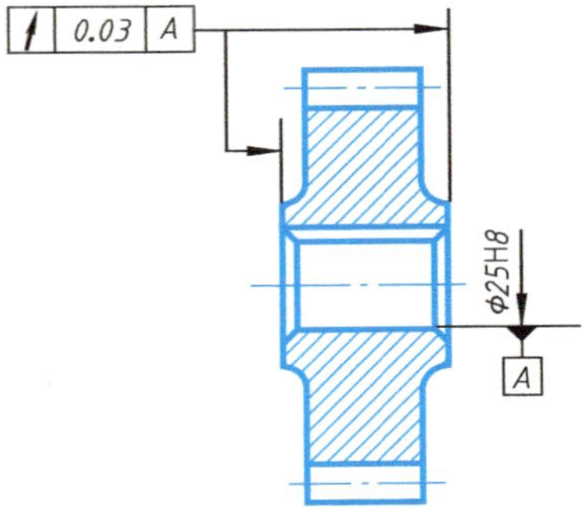


________圆柱面的______公差为______；________圆柱面对圆锥轴段______轴线的________公差为______。

齿轮轮毂两________面对______轴线的________公差为______。

班级　　姓名　　学号

(3)

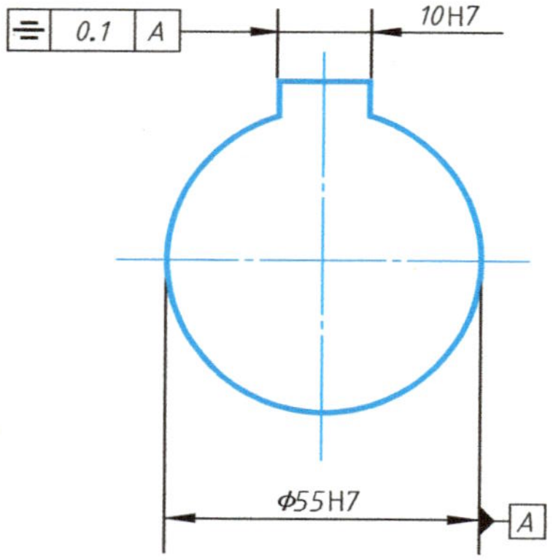


______键槽的______对______基准中心平面的______公差为______。

(4)

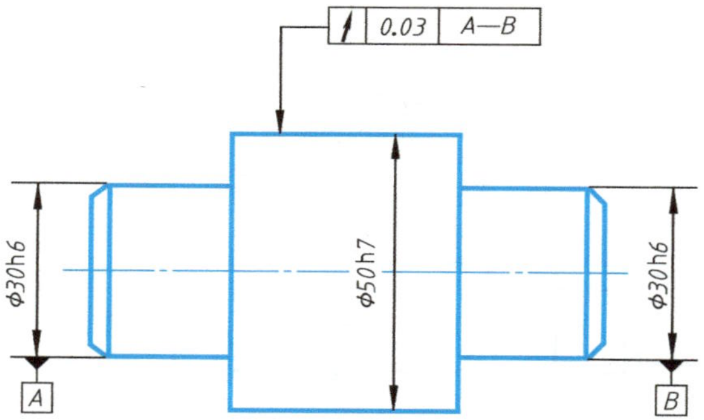


______圆柱面对两个______公共轴线的______公差为______。



班级 姓名 学号

(5) 解释零件图中几何公差的含义。

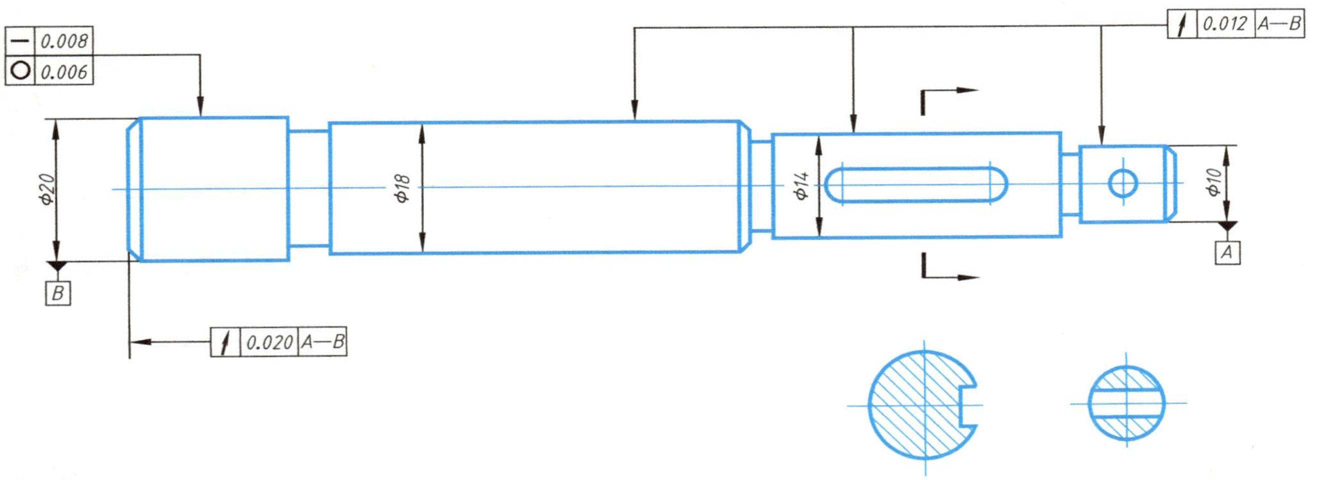

1. 读轴类零件图并回答问题。

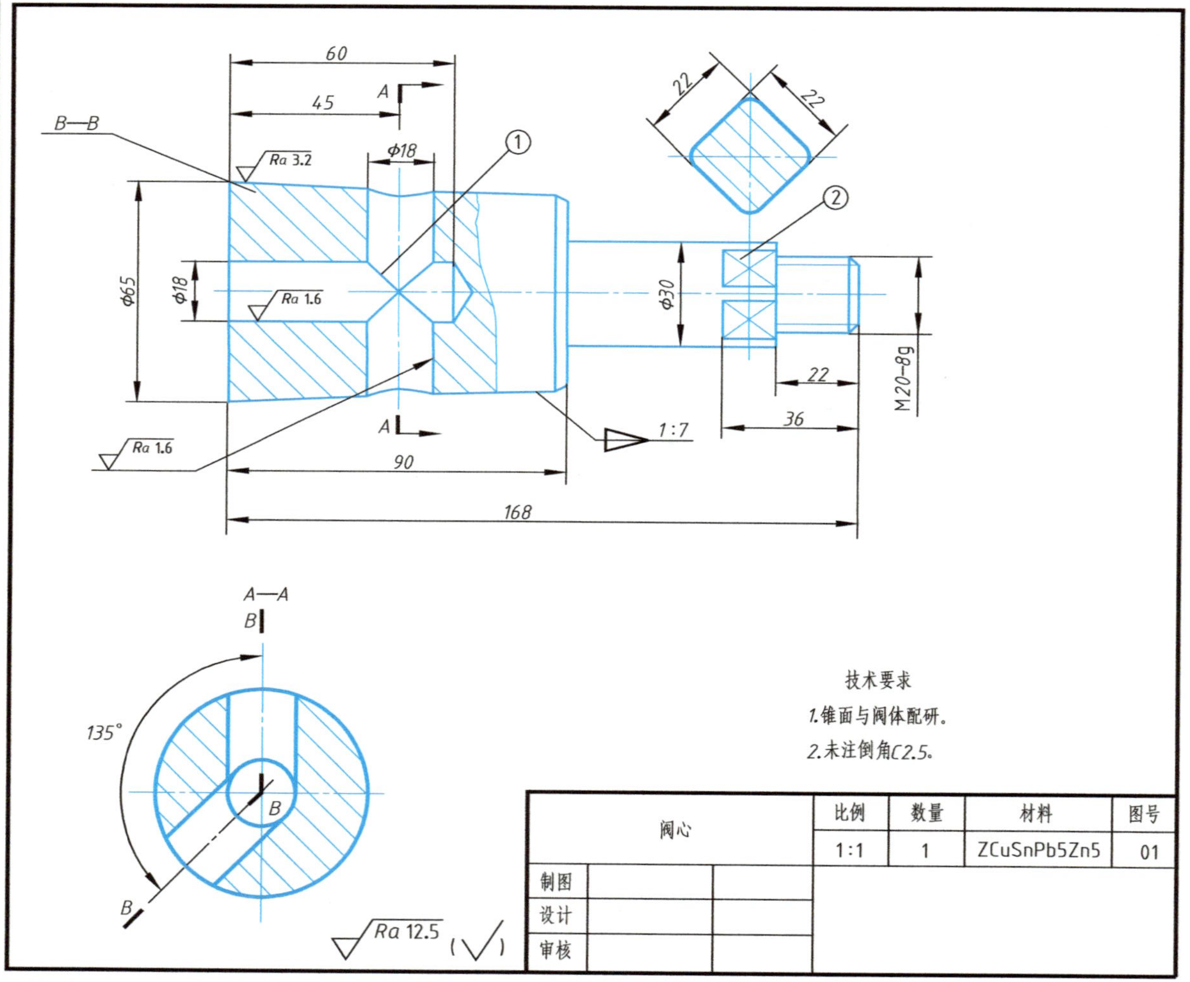


(1) 阀心的主视图中作了________剖，表达________________。

(2) *A—A* 移出断面主要表达____________，另一个移出剖面主要表达____________的形状。

(3) 图中符号 ▷1:7 表示____________，M20-8g 表示____________。

(4) 图中有________处倒角，倒角尺寸为____________。

(5) 图中①所指的交叉粗实线是____________，②所指的细实线表示____________。

(6) 图中 168mm 属于________尺寸，$\phi$18mm 属于________尺寸，45mm 属于________尺寸，135°属于________尺寸。



班级　　　　姓名　　　　学号

2. 读轮盘类零件图并回答问题。

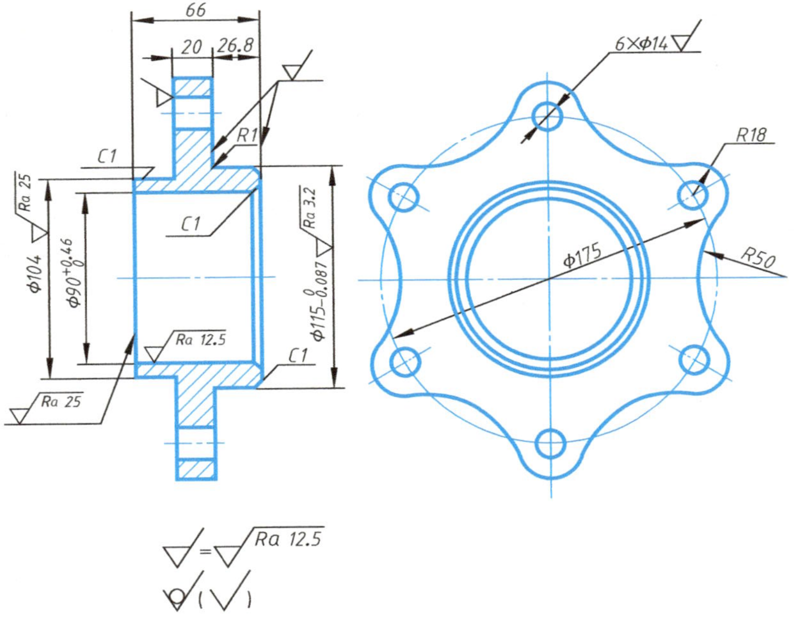


| 压紧盖 | | 比例 | 数量 | 材料 | 图号 |
|---|---|---|---|---|---|
| | | 1:3 | | ZG270-500 | |
| 制图 | | | | | |
| 设计 | | | | | |
| 审核 | | | | | |

(1) 该零件的名称是________，材料是________，比例是________，属于________类零件。

(2) 将零件的尺寸基准标注在视图上。

(3) 尺寸 6×ϕ14mm 表示________个直径是________的通孔。

(4) 尺寸 $\phi115_{-0.087}^{\ 0}$mm 的公称尺寸是________，上极限尺寸是________，下极限尺寸是________，公差值是________。

(5) 该零件的工艺结构有________和________，几何尺寸分为________、________。

(6) 该零件的总体尺寸为________、________、________。

3. 读支架类零件图并回答问题。

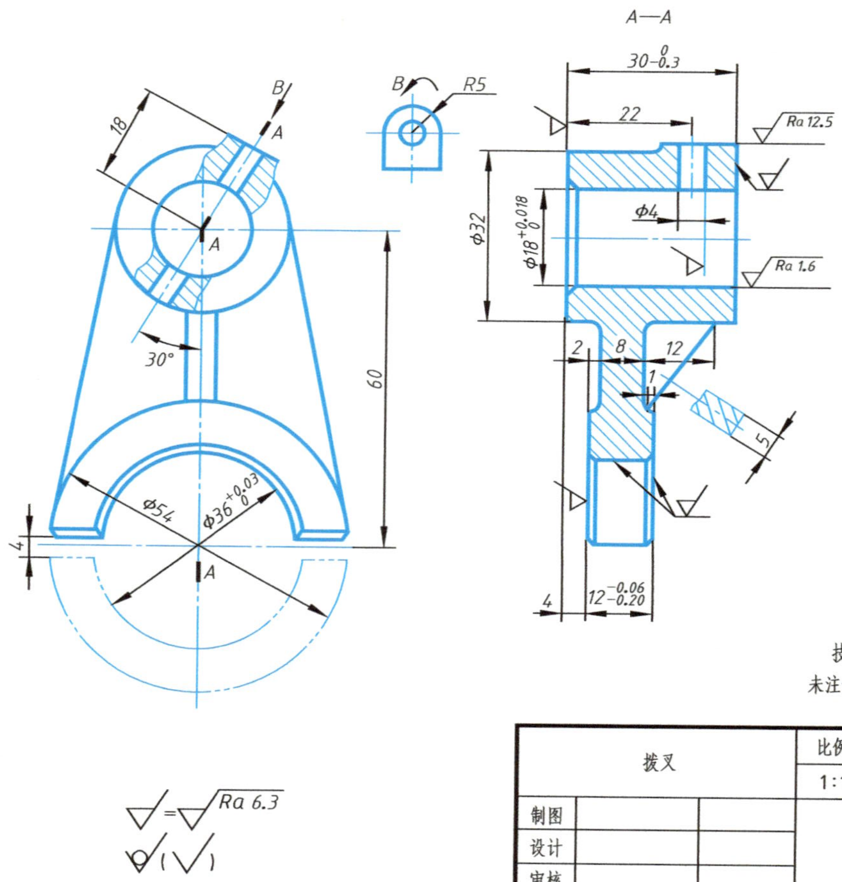


技术要求
未注倒角C1。

| 拨叉 | | 比例 | 数量 | 材料 | 图号 |
| --- | --- | --- | --- | --- | --- |
| | | 1:1 | | HT200 | 01 |
| 制图 | | | | | |
| 设计 | | | | | |
| 审核 | | | | | |

（1）拨叉零件共用了______个图形来表达形体结构，其中 *A—A* 是______图，*B* 向旋转为__________图。

（2）图中的双点画线表示______________________________。

（3）φ4mm 圆孔的定位尺寸是________，该孔的表面粗糙度为__________。

（4）肋板的厚度是__________，其表面粗糙度为__________。

（5）$φ18^{+0.018}_{0}$mm 孔的上极限尺寸是__________，下极限尺寸是________，公差是__________。

（6）图中有____处倒角，尺寸为__________。



班级　　姓名　　学号

4. 读箱体类零件图并回答问题。

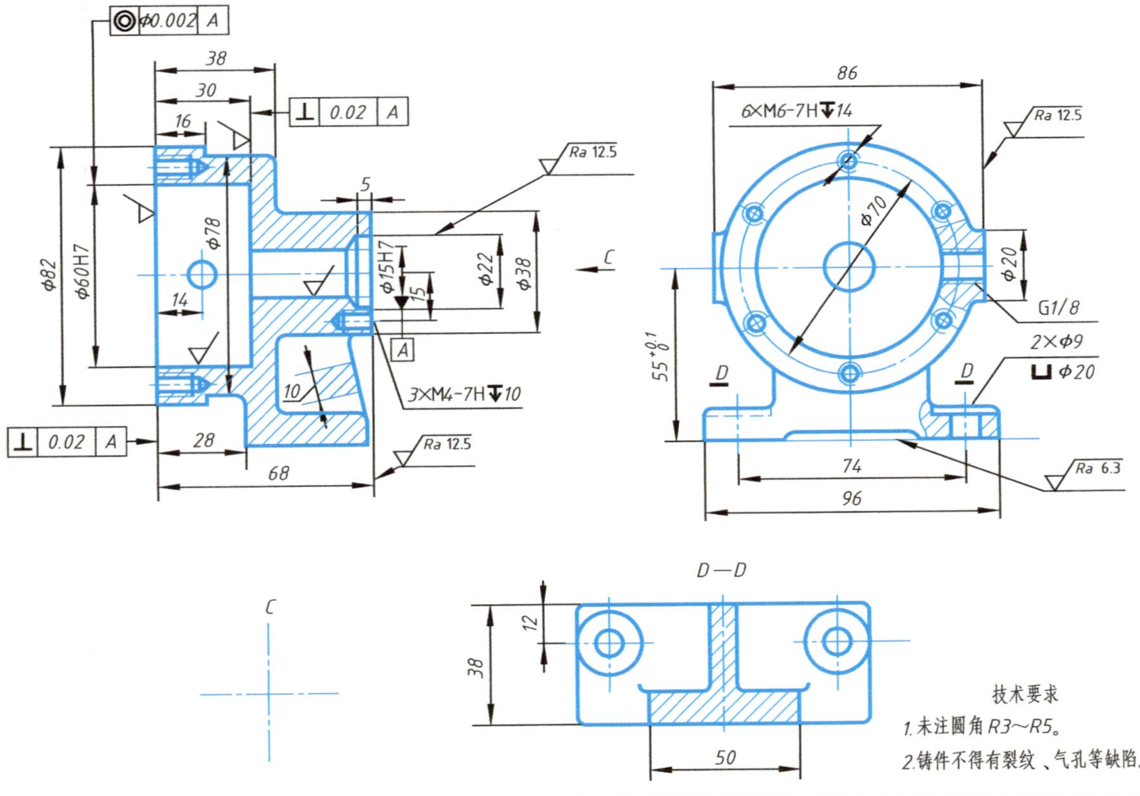


技术要求

1. 未注圆角 R3~R5。

2. 铸件不得有裂纹、气孔等缺陷。

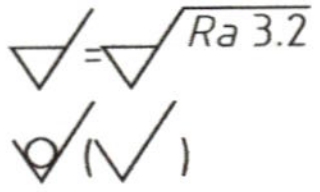


| 泵 体 | | | 比例 | 数量 | 材料 | 图号 |
|---|---|---|---|---|---|---|
| | | | | 1 | HT200 | |
| 制图 | | | | | | |
| 设计 | | | | | | |
| 审核 | | | | | | |

读懂泵体零件图，按要求标注图中缺少的尺寸（不注尺寸数字）和表面粗糙度。

（1）用▽符号指出底板的定形尺寸及两个沉孔的定位尺寸。

（2）标注 $\phi$20mm 锪平和 $\phi$9mm 通孔的表面粗糙度（$Ra$1.6μm）。

（3）用◆符号指出两螺纹孔的定位尺寸。

（4）补画 $C$ 向视图。

5. 读轴类零件图，回答问题。

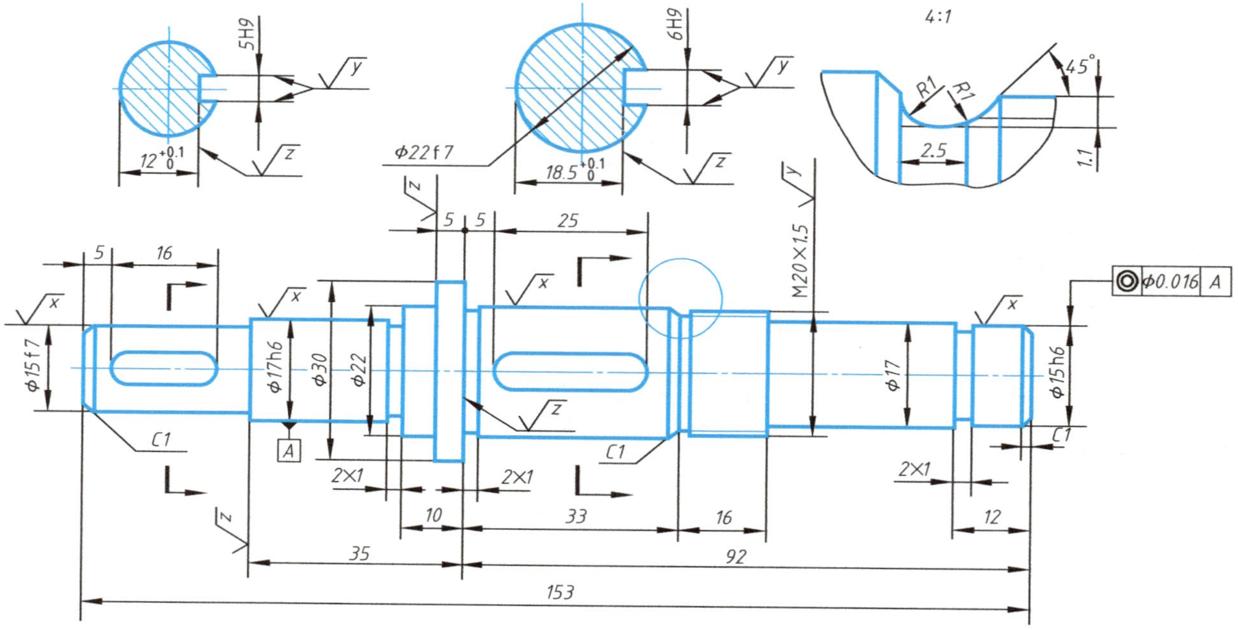


技术要求

零件需进行调质处理。

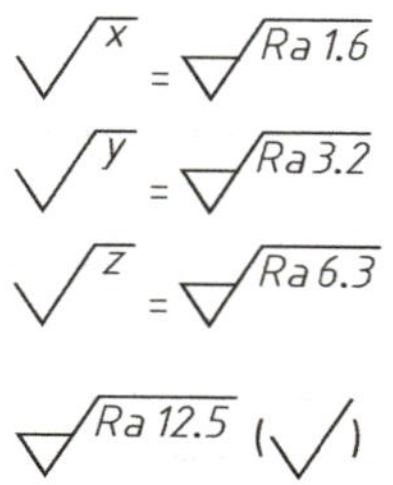


(1) 指出各视图的名称，并说明为什么采用这些视图来表达。

(2) 标出长、宽、高方向尺寸的主要尺寸基准，并指出哪些尺寸是定位尺寸。

(3) 说明图中公差代号的意义。

(4) 键槽两侧面的表面粗糙度为Ra_____μm，Φ17h6圆柱面的表面粗糙度为Ra_____μm，轴左、右端面的表面粗糙度为Ra_____μm。

| 轴 | | 比例 | 材料 | 图号 |
|---|---|---|---|---|
| | | 1:1 | 45 | |
| 制图 | | | | |
| 审核 | | | | |



班级　　　　姓名　　　　学号

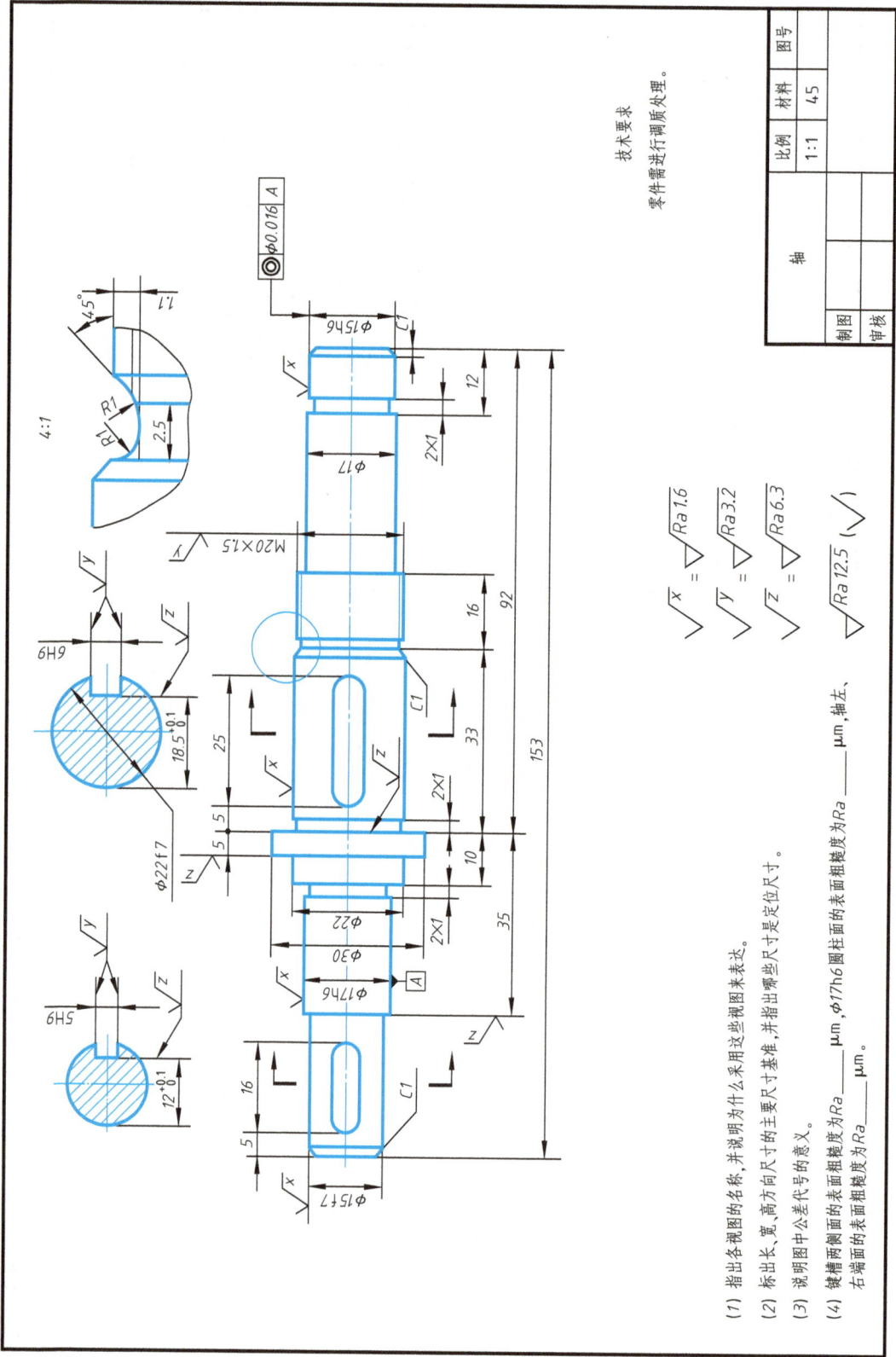

6. 读托脚零件图（在指定剖切延长线的位置上，补画移出断面图），回答下列问题。

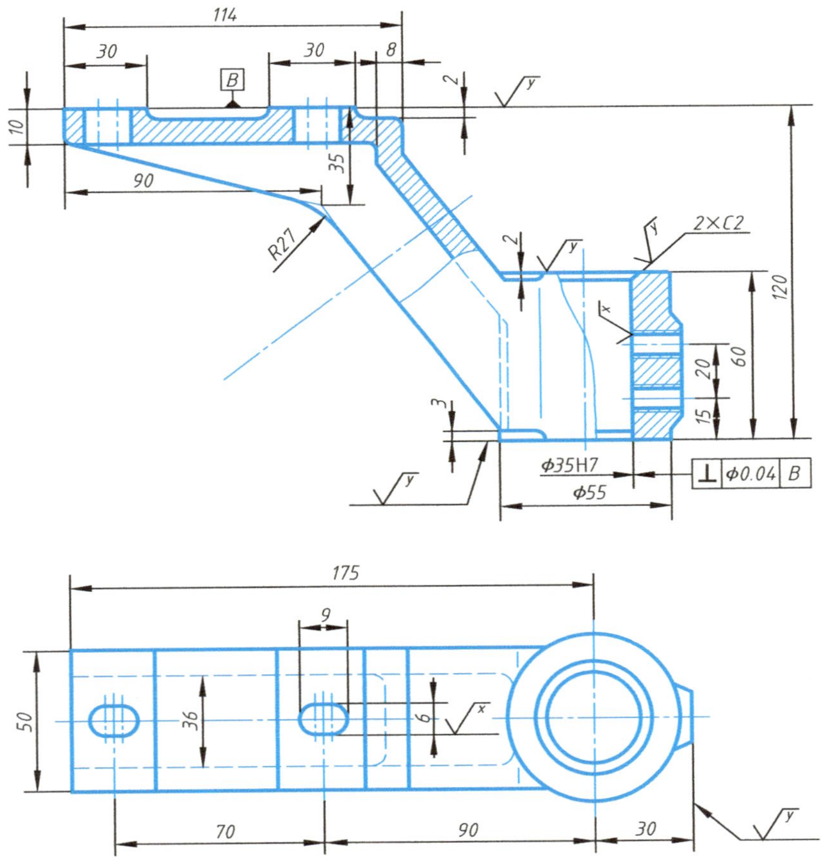


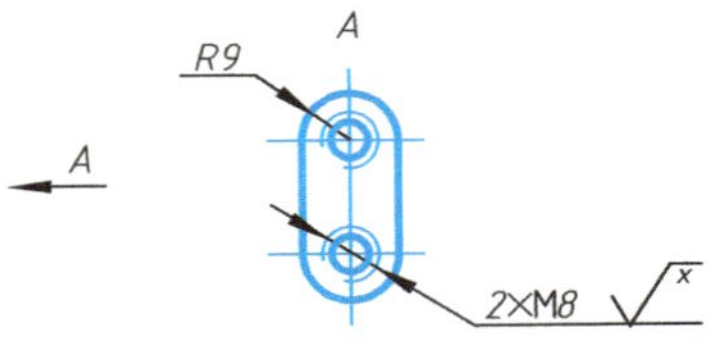


技术要求

1. 未注圆角 R2～R3。

2. 铸铁不得有砂眼、裂纹等缺陷。

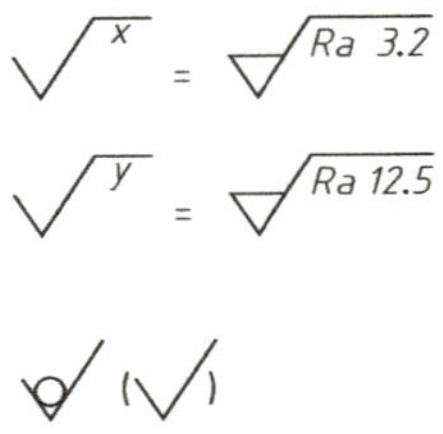


(1) 画指引线，用“▽”标出长、宽、高方向尺寸的主要基准。

(2) 解释几何公差的含义：______度公差，其值为______，被测要素为__________，基准要素为______面。

| | | | | |
|---|---|---|---|---|
| 托　脚 | | 比例 | 材料 | 图号 |
| | | 1:2 | HT150 | |
| 制图 | | | | |
| 审核 | | | | |

班级　　　　姓名　　　　学号

7. 读套筒零件图（要求：（1）补画左视图；（2）在指定位置补画移出断面图；（3）补画 *B—B* 剖视图的剖切符号），并回答问题。

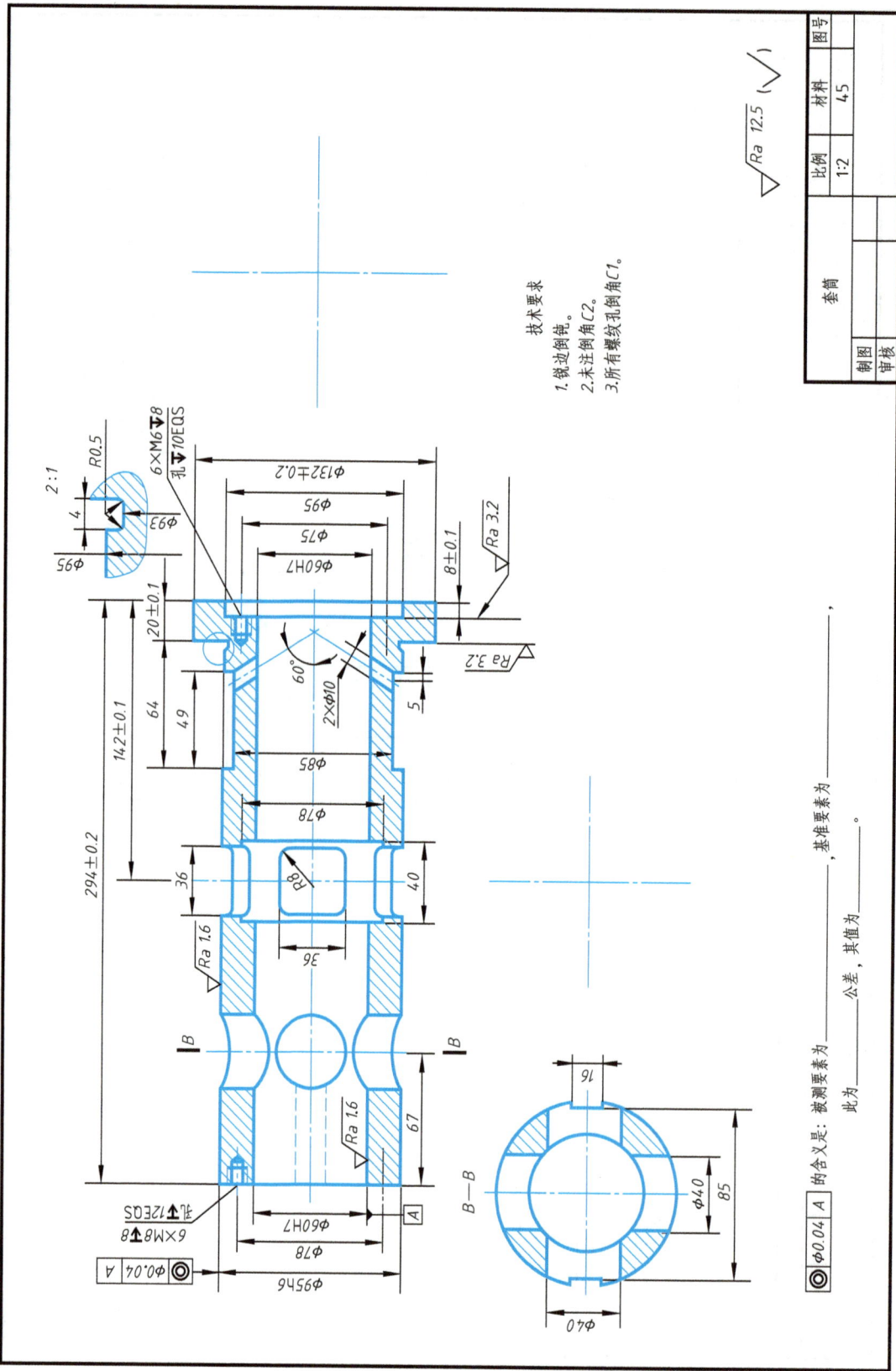

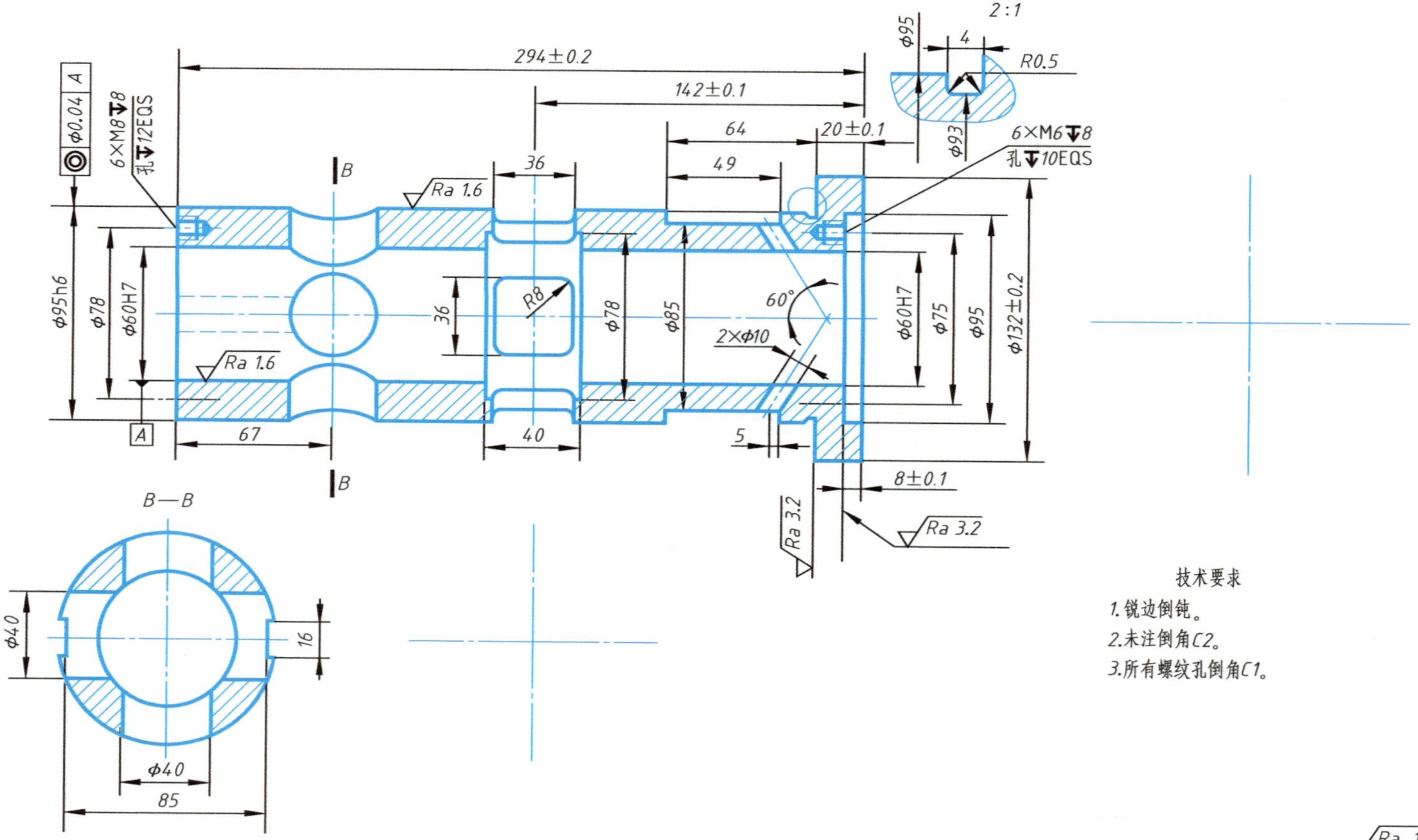


技术要求

1. 锐边倒钝。
2. 未注倒角C2。
3. 所有螺纹孔倒角C1。

◎ Φ0.04 A 的含义是：被测要素为__________，基准要素为__________，此为______公差，其值为______。

| 套筒 | | 比例 | 材料 | 图号 |
|---|---|---|---|---|
| | | 1:2 | 45 | |
| 制图 | | | | |
| 审核 | | | | |



班级 姓名 学号

# 课题九　装　配　图

## 9-1　识读装配图的表达方法

1. 分析装配图并回答下列问题。

（1）该装配体的名称是__________，共由____个零件组成。其表达方法中，主视图采用了____________，俯视图采用了__________，第三个视图采用了____________。

（2）此装配图中包含有__________个方面的内容。

（3）图中尺寸 200mm 和 68mm 属于______尺寸，184~230mm 属于________尺寸，表示装配体高度行程是__________，尺寸 $\phi50H8/js7$ 是______尺寸。其中 $\phi50$mm 是______尺寸，H8 表示________，js7 表示________，属于______制的________配合。

（4）简述装配体的工作原理：______________________________________________________________________________________________________________________________________________________________________________。

班级　　　　姓名　　　　学号

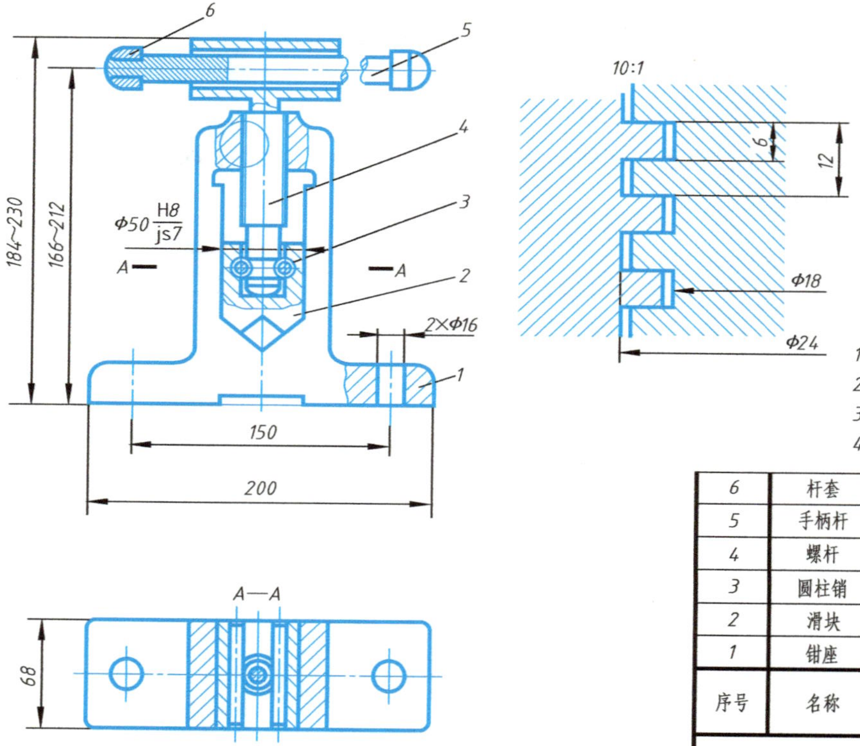

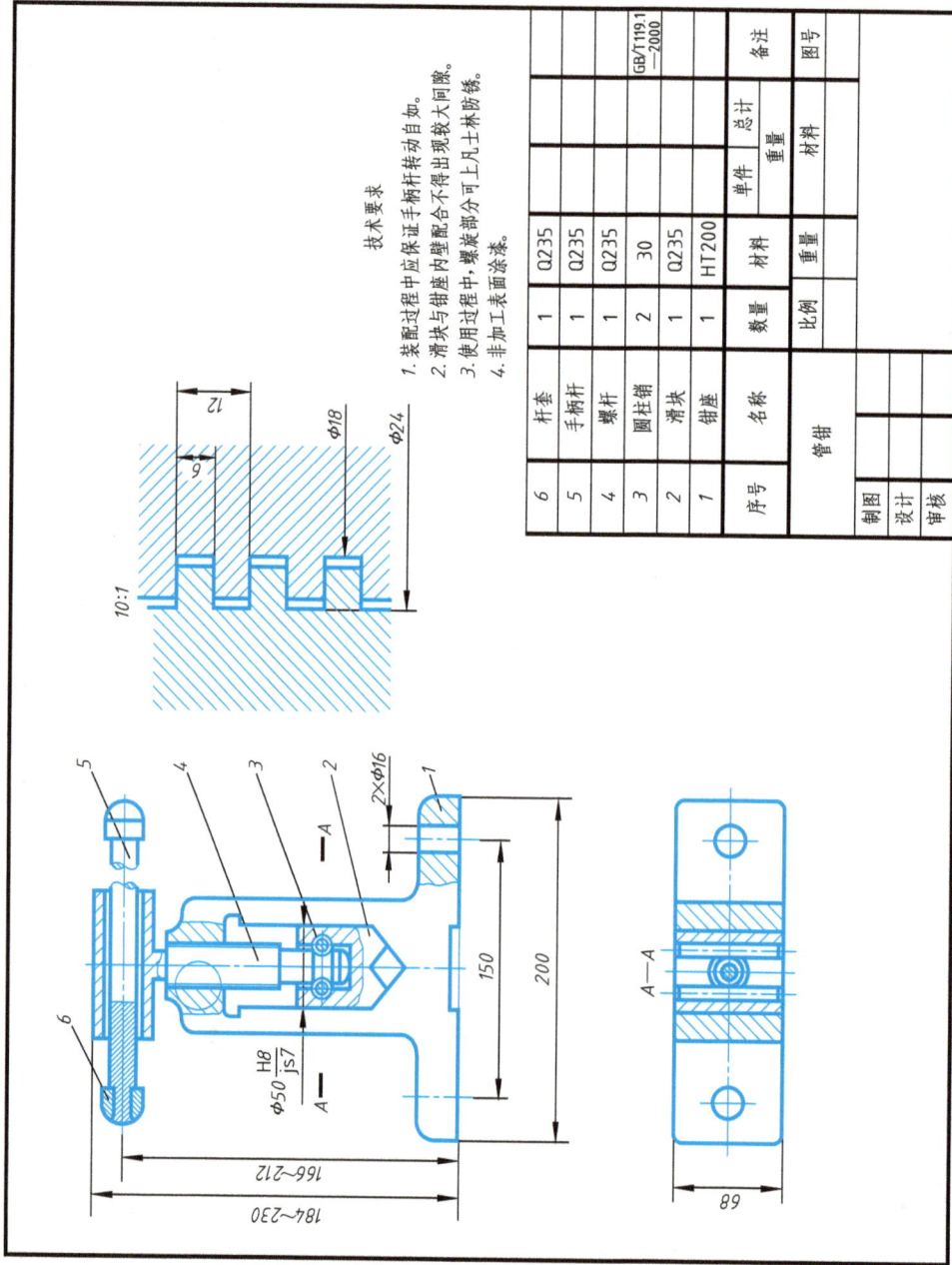

技术要求

1. 装配过程中应保证手柄杆转动自如。
2. 滑块与钳座内壁配合不得出现较大间隙。
3. 使用过程中，螺旋部分可上凡士林防锈。
4. 非加工表面涂漆。

| 序号 | 名称 | 数量 | 材料 | 重量 单件 | 重量 总计 | 备注 |
|---|---|---|---|---|---|---|
| 6 | 杆套 | 1 | Q235 | | | |
| 5 | 手柄杆 | 1 | Q235 | | | |
| 4 | 螺杆 | 1 | Q235 | | | |
| 3 | 圆柱销 | 2 | 30 | | | GB/T119.1—2000 |
| 2 | 滑块 | 1 | Q235 | | | |
| 1 | 钳座 | 1 | HT200 | | | |

| 管钳 | | 比例 | 重量 | 材料 | 图号 |
|---|---|---|---|---|---|
| | | | | | |
| 制图 | | | | | |
| 设计 | | | | | |
| 审核 | | | | | |



班级　　姓名　　学号

2. 分析装配体结构的不合理处，并画出正确图形。

(1)

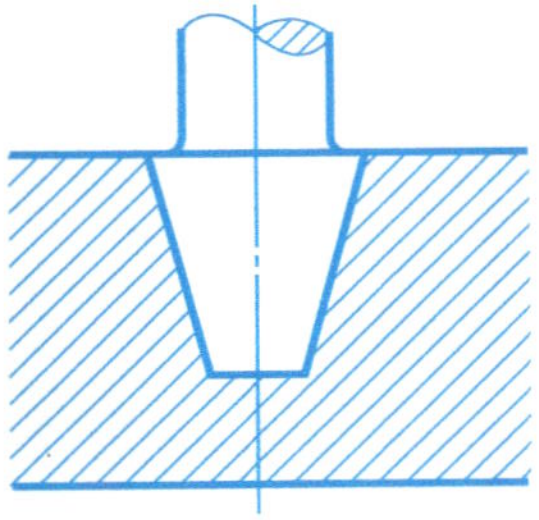

(2)

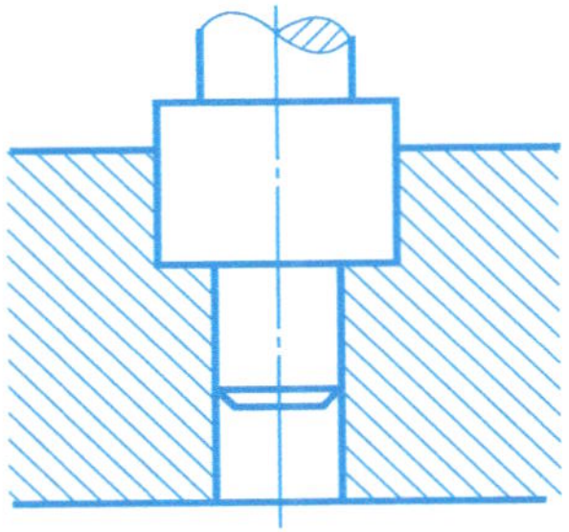

(3)

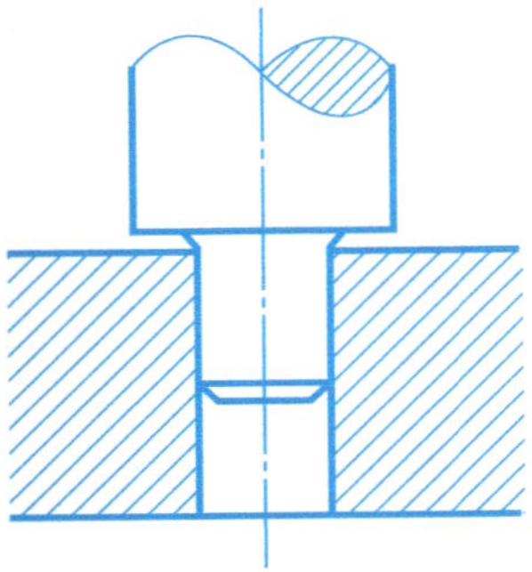

(4)

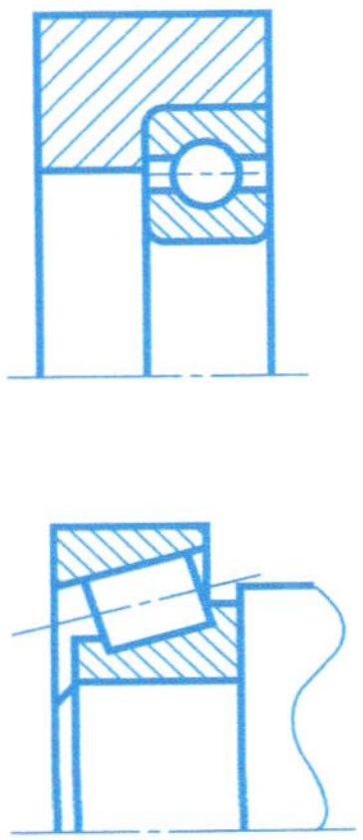

班级　　姓名　　学号

(5)

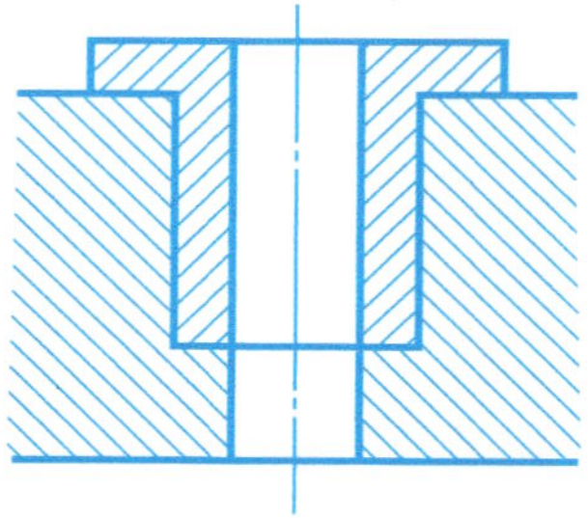

(6)

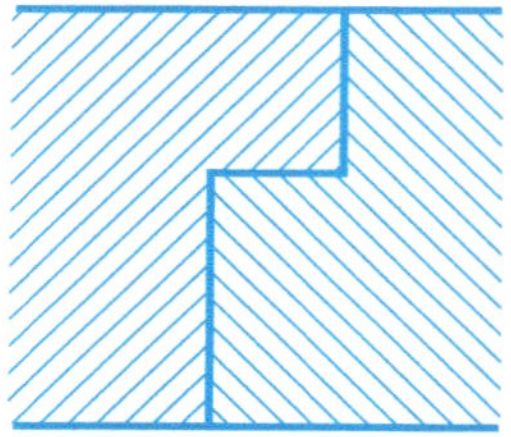



班级　　姓名　　学号

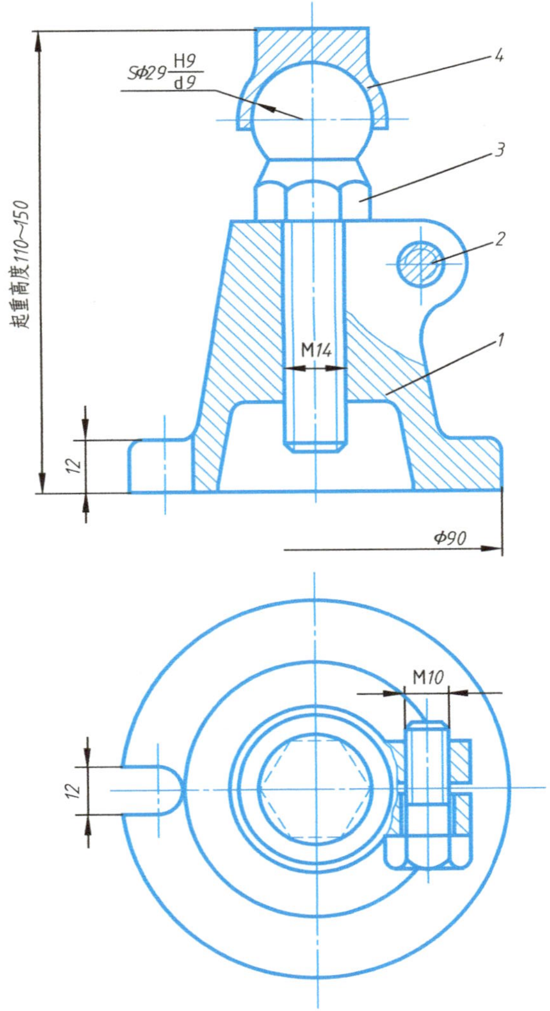


| | | | | |
|---|---|---|---|---|
| 4 | 顶碗 | 1 | 15 | |
| 3 | 顶杆 | 1 | 45 | |
| 2 | 螺栓M10×25 | 1 | | |
| 1 | 顶座 | 1 | HT200 | |
| 序号 | 名称 | 数量 | 材料 | 备注 |

| 支顶 | | 比例 | 数量 | 材料 | 图号 |
|---|---|---|---|---|---|
| | | | | | |
| 制图 | | | | | |
| 设计 | | | | | |
| 审核 | | | | | |

拆画装配体的零件图，尺寸从图中量取。

注意事项：

1）画图前应看懂装配图，了解该装配体的工作原理，各零件之间的装配关系、连接关系和位置关系。

2）确定表达方案。

3）注意相邻零件间的剖面线方向、间隔大小以及零件间接触面、非接触面的画法。

4）要求编写零件图号和零件图的标题栏，标注尺寸，参考同类零件注写技术要求。

班级　　姓名　　学号

9-2 读装配图——由装配图拆画零件图



班级　　　　姓名　　　　学号

9-2 读装配图——由装配图拆画零件图

班级　　　　姓名　　　　学号

班级　　姓名　　学号

# 课题十 焊接制图

## 10-1 焊接基础知识

1. 看图回答问题。

（1）

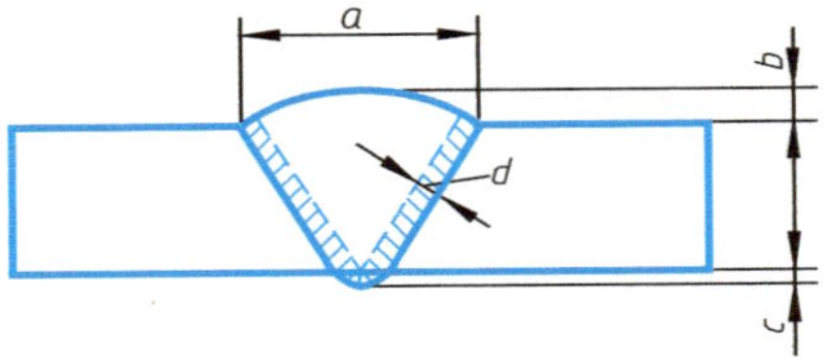


a 表示________，b 表示________，
c 表示________，d 表示________。
这是________接头，是________坡口。

（2）

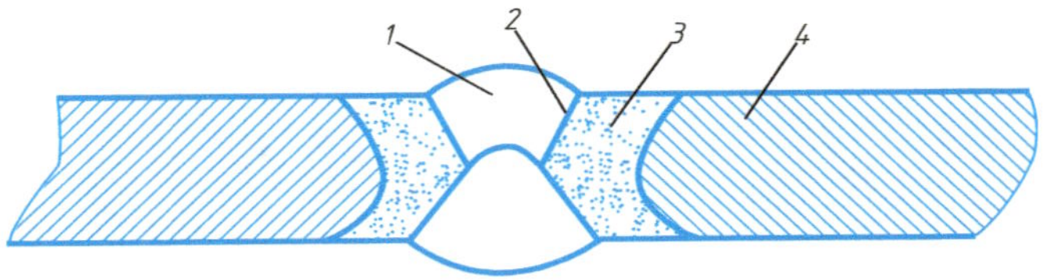


1 表示________，2 表示________，
3 表示________，4 表示________。
这是________接头，是________坡口。

（3）

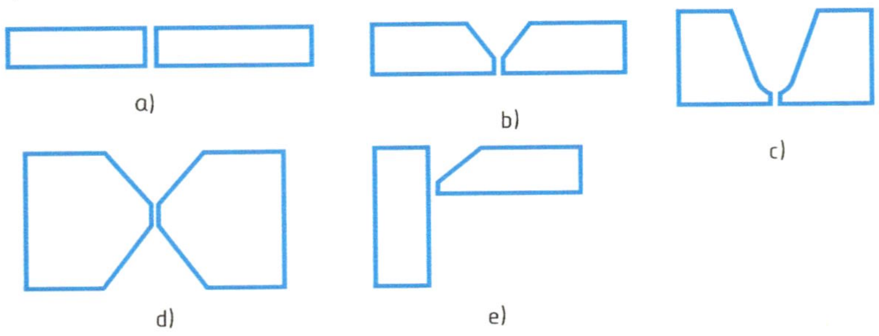


a）________形坡口，b）________形坡口，
c）________形坡口，d）________坡口，
e）________形坡口。

（4）

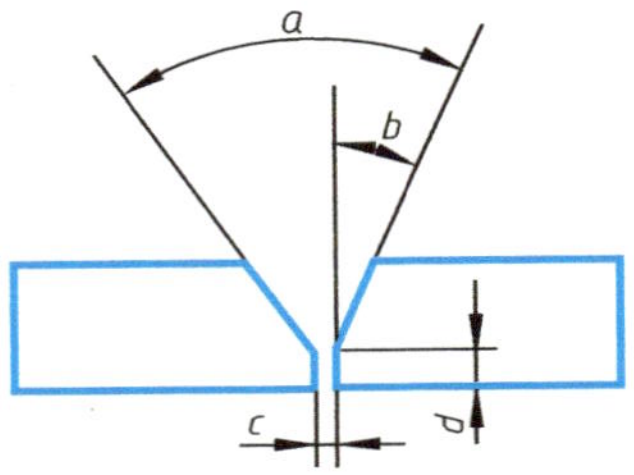


a 表示________，b 表示________，
c 表示________，d 表示________。
这是________接头，是________坡口。

2. 指出下列符号的意义。

（1）

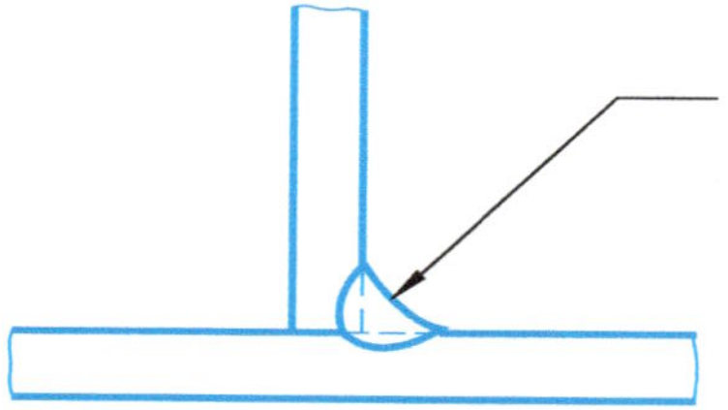

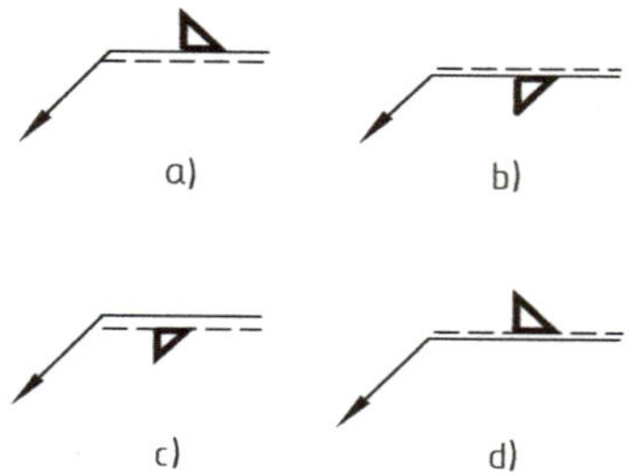


焊接指引线使用时应与基本符号相配合，与左侧的焊接图正确对应的是________________。

（2）

表示的是________________________________。

表示的是________________________________。

表示的是________________________________。

表示的是________________________________。

（3）

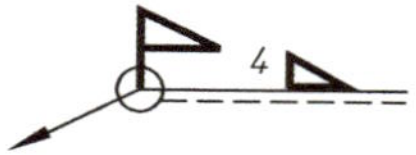


表达的是________________________________。

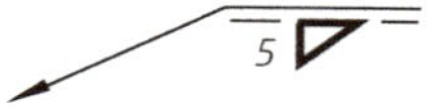


表达的是________________________________。

（4）

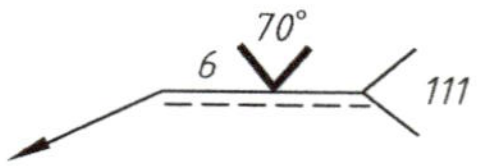


表达的是________________________________。

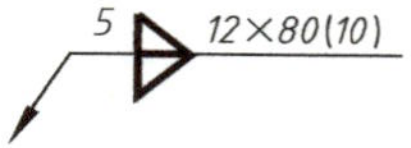


表达的是________________________________。

　　班级　　姓名　　学号

3. 角钢与平板角接焊接，四周均焊接，要求焊脚高 5mm。画出焊缝并标注。

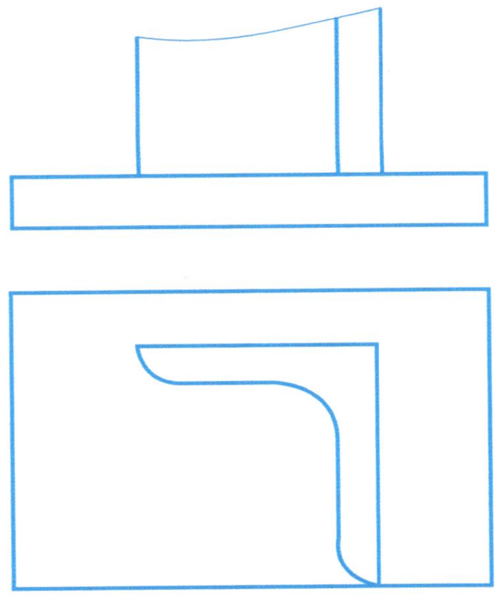

4. 两平板角接焊接，要求焊脚高 5mm。根据焊缝进行标注。

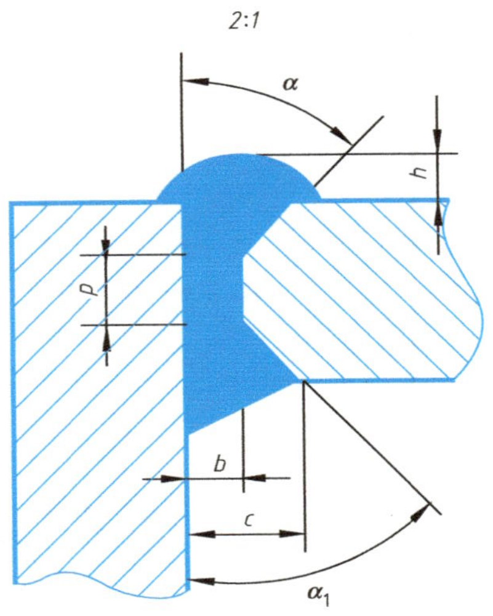


班级　　姓名　　学号

读懂轴承挂架焊接图样，完成焊接符号的标注。

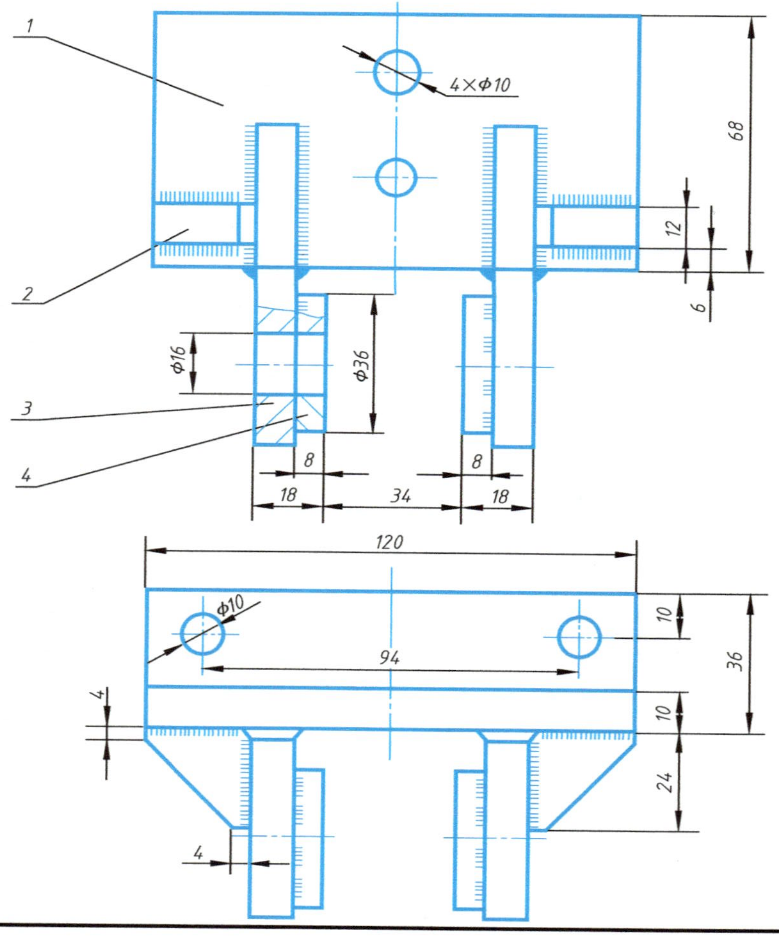


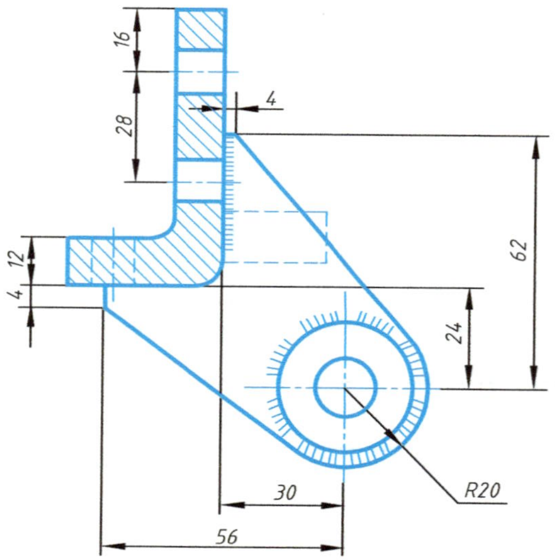

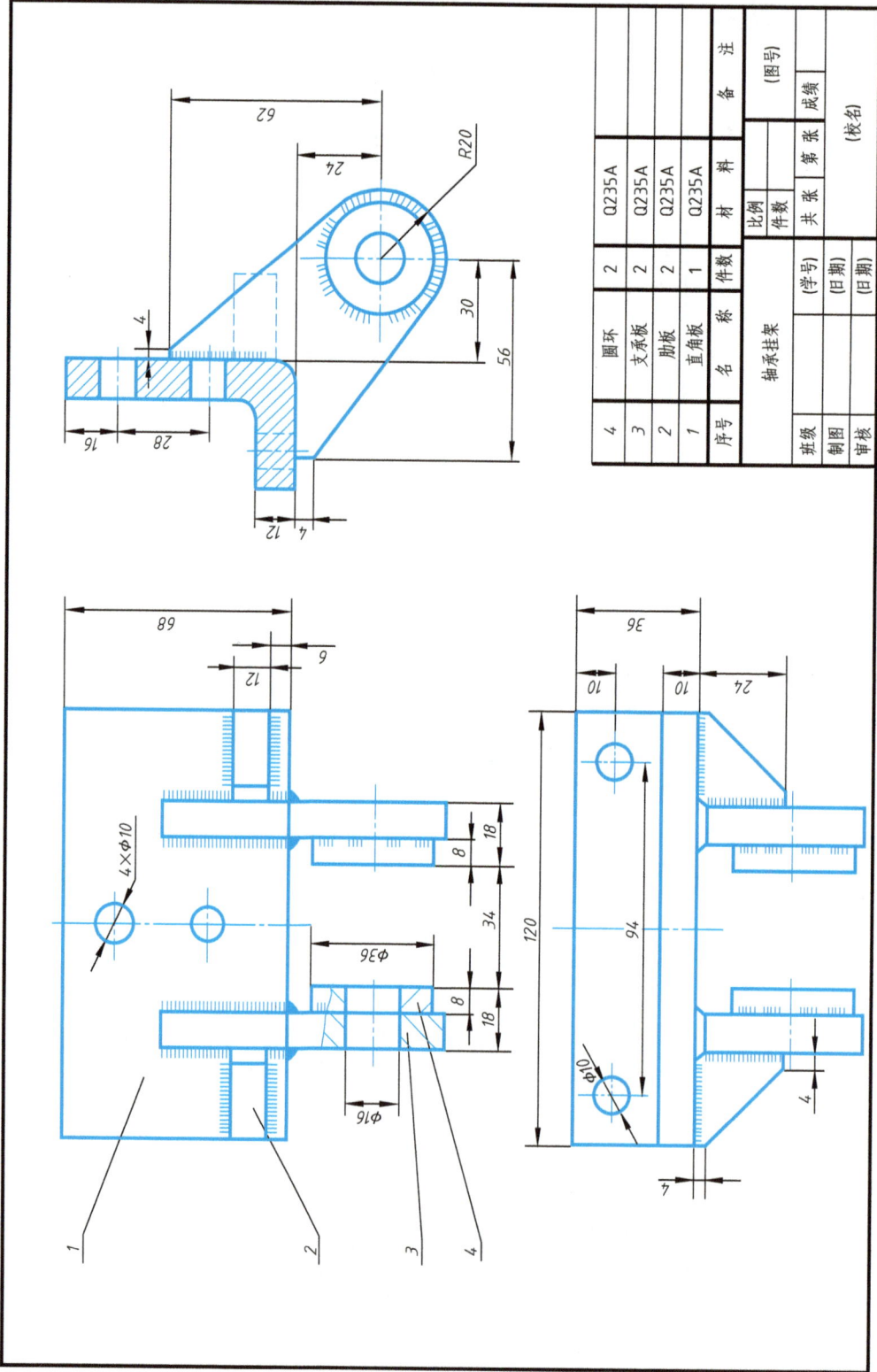

| 序号 | 名 称 | 件数 | 材 料 | 备 注 |
|---|---|---|---|---|
| 4 | 圆环 | 2 | Q235A | |
| 3 | 支承板 | 2 | Q235A | |
| 2 | 肋板 | 2 | Q235A | |
| 1 | 直角板 | 1 | Q235A | |

| | | | | | | |
|---|---|---|---|---|---|---|
| 轴承挂架 | | | 比例 | | | (图号) |
| | | | 件数 | | | |
| 班级 | | (学号) | 共 张 | 第 张 | 成绩 | |
| 制图 | | (日期) | (校名) | | | |
| 审核 | | (日期) | | | | |



班级　　姓名　　学号